Hugh Johnson

休·约翰逊

Jancis Robinson

杰西斯·罗宾逊

THE WORLD ATLAS OF WINE

世界葡萄酒地图

7th Edition Completely Revised

第七版（完全修订版）

吕　杨　严轶韵　汪子懿
汪海滨　颜晓燕　朱明晖　译

中信出版社 · CHINACITICPRESS · 北京 ·

Hugh Johnson
休·约翰逊

Jancis Robinson
杰西斯·罗宾逊

THE WORLD ATLAS OF WINE

世界葡萄酒地图

7th Edition Completely Revised

第七版（完全修订版）

汪壬芝
晓燕　朱明晖　译

图书在版编目（CIP）数据

世界葡萄酒地图（第七版）/（英）约翰逊，（英）
罗宾逊著；吕杨，严轶韵，汪子懿，汪海滨，颜
晓燕，朱明晖译.
一北京：中信出版社，2014.9（2018.5重印）
书名原文：The World Atlas of Wine
ISBN 978-7-5086-4574-2

Ⅰ.①世… Ⅱ.①约…②罗…③吕…④严…⑤
汪…⑥汪…⑦颜…⑧朱… Ⅲ.①葡萄酒–介
绍–世界 Ⅳ.①TS262.6

中国版本图书馆CIP数据核字（2014）第 084933 号

First published in Great Britain in 1971 under the title The
World Atlas of Wine by Mitchell Beazley, an imprint of
Octopus Publishing Group Ltd, Endeavour House, 189
Shaftesbury Avenue, London WC2H 8JY, UK

Copyright © Octopus Publishing Group Ltd 1971, 1977,
1985, 1994, 2001, 2007, 2013

Text copyright © Hugh Johnson 1971, 1977, 1985, 1994

Text copyright © Hugh Johnson, Jancis Robinson 2001,
2007, 2013

Simplified Chinese edition copyright © 2014 by CHINA
CITIC PRESS

Published by arrangement through Shanghai Shuyi Limited.

All rights reserved.

The authors have asserted their moral rights.

本书仅限中国大陆地区发行销售。

世界葡萄酒地图（第七版）

著　者：[英]休·约翰逊　[英]杰西斯·罗宾逊
译　者：吕杨　严轶韵　汪子懿　汪海滨
　　　　颜晓燕　朱明晖
策划推广：中信出版社（China CITIC Press）
出版发行：中信出版集团股份有限公司（北京市朝阳
　　　　　区惠新东街甲4号富盛大厦2座 邮编100029）
　　　　　（CITIC Publishing Group）

图书制作：书艺社
承 印 者：北京华联印刷有限公司
开　本：787mm×1092mm　1/8
印　张：50
字　数：1250 千字
版　次：2014 年 9 月第 1 版
印　次：2018 年 5 月第 5 次印刷
京权图字：01-2014-3069
广告经营许可证：京朝工商广字第 8087 号
书　号：ISBN 978-7-5086-4574-2/G·1122
定　价：518.00 元

版权所有·侵权必究
凡购本社图书，如有缺页、倒页、脱页，由发行公司负责退换。

服务热线：010–84849555
服务传真：010–84849000
投稿邮箱：author@citicpub.com

Contents
目　录

前　言

本书是42年里的第七版，每6年更新一次。这是否也代表着世界葡萄酒业的变化与发展速度呢？我认为差不多如此。当然，相对于文艺和工业的迅猛发展来说，种植一片葡萄园——等待收成——酿酒，这个过程必然需要一定的时间，至少是5年，而之后要对成酒进行品评的话也同样不能太过匆忙。如果有人能够回顾一下过往任何一版的《世界葡萄酒地图》的话，你会惊讶于这一版所涵盖的范围。

谁能够预见到当下所发生的一切？也就是在本书的两三版之前，20世纪90年代，当我们还在想方设法如何详细勾画这份葡萄酒地图时，智利的安第斯产区和新西兰的南阿尔卑斯山产区还都是荒山一片。如今显然再也不能像过去那样界定，连中国都有那么多酒庄待我们去考察。葡萄酒世界的扩张已是大势所趋，究竟是什么力量在背后主导这一切呢？答案便是你我——我们对于葡萄酒的渴望、热情以及这个飞速发展的世界都使我们对于事物有着更高的追求。

曾几何时，我们都认为葡萄酒有着文化上的局限性，毕竟这是欧洲人的产物。欧洲人去哪里，葡萄酒就扎根到哪里；唯一的问题（现在也不再是了）只是到了新的地方酿出的酒是否跟原来一样。那亚洲呢？依据史料记载，最初的葡萄酒就是在中东地区诞生的，但是由于宗教禁酒的原因，葡萄酒只能被悲剧性地拒之门外。远东地区则情况稍好，从文化和农业的角度上来看更适合酿酒，但那里的人们在酒精代谢方面并不如欧洲人，而且多雨的气候可能使得这里不太会有出好酒的年份。

然而，事实证明我们对于亚洲还是知之甚少。过去几年最轰动的事情便是中国已经全面进军葡萄酒领域，这不仅仅体现在一掷千金的消费能力上，中国中部的心脏地区也已经开始种植酿造优质葡萄酒的葡萄。而印度、泰国以及其他一些东亚国家也紧随其后。

事实上，当你把以农业为主导的葡萄酒世界和以科技为主导的资讯传输世界来进行比较时，前者的表现形式自然更为古朴庄重。但葡萄酒的世界并非一成不变，它也会随着潮流而改变。这听上去也许有些奇怪，潮流怎么会对个人的饮食产生如此大的影响呢？但实际上这并不奇怪，也许我们所有人都需要一些引导才能从各种价格、质量、款式纷繁不同的商品中挑选个人所需。

当上一版（第六版）行将印刷之时，葡萄酒世界已经明显呈现出两种变化趋势（第五版时气候变化作为重点阐述）。第一个趋势就是葡萄酒的多样性。不仅仅是指出现了更多的新产区，葡萄酒的溢价也正在变小，产区内的各块地也被划分得更细，以彰显个性与与众不同。而那些曾经对风土条件（terroir）嗤之以鼻的酿酒人也开始努力找寻属于自己酒庄的风土条件。

与此同时，市场对于葡萄品种的需求也越发多元化。"除了赤霞珠和霞多丽，其他品种都行"已经成为大众点酒时的口头禅。因此葡萄酒农在关注自己种植的赤霞珠成熟度够不够的同时，又要开始考虑如果种些其他品种的葡萄收益会不会更好。越来越多的人对于葡萄品种有了自己的理解并且进行不同的混酿，渴望尝试不同的风味，这点从加州60年前不再把自己的酒叫作克拉雷（Claret）和勃艮第（Burgundy）便能得到印证。而在过去的5到10年间，这股颠覆的风气也越发盛行。

在本书中你将会找到有关这些问题的研究结论。我的伙伴杰西斯（Jancis）是第一批记录这些变迁的葡萄酒作者之一。她的著作《葡萄树、葡萄与葡萄酒》（Vines, Grape & Wines），出版于1986年，是最早描述全球各个不同葡萄品种的通俗书籍。将近30年之后，她又在她的《牛津葡萄酒指南》（Oxford Companion to Wine）中进一步对各个葡萄品种进行了详尽的研究，而她和另外两位同事共同出版的《酿酒葡萄》（Wine Grapes）更是对1 368个葡萄品种进行了全方位的解析，亦成为众多酿酒人的重要参考书。

葡萄园的风景

有关葡萄园，《世界葡萄酒地图》一书中描绘较多的是它的占地面积，还有人口，急剧增长的数量，以及各个葡萄品种已经越来越为人熟知并接受。然而有关葡萄与土壤之间的对话和那种特有的依存关系，也变得越来越紧密。在这个星球上没有任何一种产物，无论是农业还是工业，能够像葡萄酒那样直接、精确地传达出它们产地的信息。只有葡萄酒被推向市场时，标签上会标明来自哪块田地，哪个庄园，最低限度也会标明国家。而本书就会带领你我一起顺着这些标签去探究瓶中的奥秘。

而我做过的最明智的一件事就是在完成了第四版《世界葡萄酒地图》之后，我邀请了杰西斯来共同承担这份工作。她比我年轻，而且作为一位葡萄酒大师（master of wine），她也比我更够格。现在她造访过的酒庄已经远胜于我，通过她的网站、专栏和著作，她和她那极具效率的团队一起让全世界更好地了解了葡萄酒。

至于我现在的角色，则是从旁给出自己的建议，检阅文风上是否有什么需要改进的地方，或是讨论一下书中最新收录的一些惊人发现。作为本书的编著者，我很欣慰能够拥有这些。同时也要感谢其他为本书做出过巨大贡献的人们，Julia Harding，杰西斯最亲密的助理；Allison Walls和Alison Ewington，帮助我计算和测绘了这些地图；Priscilla Reby，负责收集酒标并承担了许多编撰工作；最后尤其要感谢主编Gill Pitts，她一直关注着书中的每个细节，每一处改动，使得每一版都尽善尽美，她很好地捏合起整个团队，即便是如此繁重紧张的工作，她依然让每个人都感受到了快乐。

照例，作为作者我感谢各位合作者以及出版商，并对书中出现的错误负责。最后谢幕，但我还想再多说几句：作为《世界葡萄酒地图》一书的开创者，我为能够拥有如此优秀的同伴，还有你们，所有的读者而备感幸运。你们对于葡萄酒的好奇、热情、痴迷以及独到的眼光便是对于我们努力的最好回报。

"休·约翰逊和杰西斯·罗宾逊是葡萄酒
作家中的波尔多和勃艮第。"

概 论

全世界的葡萄酒爱好者日益增多,他们的众多反馈信息很少让人心生挫败感,然而有这么一条却让人有些沮丧:"《世界葡萄酒地图》?我已经有一本了哦。"而几乎所有这些人拥有的往往都是很久之前的版本。难道他们没有意识到每一版都会有很多变化吗?不然的话根本没有出后面几版的必要!这已经是本书的第七版,这个项目已经成为休、我以及我的好搭档葡萄酒大师朱莉娅·哈丁(Julia Harding)最主要的工作,而主编Gill Pitts也为此版整整忙碌了两年。在我们完成此书的过程中,我们的团队也变得更为壮大,包括地图测绘员、排版、美工、资料分析和编排索引的人员,还有所有重要的当地顾问。书中的每一个词,每一个标点符号都经过认真的审阅,这一切为的就是在2013年推出这部最新的修订版。

和2007年相比,现在的世界早已经有了翻天覆地的变化。当上一版(第六版)出版时,无论是内容还是涉及的国家以及葡萄酒都比1985年的第三版要丰富许多,第三版有关南美的描写只有2页,新西兰只有1页,至于亚洲,当时没人会想到它如今会成为市场的中坚力量,诸如此类。

有趣的是,每一版《世界葡萄酒地图》都承前启后,几乎成为各个葡萄酒产区的编年史,记载着它们的变化,这点上,每一版都做得惊人一致。而葡萄酒世界也如你所见,像一个小村庄:些许彰显的细节便能反映出影响它的气象万千。

休很早就察觉到各种葡萄品种以惊人的速度被推广至各处,这是一种商业行为。不久之前你好像还觉得世界上的葡萄酒农还只是在自家地里鼓捣着那么几个国际品种和大家都熟悉的酿造比例。而当下的流行趋势则是许多传统的产地都热衷于恢复、发现以及振兴当地独有的葡萄品种,再试验一些新的葡萄品种。无论是葡萄酒农也好,消费者也罢,都乐在其中。

但与此同时,我们还留意到最近全球又兴起一股新的潮流,即便从严格意义上来说这只是发生在各个产区当地的现象。事实上现在很明显的改变就是许多酒农出于自身考虑不再把酒做得过于强壮浓郁,他们都认识到如何能够酿出产地的自然风土个性要比按图索骥地依照技法酿酒有趣得多。相比10年前,现在很大一部分酒已经变得更为淡雅、清新,更能表现出当地的地域特性。对此我们感到十分欣慰,不仅仅是因为葡萄酒变得更易饮了,还因为通过这些地域上的细节能够让我们更好地了解葡萄酒。

因此,即便是在加利福尼亚,这片新贵酒庄层出不穷之地,我们依然拥有众多选择,无论是在索诺马海岸还是更南部同样多雾凉爽的中部海岸圣丽塔山(Sta. Rita Hills)产区,都种植着优雅的黑皮诺和充满活力的霞多丽。而与此同时在澳大利亚,也发生着变化。不久之前这里酿的霞多丽还是如此重桶重酒体,而西拉(Shiraz)更是浓郁到不行,如今却大相径庭。现在的大部分霞多丽清瘦了许多,甚至有些过于纤细。而西拉也改头换面,甚至连名字都改叫希哈(Syrah),也酿得越来越优雅。在西班牙,大部分红葡萄酒都做得很浓郁,桶味很重,但现在人们已经把视线转向西北部受大西洋气候影响更为凉爽的产区,更为人瞩目的还有中部的高海拔产区。意大利亦如此,物以稀为贵,来自于埃特纳火山以及阿尔卑斯山奥斯塔谷的葡萄酒正成为市场的新宠。

我们已经饶有兴致地通过上述那些新兴产区对新版的《世界葡萄酒地图》做了个简介。所有文章全部进行过更新,有些地方甚至重新写过,

---

这不是波尔多的哪座城堡,而是位于中国河北的张裕爱斐堡国际酒庄,建筑样式和酒款都很法国。在过去10年间,中国已经展现出在葡萄酒世界的巨大影响力——不仅仅在消费市场,还包括葡萄种植和酿造。

而且还新绘制了至少25幅地图。法国依然是主角，也会以特别详尽的地图进行呈现，因为目前它依然是世界上最主要的两大葡萄酒产地之一，历史源远流长，地区分级制度也非常缜密。然而即便是在法国，从2007年开始，有些产区的分级也在发生着改变，而这不仅仅体现在命名上。尤其以朗格多克为例，随着整体品质的提升，它从四个分级改为三个分级。在这一版中，我们还详细描绘了金丘产区中最著名的葡萄园李其堡是如何划分的，还补充了教皇新堡各块地以及土壤类型的详细图解。另一方面，我们不再花太多精力在有关VDP（现更名为IGP）的地图上（参见第46页）。而新热点意大利埃特纳和西班牙西北部产区我们将予以大致的呈现。本书还将分别介绍葡萄牙绿酒产区和北部的多罗产区，此外我们还增加了有关奥地利、克罗地亚、斯洛文尼亚以及新登场的格鲁吉亚的详细地图。北非的葡萄酒业呈现停滞状态（若要重振的话只有指望摩洛哥的旅游业能够再次发展起来），但土耳其的横空出世非常值得我们期待。

而最让休和我没有预料到的还有德国葡萄酒近年来翻天覆地的变化。因此，我们新增加了阿尔（Ahr）的地图，还详细更新了莱茵黑森的沃纳高，纳赫的莫宁根和巴登的凯撒斯图尔，所有这些都补充了地理上的精确描绘。

但我们知道，相对于欧洲来说，近年来其他地区葡萄酒的发展速度要迅猛许多，而我们也非常乐意把这些变化呈现给各位读者。北美的篇幅从34页增加到了40页，这其中很大一部分要归功于加拿大（和德国以及英格兰一样，也是全球气候变化的受益者）和墨西哥，后者的下加利福尼亚州产区发展异常快速。而北索诺马和华盛顿州的哥伦比亚谷的地图也进行了增补，还有弗吉尼亚、五指湖产区、圣伊内斯谷也都拥有了各自的详尽地图。

智利和阿根廷也更新了地图，而我们更是首次在本版书中增加了澳大利亚莫宁顿半岛和塔斯马尼亚部分的地图。新西兰马尔堡的阿沃特雷谷和坎特伯雷也是新成员。除此之外首次露面的地图还有南非的斯瓦特兰和开普南海岸以及中国的宁夏产区，这些都是近年来涌现的标志性产区，而所有这些新成员都是我们在上一版的筹备中连想都不敢想的。

如何看《世界葡萄酒地图》一书

这本书完全针对普通消费者，而并不是一本官方教条式的葡萄酒书。像一些官方划定但普通消费者无须了解的分级，例如AOC、DOC、DO、AVA、GI或是南非那晦涩难懂的分级，我们都予以省略。但如果是为大众所熟知的产地、地区的话，基本它还没有太官方的划分，我们依然会把它放进书中介绍。在勃艮第金丘地图中，酿酒者尤其不会被标注，因为在这片产区，哪块田地远比酿酒人要重要——无论如何，只有通过详细描绘各个村庄才能让你更好地了解这里。

我们还标注了一些全球葡萄酒爱好者们感兴趣的酒庄，它们都是在当地非常具有代表性且品质十分优秀的酒庄。而有些地方，则很难在地图上标注出精确的酿酒所在地，因为各个酒庄都有自己的酿酒之道，尤其是在加州和澳大利亚一些酒厂，都拥有品酒窖、专卖店或是品鉴室，但这些都不是它们真正酿酒的地方（一些酒厂往往委托其他酒庄或者工厂代为酿酒）。而我们会在一些个案中标注出这些酒庄曾经酿酒的所在，让广大爱好者们有所了解。

需要注意的一点是为了有所区分，所有有关葡萄酒产地、酒名、酒庄和产区的名称，我们都将采用大写（例如，产区莫尔索：MEURSAULT），而所有地理名称将正常标注（例如，莫尔索村：the village of Meursault）。

在决定各个国家的产区介绍顺序时，我们大致遵循由西往东和由北向南的原则，但也有例外。因为在介绍这些产区的书页中都会插入一些酒标（自第一版时便开始这样做，业内创新之举），而我尽可能地会选择我个人最中意的国家、产区和葡萄园的酒。但选择什么年份往往比较随意，尽管在印刷当年这些年份或许备受青睐，但年份好坏需要很长一段时间来进行追溯，尤其是一些新兴的产区。因此书中所列酒标的年份都不具备任何参考价值，而酒标上的设计、标注的产区、葡萄品种以及如何来解读酒标才是重点。

个人感谢

再没有人像休·约翰逊这样大度，这样支持我，我们合作起来十分愉快，而且他本人又如此才华横溢。他对于每一版书都呕心沥血，仔细地检阅每一幅图片、每一张地图、每一处文字，有时甚至会帮我重新写就。他把他个人的光彩照进书中，使得文字更加精彩，地图更加精确，这些都使得《世界葡萄酒地图》一书变得尽善尽美。

而同样要感谢的还有过去两年里一直帮助我的助理，葡萄酒大师（MW）朱莉娅，她校对了所有地图，并通过人脉关系及时更新了全球各个国家、产区和酒庄方面的资讯。当然，我们三个人

要感谢Mitchell Beazley出版社发起并帮助出版了本书，还要向主编Gill Pitts致以最高的敬意，她一直在时间允许的范围内帮助我们完成《世界葡萄酒地图》一书。过去的三个版本都由她经手策划，她敢于承担重任并全情投入。再要感谢来自Cosmographics网站的地图测绘员Alison Ewington，Alan Grimwade和Allison Walls，她们所承担的工作无比艰巨，当然，还有一个人的工作同样让我钦佩和赞赏，Priscilla Reby，是她帮助我收集了各种难以获取的酒标。此外，还要感谢我们的美工Yasia Williams，他是如此可靠，与他合作也非常愉快，还要感谢出版人Denise Bates，是他帮助我和休在所有重要问题上达成共识，我们两人都要在书中对他特别致以谢意，正是在他的协调之下，本书才能从我俩的纠结之始化作美丽现实。最后要感谢我的著作代理人Caradoc King，三十多年来，你一直不离不弃。

还需要特别鸣谢的给本书提供帮助的人的名单（可能还有无心遗漏）列在本书第400页。同时还要感谢来自全球各地许多不同领域的资讯提供者的热心反馈。本书若有任何错误，责任都在我身上，他们也不该为本书所表达的这许多意见负责，尤其是像挑选酒标这种明显带我个人喜好的事情。

一如既往支持我的还有我的丈夫尼克，以及孩子们，朱莉娅、威尔、罗斯、查理和杰克，对于你们，我亏欠良多。在我为此书奉献的时间里，有些孩子已经渐渐长大，都到了能够享用这充满魅力的美酒的年纪了，而这所有的一切都太美妙了。

缩写表

以下是全书中最常见的缩写词汇：

AOC	原产地名称管制	Appellation d'Origine Contrôlée
AOP	原产地命名保护	Appellation d'Origine Protégée
AVA	美国葡萄酒原产地	American Viticultural Area
DO	西班牙原产地名号监控制度	Denominación de Origen
EU	欧盟	European Union
GI	地理标志	Geographic Indication
IGP	受保护地区餐酒	Indication Géographique Protegée
INAO	法国国家原产地名号研究会	Institut National de l'Origine et de la Qualité
OIV	国家葡萄与葡萄酒组织	Organisation International de la Vigne et du Vin
PDO	受保护的原产地名称（欧盟颁布）	Protected Designation of Origin
PGI	受保护的地域标识	Protected Geographical Indication

远古世界和中世纪

葡萄酒的历史早在有文字记载之前就已经展开了。葡萄酒与东方文明渊源甚深，不论是泥板文献、莎草纸或埃及墓葬壁画都有许多关于葡萄酒的记载。在葡萄酒罐上刻画出的人类生活、工作、争吵、相爱和担忧，都与如今的我们无异。虽然埃及法老喝葡萄酒的情形被生动地描绘下来，让我们得以窥见当时的景象，但因为年代悠远而不具任何意义。我们的葡萄酒时代可以上溯到腓尼基人（大约从公元前1100年起）和希腊人（晚于腓尼基人350年）殖民整个地中海的时代，就是在这个时候，葡萄酒开始传到意大利、法国和西班牙这些最后成为真正原产家园的地方。而希腊人更把意大利称作葡萄藤上的国家（见148页），一如维京人于公元1000年初到北美大陆，发现当地丰富多样的葡萄品种之后把这里称作"葡萄的土地"。

古希腊

诗人笔下赞颂的古希腊葡萄酒跟现代的希腊酒并没太多关联，当时在雅典甚至还流行一种名为Kottabos的餐后游戏，玩者将杯中最后几口葡萄酒泼向空中来冲击顶在棍子上巧妙维持平衡的盘子，敏捷灵巧的年轻人需要经过练习才能在这种游戏中获得好成绩。但是，据我们所知，当时所谓的葡萄酒杯里装的几乎都是添加香草、香料和蜂蜜的淡水（有时加的甚至是海水）葡萄酒，这不免让人生疑。因为独特性而受到相当高的赞誉是不争的事实，其中又以希俄斯（Chios）岛生产的葡萄酒特别受到市场欢迎。不过，这些酒到底喝起来是什么滋味，我们无从得知，但古希腊人为了定义边喝酒边谈天这样的场合而特别发明了"酒会"（symposium）这个词，可见葡萄酒对于他们来说有多重要。

希腊先在意大利南部大规模经营酿酒葡萄的种植，接着是托斯卡纳（Tuscany）的伊特拉斯坎（Etruscans）及更北边的地区，然后是罗马地区。在古罗马时期有太多关于葡萄酒以及酿酒的记载，因此我们可以约略勾勒出罗马帝国早期的葡萄酒地图。最伟大的作家，甚至包括古罗马诗人维吉尔（Virgil），都曾写过指导葡萄酒农的文字，维吉尔的"葡萄酒树热爱开阔的山丘"，也许就是提供给欧洲葡萄酒农的一个好建议。

其他的内容则是偏向估算方面的建议，例如讨论如何在不损失人力的情况下，让奴隶能尽量吃得少睡得少，进行最大的剥削利用。罗马的葡萄种植规模相当大，而商业利益的估算正是其经营手段的核心。葡萄酒的种植与酿造遍及罗马帝国各地，因此罗马必须从西班牙、北非等殖民地（或者说整个地中海沿岸），利用水路运进不计其数的尖底陶瓶来盛装葡萄酒。庞贝古城是当年罗马帝国的观光度假区，同时也是葡萄酒贸易的仓储中心，因此保存着许多详细的证据。

罗马时期的葡萄酒究竟有多好？有些酒的保存能力显然超出我们的想象，这足以证明当时的酿酒技术不能小觑。当时在葡萄汁酿造前会先加热浓缩，然后将葡萄酒直接放在壁炉上面储存，让它暴露在烟熏之中而达到有如马德拉酒（Madeira）的熟成效果。

罗马的伟大年份

历经几个世纪以来，罗马时期的伟大年份不仅广被讨论，甚至似乎跨越过完全不可能的漫长时间居然还能品尝。知名的欧庇米安酒（Opimian）酿自欧庇米安大帝开始执政的公元前121年，并在125年之后还能品饮。

罗马人曾经拥有保存葡萄酒所必备的所有条件，虽然他们没有采用跟我们现在一样的材料，以玻璃瓶来说，当时并没有用来保存葡萄酒，而木制的酒桶也只在高卢地区（包括现在的德国）使用。就像希腊人一样，罗马人也使用陶制的尖底瓶来盛装葡萄酒，容量约35升。

2 000年前罗马人所喝的大部分葡萄酒，可能跟现代一些比较简单的意大利葡萄酒一样，年轻、酿造较粗糙，视不同年份而呈现出锐利或强劲的口感。罗马时期让葡萄藤攀爬在树上的种植方法，在意大利南部的某些地方还一直沿用到近代，在葡萄牙北部甚至更为常见。

希腊人将葡萄酒带到高卢南部，而罗马时期就已经开始在当地种植与酿造葡萄酒了。在公元5世纪罗马撤离现今为法国的高卢地区时，已经为几乎所有现代欧洲最著名的葡萄园打好了基础。

从普罗旺斯（Provence）开始，当地在罗马人到来之前的数百年就已经有希腊人种植的葡萄园，罗马人沿着隆河谷地往上迁移，来到了现在的朗格多克（Languedoc），即古罗马行省纳尔榜南西斯（Narbonensis）。但迄今为止我们还是没有证据能证实波尔多到底是何时开始种植葡萄的。最早的文字记载是4世纪的拉丁诗人奥索尼

罗马军队在西班牙西部的埃斯特雷马杜拉建造了梅里达，并于公元前25年开始在此地种植葡萄并酿酒。这块绘制于公元2世纪的壁画向我们展示了当时人们在石槽中踩踏葡萄的情景。

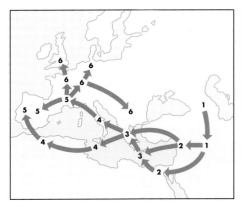

最早的葡萄栽种始于公元前6000年，高加索或**美索不达米亚1**，公元前3000年埃及和**腓尼基2**也开始种植葡萄。公元前2000年传入**希腊3**，公元前1000年蔓延到大利意，西西里和**北非4**。之后的500年间，西班牙，葡萄牙和**南法5**也开始了葡萄栽种，甚至还可能包括俄罗斯南部。最后罗马人把它传入北欧和**不列颠6**。（见上图）

罗马葡萄园
700 米以上

- London
- Paris
- Lyon
- Milano
- Marseille
- Roma
- Napoli
- Tarragona
- Siracusa
- Athina

- Torino
- Milano
- Raeticum
- Genuense
- Verona
- Parma
- Mutinense
- Venezia
- Lunense
- Bologna
- Patavinum
- Adrianum
- Firenze
- Ravenna
- Faventinum
- Praetutium
- Spoletinum
- Picens
- Graviscanum
- Sabinum
- Caeres
- Tiburtinum
- Aequicum
- Paelignum
- Nomentanum
- Vaticanum
- Roma
- Carseolanum
- Setinum
- Marsum
- Signinum
- Aricinum
- Sulmoniense
- Veliternum
- Caucinianum
- Ardeas
- Statianum
- Fundanum
- Caulinum
- Caecubum
- Massum
- Falernum
- Pompejanum
- Faustianum
- Geminianum
- Napoli
- Liternum
- Surrentinum
- Marianum
- Bari
- Buxentinum
- Tarentinum
- Lagaritanum
- Thurinum
- Consentinum
- Aluntinum
- Mesopotamium
- Messina
- Reginum
- Mamertinum
- Potitianum
- Tauromenitanum
- Catiniense
- Siracusa
- Adrumenitanum

1 Labicanum
2 Albanum
3 Praenestinum
4 Formianum
5 Trebellicanum
6 Gauranum
7 Beneventanum

公元100年罗马的葡萄园和葡萄酒
中间的地图展示了公元100年时罗马帝国的酿酒葡萄种植地区的大致分布情况，对比21世纪的地图会发现两者之间惊人地一致，尽管西班牙、葡萄牙以及法国当时的情况和现在不太相同，但在东欧和不列颠，过去和现代的产区基本相似。左边的地图是还原了意大利当时的葡萄种植情况。现代都市的名字用黑体标注；酒的名字用非黑体标出。

厄斯（Ausonius）的作品，他住在圣艾米利永（St-Emilion），甚至有可能就住在奥信庄园（Château Ausone）里，但有可能在更早之前就已经种有葡萄了。

最早的葡萄园大都位于河谷这种天然的交通要道内，一开始罗马人在此清除森林和作物来防范伏兵攻击，此外，要运送像葡萄酒这么重的货物，河谷的船运之便就是最好的方式。波尔多、勃艮第（Burgundy）和摩泽尔河（Mosel）的特里尔城（Trier），当地博物馆内还保存着一个满载货物和水手的罗马葡萄酒船的石造模型，可能一开始都是从意大利和希腊进口葡萄酒的酒商中心，然后才开始在当地开创自己的葡萄园。

到了公元1世纪，卢瓦尔河（Loire）和莱茵河（Rhine）畔都已经出现葡萄园，到2世纪时勃艮第也开始种植，巴黎（似乎不是明智的决定）、香槟区（Champagne）及摩泽尔则从公元4世纪开始出现葡萄园。勃艮第的金丘区（Côte d'Or）是其中算起来运输最不方便的葡萄园，因为没有可以通航的河流经过。但金丘区却位于通往古罗马北方特里尔城的要道上，同时又在富有的欧坦（Autun）行省边境。想来或许是该省的人瞧上了商业利益，然后发现他们真的选到了一个黄金山丘。以这些葡萄园为基础衍化成我们今日所见到的法国葡萄酒业。

中世纪

随着罗马帝国的陨落，远离黑暗时代之后，我们就逐渐进入中世纪较为明亮的部分，看到此时期画作中一个十分熟悉的场景：葡萄的采摘和破皮以及存放在酒窖中的酒桶，人们以喝酒为乐。而葡萄酒酿造的一些基本方法，一直到20世纪都没有改变过。教会曾经是黑暗时期技术文明的宝库。确实，这时的教会犹如以一种全新的方式延续罗马帝国的统治。查理曼大帝（Emperor Charlemagne）重建了帝国的体制，同时忍痛立法保障提升葡萄酒的品质。

修道院就像扩张者，在山坡上整地，在葡萄插条的四周用石墙围绕起来，一些过世的葡萄农和参与十字军东征的人的葡萄园也归属于修道院，于是

教会成为最大的葡萄园拥有者，人们也通过葡萄酒来认同教会，葡萄酒不再只是基督之血，而是这个世间的一种奢华享乐。主教堂和教会（尤其是为数众多的修道院），在当时都拥有或开创了欧洲大部分的顶级葡萄园。

本笃会的修道院从意大利的卡西诺（Cassino）山圣母院和勃艮第的Cluny修道院往外扩张并创了许多最好的葡萄园，直到他们的灵修生活变得声名狼藉："从桌上起身，静脉因喝多了葡萄酒而鼓起，头好像有火在烧着。"

他们的巨大修道院包括靠近法兰克福的Fulda修道院，美因茨附近的Lorsch修道院以及位于阿尔萨斯、瑞士、巴伐利亚和奥地利的主要修会。

1098年，莫莱斯门的圣罗伯特（St Robert of Molesme）从本笃会分裂出来，另外成立了主张禁欲主义的熙笃会，这是以他们设置在离金丘区步行可至的新修院熙笃会修道院（Cîteaux）为名的。熙笃会以非常快的速度成功拓展，除了勃艮第有石墙围绕的武若庄园（Clos de Vougeot）和莱茵高区（Rheingau）的Kloster Eberbach修道院旁的Steinberg葡萄园之外，还在欧洲各处开辟了许多宏伟的修道院。当然，最后还是跟本笃会一样因暴饮暴食而招致恶名。当时位于葡萄牙的Alcobaça熙笃会修道院，犹如他们的米其林三星餐厅。

在中世纪除由教会所主导的葡萄酒业之外，波尔多繁荣的葡萄园是个重要的例外，当地葡萄酒产业的发展完全是着眼于商业目的，而且是以单一市场为目标。

从1152年到1453年，领地广至法国西南部大部分地区的阿基坦（Aquitaine）公国，因为与英格兰王室联姻而成为英国领土，并努力地为年度大型运酒船队装载一桶桶英国人当时最爱的淡红新酒。而在1363年，伦敦的葡萄酒商公司更是被授予了英国皇家特许状（相当于在业内取得垄断地位）。

然而，葡萄酒的工具、用语和技术，仍是教会和修道院的稳固架构才将之定了下来，也让葡萄酒的风格以及一些我们现在相当熟悉的葡萄品种慢慢地出现。在中世纪的世界中，很少有东西能像葡萄酒这样被严格管理着。

葡萄酒和羊毛是中世纪北部欧洲的两大奢侈品，衣服和葡萄酒的贸易成为致富的商品，特别是在佛兰德斯和香槟区举办的年度大型市集，甚至会吸引阿尔卑斯山另一边的商人前来参加。没有其他地区比德国更加着迷于葡萄酒，遇到好年份时，他们会特别打造尺寸巨大、称为tun的橡木桶，例如海德堡的一只tun木桶可以装得下19 000打的葡萄酒。

此时对葡萄酒的鉴赏力可能还相当原始，不过在1224年法国国王举办了一场称为"葡萄酒战争"的国际品酒会，有来自西班牙、德国、塞浦路斯以及法国各地的70种葡萄酒参与竞赛，并由一位英国教士担任评审。最后的胜出者是塞浦路斯。

现代葡萄酒的演化

一直到17世纪初，葡萄酒都还拥有独一无二的地位，是唯一合乎卫生且可保存的饮料。葡萄酒在当时并没有其他竞争者，那时的水通常不能安全饮用，至少城市里的水是如此；而麦芽酒没有加啤酒花很快就会坏掉，也没有像烈酒或含咖啡因之类的在我们现代生活中最基本的一些饮品。

欧洲人喝掉的葡萄酒，数量大到令人难以想象，想想当时那些人铁定是整天活在微醺当中。从大约1700年前留下来的那些对葡萄酒的描述几乎都让人难以置信，除了莎士比亚生动的品酒笔记："那是一种刺激性极强的酒，你还来不及嚷一声'什么'，它就早已流到你的血管里了。"那时对葡萄酒的描述通常都强调皇室推荐或神奇的疗效，很少提到口味和风格。

所有这些在17世纪时都改变了，打头阵的是从中美洲引进的巧克力，接着是来自阿拉伯的咖啡，最后还有中国的茶。在此同时，荷兰人发展了蒸馏酒的技术与贸易，将法国西部的大片土地变成让他们进行蒸馏的廉价白葡萄酒供应地；啤酒花也让麦芽酒变成更稳定的啤酒；而大城市也开始以水管输进他们自罗马时期以后就一直欠缺的干净饮水。葡萄酒产业因此大受威胁，除非找到新的出路。

我们今日视为经典的大部分葡萄酒，都是在17世纪后半叶才发展起来的，这并非巧合。如果不是玻璃酒瓶及时发明，这些发展都不可能成功。

从罗马时期开始，葡萄酒终其一生都盛装在橡木桶里，酒瓶（或应该说罐子）通常都是用陶土或皮革制成，而且一般都只是用来将葡萄酒装上桌。一直到17世纪初，玻璃制造技术有了一些改变，玻璃瓶变得更坚固，吹制的成本也比较便宜。此时，某些爱动脑筋的无名氏，才将玻璃瓶、软木塞以及开瓶器拼凑在一块。

渐渐地，葡萄酒就被保存在以软木塞封紧的玻璃瓶内，而且比放在橡木桶中保存更久（橡木桶通常只要一开桶，酒就会很快变质）；而葡萄酒装在玻璃瓶里的熟成结果也跟着不同，会发展出成熟的陈酒香气。耐久存的葡萄酒就此产生，并有机会可以卖两倍或三倍的价格。

Château Haut-Brion 酒庄的主人是第一个想到要酿制我们现在称之为珍藏（reserve）等级的葡萄酒：汰选过、晚采收、更强劲、更小心酿造和熟成。在17世纪60年代，他用自己的名字 Pontac's Head 开了伦敦第一家餐馆，让大家认识他的葡萄酒。

在18世纪早期，勃艮第也改变了它的本性。产自伏尔奈（Volnay）和萨维尼（Savigny）两地的细致红酒曾经是最流行的酒款，但此时这些年轻的饮用葡萄酒开始被发酵时间更长、颜色更深的耐久存红酒所取代，特别是产自夜丘区的红酒更是受到欢迎。

在勃艮第，黑皮诺（Pinot Noir）是最重要的葡萄品种，不仅已经被确立身份，还主宰着勃艮第的葡萄酒；而香槟区也仿效采用黑皮诺。德国最好

的葡萄园则重新种植雷司令（Riesling）葡萄。但是，其他多数产区还在尝试中。

因为玻璃瓶问世而受惠最多的葡萄酒，是英国人从17世纪末就开始喝的浓烈波特酒（Port）。因为他们别无选择，当时英国人所偏好的法国酒，由于和法国几乎没停过的战争而被课以极高的税金。一开始他们对波特酒也有些疑忌，但随着时间流逝，当他们的波特酒逐渐变老之后，评价就急剧提升了。

1866年，酒商安德烈·朱利安（André Jullien）公布了新近年份的酒精浓度。以现在标准来看，勃艮第的酒精浓度实在高得吓人：科尔登（Corton）1858，15.6%；蒙哈榭1858，14.3%；伏尔奈（Volnay）1859，14.9%；李其堡（Richebourg）1859，14.3%。但相反的，波尔多同两个年份的葡萄酒，其酒精浓度则从11.3%（St-Emilion Supérieur）到只有8.9%（Château Lafite）。

自然低酒精浓度的波尔多葡萄酒，解释了现在看起来有点奇怪的古老葡萄酒贸易习惯。一直到19世纪中期，运往英格兰的葡萄酒（包括大部分最好的波尔多），都会进行一种称为英式工法（le travail à l'anglaise）的处理。

这是一种调配配方的名称，即在每个橡木桶的波尔多葡萄酒中加入30升的西班牙酒（Alicante或Benicarlo）、2升未发酵的白葡萄汁以及一瓶白兰地。在采收之后隔年的夏天，葡萄酒会连同其他的添加物再度发酵，然后被当成另外一种酒继续在木桶中熟成数年之后再出货。结果得出的酒会十分强劲且有不错香气，但是"酒精度高，不适合所有人的胃"。这样的酒，价格比自然的葡萄酒还要高。

在即使可能牺牲品质也要特别强调原产风味的今天，像这样的调配方法看起来似乎太滥用了。但是，这就好比有些人对波特酒添加白兰地而感到震惊一样。我们喜爱多罗河（Douro，波特酒产地）的酒添加白兰地，而我们的祖先却喜爱在拉菲（Lafite）中加一些 Alicante 来增添风味（口味会随着时间改变，今天我们偏爱的是多罗河酒不加白兰地）。

在19世纪，香槟比现在更甜，颜色和香气也更浓郁，除此之外，倒是跟现在的风味还颇类似；而波特酒和雪利酒也变得更完美。当时生产了更多的强劲甜酒：Málaga 和 Marsala 都正处于全盛期。

马德拉酒、康士坦提亚（Constantia）和托卡伊（Tokay）等甜白葡萄酒当时的高评价，不输于德国的干型 Trocken beerenauslesen 极品葡萄酒。

葡萄酒贸易蓬勃发展之下，使产酒国家中有相当不健康的高比例经济是依赖葡萄酒的生产：1880年时的统计资料显示，意大利当年有超过80%的人口或多或少是以此为生的。

意大利的托斯卡纳和皮埃蒙特区（Piemonte），

- ● 红
- ● 白

Châteaux:
Margaux
Lafitte
Latour
Haut-Brion
Rauzan
Lascombes
Léoville
Larose-Balguerie
Gorce (Cantenac)
Branne-Mouton
Pichon-Longueville

Romanée-Conti
Chambertin
Richebourg
Clos Vougeot
Romanée-St-Vivant
La Tâche
Clos St-Georges
Le Corton
Clos de Prémeaux

Musigny
Clos de Tart
Bonnes-Mares
Clos de la Roche
Les Véroilles
Clos Morjot
Clos St-Jean
La Perrière

Sillery
Ay Mareuil
Dizy
Hautvillers
Pierry
Le Clozet

Schloss Johannisberg
Rüdesheim
Steinberg
Graffenberg
Hochheim
Kiedrich

Leist
Stein

Liebfrauenmilch

Mont Rachet

Hermitage Blanc

High Douro

Château Grillet

Barsac
Preignac
Sauternes

Bommes;
Villenave-d'Ornon

Paxarete

Hermitage
Méal
Gréfieux
Beaume
Raucoule
Muret
Guoignière
Les Bessas
Les Burges
Les Lauds

Sercial
(Madeira)

这是 A. Jullien 于1866年在他的著作《所有已知的葡萄园地形》（*Topographie de Tous les Vignobles Connus*）中列出的世界上最好的葡萄酒（名字按照当时的拼写），即便现在看来依然令人赞叹。

1888年在澳洲建成的Seppeltsfield's酒庄是当时世界上最大最现代化的酒厂，拥有重力传送系统。位于巴洛萨谷的一片梯田上。

以及西班牙的里奥哈（Rioja）都曾经打造他们最早的现代外销葡萄酒。此时，加州正处于第一次葡萄酒的大袭击中，这是肆虐全球的根瘤蚜虫病（见15页）大灾难，导致几乎每一株葡萄树都要拔除，当时仿佛是葡萄酒世界的末日。

回顾当时因为理性化的种植、开始使用嫁接、加强选育最受喜爱的葡萄品种等做法，为葡萄酒提供了一个重新开始的绝佳机会。但这个新开始却缓慢且曲折，太多阻难接踵而至：假酒、禁酒、经济大萧条、世界大战及坏天气等。

在40年间（以波尔多为例），只有11个年份可以称得上普遍的好年份。在这个对抗大萧条的时代背景中，法国政府首度尝试要以设立法规的方式建立起一套初期的法定产区制度（Appellations d' Origines Contrôlées，见46页）。葡萄园的风土条件（terroir）这个概念，第一次系统地被条文化。

科学与工业

在20世纪时，葡萄酒世界出现了两个革命，第一个是科学革命，另一个是工业革命。此时，微生物学家路易·巴斯德（Louis Pasteur）的实用科学正要起航；发酵不再是个神秘难懂的谜团，而是一个可以由人力控制的过程。

波尔多首创以酿酒学为主题的大学科系，同一时间，法国的蒙彼利埃（Montpellier）大学、德国的盖森海姆（Geisenheim）研究中心、加州大学戴维斯分校（UC Davis）以及澳大利亚阿德莱得（Adelaide）大学罗斯沃西（Roseworthy）分校都开了葡萄种植研究的相关科系。刚建立起来的葡萄酒世界有很多的问题等着解决，刚加入的新兴酒庄有太多决定要做，而这都要从选出哪个葡萄品种来栽种着手。

但是一直到20世纪50年代，当美国挣脱禁酒令，欧洲从第二次世界大战恢复过来后，酒庄、酒厂及独立酒庄才又恢复一点儿生气。

在比较暖和的新世界国家，真正的改革动力则来自冷藏设备以及为发酵中的葡萄汁降温的能力。芳醇、均衡且具有久存潜力的葡萄酒几乎只产自欧洲北部产区；然而一旦降温的问题解决后，加州就像信仰宗教一样全心酿造着单一品种葡萄酒。

不过他们可以使用的品种并不多：金芬黛（Zinfandel）是加州的本土葡萄品种，而霞多丽则是"唯一的法国勃艮第酿制白葡萄酒的葡萄品种"，赤霞珠是"法国波尔多地区的首席红酒葡萄"。这些品种的名字就像魔咒，每家酒厂都需要靠它们来界定酒种。在澳大利亚，原先栽种西拉（Shiraz）、赛美容（Semillon）和雷司令等品种的葡萄酒农，则必须尽快引进全球开始想要的另外一些品种。

现代的葡萄酒世界开始于20世纪60年代，那时美国加州和澳大利亚几乎同时出现了许多雄心勃勃的葡萄酒厂，而且（或许更具代表性）美国E & J Gallo酒厂推出了可口的廉价餐酒（虽然酒标上标示着"Chablis"和"Hearty Burgundy"），满足全新族群对葡萄酒的需求。

扮演化妆师的橡木桶

科学是改进品质的利器，科技则可催化需求，而雄心勃勃的酿酒师则认为酿酒世界没有办不到的事。20世纪60年代最伟大的发现是法国橡木桶，如果谨慎使用，可以让葡萄酒表现不同的风土特色，而不仅是貌似法国经典风格的葡萄酒。没有任何其他单一元素能像法国橡木桶一样，让法国葡萄酒和它的模仿者之间有效缩短差距。

但遗憾的是，当新入门的葡萄酒客误将橡木桶的香气错认是葡萄酒的香气后，情形不久就失控而成了投机取巧了。橡木桶被滥用于调味，让葡萄酒失去了新鲜风味，这种情形仍是今日普遍存在的问题。不仅是新世界，在法国、意大利和西班牙也有许多对自家葡萄酒失去信心的酿酒者，变成流行的盲目追逐者。

21世纪一开始，就出现有史以来最多的优质葡萄酒（难免有令人尴尬的生产过剩危机）。除了科学与技术的长足进步之外，全球性的竞争也为20世纪末的葡萄酒世界在交流上带来了大跃进。

现在葡萄酒的世界已经少有或可以说完全没有秘密存在，但过去，这却是一个习惯守口如瓶、谨慎保密的世界。飞行酿酒师在20世纪80年代崛起，这些高科技的专业人才通常是澳大利亚籍，原本是指在澳大利亚冬季期间被委任到欧洲酿酒的酿酒师，但现在则意为同时在全球各地酿酒。

无论是飞行或走陆路的酿酒师，有时似乎像在不停忏悔般地将他们的所作所为全都写在背标上。当然，地球村所带来的新风险是行销凌驾于生产之上。

市场营销以安全保守为重，他们所提出的建议会让市场充满着去年卖得最好的酒款，而不是在某个葡萄园表现最好的酒款。

另一个类似的风险则是，每家瞄准全球市场的酒厂都竞相生产"我也是"的葡萄酒，让葡萄酒变得更加同质化。对多数消费者来说，这也许一点儿都不算是风险，当低等级的葡萄酒饮者成了绝大多数，他们想要的是稳定的品质，太多选择对他们来说反而会让他们混淆而失去信心。对英语国家来说，英文酒标让消费者觉得安心，这是新世界葡萄酒成功的重要因素之一。

另一方面，全球的葡萄酒饮者正慢慢且可预期地往上进阶，对他们所喝的葡萄酒将会更感兴趣。因此，高品质的葡萄酒正逐步取代日常餐酒的市场，这也将使生产过剩的趋势更加明显。

举例来说，当以低价和许多广告为卖点的霞多丽酒开始抢占市场时，日常餐酒的时代就要过去了。当消费者对葡萄酒认识越多，也越摸清自己的口味，就越会不吝付出更多的钱购买葡萄酒。

在20世纪的最后几十年，这种趋势变得越来越明显，那些单调乏味、面貌模糊的葡萄酒，好日子已经不多了。法国南部的葡萄园曾经以生产廉价的日常葡萄酒为主，现在则是升级为地区餐酒（Vins de Pays）的故乡，目前已经酿出一些顶级酒，而成功自然会吸引更多的生产者加入。

许多理由都让我们相信，葡萄酒的多样性将会长久存续下去，这个情况确实正在发生。

新世界不少具有雄心的葡萄酒农已经开始将赤霞珠和梅洛（Merlot）葡萄，以桑娇维塞（Sangiovese）、内比奥罗（Nebbiolo）、添普兰尼洛（Tempranillo）和杜丽佳（Touriga Nacional）等品种取代，或改种因澳大利亚影响而日渐增多的西拉葡萄。令人振奋的迹象显示，全球的葡萄酒生产者已经开始正视及关心到底要提供什么样的葡萄酒给今日越来越多对葡萄酒具有敏锐眼光的消费者，也许是非常特别的区域环境条件，也许是采用快消失的原生葡萄品种。这当然无法让您更容易了解葡萄酒，但是却能让葡萄酒自然地变得多样且更好。

酿酒葡萄

这是个奇特的事实，我们称为葡萄酒的饮料是这般美妙多变，经常引发我们的灵感，但它却是只由一种水果的汁液所发酵酿成。我们喝的每一滴葡萄酒是从雨水（在比较炎热的地方则可能是人工灌溉）由土壤接收之后，经由生长葡萄的植物葡萄树所吸收转化的历程，在日光的协助下，以及一点点土壤中的养分，通过光合作用变成可以发酵的糖。

在最初的两三年，年轻的葡萄树因为忙于建立根系和发展强健的木质藤蔓，只能结出非常少的葡萄串。在此之后，如果放任自然生长，葡萄树会迅速枝繁叶茂，只结出一点儿果实，而却将大部分的能量用在长出新芽以及伸展出蜿蜒细长、长着叶子的木质藤蔓，极适合找到一棵树攀附而上。一棵葡萄树可长到覆盖达一亩地（约半公顷）的面积，在藤蔓接触土壤的地方还可发展出新的根系。

这样的自然生长与繁殖模式称为自然压条法（法文provignage），在古代曾经是葡萄园的种植方法。由于葡萄的果实直接与地面接触，为了避免葡萄腐烂或被老鼠偷食，每条葡萄藤会架起一些小支架撑离地面。如果葡萄藤离树很近，就可利用卷须攀附其上，直到极高的高度。罗马人还特别栽种榆树让葡萄藤攀爬，在采收季时再雇用临时工采收，因为太危险而不舍得派自己的奴隶冒险爬树去采。

当然，现代的葡萄树绝不允许浪费珍贵的能量去生长繁茂的枝叶，任其长出长而多叶的藤蔓（见25页）。将葡萄树种植在肥沃度不高的土壤，并在冬季时进行剪枝（经常会强剪到仅留下非常少量的芽眼），就能采收到比较高品质的葡萄。

跟其他大部分植物一样，葡萄树也可以经由种子繁殖，不过种子却很少能反映亲本特性。葡萄种植专家反而会以无性繁殖的方式来栽培葡萄树，通过扦插法来确定后代和母本能保有一样的特性；而葡萄籽只用来实验培育出新的杂交种。在种植新开垦的葡萄园时，未繁殖的插条可以直接种到土里面让它长出自己的根系，或者嫁接在砧木上，砧木通常是另一品种的葡萄树，会特别根据适应某种特定土壤类型或具有抗干旱或抗线虫等功能来挑选。

种苗场的人必须尽量做到让所有的插条都取自无病毒感染的健康葡萄树。嫁接后的小树苗会先移种一季直到发根。假如有病毒感染的任何风险，就只能从无病毒的生长点培养出组织培养苗，然后在实验室培养成发根植株后才能种植。

当葡萄树越长越大后，主根会伸往更底层的土壤来寻求水分和养分。普遍来说，葡萄树的树龄越年轻，酿成的葡萄酒就越清淡，也越缺乏细节变化，不过葡萄树在前一两年就可生产一些可口的葡萄，因为产量通常不多，葡萄树可以集中全力让数串葡萄拥有浓郁的滋味。大约种植3~6年后，葡萄树比较稳定了，也长满了土壤上方的空间，此时日趋复杂的根系会让水分及养分的供应更加稳定，因此就会逐渐增产风味越来越多的葡萄，酿成越来越浓缩的葡萄酒。

葡萄的产量通常会在葡萄树25岁到30岁左右开始降低，此时老株就可能因为缺乏经济效益（也有可能是感染疾病或是因为品种不再流行）而被拔除。比这个树龄还老的葡萄树所酿成的葡萄酒通常被认为品质较佳，也可能特别在酒标上标示老藤（法文vieilles vignes）。

用来种植葡萄的最理想土壤（见22~23页）要排水性佳，而且土层深厚，有时可以让葡萄树

葡萄树之生长季

发芽

欧洲北部的3月以及南半球的9月，当温度升高到10℃时，冬季剪枝后所留下的树芽开始肿大，从葡萄藤的瘤节间还能看到绿色新芽冒出。

展叶

长出新芽后10天内，树叶开始从树芽中伸展开来，初生的卷须也出现了，这时的新芽非常脆弱，经不起霜害。在北半球比较寒冷的地区，霜害的风险要迟至5月中旬才能解除；而在南半球则要等到11月中旬。延后剪枝可以让葡萄树较晚发芽来避开春霜。

开花

发芽后6~13周，葡萄树开始进入关键的开花期，开始出现小小的狭圆锥花序瓣，淡黄绿色，看起来就像是小粒的葡萄，等合生花瓣脱落后就会露出花柱，完成授粉后会长出葡萄。

完全成熟

如何衡量成熟度以及判断构成完美熟度的要素有哪些，是近年来研究的焦点主题。黑葡萄品种的表皮必须有一致的深黑颜色，而果梗也必须开始木质化，还有葡萄籽也不能还带有绿色。

着色成熟期

假如能顺利避过春霜以及降雨，就会在北半球6月（南半球的12月）长出绿色坚硬的葡萄幼果。这些葡萄在夏季开始长大，然后在北半球8月（南半球2月）变色开始成熟，果粒会变软，颜色也会开始变红或变黄。进入成熟期之后，葡萄内的糖分会快速增加。

花季的影响

每年葡萄园的产量多寡由授粉的成功率来决定。在开花季10~14天之内，如果碰到坏天气会导致落花落果，果柄上会长满过多的细小浆果，最后会造成落果或果粒大小不均的不良情况。

葡萄树的病虫害

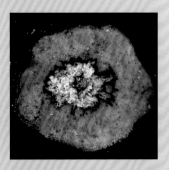

根瘤蚜虫 以葡萄树的叶子、藤须和根部为食，原生于北美洲。维多利亚时期，躲藏在植物标本里的根瘤蚜虫经由蒸汽船来到欧洲。美洲种葡萄对根瘤蚜虫病有免疫力，将欧洲种葡萄嫁接于美洲种葡萄的砧木上是唯一有效的防治方法。

葡萄枝干病 往往会蔓延影响至全部藤蔓。枝干病包括埃斯卡（esca）真菌感染，葡萄顶枯病（eutypa dieback）和枝条黑死病（black dead arm, BDA），这些疾病都会对葡萄树干造成致命伤害（图为被埃斯卡真菌感染的枝干）。感染的首先症状是葡萄树的叶子和枝干会出现奇怪的颜色和花纹。而有关成因和治愈方法的研究是当下的首要任务。

卷叶病病毒 是多种会让葡萄叶子变深红色且向下卷曲的病毒统称。当葡萄树变成如此漂亮的颜色时，酿成的葡萄酒通常会特别干瘦，因为病毒让葡萄的成熟速度减缓且产量也会降低多达50%。卷叶病病毒在全球的葡萄园都可发现，但是在南非危害特别严重。

真菌类疾病（霉病） 如茸毛状的霜霉病（露菌病）、白粉病以及其他许多种霉菌都是葡萄树的主要病害。葡萄农最有效的对抗武器是喷洒一种以铜为原料制成的灭菌剂，又称为硫酸铜或波尔多混合液，喷洒过后，葡萄树会变成醒目的亮蓝色。

的根系往非常深的地底伸展来取得稳定但又不会过多的水源。与此同时，葡萄树在接近地表处也会长出许多新的营养根。

虫害与疾病

欧洲种葡萄（或称酿酒葡萄）的学名是Vitisvinifera，有数不尽的天敌，其中最致命的病虫害到了很晚才出现（主要来自美洲大陆），使得欧洲种葡萄无法发展出自然的抵抗力。

在19世纪，粉孢菌以及后来的霜霉病（又称露菌病）第一次攻击欧洲的葡萄树以及种植在新世界的欧洲种葡萄。后来虽然发明出对抗这两个真菌类疾病的有效疗法，但仍然需要经常喷药防治。

另一个让喷药车在葡萄生长季经常出入葡萄园的原因是霉菌，特别是有害的霉菌（有利的霉菌，可以让葡萄酿成像96页所介绍的那些非常独特的甜白葡萄酒）。

这种长在葡萄串上的霉菌称为灰霉菌，会让葡萄出现严重的霉味，而这种霉菌现在也逐渐产生对抗霉菌化学药物的抗药性（见24～25页）。真菌类疾病在潮湿的气候区或是葡萄树叶茂密之处特别严重。

19世纪末，在刚找到两种霜霉病的对治方法时，一个更危险的灾害开始慢慢浮现，最后被确认出病源。根瘤蚜虫（phylloxera louse）寄居在葡萄树根，啃咬吸食直到葡萄树死掉为止。

根瘤蚜虫病几乎摧毁了欧洲所有的葡萄园，直到发现美洲原生种的葡萄（根瘤蚜虫病是从美洲传入欧洲的）对根瘤蚜虫病完全免疫为止。结果是欧洲每一株葡萄树都必须改种，全面以欧洲种葡萄的插条嫁接在美洲种葡萄的树根上（亦即抗根瘤蚜虫病的砧木）。

全球某些较新的葡萄酒产区（最明显的例子是智利和澳大利亚的部分）还没有遭遇过这种蚜虫天敌，葡萄农可以快乐地将无嫁接的欧洲种葡萄直接种植在土壤里。但在美国俄勒冈州（Oregon）和新西兰（曾经短期发生过），以及曾在20世纪80年代付出惨痛代价的北加州葡萄农，都必须非常小心地选择砧木，确保能够对抗根瘤蚜虫病才能使用。当时必须铲除数十万公顷的葡萄园，重新栽种真正能对抗根瘤蚜虫病的可靠砧木，而更严格的检疫规定也在许多葡萄酒产区开始实施，以避免根瘤蚜虫的侵袭。长在地表之上的葡萄树部分，也是许多野生昆虫侵袭的对象。叶螨（红蜘蛛）、红翅纹卷蛾和葡萄缀穗蛾的幼虫，以及很多种的甲虫、毛虫和螨类，都将葡萄树当成食物。

最晚出现的葡萄园害虫是亚洲瓢虫，它们会释出一种液体，即使是非常少量残留在葡萄上，都会对酿成的葡萄酒造成影响。这些昆虫大部分都可喷药防治，因此每年夏天很多葡萄树都要多次喷药。同时，采用有机和自然动力法种植的葡萄农也正在实验更加天然的防治方法，例如天敌法、费洛蒙性混淆法以及生物农药技术等。而从有些植物诸如马尾草中提取的汁液能够有效预防葡萄真菌。葡萄皮尔斯病由叶蝉传播，这种长着一双透明翅膀的尖嘴杀手能够刺穿藤蔓表皮吸食，而且具备长距离飞行的能力，轻易就能将疾病传遍整片美洲大陆。患株被传染以后5年内便会丧失生命力，初始症状表现为叶子上出现干枯点，而后开始掉落，没有任何葡萄品种对皮尔斯病免疫，而且到目前为止尚没有治愈方法。

根瘤蚜虫的传播

1863年	根瘤蚜虫在英格兰南部被发现。
1866年	出现在法国隆河谷（Rhône Valley）南部及朗格多克（Languedoc）。
1869年	根瘤蚜虫病传到波尔多。
1871年	在葡萄牙和土耳其出现。
1872年	出现在奥地利。
1874年	根瘤蚜虫散布至瑞士。
1875年	根瘤蚜虫病在意大利被发现，而且也在1875年末或1876年初远至澳大利亚的维多利亚州。
1878年	根瘤蚜虫病入侵西班牙。法国开始将葡萄嫁接在抗病害的美洲种葡萄砧木上。
1881年	德国葡萄园确定感染根瘤蚜虫病。
1885年	根瘤蚜虫病入侵阿尔及利亚。
1897年	根瘤蚜虫病入侵克罗地亚的达尔马提亚（Dalmatia）地区。
1898年	传到希腊。
20世纪80年代	北加州出现感染根瘤蚜虫病的葡萄树。
20世纪90年代	根瘤蚜虫病出现在俄勒冈州及新西兰。
2006年	出现在澳大利亚维多利亚州的雅拉谷（Yarra Vally）。

国际葡萄品种

如果说地理条件决定了葡萄酒风味的细节变化，那么酿造葡萄酒最关键的原料就是葡萄品种了。从20世纪中叶开始，葡萄品种在葡萄酒语言中开始扮演越来越重要的角色。

举例来说，现在没有多少人知道夏布利（Chablis）这个法国北部的葡萄酒产区，但是这个产区所使用的葡萄品种霞多丽却有很多人知道；而对消费者来说，要记牢少数几个著名的葡萄品种名，也比认识所有可能出现在酒标上的葡萄酒产区名要容易多了，这也是何以标示品种名的酒标会日趋流行的原因。

混合两种或两种以上的葡萄品种所酿成的葡萄酒也越来越常见，逐渐取代部分单一葡萄品种酒的市场。

这几页内容介绍的是遍植于全球的几个葡萄品种，这是您开始学习葡萄酒的入门知识。在品种名称下另以斜体字扼要描述一些最明显的品种特征，起码可以保证这些特征或多或少会出现在标有此品种的葡萄酒里，这类附有品种酒标的瓶装酒包括了欧洲以外的几个主要葡萄酒，在欧洲（甚至在法国）也有越来越多的葡萄酒会在酒标上标出使用的葡萄品种。

但是，如果您想更深入了解葡萄酒，并有心认识欧洲的顶级及优质葡萄酒，以及想要体会其他产区葡萄酒的细致变化，您需要对地理存有一些好奇心。本书以地图架构成酒区之旅，更能帮助您了解为什么赫米塔希（Hermitage）喝起来会跟另一个使用同一品种西拉酿造、位于上游48公里外且山坡坐向不同的罗蒂丘（Côte-Rôtie）红酒，有如此截然不同的感受。

黑皮诺葡萄接近熟透期的剖面图

果梗 当葡萄完全熟透后，葡萄梗会从原先绿色饱满的状态转变成棕色及木质化。果梗会让酒喝起来又酸又涩。

果刷 果梗与果肉相连的刷子状维管束，在酒厂完成葡萄去梗程序后，还会残留在果肉上的部分。如果是机器采收的话，则会与葡萄串脱离而留在葡萄树上。

葡萄籽 不同的葡萄品种，葡萄籽的数量和大小都不一样。如果意外压破，所有的葡萄籽都会散发苦味。

果肉 这是对葡萄酒的容量贡献最多的原料，含有果糖、酸和许多水分。所有酿酒葡萄的果肉几乎都是灰色的。

葡萄皮 这是酿造红酒时最重要的原料，含有相当浓缩的单宁、色素以及最后会为葡萄酒带来香味的成分。

赤霞珠 CABERNET SAUVIGNON
黑醋栗·雪松·高单宁

这是严谨红酒的同义词，久存后会转化成细腻的杰出作品。因为这样的原因，赤霞珠成为传播最广的红酒品种，但也因为相对较晚熟，只适合种在比较温暖的地方，即使是在其原产地梅多克和格拉夫（Graves），在某些年份也可能无法全然成熟。但是，它一旦真正熟透后，无论颜色、味道以及单宁都相当惊人，全都汇集在厚皮的深蓝色小浆果内。经过小心酿造以及橡木桶的培养熟成，可以酿出一些全球最耐久放也最令人激赏的红葡萄酒。在波尔多以及越来越多的其他地区，赤霞珠通常都会跟梅洛和品丽珠混酿，而如果是种植在像智利和其第二故乡北加州那么热的地方，不需混合其他品种就能酿成非常可口的红酒。

霞多丽 CHARDONNAY
厚重·没有过多的橡木桶味就会很讨喜

勃艮第的白葡萄酒品种，比黑皮诺更加多变。霞多丽在种植和成熟方面没有问题，除非环境极端到不利酿酒葡萄生长，否则到处都能栽种（因为发芽很早，出现春霜时相当危险）。不同于雷司令，霞多丽没有浓厚且特别的风味，所以适合在橡木桶中发酵与培养，这也许正是它能够成为全世界最知名的白葡萄酒品种的原因。霞多丽总是能呈现酿酒师所期望的风味特色：活泼有朝气及带气泡，新鲜无橡木桶味，丰富带奶油味，甚至可酿成甜的，它也能酿成像夏布利那样矿物味十足、口感清爽的酒，甚至还能作为酿造香槟和红葡萄酒的一部分原料。

黑皮诺 PINOT NOIR
樱桃·覆盆子·紫罗兰·野味·中等浓度的红宝石色

　　这个最难捉摸的葡萄品种比较早熟，对于风土条件也特别敏感。种在太热的地方会成熟太快，而无法发展出薄皮中所蕴含的许多细致迷人的风味。全世界黑皮诺最完美的生长地点就是勃艮第的金丘区，如果是无性繁殖法，加上适合的种植法及酿造技术，黑皮诺就能够传递出非常复杂多变的风土特色。一瓶优质的勃艮第红酒充满了魅力，让全球各地的葡萄农都想要模仿，但到目前为止，只有新西兰、美国的俄勒冈州、加州以及澳大利亚最冷的一些产区能够酿出非常不错的黑皮诺。在酿造无泡酒时，黑皮诺很少会跟其他品种混合，但是跟霞多丽及近亲莫尼耶品乐（Pinot Meunier）却是酿造香槟酒最常见的基本组合。

西拉 / 西拉子 SYRAH/SHIRAZ
黑胡椒·黑巧克力·重单宁

　　在隆河谷地北边的原产地，西拉葡萄以生产酒色深、非常耐久的艾米达吉以及罗蒂丘（Côte-Rôtie）闻名（在罗蒂丘传统上会添加一点儿维欧尼品种来增添风味）。现在西拉葡萄已经遍布于法国南部各地，在当地比较常和其他品种一起混合酿。澳大利亚的西拉葡萄称为"Shiraz"，是澳大利亚种植面积最广的用来酿制红酒的品种，这里的西拉红酒喝起来有些不同，在像巴罗沙（Barossa）这么温暖的地方，常酿成强劲、丰富、浓厚、充满重量感的葡萄酒，但是在维多利亚州比较凉爽的地方却可酿成带着黑胡椒香气的红酒。现在，全球各地的葡萄农都会尝试种植西拉，并很容易爱上它，它所酿成的酒不论成熟度如何，总会有相当有劲的余味。西拉也越来越受关注，在智利、南非、新西兰和华盛顿州以及阿根廷都被酒农们大规模种植。

梅洛 MERLOT
丰满·柔和·李子味

　　多肉、颜色稍浅，是赤霞珠传统的调配伙伴，特别是在波尔多（梅洛比较容易成熟，种植不困难，所以成为当地最重要的品种）。在寒冷一点儿的年份会比赤霞珠还容易成熟，在比较温暖的年份则会变得酒精浓度高。浆果较大且皮较薄，意味着单宁往往较少、口感更丰饶，可以更早开瓶享用。梅洛也有单独装瓶的单一品种酒款，尤其是在美国更被视为比赤霞珠易饮（但掌声可能比较少），而在意大利北部，这是当地比较容易成熟的品种。梅洛在波美侯（Pomerol）达到极致，可酿成性感迷人、带着丝般质地的美酒。梅洛在智利则特别常见，而在那里人们长期以来一直把它和佳美娜（Carmenre）相混淆。

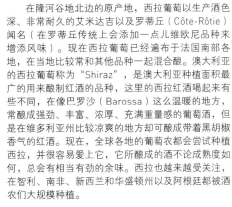

长相思 SAUVIGNON BLANC
青草·绿色水果·极清爽强酸·很少带橡木桶味

　　香气扑鼻，极为清爽，跟本页的多数品种不同，适合在比较年轻的时候品尝。长相思的原产地是法国的卢瓦尔河产区，特别是在桑塞尔（Sancerre）和生产普依-芙（Pouilly-Fumé）的卢瓦尔河畔普依（Pouilly-sur-Loire）产区一带，在当地，其风味每个年份都可能非常不同。种植于太温暖的气候区，可能会丧失特有的香气和酸味，在加州与澳大利亚酿制的许多长相思都显得太浓腻。长相思植株比较强健，枝叶容易生长过盛，因此必须通过良好的枝叶引枝与管理系统来抑制过多枝叶。长相思在新西兰表现特别好，尤其在马尔堡（Marlborough），在南非比较凉爽的地方也相当不错。在波尔多，长相思传统上是与赛美容混酿成干型及甜美的白葡萄酒。

雷司令 RIESLING
新鲜果香·细致·风味独特·外放·很少带橡木桶味

　　雷司令之于白葡萄酒就好比赤霞珠之于红酒：可在不同产地酿成风格截然不同的葡萄酒，而且非常耐久放。品质常遭低估，在20世纪后期，价格也往往偏低，现在雷司令又开始慢慢流行起来。雷司令葡萄酒有非常强烈的香气，依据不同产区、甜度与酒龄，会展现矿石、花香、柠檬以及蜂蜜香气。雷司令在其原产地德国可以酿出非常伟大的甜酒，但拜全球气候暖化所赐，现在德国也可酿出非常好的干型雷司令，而走这两者中间路线的半干半甜型也表现优异。雷司令一直都是德国和阿尔萨斯（Alsace）最高贵的葡萄品种，在澳大利亚、奥地利、纽约州和密歇根州也备受推崇。

赛美容 SÉMILLON
无花果·柑橘·细腻嫩滑·酒体饱满·丰富

　　赛美容被选列在这里，是因为它有能力酿出品质非常优异的甜酒，特别是产自苏特恩（Sauternes）和巴萨克（Barsac）这两个产区的，经常以4∶1的比例混合长相思以及一点儿密斯卡岱（Muscadelle）品种。赛美容（在法国拼为Sémillon）的皮特别薄，因此非常容易感染霉菌，如果遇到对的天气条件会奇迹般长成贵腐葡萄，葡萄的甜度更为浓缩。这是波尔多种植最广的白葡萄酒葡萄，在当地（特别是在格拉夫产区）被用来酿成带橡木桶味的出色干白葡萄酒。澳大利亚的猎人谷（Hunter Valley）则用非常早采收的赛美容葡萄酿成耐存放且复杂、轻度酒体的干白葡萄酒。南非也有一些相当不错的赛美容葡萄。

地区性葡萄品种

这个跨页所介绍的所有葡萄品种与前述品种都是欧洲种葡萄中最负盛名的，跟美洲种葡萄、亚洲种葡萄以及爬藤植物五叶地锦同样都属于葡萄属（Vitis）。

在美国有些地方是以美洲种葡萄来酿酒，美洲种葡萄可以有效对抗许多真菌类疾病（见15页），但是有些品种如Labrusca却带着特别强烈的"狐狸味"（可试试Concord葡萄做成的果冻），一种常让外地人厌恶的味道。美洲种葡萄与亚洲种葡萄在培育适应特殊环境的新品种方面非常有用，经由与欧洲种葡萄的杂交已经培育出数以百计的杂交种，在成长季比较短的地方还是可以达到足够的成熟度，比如某些蒙古的葡萄品种在培育新种时可改善品种的抗寒能力。

很多（不是指全部）杂交种只能酿出品质较差的葡萄酒，所以一直都受到忽视，在欧洲甚至还被明文禁止种植。很多欧洲种葡萄的培育者将心力集中在不同欧洲种葡萄之间的杂交上，以便找出可以适应特定需要或环境的新品种，其中穆勒塔戈（Müller-Thurgau）就是一例，这是一个相当早就被培育出来的杂交种，主要是针对雷司令葡萄无法成熟的葡萄园所专门培育的。

葡萄农需要决定的不仅是要选哪个品种或哪个种木。葡萄树的寿命通常是30年左右，不过在一些追逐流行的产区，葡萄园经常会直接截掉旧品种，再接枝上时兴的品种。克隆葡萄品种的选择也跟普通葡萄品种的选择一样重要，育苗者经过长期的观察、选育和繁殖，培育出具有一些特性的葡萄树，包括高产量或产量稳定、抗病与抗菌力强或耐极端气候、早熟等等。现在葡萄农可以选择单一的克隆品种，或是更明智地选择多种克隆品种来进行种植。

当然，并不是每棵葡萄树苗都会附上清楚的出处标示，因此通过精确观察与辨识各种葡萄品种在果实、叶片形状、颜色等方面的差异，就发展出一套专门的科学"葡萄品种学"，由此也揭露出许多品种之间的迷人关系，不过这都比不上近年来的DNA分析所获得的惊人发现。科学向我们精确揭示了品丽珠和长相思是赤霞珠的亲本，而霞多丽、阿里高特（Aligoté）、博若莱（Beaujolais）的佳美葡萄（Gamay）、麝香葡萄（Muscadet或Melon de Bourgogne）、马尔白克以及其他十几个品种都是黑皮诺和古老神秘的品种Gouais Blanc的后代。而黑皮诺应该还是西拉的伟大先祖，梅洛看上去则和马尔白克有血缘关系。

黑歌海娜 GRENACHE NOIR
颜色淡·甜·成熟·适合酿成粉红酒

歌海娜在环地中海区广泛种植，而且是隆河南部产区种植最广的葡萄品种，在当地通常和慕合怀特（Mourvèdre）、西拉和仙梭（Cinsault）等品种一起混酿。在鲁西永区（Roussillon）也种植相当多，并且和灰歌海娜及白歌海娜都因为酒精度非常高而共同成为当地"天然甜味葡萄酒"（VinsDoux Naturels，见144页）的主要品种。在西班牙称为"Garnacha"，是全西班牙种植最广的红葡萄酒品种，历史悠久，酿造的葡萄酒大都性价比很高。在法国科西嘉岛称为"Cannonau"，在澳大利亚和加州都称为歌海娜，现在越来越多产地开始种植这个品种。

桑娇维塞 SANGIOVESE
强烈·活泼·多变：从梅子到乡土味都有

意大利种植最广的品种，有许多别种，在意大利中部最常见，尤以Chianti Classico、Montalcino（在当地称为Brunello）以及Montepulciano（酿成的酒称为Prugnolo Gentile）三个产区最著名。桑娇维塞最平常的那些克隆品种往往产量过大，而酿成相当清淡、干瘪的红酒，在艾米利亚-罗马涅（Emilia-Romagna）区里有非常多这样的酒。传统的奇杨第（Chianti）会再添加白葡萄特来比亚诺（Trebbiano）、当地的卡内奥洛（Canaiolo）以及颜色很深的科罗里诺（Colorino）等品种来降低桑娇维塞的比例。现在托斯卡纳许多充满雄心的酒庄耐心地酿出最深颜色和香气的桑娇维塞红酒。近年来也逐渐种植到世界其他产区。

品丽珠 CABERNET FRANC
植物叶子香气·新鲜·很少浓重

这是赤霞珠的柔和版本。因为较早熟，品丽珠在卢瓦尔河产区广泛种植，也可种在较冷而土壤也较潮湿的圣艾米利永（常和梅洛混酿）。在梅多克、格拉夫也有种植，以防赤霞珠万一没有成熟就可备用。比梅洛更耐寒冷的冬季，可以在新西兰、长岛和华盛顿州酿出相当可口的红酒。在意大利北部尝起来可能带着颇可口的青草味，而在卢瓦尔河的Chinon产区则可酿出极致般丝滑口感。

添普兰尼洛 TEMPRANILLO
烟叶·香料·皮革

西班牙最知名的品种，提供ribera Del Duero红酒口感深厚浓郁的劲道，在当地又称为tinto Fino或tinto Del País。在里奥哈（rioja）则是与歌海娜混合调配。在加泰隆尼亚则称为ull De Llebre，在valdepeñas产区叫作cencibel；而在那瓦拉（Navarra）产区通常与波尔多品种混合。在葡萄牙称为tinta Roriz，一直都用于酿造波特酒，近年则开始逐渐酿成不甜的红酒；而在alentejo产区则另外称为aragonês。发芽相当早，易受春霜威胁，又因皮薄而容易感染霉菌，但是现在的国际评价已比以往高，用于酿造优质红酒。

慕合怀特 MOURVÈDRE
肉感·黑醋栗·多酒精·多单宁

这是一个需要许多阳光才能成熟的品种，是普罗旺斯顶级葡萄酒产区Bandol最重要的葡萄品种，Bandol红酒通常需要经过小心培养才能适饮。在整个法国南部以及南澳，都用慕合怀特来为歌海娜和西拉的混酿添加厚实口感。在西班牙称为Monastrell，是当地种植第二多的葡萄品种，不过重产量却不太重品质。在澳大利亚以及加州两地因为被称为Mataro而受到忽视，直到改名为慕合怀特后，才开始因为法文名字的魅力而有了新生命。

内比奥罗 NEBBIOLO
柏油·玫瑰·紫罗兰·柑橘·酒色深黑

这个品种犹如皮埃蒙特产区的黑皮诺。在意大利的巴罗洛（Barolo）和芭芭罗斯科（Barbaresco）两个产区，内比奥罗葡萄反映了当地每一个山坡与海拔的细节变化，而且只有种植在当地最佳的葡萄园才有可能成熟。全然成熟时，会带有非常高浓度的单宁和酸味，虽然颜色可能不是非常多，但是长时间的大型木桶以及瓶中的培养之后，却能熟成为令人难忘的迷人红酒。内比奥罗在意大利西北部也大面积种植（如Valtellina和Gattinara），但就像黑皮诺一样，它也很难适应其他地方的环境。不过，南美与澳大利亚的葡萄农还是在持续尝试中。

金芬黛ZINFANDEL
煮过的浆果香·多酒精·口感甜润

　　金芬黛曾经长达一个世纪都被当成加州本土的葡萄品种，后来才发现它与18世纪就种在意大利南部靴跟处的普米蒂沃（Primitivo）是同一品种。现在，DNA的分析更证明了它的原产地在克罗地亚。虽然金芬黛的葡萄串会有成熟不均匀的情形，但是其中却有许多葡萄粒可以达到其他品种无法达到的超高甜度，让又简称为"Zin"的金芬黛可以酿成酒精浓度高达17%的葡萄酒，一些老藤的金芬黛能够酿出很好的红酒，但大部分常见的，如加州的中央谷金芬黛，往往用来生产集中度不高的葡萄酒，其中有许多被酿成添加麝香及雷司令来增加香气的淡粉色"白金芬黛"（White Zinfandel）。

马尔白克MALBEC
在阿根廷有香料味又丰富，在卡欧则多野味气息

　　马尔白克是个谜。长年以来，它一直是包括波尔多在内的法国西南部产区中与其他葡萄混合酿造的品种之一，却只有在卡欧（Cahors）这个产区是主要的品种，在当地称为Côt或Auxerrois，主要酿成粗犷、有时带动物味道、耐久度中等的红酒。法国移民将马尔白克带到阿根廷，在门多萨产区却仿佛来到了它的原产地一般，成为全阿根廷最受欢迎的红酒品种，可酿出丝般质地、浓缩、活泼且多酒精又相当浓厚的红酒。而如今卡欧的酿酒者正在把门多萨作为模板来准备超越。

杜丽佳TOURIGA NACIONAL
单宁·烟火味·有时有波特酒味

　　虽然杜丽佳葡萄只是多罗河谷众多独特的葡萄品种之一，其他还有Touriga Franca（只是名称类似并非近亲）、Tinta Barroca、Tinto Cão和Tinto Roriz（又名添普兰尼洛）等，但它是葡萄牙最知名的波特酒品种。年轻的杜丽佳葡萄酒很芳香，目前在葡萄牙各地逐渐被酿成单一品种葡萄酒；在Dão产区也是一个日益重要的品种。因为个性独特，现在似乎也开始在其他葡萄酒产国得到较广泛的种植。其天生产量就很少，有极多的单宁和酒精，颜色也非常深。

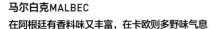

佳美娜CARMENÈRE
紧涩·像波尔多·可能有一点点不熟

　　这是非常晚熟的波尔多历史品种，目前在波尔多已经很难找到，但是在智利却相当常见，智利在根瘤蚜虫病流行之前的19世纪50年代就已经引进插条。长年以来，佳美娜一直被误认为梅洛，现在已经在葡萄园中被辨识出来。这个品种的颜色一直都很深，但必须要完全成熟才能够避免可能出现的绿番茄叶子的味道，很多葡萄农都认为佳美娜最好跟其他波尔多品种混合调配，才能酿出精彩的酒。在意大利东北部和中国［被称作蛇龙珠（Cabernet Gernischt）］也有种植。

灰皮诺PINOT GRIS
丰厚·酒色金黄·烟熏味·香气奔放

　　这个流行的品种最迷人的产区是阿尔萨斯，与雷司令、琼瑶浆以及麝香一起被认为是最高贵的葡萄品种，常被酿成当地最浓厚却又相当柔和的白葡萄酒。这个粉红皮的品种是黑皮诺的变种，是霞多丽的近亲，在意大利称为Pinot Grigio，可以酿成相当独特或非常平凡的干白葡萄酒。其他地方的葡萄农，则在Gris或Grigio两个名称之间犹豫不定，不管选择哪个名称都不见得能反映在酒的风格上。这个品种在俄勒冈州比较常见，近年来新西兰和澳大利亚也种得越来越多。

琼瑶浆GEWÜRZTRAMINER
荔枝玫瑰香气·醉人的·高酒精度·酒色深

　　琼瑶浆的名字难拼又难记，但有独特的浓郁香气，因此在命名时还特别以"香料"（德文gewürz的意思）当作字首。喝起来通常有些腻，特别是当酒里还含有非常多的糖分时。但是产自阿尔萨斯的顶级琼瑶浆有浓厚酒体、酸味以及可口的余味，喝多也不会腻，是最受到尊崇的产区；而足够的酸味是最大关键。在新西兰的东部海岸、智利、加拿大不列颠哥伦比亚省、美国俄勒冈州和意大利的上阿迪杰（Alto Adige）都有一些不错的酒款。

白诗南CHENIN BLANC
可酿成非常多类型的葡萄酒·蜂蜜·湿麦秆

　　白诗南是法国卢瓦尔河中段的葡萄品种，介于下游Muscadet产区的Melon de Bourgogne品种和上游的长相思之间。这是一个常遭误解的品种，在加州和南非种植相当普遍，常酿成非常普通的干白葡萄酒，但是在卢瓦尔河产区却能酿成非常多酸、值得久存及不同甜度的优秀白葡萄酒。感染贵腐霉的卢瓦尔河白诗南，例如Vouvray酒可以是相当精彩且长寿的甜白葡萄酒。在卢瓦尔河，白诗南也能酿成带着淡淡蜂蜜香气的无泡干型酒，以及一些相当有风格的气泡酒，如Saumur和Vouvray。

维欧尼VIOGNIER
多酒精·浓厚·山楂花·杏桃

　　颇为独特的时兴品种，现在已经从其原产地隆河北部的Condrieu产区传播到葡萄酒世界的所有角落。葡萄必须完全成熟，不然独特的迷人香气就不会散发出来，这也意味着大部分酿得好的维欧尼都含有较多的酒精，不过最难的却是要同时保有酸度；加州和澳大利亚才可以酿出这样的维欧尼。通常最好趁酒还年轻时饮用，现在也开始与其他隆河白葡萄混合酿造：多酸但也多香气的胡珊（Roussanne）品种以及浓厚带杏仁味的玛珊，特别是在隆河南部最常见这样的混合。有时会和西拉一起发酵，让酒质与颜色比较稳定。

白麝香MUSCAT BLANC
葡萄香气·相对简单·通常带甜味

　　这是最细致的麝香葡萄，葡萄粒非常小（在法文称为petits grains），葡萄的形状为圆形，不像品质较普通的Muscat of Alexandria（Gordo Blanco，在澳大利亚为Lexia，在当地只作为食用葡萄）是呈椭圆形。在意大利称为Moscato Bianco，是意大利酿造Asti以及其他细致清淡的微泡酒的原料。在法国南部以及希腊也可酿成相当好的甜酒。澳大利亚产的麝香又甜又多酒精，相当浓稠，是以深色葡萄Brown Muscat酿造而成；而西班牙的Moscatel葡萄通常就是指Muscat of Alexandria，至于Muscat Ottonel则是另一个味道比较淡的麝香品种。

玛珊MARSANNE
杏仁·杏仁糖香精·非常浓郁

　　就跟胡珊白葡萄一样，这也是隆河北部生产的艾米塔希白葡萄酒最具代表性的品种。现在这个品种也种到隆河南部各处，在澳大利亚也有种植，特别是在维多利亚州。在法国南部及加州（尤其是在中央海岸），玛珊通常和胡珊、Rolle/Vermentino、白歌海娜以及维欧尼等品种混合酿成深金黄色、浓厚及多酒精的酒款。在瑞士有小面积栽培。

葡萄酒与气候

排在葡萄树之后的是气候，这是影响葡萄酒的第二重要的因素，有非常多的变化。 葡萄的生长很大程度上要依赖于四季的变化和长期的气候条件，这两方面也决定了哪种葡萄适合种植且表现如何，而日复一日的天气变幻则能够决定整个年份的好坏。

葡萄树能否结出好的果实，酿出好酒，要受到非常多的气候因素影响，其中包括日照、气温、降水、湿度还有风。很多中纬度特定产区的葡萄表现得很好（见42~43页），因此气温对于葡萄的影响非常关键，尤其是凉爽的气候。凉爽气候相比炎热气候，前者使得葡萄酒酒精度更低，酸度更高，香气内敛但更为集中。

一年中不同的天气气候都会扮演不同的角色。冬季，葡萄藤处于休眠状态，而极端低温下葡萄藤可能遭受严重的伤害，因此过冬时气温不宜过低，才能保证它平安度过冬眠期并储存养分。通常情况下当气温降到-15℃时，葡萄藤就有被冻死的可能，造成严重的经济损失，所以冬季有些时候还必须采取相应的保护措施（例如俄罗斯，见271页）。

当春季来临葡萄树开始发芽时，霜冻又是一个极大的威胁，甚至会减少整年的产量。生长季会持续150~190天，这时光照是否充足又变得十分关键，因为植株要进行光合作用，在此期间如果气温不够温暖或降水不够充足，那最后的果实可能就会不够成熟。

各个产区在成长季期间的平均气温各有不同，从冷凉产区的13℃到炎热产区的21℃，这些都很大程度上决定了葡萄的成熟过程。而最后一个月成熟期的温差如果能够保持在15℃~21℃之间，应该就能保证酿出品质上佳的餐酒。而在气候更为炎热的产区，诸如安达卢西亚、马德拉和澳大利亚的维多利亚东北部，能够酿造不错的餐酒以及非常好的加强型葡萄酒。

而有些冬夏两季温差很大的产区情况又很不同。在大陆性气候作用下，诸如纽约州的五指湖产区，加拿大的安大略产区，还有德国，大陆板块使得这里的季节性温差非常大。在这些地区，一到秋天，气温就下降得非常快，这有可能造成葡萄还未完全成熟。而在海洋性气候区，由于有海洋来调节气候，温差则会小得多。如果是更为温暖的海洋性气候，冬季可能不够冷，会使得葡萄树无法进入休眠状态，并且由于气温不够低，无法杀死病虫害，

一场不期而至的秋霜使得鲁埃达的这些葡萄藤都枯黄了，而前一天这些叶子还依然翠绿。所幸的是酒农已经把葡萄采摘完毕了。

关键因素

许多地图的内容都会增加每个产区的主要生态情况，以列表的方式予以呈现：地理位置；主要葡萄品种；栽种难度以及最重要的气候数据。

而有关气候的影响，主要参考2012年美国葡萄酒气候学家格里高利·琼斯博士（Dr.Gregory Jones）发布的数据，这些数据是近30年来采集自各个地区（大部分是1981年~2000年，少数地区包括1971年~2000年，以*标注）。气象站测量的数据，在地图上以红色倒三角进行标注，大部分最具代表性的产区都有所标注。然而，一些产区位于城镇旁，由此城镇的发展和不同的海拔可能会让这些地方的温度有些许变化，气温相比葡萄园更高。

相比较下会发现各个产区的气候非常不同，比如干燥炎热的门多萨，而波尔多则更为凉爽潮湿。门多萨的数据是从7月开始，采集至次年6月，而波尔多是从1月到12月。

纬度/海拔

一般来说，低纬度，或越靠近赤道的话，气候越温暖。但海拔高度会抵消纬度效应，会严重影响到昼夜温差变化：葡萄园的海拔越高，早晚的温差就越大。

葡萄生长期间的平均气温

北半球的葡萄成长季是4月1日至10月31日，而南半球是10月1日至4月30日。由此这段时期内的平均温度是评估气候的最简单的标准，全球均如此。这些7个月内成长季的温度数据，被格利高里·琼斯博士划为4类：凉爽（13℃~15℃），适宜（15℃~17℃），温暖（17℃~19℃），炎热（19℃~21℃）。在全世界范围内，这4类温度都与葡萄生长影响及成熟有着密切的关联，某个特定的葡萄品种是否能够在这片特定的地区成熟就取决于气温如何。从以上数据我们能够得知，

对于葡萄生长来说，气温最好不要低于13℃，上限不要高于21℃，不过食用葡萄的生长温度可以达到24℃，甚至更高。

年降雨量

平均降水量表明了葡萄生长过程中可能吸收到多少水分。

采收期的降水

最后一个月葡萄成熟和收获时的平均降水量根据不同的品种和单独的年份而有所变化：降水量越高，果实糖分被稀释，爆裂和感染霉菌的风险越大。

主要种植威胁

这些是主要概况，包含了哪些气候可能会造成危害，比如春天霜、秋天雨，同时还有其他病虫害和葡萄疾病。

主要葡萄品种

这是一份在当地常见葡萄品种的列表（并不完全包含所有品种），按照其重要程度排序。

波尔多：梅涅克 ▼

纬度/海拔
44.83° /47 米

葡萄生长期的平均气温
17.7℃

年平均降水量
944 毫米

采收期降水量
9 月：84.3 毫米

主要种植威胁
秋雨，真菌感染

主要葡萄品种
梅洛、赤霞珠、品丽珠、赛美容、长相思、密斯卡岱

阿根廷：门多萨 ▼

纬度/海拔
-32.83°/705 米

葡萄生长期的平均气温
22℃

年平均降水量
207 毫米

采收期降水量
3 月：26 毫米

主要种植威胁
夏季冰雹，干热焚风，线虫害

主要葡萄品种
伯纳达、马尔贝克、克里奥拉格林塔、瑟蕾莎、赤霞珠、巴贝拉、桑娇维塞、托隆托斯、霞多丽

因此也没有办法进行有机种植。较为凉爽的海洋性气候，比如波尔多和纽约州的长岛，在花期的时候气温会变得捉摸不定，这也会影响到结果。而每日的温度变化也同样重要，对于酒农们来说，白天温暖夜晚凉爽（尚未得到充分论证）是最佳状态。

水对于葡萄酒的影响

葡萄树除了需要温暖的气温也需要水分，葡萄树要进行足够的光合作用才能让葡萄成熟，这需要至少500毫米的年平均降雨量（气候较热则需要750毫米以上，因为高温会加快土壤水分蒸发以及叶子散发水分的速度）。许多葡萄酒产区的雨量比这个数据还低，但是葡萄农会通过灌溉系统汲取河水、地下水、水坝与水井的水源来补足降雨量的不足。某些葡萄品种，比如西班牙拉曼查（La Mancha）产区的阿依伦（Airén）葡萄长得就像灌木丛，特别能在接近干旱的环境下生长。

如果葡萄树因水分不足而遭遇干旱压力，则往往会长出颗粒较小、皮比较厚的葡萄。虽然这个现象可能降低产量，但却可以为酿成的葡萄酒加分，

赋予非常浓缩的味道及更深的颜色。然而，严重的干旱却会让葡萄的成熟过程完全停止，这是因为葡萄树会为了求生存而放弃繁殖功能，酿成的葡萄酒将会不够平衡（见22页）。在许多夏季非常炎热的地方，特别是在加州及南半球，是否有灌溉水可以利用远比其他气候条件更能决定葡萄园是否可以扩充。理论上，种植葡萄并没有年降雨量的上限；即便是淹水的葡萄园都能很快恢复，尤其是在冬季期间。以西班牙北边加利西亚（Galicia）产区的部分地区及葡萄牙北部的米尼奥（Minho）产区来说，平均年降雨量就超过1 500毫米。

在葡萄树的成长季中如果遭遇极端气候，诸如四季更替不规律、强降雨、冰雹和高温，都会对最终的收成造成主要影响。葡萄树进入成长季的第二阶段时，如果遭遇连绵多日的雨水有可能会让藤蔓受到真菌的侵袭（见15页）。如果在采摘前遭遇强降水，尤其在此之前相对比较干燥的话，那会使得果实迅速长大，而糖分、酸度和香气则会被稀释掉（见26页，葡萄酒农是如何来抵消这种损失的）。

冰雹对于葡萄树的伤害往往是毁灭性的，往往可以把刚刚开始结出葡萄的嫩枝彻底摧毁掉。所幸的是，冰雹在大部分产区并不多发，通常只发生在局部。而另外一方面，极端高温（一般指35℃以上）则很普遍，这给葡萄树带来生长方面的压力，会降低其光合作用，还会使得果实从藤上掉落下来。

风的影响

风也扮演着重要的角色。在葡萄树的成长初期，强风会刮坏嫩枝，影响其生长，或严重影响到它的花期。风可以帮助过热的葡萄园降温，也可以吹干太潮湿的葡萄园，例如在科西嘉或乌拉圭南部。不过，持续的强风压力却可能中止光合作用，而推迟葡萄的成熟时间，例如在加州蒙特里（Monterey）的萨利纳斯（Salinas）河谷。在隆河谷地南部产区遮蔽较少的区域，葡萄农必须设置挡风墙，将干燥寒冷的北风所带来的影响降到最低；而阿根廷的干热的焚风，也让当地的葡萄农提心吊胆。

风土条件

"Terroir"这个法文词并没有准确的译名。土地也许是最接近的译法,但却少了独特性也少了情感上的言外之意,或许这就是何以许多英国人一直都误以为这是法国才有的:以神秘主义的方式来判断法国土壤与地貌的优越性,并认为是这不可知的特性让法国葡萄酒拥有如此特别的品质。

然而,terroir其实没有任何神秘之处。每个人或至少每个地方都有。你我的花园都有terroir,或许还不止一个。对植物来说,房子的前院和后院几乎可以确定是不同的生长环境,而terroir的意思就是指所有自然的生长环境,在此统一译为"风土条件",与原住民所说的"pangkarra"意思极为类似,也意味着这个概念是根源自人类与土地关系的一部分。

在最局限的用法里,terroir这个词指的是土壤,但引申之后则包括更多含义。单就土壤本身来说,就涵盖了表土以及底下的岩层、土壤的物理结构和化学成分,以及跟当地气候、区域性的大气候、特定葡萄园所在的中气候以及某株葡萄树所在的微气候之间的交互关系。举例来说,这就包括了一块土地的排水性、是否会反射阳光或吸热、海拔高度、山坡的倾斜度、向阳角度,以及是否靠近可降温或提供防护的森林,或附近是否有可调节温度的湖泊、河流或海洋。

所以,假如山坡底下有霜害危险,那么风土条件就会和山坡上的不同,两个地方的土壤虽然或许一样,但是冷空气会往山坡下降,所以山坡上就没有霜害之虞,这就是何以目前俄勒冈州的威拉梅特谷(Willamette Valley)葡萄树不种在海拔高度低于60米的地方。一般而言,高度越高,平均气温就越低,特别是夜间温度更低,这也解释了为何葡萄可以种在像阿根廷萨尔塔(Salta)产区这么接近赤道之处。不过,北加州一些山坡上的葡萄园因为位于雾线之上,反倒比谷底温暖。

同样的道理,一个坐向朝东的山坡能接收早晨的阳光,因此即使西向山坡也拥有一模一样的土壤条件,但是因为接收阳光的温度较晚且傍晚时还有夕照,所以这两个山坡还是分属于不同的风土条件,所酿制出来的葡萄酒也会有些不同。以蜿蜒于德国境内的摩泽尔河为例,因为已位处葡萄种植的极北界限,所以即使只是某个山坡的坐向,也能借以判断能否酿出绝佳的葡萄酒,或是完全无法栽种葡萄。

假如葡萄树是种在一片夏天够温暖也够干燥、有机会让葡萄成熟的土地上,这时,我们主要考量的风土条件就是这片土地的水分与养分供给情况。如果土质肥沃且地下水的水位很高,比如加州的纳帕谷或是新西兰马尔堡的怀劳(Wairau)谷中一些最差的土地,葡萄树在这里几乎可以持续地吸收水分,而且在生长季的某些阶段还可能会泡在水里。在这种情形下,葡萄树就会本能地长得枝叶繁茂而耗费掉大部分能量,导致葡萄结果情形不理想。枝叶过于茂盛的葡萄树常会产出不成熟的葡萄,酿成的葡萄酒喝起来就带着叶子的青涩味。

然而,如果葡萄树是种在非常贫瘠的土壤且几乎没有任何水源,如同西班牙南部、意大利南部和北非的许多传统葡萄园,光合作用在干旱的夏季几乎停止。葡萄树因为受到干旱压力,为了求生存就必须借用一些本来要催熟果实的能量。在这种情况下,葡萄中的糖分还能提高的唯一原因,就是葡萄中的水分逐渐蒸发。此时,一些有趣的香气成分会开始形成,但是单宁不会成熟,最后可能会酿出极度失衡的葡萄酒:酒精度高却有青涩不成熟的单宁,香气弱且酒色不稳定。

现今各种葡萄种植技术可以补偿这些先天条件不良的情形(引枝管理以及人工控制的灌溉,都能成为前述极端条件情况下最明显的解决方法),经过改善之后可以酿出一些非常好的葡萄酒。某些葡萄农和酿酒师会选择这样的方式来管理葡萄园,并借由混合不同产区或遥远产区的葡萄酒,甚至在酿酒时进行人为操控,以便将风土条件的影响完全去掉或降到最低;而有些酿酒师则希望尽量在他们的葡萄酒里表现环境的影响;有些酒厂也可能认为他们产区里的传统酿酒技术

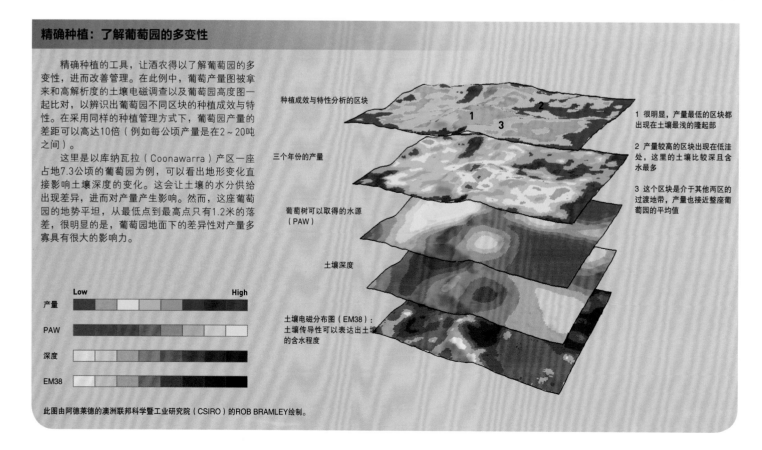

精确种植:了解葡萄园的多变性

精确种植的工具,让酒农得以了解葡萄园的多变性,进而改善管理。在此例中,葡萄产量图被拿来和高解析度的土壤电磁调查以及葡萄园高度图一起比对,以辨识出葡萄园不同区块的种植成效与特性。在采用同样的种植管理方式下,葡萄园产量的差距可以高达10倍(例如每公顷产量是在2~20吨之间)。

这里是以库纳瓦拉(Coonawarra)产区一座占地7.3公顷的葡萄园为例,可以看出地形变化直接影响土壤深度的变化。这会让土壤的水分供给出现差异,进而对产量产生影响。然而,这座葡萄园的地势平坦,从最低点到最高点只有1.2米的落差,很明显的是,葡萄园地面下的差异性对产量多寡具有很大的影响力。

种植成效与特性分析的区块

三个年份的产量

葡萄树可以取得的水源(PAW)

土壤深度

土壤电磁分布图(EM38):土壤传导性可以表达出土壤的含水程度

1 很明显,产量最低的区块都出现在土壤最浅的隆起部

2 产量较高的区块出现在低洼处,这里的土壤比较深且含水最多

3 这个区块是介于其他两区的过渡地带,产量也接近整座葡萄园的平均值

	Low					High
产量						
PAW						
深度						
EM38						

此图由阿德莱德的澳洲联邦科学暨工业研究院(CSIRO)的ROB BRAMLEY绘制。

也属于风土条件的一部分。

那么，哪种风土条件可以自然地生产出伟大的葡萄酒呢？关于土壤、水以及葡萄树养分供给之间的主要交互影响已经认真研究了50年，而在最近15年中，复杂精密的先进技术让葡萄农可以更清楚了解非常局部的terroir影响（见下框）。

在勃艮第，不需要高科技分析，时间就已证明可以生产出最细腻葡萄酒的葡萄园往往位于知名的金丘区中段，而泥灰岩、淤泥土与石灰岩所组成的土壤也出现在这区段的山坡（见51页），这里似乎就是最适合种植葡萄的地方了，加上水分供应非常有限，因此可酿出高品质的葡萄酒。右边框文中举了一个最近的例子，充分阐明关于土壤分析的应用能够最大程度地发挥这块地的潜力，使得人们能够酿出最能表达当地风土的葡萄酒。

然而应该提到的是，更高阶的terroir不断证明自己并非只是涵盖自然条件而已。特级葡萄园的拥有者可以花钱建造排水沟渠，可以施以精确数量和高品质的肥料，以及采用理想的种植技术来维护其完美度，而这些悉心呵护对于一片等级较差的葡萄园是不符合经济效益的。Terroir还是要靠人和钱来表现其特性，Château Margaux酒庄在1966年到1978年间的水准降低就是很好的例子，当时的酒庄主人不再有财力维持一级酒庄该有的风格和水准。

某些采用有机和自然动力种植法的葡萄农认为terroir这个词，也包含了所有出现在这片土地上的植物和动物（无论是肉眼可见或只能从显微镜里看到的，比如酵母），而且其terroir也不可避免地会因为化学肥料的使用，或引进其他生态环境的土壤添加物而改变。然后，您也可以说经过数世纪的单一作物耕作，以及像犁土及种植绿肥等这些有益的农事，同样会改变原本列级的葡萄园。但有趣的地方在于，即使是彼此相连的葡萄园，甚至是同一块土地的不同区块，即使采用完全一样的方式培育，在terroir的影响下，最后各区块所酿造出来的葡萄酒还是多少会有些不同。

葡萄园的分区

土壤绘图已经成为一门十分精确的科学，有能力取得科学技术的葡萄农现在可以拿到解析透彻的土壤绘图分析，以决定要选购哪块土地、如何进行整地，同时还能精确决定在哪个地方栽种哪个品种。在已有的葡萄园（特别是规模较大的）中，不同地块的产量和成熟度都有可能出现很大的差异，这时可以采用遥测空拍影像以及产量监测及绘图等类似的精密方法来测量各地块葡萄的生长情形。这个做法现在通常被拿来作为葡萄精确种植的参考，让葡萄农能够以此为依据，非常奢侈地在最好的时机分批采收一座葡萄园的各个地块，但这只有在葡萄酒的潜在品质与价格都高得足以弥补额外支出的情况下才会这样做。大范围的监测界定也是划分新的葡萄酒区的一个重要方法。

土壤解析

在20世纪60年代及70年代，波尔多大学的热拉尔·塞甘（Gérard Seguin）教授关于梅多克产区的研究，揭示了对葡萄来说最好的土壤不是肥沃度最高的（土壤科学家称此土壤的肥沃度为中度潜力），还要具备排水良好、土壤深厚等条件，可以让葡萄树根深入地底直到7米（以玛尔戈村来说）去寻找稳定的水分供给。

后来波尔多大学科内利斯·范莱文（Cornelis van Leeuwen）教授等人所做的研究则显示，土壤深度对水分供给的影响不是决定葡萄酒品质的全部因素。同时，假如扎根太深，较肥沃土地的含水性可能会变得过高。在波美侯产区黏重的黏土地面上（例如Château Pétrus酒庄），葡萄根大约只深入地下1.3米，而在圣艾米利永产区的石灰岩土壤（以Château Ausone酒庄为例），树根深度则介于坡地的2米到台地的0.4米之间（见105页地图）。然而，在黏重的黏土地面上，土壤中必须要有足够的有机质可以让水分能自然流动。

虽然未经证实，但也有人认为葡萄酒的风味与土壤所含的矿物质有关，不过近年来的研究却显示，似乎土壤的排水性以及葡萄树能取得水分的多寡会比精确的化学成分更重要，这是酿出顶级葡萄酒的完美土壤之关键。

这里，酿酒顾问哈维尔·肖恩（Xavier Choné）正在研究加州圣海伦娜（St Helena）的葡萄园。他分析了土壤类型和深度以及供水度，发现每一个

环节都与葡萄园体系结构"vineyard architecture"息息相关（扎根、藤蔓、种植密度、植株活力等等），另外，灌溉的时间和灌溉量都影响着葡萄酒的品质。他的工作让我们了解了详细的土壤分析，使得某些符合条件的葡萄园可以避免灌溉，或者针对像赤霞珠这种晚熟型品种可以在它单宁成熟时提早采摘。

智利顾问和土壤分析的倡导者佩德罗·帕拉（Pedro Parra）则采用更多地质方法来研究地表下的岩石及其断层，这对于葡萄扎根以及土地保水量尤其重要，尤其是岩石对于单宁的影响（花岗岩通常会使得葡萄酒的单宁更干，火山岩则可能会让单宁更苦）。如果是更老的风土，他会先开始界定原生岩（例如勃艮第是石灰岩，西班牙的普里奥拉是页岩，智利的考克内斯是花岗岩），之后再考虑地貌（例如坚硬和较软的岩层经过地壳变化形成了高原和山坡），最终再观察实际土壤情况，包括纹理和孔隙度。根据帕拉的分析，较为年轻的土壤比如隆河的Crozes-Hermitage，智利的迈波和西班牙的多罗河岸，尽管当地是碎石沉积的地貌，酿出的酒又呈现出"地理风土"的复杂度，但实际上这些地方不太受地理条件影响。尽管这些都与葡萄酒农有关，但具体的分析还得更下功夫，挖掘更深，分析整片葡萄园的地理特征再结合葡萄树的生长情况和土壤分析才能得出更好的结论。

在葡萄园中酿造葡萄酒

我们现在知道一些关于哪个品种要种在什么地方，以及天气、气候和地区环境对葡萄树的可能影响的知识。但是，我们知道如何精确选择在哪片土地栽种哪个品种吗？欧洲传统的葡萄酒产区对于葡萄园的地点的选择几乎是一无所知，因为通常继承、法定产区法和种植权往往就决定了葡萄园的所在位置，但现在这已经逐渐成为一门重要而精确的科学。

要实施新建一座葡萄园的投资计划，首先必须知道那块地每年能够稳定生产多少商业用的优质葡萄。依据直觉行动是一个办法，但是对地形、气候以及土壤等资料进行深入研究分析才是可行又安全的方法（见23页）。

关于气温、雨量和日照时数的初步测量数据可以帮助评估，但是却需要小心诠释。极高的夏季平均气温也许看来不错，但是事实上光合作用在气温升高到某一程度后就会停止（大约介于30℃~35℃之间，要视环境而定），所以如果炎热的天数太多，可能反而会影响到葡萄的成熟度。风在很多气候统计中都被排除在外，但它却可能造成叶子和果实上的小气孔封闭而让光合作用中止。

在比较寒冷的地区，气温的评估着重在葡萄是否能可靠地成熟。如果夏秋两季的气温对葡萄种植来说相对较低（例如英格兰），或者秋天通常比较早到且伴随早来的雨季（例如美国俄勒冈州），或是温度骤降（如加拿大不列颠哥伦比亚省），那么也许就必须种植相对比较早熟的葡萄品种。霞多丽和黑皮诺这两种葡萄在北美的西北太平洋岸是不错的品种，但是在离赤道最远的葡萄园却可能还是太晚成熟。雷司令葡萄在德国西部摩泽尔位置最理想的葡萄园可以成熟，但是对英格兰与卢森堡的大多数葡萄园来说，却已经超出成熟的临界点（全球暖化有可能正在改变这个情况）。更加早熟的葡萄品种，例如白谢瓦尔（Seyval Blanc）和穆勒塔戈等则被认为是无泡酒更安全的选择。

夏季的平均降雨量以及下雨的时机，可以当作真菌类疾病（见18页）发生概率的指标。每个月的总降雨量加上水分蒸发的速度，可以让想当葡萄农的人对是否需要进行灌溉有些初步的想法。假如某个地方在自然的降雨外还需要补充水源，那么随之而来的大问题，就是有没有适合且品质够好的水源。精确地控制灌溉水量和时机，是提高葡萄酒产量和提升品质的方法之一。缺乏水源似乎是加州、阿根廷以及（特别是）澳大利亚葡萄园扩张的最大阻碍，这些地区的大部分地方，水源不是不足就是因为过度砍伐森林而盐化。

水源也可能用于其他用途。在葡萄种植最冷的极限，例如在加拿大的安大略省以及美国东北部各州，无霜害的天数决定了生长季的长度，因此也决定了哪些葡萄品种可以在这样的环境下成熟。在夏布利以及智利寒冷的卡萨布兰卡谷（Casablanca Valley），葡萄园的洒水系统需要用到水源，以便在葡萄树表面结一层薄冰来保护年轻的葡萄树免于霜害。但问题是，卡萨布兰卡却是一个水源相当缺乏的地方，因此霜害就成为不可预期的灾害。

土壤，或更准确地说是任何未来会成为葡萄园的地点，都需要经过仔细分析，本书第23页所绘制的图表，就是用更复杂的技术与精密器材将有关土壤以及水源的信息汇整在一起。

土壤的肥沃度是该地产酒的品质以及葡萄藤选种培育机制的关键因素。太多的氮（是肥料中常见的成分）则会导致葡萄树长得过于茂盛，将全部的能量用于生长树叶而不是让葡萄成熟，以致大量的树叶与葡萄藤危险地遮蔽了葡萄串。这个现象在非常肥沃的土壤十分常见，特别是相对较年轻的土壤更为严重，像新西兰以及纳帕谷的谷底等。葡萄树的长势也跟品种及砧木有关。

土壤必须既不太酸也不能碱性过高，而且含有适当程度的有机质（其他植物、动物和昆虫的残骸）以及磷、钾和氮等矿物质。磷是光合作用不可或缺的元素，大部分土壤很少有缺磷的情形；太多的钾会造成葡萄酒的碱性度过高，酸度不足。

规划葡萄园

当葡萄农选择了一片土地栽种或重种葡萄树，就必须对葡萄园有番规划。每排（或每列）葡萄树的方向、葡萄植株之间的理想间距、要采用哪种引枝法、撑柱的高度（接下来还要考虑束缚用的金属线）以及剪枝时每棵葡萄树要留下多少芽眼，诸如此类的问题都必须面面俱到。

位于坡地的土地是否需要改造成梯田？梯田的开垦和维持花费比较多。如果是要辟成梯田，那么为了方便让机械和葡萄农在园中移动，每排（列）葡萄树的栽种方向就必须配合梯田的形状。

然后最重要的决定：葡萄树植株之间的行距与间距各是多少？而种植密度则要视葡萄农所预期的葡萄酒产量（见78页）以及当地的生长态势来决定。在地中海型气候区，天气通常会太过干热，低纬度葡萄园的水分供给常常会受到限制，因此葡萄树必须种成密度非常低的传统树丛状引枝法，每公顷不到1000株葡萄树，产量自然也不高。

以往，新世界的葡萄园主要位于温暖或炎热地区，通常都是肥沃的处女地，因而导致葡萄树发

葡萄汁的分析

手持式糖量仪可从采自葡萄园的一滴葡萄汁分析出其糖分含量。在成熟过程中，酸度（主要以酒石酸和苹果酸为主）会逐渐降低，而可发酵的糖分（主要为果糖和葡萄糖）会增加。当采收日越来越接近时，葡萄农必须时刻关注气象报告，随时监控葡萄的成熟程度，依据个人经验来评估芳香酚类物质的变化，特别是果实的单宁成熟度如何，再来决定何时进行采摘。但有时即便糖量仪给出的糖分水平已经达标（见右图），一些酿酒师还会继续等，一直等到"生理成熟"（physiological ripeness）之后，那时葡萄的皮开始会出现稍微的皱缩，葡萄梗转为棕色，而葡萄则可以很轻易地从梗上摘下。而另外一些酿酒师则偏好一些时候采摘，使得酿出的酒保持更好的清新感并避免过高的酒精度。

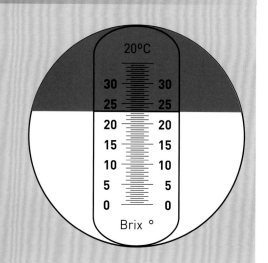

糖分的不同计量方式														
比 重	1.060	1.065	1.070	1.075	1.080	1.085	1.090	1.095	1.100	1.105	1.110	1.115	1.120	1.125
屈折度	60	65	70	75	80	85	90	95	100	105	110	115	120	125
波美度	8.2	8.8	9.4	10.1	10.7	11.3	11.9	12.5	13.1	13.7	14.3	14.9	15.5	16.0
糖 度	14.7	15.8	17.0	18.1	19.3	20.4	21.5	22.5	23.7	24.8	25.8	26.9	28.0	29.0
潜在酒精度（%）	7.5	8.1	8.8	9.4	10.0	10.6	11.3	11.9	12.5	13.1	13.8	14.4	15.0	15.6

葡萄树长势与树冠管理

长势低的葡萄园

波尔多的葡萄园，如位于佩萨克–雷奥良（Pessac-Léognan）的Château Haut-Brion，每公顷往往可以种植多达10 000株葡萄树，由于土壤不特别肥沃且气候通常温和，因此采用单居由式或双居由式等引枝法在简单的垂直棚架上将葡萄树修剪得相当低。经过小心剪枝及除去藤蔓与叶子，葡萄农可以控制叶子的数量，保证低温来临前让葡萄成熟。

长势强的葡萄园

在更肥沃的土地上，只要引枝系统能提供足够的树叶让葡萄既能成熟又不会遮蔽果实，葡萄树就能多生产一些葡萄串而不会降低品质。图中的lyre引枝法摄自新西兰库妙河（Kumeu River）葡萄园，葡萄树的树冠被一分为二以尽量加大光合作用的效果，但这必须要相当小心管理，以免过度遮蔽葡萄果实。葡萄树的种植密度相对较低，适合比较肥沃的土地。这里也可能需要覆盖昂贵的防鸟网。

生养分过度供给的问题。葡萄农让每列葡萄树之间保持一定的宽度好让机械农具能够方便进出；又因为种种原因，每株葡萄树的栽种间距往往设定一定的距离，种植密度刚好超过每公顷1 000株。如此一来，不仅植株、柱子、金属线能做最经济的运用，连需要的劳力也能节省下来，同时让中耕作以及机械化采收更加容易。

但是，在很多情况下却要付出葡萄树长势过旺的代价，蔓生的枝叶遮盖葡萄果实，也让部分需要进行光合作用的叶子被遮掩在阴影之中。在这种情形下，不仅葡萄无法适当成熟，也会让酿出来的葡萄酒辜负当地的干热环境，带有很不迷人的高酸味与不成熟的单宁，而且来年要长出新芽的藤蔓也没有成熟木质化。在藤蔓上的芽眼需要照射阳光，日后才能顺利结果。过于密集的遮覆将会开始一个恶性循环，会让每年的产量越来越低，而树叶越长越密。而无节制的灌溉虽然可以提高葡萄园每公顷的产量来符合经济效益，但是每株葡萄树可能会面临这样的问题：因为葡萄串过多而无法完全成熟。

像这样的问题现在已经大幅改善，而且相反地，在法国波尔多和勃艮第的传统葡萄园中，每公顷的平均产量通常都要低得多，每株葡萄树的平均产量也很低。在这些地方，葡萄树的种植密度每公顷高达10 000株，每列长1米、行间宽1米（因为行间太窄，必须使用高脚牵引机横跨在葡萄树上面）。每株葡萄树都刻意保持得很小棵，常以称为单居由式（Guyot）或双居由式的引枝法修剪（见左上图）。

虽然种植与劳力的支出更高，但是葡萄却有最多的机会得以完全成熟，对提升葡萄酒的品质有非常好的效果。在过去几十年间，关于葡萄的

枝叶管理已有相当进步，发展出许多新式的引枝法让葡萄的枝叶得以开展，并且控制长势最强的葡萄树冠（见lyre引枝法，右上图）。

其他重要的决定还包括：如有必要将运用何种控制真菌以及病虫害的手段，是否要犁土，还是让杂草在行间生长或是种植绿肥；要任由夏季新枝蔓生长还是修剪掉；以及是否要在葡萄串成熟之前或成熟期间进行"绿色采收"，减少葡萄串的数目。过去数百年来，这些模式在欧洲有时已经被无意识地采用了，一些世界上最知名的酒庄以及最闻名的珍酿都依据当地条件规划出各自的解决方案。

上述这些选择，可能会因为葡萄农的个人种植哲学而有所影响或改变。有越来越多的葡萄农

采用有机或自然动力种植法来种植葡萄，这两种方法都禁止使用可能会残留的化学农药和人工肥料，但都允许有节制地使用以硫为原料的喷剂来防治霜霉病。采用生物动力法的葡萄农使用顺势疗法，他们用特殊的肥料和野生植物作为混合物加入土壤中以此来促进土壤和植株的健康。而且更具争议性地依照月历、天象来规划他们在葡萄园与酒窖中的工作，其结果可以相当惊人，虽然还没找到背后的科学根据，即使是采用这种种植法的当事人也觉得神秘不可解。

种植葡萄跟种植其他作物一样，完全要视自然条件及各地实地应用而定。生产葡萄酒的所有要素中，葡萄种植被视为最重要且具决定性的一环，可以精确地定义出酿成的葡萄酒的风格与味道。

在智利Elqui谷Huanta葡萄园里的Viña Falernia，位于海拔1700-2070米。在这个渺无人烟的地区，除了精心灌溉的葡萄藤。没有别的可以生长了。

在酒窖中酿造葡萄酒

如果说在葡萄园中自然是最后的决定者，那么在酒窖里则是由人来扮演这样的角色，winery、chai、cantina、bodega 或 keller 是不同语系对酒窖或酒厂的称谓。

葡萄酒的酿造基本上包括了一系列的决定，而葡萄和它们的状况，以及酿酒师想要或被要求要酿成的葡萄酒风格则主导了这些决定的做出。偶尔，这些主导因素会彼此冲突。本书以对比的方式介绍了两个非常不同的葡萄酒酿造步骤：一种是相对便宜、无橡木桶培养的白葡萄酒；另一种则是采用传统酿法、经橡木桶培养熟成的高品质红葡萄酒。

采摘葡萄

酿酒师的第一个也可能是最重要的决定，就是何时要采摘葡萄。一般在采摘日期的前一个星期，酿酒师就必须监控葡萄中的糖分、酸度以及葡萄的健康状况。

决定采摘日期还要考虑到气象预报。万一葡萄还没有达到足够的成熟度，但天气预报说会下雨，这时就要决定是否冒险将葡萄留在树上，如果答案是肯定的，就只能希望雨后几天天气够暖够干，好让葡萄继续成熟。有些葡萄品种对采摘日期的要求比其他品种来得严格，以梅洛来说，如果葡萄串在葡萄树上挂太久，极有可能降低品质，酿成的葡萄酒会丧失部分的活泼生气；而赤霞珠可以忍受多挂在树上几天。如果葡萄已经感染霉菌（见图15），下雨会让情况更为严重，所以最好的决定就是尽量在葡萄达到理想熟度之前就提前采摘。白葡萄酒比红葡萄酒更能容忍掺杂一些腐烂的葡萄，红葡萄如果遇到这种情况，会很快失去颜色，而且酿好的酒也会带有霉味。

决定好日期后，接着就要决定当天的采摘时间，这要由酿酒师和负责采摘的工人一起决定。在炎热的气候区，葡萄通常会在一大早或晚上采摘（使用大型的探照灯，用机器采摘比较容易），让送回酒厂的葡萄温度尽量低。而如果酿酒师更精益求精的话，采摘下来的葡萄在运往酒庄的途中会放在较浅的可叠放的箱子里，这样可以避免运送途中的磕碰损伤。而无论采摘工人的劳动成本如何昂贵，工人如何难找，全世界最优质的葡萄酒还是会坚持人工采摘。因为人工采摘不但可以从葡萄树上剪下整串葡萄（如果机器采摘的话可能只是把果实从树上摇晃下来），而且还能判断选择要采摘哪些葡萄串。

当葡萄运到酒厂之后，可能会被降低温度，在炎热气候区的某些酒厂中甚至有冷藏室，葡萄会先放进冷藏室数小时或数天，直到酿酒槽空出来可以进行酿制为止。无论在什么气候区，一个生产优质葡萄酒的酒厂，还必须对酿酒用的葡萄进行进一步的筛选。而葡萄汰选桌便是20世纪90年代最具代表性的酒厂新发明之一，它通常有一个缓慢运转的传送带，每颗葡萄在被送入挤粒机或挤粒—去梗机之前，都会由专人目测汰选。而用机器破皮释出葡萄汁，能够榨取70%~80%的水分，目前这已经取代了过去用脚踩踏的方式，不过某些高品质的波特酒依然坚持用脚踩踏。而最新的多快好省的技术也已经被一些资金充裕的酒庄所采用，它可以通过电脑控制的光学识别系统把损坏或者未成熟的葡萄通过空气弹射装置进行剔除。

白葡萄的准备

大部分的白葡萄在进行榨汁之前都会先去梗，因为葡萄梗有涩味，而且可能破坏清淡芬芳的白葡萄酒。然而有些酒体醇厚的白葡萄酒以及顶级气泡酒和甜白酒，酿酒师在酿造时可能会选择将整串葡萄连梗放进压榨机中。这是因为果梗可以发挥导管的作用，帮助葡萄汁流动；无论在什么情况之下，只有最早榨取出来的葡萄汁——纯净的第一道葡萄汁，称为自流汁（freerun）——才可以用于酿酒。

对白葡萄酒的酿酒师来说，他必须决定是否要尽量保护葡萄酒不要氧化，以便保留葡萄的每一分新鲜果味（做法包括：避免氧化且在一开始就添加二氧化硫以抑制空气中的酵母菌，完全去梗，全程低温，等等），或者刻意采用氧化技术，让葡萄暴露在氧气中，以此获得更为复杂的次生风味。

雷司令、长相思和其他芳香型葡萄品种通常都会以避免葡萄氧化的方式酿造，而大部分高端的霞多丽，包括勃艮第白葡萄酒，都是以氧化方式酿造。氧化式的酿法可能包括一小段时间的"浸皮"（skin contact）：听上去好像很带劲，然而它只是压榨前在特别的酿酒槽中增加几个小时的皮汁接触，在浸皮期间，更多的香气会从葡萄皮渗出到葡萄汁中。如果酿造白葡萄酒时让皮汁接触太久，就会产生太多的涩味，这也是为何酿造白葡萄酒的葡萄要先榨汁再发酵的原因，而酿造红葡萄酒的葡萄则需要从葡萄皮中萃取单宁和色素，两种酒的酿法非常不同。

压榨的力道越大，酿成的白葡萄酒就会越粗犷。而与时俱进的是，压榨机的设计也越发精巧，可以极尽轻柔之能压榨出葡萄汁，而不至于压破葡萄籽或压出葡萄皮中的涩味。气压式压榨机现在最为常见，借由机器内部会膨胀的橡胶气囊，将葡萄压向圆桶状的边壁进行压榨。有些压榨机还可以让葡萄汁与氧气完全隔绝。酿酒师也越来越谨慎地将压榨出来的葡萄汁进行分类，最早榨出的葡萄汁最细致也最没有涩味。

在此阶段，采用隔绝空气的方法能够保护白葡萄酒，使之更为澄清；而葡萄碎片会悬浮在液体中，常用的方法是让悬浮物沉淀到储存用的酒槽底部，然后再将澄清的葡萄汁抽到发酵酿酒槽中。要注意的一点是，此时发酵还没有开始，因此保持低温且添加二氧化硫便显得非常重要，这点更类似于红葡萄酒的处理方式。

酿造红葡萄酒的葡萄通常挤粒也去梗，不过可能有极小部分连果梗的整串葡萄会刻意被丢进发酵酿酒槽中以增加单宁，有些特别传统的酿酒师（特别是在勃艮第）喜欢全部都使用整串葡萄进行酿造。这样的酿法只能在生长季足以长到可以让葡萄梗跟葡萄一样全然成熟的气候区使用，否则葡萄梗会让酒喝起来非常粗硬。还有些酿酒师会故意把添加二氧化硫和保持低温的状态保持一个星期之久，并延后发酵，以此来萃取更多颜色和基本的果味。

发酵过程

然后酿酒师要决定如何发酵，发酵这个神奇的过程会将甜的葡萄汁转化为较不甜而香气更复杂的葡萄酒。如果酵母（自然或人工添加）和葡萄的糖分接触，就可以把它们变成酒精、热量和二氧化碳。葡萄越成熟，糖分含量就越高，酿成的葡萄酒的酒精度也越高。当发酵开始之后，发酵酒槽的温度会自然增加，所以在较暖和的产区，也许需要在酿酒槽外部包裹冷却套管（cooling jacket）或是内置降温设备来控制葡萄浆（must，这是介于葡萄汁与葡萄酒之间的泥状混合液）的温度，让温度低至不会让芳香化合物被蒸发的程度为佳。发酵产生的二氧化碳会让酿酒窖在采摘期间成为一个让人头晕目眩的危险场所，酒窖中的味道是一种混合着二氧化碳、葡萄和酒精的醉人混合气体，特别是酿造传统红酒时所采用的开口式酒窖，这种气味更为明显。不过白葡萄酒是在密封的酿酒槽中进行发酵，以便保护葡萄汁不会氧化，也可以避免酒变质成棕色；而当酿酒槽里面装的是红酒葡萄浆时，不用密封就具有隔绝作用，因为葡萄皮会浮在表面形成厚厚的一层"盖子"。

酵母和它们的习性至今保持着神秘，为此存

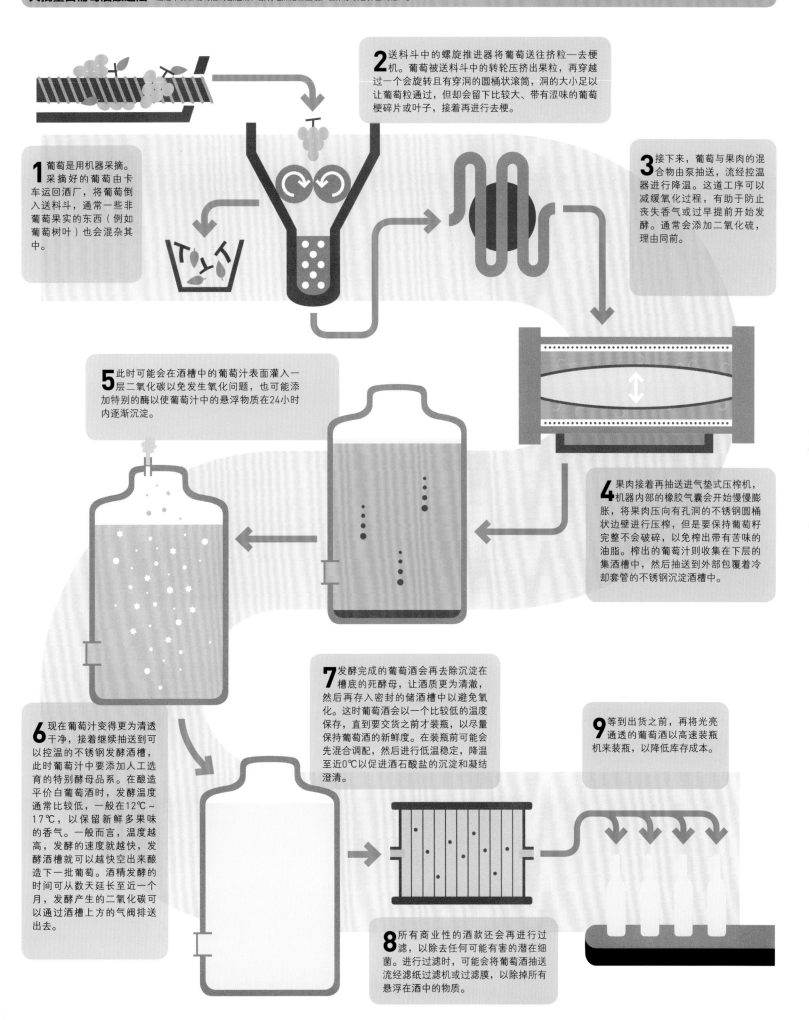

大批量白葡萄酒酿造法 这是平价白葡萄酒的酿造法，酿制地点是在温暖产区某家设备齐全的酒厂。

2 送料斗中的螺旋推进器将葡萄送往挤粒—去梗机。葡萄被送料斗中的转轮压挤出果粒，再穿越过一个会旋转且有穿洞的圆桶状滚筒，洞的大小足以让葡萄粒通过，但却会留下比较大、带有涩味的葡萄梗碎片或叶子，接着再进行去梗。

1 葡萄是用机器采摘。采摘好的葡萄由卡车运回酒厂，将葡萄倒入送料斗，通常一些非葡萄果实的东西（例如葡萄树叶）也会混杂其中。

3 接下来，葡萄与果肉的混合物由泵抽送，流经控温器进行降温。这道工序可以减缓氧化过程，有助于防止丧失香气或过早提前开始发酵。通常会添加二氧化硫，理由同前。

5 此时可能会在酒槽中的葡萄汁表面灌入一层二氧化碳以免发生氧化问题，也可能添加特别的酶以使葡萄汁中的悬浮物质在24小时内逐渐沉淀。

4 果肉接着再抽送进气垫式压榨机，机器内部的橡胶气囊会开始慢慢膨胀，将果肉压向有孔洞的不锈钢圆桶状边壁进行压榨，但是要保持葡萄籽完整不会破碎，以免榨出带有苦味的油脂。榨出的葡萄汁则收集在下层的集酒槽中，然后抽送到外部包覆着冷却套管的不锈钢沉淀酒槽中。

7 发酵完成的葡萄酒会再去除沉淀在槽底的死酵母，让酒质更为清澈，然后再存入密封的储酒槽中以避免氧化。这时葡萄酒会以一个比较低的温度保存，直到要交货之前才装瓶，以尽量保持葡萄酒的新鲜度。在装瓶前可能会先混合调配，然后进行低温稳定，降温至近0℃以促进酒石酸盐的沉淀和凝结澄清。

6 现在葡萄汁变得更为清透干净，接着继续抽送到可以控温的不锈钢发酵酒槽，此时葡萄汁中要添加人工选育的特别酵母品种。在酿造平价白葡萄酒时，发酵温度通常比较低，一般在12℃～17℃，以保留新鲜多果味的香气。一般而言，温度越高，发酵的速度就越快，发酵酒槽就可以越快空出来酿造下一批葡萄。酒精发酵的时间可从数天延长至近一个月，发酵产生的二氧化碳可以通过酒槽上方的气阀排送出去。

9 等到出货之前，再将光亮通透的葡萄酒以高速装瓶机来装瓶，以降低库存成本。

8 所有商业性的酒款还会再进行过滤，以除去任何可能有害的潜在细菌。进行过滤时，可能会将葡萄酒抽送流经滤纸过滤机或过滤膜，以除掉所有悬浮在酒中的物质。

顶级红葡萄酒的酿造方法 这一组图所显示的是典型优质红葡萄酒的传统酿造法。

3 去梗机中除去果梗,大部分的葡萄粒在此完成破皮挤出果粒的工序。这款机器可以通过设定,选择保留多少比例的葡萄梗和完整的葡萄粒。像黑皮诺等单宁含量较少的葡萄品种,可能会保留部分或全部的葡萄梗,让酒多些涩味且结构更强劲。

2 输送带再将挑选过的葡萄串送入挤粒-去梗机。

1 手工采摘的葡萄串被装在小盒子中小心翼翼地运回酒庄,这种盒子专门用来盛装脆弱的葡萄,以避免葡萄从葡萄园到酒厂的运输过程中因挤压而破皮。葡萄运回后首先倒上汰选桌,在此汰选过程中,任何熟度不足、破皮或发霉的葡萄都会被剪掉,并且挑除其他杂物。

5 当酒精浓度逐渐提高时,葡萄汁内的糖分含量会逐渐降低,而发酵所产生的二氧化碳会往上产生推力,将葡萄和果肉往上推挤至表面而形成厚厚一层"盖子",保护底下的葡萄酒免于氧化。这个厚层葡萄皮盖子要经常借由踩皮工序往上推进酒中,或是将底下的葡萄汁抽送到酿酒槽顶端,浇淋在葡萄皮上以免干掉。

7 留在酿酒槽底下的葡萄皮渣滓会放进压榨机中榨汁,图中所示的是传统型的栅栏式压榨机,压榨所得的榨汁酒(press wine)会被收集起来。

8 这些榨汁酒含有更多单宁,在气候较寒冷的葡萄酒产区通常都会分开存入,但是在比较温暖的产区则会马上混入葡萄酒中以增强红酒结构。

4 葡萄汁以及能为红酒带来颜色、香气和单宁的葡萄皮都会一起抽送至开口式酿酒槽中,今日的酒槽虽然通常都是以不锈钢制成,但传统的酒槽主要由橡木、水泥甚至板岩制成。在传统的酿造法中,存在于自然环境中的酵母会慢慢开始运作,启动酒精发酵。有些酿酒师会在发酵之前先降温,让浸皮时间可以延长一些,但也有一些酿酒师会马上进行加热,让酒精发酵可以迅速展开。

6 在酒精发酵结束后,有些酿酒师为了能从葡萄皮中泡出更多酚类物质,会延长浸皮时间;但是也有一些酿酒师在糖分还没有完全发酵成酒精之前,就将葡萄酒改放进小型的橡木桶中。无论是提早或延后,一样会进行第二次发酵(或称为乳酸发酵)。

9 接下来,葡萄酒会在橡木桶中进行最长至18个月的培养。

12 小心装瓶后,酒瓶会横躺排列在葡萄酒箱仓中,进行瓶中培养,直到出货之前再贴上酒标及装上瓶口封套。

11 然后葡萄酒可能会进行凝结澄清,借由添加凝结剂来吸附悬浮物质,接着再进行轻微过滤以确保没有微生物残留来稳定酒质。在装瓶之前,可能会进行最后一次调配。

10 因为木桶中的酒会持续蒸发减少,这意味着要进行添桶工序,而且偶尔也要进行换桶,将酒放入另一个干净的木桶中与沉淀物分开,同时也让酒与空气接触,避免合成有害的物质。

在一些争论。首先酿酒师要决定是否使用特别选育及准备好的所谓人工酵母，还是相反地，采用自然存在于环境中的所谓野生酵母菌种。在新兴的葡萄酒产区，酿酒师也许没办法选择；葡萄酒酵母需要时间繁殖足够的菌数，在初期环境中存在的菌种，有可能对葡萄酒有害而不是有利。除了为数不多（但在逐渐增加）的特殊例子，大部分新世界的葡萄酒都是在葡萄浆中添加经过特别选育的人工酵母。一旦某个酿酒槽开始发酵，如此就可以启动发酵过程。

人工培育的酵母菌大都选育自其他更具历史的葡萄酒产区的野生酵母，因为能预知其特性。耐力较强的酵母菌可以用来酿造酒精度较高的葡萄酒，至于那些有利酒渣黏结的酵母菌也许适合用来酿造气泡酒。人工培育酵母菌的选择也会对葡萄酒的香气产生重要影响，例如加强特殊的香气或让新鲜的果味更明显。遵循传统的人偏好完全让自然环境中的酵母菌发挥作用，因为他们认为虽然野生酵母不稳定也难以预期它们的表现，却可以让葡萄酒的香气变得更有趣。但请不要过度延伸，认为酵母菌也是风土条件的一个层面。

帮助发酵

酿酒师最恐惧的梦魇就是发酵突然中止，万一发酵在葡萄汁的糖分全部转化成酒精之前就中止，留下的会是一整槽脆弱的危险液体，成为氧化和细菌的牺牲品。相反，顺利完成发酵的葡萄酒，酒精浓度完全足以抵御许多细菌的侵袭。

一款红酒通过时间和温度所形成的精确发酵进度，对酒的类型和风格影响很大。发酵的温度越高（不能高到把香气全挥发掉的程度）可以萃取出更多的香气和颜色；而长时间的低温发酵通常会酿造出清淡多果味的葡萄酒；但是如果发酵的时间太短且温度高，也可能酿成香气和口感都淡的葡萄酒。开始发酵后，温度会跟着升高，酿造浓厚型红葡萄酒时温度大都在22℃~30℃之间，而酿造芳香型白葡萄酒时温度会低一点，有时会低至12℃。

为了萃取出单宁、香气和颜色，在红葡萄酒发酵期间，必须要让葡萄皮和葡萄汁尽量混合在一起。通常采取的做法有两种：一种是淋汁法，将酒抽取到顶层的葡萄皮；另一种是直接将葡萄皮踩压进葡萄汁里混合。不过，现在也逐渐使用各式机械及电脑操控的方式让葡萄皮沉入酒中。关于这个工序以及任何有关发酵后浸皮以萃取并柔化单宁的方法，都已经变成一门精确的科学，而且是酿造当下可口的年轻红酒的关键所在。

而有关发酵容器的选用更是轮回了多次。不锈钢材质的便于清洁且更好控制，但现在也有一些酿酒师偏向于木质，甚至回归到用水泥发酵槽。

轻柔地处理葡萄、葡萄汁和葡萄酒，往往被视为影响葡萄酒品质的最终因素。如果资金没有问

题或者酒厂建在山坡上，酒厂的设计及酿酒设备就可利用地心引力，而可以尽量不用泵（见35页所示）。

无论红葡萄酒或白葡萄酒，酿酒师决定是否要加糖、加酸还是减糖、减酸，或要增加葡萄浆的浓度，都是在发酵阶段。过去200年来，法国酿酒师有别于更南产区的同行们，在发酵酿酒槽中加糖以提升葡萄酒的酒精度（不是为了增加甜味），这个在法文中称为"chaptalization"的加糖过程是法国前农业部长让-安东尼·夏普塔尔（Jean-Antoine Chaptal）所提出。AOC的法律对此有严格的限制，上限通常不能超过增加2%的酒精度。但是在实际运用上，由于受惠于更温暖的夏季、更好的枝叶管理（见25页）以及腐烂防治的成功策略，葡萄农现在已经可以采摘到比过去更为成熟的葡萄，所以如今需要添加的糖量也越来越少了。

酿酒师也可以决定从红酒的发酵酿酒槽中减少部分的葡萄汁，如此就可以提高含有香气与颜色的葡萄皮和葡萄汁的比例（这个比例非常重要），法国把这个传统方法叫作saignée（放血）。而现在人们有时会采取更机械化的方式来"放血"：以真空蒸发或逆渗透为原理的浓缩法。

而在法国北部，较温暖的产区，酿酒师们不用担心葡萄不够成熟而需要加糖，但要面临酸度往往会降低到非常不可口的地步，于是他们习惯在葡萄汁中添加（他们称为调整而不是添加）酸，而葡萄中所含的天然酒石酸是酿酒师们的首选。此外，酿酒师们还可以采用另一个更自然的方法来加强葡萄酒的酸度。所有葡萄酒在酒精发酵之后可能会接着发生第二次发酵（即乳酸发酵），借由这个过程，葡萄中最酸的苹果酸会转化成比较柔和的乳酸。了解并掌控这种二次发酵（通过加热葡萄酒或添加特殊的乳酸菌来控制乳酸发酵），可以降低酒中的酸度及增添一些额外的香气，这是20世纪中叶得以酿出适合更年轻时饮用的红酒的最关键因素。

但是这些额外的香气并非必要，也未必是酿酒师想要的，以此处于保护环境下酿造的白葡萄酒可能会抑制乳酸发酵（通过温度控制，添加二氧化硫，从酒中过滤或凝结澄清必需的酵母菌和蛋白质），最终会酿出的酒口感更为清爽。实际上，多数优质的霞多丽白葡萄酒会进行乳酸发酵来增添香气和口感，但在温暖的气候区却要靠添加酸度来维持平衡。

对红酒来说，乳酸发酵确实有其优点。近年来的流行做法是在小型橡木桶中进行乳酸发酵，而不是以往惯用的酿酒槽。这样的改变更费人工，也更需要小心监控，所以只有在酿造高品质的葡萄酒时才会使用这样的方式，但别小看这么短的时间，它能让酒喝起来更顺滑，更迷人，而这些特质在某些品酒家眼中更是品质的象征。因此，越来越多的酿

酒师希望能酿出年轻时就表现很好的酒款，他们会在葡萄酒还没有完成酒精发酵之前，就把红酒放入橡木桶中，让葡萄在桶中先后完成酒精发酵及乳酸发酵。

而有些地方对上述方法存在争议，尤其在温暖的产区，比如美国加利福尼亚和澳大利亚部分产区，那里出产的葡萄酒酒精度比较高，因为要获得更多香气和单宁而较晚采摘葡萄，这就让葡萄的糖分增加。他们会根据葡萄汁的浓缩原理，再次根据真空蒸发或逆渗透等理论发明各种设备，用来降低已经酿好的葡萄酒中的酒精浓度。然而另外一些葡萄酒农还是倾向于在葡萄园中寻找其他方法，让葡萄达到更平衡的状态来酿酒。

有些顶级红酒是在橡木桶中完成酒精发酵，而对于白葡萄酒来说，想要做得酒体饱满并身价攀高，那就不可避免要完全在橡木桶中进行酒精发酵。20世纪末，橡木桶已经成为酿造葡萄酒的另外一种原材料，从好酒到绝世佳酿，无论红葡萄酒或白葡萄酒，都有极高的比例是在橡木桶中发酵或在小橡木桶中培育熟成。确实，几乎所有严谨的红葡萄酒都在橡木桶中进行柔化的熟成过程，而白葡萄酒除了最芳香和最活泼的品种之外，也全都进橡木桶。最新的趋势是用更大的桶，或者用不太新的桶，这样的话既能达到桶陈的效果，又不会桶味太重。

装瓶和酒质的稳定

待葡萄酒在发酵后完成熟成的过程，接着就要进行装瓶。在进行装瓶这个通常来说相对比较粗暴的环节之前，酿酒师必须确保此时的酒质是稳定的：不能含有任何潜在的危险细菌，而且力一遇到极端的温度也不会出现任何不妥的情况。假如一款葡萄酒的酒质比消费者预期的还要混浊，就必须进行澄清工序。如果是平价的白葡萄酒，通常可以放入酒槽中降低到很低的温度，让所有溶在酒中的酒石酸在装瓶之前就沉淀，而不会在日后再以结晶状出现在瓶中（这种全然无害的结晶，看上去也许会让人担心）。大部分葡萄酒无论是什么颜色，都会经过一定程度的过滤，去除所有可能造成再发酵的危险，与此同时也可以过滤掉酒中的杂质微粒。但现在有一种自然酒（natural wines）正日趋夺人眼球，自然酒酿造者追求最低限度的添加甚至零添加，因为目前大部分酒都会添加少量的亚硫酸盐让酒不易变质。所以"含有亚硫酸盐"应该标注在酒标上，即使这种添加是完全无害的。

过滤在葡萄酒圈中备受重视，过度过滤的话可能会流失酒中的香气和陈年潜力，但是如果过滤不足，却可能让葡萄酒成为有害细菌和再发酵的牺牲品，特别当瓶装葡萄酒受热时。就我看来，葡萄酒在橡木桶中已经待了这么久，时间和大自然已经使得它更为清澄，无需再多费周折。

橡木桶的使用

橡木不是唯一用来储存葡萄酒的木头,但是数百年来使用最为广泛,因为它密封性好且容易搬运。而如今橡木越发受到喜爱的原因在于它的香气与葡萄酒有自然的亲近联结,可以为葡萄酒增添更复杂的香气,而更为重要的是,橡木桶的物理特性不仅有利于葡萄酒温和地澄清和稳定,还可以加深红酒的颜色,以及使得一些精心酿造的好酒质感更为柔和。

白葡萄酒在橡木桶中进行发酵时,如果没有被橡木桶夺去其坚固的酒体,也没有不敌橡木桶中的单宁和色素的话,那么最后就能酿出质感更柔和、香气更深邃的葡萄酒。而另一个酿造白葡萄酒的技巧则可让葡萄酒拥有如奶油般的丝滑质感:无论是在橡木桶还是在酒槽中发酵,只要搅拌酒中发酵之后的死酵母就能达到这样的效果。这个方法也可能给予酒中特殊的奶味,但过度搅拌则可能降低酒的纤细度和陈年能力。

白葡萄酒只能在橡木桶中待3个月的时间,以获得少许橡木桶的风味(越老的橡木桶,会让葡萄酒得到越少的桶味)。精心酿造的红酒通常会在橡木桶中熟成较长的时间。最久可长达18个月,如果在比较老且容量大的橡木桶中陈放,时间可能还会更长。为了让新酒和比较大的死酵母颗粒(法文称作gross less)分开,发酵完之后没多久葡萄酒会先进行一次换桶,存放到另外一个干净的橡木桶中,之后还会进行多次换桶。换桶也会让葡萄酒跟空气接触,使其单宁变得比较柔和,而且可将葡萄酒在桶中出现怪味的风险降到最低。桶中的葡萄酒会因为蒸发而不断减少,所以必须定期添桶,这是另一个可以增加桶中葡萄酒因氧化而柔化粗犷单宁的机会。在橡木桶熟成的阶段,酿酒师必须经常品尝每个橡木桶中的葡萄酒,除了要决定何时换桶之外,还要判断葡萄酒何时可以装瓶。

有一种橡木桶陈年的替代方法,有时也会作为它的辅助方法,那就是将事先定量的微氧送进橡木桶或酒槽的葡萄酒中。这种微氧化技术(micro-oxygenation)已经越来越受欢迎,但是此技术比较像是酿酒技术的运用而不像是科学应用。

微氧化技术是模仿橡木桶让葡萄酒与空气接触的方式,而橡木片、橡木条以及不同形状和尺寸的橡木碎片则被用来复制受橡木桶影响所产生的香气,而不用付昂贵的金钱购买橡木桶。这些橡木碎片也有可能改善葡萄酒的结构与口感,使酒的颜色更稳定。使用这种橡木桶的替代品并非没有争议,但是却有其历史根源:法国农业学家奥利维耶·德塞尔(Olivier de Serres)在他1600年出版的《农业剧场》一书中,就曾经提到一种利用橡木片酿造的酒"vin de coipeau"(copeaux,在现代法语中是木

片的意思)。他在书中解释了这种酒要如何备制,而且认为木片有助于澄清葡萄酒,让酒可以更早喝,并增加迷人的香味。

Fanagoria酒厂正在制作一个500升的桶,而它也是俄罗斯唯一一家拥有自己制桶车间的酒厂。长条的橡木一边加热一边用金属的桶箍进行加箍,最后便能形成一个不透水的橡木桶。

橡木桶从何而来

影响橡木桶陈年和发酵效果的主要因素是橡木桶的大小、新旧程度(桶越老或越大,葡萄酒中的桶味就越轻),以及葡萄酒在橡木桶中的时间长短,橡木桶的烤制程度(重度烘烤的橡木桶会带来较少的木头单宁,但是却有更多的香料和烘烤味),此外还包括橡木在被制桶之前会如何进行自然风干,以及风干多久(曝晒在外降低其粗糙个性),更有甚者会人为地进行窖内烘干。最后,橡木的产地也是重要因素之一。

美国橡木可能具有相当迷人的甜味和香草香气,波罗的海的橡木在19世纪末时曾大受赞扬。而当下东欧的橡木又重新回到人们视线中,然而总体来说法国橡木依然要比其他地方的橡木更受青睐,主要原因在于其原产地的管理相当良好。

Limousin橡木的纹理比较宽,多单宁涩味,通常比较适合用来陈年白兰地而不是葡萄酒。Tronçais区位于Allier省,是法国政府的国有单一大型林区,因为生长缓慢,因此橡木纹理比较紧密,非常适合陈年葡萄酒。孚日山脉的橡木也很类似,颜色较淡,很受一些酿酒师偏爱。而其他一些酿酒师则只要求是产自法国中部的橡木桶即可。不管怎样,每片树林总有许多不同种类的橡木和不同的生长环境。酿酒师通常有许多家中意的制桶厂,而不会只着眼于一家。

法国主要橡木产区

葡萄酒的封瓶

只有当葡萄酒瓶找到有效且适合的封瓶材质，才可以储存。下图3种不同品质与年龄的软木塞都有可能遭受感染而让葡萄酒产生木塞味，用软木屑所胶结压制而成的廉价软木塞都有这样的危险（老香槟软木塞显示出经年挤压的结果，而中间的标准软木塞则已经在一瓶波尔多酒中保存了数十年）。当软木塞同时跟氯以及霉菌接触后就会产生非常令人厌恶的霉味，这个味道与称为TCA的三氯苯甲醚有关，当这个物质被溶入酒中之后，就会造成让人不悦、带有软木塞味的葡萄酒。虽然软木塞的制造业都努力通过生产技术的升级来改善这种情形，但有很多葡萄酒的生产者因为不堪软木塞味极高的发生率，转而采用其他的封瓶材质。

人工合成的瓶塞通常是由塑胶制成，是目前最受欢迎的封瓶材料，新世界产区的葡萄酒生产者尤其爱用。这类瓶塞的类型以及等级变化非常多，特殊之处在于可让葡萄酒的饮用者仍然保有深受许多人喜爱的拔出软木塞的开瓶仪式，但却不会有任何软木塞味的危险，不过这些瓶塞还是有很难再塞回去的问题，而且通常也不适合用来作为需经长期瓶中培养的葡萄酒的封瓶材质。

有些生产者则采用旋转瓶盖来封瓶，特别是用来封装像雷司令这类多香的葡萄酒，以及简单、多果香、适合早饮的红酒；这样的封瓶法让熟成不可或缺的氧气无法进入。有人担心在长期的熟成过程中，以旋转瓶盖封瓶的葡萄酒风味会变得不同，而且以天然软木塞之外的材质封瓶的葡萄酒极有可能变得比较不优雅，几乎完全不透气的旋转盖或Vino-Lok封瓶法或许也会发展出不好的气味，这有待解决。为了解决这些问题人们进行了很多研究，而螺旋盖的厂商也通过调整螺旋盖内的垫圈来调节瓶中的透氧率。

这株已经成熟的软木橡树位于葡萄牙的阿尔加维（Algarve），它的树皮在2000年时已经被世界上最大的酒塞生产商Amorim酒塞公司统统剥去。在你看到这篇文章之时，这株橡树又将迎来收获的时刻。

封瓶瓶塞

| 香槟塞 | 标准塞 | 复合塞 | 人工合成塞 | 螺旋塞 | 玻璃塞 |

一个酒庄的解析

1870年，唐·麦西米亚诺·伊拉苏在阿空加瓜山谷（Aconcagua Valley）的Panquehue建立了伊拉苏酒庄，距离智利首都圣地亚哥以北100公里（见234页地图）。而酒庄的第五代传人爱德华多·查德维克在伊拉苏140周年庆时决定在附近新建一座酒庄，并隆重地命名为唐·麦西米亚诺标志酒庄，此举也是为了纪念祖先。新酒庄由爱德华多的侄子，建筑师塞缪尔·克拉罗（Samuel Claro）设计建造，外表极具未来感，非常夺人眼球。而酒庄首要任务就是负责酿造伊拉苏的旗舰酒——麦西米亚诺园主珍藏（Don Maximiano Founder's Reserve）。和其他高端系列一样，这款酒也是以赤霞珠为主混酿，挑选最好的葡萄酿造而成。这也让酿酒师有了充分发挥的空间。

正如外界所预期的那样，伊拉苏酒庄作为智利的葡萄酒巨头，新酒庄走的也是可持续发展路线。

葡萄和胚酒不是通过传统的泵（见13页）而是通过重力来传送，这点相当不寻常。现在已经有很多酒庄采用手工采摘，但重力传送则更为复杂。重力传送管道埋藏于地下4米处的壕沟内，观察窗采用特制的低辐射率的玻璃制成，可以充分反射阳光带来的热量，还能观察内部状态，而壕沟内还可以有人工水流，酒庄可以随时通过调节水温来对管道进行温控。

需要注意的是，新建的酒庄虽然奢华，但毕竟只是起到辅助和补充作用，伊拉苏的重点还是在酿酒上。而它已经利用很多方面来做得更好，譬如独立的桶陈酒窖，所有装桶的酒都在这里陈年一段时间；还有装瓶，因为装瓶之后的储藏比之后的运输还要重要；甚至于员工宿舍，所有这些能源消耗都通过酒庄屋顶安装的太阳能系统，来达到比传统酒庄节约20%的效果。浏览下面的图表应该就能让人对于伊拉苏酒庄的整个酿造流程有了个大致的概念。

自2011年期，the Kai，Don Maximiano Founder's Reserve，La Cumbre Syrah和Sena这些酒款都是在这座崭新的标志酒庄中酿造。而后面则是麦克斯珍藏酒庄（Max Reserva winery）。

伊拉苏酒庄建筑群

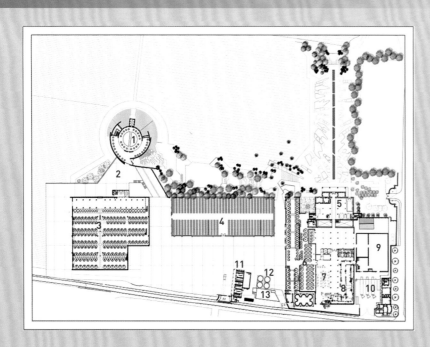

1　唐·麦西米亚诺标志酒庄。

2　标志酒庄的葡萄传送系统。

3　麦克斯珍藏酒庄（建于2008年，用来出品珍藏系列葡萄酒）。

4　桶陈室（用来陈放珍藏系列以及其他酒）。

5　最古老的1870年时的酒庄。

6　混合和陈酿（珍藏系列和其他酒）。

7　澄清和稳定处理（装瓶之前）。

8　装瓶线。

9　运输之前的存酒酒窖。

10　卡车停车位。

11　更衣室和餐厅（这些屋子的屋顶上都装有太阳能板）。

12　其他一些混合的酒。

13　整个酿酒过程中由生物供暖系统提供热水清洗酒瓶和管道。

上图中这些窗户所用的都是低辐射玻璃，因此夏季的时候强烈的阳光都会被反射掉，保持内部凉爽，而在冬日，内部的热量又会被聚集在屋内，不容易散发掉。前台的喷水池有助于酒庄内部的温度控制。伊拉苏最引以为傲的是它那10个容量为11 000升的法国橡木发酵桶，其中3个位于门的左边，透过玻璃可以清楚地看到，而这些桶比另外一些不锈钢发酵罐更为节能。

左图可以清楚地看到内部的三层结构，顶层是发酵罐的盖子，葡萄发酵之前可以从这里倾倒入内；中间一层则是橡木和不锈钢发酵桶，每年可以处理300吨葡萄；底层是桶陈室，酒桶通过重力从中层传送下来。这里总共储存有272个酒桶。而走道用金属网板铺设而成，下层的事物可以一目了然。

可持续性葡萄酒酿造

有关种植葡萄时如何能够达到可持续性发展的理论和看法有很多，但最为大众认可和接受的还是有机种植和生物动力法，减少农药的使用无论对于酒农也好，土地也好，或许对于我们这个星球和整个生态系统来说都是更好的选择，而这种可持续发展的做法正在加州、俄勒冈、智利、南非和新西兰等地蔓延，并呈现增长的态势。

有些人的做法是降低对于地球资源的消耗。水资源对于葡萄酒农无疑非常重要，在某些较为干旱的产区灌溉已经成了一种习惯，而这些酒庄的日常生活用水也应该被计算在内。有些酒庄需

要消耗超过100升水才能酿造1升酒，这些酒庄正在重新规划如何更有效地用水。有待解决的还有温控问题，因为温控也需要消耗大量的水和能源。

葡萄酒在它的一生中无疑是需要被存放在凉爽的地方，无论是在罐中、桶中还是瓶中，这肯定会需要消耗大量的能源。而纳帕谷一些酒庄的做法就很值得赞许，他们开凿了很多山洞来储存葡萄酒，这样就无需额外消耗能源了。

另外一个值得称道的进步就是传统的二氧化碳浸渍法已经被大量的酒精发酵法所取代。一些具有环保意识的酿酒者诸如西班牙的桃乐丝，会

使用能够吸收二氧化碳的藻类，以此来减少对于地球大气的碳排放。通过一系列举措他们不仅减少了排放，并实现了可持续发展，还再生出了用于交通工具的能源。

那作为消费者的话在享用美酒的同时又如何减少碳排放呢？回收酒瓶是最有效的举动，但令人沮丧的是还是有很多酒厂使用过于厚重的酒瓶，浪费了过多的原材料，并且加重了运输成本。从长远以及从生态学角度来看的话，我们应该重新考虑一下日常餐酒是否还有必要一定要用玻璃瓶来装瓶。

新酒庄——新思路

评价一个酒庄和它的建筑可能和评价它的酒一样重要。酒庄最基本的目的是酿酒,但在建筑风格和功能上的创新也能使自己增色不少。例如唐·麦西米亚诺标志酒庄,就是南美现代酒庄的最好代表。

本页上的图为我们揭示了麦克斯珍藏酒庄前面新造的循环式、重力传送的新酒庄,葡萄传送系统就在这两处建筑中间。对页的图展示了新酒庄的内部3个层面系统,最下面的一层位于地下。

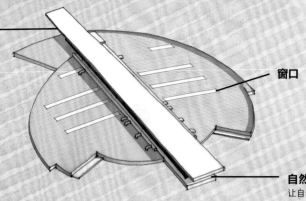

葡萄收集区域 隐藏在屋顶上方，葡萄通过消过毒的塑料浅托盘进行传送，保证它们在此过程中不受氧化和损坏。在收获季时，这里可以直接把葡萄传送至振动葡萄筛选桌。

窗口

自然光源 屋顶的天窗和窗户可以让自然光照遍酒庄内部。

重力传送和葡萄筛选系统 在初筛桌上叶子和明显坏掉的葡萄会被去除，经过初筛的葡萄会被传送到二次筛选桌去除梗、微小叶子和未成熟的果实。这个工序完成之后健康完整的葡萄会通过开启的地板直接掉进下方的发酵容器内——有些是橡木的，有些是不锈钢的。而所有这些都通过重力传输，使得果实尽可能保持新鲜和完整，并从最大程度上保留住了果味。

温控系统 酒庄内部温度通过气注地热设备长期保持在14℃～20℃。酒庄地下4米处理有全长超过170米的管道，夏季时管道内部灌注冷气，冬季则是暖气，这保证了葡萄酒不会受到强烈温差带来的影响。

品鉴室 通过舷梯可以走到发酵间上面的品鉴室。

传送坡道 发酵完之后，把葡萄皮从发酵桶中分离出来，然后传送到麦克斯珍藏酒庄的压榨室；葡萄梗会被去除。

发酵间 内有18个不锈钢发酵桶，可以最多容纳10 000升；里面还有9个不锈钢桶和10个法国橡木桶可以各自容纳7 500升和11 000升。这能使得每一批葡萄都能够独立进行发酵，全程自动温控。而循环系统和自然采光的设计能够降低电能消耗，节约能源。

反射池

朝西窗口 酒庄被水池环绕，而低辐射率的玻璃窗可以帮助酒庄内部调节温度。

地下空调管道

装桶地窖 发酵完之后，葡萄酒再次通过重力经由管道送至发酵间下面的地窖，直接灌入225升的橡木桶中。

酒桶传送坡道 装桶完毕之后，酒桶会被叉车运送至桶陈间，然后再进行混合、装瓶、储存，最后被运往各处。

葡萄酒与时间

有些人对葡萄酒有些误解，以为所有的葡萄酒不仅不会衰败，而且酒质会与时俱进。 的确，部分葡萄酒最神奇的特性之一，就是它们会随着时间变化，且通常都变得更好，时间可以长达数十年，极少数的酒款甚至还可陈放几个世纪。然而，现今所酿造的葡萄酒，通常是在装瓶后不久或是在一年内即可饮用，甚至有些酒款最好喝的时候就是在装瓶线上。

大部分便宜的葡萄酒，特别是白葡萄酒、粉红葡萄酒以及一些轻度酒体、低单宁的红葡萄酒，还有那些以佳美葡萄（例如博若莱区）、格丽尼奥里诺（Grignolino）葡萄、丹菲特（Dornfelder）葡萄、莱布鲁斯科（Lambrusco）葡萄、葡萄牙（Portugieser）葡萄、澳大利亚的特宁高（Tarrango）杂交种，以及一些品质较普通的黑皮诺单一品种葡萄酒，其实都是趁年轻时喝最好。只有极少数的粉红酒是能够在瓶中陈年数年的。这些酒的饮用乐趣，就是要趁它们新鲜、活泼的果香未失去之前尽早饮用。

通常葡萄酒越是昂贵（即使还非常年轻），就越需要陈年以后才能表现更好。但孔得里约（Condrieu）和另外一些杰出的维欧尼可能是例外。香槟以及其他一些高品质的气泡酒，是少数价格昂贵且未经酒精强化的葡萄酒里可以买来就马上能喝的酒款，尽管许多人觉得香槟存放一两年后能更增加其风味，然而一些年份香槟和高级别香槟要达到最完美的状态则可能需要 20 或 30 年。

然而，几乎所有最伟大的白葡萄酒以及顶级红葡萄酒，都是在达到适饮期之前就已经卖出，这些酒都需要经过陈放熟成后才能喝。当它们年轻时，酒中的酸度、甜度、矿物质、色素、单宁以及所有其他风味元素都还需经过熟成培养才行。优质好酒的这些元素含量当然比一般酒来得高，伟大的酒款更是胜过优质葡萄酒。这也是为何好酒直到最后会拥有更多味道与特色的原因。

这些元素、葡萄品种原有的果香、发酵后的果香以及（或）橡木桶都必须花时间交互作用，以形成和谐的整体，才能在更加熟成后出现陈酒酒香。所有这些都需要时间以及轻微的氧化过程才能令酒成熟。而木塞到液面之间那狭小空间已经拥有足够的氧气来应付长达数年的陈年过程（一些优质的螺旋盖也能达到这个效果）。

一瓶年轻的优质红酒，从装瓶之际，就包含了由单宁、色素以及风味组成元素这三者所组成的复合物（通称为"多酚物质"），也包含了由这些元素所组成的更复杂的复合物。在瓶中，单宁会持续与色素及酸性物质交互作用而形成大分子的化合物，最后会变成沉淀物质。这表示，当葡萄酒熟成时会失去酒色及涩度，但会增加风味的复杂度，沉淀物也会增加。事实上，只要将一瓶葡萄酒对着光源检视瓶中沉淀物的多寡，就可以猜测葡萄酒的熟成状

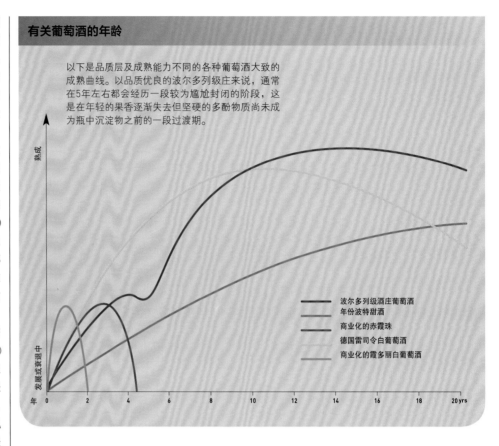

有关葡萄酒的年龄

以下是品质层及成熟能力不同的各种葡萄酒大致的成熟曲线。以品质优良的波尔多列级庄来说，通常在 5 年左右都会经历一段较为尴尬封闭的阶段，这是在年轻的果香逐渐失去但坚硬的多酚物质尚未成为瓶中沉淀物之前的一段过渡期。

熟成

发展或衰退中

年 0　2　4　6　8　10　12　14　16　18　20 yrs

波尔多列级酒庄葡萄酒
年份波特甜酒
商业化的赤霞珠
德国雷司令白葡萄酒
商业化的霞多丽白葡萄酒

况。不过，在葡萄酒装瓶之前，过滤的程度越高，之后的沉淀物就会越少。

同样的熟成程序也发生在白葡萄酒中，不过其多酚物质较少，因此我们目前所了解的比较有限。然而，缓慢的氧化程序还是会将多酚物质转变为金色甚至是棕色物质，此时葡萄品种原有的果香、发酵后的果香以及清脆的酸度，都会柔和软化为具有蜂蜜、核果等甜美风味的复杂口感。

如果说红葡萄酒中的主要抗氧化物质是单宁，那么在白葡萄酒里就是酸度。白葡萄酒若有足够的酸度（也有足够的其他物质去均衡它），其熟成时间就会跟红葡萄酒一样长。若是顶级的贵腐甜酒、德国雷司令白葡萄酒、托卡伊（Tokajis）甜酒以及卢瓦尔河谷的白诗南白葡萄酒（这些酒的酸度都很高），储存期甚至更长。

达到饮用巅峰

任何一款葡萄酒，最常被问到的问题都是："何时才是最佳的饮用时机？"让人尴尬的事实是，即使是酿酒师本身也只能猜个大概，而且猜错的概率通常不低。我们常常都在葡萄酒过熟，已开始失去果香及风味而使酸度及单宁凌驾其口感之上时，才真正了解到某款酒的个性。对于好酒唯一可准确预测的特质就是：它们均难以预料。

对那些常常买进整箱葡萄酒且常常观察熟成过程的葡萄酒爱好者来说，在他们一瓶一瓶饮过之后，常常会发现某款酒在年轻时就丰盛好喝，但是随后会进入一段沉闷、毫无生气的时期（这时，酒中的许多复杂成分正在形成），接着又会进入另一个酒质鼎盛的高峰期。

同款酒会出现"个瓶差异"的情形，即使是同一箱酒也不例外。同一箱酒里，有可能装入不同批次的酒（目前有些酒厂会在酒瓶上标明批号）或存放在不同的环境下。之所以会产生差异可能是因为每一瓶的透氧量不尽相同，或者由于温度不同而受到不同的影响，最常见的是受三氯苯甲醚 TCA 污染（见 31 页）。完好、未受污染的酒塞是一瓶陈年完好的葡萄酒的标志；而如果一瓶侧卧的红酒在侧卧这面发现受污的痕迹的话可能意味着这瓶酒有问题，然而"个瓶差异"常常找不出合理的解释。由此可见，葡萄酒真是一个活生生、脾气古怪的个体。

不同年份的同一款酒，其陈年潜力也不同。厚皮的红葡萄，再加上干旱的年份，其陈年潜力当然比产自潮湿年份且"葡萄皮与果肉比"更低的酒款要来得好。同样，用干燥年份的葡萄酿成的白葡萄酒，也需要较长的时间才能让酸度柔化到可让人接受的地步。

另一项与储存环境无关的因素，则是酒瓶的大小。不管酒瓶大小如何，软木塞和瓶颈液面之间的空间都是一样的，这意味着半瓶装的每单位葡萄

与氧气的接触面积要比一般瓶装大一倍，而双瓶装的葡萄酒与氧气的接触面积就更少了。因此，半瓶装的葡萄酒会比大瓶装的葡萄酒熟成更快，而这也是葡萄酒收藏家愿意付出较高代价购买双瓶装葡萄酒的原因。然而如果木塞的质量跟不上的话，那双倍分量的双瓶装葡萄酒的存放风险也随之大大增加。对葡萄酒来说，稳定的熟成是最佳的策略。

但一般来说，要推测哪些葡萄酒比较值得等待熟成是有可能的。若从酒窖拿出几瓶红酒样本，按照最值得久储的先后顺序，我们可以列出：年份波特酒、罗纳葡萄酒（Hermitage）、波尔多列级红酒、巴哈达（Bairrada）、马第宏（Madiran）、巴罗洛（Barolo）、芭芭罗斯科（Barbaresco）、阿里亚尼考（Aglianico）品种红酒、蒙塔尔奇诺的布鲁奈诺（Brunello di Montalcino）、罗蒂丘（Côte-Rôtie）、高品质的勃艮第红酒、Dão、Châteauneuf-du-Pape、Chianti Classico Riserva、乔治亚Saperavi红酒、Ribera del Duero、澳大利亚赤霞珠以及西拉品种红酒、加州赤霞珠品种红酒、里奥哈（Rioja）、阿根廷马尔白克品种红酒、金芬黛品种红酒、新世界的梅洛品种红酒，还有就是新世界黑皮诺品种红酒——但这得仰仗酿酒师的能力和野心。

到目前为止，最受欢迎且最耐久储的葡萄酒是

波尔多的列级酒庄葡萄酒。一个世代以前，像这类葡萄酒就是酿来储存的，基本上都假设买酒人会陈放至少七八年，通常是储存15年以上。

不过现在的饮酒人可没有这样大的耐心，等上这么久的时间。现代品味追求的是较为软熟的单宁（讨人欢心的饱满口感），以及风味更成熟的酒款，这表示在酿成后的5年左右便可饮用，有时甚至更早。美国加州几乎每年都可酿出这样的讨喜风格，但是波尔多还是要看老天帮不帮忙：以2005年和2010年的波尔多为例，优质的葡萄酒需要的是耐心。

勃艮第红酒的问题较少一些，因为单宁通常不会过于艰涩，饮用者不需要很大的耐心去等待单宁软熟后才开瓶饮用。但是该地区的某些特级名庄（Grands Crus）所生产的红酒，在年轻时即可见其酒体扎实，若是在不到10年内就喝掉，实在可惜且浪费金钱。所有的勃艮第白葡萄酒，除了最顶级的白葡萄酒外，熟成速度更快，而近年来许多过早氧化的案例表明勃艮第白葡萄酒的陈年能力并非如人们想象的那么强。而人们日益发现夏布利要比金丘的白葡萄酒更能陈年，但总体来说，霞多丽并非一个陈年能力很强的葡萄品种。

不出意外的话，最能借由陈年增进酒质的白葡萄酒，依照潜力优劣顺序，依序为托卡伊（Tokaji）甜白葡萄酒、苏特恩（Sauternes）产区甜白葡萄酒、卢瓦尔河谷的白诗南白葡萄酒、德国雷司令白葡萄酒、夏布利产区白葡萄酒、澳大利亚猎人谷赛美容品种白葡萄酒、朱朗松（Jurançon）产区甜白葡萄酒、产自金丘区的勃艮第白葡萄酒，还有就是波尔多干白。和大部加加强型葡萄酒一样，桶中陈年的波特诸如Tawny波特，雪利酒、马德拉酒（madeira）以及气泡酒都在一装瓶后，即可饮用。

葡萄酒的保存

如果一瓶优质葡萄酒值得您多付出一些代价购得（通常情况下是这样），那它也同样值得您将它完好保存并在适当的情况下饮用。保存不当也可能让琼浆玉液变成难以入口的饮料。葡萄酒只需横躺在一个安静、幽暗、阴凉且略湿的环境中，强烈的光照会伤害葡萄酒，长时间暴露在光线中对气泡酒的伤害尤烈。较高的温度会加快葡萄酒的反应，储存温度越高，瓶中熟成反应越快，而熟成后的口感也比较不细腻。

葡萄酒的储存，几乎对所有人来说或多或少都是个问题。现代的住家很少能像下图一样，拥有一个完美的地下酒窖可以好好保存一系列的藏酒。有一个解决办法，尤其是在炎热天气下，那就是购置一个专业的温控酒柜，当然从投资和空间占有以及能耗方面来看这很划不来。您也可以付钱请人帮您完美保存葡萄酒。显而易见，这种方法的缺点是您的支出将会没完没了，而且缺少机动性，好处是保存的重大责任可交给专业人员。

许多专售高级葡萄酒的酒商都会提供此项服务，最好的酒商不仅会帮您完美保存葡萄酒，也会向您提出各款酒的适饮期建议；而最坏的情况是，有些劣质酒商会窃走客户的酒藏。大部分的酒商都乐于充当中介人，适时帮客户寻找销售对象。任何一家专业的葡萄酒仓储业者，都应该保证可以向客户提供库存追踪及取回系统，并能掌握理想的温湿度来控制储存环境。

葡萄酒对于温度的要求，还不至于到吹毛求疵的地步，储存温度7℃~18℃，但若是能储存在10℃~13℃则更理想。更重要的是，温差越小越好（置于室外棚屋或旁边有未隔热的锅炉或热水器都不可行），没有任何葡萄酒可以忍受忽冷忽热的对待。温度过高，不仅会加速葡萄酒的成熟，也会让软木塞快速膨胀后紧缩，然后就无法完美地封住瓶颈，空气可能趁隙急速大量窜入。

若出现任何的渗酒现象，就应该尽早将酒喝掉。倘若实在找不到阴凉的储酒环境，那么略为温暖（但温度要稳定）的环境也可以。但是一定要避免过度的高温，例如超过35℃。这也是为何今日的高级葡萄酒，只使用有温控设备的海运货柜，或是只在一年当中的冷凉天气运送的原因。

传统上，总是会让酒瓶横躺以避免软木塞干缩而让空气有机可乘，但螺旋盖的酒瓶应该竖立，要避免螺旋盖受到撞击遭到损坏影响密封。

有好多理由，会让您决定在某些年轻酒款刚刚推出时，就不论价格将其买进储放至熟成之时等候回报，但请牢记一点，并非所有好酒的价格都会水涨船高，这很让人唏嘘不已。

加州硅谷一位葡萄酒收藏家特别建造的一间藏酒室。达到易饮或接近易饮的酒款存放在这里（加湿器下面），而一些较为年轻的酒则被存放在前面一间更为专业的酒窖内。

享受葡萄酒

葡萄酒不适合独享，它是社交润滑剂，最大的乐趣之一就是与他人分享。分享之前越花心思，之后的乐趣也越大。这意味着在饮用之前，先好好想想会喝掉几瓶酒，要选择哪些种类的酒款，以及饮用的顺序。

先饮用年轻的酒款，后续比较老成的酒款更能凸显优点。白葡萄酒在红葡萄酒之前饮用，是不错的做法，或者清淡的酒先于厚重的酒，不甜的酒款先于较甜的酒款。以上这些准则若是弄错了，会使第二款饮用的酒大大失色。

为宾客倒酒时，如何斟酌酒量倒是一个比较难拿捏的棘手问题。一瓶正常量750毫升的葡萄酒，通常可倒6~8杯（这是指准备的是大玻璃杯，而且只倒杯子容量的1/3，而不是以小容量的杯子倒满杯）。若是简单的午餐，一人一杯应该就已足够，但若是较为冗长的晚宴，一人5~6杯则不会太多。

身为东道主有条黄金法则，那就是倒酒要大方，但不要过于急促而让客人有压迫感，也记得要斟入足够的饮用水。

若是邀宴的人数太多，而使得每一道菜就需要使用某款酒超过一瓶的量，这时就可以考虑同时斟上两款略为不同的酒款，或许是同款酒但不同年份，或是同一个葡萄品种但来自不同产区（为了避免混淆，最好使用不同的杯子）。

一旦酒款以及数量确定了，便可以事先将含有沉淀物的葡萄酒先行直立，让沉淀物有足够的时间聚积在瓶底——可能需要一到两天。更重要的是，要有足够的时间让所有酒款都达到该有的适饮温度。

葡萄酒的饮用温度造成的差异相当大。温度过低的波尔多红葡萄酒，或是过温的雷司令白葡萄酒绝对讨人厌，这并非是因为违反了规范，而只是因为尝起来与其应有的表现相差甚远，这其中有许多原因，我们会在下文讨论到。

我们的嗅觉（对味觉相当重要）只对气味的蒸发敏感。红葡萄酒的分子通常较重，因此其挥发性或气味会比白葡萄酒弱。红葡萄酒要在室温下（通常是指18℃）饮用，用意就是要让温度将芳香分子蒸散出来，结构及酒体越是扎实的红葡萄酒，温度可再高一些。以香气取胜的清淡红葡萄酒，像是博若莱产区或寒冷产区的黑皮诺红葡萄酒，饮用温度则接近白葡萄酒，甚至可以冰镇后饮用，其香气挥发性相当令人惊讶。

另一方面，一些较为厚重的红酒，像是意大利布鲁奈诺（Brunello）红酒或是西拉红酒，就可能需要室温来提温，或以手环杯来温杯，或甚至需要用嘴里的温度来释放其香气的复杂组成分子。

温度越低，单宁会越明显。因此一款单宁厚重的年轻红酒，如果饮用温度稍暖些，尝起来会越加柔软丰厚，风味会显得较为熟成一些。以年轻的卡本内或波尔多红酒来说，成熟的假象可以借由较高的饮用温度创造出来，明显艰涩的口感会降低。然而，黑皮诺或勃艮第红酒的单宁通常较低，香气则更为开放。

这正解释了传统上饮用勃艮第红酒的温度为何要比波尔多红酒低的原因，勃艮第红酒几乎从寒凉的酒窖拿出后就能饮用。

以低温来均衡高甜度的葡萄酒也是必要的做法，如同右边图表里所示。酸度就像单宁一样，在低温情况下会显得更加明显突出，而饮用白葡萄酒时，酸度通常需要凸显，不管是因为酒中的含糖量较高还是过度陈年或产自气候炎热的地区，以低温来饮用，都能让这些白葡萄酒显得更精神奕奕，更清新爽口。

如果一瓶葡萄酒的温度过高，就会缺少鲜美口感，而且事实上之后温度要再下降并不容易；相反，若是饮用温度过低，最后总会慢慢升温到接近室温，如果想要快点儿升温，只需要用手温暖酒杯即可。白葡萄酒比红葡萄酒更容易掌握饮用温度，因为白葡萄酒可放在冰箱里降温。最好的降温方式，就是将整瓶酒放进装有冰块及水的冰桶里（只放冰块不够，因为冰块与酒瓶的接触面积不够），也可以放入特殊的冰酒套里。还有永远不要把酒瓶

醒酒

切开铝箔，如果想看清楚整个瓶颈状况，可将铝箔整个拿掉。轻轻拔出瓶塞，酒瓶尽量摆正，以免酒中的沉淀物混浊。

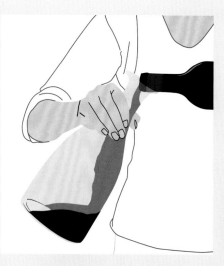

瓶口处擦拭干净，一手持酒瓶，另一手持醒酒器。稳定倒出酒液，理想状况是将瓶颈对准光源，例如灯泡或蜡烛。如果你存放酒的时候酒标朝上的话，那沉淀物的位置应该没有变化。

继续倒酒，直到看到沉淀物（若有的话）快滑到瓶颈下端处。若是沉淀物已接近瓶嘴，赶快停止倒酒。假如沉淀物很多，可先将酒瓶摆正立好，再将醒酒瓶塞好塞子，过会儿后再重新倒酒。不过，万一沉淀物黏附在瓶壁上的话，就比较难处理。把沉淀物倒入一个酒杯中静置；这是为了之后清洗更为方便。

直接暴露在阳光下。

红酒要达到理想的饮用温度比较困难，若是刚从阴凉的酒窖拿出来，在一般正常房间里，想让它升温至10℃~12℃都需要花好长一段时间，那么摆在厨房应该够理想吧？但厨房的温度往往会超过20℃，尤其是正在煮东西时。超过这个温度，红酒的口感会失衡，酒精会开始挥发而产生过于浓重的气味，反而失去了原有的酒香，有些细腻香气甚至一去不返。

有个实际可行的做法：将红酒倒进醒酒瓶里，然后让醒酒瓶立在约21℃的水中（这样有限度地加热醒酒瓶并无大碍）。此外，微波炉也可以派上用场，但是切忌过度加热；真要使用微波炉，最好先拿瓶水做实验。

红葡萄酒要达到最理想的品尝温度或许不容易，但还是必须尽力而为。"真空保温桶"及冰桶，在热带国家或天气较为炎热时可能都会用上。在餐厅里，若饮酒温度过高，请立即向餐厅要一个冰桶使用。行家要求的最佳适饮温度，每个人都能适用也绝对要坚持。

开瓶

下一个步骤当然就是开瓶了。除了螺旋盖的酒之外一般的开瓶步骤就是拆除锡箔，拔出软木塞。锡箔通常只切齐瓶嘴边缘，让整瓶酒看起来有整体感，不过这只是习惯性的传统做法。市面上有些特殊的锡箔切割器可选购。好的开瓶器应该是一种中空的螺旋状钻器而非实体的轴器，尖端非常尖锐，可以直接刺穿软木塞，简单直接，而无需杠杆作用。

气泡酒的开瓶比较需要一些特殊技巧。冰镇过且没有被摇晃过的气泡酒，开瓶时比较不麻烦（过温且被摇晃过的酒瓶，开瓶时容易喷出，造成无谓浪费）。

要提醒您的是，香槟瓶内部的压力与卡车轮胎的内在压力并无二致，开瓶万一不小心，软木塞可能会造成相当大的危害。当您拿掉瓶上的铝箔及铁网后，要一手压住软木塞，一手慢慢旋转瓶身，最好有个角度，比较方便开瓶。

瓶塞应该小心取出，尽量不要让酒液喷出。若是遇到顽强不易转开的瓶塞，可以使用"香槟星爪器"（Champagne Star），以四爪抓住瓶塞上端，这时需要多一点儿的扭力来开瓶。

极度老化的瓶塞也会造成开瓶困难，在开瓶器施压下，软木塞很容易碎裂，尤其是一些现代设计、力道较强的开瓶器。有两片尖扁刀片的"领班开瓶器"（Butler's friend，这种工具可使领班不必刺穿瓶塞就能以较差的酒调换瓶中的高级酒，因此而得名），可以用来开启这种老酒的瓶塞。而要打开老年份的波特则非常棘手，如果酒塞已经损坏，那只有把塞子开碎，过滤酒液；没有受伤就算大功告成。

关于过瓶醒酒有过诸多讨论，但是大都没有达成真正的共识，主要原因是此步骤对某瓶特定酒款的影响难以预料。许多人以为只有带有许多沉淀物的老酒才需要换瓶，而目的只是为了获得一杯较澄澈的葡萄酒，这是错误的观念。

经验显示，换瓶动作的最大获益者通常是年轻的酒款。年轻葡萄酒的瓶里只含有少量空气，作用不大；而醒酒器里的氧气功效强大且明显，只需几个小时的换瓶醒酒便可唤醒极度沉睡、气味未开的葡萄酒。

有些年轻强劲的酒款，比如说意大利巴罗洛（Barolo）地区的酒款，醒酒时间甚至长达整整24小时；也有些酒，只要醒酒1小时便可扭转乾坤。最佳准则是，年轻、多单宁、高酒精的葡萄酒比起酒龄较长、酒体较轻的葡萄酒，更可以经得起较长时间的醒酒。但是，酒体丰厚的白葡萄酒（像是勃艮第白葡萄酒）也能从醒酒中获益，而且白葡萄酒放在醒酒瓶中也比红葡萄酒赏心悦目多了。

那些反对使用醒酒器的人，认为这样的醒酒过程会有丧失某些果味及口感的风险。他们认为最好直接从酒瓶倒在酒杯中品尝，经评估后若需要醒酒，再晃杯醒酒就行。这个问题的确存在争议，且一直被争论，只有自己实践过后才能下结论。

此外，有个大家曾经深信的方法：拔掉瓶塞，让酒自由呼吸，据说醒酒效果也相当不错。然而，事实上，由于瓶颈空间有限，这种方式的醒酒作用收效不大。

饮酒人还有个相当重要的工具：酒杯。一些复杂的实验以及"蒙瓶试饮"的经验都显示，只要小小地变动酒杯的基本形状，就能使一些酒款原有的特色更加明显。不过，也不必因为不同酒款就购买各式酒杯。

或许是老生常谈，但还是要提醒您，酒杯务必要洗得透亮光洁，绝对不能带有洗洁剂或纸箱的一丝气味。有些现代杯子可以使用洗碗机代劳，但最好还是用热水手洗，然后趁杯子还有余温时，以亚麻布擦干。酒杯被倒放在橱柜或纸箱中保存，杯子容易带有碗橱或厚纸箱的味道，最好马上将酒杯置于一个干净、干燥且空气流通的橱柜里。每次使用前先闻闻看是否有异味，这也是相当好的嗅闻练习。

葡萄酒与适饮温度

这张图表标示了多种酒款的理想适饮温度。对现代标准来说，以前所谓的"室温"通常都偏低，但对葡萄酒来说却是理想的温度。白葡萄酒与粉红酒以黄色标示，红酒与"加烈酒"以紫色标示。上端的摄氏温度（℃）及下端的华氏温度（°F），标示的是理想适饮温度的大概范围。

家用冰箱温度		理想酒窖温度		室温
甜酒 / 干白酒	清淡红酒		厚重红酒	

°C 4　5　6　7　8　9　10　11　12　13　14　15　16　17　18

酒款	大约适饮温度范围
MUSCADET	7–8℃
CHABLIS	9–10℃
GRAND CRU CHABLIS	10–11℃
MACON	8–9℃
CHINON	10–11℃
最好的白酒	12℃
勃艮第红酒	14–15℃
GEWURZTRAMINER & PINOT GRIS	6–8℃
BURGUNDIES & GRAVES	12–13℃
SANCERRE/POUILLY	6–7℃
BEAUJOLAIS NOUVEAU	10–11℃
BEAUJOLAIS CRUS	11–12℃
ALSACE RIESLING	7–8℃
SAUTERNES	9–10℃
COTES DU RHONE（红酒）	12–13℃
TOP RED RHONE	15–16℃
JURANCON	7–8℃
WHITE RHONE	10–11℃
LANGUEDOC-ROUSSILLON（红酒）	12–14℃
年份波特酒	16–17℃
ALIGOTE	5–6℃
FINO & MANZANILLA	8–9℃
TAWNY PORT	10–11℃
ORDINARY RED BORDEAUX	14–15℃
TOKAJI	5–6℃
NON-VINTAGE CHAMPAGNE	6–8℃
AMONTILLADO	10–11℃
MADEIRA	12–13℃
高级波尔多红酒	16–17℃
MONTILLA	10–11℃
MADIRAN	15–16℃
SPARKLING WINE (eg SEKT, CAVA)	5–7℃
BANDOL	15–16℃
BEST CHAMPAGNE	8–10℃
EISWEIN	5–6℃
GOOD GERMAN & AUSTRIAN WINE	8–9℃
BEST DRY GERMAN WINE	10–11℃
BEST SWEET GERMAN WINE	12–13℃
SWEET LOIRE/CHENIN BLANC	5–7℃
CHIANTI CLASSICO RISERVAS	14–15℃
BEST PORTUGUESE REDS	16–17℃
VALPOLICELLA	9–10℃
CHIANTI	12–13℃
ASTI	4–5℃
SICILIAN REDS	11–12℃
SUPER TUSCANS	15–16℃
SOAVE	8–9℃
BARBERA/DOLCETTO	12–13℃
BAROLO	16–17℃
VINHO VERDE & RIAS BAIXAS	5–7℃
VERDICCHIO	8–9℃
PUGLIAN REDS	14–15℃
RIBERA DEL DUERO & PRIORAT	16–17℃
NAVARRA & PENEDES	14–15℃
TOKAJI ASZU	10–11℃
RIOJA	15–16℃
MOSCATO & MOSCATEL	4–5℃
FENDANT	7–8℃
CHILEAN REDS	14–15℃
LAMBRUSCO	7–8℃
LIGHT ZINFANDELS	12–13℃
ARGENTINE REDS	16–17℃
PINOTAGE	15–16℃
CHENIN BLANC	7–8℃
CALIFORNIA/AUSTRALIAN/OREGON PINOT NOIR	14–16℃
MOST CHARDONNAYS	8–9℃
TOP CALIFORNIA/AUSTRALIAN CHARDONNAYS	11–12℃
NZ PINOT NOIR	14–15℃
BEST CALIFORNIA CABERNETS & ZINFANDELS	16–17℃
MOST MUSCATS	5–6℃
NZ SAUVIGNON	7–8℃
CALIFORNIA	9–10℃
NEW WORLD RIESLING	6–7℃
SAUVIGNON BLANC	9–10℃
OLD HUNTER VALLEY SEMILLON	12–13℃
TOP AUSTRALIAN CABERNET/SHIRAZ	16–17℃
LIQUEUR MUSCAT	9–10℃
URUGUAYAN TANNAT	15–16℃
PINK WINES	6–8℃

°F 39　41　43　45　46　48　50　52　54　55　57　59　61　63　64

葡萄酒的品饮与讨论

许多葡萄酒（也包括优质及伟大的顶级好酒）流经众人唇舌后被咽入喉头，如果只是饮酒而不是真正用心品尝的话，就太可惜了。

酿酒师无所不能，却不能制造一个全然敏感的饮酒人。如果品尝的感官全都在口腔里（我们通常认为一定是如此），那么任何人吞下一口葡萄酒，应该都能全部感知其味道。但我们舌苔中成百上千的味蕾能够感到基本的味道：甜、酸、咸、苦和鲜味。而大脑神经通过我们的鼻尖则能接受到更多有关葡萄酒的特殊而复杂的香气。

我们最敏锐的感官其实是嗅觉，真正的鉴别器官嗅球位于鼻腔上方。葡萄酒的挥发性物质若要到达我们的脑部，需要先进入鼻腔上端（借由鼻子吸入，或者由效率较差的口腔背面吸收），在那里，这些味道被千百个味觉接收器所感觉，每个接收器都对某类香气特别敏感。令人惊讶的是，人类显然可以判别多达一万种以上的不同气味。

味道对记忆的重要性远超过其他感官。从"嗅球"所在位置得知，它们最接近记忆被储存的脑叶部分，我们最原始的嗅觉感官似乎与脑中的记忆库有着特殊的关联，彼此可以直接通达。

经验老到的品酒人，通常只要瞬间吸入酒香，便能依存先前记忆立刻对香气做出反应。倘若他们无法将当下酒款与过去的品酒经验做出联结，就必须仰赖其分析能力。这些参考值的范围大小，正是经验丰富的品酒人与初学者的差异所在。

单一的气味没有多大意义，即使这个气味相当好闻。品酒的真正乐趣是在记忆里交叉参考，翻找过去记忆，细腻比较不同却类似物质所具有的味道，进而分析其雷同处和相似度。

葡萄酒款款不同，不同之处包括色泽、结构、力道、质地、体裁以及余韵长短，还有它们的风味复杂程度。一个真正会品酒的人，对这些特征无一不纳入考虑。

品尝葡萄酒有多种形式，从三五好友围桌的简单享受，到鉴定"葡萄酒大师"资格所需要用到的专业盲品试饮不一而足。对许多葡萄酒的初学者来说，其中一个令他们不解的地方是，许多餐厅的侍酒师常会在酒杯里倒出一小部分客人点选的葡萄酒让客人试饮。这个目的有二，首先是让客人检查酒温是否适当，其次则是看看这瓶酒是否有瑕疵，有些酒的软木塞会受到TCA分子的感染而出现异味（见31页）。您不能在尝过之后，单纯因为不喜欢这支酒而将酒退回。

比品尝葡萄酒更困难的是，如何与他人沟通品尝感受。味道不像声音或颜色，有一套科学的标示系统，除了一些基本的描述字眼，像是强劲、酸涩、粗犷、甜美、咸味以及苦感之外，我们所使用的味道描述语言，其实都借用自其他的感官系统。以文字来描述辨认每种味觉，帮助我们更能理清每种味道。要成为一个葡萄酒专家，首先就要收集大量的

如何品尝与欣赏葡萄酒

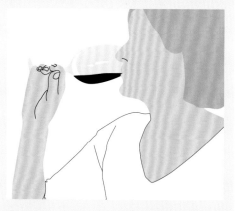

眼观

在杯里倒入一些品尝样本，量不要超过杯子容量的1/4。首先观察酒色是否澄清（无泡的酒液中有混浊代表酒有瑕疵），然后观察酒色的深浅（红葡萄酒的颜色越深，表示越年轻；若是盲品，您可以借此断定酿制品种的皮较厚）。酒龄越老，红酒的颜色越浅，白葡萄酒的颜色则加深。

接着将酒杯置于白色背景的上方，将杯子微倾以便观察，看看酒的中心及边缘的色泽；所有熟成的酒，颜色都会慢慢转成棕色，而红酒的边缘部分首先会出现砖红色泽；年轻红酒的边缘通常是蓝紫色。酒龄较大的红酒，边缘颜色会完全消失。酒色越有光泽且层次越细腻，酒质通常就越好。

嗅香

集中注意力，对着杯中的酒深吸一口气，摇晃一下杯子后再闻一次。嗅闻印象越深，酒香越浓郁。

一款细腻且成熟的葡萄酒，可能要在晃杯动作之后才会显现香气。如果是盲品，这时您必须撷取大量的感官直觉线索，来和您的记忆资料库联结。

如果您正在品鉴一款酒，请记下其香气是否纯净（现在的葡萄酒几乎都不会有什么问题）、香气是否集中强烈，以及这香气让您联想到什么。如果您能为体验过的香气找到适当的描述语汇，就比较容易记起某种香气。

当您品酒或单纯饮酒时（这两个动作相当不一样），请注意闻时酒香的变化。好酒的香气会随着时间变得越来越有趣，廉价的商业酒款则不然。

入口

在这个阶段，您必须喝一口适量的酒液，让舌头及脸颊内的所有味觉细胞去完整感受此酒的风味。

如果说嗅觉最能感受一款酒的细腻风味，那么最能评量酒中组成的就是嘴巴了：舌尖通常对甜味敏感，舌的前端两侧对酸度敏感，舌的后端则对苦味敏感；脸颊内部两侧对较粗涩的单宁敏感，而过多的酒精浓度会让喉咙有烧灼感。

等您将这口酒吞下或再吐出，就可对此酒做出评断，看看酒中所有元素是否均衡（年轻的酒通常单宁偏高）或是余韵长短如何（这是判断酒质高低的要点之一）。在这个阶段，就能对此款酒做出整体评断，甚至可以辨别其出处。

描述词汇才行。

从谈论葡萄酒到诉诸文字去描写，这是一大步，大部分的饮酒人都未曾尝试过。不过，不论是较为严肃的记录还是单纯简单地写下自己的感觉，都有一定的好处。

第一，提笔写下感觉，这可帮助您专心，而专心是品酒的最基础要素。

第二，当酒液在您的唇舌间流转之际，您可以分析及确认某款酒的感觉。

第三，这可帮助您记忆，若有人问起您觉得某款酒尝起来如何，就可翻找脑中的记忆库来说出确定的感受。

第四，这会让您在一段时间后，对酒款有个可以比较的基础，比如一年后再去比较同一款酒在不同时间尝起来的感觉，或是在不同场合下品尝到类似酒款之间的对照比较。

简单来说，写葡萄酒品尝笔记就像是在写日记一样，立意甚好，但是万事开头难。有些记载要领可能会有帮助，例如专业的品酒表格，这种表格通常会分成三个部分，提醒品尝者记录葡萄酒的酒色外观、香气展现以及口感；有些甚至还会分列出第四部分，提供使用者记录酒款的整体表现。

当然，不同的品酒者所使用的描述文字未必相同，速记方式也不一样，没有必要硬性规定一个制式化的记录。最重要的是，您必须记下该款酒的全名；而记下品酒日期也相当有用，万一日后再遇到同样的酒款，您可以拿来前后对照。此外，写下品尝地点及共同品尝的朋友也是个帮助回忆的好线索，哪天当您的记忆日渐模糊，重读这些品酒笔记时就会很有用。

打分

需要看评比来判断葡萄酒的好坏吗？在竞赛场合或有评鉴小组等一些专业人士的场合里，对葡萄酒评头论足是避免不了的，不管是用符号还是数字来评比，都会对某些国家的葡萄酒零售业影响很大。

对全球新世代的葡萄酒买家来说，百分制很受欢迎，这种计分方式提供的是一套国际的评量表，不论国籍，人人都能懂。姑且不论百分制看起来有多么准确，还是要牢记，每个人的葡萄酒品位都是相当主观的。品鉴小组所给出的平均分数仍有其可议之处，因为这往往会将真正有个性的酒排除在外，总有一些人不欣赏过于独特的酒款，甚至他们对某种口味的独排众议也会造成误导。

我们一开始都有某种偏好，随着日积月累的品酒经验，品位也随之演进。所以，只有您能挑出适合自己口味的最佳葡萄酒，在葡萄酒的品评与欣赏上，并无绝对性的对与错。

老年份和新年份

左边的红葡萄酒是一款4年酒龄的南澳西拉，酒色依然很深，酒液边缘透着紫红。右边是另外一款新世界酒，颜色也很深，8年酒龄的加州赤霞珠。比较一下会发现它的酒色没有那么深邃，而酒液边缘透着橘色，这便是瓶中陈年的结果。

左边的白葡萄酒是一款2年的加州霞多丽，但任何一瓶年轻的白葡萄酒几乎都会是这样的颜色。如果是雷司令的话颜色会更绿，如果是白麝香的话会更透明。右边是一支15年的勃艮第白特级名庄。你可以发现白葡萄酒陈年之后颜色会变得更深，更棕色，而非变得更淡。

品酒记录

上图是一个相对来说比较传统的品酒笔记和样式。包括酒色（R）、香气（N）和口感（B）。而标注品鉴的日期也尤其重要，因为葡萄酒会随着时间而不断变化。在这个表的下面则是根据这款酒的综合表现而给出的分数和结论。但记录品酒笔记的方式如今也在与时俱进，右图展现了如何在黑莓手机上记录品酒笔记，现在也有很多爱好者会用iPad和其他电子设备来记录。

世界葡萄酒

世界葡萄酒地图将不再根据各个半球的温带而整齐划一地划分为两大阵营。气候在发生变化，新兴的产区在崛起，当你读到此书的时候，连热带地区也逐渐开始进行复杂的葡萄种植。

根据最新的国际葡萄与葡萄酒局（OIV）统计，欧洲依然是这份名单上最为主要的葡萄种植区域，即便现在还很难查证增加的葡萄园和产量之间的关联，但南美和亚洲正迎头赶上，尤其是中国，发展速度非常惊人，排名直线上升。土耳其也许是世界第四大葡萄种植国，但有趣的是它葡萄酒产量的增幅相对来说并不大。而在中东、中亚共和国和北非，种植的葡萄看来更多的是被晒干或被当作水果享用，而非用来酿酒。这些国家会在右边标注†。

近年来由于葡萄酒消费市场的一路下滑，欧洲生产的葡萄酒一直过剩，欧盟对欧洲大陆一些主要葡萄酒生产国进行了补贴和刺激性政策，对比2010年的数据，目前看来此举初见成效。在欧洲，除了摩尔多瓦这个特例，每个国家的葡萄种植面积都在2004年至2010年之间有所萎缩，只有极少数国家才能维持原状。

欧洲之外，阿根廷、智利，特别还有巴西，都大肆地开始种植葡萄，一如澳大利亚在20世纪90年代时的情形。根据OIV的数据显示，澳大利亚的种植面积在21世纪依然呈现增长态势，但澳大利亚人自己给出的数据则大相径庭。新西兰的总种植面积不大，但增速飞快，超过世界上任何一个国家，除了印度。

而那些葡萄酒产量最丰富的国家，人均消耗葡萄酒的数量却持续下降，中国、澳大利亚、德国和美国是例外，他们也取代了大部分欧洲国家成为世界上葡萄酒最大的消费市场。

世界葡萄园分布

[1000公顷]

排名	国家	2010	2004	百分比差
1	Spain	1,082	1,200	-9.8
2	France	818	889	-7.9
3	Italy	795	849	-6.3
4	China †	539	438	23
5	Turkey †	514	559	-8
6	USA	404	398	1.5
7	Iran †	300	329	-8.8
8	Portugal	243	247	-1.6
9	Argentina	228	213	7
10	Romania	204	222	-8.1
11	Chile	200	189	5.8
12	Australia	170	164	3.6
13	Moldova	148	146	1.3
14	South Africa	132	133	0.7
15	India	114	62	83.8
16	Greece	112	112	0
17	Uzbekistan †	107	104	2.8
18	Germany	102	102	0
19	Ukraine	95	97	-2
20	Brazil	92	76	21
21	Bulgaria	83	97	-14.4
22	Algeria †	74	67	10.4
23	Serbia & Montenegro	71	75	-5.3
24	Egypt †	70	63	11.1
25	Hungary	68	87	-21.8
26	Russia	62	73	-15
27	Afghanistan †	61	50	22
28	Syria †	60	52	15.3
29	Georgia	53	64	-17.1
30	Morocco †	48	50	-4
31	Austria	46	49	-6.1
32	Slovakia & Czech Rep	37	38	-2.6
33	New Zealand	37	21	76.1
34	Croatia	36	54	-33.3
35	Tajikistan †	36	34	5.8
36	Tunisia †	30	24	25
37	Turkmenistan †	29	29	0
38	Mexico	28	35	-20
39	Peru	21	14	50
40	Macedonia	20	27	-25.9
41	Japan	20	21	-4.7
42	Pakistan †	17	13	21.4
43	Slovenia	16	18	-11.1
44	Switzerland	15	15	0
45	Cyprus	10	16	-37.5
全球总计		**7,447**	**7,690**	**-3.1**

种植的葡萄主要并非用来酿酒的国家。

1公顷相当于2.47英亩。

acre / ha

百升　百升是通用的葡萄酒产量计量单位，相当于22英国加仑（26.4美国加仑）。

—　·　—　·　—　国界

　　葡萄园

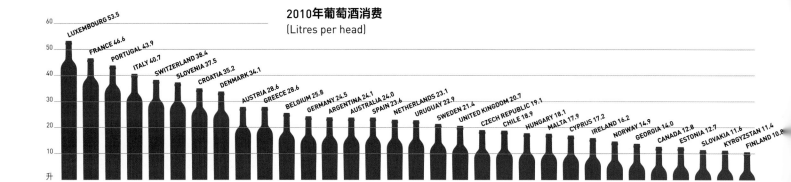

2010年葡萄酒消费

(Litres per head)

LUXEMBOURG 53.5 · FRANCE 46.6 · PORTUGAL 43.9 · ITALY 40.7 · SWITZERLAND 38.4 · SLOVENIA 37.5 · CROATIA 35.2 · DENMARK 34.1 · AUSTRIA 28.6 · GREECE 28.6 · BELGIUM 25.8 · GERMANY 24.5 · ARGENTINA 24.1 · AUSTRALIA 24.0 · SPAIN 23.6 · NETHERLANDS 23.1 · URUGUAY 22.9 · SWEDEN 21.4 · UNITED KINGDOM 20.7 · CZECH REPUBLIC 19.1 · CHILE 18.9 · HUNGARY 18.1 · MALTA 17.9 · CYPRUS 17.2 · IRELAND 16.2 · NORWAY 14.9 · GEORGIA 14.0 · CANADA 12.8 · ESTONIA 12.7 · SLOVAKIA 11.6 · KYRGYZSTAN 11.4 · FINLAND 10.8

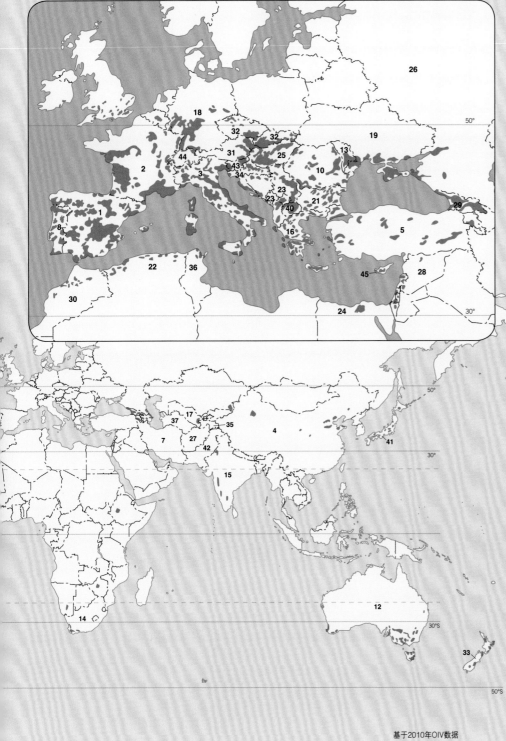

世界葡萄酒产量
（1 000百升）

国家	2010	2004	每公顷平均产量
North America			
USA	20,887	20,109	51
Canada	550	522	45
Latin America			
Argentina	16,250	15,464	71
Chile	8,844	6,301	44
Brazil	2,459	3,925	26
Uruguay	793	1,126	88
Mexico	303	730	10
Peru	727	480	34
Bolivia	81	71	13
Europe			
France	44,470	57,386	54
Italy	48,525	49,935	61
Spain	35,353	42,988	32
Germany	6,907	10,007	67
Portugal	7,133	7,481	29
Russia	7,640	5,120	123
Romania	3,287	6,166	16
Moldova	1,270	3,026	8
Hungary	1,762	4,340	25
Greece	2,950	4,248	26
Austria	1,737	2,735	37
Ukraine	3,002	2,012	31
Bulgaria	1,224	1,949	14
Serbia & Montenegro	2,562	2,446	36
Switzerland	1,030	1,159	68
Slovakia & Czech Rep	771	949	20
Slovenia	587	506	36
Luxembourg	110	156	–
Albania	181	140	18
Armenia	51	68	3
Azerbaijan	91	31	5
Malta	40	70	–
UK	28	17	–
Belgium	5	2	–
Africa			
South Africa	9,327	9,279	70
Algeria †	745	850	10
Tunisia †	222	375	7
Morocco †	333	326	6
Europe/Middle East			
Cyprus	118	404	11
Turkey †	580	309	1
Lebanon	65	150	4
Israel	230	240	38
Far East			
China †	13,000	11,700	24
Japan	843	909	42
Australasia			
Australia	11,339	14,679	66
New Zealand	1,900	1,192	51
全球总计	**260,312**	**292,078**	**36**

基于2010年OIV数据

50
40
30
20
10
升

BULGARIA 10.0 MACEDONIA 9.7 UNITED STATES 8.9 RUSSIA 8.5 BELARUS 7.6 ROMANIA 7.6 PARAGUAY 6.9 SOUTH AFRICA 6.9 ALBANIA 6.2 UKRAINE 5.5 TURKMENISTAN 3.4 LATVIA 3.0 LEBANON 3.0 PERU 2.6 POLAND 2.3 JAPAN 2.3 TUNISIA 2.2 NEW ZEALAND 2.1 MOLDOVA 1.9 BRAZIL 1.9 ARMENIA 1.7 ALGERIA 1.7 KAZAKHSTAN 1.3 CHINA 1.0 ISRAEL 1.0 MOROCCO 0.9 AZERBAIJAN 0.8 TURKEY 0.8 BOLIVIA 0.8 LITHUANIA 0.7 UZBEKISTAN 0.7 AFGHANISTAN 0.6 MEXICO 0.5 MADAGASCAR 0.4

法 国

坚不可摧的卡尔卡松城（Carcasonne），联合国教科文组织世界遗产地，位于西朗格多克。

法国 France

说到法国而不提葡萄酒是不可能的，反之亦然。 跨页地图除了显示了法国的行政省份，更重要的是同时标出了法国人最引以为豪、全球人为之痴迷的许多不同的葡萄酒产区。其中有些产区，如勃艮第、香槟，已成为葡萄酒世界的伟大代名词，因此也被其他国家的产区肆意借用，这种情形已多到让法国人憎恶的地步。

在法国，葡萄藤的种植面积曾经更为广阔，不过如今葡萄园总面积已缩水不少。在朗格多克（Languedoc），过去10年左右，葡萄酒农被说服拔除那些种植在条件欠佳的平原的葡萄藤而改种其他农作物来解决生产过剩的问题。绿色的小三角则显示了各县葡萄园的规模，不过在酿制干邑白兰地的夏朗德省（Charente）及周围，计算的则是酿制法国最出名的烈酒的4个省的葡萄种植总面积。

与其他国家相比，法国仍出产更伟大的葡萄酒，使用更优良的品种。地理条件是最重要的因素，法国同时受到大西洋与地中海的洗礼，位置独特优异，加上东边大陆的影响，几乎囊括了所有地理上的可能性。至于土壤也跟气候一样多变，珍贵的石灰岩地比其他国家多很多，对于生产高品质的葡萄酒相当有帮助。到目前为止，气候的改变带来的都是正面的影响。

不过，法国并非徒有优秀的葡萄园，它比其他国家更认真规范地分级并管理这些葡萄园，比其他国家拥有更悠久的酿酒历史，酿制出优质的葡萄酒。创立于20世纪20年代的法定产区管制（Appellation d'Origine Contrôlée）制度，率先规范出将地理名称应用于产自特定区域的葡萄酒上，此外这个法定产区制度也规定了哪些葡萄品种可以栽种、每公顷的最高产量（产率）、葡萄的最低成熟度、葡萄如何栽种，有时还包括葡萄酒酿造的方法。AOC法定产区制度由法国的国家法定产区管理局（Institut National des Appellations de l'Origine et de la Qualité，INAO）负责管理，涵盖了45%的法国葡萄酒。如今在面对新世界产酒国众多自由产品的竞争时，被众多国家竞相模仿的法国AOC制度究竟是国宝，还是一种不必要的束缚、僵化的试验以及不利的因素，引发了不少讨论。

顺应欧盟法规的两个新的相对宽松的等级被引入，从而使法国葡萄酒能够与其他国家的葡萄酒进行更直接的竞争。AOC等同于欧盟法规的Appellation d'Origine Protégée（AOP），仅次于AOC的是法国产量第二大的等级——之前的"地区餐酒"（Vins de Pays），如今已更名为Indication Géographique Protégée（IGP）。这张地图列出了所有产区。最低等级的葡萄酒则以法国葡萄酒（Vine de France）的名义出售，即之前的日常餐酒（Vin de Table）。

—·—·—	国界
—·—·—	省界
D'OC	D'OC 地区餐酒（IGP/Vin de Pays）产区
Agenais	Agenais 地区餐酒
○	省主要城镇
Marcillac	Marcillac 其他地图未提及的产区
●	产区中心地带

▓	香槟（72-75页）
▓	卢瓦尔河谷（110-117页）
▓	勃艮第（48-71页）
▓	汝拉和萨瓦（144-155页）
▓	隆河谷（122-133页）
▓	西南部（106-109页）
▓	波尔多（76-105页）
▓	朗格多克（134-137页）
▓	鲁西荣（138-139页）
▓	普罗旺斯（140-141页）
▓	阿尔萨斯（118-121页）
▓	科西嘉（143页）

比例符号

 40 各省的葡萄园规模以千公顷为单位，不足千公顷的不标示。

酒标用语

品质分级

法定产区葡萄酒 Appellation d'Origine Contrôlée（AOC） 葡萄酒的地理来源、酿造品种、酿制方法都有严格规定。一般而言，是品质最好也是最传统的法国葡萄酒。等同于欧盟的 Appellation d'Origine Protégée（AOP）。

地区餐酒 Indication Géographique Protégée（IGP） 欧盟分级中用来逐渐取代 Vin de Pays 的等级，通常产区比 AOC 产区的范围大，允许栽种非传统的品种，单位产量的限制也较宽松。

法国葡萄酒（Vin 或 Vin de France） 欧盟规定的最基础的葡萄酒等级，替代了之前的日常餐酒（Vin de Table）。酒标上可能会标示使用的葡萄品种或年份。

其他常见用语

Blanc 白葡萄酒。
Cave（coopérative） 酿酒合作社。
Château 葡萄酒庄或农庄，波尔多尤其常见。
Coteaux de、Côtes de 通常指山丘、山坡。
Cru 字面意思是"园地"，专指一块特定的葡萄园。
Cru classé 指获选进入重要分级名单的酒庄，如波尔多 1855 年的分级（详见 76 页）。
Domaine 拥有葡萄园的酒庄，在勃艮第通常指规模小于城堡（Château）的酒庄。

Grand Cru 字面意思是"伟大的园地"，在勃艮第指最好的葡萄园，在圣艾米利永区则不代表什么特别的意义。
Méthode classique、méthode traditionnelle 和香槟做法一样的气泡酒酿造法。
Millésime 年份。
Mis（en bouteille）au château/domaine/à la propriété 酒庄装瓶，由同一酒庄种植与酿制的葡萄酒。
Négociant 装瓶的酒商，买进葡萄酒或葡萄的酒商（参见 domaine）。
Premier Cru 字面意思是"一级园地"，在勃艮第等级仅次于 Grand Cru；在梅多克区，指最顶尖的 4 家酒庄。
Propriétaire-récoltant 拥有自家葡萄园的葡萄农。
Récoltant 葡萄农（英文为 vine-grower）。
Récolte 年份，一般指葡萄收成的年份。
Rosé 粉红。
Rouge 红。
Supérieur 通常指酒精度会稍高一些。
Vieilles vignes 老藤，尽管"老"并没有年龄上的规范，但老藤理论上会酿造出较浓郁的葡萄酒。
Vigneron 葡萄农。
Villages 加在法定产区名之后，代表特选的村庄或地区。
Vin 葡萄酒。
Viticulteur 葡萄种植者。

1:3,625,000

Km 0   50   100   150 Km
Miles 0   50   100 Miles

BELGIQUE

LUXEMBOURG

DEUTSCHLAND

SCHWEIZ

ITALIA

ESPAÑA

Calais

Lille

PAS-DE-CALAIS

NORD

Arras

SOMME

Amiens

AISNE

Charleville-
Mézières

ARDENNES

MEUSE

Metz

Moselle

MOSELLE

BAS-
RHIN

Strasbourg

Laon

Châlons-en-
Champagne

*Côtes de
Meuse*

MEURTHE-
ET-
MOSELLE

Nancy

Toul

Côtes de Toul

Bar-le-Duc

Reims

MARNE

24

HAUTE-
MARNE

Chaumont

*Coteaux
de Coiffy*

VOSGES

Épinal

RHIN

Colmar

HAUT-
RHIN

BELFORT

Belfort

Vesoul

Franche-Comté

SAÔNE

DOUBS

Besançon

SEINE-MARITIME

le Havre

Rouen

Beauvais

OISE

Oise

VAL-D'OISE

SEINE-
ST-
DENIS

HAUTE-
DE-SEINE

Versailles

Pontoise

PARIS

VAL-
DE-
MARNE

Evry

YVELINES

ESSONNE

Melun

SEINE-
ET-MARNE

2

Aube

Troyes

AUBE

7

YONNE

Auxerre

7

Chablis

CÔTE-D'OR

Dijon

*Coteaux de
l'Auxois*

10

Beaune

Ste-Marie-
la-Blanche

le Creusot

SAÔNE-ET-LOIRE

13

Mâcon

JURA

2

Lons-le-
Saunier
*Franche-
Comté*

AIN

Bourg-en-Bresse

Vin des Allobroges

HAUTE-
SAVOIE

Annecy

Cherbourg

Caen

St-Lô

CALVADOS

MANCHE

ORNE

Alençon

Evreux

EURE

Chartres

EURE-
ET-LOIR

ILLE-ET-
VILAINE

Rennes

MAYENNE

Laval

SARTHE

le Mans

Montoire-sur-le-Loir

Orléans

LOIRET

LOIR-ET-
CHER

Blois

INDRE-
ET-
LOIRE

10

Tours

7

4

*Coteaux
de Tannay*

*Côtes de
la Charité*

NIÈVRE

Nevers

Moulins

ALLIER

St-Pourçain-
sur-Sioule
St-Pourçain

**LOIRE-
ANTIQUE**

Angers

Ancenis

MAINE-ET-LOIRE

20

Val de loire

ntes 14

2

Thouars

VENDÉE

le Roche-sur-Yon

DEUX-
SÈVRES

Niort

Haut-Poitou

Poitiers

VIENNE

CHER

Bourges

*Coteaux du Cher
et de l'Arnon*

1

INDRE

Châteauroux

Châteaumeillant
Châteaumeillant

Guéret

CREUSE

HAUTE-
VIENNE

Limoges

la Rochelle

CHARENTE-

83

MARITIME

CHARENTE

Angoulême

Charentais

ATLANTIQUE

Périgueux

Périgord

DORDOGNE

CORRÈZE

Tulle

PUY-DE-DÔME

Clermont-
Ferrand

Boën-sur-Lignon

*Côtes du
Forez*

St-Étienne

Urfé

LOIRE

18

Côte Roannaise

Roanne

RHÔNE

Lyon

Rhône

1

COMTÉS
RHODANIENS

ISÈRE

2

Chambéry

SAVOIE

Belley

Grenoble

HAUTES-ALPES

Gap

MÉDITERRANÉE

ALPES-
MARITIMES

Nice

Draguignan

Coteaux de Pierrevert

Pierrevert

HAUTE-PROVENCE

ALPES-DE-

Digne

Coteaux des Baronnies

DRÔME

Die

*Clairette de Die
Châtillon en Diois*

17

Valence

11

*Collines
Rhodaniennes*

Tournon

HAUTE-LOIRE

le Puy

MENDE

LOZÈRE

Côtes de Millau

AVEYRON

Rodez

Marcillac
*Marcillac-
Vallon*

Estaing
Estaing

Entraygues
Entraygues-Le Fel

CANTAL

Aurillac

Mende

*Coteaux de
Glanes*

5

LOT

Cahors

Thézac-Perricard

Libourne

Dordogne

13

Bordeaux

GIRONDE

117

LOT-ET-
GARONNE

Buzet

6

Agen

Agenais

la Villedieu-du-temple

Lavilledieu

Montauban

TARN-ET-
GARONNE

2

2

7

Gaillac

Albi

Côtes du Tarn

TARN

Tarn

Toulouse

HAUTE-
GARONNE

*Haute Vallée
de l'Orb*

HÉRAULT

2

3

4

5

6

D'OC

81

Montpellier

*Sable de
Camargue*

Côtes de Thau

Narbonne

8 Carcassonne

*Le Pays
Cathare*

AUDE

9

10

67

Côtes Catalanes

Perpignan

25

PYRÉNÉES-
ORIENTALES

*Côte
Vermeille*

ARIÈGE

Foix

*Haute Vallée
de l'Aude*

COMTÉ TOLOSAN

GERS

19

Auch

*Côtes de
Gascogne*

St-Mont

Geaune

Adour

LANDES

2

Mont-de-Marsan

PYRÉNÉES-
ATLANTIQUES

Pau

HAUTES-
PYRÉNÉES

Tarbes

Garonne

GARD

Nîmes

55

Cévennes

*Coteaux du
Pont du Gard*

Duché d'Uzès

*Côtes
du Vivarais*

ARDÈCHE

Privas

10

Alpilles

VAUCLUSE

48

Avignon

BOUCHES-
DU-
RHÔNE

Marseille

Mont Caume

29

VAR

Maures

Toulon

Châteaumeillant

Mâcon

AIN

Langedoc IGPs/Vins de Pays

1 *St-Guilhem-le-Désert*
2 *Vicomté d'Aumelas*
3 *Côtes de Thongue*
4 *Coteaux du Libron*
5 *Coteaux d'Ensérune*
6 *Coteaux de Peyriac*
7 *Coteaux de Narbonne*
8 *Cité de Carcassonne*
9 *Vallée du Paradis*
10 *Vallée du Torgan*

N

勃艮第 Burgundy

勃艮第这个名字，就像个响亮的铃声，那它是教堂的钟声呢，还是晚餐开始的摇铃？如果说巴黎是法国的脑袋，香槟是她的灵魂，那么，勃艮第就是她的胃了。这里是美食天堂，最优质的食材源源不绝：西边 Charolais 牛肉，东部 Bresse 鸡，还有像 Chaource 和 Epoisses 这样口感超级奶油质的奶酪。这里是法国历史上最富裕的古公爵领地。在法国变为基督教国家之前，这里的葡萄酒早已闻名于世。

勃艮第总体的葡萄园面积并不大，但这个行政省的名字却包括了几个十分不同却都品种卓越的葡萄酒产区。尤其是最富饶和最重要的**金丘（Côte d'Or）**，这是勃艮第的心脏地带，也是霞多丽和黑皮诺的始祖家乡，由南边的**伯恩丘（Côte de Beaune）**和北部的**夜丘（Côte de Nuits）**组

成。**夏布利（Chablis）**的霞多丽、**夏隆内丘（Côte Chalonnaise）**的红葡萄酒和白葡萄酒以及**马孔内（Mâconnais）**的白葡萄酒，都同样是勃艮第的一部分，如果置身于其他任何产区，它们本身都将是耀眼的明星。紧挨着马孔内的南边是**博若莱（Beaujolais）**，在面积、风格、土壤以及葡萄品种方面，都和勃艮第截然不同（见66~68页）。

虽然勃艮第久负盛名且家世显赫，但它依旧让人感到淳朴而乡土。整个金丘几乎看不到任何豪宅，这里找不到任何在梅多克（Médoc）那象征着18世纪和19世纪财富和休闲的产物、处处可见的高雅乡村庄园。仅有几个人拥有大片的土地，也就是教会的土地，大部分都被拿破仑瓦解。勃艮第至今依旧是法国所有重要葡萄酒产区中，最为细碎的之一。每个酒庄所拥有的葡萄园也许比以前稍大一些，但平均下来也只有7.5公顷。

勃艮第的葡萄园如此细碎，正是造成其葡萄酒最大缺点的原因，也就是它的不可预测性。从地理学界的观点来看，人为因素是无法体现的，

在科尔登（Corton）的山丘之后，是 Pernand-Vergelesses 村右边一些朝向为东的葡萄园，种植在这里的葡萄曾经很难成熟。但越来越高的气温已经让勃艮第许多较冷的产区开始受益。

而在勃艮第，人为因素比其他大部分产区都更值得关注。因为某款葡萄酒，即使精确地知道是哪个年份、哪个村庄中的哪个地块（climat），很多情况下，它可能依旧是在这个地块中拥有一小块土地的六七个酒农中的任何一位所出品。独占园（monopole）是十分罕见的例外，也就是指整个葡萄园只有一个拥有者（见53页）。即使最小的酒农，也会在两三个葡萄园中同时各占有一小部分。而规模较大的酒农则可能总共拥有 20~40公顷，零零散散分布在许多葡萄园中，遍布整个金丘。Clos de Vougeot 50公顷的葡萄园就被80个酒农所细分。

正因如此，大约60%的勃艮第酒，在还是桶中新酒时，就被酒商或者装瓶商从酒农那里买走，然后和同一产区的其他葡萄酒调配在一起，从而

使一款葡萄酒有足够的产量，值得为其做市场推广。这些酒不是以某个酒农的作品销售给全世界（因为同样一个酒款酒农可能仅有一两桶的产量），而是由酒商将其在木桶中陈年后（élevé）、以某个特定产区装瓶的葡萄酒，小至某个葡萄园，或者大至某个村。产量较大的酒商的名声褒贬不一，但 Bouchard Pére et Fils、Joseph Drouhin、Faiveley、Louis Jadot 以及 Louis Latour（仅限其白葡萄酒）长久以来值得信赖，而 Bichot、Boisset、Chanson 和 Pierre André 近年来都有了质的飞跃，并且同时自己都拥有大面积的葡萄园。20世纪末期一批雄心勃勃的年轻酒商开始崛起，并且出品了一些勃艮第最优质的酒款，以 Dominique Laurent 的红葡萄酒和 Verget 的白葡萄酒为代表。现今越来越多深受尊敬的酒农也开始同时经营起他们自己的酒商生意。

勃艮第的产区

在勃艮第有将近100个法定产区。大部分都和地理区域有所关联，在接下来的几页中会进一步详述。建立在这些地理性产区中的，是一个品质上的分级，其本身已经近似于一种艺术（在52页有详细分析）。然而，接下来要介绍的这几个法定产区的葡萄酒，所使用的酿酒葡萄可以来自勃艮第任何一个角落，包括某些著名酒村内土壤和地形条件较差一些的葡萄园：**勃艮第大区**酒以黑皮诺或霞多丽葡萄酿成，也包括某些鲜为人知的小产区，比如 Bourgogne Vézelay，它是对夏布利南边一个深受美食和教廷恩惠的小村庄的致敬；Bourgogne Passetoutgrains 是佳美和黑皮诺的混酿，而黑皮诺的比例至少占1/3；还有 Bourgogne Aligoté，是由勃艮第另一个白葡萄酒品种酿出的酸度较高的白葡萄酒。在2011年，Coteaux Bourguignons 不仅覆盖了这里地图中所有的葡萄园，还十分有争议地包含了被降级的博若莱，也可以是它们的混酿。

勃艮第：第戎	▼
纬度 / 海拔	
47.27° / 219 米	
葡萄生长期间的平均气温	
15.7℃	
年平均降雨量	
761 毫米	
采收期降雨量	
9 月：65 毫米	
主要种植威胁	
春霜、真菌类疾病、丰收季的雨水	
主要葡萄品种	
黑皮诺、霞多丽、佳美、阿里高特	

勃艮第的葡萄酒产区

从夏布利到博若莱的南端界线有220公里，因此贯穿整个勃艮第，气候和土壤都会有很大的差异。不过所有小产区的共同之处就是，它们都热衷于下表中提到的4个息息相关的葡萄品种，并且在葡萄园和酒窖中都采用亲力亲为的工作方式。

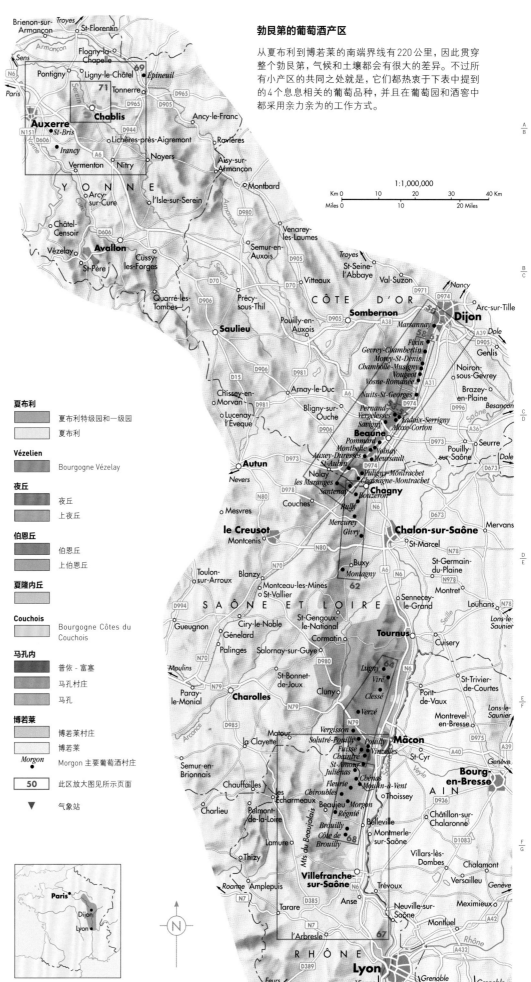

夏布利
- 夏布利特级园和一级园
- 夏布利

Vézelien
- Bourgogne Vézelay

夜丘
- 夜丘
- 上夜丘

伯恩丘
- 伯恩丘
- 上伯恩丘

夏隆内丘

Couchois
- Bourgogne Côtes du Couchois

马孔内
- 普依 - 富塞
- 马孔村庄
- 马孔

博若莱
- 博若莱村庄
- 博若莱
- *Morgon* — Morgon 主要葡萄酒村庄
- **50** — 此区放大图见所示页面
- ▼ 气象站

1:1,000,000
Km 0　10　20　30　40 Km
Miles 0　　10　　20 Miles

金丘 Côte d'Or

　　勃艮第人面对那看似平淡无奇的金丘时，总是会抱着某种敬畏之心，如同雅典人崇敬一个未知的希腊天神一样。人们总是会对一个事实感到好奇，那就是为什么这片山丘的某一些小块葡萄园能够孕育出最出色的葡萄酒，并且都有各自与众不同的鲜明特色，而另外的葡萄园却无法做到这点。当然，人总是可以发现使一个葡萄园不同于另外一个的某些因素，比如有些因素能够让葡萄丰收时糖分更高，有的能让果皮更厚，或者有些能够让葡萄具有更多的个性与品质。

　　有些因素人们理解，但有些却让人不见真谛。表层土与底层土都被一次又一次地分析过，温度、湿度及风向也都有详细的测量记录，而葡萄酒本身也被彻底研究过……即便如此，人们仍然无法解释最核心的神秘之处。人们只能规整出某些自然条件，试图让它们和那些伟大葡萄酒的声誉建立一些因果关系。尽管那些爱好葡萄酒的地理学家都会如飞蛾扑火般地被金丘所吸引，但直到如今，仍旧没有人能够令人信服地证明两者之间到底有何关联。

　　金丘位于一个重要的地质断层带，这里包含了几个不同地质纪元时期留下的海底沉积物，每个都富含甲壳类生物化石所堆积下来的钙质，像夹心蛋糕般一层层叠加起来，并暴露在山丘上（详见下一页）。这些岩石因为暴露在地表而逐渐风化为有着不同年代质地的土壤，加上山丘坡度的差异，将这些土壤以各种不同的比例混在一起。一些当地被称为combes的小山谷与金丘的山坡方位以直角相接，这也增加了土层混合的变化。山丘中段的海拔高度大约在250米左右。中段往上的山丘较高处的表层土壤浅薄，在山丘坚硬的岩石层上面，气候更加严酷，因此这里葡萄的成熟也相对较晚。山丘低坡处则有更多的冲积土壤，更深而且更加潮湿，因此出现霜冻和霉菌病的概率也更高。

　　金丘的朝向大致向东，并稍微偏南，有些地方也会有正南甚至向西的朝向，尤其是金丘南半边伯恩丘的某些

地方。在山丘低坡之处，也就是大概从坡底往上1/3的地方，有一段狭窄的泥灰岩，使土壤变成石灰质黏土层。过高含量的泥灰土本身难以出品最高品质的葡萄酒，但若与从上方坚硬石灰岩上冲刷下来的石块和岩屑组合在一起，就会成为种植葡萄藤的完美土质。土壤侵蚀让这样的土壤组合在露出的岩层下不断进行，而距离长短则取决于坡度的倾斜角度。在伯恩丘，泥灰岩露头（或称Argovien）分布较广，出现在山丘的较高处，比起位于石灰岩险坡下方的狭窄葡萄园，这些宽阔与和缓的坡地让葡萄园更趋于往坡上方种植。在某些区域，葡萄园几乎种植到了长满树木的山顶，在如今气候更加温暖的情况下，一些地势更高的土地正被重新种植上葡萄藤。事实上，一些最初被认为太过凉爽而无法出品高质量白葡萄酒的酒村现在却风头正劲，圣欧班（St-Aubin）是最容易让人想起的例子。

　　勃艮第是整个欧洲能够出品伟大红葡萄酒的北端极限，在寒冷且潮湿的秋天来临之前黑皮诺能否成熟是至关重要的。每个葡萄园的气候都是独一无二的，这就是所谓的中气候（mesoclimate，见26页），再加上土地本身的物理结构，会对最终的葡萄酒起决定性的影响。另外一个

金丘和上丘区

在上丘区（也就是坡度高处的意思）之下的是金丘区，这里是一片真正的黄金之丘，那么多葡萄酒爱好者都希望购买这里的葡萄酒，而产量却如此之小。A、B、C、D这4条拦截线是右页表格中4块横截面的地理位置。

1:220,000

Km 0　1　2　3　4　5 Km
Miles 0　1　2　3 Miles

省界
金丘
上丘区
53　此区放大图见所示页面
A——A　横截面（见对页）

无法在地图中呈现出来的质量因素，就是酒农对葡萄藤株的选择，以及他们是如何剪枝和引枝的。在经典的葡萄品种中，多多少少都会有些注重高产量的无性繁殖系（clone）。当酒农选择产量最大的无性繁殖系、不适当地剪枝或者对土壤过度施肥，那么品质就会受到威胁。然而可喜的是，如今酒农对品种的追求已经超越了对产量的贪婪，在多年过度使用农药后，目前越来越多的人已经意识到恢复土壤健康和生命力的重要性。勃艮第是法国最早使用生物动力种植法的产区之一。

为金丘绘制地图

本书对于金丘产区的地图描绘比其他任何一个葡萄酒产区都要详细，因为这里有各式各样的中气候及土壤组合，也因为这里特别的历史背景。在所有的葡萄酒产区中，这里对葡萄酒品质的研究有最悠久的历史，早在12世纪，本笃会（Cistercian）和熙笃会（Benedictine）的修士就已热衷于区分每一块独立葡萄园（Cru）的差别，并探索它们的潜质。

在14世纪和15世纪，Valois家族的勃艮第公爵竭尽所能推广这个产区的葡萄酒，并使其利润最大化。从那以后，这里的每一代人都不停积累和加深对当地葡萄酒种植的认知，范围从第戎（Dijon）市延伸到沙尼（Chagny）市。

左页地图可以看出一些至关重要的概况。在不怎么起眼的山丘顶部，地图西部，也就是左面那些淡紫色的部分，是一个有着险峻陡坡的塌陷高地，地质断层线在此向上突出。这就是**上丘区（Hautes-Côtes）**，一些属于伯恩丘，一些属于夜丘，海拔超过400米，这里的气温更低，日照也更少，因此其葡萄采收时间要比低处的金丘晚整整一个星期左右。

这并不意味着这里那些位置更佳、朝向东和南的小山谷中的黑皮诺与霞多丽不能够酿制出较为清淡的具有些真正金丘风格的优质葡萄酒。在遇到像2005和2009这样尤其炎热的年份时，正如金丘那些较为凉爽的区域一样，上丘区也足以出品质量极佳的葡萄酒。上伯恩丘区（Hautes-Côtes de Beaune）最出色的酒村包括Nantoux、Echévronne、La Rochepot和Meloisey；而上夜丘区（Hautes-Côtes de Nuits）则以红葡萄酒为主，最

金丘表层土的差异

这4个顶级葡萄园的土壤横截面图呈现了金丘的多样性。表层土由其地底下的岩石和其上方山丘处的岩石演化而成。热夫雷-尚贝坦村有未经风化的土壤，也就是黑色石灰岩土，它往下延伸直到遇到一层泥灰石岩层，在泥灰岩和泥灰岩的下方是一层富含钙质的棕色石灰岩土壤，并位于遮护极佳的地形，也就是尚贝坦。混合性的土壤继续延伸到山谷里面，使其葡萄园

有理想的地质条件，但并没有好到特级园或者一级园的水准。在Vougeot村，有两处泥灰岩露出地表。上坡岩石露出的正下方是Grands Echézeaux园，而Clos de Vougeot则位于泥灰岩第二次露出地表之处和其下方。

科尔登山丘有一较宽的泥灰石岩层，几乎一直到山丘顶部，最好的葡萄园就在这些岩层上面。不过在如此

倾斜的山坡上，酒农时常不得不将土壤在山坡低处收集起来，再将它们撒到山坡上。那些有从上方滑落下来的石灰岩碎屑的葡萄园，适合于白葡萄品种的种植，也就是科尔登—查理曼（Corton-Charlemagne）。在默尔村村，泥灰岩再次隆起，并且十分宽广，但它的优势在下坡处发挥无疑，在这里它在石灰岩露头上形成多石质的土壤。最好的葡萄园就在这些凸出的斜坡上。

A 热夫雷-尚贝坦
B Vougeot
C 阿罗克斯-科尔登（Aloxe-Corton）
D 默尔索

土壤

 粗骨石灰质棕土
一般石灰质棕土

粗骨石灰质黏棕土
一般石灰质灰黏棕土

棕土

黑色石灰岩土（未经风化的土壤）

葡萄种植区域的界限

岩层

Argovien（泥灰岩）

Bajocien Supérieur（泥灰岩）

Callovien 和 Bathonien Supérieur（柔软的石灰岩、黏土或是页岩）

Bathonien Moyen 和 Inférieur（坚硬的石灰岩）

Bajocien Inférieur（沙质的石灰岩）

Oligocène Supérieur（多样化：石灰岩、砂岩和黏土）

第四纪卵石

Rauracien（坚硬的石灰岩）

黄土

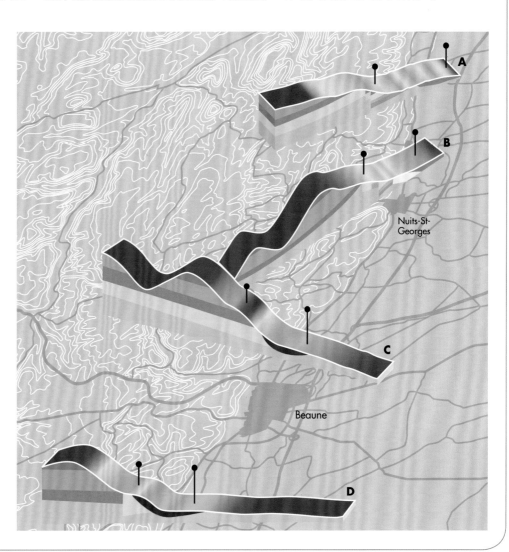

好的酒村包括 Marey-lès-Fussey、Magny-lès-Villers、Villars-Fontaine 和 Bévy。伯恩丘的南角是**马朗日（Maranges）**产区，从桑特奈产区西边的三个酒村出品轻盈的红葡萄酒，这三个酒村都有着"-lès-Maranges"的后缀。

葡萄园分级

金丘对葡萄园质量的分级，应该是全世界最详尽的了，再加上不同酒庄对葡萄园的命名和拼法也都稍有不同，因此显得更加复杂难解。基于19世纪中期的分级，它将所有的葡萄园分为4个等级，并在每瓶葡萄酒的酒标上都详细规定标示方法。

最高级的是特级葡萄园（Grands Cru），现今共有31个在使用之中，主要都位于夜丘（见58~61页）。每一个特级葡萄园都是一个独立的法定产区。一个单一葡萄园的简单名字，是勃艮第最高品质的象征，比如穆西尼（Musigny）、科尔登（Corton）、蒙哈榭（Montrachet）或者尚贝坦（Chambertin）等，有时会在前面加个 Le。

接下来一个等级是一级葡萄园（Premiers Cru），一级园是用其所在的村庄名，后面加上葡萄园的名字，比如"香波-穆西尼（Chambolle-Musigny）、（Les）Charmes"。如果葡萄酒是一个一级园以上的混酿，那就在村庄名后面加上"Premiers Cru"这两个词，举例来说，如果葡萄酒是由 Charmes 一级园与其他一或两个一级园的混酿，那其名字就是"Chambolle-Musigny Premier Cru"。一级葡萄园的总数有635个之多，因此不难想象有的一级园的质量会更加出众。默尔索（Meursault）村的 Perrières 园、玻玛（Pommard）村的 Rugiens 园、香波-穆西尼村的 Les Amoureuses 园和热夫雷-尚贝坦（Gevrey-Chambertin）村的 Clos St-Jacques 园的价钱，甚至比像 Clos de Vougeot 和科尔登这样一般的特级园还要高。

村庄级别则是第三个等级的法定产区，也就是有权力使用村庄的名字，比如默尔索。这些葡萄酒通常被称为村级葡萄酒。葡萄园或者地块（lieu-dit）的名字允许出现在这些葡萄酒的酒标之上，并且越来越多被使用，不过它们在酒标上的字体一定要小于所属的村庄名。有一些这样的单一园，虽然不是官方认可的一级葡萄园，但其产葡萄酒的品质却毫不逊色。

第四个等级是条件较差的葡萄园，即使是一些有名的酒村之中也有（最典型的是集中在D974主干道东边、地势较低的葡萄园），这些葡萄园所出品的葡萄酒只能冠以勃艮第法定产区出售。这些葡萄园的品质明显较差，但也不一定总是如此，有一些酒农也能酿制出金丘难得的超值酒款。

消费者必须学会分辨哪些是葡萄园名，哪些是村庄名。许多酒村都会在自己村名的后面加上其最顶级葡萄园的名字，比如沃恩（Vosne）、夏瑟尼（Chassagne）、热夫雷（Gevrey）等等。Chevalier-Montrachet（一个著名的特级葡萄园）和夏瑟尼-蒙哈榭（Chassagne-Montrachet，产自一个面积广阔的酒村任何地方的村级葡萄酒），两者从它们的名字看并没太大差别，但其实则完全不同。

RICHEBOURG特级葡萄园的拥有权

在金丘，酒农在葡萄园中所拥有的土地一般又长又窄，有时只有几排葡萄藤。本书中所有关于勃艮第的地图，我们都将每块田原有的全名标示出。地势最高、气候最冷的 Verroilles 地块在 1936 年被划分进 Richebourg 园，在此之前，Verroilles 的拥有者想必一定十分不乐意无法使用 Richebourg 这个更时髦、更值钱的名字。

"The Domaine"（Domaine de la Romanée-Conti 的简称）一如既往地持有了这个特级葡萄园的大量土地，与它在沃恩-罗曼尼（Vosne-Romanée）这个小村庄的北面和西面拥有的其他数量可观的特级园相比，Richebourg 园的划分是最有趣的，这些不同的地块是酒庄通过几次不同的交易收购而来的。

Leroy 酒庄的持有权来自 1988 年 Lalou Bize-Leroy 女士收购下 Charles Noëllat 酒庄之后，见 59 页 Leroy 和 Anne Gros 两家所产的 Richebourg 的酒标。

下面提到的三个 Gros 酒庄绝对不是这个大家庭仅有的酒农成员。这就是勃艮第。

酒庄

- Clos Frantin
- Méo-Camuzet
- Gros Frère et Soeur
- AF Gros
- Anne Gros
- Domaine de la Romanée-Conti
- Leroy
- Mongeard-Mugneret
- Grivot
- Hudelot-Noëllat
- Thibault Liger-Belair

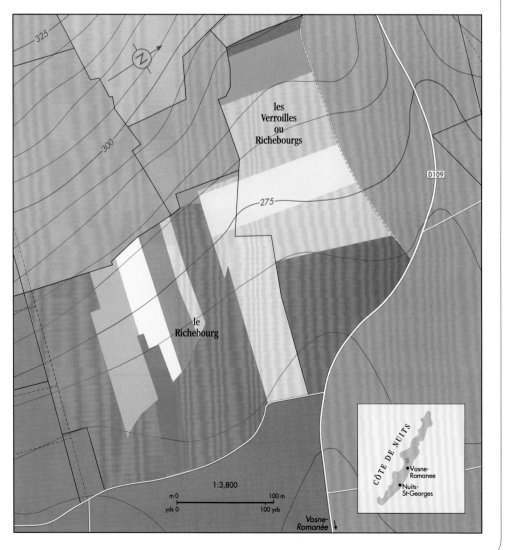

1:3,800

Vosne-Romanée

CÔTE DE NUITS
Vosne-Romanée
Nuits-St-Georges

伯恩丘：桑特奈 Côte de Beaune: Santenay

本页及接下来的8页地图是沿着金丘从南开始往北排列。 不同于本书其他产区地图的是：勃艮第这些地图的方向分别转了45°到90°，这样才能在每个版块中将金丘的错综复杂以跨页形式呈现出来。这些版块以地图呈现的区域中最重要的村庄或者城镇来命名。

伯恩丘的起点并没有什么很响亮的名字，直到渐渐进入越来越出名的桑特奈村（Santenay）。经过上桑特奈（Haut-Santenay）的小村庄和下桑特奈（Bas-Santenay）小镇后（这里有个当地人经常光顾的水疗中心），金丘转了半个弯，开始了它那充满个性的东向山坡。

伯恩丘这块南部区域是本区从地质角度来说最令人困惑的，并且在许多方面都与整个金丘有所不同。在桑特奈，构成山坡的表层土与底层土是由复杂的断层所造成的。这个产区的部分区域和夜丘的某些产区有些相似，因此能够酿出香气深厚但不太细致、适合陈年的红葡萄酒；其他区域则生产酒体清淡的葡萄酒，风格比较接近典型的伯恩丘。Les Gravières 园（园名本身就是砾石的意思，如同波尔多的格拉夫产区）、Clos de Tavannes 园及 La Comme 园是桑特奈最好的地块。

当我们进入夏瑟尼-蒙哈榭（Chassagne-Montrachet）产区，这里出色的红葡萄酒的质量就十分明显了。蒙哈榭这个名字和白葡萄酒太息息相关了，因此很少有人能想到这里居然能够出品红葡萄酒。不过大多数夏瑟尼村南边的葡萄园多多少少都出品一些红葡萄酒，其中最有名的酒款

有 Morgeot 园、La Boudriotte 园以及地图下一页中的 Clos St-Jean 园。这些红葡萄酒酒体坚实，尝起来更接近那些略微粗糙的热夫雷-尚贝坦，而不像沃尔奈（Volnay）；不过目前酿造风格的趋势是趋向于果味的丰满，而不是结构感。

美国的第三任总统托马斯·杰斐逊（Thomas Jefferson）在法国大革命时曾造访此地，他曾提到这里出品红葡萄酒的酒农们付得起较贵的软白面包，而那些生产白葡萄酒的酒农们只能吃得起硬邦邦的裸麦面包。但下一页地图中的 Montrachet 园早从16世纪开始就以白葡萄酒而闻名，至少一部分村里的土壤更适合种植霞多丽，而不是黑皮诺品种。

直到20世纪下半叶，当全世界都爱上霞多丽后，用于酿制白葡萄酒的种植才开始兴盛起来。如今夏瑟尼-蒙哈榭产区以出品顶级的干白葡萄酒而闻名于世，这些酒多汁、金黄色并充满花香，有时还会带些榛果味。

桑特奈村的土壤差异很大，Passetemps园的红色土壤其实更接近于夜丘。Pierre-Yves Colin-Morey由 Marc Colin 的一个儿子经营，这是一群新兴小酒商的典范，他们从优秀酒农那里学到了最直接的知识。

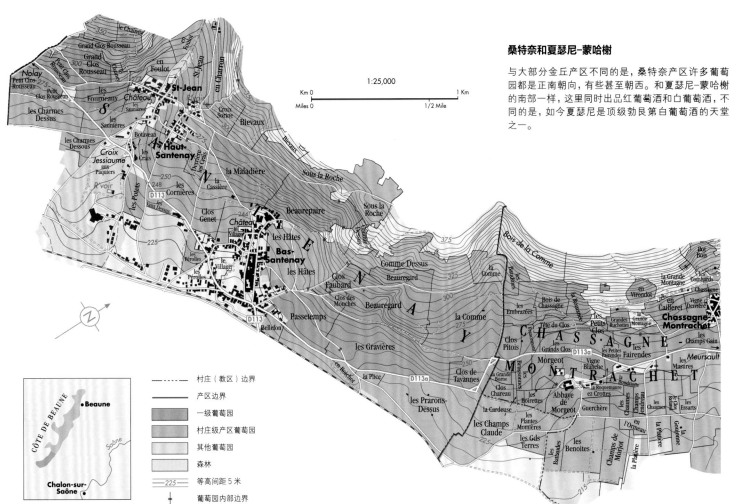

桑特奈和夏瑟尼-蒙哈榭

与大部分金丘产区不同的是，桑特奈产区许多葡萄园都是正南朝向，有些甚至朝西。和夏瑟尼-蒙哈榭的南部一样，这里同时出品红葡萄酒和白葡萄酒，不同的是，如今夏瑟尼是顶级勃艮第白葡萄酒的天堂之一。

1:25,000

Km 0 ——————————— 1 Km

Miles 0 ——————————— 1/2 Mile

村庄（教区）边界
产区边界
一级葡萄园
村庄级产区葡萄园
其他葡萄园
森林
225 —— 等高间距 5 米
葡萄园内部边界

伯恩丘：默尔索 Côte de Beaune: Meursault

这里是勃艮第白葡萄酒的心脏地带。虽然夏瑟尼-蒙哈榭的南部出品一些朴实的红葡萄酒，默尔索的北部也是沃尔奈和玻玛（Pommard）这样出产红葡萄酒的村庄，但这两个区域之间的葡萄园即使不是世界上顶级白葡萄酒的源头，也可以称得上是勃艮第的个中翘楚。

Montrachet特级葡萄园以生产令人难以置信的优质勃艮第白葡萄酒闻名于世，在无可比拟的最佳状态之下（陈放10年后），比世界上任何霞多丽都有更明亮的金黄色、更丰富的香气、更悠长的味道、更鲜美多汁的口感以及更浓郁的稠密感，所有关于蒙哈榭的一切都被增强了，这是真正伟大的葡萄酒的特征。完美的正东朝向，让夏日傍晚阳光仍然可以洒在一排排的葡萄藤上，加之忽然出现的一段石灰岩土壤，这些都是它比邻近葡萄园更具优势的原因。如此卓越的葡萄酒自然供不应求，不过有时花费巨资也会有令人失望的情况发生。

Chevalier-Montrachet葡萄园的地势更陡，海拔也更高，因此没有Montrachet的深远度，但有令人激动的水晶般的精度度。Bâtard-Montrachet葡萄园的土质较为黏重，出品的酒款也往往很难达到Montrachet那样的细致度（不过它和Montrachet同样可以长久陈年）。Les Criots葡萄园（位于夏瑟尼村）和Bienvenues葡萄园是一个等级的，而当皮里尼（Pulingy）村的一些一级葡萄园在表现力最佳的时候，它们也具有同样的水准，比如Les Pucelles、Les Combettes、Les Folatières与Le Cailleret，还包括默尔索村Les Perrières葡萄园的佳酿。

皮里尼-蒙哈榭（Puligny-Montrachet）和默尔索之间的差异相当显著，即使两区的葡萄园紧紧相连在一起。事实上，能够从海拔更高、多石土壤中出品优质葡萄酒的布拉尼（Blagny）小村庄，其实同时跨越了这两区，成为一个典型的复杂产区：因为介于不同的颜色和地理位置，它的葡萄园可以是皮里尼-蒙哈榭、默尔索-布拉尼（Meursault-Blagny）或者只是布拉尼（如果是红葡萄酒的话），并且几乎都是一级园。

皮里尼的白葡萄酒比默尔索的要来得更加精致细腻，原因之一是皮里尼村的地下水位比较高，难以挖掘够深的、使葡萄酒在橡木桶中度过第二个冬天的地下酒窖。整体而言，默尔索村的名头没有那么响亮，虽然没有特级园，但却有一大片质量很高，而且通常水准也非常平均的葡萄园。Les Perrières园、Les Genevrières园的上坡和Les Charmes园都能够和皮里尼村最好的一级园媲美，而Porusot园和Gouttes d'Or园是主流默尔索的风格，坚果味更浓、酒体更宽。Narvaux和Tillets是地理位置更高的地块，虽然不是一级园，但同样也可酿出浓郁、值得陈年的葡萄酒。

繁忙的默尔索村位于山坡的洼地之中，有一条道路可以通往**欧克塞-迪雷斯（Auxey-Duresses）与蒙蝶利（Monthelie）**两个村，两者都出品一些白葡萄酒和许多优质的红葡萄酒，相比于沃尔奈村价格更低，并且陈年潜力更短，因此性价比很高。**圣-罗曼（St-Romain）**村位于欧克塞村后面，是从**高丘（Hautes-Côtes）**大区级晋升上来的独立产区，出品轻盈而有活力的红葡萄酒和白葡萄酒。由默尔索村弯进**沃尔奈**村的地方出品不少红葡萄酒，但都采用Volnay-Santenots的产区名，而不是默尔索。

夏瑟尼-蒙哈榭到玻玛

这段朝向正东、往北直到沃尔奈的葡萄园是勃艮第白葡萄酒的重地。圣-欧班（St-Aubin）村出品性价比极高的白葡萄酒，质量越来越接近夏瑟尼、皮里尼和默尔索三个村庄，与欧克塞-迪雷斯和圣-罗曼（St-Romain）村一样，它同时也出品酒体十分轻盈的红葡萄酒，这些葡萄园比沃尔奈和玻玛这两个伯恩丘的主要红葡萄酒产区的地势要高。

沃尔奈村红葡萄酒与默尔索村的白葡萄酒的风格表现有时十分相似，两者都很柔顺，并且非常芳香，红葡萄酒的酒体较薄，但却充满个性，余韵芬芳而悠长。

沃尔奈产区出品的红葡萄酒是属于整个金丘中较为淡薄的，但它同时也能够酿出一些最出色

的葡萄酒，陈年潜力最强的是 Clos des Chênes 园和 Caillerets 园，它们是这个产区的两个伟大葡萄园。Champans 园、Bousse d'Or 园和 Taille Pieds 园则紧追其后，而又陡又小的 Clos des Ducs 则是村北最好的葡萄园。邻近的玻玛村的风格更加浓郁，详见下页介绍。

这里葡萄园所产顶级红葡萄酒的酒标会有几个出现在57页。这里所呈现的是一些尤其出色的白葡萄酒，Jean-Marc Roulot 能够从海拔相对较高的 Tillets 葡萄园中酿出伟大的葡萄酒，但请注意其实它连默尔索的一级园都不是。

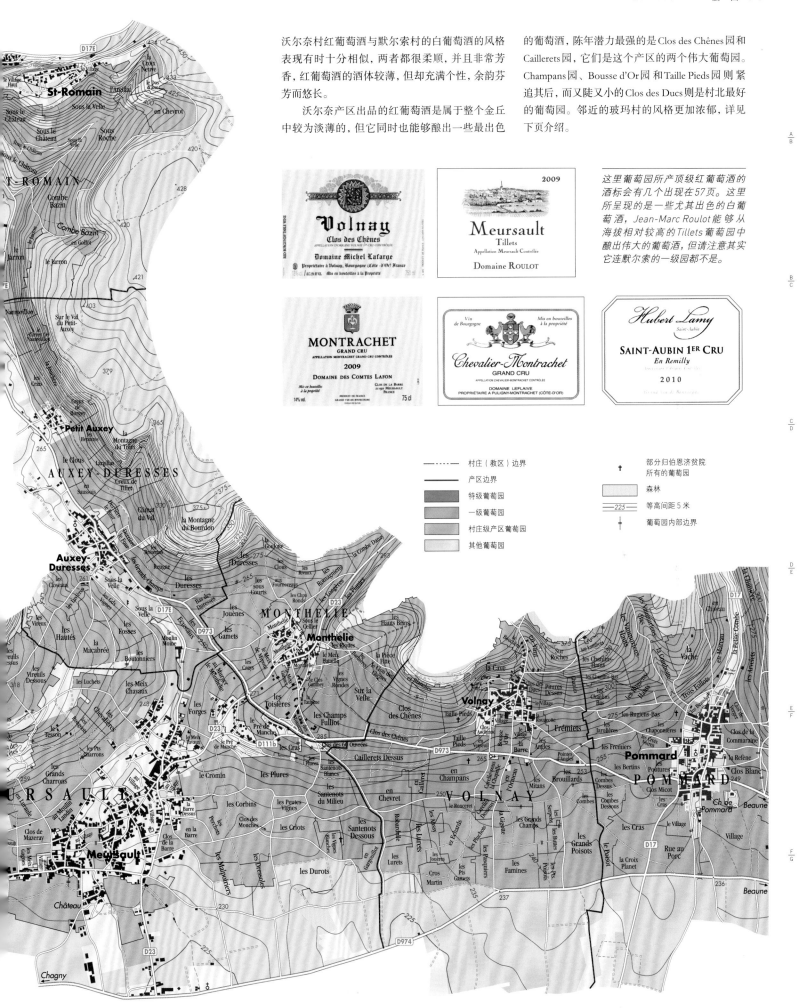

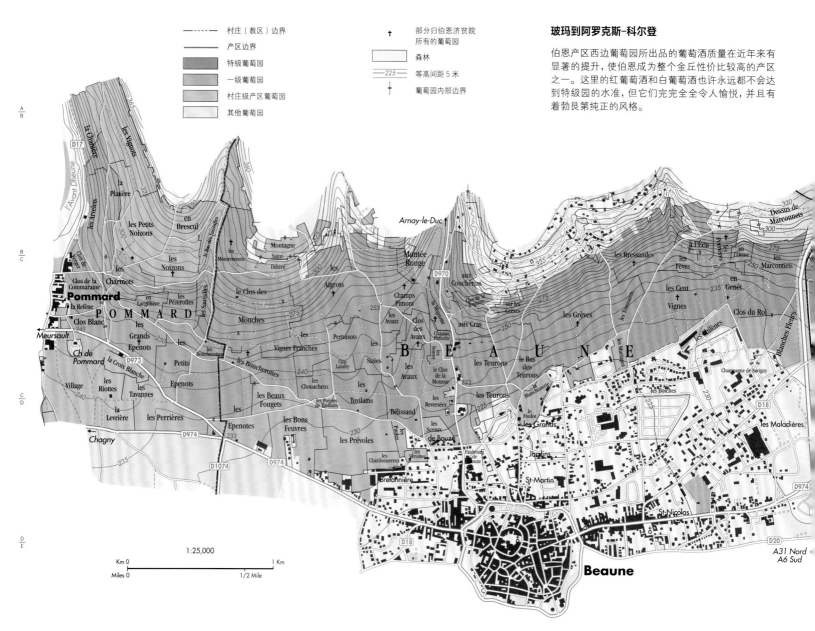

玻玛到阿罗克斯–科尔登

伯恩产区西边葡萄园所出品的葡萄酒质量在近年来有显著的提升，使伯恩成为整个金丘性价比较高的产区之一。这里的红葡萄酒和白葡萄酒也许永远都不会达到特级园的水准，但它们完全全令人愉悦，并且有着勃艮第纯正的风格。

伯恩丘：伯恩 Côte de Beaune: Beaune

你或许会期待紧挨着沃尔奈村的那些玻玛的葡萄园（见第55页地图），会出品像沃尔奈产区那般芳香而娇贵精致的葡萄酒。不过，勃艮第就是这样难以捉摸。土壤在村庄界限边突然改变了，使 Les Rugiens 园（如同其名称所指，土壤为红色，铁质含量高）成为玻玛最有代表性质的葡萄园，并且风格截然不同：颜色深厚、酒香浓烈、年轻时单宁强劲，并且陈年潜力出乎意料地长。约占1/3的葡萄园归属于简单的**玻玛**村庄级法定产区，出品如此风格、但缺乏优雅与个性的葡萄酒。不过这个产区有两三个特别出众的一级葡萄园，如 Rugiens 园与 Epenots 园，还有四五家表现相当不错的酒庄。一定要记住，在勃艮第，酒庄与葡萄园有着同样的重要性，因此才有"佳酿虽然好，状态更重要"（There are no great wines; only great bottles of wine）的说法。

玻玛村最负盛名的葡萄园就是 Les Rugiens 园的低处（Les Rugiens-Bas 在55页的地图中可见），就在村子西边的上方。一年一度的伯恩市济贫医院葡萄酒慈善拍卖会（详情见下文）中最好的酒款之一就是 Dames de la Charité，即为 Rugiens 园与 Epenots 园的混酿。Clos de la Commaraine 园以及 de Courcel、Comte Armand 与 de Montille 等酒庄的葡萄园是玻玛村最出色的，都是结构扎实的葡萄酒，往往要陈放10年才能发展出顶级勃艮第好酒迷人鲜美的特性。

这些地图上所有葡萄园的中心，事实上有可能也是整个金丘区的焦点，就是**伯恩**了，这是一个充满活力、以酒为主、有着护城墙的中世纪城镇，也是每年11月著名的伯恩济贫医院葡萄酒慈善拍卖会的举行地。在伯恩上方海拔约250米处，有一连串著名的葡萄园，勃艮第人称之为"山坡之肾"，其中有一大部分为城内的酒商所拥有，包括 Bouchard Père et Fils、Chanson、Drouhin、Jadot 和 Louis Latour。Drouhin 拥有的 Clos des Mouches 园的一部分，以其红葡萄酒和极精致的白葡萄酒而著称，而 Bouchard Père et Fils 所拥有的 Les Grèves 园的一部分则被称为 Vigne de l' Enfant Jésus，也生产另一款品质不凡的好酒。伯恩产区没有特级葡萄园，最出色的葡萄酒通常口感温和轻柔，有陈年潜力，但不像 Romanée 园或 Chambertin 园那样需要10年的陈放。

继续从伯恩往北前行，科尔登（Corton）产区的山丘随着丘顶上一片深色的树林慢慢出现。科尔登打破了伯恩丘没有红葡萄酒特级园的魔咒。雄伟壮观的山丘面朝东、南、西三面，并且红葡萄酒和白葡萄酒都是特级。白葡萄酒中少量为科尔登特级园，但大部分都是 Corton-Charlemagne 特级园，产自山丘西侧和西南侧，并且还有一片十分不同的霞多丽葡萄园生长在山丘东侧的顶端，这里有从山顶的石灰岩层冲刷下来的碎石，使棕色的泥灰土转成白色。随便说一下，白皮诺占据科尔登

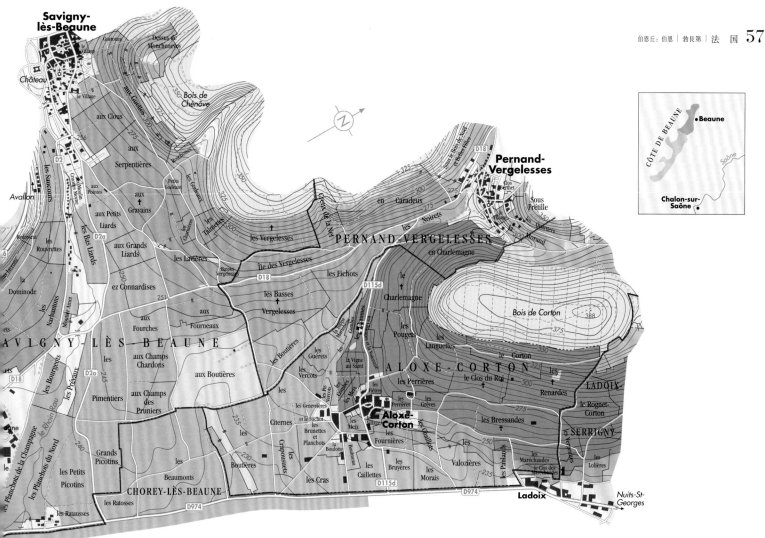

的山丘已久，直到19世纪末期才被霞多丽所取代。
Corton-Charlemagne偶尔能与Montrachet一较高下。

科尔登红葡萄酒的酒体庞大，果香通常丰满，
单宁有时厚重，大部分都来自朝东和朝南的山坡，
但那些位于低处的葡萄园只能出品非常简单的葡
萄酒，不应该被评为特级园。最优秀的科尔登红葡
萄酒来自Le Corton本身、Les Bressandes、Le Clos
du Roi以及Les Renardes地块。

阿罗克斯-科尔登（Aloxe-Corton）产区位于
山丘南部的下面，出品质量较低的葡萄酒（主要
为红葡萄酒），而山丘后方的**佩尔南-韦热莱斯
（Pernand-Vergelesses）**村则有一些明显更凉爽、朝
向为东的一级葡萄园（红白葡萄酒都要出品），山
丘上朝向为西的一些特级葡萄园也属于此产区。

如果**萨维尼（Savigny）**和**佩尔南（Pernand）**产
区貌似成了配角，那只是因为主角实在太耀眼了。
这两个产区最出色的酒农出品的红白葡萄酒全都
能够达到伯恩产区的最高标准，而且现在也充分
地反映在其售价上。萨维尼位于旁边的一个小山
谷中，所出品的葡萄酒就如当地公关所描述的，
"滋养、神效而永生"！它们确实拥有令人惊讶的
精巧度。**绍黑（Chorey）**产区则位于主干道两侧的
平缓地带上，尽管如此，这里依旧是平易近人的
勃艮第红葡萄酒的可靠来源。

55页顶级红葡萄酒产区中一些最
可靠的代表，还有这里地图中伯
恩丘北面的一些优质酒庄。Jadot
和Drouhin虽然是酒商，但这些
葡萄酒来自他们自己的葡萄园。

*Bonneau deu Martray是众多历史悠久、由家庭拥
有的酒庄之一，现在用生物动力法耕作其Corton-
Charlemagne的葡萄园。*

夜丘：夜圣乔治 Côte de Nuits: Nuits-St-Georges

相对于沃尔奈或者伯恩，夜丘葡萄酒的标志是更加"有料"，陈年潜力更大，并且酒色更深。这里是红葡萄酒的天下，白葡萄酒相当罕见。

一排排一级葡萄园顺着夜丘的丘陵山势蜿蜒爬升，其中穿插着几处特级葡萄园。这些葡萄园出品的葡萄酒以最强烈的方式，表现出黑皮诺无可比拟的丰富与美味。这一溜葡萄园沿着露出地表的泥灰岩层分布，山丘顶部则是坚硬的石灰岩，但当葡萄园的土壤是泥沙和小石子的混合物覆盖着泥灰岩的时候，所酿酒款的质量是达到巅峰的。天时地利：这些葡萄园同时幸运地拥有着最好的屏障和最充足的日照。

普雷莫（Prémeaux）村出品的葡萄酒以**夜圣乔治（Nuits-St-Georges）**产区的名义销售到市场，他们比同产区其他葡萄酒有着更精巧的骨架，尤其是像 Clos de l'Arlot 和 Clos de la Maréchale 这样的独占园。Les St-Georges 园与 Vaucrains 园位于村界处，出品的葡萄酒单宁强、果味紧实且丰富，需要长久的陈年。这些特征不能在夜丘区村庄级（Côte de Nuits-Villages）产区表现出来，这是一个覆盖夜丘区最北面和最南端的初级产区。

伯恩丘繁华热闹，而夜丘则安静平和，但确

实有不少酒商以此为据点，而且那些临近北面**沃恩-罗曼尼（Vosne-Romanée）**村的一级葡萄园则是夜丘这个非凡产区的极其值得品尝的代表。沃恩-罗曼尼是个不起眼的小村庄，可是村内后街标示牌上出现的名庄数量之多，才让人知道原来脚下躺着的是全世界最昂贵的葡萄酒。这个村落位于一条长而斜的红土斜坡下方，紧邻着村落的是 Romanée-St-Vivant 园，这里的土层深，富含黏土及石灰土。中坡处是 La Romanée-Conti 园，土质更加贫瘠和浅薄。再往上是 La Romanée 园，土壤看上去更加干燥，黏土的含量也少了一些。20世纪末期大约30年的时间，La Romanée 特级园由伯恩丘的酒商 Bouchard Père et Fils 所酿造，但从2002年份开始，它归还到其所有者 Vicomte Liger-Belair 手中。

右边面积较大的葡萄园是 Le Richebourg（在52页的地图中有详细介绍），朝东和东北弯曲。左边则是狭长的 La Grande Rue 园，再旁边是斜坡较长的 La Tâche 园。这些葡萄园区出品着最受人追捧的勃艮第葡萄酒，同时也是世界上最昂贵的葡萄酒。

Romanée-Conti 园和 La Tâche 园都是 Domaine

de la Romanée-Conti 酒庄的独占园，这家酒庄同时也拥有相当比例的 Richebourg 园、Romanée-St-Vivant 园、Echézeaux 园、Grands Echézeaux 以及 Corton 园。这些葡萄酒精巧细腻，天鹅绒般的温暖度加上些微的香辛味，还有那像远东般神奇的丰富感，市场似乎愿意为它们付任何价钱。Romanée-Conti 园是其中最完美无瑕的，不过所有这些葡萄园都有家族般的相似之处，全都是顶级的葡萄园地点、低产量、老树藤、晚采收以及无微不至呵护的综合成果。

显而易见，一定会有人试着在其邻近的葡萄园寻找风格相似但价格却没那么昂贵的葡萄酒，不过 Domaine Leroy 酒庄的质量和高价同样令人生畏。沃恩-罗曼尼中所有其他的葡萄园都十分灿烂耀眼，实际上，有一本关于勃艮第的老教科书上曾不露声色地写道："沃恩（Vosne）没有平凡的葡萄酒。" La Tâche 园南端的一级葡萄园 Malconsorts 尤其值得关注。

Echézeaux 特级园面积十分大，有30公顷，有些人会认为面积过大了，它涵盖了地图上标示出的 Echézeaux du Dessus 周遭的大多数紫色的地块。它和面积更小的 Grands Echézeaux 园其实都

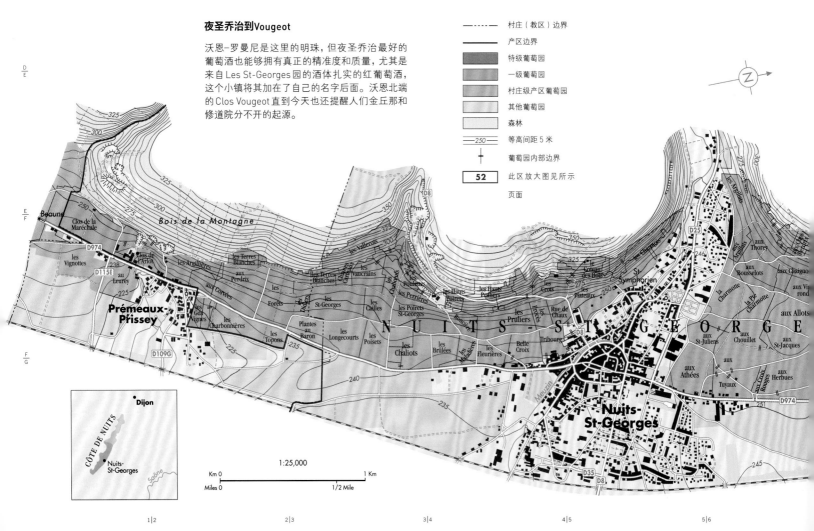

夜圣乔治到 Vougeot

沃恩-罗曼尼是这里的明珠，但夜圣乔治最好的葡萄酒也能够拥有真正的精准度和质量，尤其是来自 Les St-Georges 园的酒体扎实的红葡萄酒，这个小镇将其加在了自己的名字后面。沃恩北端的 Clos Vougeot 直到今天也还提醒人们金丘那和修道院分不开的起源。

村庄（教区）边界
产区边界
特级葡萄园
一级葡萄园
村庄级产区葡萄园
其他葡萄园
森林
等高间距5米
葡萄园内部边界
52 此区放大图见所示
页面

位于弗拉吉（Flagey）村内，该村庄的地点太偏东，所以没有出现在本页地图中，而其葡萄园已归到沃恩的产区范围（至少从酿酒角度来说是这样）。Grands Echézeaux园品质更加一致，它具有伟大的勃艮第酒所具备的隽永强劲，价格当然也更高。

占地50公顷的**Clos de Vougeot**园四周环绕着一道高墙，一眼便可确认这是属于修道院的葡萄园。今日这处葡萄园分属于众多的拥有者，因此只看酒标上的产区并无法保证其品质。但这整个地块都被视为一个特级葡萄园。熙笃会修士曾经将产自坡顶、中坡，有时候还包括坡底的葡萄酒调配在一起，酿出我们可以确信是顶级的勃艮第葡萄酒，也是品质最始终如一的葡萄酒之一，因为在干燥的年份，产自较低坡处的葡萄酒更有优势，而在潮湿年份则对坡顶有利。然而，今天公认最好的葡萄酒还是产自中坡以及坡顶处的葡萄。有些产自坡顶附近的葡萄酒，其品质伟大到几乎能与北端邻居的Musigny园的葡萄酒相媲美。在这里，比其他任何产区都需要慎选酒庄。

至少到目前为止还没有人尝试用机器采收金丘那些较为陡峭的葡萄园，像照片中夜圣乔治的一些葡萄园。这里的葡萄十分珍贵，因此必须用十分小的容器采收他们，这样下面的葡萄才不会被上面葡萄的重量所压碎。

4个沃恩产区最著名的特级园。*Domaine de la Romanée-Conti*最知名的La Tâche园和Romanée-Conti园是赝品假酒仿冒的目标，以至于酒庄很不情愿贡献出这些葡萄酒的酒标。上面也呈现了*Les St-Georges*旁的一个出色的一级园，来自于夜圣乔治最优秀的酒庄之一。

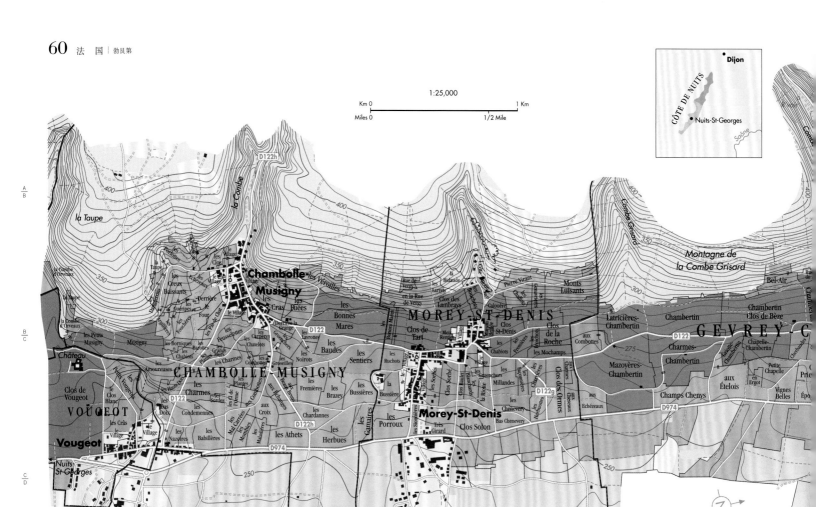

夜丘：热夫雷-尚贝坦 Côte de Nuits: Gevrey-Chambertin

最精致、陈年潜力最强、最柔细的勃艮第红葡萄酒产自夜丘的北端。这里有大自然赋予的富裕土壤，还搭配着山丘提供的天然屏障及日照完美组合。一条狭窄的泥灰岩，上面覆盖着沙土与小石子，一直往下延伸至较低的山坡。尚贝坦（Chambertin）园、莫里（Morey）村的特级园和**尚博勒-穆西尼（Chambolle-Musigny）**产区从这些土壤中得到它们的力量，成为强劲而有分量，年轻时非常坚韧，但陈年之后无比复杂而深沉味美的葡萄酒。

Musigny特级园鹤立鸡群，位于贫瘠的石灰岩冠之下，明显与Clos de Vougeot的坡顶和Grands Echézeaux关系更紧密，而不是Bonnes-Mares这些尚博勒北端的葡萄园。由于坡度陡峭，连续大雨之后，葡萄农必须将坡底的棕色石灰质黏土以及沉重的小卵石重新运回山坡上。这样的做法加上渗透性强的石灰岩底层土，使得葡萄园排水良好。这样的条件刚刚好让葡萄酒有足够的酒体。

Musigny的伟大之处在于它的香气如此美丽而令人着迷，并带有无可厚非的力量感，的确是一种奇妙独特的感官享受。一瓶美妙的Musigny会在口中有种"孔雀开屏"的感觉，展现出更多让人心醉的香气。它不像尚贝坦园那般强劲，不会有Romanée-Conti园那么多的辛香味，但绝对值得10到20年的陈年。Bonnes-Mares园是尚博勒村的另一个特级园，它年轻时比Musigny园更加坚实，但似乎永远无法演化出它邻居那般温柔的优雅感。Les Amoureuses园及Les Charmes园的名字完美地表达出其葡萄酒的风格，它们俩是属于整个勃艮第最好的一级葡萄园，事实上已经是名誉上的特级园了。不过所有的尚博勒葡萄酒都会十分出色。在如今日渐温暖的气候下，山丘顶部的葡萄园似乎质量越来越高，Cras园和Fuées园的葡萄酒同Charmes园一样受人追捧。

莫里-圣丹尼（Morey-St-Denis）村的名气不如其5个知名的特级园。Clos de la Roche园与规模小一点儿的Clos St-Denis园（村庄的名字由此而来）拥有富含石灰岩的土壤，出品回味悠长、有力量、

有深度的葡萄酒。Clos des Lambrays园是个1981年晋升特级园的独占园，风格极其诱人。Clos de Tart园是Mommessin家族所拥有的独占园，正在渐渐释放其所有的辉煌潜力。莫里村有20多个面积很小的一级园，知名度高的只有少数几个，但普遍水准都很高。葡萄园沿着山坡往上爬升，因此土层比这个区域其他地方都要高。高耸、多石的Monts-Luisants园甚至出品一些很好的白葡萄酒。

热夫雷-尚贝坦（Gevrey-Chambertin）村拥有广阔的优良土地，适合种植葡萄的土壤从这里的山坡往四处延伸，比其他产区都要多，一些延伸到主干道的东边。其法定产区仍然属于热夫雷-尚贝坦，而不是更加朴实的勃艮第产区。尚贝坦园和Clos de Bèze园是这里最伟大的两个葡萄园，几个世纪来都是公认的头牌，位于树林下方的东向缓坡上。Charmes、Mazoyères、Griotte、Chapelle、Mazis、Ruchottes和Latricières这一群相邻的葡萄园都有权利将尚贝坦（Chambertin）加到它们自己的名字后面，但不能加在前面（不同于Clos de Bèze）。勃艮

Vougeot到菲克桑

请注意天资优秀的热夫雷-尚贝坦村的葡萄园十分不寻常地往东扩伸许多。像Denis Bachelet这样的酒农用这里的老藤酿制出美妙迷人的热夫雷村庄级葡萄酒，而在其他村庄，D974主干道东边的大部分葡萄园只有权利出品勃艮第大区级葡萄酒。

——————— 村庄（教区）边界

——————— 产区边界

特级葡萄园

一级葡萄园

村庄级产区葡萄园

其他葡萄园

森林

—— 275 —— 等高间距5米

葡萄园内部边界

几乎无法从这一区的葡萄园中只找出伟大葡萄酒的5个代表，因为有些酒农不光拥有一群不同的葡萄园，而且他们酿制的方式也有所不同。

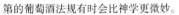

第的葡萄酒法规有时会比神学更微妙。

这个村庄同时也拥有一段海拔突高50米的坡度，有着极佳的东南朝向。这里一级园的质量能够与特级园相媲美，包括Cazetiers、Lavaut St-Jacques、Varoilles，尤其是Clos St-Jacques。往北的山坡曾经被称为Côte de Dijon，在18世纪前被认为是最佳的土地之一，但酒农禁不住给第戎市出产批量葡萄酒的诱惑，种植了"不忠的"佳美品种。Brochon因此变成了"葡萄酒水井"。如今它的南端被包括在热夫雷-尚贝坦之中，剩下的葡萄园只有权力使用Côte de Nuits-Villages产区。

但菲克桑（**Fixin**）传统上有不错的质量，其一级园La Perrière、Les Hervelets和Clos du Chapitre有潜力达到热夫雷-尚贝坦的水准。**马沙内（Marsannay**）位于地图右方，但并没有被包含进来，其强项是可口的黑皮诺桃红葡萄酒，也有不少越来越有趣的红葡萄酒和一些质量一般的白葡萄酒。

Clos des Lambrays园有一个对勃艮第来说十分奢华的房屋，这个特级园从房屋后面一直往上延伸到树林处，照片中它被白雪覆盖，这在金丘的冬天是十分常见的。

夏隆内丘 Côte Chalonnaise

紧邻金丘南端的是夏隆内丘的北端，令人意外的是夏隆内丘的葡萄酒尝起来感觉明显不同，有点儿像是个营养不良的乡下表亲。沙尼市南部这些坡度起伏、充满田园感的山丘，在很多方面看起来都很像伯恩丘区的延续，不过原本规则形状的山脊在这里换成了毫无规律的石灰岩山坡，而葡萄园则错杂于其中的果园和牧场之间。这里一些葡萄园的海拔明显高于伯恩丘，因此采收较晚，且成熟过程较不稳定。夏隆内丘产区一度被称为"梅尔居雷地区（Région de Mercurey）"，它的名字是因为它与下面的Chalon-sur-Saône之间的距离相对较近。

北边的**吕利（Rully）**产区出品的白葡萄酒比红葡萄酒多。这里白葡萄酒的风格活泼、酸度高，在不好的年份则是酿制勃艮第气泡酒（Crémant de Bourgogne）的好原料；而如今越来越多较温暖的年份则能出品清新、苹果般新鲜、开胃的勃艮第白葡萄酒。吕利的红葡萄酒偏向纤瘦型，但并非缺乏水准。

梅尔居雷产区的名气更为响亮，如果你加上勃艮第—夏隆内丘（Bourgogne-Côte Chalonnaise），大约每三瓶夏隆内丘的红葡萄酒就有两瓶产自这里。这个产区的黑皮诺水准大约就是小尺寸的伯恩丘：结实、坚固，年轻时略显粗糙，不过有一定陈年潜力。酒商Antonin Rodet和Faiveley是这里重要的生产者。

梅尔居雷曾经历过一级葡萄园的扩张时期，从20世纪80年代的5个增加至现今的30个以上，面积则达到154公顷。比北面金丘产区有更高比例的一级葡萄园是夏隆内丘的特征，不过这些品质朴实的高端酒款确实值得购买。

梅尔居雷的邻居产区**日夫里（Givry）**是5个主要产区中面积最小的一个，几乎只出品红葡萄酒。比起梅尔居雷，这里葡萄酒的风格更加轻盈、轻松，在年轻时也更加易饮。不过Clos Jus园在20世纪80年代晚期从灌木丛里重新被整理后，能够出品坚实强劲、值得陈年的酒款。这里的一级园也正在成倍增长。

南部的**蒙塔尼（Montagny）**是个仅出品白葡萄酒的法定产区，包括邻近的比克西（Buxy）村，该村拥有一家或许是勃艮第南部经营得最成功的酿酒合作社。这里白葡萄酒的风格更加饱满，水准最高的更像中等水平的伯恩丘酒，而不是更纤瘦的吕利白葡萄酒。酒商Louis Latour很早以前就发现这里的酒性价比高，其生产的葡萄酒占本区总产量的极大比例。

布哲宏（Bouzeron）村紧挨着吕利的北部，是个只用一个葡萄品种酿酒的产区。事实上，它是整个勃艮第唯一一个只酿制阿里高特白葡萄酒的单一村庄产区，也许是对Domaine A and P de Villaine完美主义的奖励。

包含布哲宏在内的这整个地区，是以勃艮第—夏隆内丘产区名出售的大区级勃艮第红葡萄酒及白葡萄酒的优质来源。

中央地带

这个地图只呈现了夏隆内丘最具声誉的中央地带，特别是5个以其村名作为产区名的村庄：布哲宏、吕利、梅尔居雷、日夫里和蒙塔尼，它们中较知名的一些葡萄园都拥有朝东和朝南的山坡。

左边是这个产区两个顶级酒庄的葡萄酒，酿制的优质白勃艮第给那些付不起金丘葡萄酒的消费者，而上方Domaine Joblot的Clos de la Servoisine园则加入了日夫里区越来越多的一级园的行列之中。

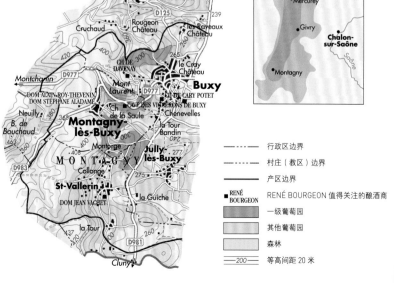

行政区边界
村庄（教区）边界
产区边界
RENÉ BOURGEON 值得关注的酿酒商
一级葡萄园
其他葡萄园
森林
等高间距 20 米

马孔内 Mâconnais

马孔（Mâcon）市位于 Saône 河畔，在 Chalon 市南方 55 公里处，这个广阔、多丘、有着浓厚乡村味的产区就是以这个城市为名，以其非常有趣的白葡萄酒而越来越受到关注。借助独特的石灰岩底层土，以及覆盖其上的黏土或者冲积土的表层土，这里绝对是白葡萄酒的王国。比金丘区稍微暖一些的气候适合种植霞多丽葡萄，目前已几乎占据了本产区总产量的九成。这意味着马孔白葡萄酒的产量几乎和夏布利一样多，但后者在国际市场的声誉要好许多。还好一大部分马孔内酿制的白葡萄酒都是合法地以 Bourgogne Blanc 产区出售，并不仅仅只来自比克西这样在这里十分积极的酿酒合作社。

博若莱的佳美葡萄仍是马孔红葡萄酒的主要酿酒品种，当种植在这里的石灰岩上而不是南方博若莱的花岗岩上时，佳美葡萄会有坚韧和粗糙的特征，因此马孔红葡萄酒很少有令人兴奋的表现。不过这也让黑皮诺葡萄的种植面积逐渐扩大，以更有价值的 Bourgogne Rouge 的名义销售。

下一页的地图将马孔内产区中质量较高的

Pouilly-Vinzelles 产区 Les Quarts 葡萄园中的霞多丽葡萄藤，在春霜中结冰，有些藤的种植可以追溯到 20 世纪 30 年代，它们由 Bret 兄弟以生物动力法种植（见以下酒标）。

那部分详细呈现出来。这页地图中北部与西部浅紫色的区域出品最基本的马孔白葡萄酒、红葡萄酒以及一点儿桃红葡萄酒。马孔村庄（Mâcon-Villages）理论上应该是来自这个产区的最好村庄，从而保证更优秀的质量，但其实基本上整个区域的白葡萄酒都可以使用这个标志。想要找到品质更好的白葡萄酒，可以挑选那些能够在酒标上加

马孔内的质量和声誉如此之好，能够吸引到默尔索之王 Dominique Lafon 和"皮里尼-蒙哈榭之后"（the queen of Puligny-Montrachet）Anne-Claude Leflaive 在离金丘南边很远的地方投资。Lafon 出品一系列十分有个性、单一葡萄园的马孔内白葡萄酒，而 Leflaive 到目前为止更为含蓄的葡萄酒是由 5 块不同葡萄园调配在一起的作品。

注村庄名的葡萄酒，一共有26个村庄有此权利，其中一些在本页地图有所标示。博若莱村庄（Beaujolais-Villages）产区延伸到地图底部马孔内产区的南部，这26个村庄中有些村庄也有权力使用这个产区出售其生产的红葡萄酒。

在这个缓冲地带，Chasselas、Leynes、St-Vérand 和 Chânes 村庄都属于 **St-Véran** 这个听起来陌生的法定产区，它覆盖了在下页地图中详细呈现的普依-富塞（Pouilly-Fuissé）产区的南北两边种植的霞多丽。St-Véran南部的土壤多为红色，土质呈酸性且多沙，酿出的白葡萄酒很不一样，比起普依-富塞产区北边的 Prissé 和 Davayé 两村石灰岩土壤上所生产的饱满白葡萄酒来说，显得更加简单和淡薄。

紧挨着普依-富塞中央地带以东的 **Pouilly-Vinzelles** 和 **Pouilly-Loché** 理论上可以是优质葡萄酒的代表，但产量总是非常小。

Mâcon-Prissé 村的土壤同样为石灰岩层，出品的酒款能有很好的性价比。Lugny、Uchizy、Chardonnay（十分幸运能与品种同名的村庄）以及 Loché 酒村都有它们自己那些价格优惠、口感肥美的勃艮第霞多丽的粉丝。然而最优秀的两个酒村是 Viré 和 Clessé，都位于一条石灰岩地带上，这条石灰岩从普依-富塞一片优质的葡萄园开始，一直往北贯穿这个区域，大致与南北向的A6高速公路平行，继续往北直到开始形成金丘的支柱。一个叫作 Viré-Clessé 的特别法定产区专门用于产自这几个村庄的葡萄酒（参见地图）。

您在马孔内的葡萄酒中找不到蒙哈榭或者科尔登—查理曼（Corton-Charlemagne）的奇妙之处，不过这里到处都是强劲、时髦、精心酿造的白葡萄酒，是勃艮第对新世界霞多丽的答案，这些葡萄酒依旧有十分明显的法国腔调，并且声誉随着每个年份在提高。

马孔内东部

有26个酒村出品的葡萄酒被认为有足够的个性，因此有权利在酒标上将它们的村名作为后缀加在"马孔"（Mâcon）之后。这26个酒村能在南端与博若莱重叠的地域分为以下几个部分：包括像 Milly-Lamartine、Verzé 和 Cruzille 这些酒村的部分位于离山丘稍远的地方，其葡萄成熟较晚；而有些酒村葡萄成熟较早，比如像 Prissé 村这样的，因为它们俯视通往 Cluny 的公路，或者像 Charnay、Uchizy 和 Chardonnay 村这样的，因为它们的葡萄园朝向东边，向着洒过 Saône 河平原的清晨阳光。Viré-Clessé 产区用红色将其边界标出，因为它的地质有所不同。

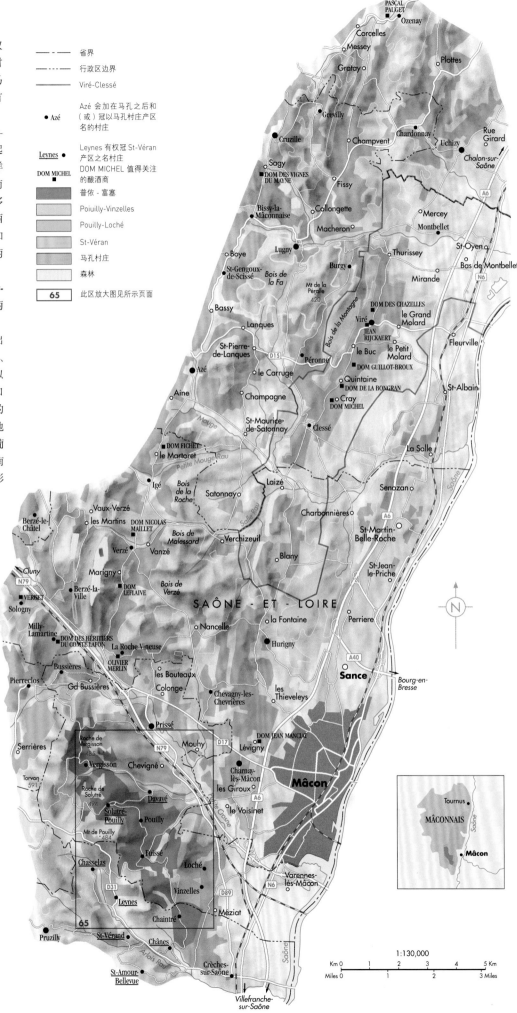

—·—·—	省界
—··—··—	行政区边界
———	Viré-Clessé

● Azé   Azé 会加在马孔之后和（或）冠以马孔村庄产区名的村庄

Leynes   Leynes 有权冠 St-Véran 产区之名村庄

■ DOM MICHEL   DOM MICHEL 值得关注的酿酒商

普依 - 富塞

Poiuilly-Vinzelles

Pouilly-Loché

St-Véran

马孔村庄

森林

65   此区放大图见所示页面

1:130,000

Km 0   1   2   3   4   5 Km

Miles 0   1   2   3 Miles

普依-富塞
Pouilly-Fuissé

在马孔内靠近博若莱的边界之处，有一块种植白葡萄酒的区域，品质更上一层楼。普依-富塞产区是一片突然出现的波浪状石灰岩丘陵地，富含霞多丽葡萄藤偏爱的碱性黏土。

地图呈现了4个差异巨大的酒村是如何在低坡上分布的，仅用等高线足以说明这里的地质是多么不规则。种植在Chaintré村开放的朝南坡地上的葡萄，会比Vergisson村北向坡地的葡萄整整提早两个星期成熟，而Vergisson村在生长季漫长而晚收的年份能够酿制出一些酒体最饱满的葡萄酒。Solutré-Pouilly村位于Solutré岩淡粉色的岩石下方，它的北端同Vergisson相似，而普依梯田与富塞附近的梯田大约类同。普依和富塞这两个双子村的地势相对较低，也十分平缓，但常有葡萄酒爱好者造访。

最出色的普依-富塞十分饱满，甚至于相当浓厚，而且陈年后会变得华丽而甜美。这里大约有十多家小酒庄经常出品能够达到如此质量的葡萄酒，广泛采用不同的橡木桶和搅桶方式，偶尔在可能太肥美的葡萄酒中添加二次收成的葡萄以加强酸度。其他酒庄的产品相比之下可能较为乏味，品质基本和马孔村庄级差不多，这些酒庄纯粹依靠着普依-富塞在国际上的声誉。

胸怀大志的酒庄

在20世纪80年代经过一段停滞期后，这次产区出现了一群杰出酒庄，比如Guffens-Heynen、Bret Brothers、J-A Ferret、Robert-Denogent、Daniel Barraud和Olivier Merlin（位于紧邻这个产区北面的、La Roche Vineuse西向坡的出色田地上）。多年来，上述这些胸怀大志的酒庄勇于出品单一葡萄园的酒款，成为目前正在制定一级葡萄园的运动之先驱。这个运动本身就极大地推动了葡萄酒品质的提升，并且通过让酒农将他们最好的酒款卖出更高的价钱的方式，从而使其获得更多收入。不过这个想法在当地并不是没有争议，而且当最终决定哪些田是、哪些田不是一级葡萄园的时候，肯定还会有一些纷争。地图中已经标明了那些最有可能被晋级为一级园的候选者。

2008年，位于伯恩产区的酒商Louis Jadot收购了J-A Ferret，如果有更多它的竞争对手开始投资马孔内产区，就像他们曾经在博若莱做过的那样，那也不会是件令人吃惊的事情。

第一步是将近100个单一葡萄园分级，这些葡萄园多年来已经出现在普依-富塞的酒标之上。在不久的将来，品种明显出众的那些会被赋予一级葡萄园的身份，他们中很多已经在上面的地图中标出。

博若莱 Beaujolais

法国人把葡萄与土地的结合视为一件神秘的事,而博若莱就是一个例子。 这里的沙质黏土覆盖在花岗岩上,让在其他地方平淡无奇的佳美葡萄得以酿出清新活泼、果味十足、淡雅又顺口的独特佳酿。Gouleyant这个法语词,是指清淡柔和、易饮且可以大口喝的葡萄酒,专门用来形容优质博若莱酒那种难以言喻的感觉。

清淡(至少现在)并非流行的优点,而即便是一个忠实的葡萄酒爱好者也会忽视博若莱,这主要是由于博若莱新酒(Beaujolais Nouveau)的流行(开始于20世纪70年代末与80年代,于每年11月下旬上市)以及短时间涌入资金所造成的过度自满所致。如今本区已有越来越多的人开始认真酿造更严肃的酒款,虽然价格很少是昂贵的。这个地区曾经特有的仓促完成的带有香蕉气息的发酵品如今已经基本被弃之不用了。

博若莱区,从紧邻马孔(在勃艮第南端)以花岗岩为主的山丘往南一路绵延55公里,延伸至里昂西北方更为平缓的土地。博若莱的总产量几乎等同于勃艮第其他所有地区产量的总和,而如人们所预料的那样,该地区20 000公顷的葡萄园各都不相同。博若莱区的土层在本区首都维勒弗朗什(Villefranche)的北方将本区明显划分开来,以南的地区称为"下博若莱"(Bas Beaujolais)。在这里,花岗石和石灰岩上覆盖了一层黏土层,特别是在Pierres Dorées区域,金色的石头为法国最漂亮的村庄增色不少。在这片较平坦的土地上酿制的则是普通的博若莱葡萄酒。博若莱非常清爽且新鲜(也很天然),可以成为最好的小酒馆用酒,在里昂著名的传统bouchon(小酒吧)里用小瓶罐盛装上桌。普通的"下博若莱"很少能够耐久藏。即使是在好的年份,太过冰冷的黏土层还是无法让佳美葡萄催熟足够的香气,不过这也还是有些值得注意的例外情形。

Juliénas的名字来源于凯撒大帝,该地区的葡萄酒酿造历史可以追溯至两千多年前。当时法国还是罗马帝国的一部分,被称为高卢地区。

北边的上博若莱区(Haut Beaujolais)是以花岗岩层的底土为主,上面覆盖着各式各样的沙质表土,排水良好、温暖,足以让佳美葡萄成熟到完美程度。地图上以蓝色与浅紫色标出的38个村庄,均有权使用**博若莱村庄级(Beaujolais-Villages)**这个法定产区名。它们的葡萄园,向西往上爬升至海拔450米处林木葱郁的山地。

为了使村庄级葡萄酒拥有更浓缩的口感,多付出一些代价绝对是值得的。这里只有自己装瓶的独立酒庄(占极少数)才会倾向于标示出博若莱村庄级的村庄名称。大部分的博若莱葡萄酒都被卖给了酒商,他们通常更倾向于将来自不同村庄的酒进行混合,调配出简单标注为"博若莱村庄级"的酒。

右页地图上,在淡紫色区块以紫红色标出的10个地方,都可以在酒标上使用自己的产区名称,以便展示各自的地方风土特色。这些都是博若莱优质村庄(Beaujolais Crus,详见右页地图),就分布在紧邻普依-富塞产区的马孔内区南方。在博若莱这块北部地区也生产了少量的白葡萄酒Beaujolais Blanc(这里的红葡萄酒很难销售)。事实上,有些村庄甚至能够以博若莱村庄的名义销售他们酿制的红葡萄酒,而白葡萄酒则挂上马孔镇(Mâcon-Villages)的名称进行销售。

所有这些酒都出自博若莱优质村庄的独立酒农之手,而这些村庄的地理位置则在右页地图中有所标识。Morgon村的Côte du Py是位于死火山斜坡上的一个地块;其酒体紧实,单宁突出,随着陈年会发展出肉味。Moulin-à-Vents也是一款耐久存的酒,而Fleurie和Brouilly相比之下则更趋于清淡。

本区十分适合种植佳美葡萄。传统上在博若莱的每株佳美葡萄树都是个别绑桩的，不过目前在好一点儿的葡萄园也允许采用树篱或棚架。这些植株的成长有些像人类，需要一段时间的照顾才能独立生活：10岁以后不再需要引枝就能自己站稳，不过每年夏天还是需要进行缚枝。佳美葡萄树的寿命可以活得比人类还要长，并且必须逐一采收。

如今大多数的博若莱葡萄酒，都采用半二氧化碳浸泡法来酿造，整串完整不破皮的葡萄被放置在封闭的酒槽中，从内部开始发酵，如此快速的发酵过程会加强有特色的香气，带来果香浓郁、低单宁、低苹果酸等特征。不过，该区已开始出现回归到传统、更勃艮第式的酿造方法的迹象，有些酿酒商甚至开始重新使用橡木桶来培养熟成，以期酿造出更值得陈年、勃艮第式的酒款。

佳美在上卢瓦尔河谷

事实上，超出地图西边的范围，跨越过山脉后，在上卢瓦尔盆地里还有3个比较小的佳美产区（见47页法国全图）。**Côte Roannaise**产区就在卢瓦尔河畔的罗阿讷（Roanne）市附近，分布在卢瓦尔河上游南向与东南向的山坡上，土层同样以花岗岩为底土，这里有几个独立酒庄能酿出如博若莱般的清新酒款。再往南走，佳美葡萄生长在类似的土壤中，这个**Côtes du Forez**产区主要属于一家出色的酿酒合作社。**Côtes d'Auvergne**产区范围就更广了。该区就在Clermont-Ferrand市附近，生产清淡型的佳美红葡萄酒、粉红葡萄酒以及一些清淡的白葡萄酒。

博若莱村庄与优质村庄

这张地图包含了博若莱法定产区的全貌，包括北边与马孔内重叠的部分。产量不及整区1/3的博若莱优质村庄在对页的地图上有更详细的标识。

——— ·— · —	省界
———	马孔内地区界限
———	博若莱地区界限
Fleurie	博若莱优质村庄名
•*Pruzilly*	博若莱村庄名
MOMMESSIN ■	值得关注的酿酒商
	博若莱优质村庄
	博若莱村庄
	博若莱
68	此区放大图见所示页面

博若莱优质村庄
The Crus of Beaujolais

博若莱区 10 个独立的优质村庄在地图上的位置都位于本页地图用蓝色标识的山丘上，高海拔的地方是树林，而低处则布满葡萄园。这些园区所生产的葡萄酒是佳美葡萄在绝佳风土条件之下的极致表现。

最近的地质研究证实了该区的深层土壤与向南 100 公里的罗蒂丘产区一样，属于火山片岩或沙质花岗岩。不过持续的水土流失使该地区交织着各类不同的表层土、朝向和坡度。因此即使是在同一个优质村庄，葡萄酒的风格也可能天差地别。当然一些普遍的共性还是存在的。

最北边的优质村庄 St-Amour 与其北部的邻居 St-Véran 和普依–富塞共享一些石灰岩土壤，其最优质的酒款结合了矿物气息与水果风味，风格就和其名字一样诱人。Juliénas 的酒通常更为饱满且有时会有一些粗糙，不过 Les Mouilles 和 Les Capitans 都是优质的地块。Chénas 一直活在 Moulin-à-Vent 的阴影之下并且与后者一样需要时间来绽放。来自更南边、地势较低且较为平坦的村庄的酒款往往缺少复杂度和陈年潜力，名气也不及最优秀的两大子产区。其中之一本身靠近风车并由 Le Clos、Le Carquelin、Champ de Cour 和 Les Thorins 这些地块所组成。另外一个地势稍高，包含了 La Rochelle、Rochegrès 和 Les Vérillats。

也许是因为名字的关系，Fleurie 村总是和女性化有着千丝万缕的联系；拥有沙质土壤的 Chappelle des Bois、La Madone 和 Les Quatre Vents 出品的酒就是很好的例子。不过来自黏土更为丰富的葡萄园（La Roilette 和 Les Moriers）或特别温暖的朝南葡萄园（如 Les Garrants 和 Poncié）的 Fleurie 酒在酒体和陈年潜力上可与 Moulin-à-Vent 一较高低。Chiroubles 是海拔最高的优质村庄，土壤为轻质的沙土。该区的酒在较为凉爽的年份会显得有些尖酸，不过在阳光充沛的年份则可展现出无尽的魅力。

Morgon 是第二大的优质村庄产区，与其最出名的火山丘 Côte du Py 密切相关，后者的酒出奇地强劲、热情和辛辣。Les Charmes、Les Grands Cras、Corcelette 和 Château Gaillard 葡萄园则出产更轻盈且圆润的酒款。Morgon 的南边则是广袤的 Brouilly 村，这里的酒风格差异巨大。只有来自 Brouilly 山脉火山斜坡、以更小的优质村庄名 Côte de Brouilly 命名的酒款才真正值得窖藏。更西边的 Régnié 更像 Brouilly 的酒或优质的博若莱村庄级酒。从价格上就能看出端倪。

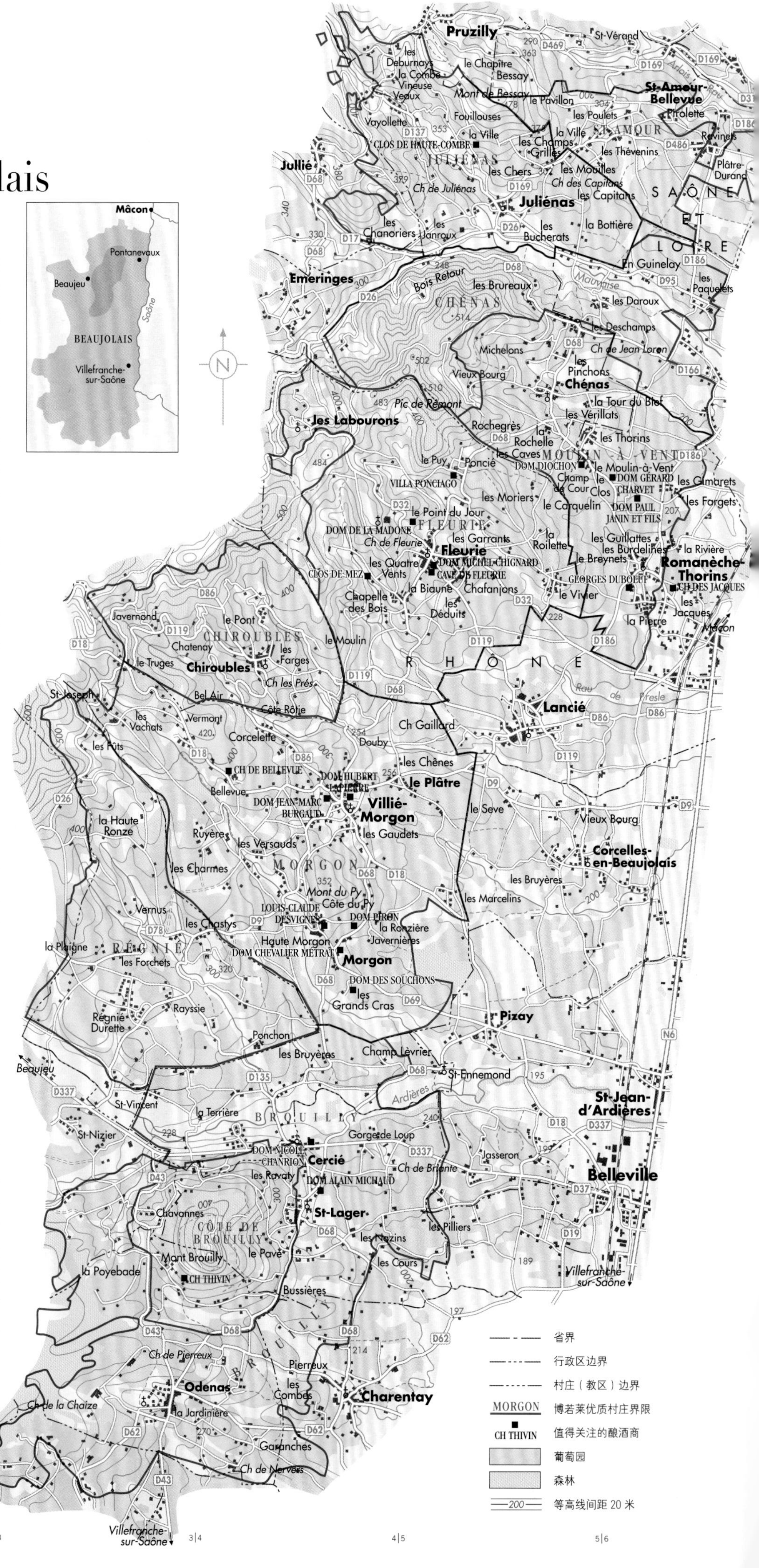

1:75,000

Km 0　　1　　2 Km

Miles 0　　1　　2 Miles

图例：
省界
行政区边界
村庄（教区）边界
MORGON　博若莱优质村庄界限
CH THIVIN　值得关注的酿酒商
葡萄园
森林
200　等高线间距 20 米

夏布利 Chablis

从名气的角度来说，夏布利是葡萄酒世界里最被低估的珍宝之一。这里曾经是一个葡萄园广布的地区，而夏布利几乎是唯一一幸存下来的产区。本区是巴黎的主要供应产区，西北方距市区仅有180公里。

它所属的约讷省在19世纪末期曾拥有40 000公顷的葡萄园，多数生产红酒，角色有如现今的Midi区。夏布利产区的水路汇集至塞纳河，河上曾经挤满了运送葡萄酒的平底船。

先是遭到葡萄根瘤蚜虫病的摧毁，后来约讷省兴建的高速公路又穿过葡萄园，使得夏布利成为法国境遇最悲惨的产区之一。20世纪下半叶一场大型的复兴改造运动，让夏布利有机会为自己的名望辩解。夏布利拥有自己独特的原创性，霞多丽葡萄在冷凉及石灰质黏土的风土条件之下，孕育出其他产区不易仿效的独特风味，这和勃艮第南边其他产区截然不同。夏布利白葡萄酒坚实而不粗糙，令人联想到石块、矿石，同时还有青干草；很多夏布利酒在年轻时看起来真的泛有绿光，事实上许多酒也是这样。

夏布利特级葡萄园以及最好的一级葡萄园酿造的酒喝起来有分量，强劲而不朽，这里的白葡萄酒可以久藏，陈年约10年后会显现金绿色的光芒，一种奇妙的酸味喝起来非常美味。不过夏布利的拥趸们十分清楚在这之前会先经历一段不太迷人、闻起来像湿羊毛的阶段，可能会让其他人放弃等待，着实可惜。

生蚝和夏布利

位于冷凉气候的葡萄园往往需要绝佳的条件才会成功。夏布利位于伯恩市北方160公里处，比勃艮第其他产区更接近香槟区。地质是它的秘密：石灰岩及泥灰岩层由远古时沉积的牡蛎贝壳层层堆叠而成，这片广大的沉积盆地称为Kimmeridge，另一头的边缘穿越英吉利海峡抵达多塞特郡。生蚝与夏布利白葡萄酒，似乎自万物创造之初就有所牵扯。耐寒的霞多丽葡萄（这里称为Beaunois，意指来自伯恩市的葡萄品种）是夏布利产区唯一栽种的酿酒葡萄品种，在向阳坡地可以达到良好的成熟度。

夏布利以及**小夏布利（Petit Chablis）**这片广阔的偏远地区并非约讷省仅有的法定产区。**伊朗希镇（Irancy）**以及Coulanges-la-Vineuse镇（勃艮第的Coulanges-la-Vineuse AOC）长久以来就种植着黑皮诺，生产清淡型的勃艮第红酒。种植在圣布里勒维讷（St-Bris-le-Vineux）村一带的长相思葡萄（出现在这里相当独特），拥有自己的法定产区 **St-Bris**；这里的霞多丽与黑皮诺都以 **Bourgogne Côte d'**

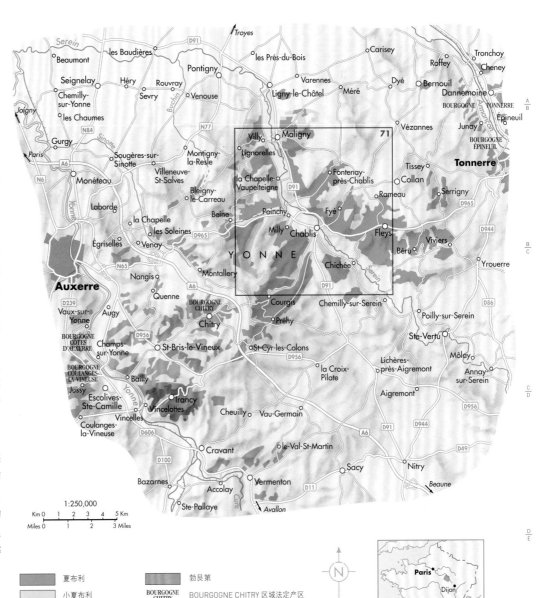

Auxerre 的名义销售，而Chitry村附近的酒则是标示 **Bourgogne Chitry**。Tonnerre村以西一带出产的红酒则被称为 **Bourgogne Epineuil**，而标注 **Bourgogne Tonnerre** 的则是白葡萄酒。问题是：有必要分出这么多产区吗？显然当地人并不介意。

约讷省

夏布利所属的省和新晋的次要法定产区如今都采用约讷河（River Yvonne，位于地图的西部区域）这个名字，不过勾勒出夏布利葡萄园的实际上是瑟兰（Serein）河谷以及其支流。夏布利的命运总是那么跌宕起伏。

图例：
- 夏布利
- 小夏布利
- Irancy
- 勃艮第
- BOURGOGNE CHITRY 区域法定产区
- St-Bris
- 71 放大版区域地区

只以简单的夏布利法定产区命名的酒来自地图上以深绿色标注的区域，不过在该地区之外、被认为条件出色到足以酿制一级和特级葡萄园夏布利的地区则在后页地图上有详细的标注。

冷空气会绕过大部分的特级葡萄园的葡萄藤，不过许多一级葡萄园的位置并没有那么理想。春季的霜冻会伤害早发芽品种（如霞多丽）的收成。左图中装在圆筒里的液态气体已经整装待发。

度与日照条件各不相同，比较占有优势的位置是在瑟兰河北岸，并向西北边或东边的特级葡萄园两侧延伸，前者如 La Fourchaume 一级葡萄园，后者如 Montée de Tonnerre 与 Montde Milieu 这两个一级葡萄园。夏布利一级葡萄园的酒精度通常比特级葡萄园低了最少半度，而且整体来说也少了些奔放，香气与香味的强度也较弱。即便如此，这些都还算是很有特色的葡萄酒，至少和金丘区的某些一级园白葡萄酒一样耐陈年。要说近年来最主要的一个缺点，可能就是因为过度生产而导致酒质变得稀薄清淡。归根到底，这酒实在是太好卖了。

保守派认为夏布利中心地带的 Kimmeridgian 泥灰土才是品质保证，而反对者则认为分布更宽广的 Portlandian 地层也要算在内。后来 INAO（法国法定产区标准局）采取了后者的意见，截至 2010 年已批准了超过 5 044 公顷的夏布利葡萄园扩增面积。在 1960 年时，一级葡萄园比一般夏布利等级的葡萄园更多。如今，虽然一级葡萄园已扩增了不少，但同时有超过 4 倍面积的葡萄园生产着品质平庸的普通夏布利。每年的产酒量都很不一样，而霜害仍然是夏布利葡萄园最大的威胁。

有些人认为本区的品质因为扩种而已经下降了。这也说明了这个离赤道很远的产区，品质年年参差不齐，而且不同酒庄的产品也非常不一致（尤其是在风格上）。如今大部分的酒庄都偏爱用不锈钢槽进行发酵，不经橡木桶培养，酿出的都是清新形态的葡萄酒。有些酒庄则证实橡木桶（特别是通过适当的使用）可以让等级高一点儿的酒款更有价值。

夏布利特级葡萄园酒一直以来都被全球顶级酒商们所忽视，其价格如今也只有科尔登—查理曼的一半。事实上，两者价格势均力敌才是公正的。

夏布利中心地带 The Heart of Chablis

分为 4 个等级的夏布利产区，比任何其他地方都更能清楚证明南向坡地对北半球葡萄产区的重要性：特级葡萄园的酒喝起来总是比一级葡萄园的浓郁，而一级葡萄园又优于普通的夏布利（Chablis）级，夏布利级又好过小夏布利（Petit Chablis）。

所有 7 个特级葡萄园相连成一整片，方位分别为南向与西向，面对着村庄与河流，总面积为 104 公顷，仅占整个夏布利葡萄园总面积的 2%。理论上来说，7 个不同的特级葡萄园各有其特色。不少人认为 Les Clos 及 Vaudésir 是其中最优的两个特级葡萄园，它们的风味确实最丰富，但更重要的是这些酒的共通点：强烈，风味如伯恩丘区顶尖白葡萄酒般变化丰富，但更加多酸（陈年将会呈现高贵的复杂度）。夏布利特级葡萄园的白葡萄酒需要陈年，理想状态是陈年 10 年，但也有不少放置 20 年、30 年，甚至 40 年后仍然雄伟华丽的例子。

Les Clos 是面积最大且知名度最高的特级葡萄园，占地 26 公顷；很多人都说它的香味、强度以及持久力也最好，好年份的酒款经过陈年后会发展出类似苏特恩酒般的香气。Les Preuses 园酿出的葡萄酒应该非常醇美、圆润，或许在个性上是最不坚硬的酒款，而 Blanchot 和 Grenouilles 这两个特级葡萄园酿造的白葡萄酒通常香气馥郁。有些酒评家认为 Valmur 园的白葡萄酒无可挑剔，浓郁而芳香；也有一些酒评家偏爱 Vaudésir 葡萄园酒的细致。

La Moutonne 是横跨 Vaudésir 园和 Les Preuses

园之间的一小块葡萄园区，虽然没被正式认可为特级葡萄园，不过品质绝对不逊色，在酒标上也能找到该葡萄园的名称。Bougros 园是最后新增的一个特级葡萄园，不过酒庄的标记比起同类山坡上精确划出的葡萄园更有特色。

夏布利一级葡萄园

夏布利区的一级葡萄园名字缩水至 40 个，其中有些知名度稍逊的葡萄园花了很长时间，才被准许以一级园名称销售。在右页地图上同时标出了旧名和现在常用的名称。这些一级葡萄园的倾斜

这里所列的酒标都集中在 2009 这个年份，不过夏布利这个勃艮第法定产区并非因为如此成熟的年份而受到褒奖。白葡萄酒中的天然高酸度是令酒能够长期窖藏的突出优势。顶级的夏布利特级葡萄园酒（如 Les Clos）可以陈年数十年。

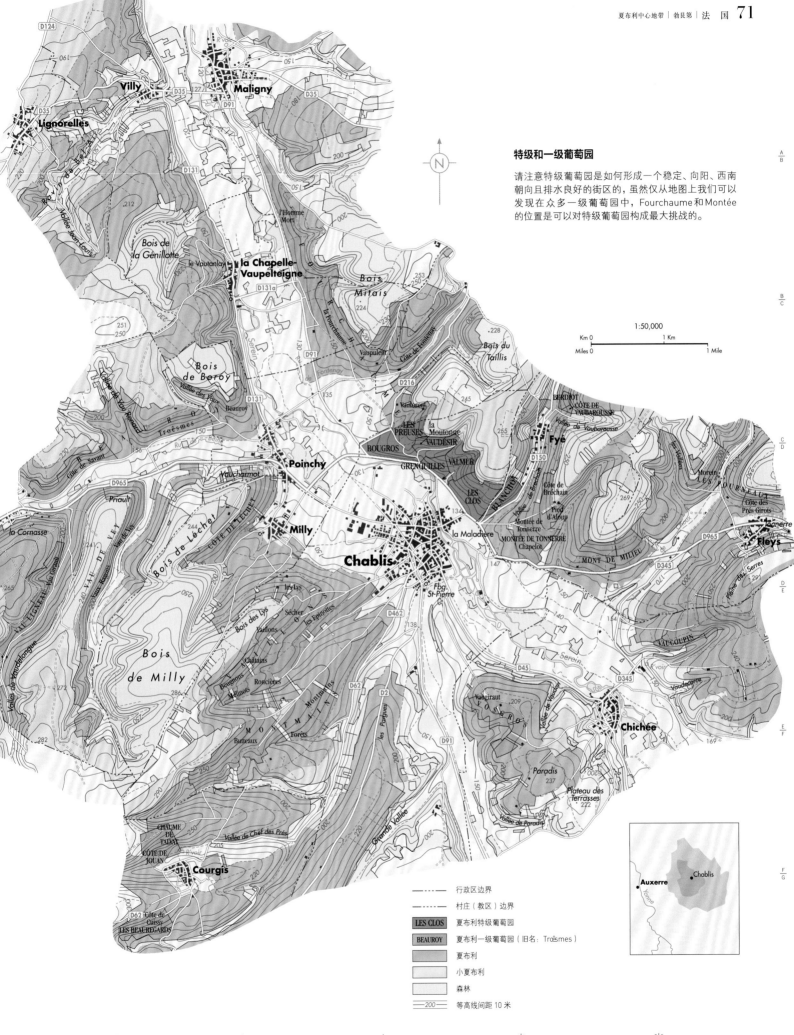

A/B

特级和一级葡萄园

请注意特级葡萄园是如何形成一个稳定、向阳、西南
朝向且排水良好的街区的，虽然仅从地图上我们可以
发现在众多一级葡萄园中，Fourchaume 和 Montée
的位置是可以对特级葡萄园构成最大挑战的。

B/C

1:50,000

Km 0   1 Km
Miles 0   1 Mile

C/D

D/E

E/F

F/G

——·——·——	行政区边界
——— ———	村庄（教区）边界
LES CLOS	夏布利特级葡萄园
BEAUROY	夏布利一级葡萄园（旧名：Trœsmes）
	夏布利
	小夏布利
	森林
——200——	等高线间距 10 米

1|2   2|3   3|4   4|5   5|6

香槟区 Champagne

想要获得香槟的身份，葡萄酒不仅仅必须有气泡，它还必须产自法国东北部的香槟产区。这是法国以及整个欧洲葡萄酒法规中一个基本信条，托福于那些坚决而持久的谈判。目前整个世界绝大部分国家也都遵守这条法规。

如果说所有香槟都比其他气泡酒更加出色，那可能是对香槟着迷过头了。但是最优秀的香槟，它那新鲜度、丰富感、精巧性和锋利感的结合，再加上那轻柔而垂涎欲滴的精妙之处，是世界上任何其他气泡酒都无可比拟的。

香槟的奥秘有一部分在于其纬度和精准方位的结合。右页关键数据栏中显示的纬度比本书中其他所有葡萄酒产区都要高（除了英格兰，而英格兰顶级气泡酒的质量确实也可以和香槟旗鼓相当）。即使全球变暖使平均酸度有所减低（这个变化并不受欢迎），但香槟离海不远的位置总是帮助

其葡萄成熟生长，即使在离赤道如此之远的地方。

土壤和气候尤其重要，香槟区位于巴黎东北部仅仅145公里的地方，以从白垩质土壤平原中升起的一小群山丘为中心，Marne河将其分为两个部分。下一页的地图显示了香槟的中心地带，但整个产区其实要辽阔得多。Marne省仍然出产整个香槟超过2/3的产量，但在南部的Aube省也有葡萄园（大约占据产区的22%），主要为健壮的、果味十足的、与众不同的黑皮诺，而Marne河岸边以Pinot Meunier为主的葡萄园也向西深入到Aisen省（大约9%）。

有计划的扩张

全世界对香槟的需求空前高涨，而香槟34 000公顷的葡萄园已经都种满，因此官方正在审核一个将40个新村庄包括到产区的提案，然而这些新地域至少要到2017年才能进行种植。在现有的种植面积中，只有10%属于大规模的出口酒商，而他们造就了香槟举世闻名的声誉。他们通常将来自产区各个地方的收成调配在一起来酿制自己的产品。剩下的葡萄园分布在超过19 000个酒农的手中，其中很多都是兼职。

越来越多的酒农（最新数据显示远远超过2 000家）开始酿制并且销售自己的葡萄酒，而不是将葡萄卖给大酒商，尽管他们也会时不时地卖一些。这些越来越受称赞的酒农香槟，现在几乎占据了全部销售量的1/4。市场上的全部香槟中，超

过10%的比例来自那些合作社，他们是在20世纪初香槟最困难的时期成立的。但是香槟市场依旧由著名的大牌所称雄，那些位于Reims和Epernay的大酒商，还有少许坐落在这两个香槟重镇以外的酒商，包括在Aÿ的Bollinger。

鉴于这里显而易见的成功，香槟配方被广泛复制——用黑皮诺、Pinot Meunier和霞多丽品种，加以称为"传统工序"的小心翼翼的流程（香槟人甚至反对"香槟工序"这个古老术语，即使它表现了全世界对香槟的崇拜之情）。

葡萄以每次4吨的批次被压汁，十分轻柔，以至于即使来自深色果皮的黑皮诺和Pinot Meunier，果汁的颜色也十分淡。并且每个批次中，只有严格遵守法规限量的一部分果汁才会被用于酿制香槟。越来越流行的粉红香槟中，大部分都是特意将一些红葡萄酒加入到白葡萄酒中而酿制而成的。

开始时果汁会劲头十足地发酵。在过去，发酵的速度慢慢降低，酒窖的门会开着，让秋日的寒气进来，从而将发酵停止。葡萄酒度过寒冷的冬季，但酒中仍旧潜伏着继续发酵的潜力。

然后它会被运输出去，17世纪的英格兰有无数消费者急切地等待着一桶桶十分娇贵却又相当尖锐的葡萄酒。英国人会在酒到港时将其装瓶，而酒瓶则比法国的任何酒瓶都要结实。葡萄酒在春天会再次发酵，木塞顺势弹出，从而让上流社会创造了气泡酒。无论是不是英国人最早这样做（Limoux的居民声称他们在16世纪就酿制了第一款干型气泡酒），巴黎最热门的当地葡萄酒变成了超级明星，其中提早装瓶则起了至关重要的作用。

葡萄酒在瓶中继续发酵时，发酵过程中产生的气体则被溶解在葡萄酒中。如果加一点儿糖和

酒标用语

Blanc de blancs（白中白） 只用霞多丽品种酿制的香槟。

Blanc de noirs（黑中白） 只用深色葡萄品种酿制的香槟。

Cuvée 调配，大部分香槟都是这样。

Non-vintage（nv，无年份） 使用超过一个年份葡萄酒酿制的香槟。

Réserve（珍藏） 广为使用但毫无意义的用语。

Vintage（年份） 来自一个年份的香槟。

甜度（残糖量，单位为每升含多少克）

Brut nature or zero dosage（天然极干型或者无补液） <3 g/l，并且没有加入任何糖分。

Extra brut（特级干型） 0~6 g/l

Brut dry（极干型） <12 g/l

Extra dry（特干型） 12~17 g/l

Sec dryish（干型） 17~32 g/l

Demi-sec（半干型，中等甜度） 32~50 g/l

Doux（甜型） >50 g/l

装瓶者编码

NM（négociant-manipulant） 酿造者的葡萄是买来的。

RM（récoltant-manipulant） 酒农自己酿造的酒。

CM（coopérative de manipulation） 酿酒合作社。

RC（récoltant-coopérateur） 酒农自行销售请合作社酿造的酒。

MA（marque d'acheteur） 买来的自有品牌。

香槟风格迥异，从一瓶Krug或者Bollinger挑战味觉的集中度，到Dom Pérignon无比诱人的奶油感，再到Pol Roger和Louis Roederer作为经典平衡感的典范。在酒农香槟中，Egly-Ouriet、Jacques Selosse和Larmandier-Bernier正在领导酿制更加"醇"，并且呈现年份特色的香槟风格的运动，即使Krug，目前也公开承认其旗舰产品Grande Cuvée没有达到应有的稳定性。

更多一点儿的酵母能够促进这个天然的效果，人们会发现一瓶原本不错但却十分淡薄的葡萄酒能够不可思议地变得更加美妙，在两年或者更长的时间内得到更多的力量和个性。最重要的是，源源不绝的气泡让它有了奇迹般的活力感。如今，糖和酵母会被加入到完全发酵好的干型葡萄酒中，这样二次发酵能够在瓶中进行。

各香槟品牌间最大的不同在于调配，即干型基酒的调配。将年轻葡萄酒调和的经验（有时也会加入一些老的储备葡萄酒使其更加复杂）和酒商在原材料上花的本钱，是一切的王道。正如下一页说明的那样，即使在香槟产区的中心地带，葡萄园的质量和风格都有着巨大的差异。

另一个影响香槟质量的重要因素是二次发酵产生的酒渣留在瓶中的陈酿时间。陈酿越久，质量越高，肯定要比无年份香槟最少15个月、年份香槟最少3年的法定规定最短时间要长，因为与这些沉淀物的接触是给予香槟其微妙香气的最关键因素。有名望的酒庄之声誉建于其无年份香槟，大部分都是调配而成，从而每年出产的酒款之间没有明显的差异。

香槟的工业化起源于19时间初期的Clicquot寡妇。她的成就在于创造了将葡萄酒中的酒渣除去，但不会失去气泡的方法，这个工序涉及转瓶（remuage），意思就是在逐渐倒立的酒瓶中，用手摇晃酒瓶使沉淀物晃到木塞上，如今这过程由电脑控制的大型机械托盘完成。转瓶后瓶颈处被冻住，当酒瓶打开时，一块murky的冰块会射出，在瓶中留下清澈无瑕的葡萄酒，最后将其用不同甜度的补液添满。然而，现今产区的流行趋势是补液甜度较低的葡萄酒，有时甚至不加任何糖分。

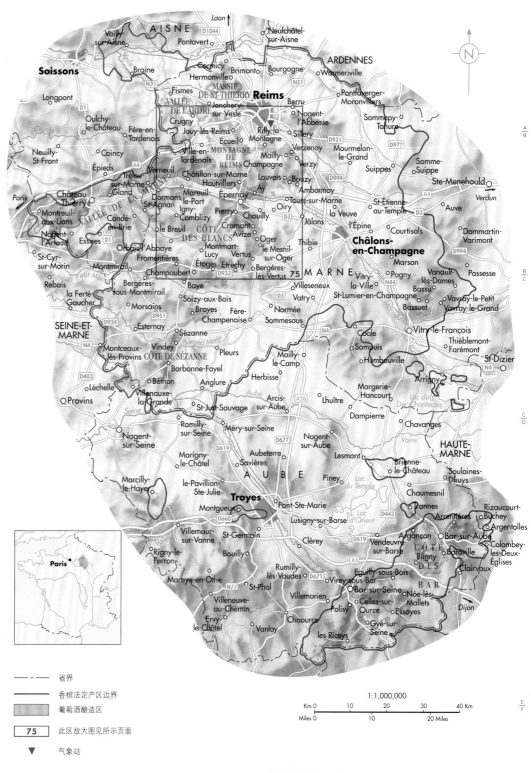

- - - - - 省界
———— 香槟法定产区边界
葡萄酒酿造区
75 此区放大图见所示页面
▼ 气象站

香槟产区

香槟产区的地域局限和已经种植的区域之间的差别清楚显示了拥有世界上最昂贵的葡萄园的珍贵权利在理论上的可能性。最多有40个村庄将最终可能会加入到队伍当中。

香槟制作过程中，很重要的一点就是果汁从葡萄中压榨出时的轻柔度，最好使用传统的木质篮式压汁器。果汁会从狭板之间流到下面的托盘上，颜色浅淡，即使来自深色果皮的品种也不会有颜色。

1:1,000,000
Km 0   10   20   30   40 Km
Miles 0   10   20 Miles

香槟：Reims   ▼
纬度 / 海拔
49.391° / 91 米
葡萄生长期间的平均气温
14.7℃
年平均降雨量
628 毫米
采收期降雨量
9 月：49 毫米
主要种植威胁
春霜、真菌类疾病
主要葡萄品种
黑皮诺、Pinot Meunier、霞多丽

可以很可靠地假设这些颜色鲜艳的春季农作物不是种在香槟产区，而是种植在 Bouzy 村斜坡上的 Montagne de Reims。

香槟区中心地带 The Heart of Champagne

香槟的杀手锏是其葡萄藤下面的土壤。 白垩土是一种较软的石头，很容易就能被挖成酒窖。它能够保持湿度，像一个精确调节好的葡萄藤加湿器，同时也将土壤变暖。并且它能够使出产的葡萄含有大量的氮，进而能够加强酵母的活力。如今有 3 个品种占据主导地位。劲道的黑皮诺是种植面积最广的，占所有葡萄园的 39%。Pinot Meunier，它有点儿像黑皮诺的乡下表弟，容易种植和成熟，果香明显，但有点儿缺乏精细感。香气新鲜、有潜质变得奶油感的霞多丽的种植面积也在增加，为总面积的 28%。

坡度和朝向的细微差别十分重要。Montagne de Reims 种植着黑皮诺，也包括较小范围的 Pinot Meunier，这里曾是法国国王加冕的地方，被称为城市的树林之山。在像 Verzenay 和 Verzy 这样朝北坡度上生长的皮诺，与在 Aÿ 那些更温暖、先天条件更佳的山坡南侧相比，明显酸度更高、酒体更轻，但同时能够给调配带来精致的、激光雕刻般的细腻感。来自 Montagne 的葡萄酒在调配中的贡献在于饱满而充沛的香气和其坚挺酸度带来的支柱感。

Bouzy 村那较低的坡度对顶级质量的香槟来说过于高产，因为显而易见的原因，它对以英语为母语的人来说十分出名，但同时也因为这里出产

小量的无泡红葡萄酒。红葡萄酒对将香槟染成粉红色来说，是不可或缺的（也神奇地提升了它的认知价值）。香槟地区相对尖酸的无泡葡萄酒以 Coteaux Champenois 的产区名出售，大部分是轻盈的红葡萄酒，偶尔也有白葡萄酒。

西边的 Vallée de la Marne 有一连串朝南的坡度，捕捉阳光，从而酿制出最饱满、圆润和成熟的葡萄酒，香气充沛。这里的葡萄园也是以黑色葡萄品种为主，并以朝向最佳的地块出品的黑皮诺而闻名，但其他区域为 Pinot Meunier 和越来越多的霞多丽。

Epernay 南边面朝东方的山坡就是 Côte des Blancs，霞多丽在这里生长，并在调配中赋予新鲜度和细腻感。Cramant、Avize 和 Le Mesnil 这 3 个村庄里有久受尊敬的酒庄。（Côte de Sézanne 实际上就是 Côte des Blancs 的延伸。）

香槟的分级体系

右图中这些村庄（和香槟产区所有的村庄）都在一个叫作"村庄梯式分级"（échelle des crus）的排名中分级，它给每一个村庄收成的葡萄制定一个百分比。直到 21 世纪前，一个覆盖整个产区葡萄收成的指示性价格会达成共识。在那些特级庄

（Grand Cru）中的酒农能够获得这个价钱的 100%；一级村庄（Premier Cru）根据其在排名中的位置，能够得到 90% 到 99% 之间；剩下的村庄以此类推，直到一些位于边缘地域的村庄获得最低的 80%。如今，葡萄的价钱在酒农和酒庄之间以个案形式单独决定，不过上述分级体系依旧有可能被应用。一些人希望看到这个分级能够重新修正，从而将不同葡萄园之间的潜力进行更精准的区分。

在由不同区域调配而成的香槟中，像 Dom Pérignon、Roederer 的 Cristal、Krug、Salon、Perrier-Jouët 的 Belle Epoque 和 Taittinger 的 Comtes de Champagne 这样超级奢华的"尊藏"品牌，其调配所有的葡萄酒的平均排名自然而然会是最高的。而另一方面，酒农香槟常常都是只用几个特级或者一级村的葡萄酒调配而成，或者甚至能够来自一个单一村庄或者一个单一葡萄园。Krug 和 Bollinger 长久以来都是将基酒在橡木桶中发酵的倡导者。越来越多的其他酒庄都开始加以效仿，包括许多更具雄心的香槟酒农。如此酿制的葡萄酒基本总是需要长久地在瓶中陈年。在所有葡萄酒中，顶级香槟是在出厂前陈年最久的，可以长达 10 年。将这样的香槟冰镇然后随意畅饮是种罪恶。而最便宜的香槟在任何阶段都不值得一提。

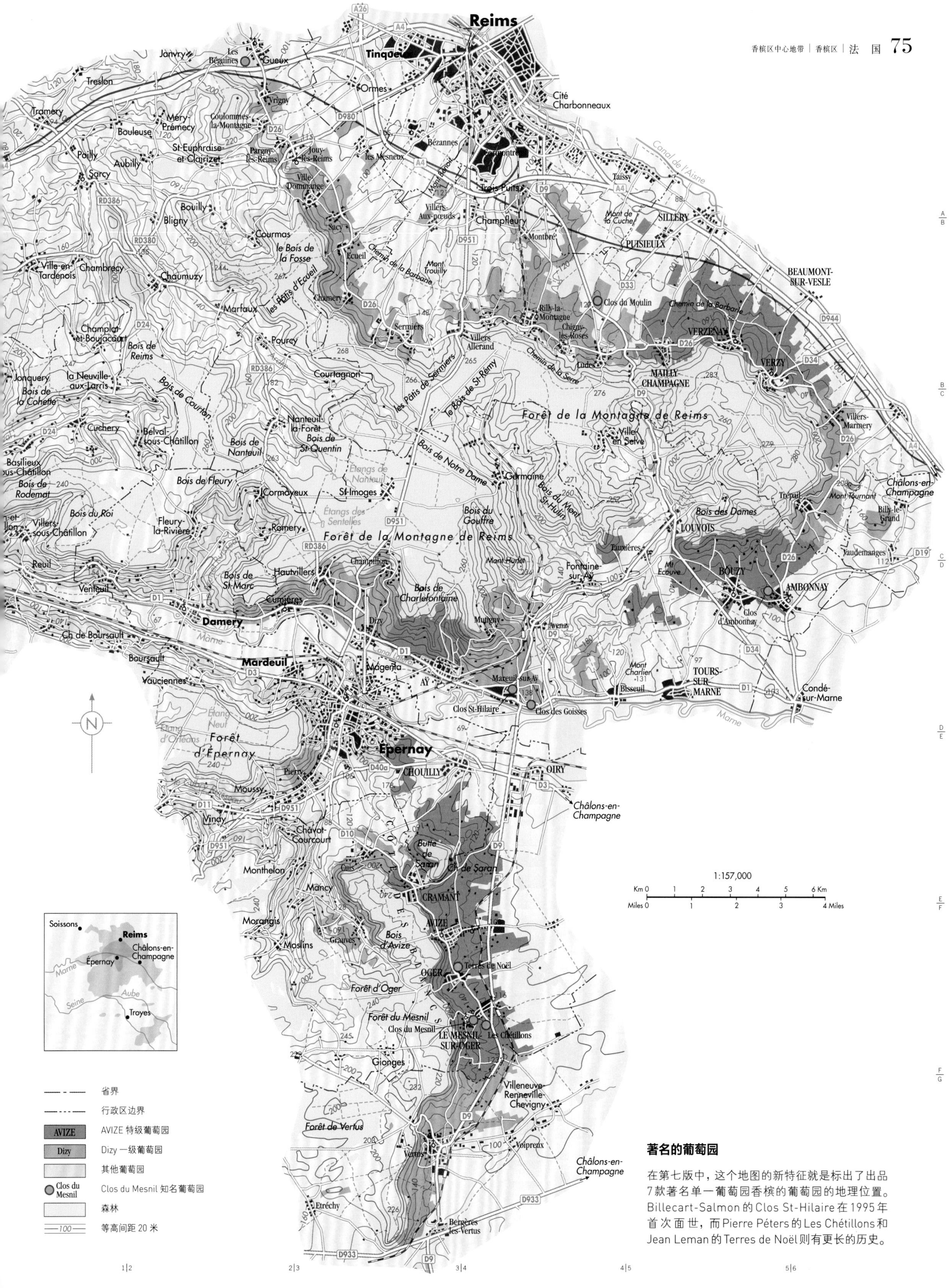
Reims
Tinqueux
Janvry
Les Béguines
Gueux
Treslon
Ormes
Cité Charbonneaux
Tramery
Méry-Prémecy
Coulommes-la-Montagne
Vrigny
Bouleuse
Bézannes
Cormontreuil
Poilly
St-Euphraise-et-Clairizet
Pargny-lès-Reims
Jouy-lès-Reims
les Mesneux
Aubilly
Sarcy
Ville-Dommange
Mont Bernon
Trois Puits
Taissy
Canal de l'Aisne
Bouilly
Bligny
Villers-aux-nœuds
Champfleury
Mont de la Cuche
SILLERY
Courmas
Sacy
Montbré
PUISIEULX
le Bois de la Fosse
Ecueil
Chemin de la Barbarie
Mont Trouilly
Ville-en-Tardenois
Chambrecy
Chaumuzy
les Pâtis d'Ecueil
BEAUMONT-SUR-VESLE
Marfaux
Chamery
Clos du Moulin
Rilly-la-Montagne
Chemin de la Barbarie
Champlat-et-Boujacourt
Bois de Reims
Pourcy
Sermiers
Villers-Allerand
Chigny-les-Roses
VERZENAY
Ludes
Chemin de la Serre
MAILLY-CHAMPAGNE
VERZY
Jonquery
La Neuville-aux-Larris
Bois de la Cohette
Courtagnon
les Pâtis de Sermiers
le Bois de St-Remy
Bois de Courton
Forêt de la Montagne de Reims
Villers-Marmery
Cuchery
Belval-sous-Châtillon
Nanteuil-la-Forêt
Bois de St-Quentin
Ville-en-Selve
Bois de Nanteuil
Bois de Notre Dame
Basilieux-sous-Châtillon
Bois de Rodemat
Bois de Fleury
Étangs de Nanteuil
Germaine
Bois du Mont St-Hulin
Châlons-en-Champagne
Mont Tournant
Trépail
Cormoyeux
St-Imoges
Bois du Roi
Étangs des Sentelles
Bois du Gouffre
Bois des Dames
Billy-le-Grand
Villers-sous-Châtillon
Fleury-la-Rivière
Romery
LOUVOIS
Forêt de la Montagne de Reims
Tauxières
Vaudemanges
Reuil
Champillon
Mont Hurlet
Fontaine-sur-Ay
Mt Écouve
BOUZY
AMBONNAY
Bois de St-Marc
Hautvillers
Venteuil
Bois de Charlefontaine
Cumières
Clos d'Ambonnay
Damery
Dizy
Mutigny
Avenay
Ch de Boursault
Marne
Mont Charlier
Boursault
Mardeuil
Magenta
AŸ
Mareuil-sur-Ay
TOURS-SUR-MARNE
Bisseuil
Condé-sur-Marne
Vauciennes
Clos St-Hilaire
Clos des Goisses
Étang Neuf
Étang d'Orléans
Forêt d'Épernay
Épernay
Pierry
CHOUILLY
OIRY
Moussy
Châlons-en-Champagne
Vinay
Chavot-Courcourt
Butte de Saran
Ch de Saran
Monthelon
Cuis
CÔTE DES BLANCS
Mancy
CRAMANT
1:157,000
Km 0 1 2 3 4 5 6 Km
Miles 0 1 2 3 4 Miles
Morangis
AVIZE
Grauves
Bois d'Avize
Moslins
OGER
Terres de Noël
Forêt d'Oger
Forêt du Mesnil
Clos du Mesnil
LE MESNIL-SUR-OGER
Les Chétillons
Gionges
Villeneuve-Renneville-Chevigny
Forêt de Vertus
Vertus
Voipreux
Châlons-en-Champagne
Étréchy
Bergères-lès-Vertus
Soissons
Reims
Châlons-en-Champagne
Épernay
Marne
Aube
Seine
Troyes
省界
行政区边界
AVIZE 特级葡萄园
Dizy 一级葡萄园
其他葡萄园
Clos du Mesnil 知名葡萄园
森林
等高间距 20 米

著名的葡萄园

在第七版中，这个地图的新特征就是标出了出品7款著名单一葡萄园香槟的葡萄园的地理位置。Billecart-Salmon的Clos St-Hilaire在1995年首次面世，而Pierre Péters的Les Chétillons和Jean Leman的Terres de Noël则有更长的历史。

波尔多 Bordeaux

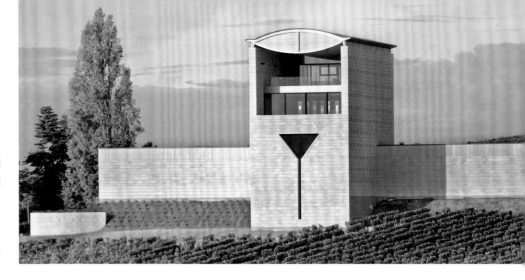

　　如果说勃艮第葡萄酒的魅力在于其无可遮掩的"感性"，那么波尔多的酒则更加"理性"且日益商业化。一方面是由于葡萄酒本身的特点：最好的波尔多酒拥有难以言喻的细腻层次以及复杂度；另一方面，来自众多产区和次产区、不胜枚举的酒庄（在波尔多被称为Châteaux）对饮酒人来说是不折不扣的智力挑战。遗憾的是，波尔多的精品酒难逃成为交易商品的命运。它永远都是地位的象征，突然间一个追求地位的崭新市场开始显现。结果怎样？——出自最闻名遐迩的酒庄之手、来自最得天独厚的地理位置（详见之后的地图）的优质酒出现了惊人的增长。在葡萄酒世界中，波尔多是无与伦比的，没有一个地区像它这样拥有得天独厚的地理位置和经济水平。

　　波尔多是全球最大的精品葡萄酒产区，可以说整个吉隆特省（Gironde，以该省第一大河命名）都投入了葡萄酒的生产，所生产的酒都可称作波尔多酒，全区年产量约为6亿升，在全法国仅次于庞大的朗格多克-鲁西荣（Languedoc-Roussillon）产区。波尔多红酒与白葡萄酒的产量比例为9:1。

　　位于波尔多市北边的梅多克（Médoc）是红酒的极佳产区，南边则有格拉夫（Graves）最好的精华产区佩萨克-雷奥良（Pessac-Léognan），就在加伦河（Garonne）的西岸。以上都被称为"左岸"葡萄酒。至于所谓的右岸则包括了圣艾米利永（St-Emilion）、波美侯（Pomerol）产区以及其位于多尔多涅河（Dordogne）北岸的近邻。介于这两条河流之间的产区则称为两海之间（Entre-Deux-Mers），两海之间的名称只会出现在该区酿制的干型白葡萄酒的酒标上，不过此产区也生产一般波尔多等级（AC Bordeaux）以及优级波尔多（Bordeaux Supérieur）等级的红酒，产量占据了整个波尔多同等级葡萄酒的3/4。在右页地图的南端则是波尔多甜白葡萄酒的酿制中心。

　　2008年，波尔多丘卡迪拉克产区（Cadillac Côtes de Bordeaux）取代了波尔多首丘区（Premières Côtes de Bordeaux）成为了加伦河右岸狭长带的红酒产区的代表。其他三个右岸法定产区的名字也有所更改（见92页）。地图上的某些边缘产区例如Ste-Foy-Bordeaux和Côtes de Bordeaux-St-Macaire并不多见，但一些位于右岸北方的产区倒是生产出了一些品质不差的酒款，比如布尔丘（Côtes de Bourg）和波尔多丘布拉伊产区（Blaye Côtes de Bordeaux）出产的一些不俗的白葡萄酒就开始变得流行起来。不过，如果产区名称只是简单地标识为布拉伊（Blaye），往往指的是一些特别具有野心的红酒。

　　波尔多酒的最大荣耀来自其最优质的红酒（全世界喜欢以赤霞珠及梅洛品种做混酿的酒庄都以波尔多红酒为仿效典范，产量极小、酒液呈金黄色且陈年潜力极佳的苏特恩（Sauternes）甜白酒和格拉夫地区一些风格独特的干型白葡萄酒。并

非所有的波尔多酒都值得炫耀，因为这个产区实在太大（110 200公顷）。自21世纪初的一些出色年份起，许多葡萄藤开始被拔除，但这远远不够。然而，最得天独厚的几个产区，不但可以生产出全世界最佳的葡萄酒，酒价同样让人不可小觑；其中原因我们会在后文进一步说明。不过，在一些名气较逊的产区里，却有太多酒农或因缺乏野心及动力，或单纯因当地风土条件较差，而无法酿出有趣的酒款。

　　波尔多气候的边缘性意味着有些年份的基本款波尔多等级的红酒，相较于在新世界稳定天气下所酿制的赤霞珠红酒，总显得微不足道。一般波尔多等级的红酒的年产量超过了整个南非或德国葡萄酒的产量，而且很少有让波尔多葡萄酒颜面有光的出色表现。多方讨论出来的解决之道包括拔除一些品质不好的产区的葡萄藤，以及由当局在2006年设立的另一个法定产区，命名为Vin de Pays de l'Atlantique（如今的IGP），这个法定产区的命名可适用红葡萄酒、白葡萄酒以及桃红酒。另一个办法则是将这些葡萄酒降级为只能在酒标上标注葡萄品种和（或）年份的Vin de France（之前的餐酒级别Vin de Table）级酒。毫不惊讶的是，酒农们还是希望自己的葡萄酒能被称为波尔多酒。

波尔多的法定产区

　　相较于勃艮第，波尔多的"法定产区分级制度"就简单多了，右页的地图已经涵盖了所有产区。剩下的，就是酒庄本身必须为自己的形象与品质负责了（所谓的Châteaux，有些是大型酒庄，有些就只有几间连接着酒窖的简单房舍而已）。此外，勃艮第的葡萄园品质分级制度在波尔多看不到，取而代之的则是各种地区性的酒庄品质分级，遗憾的是这些分级并没有统一的标准。

　　到目前为止，最著名的是梅多克地区的酒庄分级，加上格拉夫地区的侯伯王酒庄（Château Haut-Brion）和苏特恩地区，这套体系建立于1855年，以当时波尔多酒商所估计的价值为标准，一共分为1~5级，这是迄今为止最具野心的品质分级制度，是其他农产品项目前所未有的创举。

　　这套体系成功地确认了最具潜力的地块（下文会再详细说明），如果现行标准背离了此分级，通常会有所解释（例如1855年时业主勤奋努力，

Silvio Denz于2005年买下了Château Faugères并委托其伙伴——同为瑞士籍的建筑师Mario Botta打造了这个绝对称得上与众不同的酒庄。

而现在的业主却懒散到得过且过，诸如此类的原因）。更何况，许多葡萄园都向外扩增园区或换人经营了，与原先建立分级时的初貌已经大为不同。一家酒庄所拥有的葡萄园，很少是一整块地围绕着酒庄，通常是分散在几处，或是与其他邻近酒庄的葡萄园混杂在一处。这些酒庄每年平均可生产10~1 000个橡木桶的葡萄酒，每个木桶可以分装成约300瓶或约25箱的葡萄酒。最好的葡萄园，每公顷最多可生产5 000升的葡萄酒，而比较差的葡萄园产量则更多。

　　以超级奢华的一级酒庄来说，每年可轻易酿出15万瓶的正标酒或顶级酒（grand vin）；品质略次的葡萄酒，则调制为二标甚至三标酒。传统上，这些一级酒庄的正标酒，售价常常是二级酒庄酒的两倍。如2009年和2010年这样的出色年份，这个倍数则可高达3倍。然而，值得注意的是，有些五级酒庄的酒，若是品质够好，售价也可超越二级酒庄推出的酒款。之后几页地图中所采用的系统能轻易地将列级酒庄所在区域和他们周遭的葡萄园分辨出来。

　　20世纪末出现了一个值得关注的发展：波尔多（尤其是右岸）出现了平均产量极小的精品酒庄，均由"车库酿酒师"（garagistes）所酿造（如此称呼是因为他们每年只酿制几百桶的葡萄酒，在车库里即可酿成）。然而，除了少数的开宗祖师，如波美侯的里鹏庄（Château Le Pin）以及圣艾米利永的瓦兰德鲁庄（Château Valandraud）能够长久经营之外，这些"车库酒庄"很少能建立长期的声誉与稳定的市场需求，但这个事实似乎没有阻碍任何一颗想要尝试的心。

　　对波尔多地区来说，比较长期且广泛的影响主要是葡萄种植技术的长足改善，这现象起于20世纪90年代中期。如今，大部分的酒庄都能采收到完全成熟的葡萄，这不只是因为全球气候的变化，更多的是勤奋的酿酒人每年采用严格的剪枝、架棚以及更小心谨慎地使用化学药剂或化肥的成果。

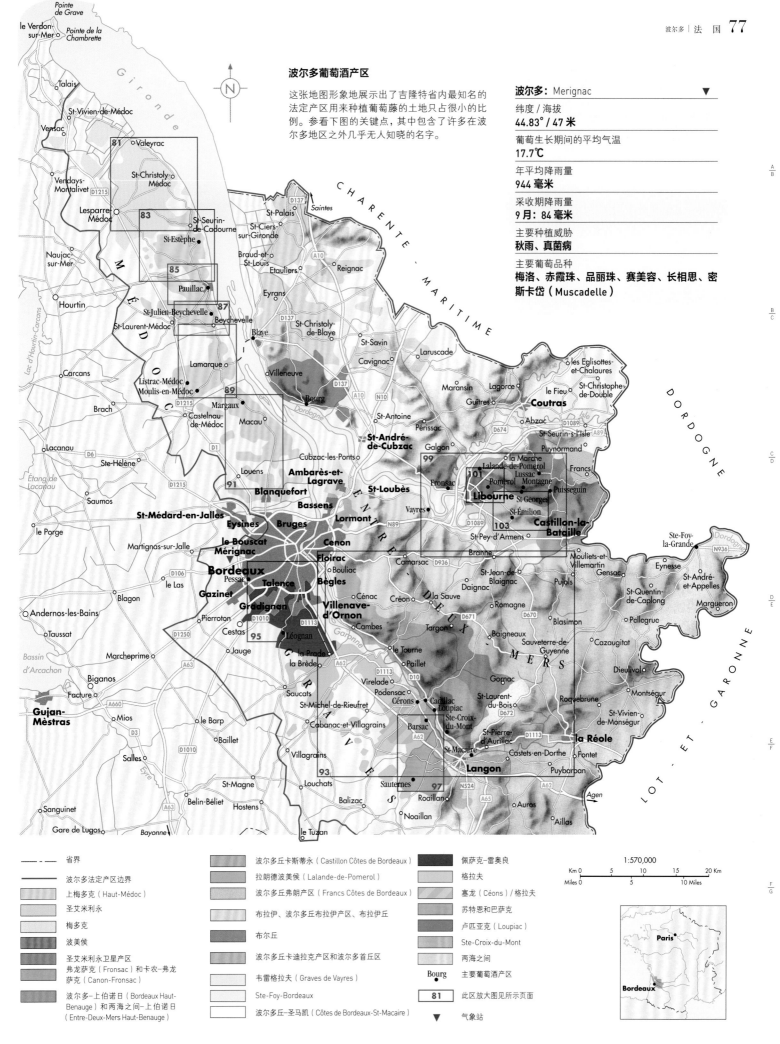

Pointe de Grave
le Verdon-sur-Mer
Pointe de la Chambrette
Talais

St-Vivien-de-Médoc
Vensac
Vendays-Montalivet
Lesparre-Médoc
Valeyrac **81**
St-Christoly-Médoc
83 St-Seurin-de-Cadourne
St-Estèphe
85
Pauillac
St-Julien-Beychevelle **87**
St-Laurent-Médoc Beychevelle
Naujac-sur-Mer
Hourtin
Carcans
Brach
Lamarque
Listrac-Médoc **89**
Moulis-en-Médoc
Margaux
Castelnau-de-Médoc
Macau
Louens **91**
Blanquefort
Bassens
St-Médard-en-Jalles
Eysines Bruges Lormont
le Bouscat
Mérignac
Bordeaux Cenon
Pessac Floirac
Talence Bègles
Gazinet Bouliac
Gradignan
Villenave-d'Ornon
95
Léognan
la Prade
la Brède
Cestas
Pierroton
Jauge

Gujan-Mèstras
Andernos-les-Bains
Taussat
Biganos
Facture
Mios
le Barp
Marcheprime
Cabanac-et-Villagrains
Villagrains
le Porge
Lacanau
Ste-Hélène
Salles
Baillet
Belin-Béliet
Hostens
Sanguinet
Gare de Lugos
Bayonne
le Tuzan
St-Magne
Louchats
Balizac
Noaillan

Pointe de la Chambrette

Gironde

CHARENTE-MARITIME
St-Palais Saintes
St-Ciers-sur-Gironde
Braud-et-St-Louis
Etauliers
Reignac
Eyrans
St-Christoly-de-Blaye
Blaye
St-Savin
Cavignac
Laruscade
Villeneuve
Bourg
St-Antoine
Maransin Lagorce
Guîtres
Périssac
Galgon
St-André-de-Cubzac
Cubzac-les-Ponts
Ambarès-et-Lagrave
St-Loubès
Vayres
Camarsac
Branne
Targon

Coutras
les Eglisottes-et-Chalaures
le Fieu
St-Christophe-de-Double
Abzac
St-Seurin-s-l'Isle
Puynormand
99
la Marche
Lalande-de-Pomerol
Fronsac **101** Lussac Montagne
Libourne Pomerol
St-Georges Puisseguin
St-Émilion
103
St-Pey-d'Armens
Castillon-la-Bataille
Mouliets-et-Villemartin
Pujols
Gensac
St-Quentin-de-Caplong
St-André-et-Appelles
Margueron
Ste-Foy-la-Grande
St-Jean-de-Blaignac
Daignac
Romagne
Sauveterre-de-Guyenne
Blasimon
Baigneaux
Gornac
Mauriac
Cazaugitat
Dieulivol
Montségur
St-Vivien-de-Monségur
la Réole
Roquebrune
Puybarban
Castets-en-Dorthe
Fontet

DORDOGNE

ENTRE-DEUX-MERS

Créon
Cénac
Camblanes
le Tourne
Paillet
Cambes
Virelade
Podensac
Cérons
Cadillac Loupiac
Ste-Croix-du-Mont
St-Laurent-du-Bois
St-Pierre-d'Aurillac
St-Macaire
Langon
Sauternes
Roaillan
97
Auros
Aillas
93
Saucats
St-Michel-de-Rieufret

GRAVES

Garonne

LOT-ET-GARONNE
Agen

波尔多葡萄酒产区

这张地图形象地展示出了吉隆特省内最知名的法定产区用来种植葡萄藤的土地只占很小的比例。参看下图的关键点,其中包含了许多在波尔多地区之外几乎无人知晓的名字。

波尔多: Merignac ▼

纬度 / 海拔
44.83° / 47 米

葡萄生长期间的平均气温
17.7℃

年平均降雨量
944 毫米

采收期降雨量
9 月: 84 毫米

主要种植威胁
秋雨、真菌病

主要葡萄品种
梅洛、赤霞珠、品丽珠、赛美容、长相思、密斯卡岱(Muscadelle)

图例

—·—·—	省界
——	波尔多法定产区边界
	上梅多克(Haut-Médoc)
	圣艾米利永
	梅多克
	波美侯
	圣艾米利永卫星产区
	弗龙萨克(Fronsac)和卡农-弗龙萨克(Canon-Fronsac)
	波尔多-上伯诺日(Bordeaux Haut-Benauge)和两海之间-上伯诺日(Entre-Deux-Mers Haut-Benauge)
	波尔多丘卡斯蒂永(Castillon Côtes de Bordeaux)
	拉朗德波美侯(Lalande-de-Pomerol)
	波尔多丘弗朗产区(Francs Côtes de Bordeaux)
	布拉伊、波尔多丘布拉伊产区、布拉伊丘
	布尔丘
	波尔多丘卡迪拉克产区和波尔多首丘区
	韦雷格拉夫(Graves de Vayres)
	Ste-Foy-Bordeaux
	波尔多丘-圣马凯(Côtes de Bordeaux-St-Macaire)
	佩萨克-雷奥良
	格拉夫
	塞龙(Céons)/格拉夫
	苏特恩和巴萨克
	卢匹亚克(Loupiac)
	Ste-Croix-du-Mont
	两海之间
Bourg	主要葡萄酒产区
81	此区放大图见所示页面
▼	气象站

1:570,000
Km 0   5   10   15   20 Km
Miles 0   5   10 Miles

Paris
Bordeaux

1|2   2|3   3|4   4|5   5|6

波尔多：品质的要素 Bordeaux: The Quality Factors

波尔多产区每年生产的葡萄酒数量及品质都不尽相同，然而身为全球最大的优质葡萄酒产区，显然有其地理位置上的过人之处，从右页的地图上可窥见大概。6月开花期的天气十分多变，这也解释了为何果实尺寸各异。不过夏秋两季（特别是秋季）通常气候温和稳定且阳光充沛。这里的平均气温高于勃艮第（通过比较77页和49页的气象测量数据），这也意味着波尔多很适合种植晚熟的葡萄品种（见77页）。

由于这些葡萄的开花期略有不同，因此若在6月的关键时刻碰到较差的天气（如2012年），这种混合种植好几个品种的方式就可给予酒庄庄主减少风险的保障，尤其是碰到9月天气过于阴寒，导致赤霞珠无法真正成熟时，这样的种植哲学更是重要。

右岸的传统一向是偏好比较早熟的梅洛品种，而左岸更为温暖的梅多克以及格拉夫产区则偏好赤霞珠——这也是为何两岸酿制出的葡萄酒在风格上有着极大差异的原因之一。

整个波尔多地区的土壤结构及土壤类型都有相当明显的差异，然而要指出是否有某种特定的土壤类型可以拥有一级酒庄的潜力却十分困难（见右页地图左边的详解）。即使以单一的梅多克产区来说，这或许是个最令人感兴趣的例子，因为其土质有"一步一脚印，步步都不同"的说法。只要看看89页的地图就可知道，在圣于连（St-Julien）和玛歌（Margaux）两地之间品质高超的酒庄接连不断，但在某个区域却出现了断层。77页的地图也说明了波美侯以及圣艾米利永产区的高地上，一定也存在着某种可以酿出好酒的特质。

大致来说，波尔多的土壤均是由来自第三纪与第四纪的沉积土发展而来的。第三纪带来黏土与石灰岩，而第四纪则是由沉积砂石与砾石堆成的和缓丘地，是由数十万年前自法国中央山脉以及比利牛斯山脉的冰河融化所形成的。与法国西南部其他地区的砾石埋在土里的情形不同，波尔多的砾石明显露出地表，尤以格拉夫地区（Graves有"墓碑"之意，因些得名）、顺着格拉夫地形而下的苏特恩地区以及梅多克最为显著。

波尔多大学的热拉尔·塞甘（Gérard Séguin）博士是从事"波尔多葡萄酒品质与土壤"研究的先驱之一，他发现梅多克的砾石地形因为能够细致地调节水分供给，使得该区葡萄树根深入土壤，因而造就了杰出的佳酿。他最重大的发现是，原来适度供应葡萄藤水分才是酿制好酒的主要原因，此原因更胜于土壤实际的组成形态。

科内利斯·范莱文（Cornelis van Leeuwen）博士继续此方面的研究，进一步发现葡萄树根深入土壤的深度与葡萄酒的品质并没有绝对的相互关系。老藤加上厚实的砾石层才是梅多克部分地区出产好酒的秘密，玛歌产区便是如此，在这里，一些葡萄树根可以扎入地下深达7米处。然而，在位于波美侯产区的名庄柏图斯酒庄（Château Pétrus），葡萄树根只深入黏土质的土壤不过1.5米，但酒质却独步全球。因此，酿制好酒的重点不在于葡萄树扎根的深度，而是水分的调节供给，最好是能比葡萄藤真正所需要的再少一点儿。

对于酒质与土壤关系的观察通则是，最好的葡萄园区往往能在年份较差时维持着一向的水准，这种情形在波尔多尤其明显。

酿酒成本

下列数据是最新（2011年）的酿酒成本的估算，以欧元为单位，估算对象有一般波尔多法定产区酒（A），运作良好典型梅多克酒庄酒（B）以及列级酒庄酒（C）。C比B使用更多的新橡木桶，A则不使用新橡木桶。A和B使用的是机器采摘（近年来近90%的波尔多酒均如此），而C的葡萄则由手工进行采摘且全年更多的葡萄园劳作也是通过手工完成。一级酒庄的营运成本或许更高，但回收也比所谓的"超级二级酒庄"（super second）更丰厚。

大部分的波尔多酒庄以向银行贷款的方式来维持运作，以高品质的列级酒庄来说，若以每公顷价值180万欧元及固定利率4.5%来估算，通常第15年就可还清债款（曾有这么一说：公正地来说，法国农业信贷银行拥有法国所有的葡萄园）。固定利率会让每年每公顷的成本再增加至少10万欧元，也就是说几乎每瓶葡萄酒要再增加20欧元，而这20欧元可列入列级酒庄酒（C）的最后成本。当然，下表所列的成本并不包括装瓶费、市场营销费以及运费等。看起来酿酒成本在高级酒庄的酒价对比之下显然低得不成比例，即使这只代表着少数现象。

	A	B	C
每公顷葡萄藤株量	3330	5000	10000
每公顷采摘成本	468	754	1529
每公顷的总种植成本	4401	6536	36000
每公顷产量（百升）	58	58	40
每百升的种植成本	76	116	950
橡木桶熟成	–	200	350
每百升总成本	76	313	1300
每瓶总成本	0.57	2.35	9.8

资料来源：Cornelis van Leeuwen 和 Christian Seely

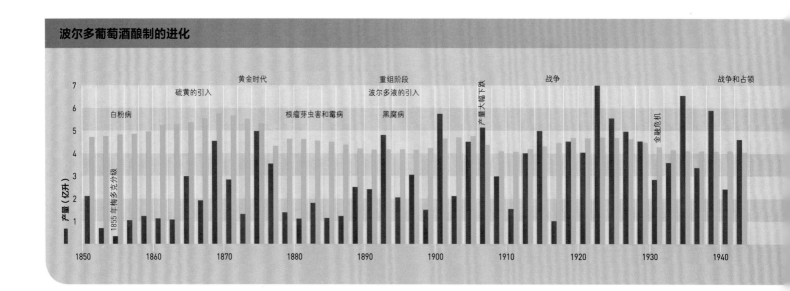

波尔多葡萄酒酿制的进化

构建葡萄酒品质的要素

下图所示为吉隆特河流域的简图，拉线指出影响波尔多葡萄酒品质及特色的一些因素。

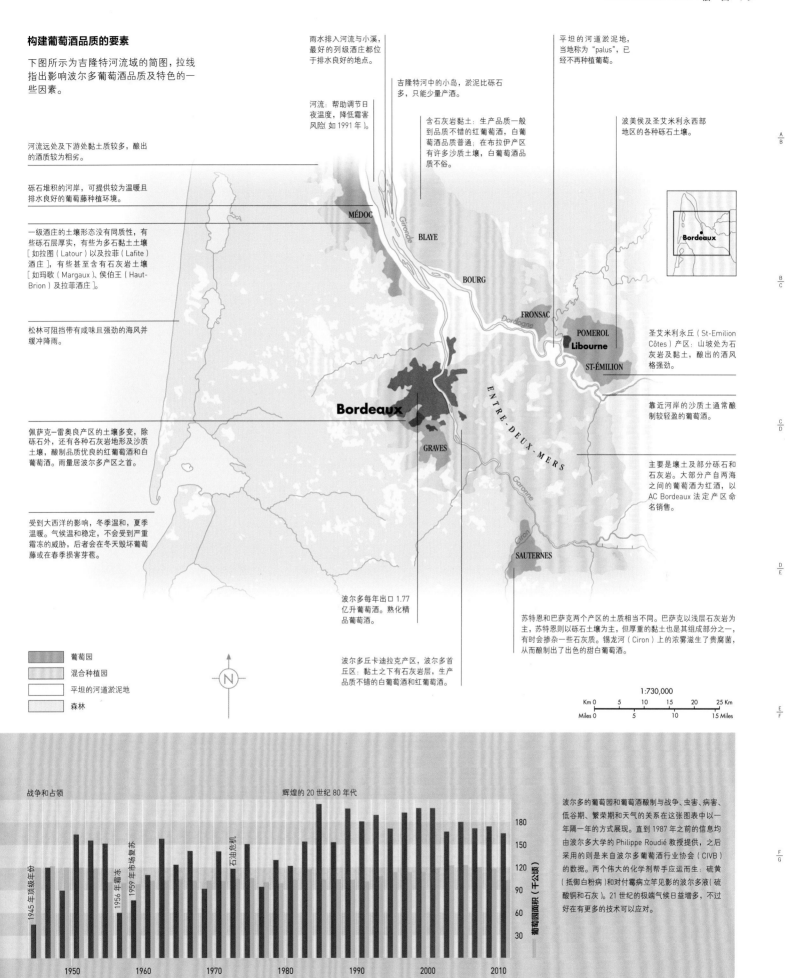

雨水排入河流与小溪，最好的列级酒庄都位于排水良好的地点。

吉隆特河中的小岛，淤泥比砾石多，只能少量产酒。

含石灰岩黏土：生产品质一般到品质不错的红葡萄酒，白葡萄酒品质普通；在布拉伊产区有许多沙质土壤，白葡萄酒品质不俗。

平坦的河道淤泥地，当地称为 "palus"，已经不再种植葡萄。

波美侯及圣艾米利永西部地区的各种砾石土壤。

河流：帮助调节日夜温度，降低霜害风险(如1991年)。

河流远处及下游处黏土质较多，酿出的酒质较为粗劣。

砾石堆积的河岸，可提供较为温暖且排水良好的葡萄藤种植环境。

一级酒庄的土壤形态没有同质性，有些为砾石层厚实，有些为多石黏土土壤［如拉图（Latour）以及拉菲（Lafite）酒庄］，有些甚至含有石灰岩土壤［如玛歌（Margaux）、侯伯王（Haut-Brion）及拉菲酒庄］。

松林可阻挡带有咸味且强劲的海风并缓冲降雨。

佩萨克－雷奥良产区的土壤多变，除砾石外，还有各种石灰岩地形及沙质土壤，酿制品质优良的红葡萄酒和白葡萄酒。雨量居波尔多产区之首。

受到大西洋的影响，冬季温和、夏季温暖。气候温和稳定，不会受到严重霜冻的威胁，后者会在冬天毁坏葡萄藤或在春季损害芽苞。

圣艾米利永丘（St-Emilion Côtes）产区：山坡处为石灰岩及黏土，酿出的酒风格强劲。

靠近河岸的沙质土通常酿制较轻盈的葡萄酒。

主要是壤土及部分砾石和石灰岩。大部分产自两海之间的葡萄酒为红酒，以 AC Bordeaux 法定产区命名销售。

波尔多每年出口 1.77 亿升葡萄酒。熟化精品葡萄酒。

波尔多丘卡迪拉克产区，波尔多首丘区：黏土之下有石灰岩层，生产品质不错的白葡萄酒和红葡萄酒。

苏特恩和巴萨克两个产区的土质相当不同。巴萨克以浅层石灰岩为主，苏特恩则以砾石土壤为主，但厚重的黏土也是其组成部分之一，有时会掺杂一些石灰岩。锡龙河（Ciron）上的浓雾滋生了贵腐菌，从而酿制出了出色的甜白葡萄酒。

图例
- 葡萄园
- 混合种植园
- 平坦的河道淤泥地
- 森林

1:730,000

战争和占领

辉煌的20世纪80年代

波尔多的葡萄园和葡萄酒酿制与战争、虫害、病害、低谷期、繁荣期和天气的关系在这张图表中以一年隔一年的方式展现。直到1987年之前的信息均由波尔多大学的 Philippe Roudié 教授提供，之后采用的则是来自波尔多葡萄酒行业协会（CIVB）的数据。两个伟大的化学剂帮手应运而生：硫黄（抵御白粉病）和对付霜病立竿见影的波尔多液（硫酸铜和石灰）。21世纪的极端气候日益增多，不过好在有更多的技术可以应对。

梅多克北部 Northern Médoc

梅多克地形平坦，隔着宽阔的棕色吉隆特河口与阿基坦（Aquitaine）分离开来，活似一条长舌。一般而言，"梅多克"一名代表着生产众多优质好酒之地且全球无出其右，例如玛歌、圣于连、波亚克（Pauillac）、圣埃斯泰夫（St-Estèphe）以及环绕周遭的小村子，在地理和酒款形态上都呈现出"梅多克"的特色。

然而，真正以"梅多克"为法定产区名的地区，范围比较小也没那么出色。因此，比较清楚的定义是，这个产区指的是以前惯称的"下梅多克区"（Bas-Médoc）；而"下"（Bas）之所以被省略，或许是因为听来刺耳？眼见为凭，"下梅多克区"就位于这舌形地区的"舌尖"部分，而这个区内的偏远之地，不论是地理位置或是美食的吸引力，都比南边的"上梅多克"（Haut-Médoc）地区差了一截。

在圣埃斯泰夫北部，原本排水良好的砾石小圆丘逐渐被更低平、土质更黏重、更冷凉且黏土含量更多的土壤所取代；"上梅多克"区的最后一个村落是St-Seurin，位于一个略高的圆丘之上，周围有许多沼泽。这个村子的北边和西边是开垦已久的沃土。早在6个世纪之前（当时此地为英国的殖民地），繁忙的市集小镇Lesparre就已是此地的首府。

直到最近，葡萄园逐渐取代原来的牧场、果园以及林地；在抢种葡萄藤的狂潮之后，我们可以见到几乎所有地势较高、黏土较少的砾石地区都有葡萄园分布，并以St-Yzans、St-Christoly、Couquèques、By和Valeyrac等村庄为中心，沿着吉隆特河口两岸蔓延开来，扩散至St-Germain-d'Esteuil、Ordonnac、Blaignan（Caussac）以及（最大的）Bégadan等村落。葡萄园的总面积约为5 500公顷。在这些村庄及其周遭还可见到许多在20世纪90年代末期，因为看好葡萄酒的销售潜力而大量投资所建立的酒庄；直到后来才发现，整个市场的兴趣总是集中在南边知名度更高的大酒庄上。

这里没有列级酒庄，这里的酒有着不俗的集中度，在一些成熟年份还会有一些物超所值的波尔多佳酿。其中许多酒庄被称为中级酒庄（Crus Bourgeois），这是一个在品鉴的基础上每年授予的头衔（参见专题）。波坦萨酒庄（Château Potensac）在2003年晋升为精选中级酒庄（Crus Bourgeois Exceptionnels），不过如今已不属于这个体系。这家酒庄与圣于连的雄狮酒庄（Château Léoville Las Cases）一样，都拥有一位追求完美的庄主，并与La Cardonne酒庄及运作良好的Tour Haut-Caussan酒庄同样位于一处狭长的台地上。以下是值得注意的在2003年暂时被官方列为特级中级酒庄（Crus Bourgeois Supérieurs）的名单：圣日耳曼（St-Germain）村的Chateaux Castéra、位于St-Yzans-de-Médoc村附近的Loudenne酒庄（可俯瞰吉隆特河）、酒款到处可见的Greysac酒庄、品质可靠但略为清淡的Patache d'Aux酒庄、风格大气的Rolland de By酒庄、迷人且品质稳定的La Tour de By酒庄、野心勃勃的Vieux Robin of Bégadan酒庄，还有位于Civrac-en-Médoc村的Bouranc酒庄及d'Escurac酒庄、Couquèques村的Les Ormes Sorbet酒庄以及St-Christoly-Médoc村的Les Grands Chênes酒庄。

除此之外，这里还有许多其他值得关注的酒款，例如Châteaux Preuillac、Haut-Condissas、Laulan Ducos（第一批为中国人所有的梅多克酒厂之一）以及Goulée。Goulée是由圣埃斯泰夫地区的名庄Château Cos d'Estournel的同一酿酒团队所酿制，风格现代。

要理清"上梅多克区"及"下梅多克区"之间的差别，最好的方式是将右页地图的"下梅多克区"某家中级酒庄，与后面几页的"上梅多克区"同等级酒庄做比较。当酒质尚年轻时，两者之间的差别并不明显，都相当有活力（比如种植在下梅多克区沃土上的葡萄藤）、单宁突出、干型，总之，

即使是像波坦萨酒庄这种微不足道的酒厂，每年也能从全新的橡木桶中获益。波尔多作为一个产区算得上是对全世界桶匠最忠诚的客户，而全新法国橡木桶和年轻的卡本内（Cabernet）及梅洛酒的结合可谓精妙至极。

就是非常之"波尔多"。陈年5年后，"上梅多克区"的酒款开始显现出明显的特色，风味清透诱人，还有成熟发展的空间。至于"下梅多克区"的酒则会开始柔化，但依旧结实粗犷、酒色深沉，饮来令人满足但不如前者令人惊喜。若等至10年，风格会更软熟，但结构渐失；而"上梅多克区"的酒款在陈年10年后，酒质会转趋细腻。

一些在默默无闻且产量过剩的梅多克最北方地区脱颖而出的酒庄——离魅力十足、颇具商业价值的波尔多排名还相去甚远，在这个系统中所有有价值的交易都已完成。

中级酒庄

2003年，梅多克地区的中级酒庄进行了官方的重新分级，参与评选的490家酒庄中有247家获得了等级。依照等级由高至低，共评选出9家精选中级酒庄（Crus Bourgeois Exceptionnels）、13家特级中级酒庄（Crus Bourgeois Supérieurs）和151家中级酒庄（Crus Bourgeois）。不过，那些被排除在外的酒庄对此决议提出了反对（因为这意味着它们要再等10年）。经过在法国法院漫长的争论，该分级最终被废除。取而代之实行的是每年一次的证书和称号，由独立机构Bureau Véritas管理。任何一家梅多克法定产区的酿酒商都可以提出申请，而其酿制的葡萄酒则在采收后大约两年以盲品的形式进行评估。某一年的称号申请失败并不会影响之后年份的申请。第一个采用该体系的年份是2008年（评选在2010年进行），243家酒庄被授予中级酒庄的称号。不过对一些声名在外的酒庄而言，这个新的体系（不再细分等级）已毫无吸引力，因此他们选择退出评选。其中就包括了在2003年暂时被评为精选中级酒庄的9家酒庄。

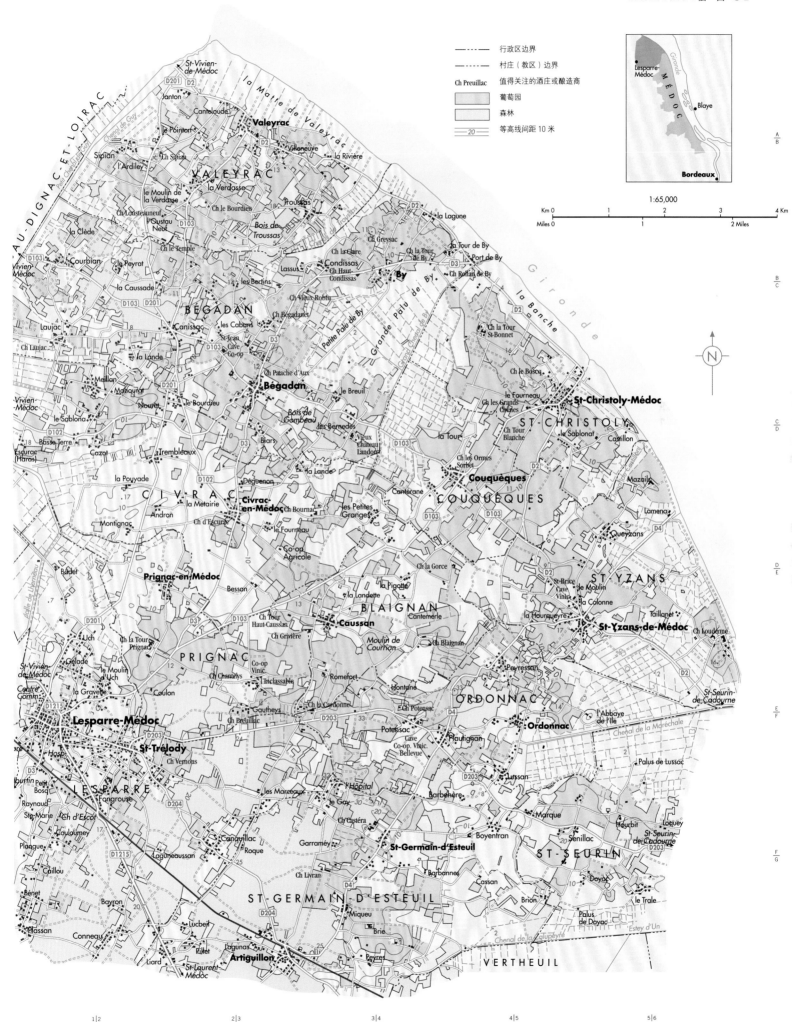

1:65,000

Km 0   1   2   3   4 Km

Miles 0   1   2 Miles

Lesparre-Médoc

Blaye

MÉDOC

Gironde

Bordeaux

圣埃斯泰夫 St-Estèphe

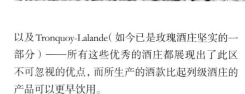

"上梅多克区"葡萄酒的风格与品质来自吉隆特河沿岸的砾石滩，其左边有森林屏障西边的海风，不过往上走到圣埃斯泰夫产区，这种砾石地形便逐渐减少。圣埃斯泰夫村是梅多克心脏地带4个著名产酒村庄的最靠北的一个，隔着一条小溪与南边的波亚克镇对望；一边是拉菲酒庄的葡萄园，另一边是圣埃斯泰夫5个列级酒庄里的3家：爱诗图酒庄（Châteaux Cos d'Estournel）、Cos Labory以及Lafon-Rochet酒庄。

在土质方面，圣埃斯泰夫和南边的波亚克产区明显不同：随着吉隆特河而被冲刷至此的砾石数量减少，黏土成分反而更高；在更高处的玛歌区，黏土比较少见。圣埃斯泰夫的土质比较厚重，因此排水较差，这也是圣埃斯泰夫所种植的葡萄藤可以比较耐旱耐热的原因，例如在1990年和2003年，这里的葡萄藤就比种植在南边排水佳的砾石土壤上的葡萄藤更占优势。即使在气候不那么极端的年份里，圣埃斯泰夫葡萄酒的酸度都较为明显，酒体圆滑而坚实，香气较不张扬，但是却能在口腔里强烈绽放。它们是形态坚实的波尔多酒，样态庄严却不失活力。不过，近年来的趋势就是酿制圆厚而丰满的波尔多红酒，因此使得圣埃斯泰夫与波尔多其他产区的酒款差异变得越来越不明显。

强劲、深沉、耐存

爱诗图是列级酒庄里最令人惊艳的一家酒庄，在波亚克边界便可望见其建于陡坡上的宏伟建筑，向下俯瞰着拉菲酒庄的青葱草皮。酒庄的外观类似中式宝塔，这栋造型奇特的建筑包含了最先进高端的酒厂和一个品酒大厅，后者会令人联想起亚洲酒店的大堂。爱诗图与邻近河边的玫瑰酒庄（Château Montrose）酿出了圣埃斯泰夫骨架最宏大且最优质的酒款形态，通常颜色深且可久藏。Cos d'Estournel通常简称为Cos（S要发音），酒质特别强劲又可口多汁，部分原因可能是梅洛葡萄的成分较高，另一个原因则是庄主提升品质的主导决心。位于砾石圆丘上的玫瑰酒庄俯瞰着吉隆特河，与南边波亚克的拉图酒庄有些相似之处，两者的酒质皆单宁厚重，味道浓郁。经典年份的玫瑰庄葡萄酒需要约20年的熟成期，不过2006年酒庄易主后进行了新的管理模式并扩张了葡萄园，令该酒庄开始变得举足轻重。

另外还有两家邻近爱诗图的列级酒庄：Château Cos Labory酒庄以迷人的果香著称，酒款年轻时即是如此；另一家Lafon-Rochet酒庄，在20世纪60年代由干邑商人Guy Tesseron购下整修，这是20世纪首家如此大肆整修的酒庄，目前酒质相当稳定可靠。凯隆世家（Calon-Ségur）酒庄则位于圣埃斯泰夫村的北边，是梅多克地区最北的一家列级酒庄，与其他的圣埃斯泰夫酒一样酒质坚实，但在新千年内拥有了纯净、稳定和精细等特征。

约在250年前，据传同时拥有拉菲与拉图两大名庄的Ségur侯爵，曾经说过他把心留在了Calon。如今，我们依旧能在酒标上看到这份"真心"（见下图的酒标）。酒庄于2012年被一家法国保险公司所收购。

此外，圣埃斯泰夫尤以多家中级酒庄而闻名（见80页的专题），在2003年的重新评鉴暂时被列为精选中级酒庄（Crus Bourgeois Exceptionnels）、特级中级酒庄（Crus Bourgeois Supérieurs）以及一般中级酒庄（straight Crus Bourgeois）3个等级。当时入选"精选中级酒庄"的9家酒庄中，有4家就位于圣埃斯泰夫村的西南边台地上，其中Châteaux Phélan Ségur以及Châteaux de Pez两家酒庄的酒质非常细腻。Châteaux de Pez如今由拥有波亚克碧尚女爵（Pichon-Lalande）产业的香槟厂商所有，该酒庄值得一提的历史记录为：它曾是拥有侯伯王酒庄的Pontacs家族的产业，17世纪时，就以Pontac之名在伦敦销售，时间比所有梅多克区的列级酒庄都早。除了Château Les Ormes de Pez，圣埃斯泰夫还有一家同名的小酒店。该庄因为拥有与波亚克村百麟翅酒庄（Château Lynch-Bages）同样的酿酒团队而受惠，至于其东南边的Haut-Marbuzet酒庄（介于玫瑰以及爱诗图两家酒庄之间）则以生产诱人且烟熏味重的酒款而出名。

在此区10多家被列为"特级中级酒庄"的酒庄里（数量居其他村庄之首），Château Meyney因为宗教上的渊源而在梅多克区显得相当特殊，该庄靠河又邻近玫瑰酒庄，想要寻找细腻且有陈年潜力的优质酒的酒客们可以多加留意。事实上，该庄酒质坚实且通常物超所值，情形相同的酒庄，还包括Châteaux Beau-Site、Le Boscq、Chambert-Marbuzet（与Haut-Marbuzet同一个庄主）、Clauzet、Le Crock以及La Haye。另外，还有一些后起之秀，包括Lilian Ladouys、Petit Bocq、Tour de Marbuzet、Tour de Pez

以及Tronquoy-Lalande（如今已是玫瑰酒庄坚实的一部分）——所有这些优秀的酒庄都展现出了此区不可忽视的优点，而所生产的酒款比起列级酒庄的产品可以更早饮用。

在圣埃斯泰夫的北边，砾石河岸逐渐减少，只剩下一岬角凸出于平坦的淤泥地上，这里生产不出高品质的葡萄酒。

在岬角之上，有一个小村落St-Seurin-de-Cadourne，有些不错的酒庄值得多加注意，像是酒质柔和、以梅洛为主的Château Coufran，单宁较强的Château Verdignan，有时极为精彩的Château Bel Orme Tronquoy de Lalande，以及最不可错过的位于临河小丘上的Château Sociando-Mallet，其酒质精湛，在盲品里，甚至可撼动一级酒庄的地位，原因在于其庄主以超越中级酒庄的标准来运营酒庄。

在St-Seurin村以北即是"上梅多克区"的尽头，这里所酿的葡萄酒都被称为梅多克法定产区葡萄酒，酒质柔和简单（见80页）。

圣埃斯泰夫以西，离河较远处的树林边缘还有Cissac以及Vertheuil两个村落，所在位置的砾石很少，土层较深厚。Château Cissac是此地优质的列级酒庄，充满活力的酒质，长久以来都被认为与波亚克有神似之处，不过就像目前许多波尔多酒的处境一样，自20世纪90年代初期，酒质都逐渐酿成较为柔软的风格，尤其是这里更为明显。

在21世纪早期，三大顶级圣埃斯泰夫酒庄（玫瑰酒庄、凯隆世家和爱诗图）都经过易主以及风格的改变，而Jean Gautreau引以为豪的圣埃斯泰夫酒庄——Château Sociando-Mallet的变化则甚少。

排水性佳的砾石土壤对葡萄酒的品质有极大的帮助，特别是在较为潮湿的年份以及例如圣埃斯泰夫这样需要许多排水渠道的村庄（见地图）。

上梅多克北部

将紫色地块的玫瑰酒庄与南边沟渠遍布的树林进行比较，就可发现玫瑰庄酒的品质得益于其砾石土壤以及高出吉隆特河几英尺的关键地理位置。

图例：

- 行政区边界
- 村庄（教区）边界
- CH COS LABORY 列级酒庄
- Ch Sociando-Mallet 值得关注的酒庄或酿造商
- 一级葡萄园
- 列级葡萄园
- 其他葡萄园
- 森林
- —20— 等高线间距 10 米

波亚克 Pauillac

若要从波尔多找出名列第一的优质产酒村庄，当之无愧的一定是波亚克。在1855年制定的梅多克以及格拉夫分级制度里，5家一级酒庄里头就有3家位于此地，分别是拉菲酒庄、拉图酒庄以及木桐酒庄（Mouton Rothschild），这成为此区的最大宣传资本。许多波尔多葡萄酒的酒迷都会告诉你，波亚克的酒拥有他们所要追寻的风味要素：结合了新鲜柔和的果香、橡木桶的香气以及甘雅的口味，酒体厚实却又轻巧雅致，另有雪茄盒的韵味，口感甜熟却又活力十足。最重要的是，它们充满活力却又具有惊人的陈年潜力。即便是普通的列级酒庄酒，都可以满足爱好者们的期待。

梅多克经典的砾石圆丘，在波亚克达到顶峰，成了货真价实的小山丘，最高处在木桐以及庞特─卡奈（Pontet-Canet）两家酒庄的葡萄园里，海拔可达30米。对这处平坦的沿海地带来说，这算是一个奇观，因为少许的坡度起伏都可成为眺远的观景处。

波亚克镇是梅多克地区规模最大的一个村镇，幸好附近历史悠久的石油精炼厂早已歇业，如今仅作为仓库使用（不过面积相当可观）。原有的旧码头现在成了可以停泊小船的小码头，同时镇上也出现了好几家新营业的餐厅。拥有百麟翅酒庄的卡兹（Cazes）家族，在此经营了一家米其林星级餐厅Château Cordeillan-Bages，为死气沉沉的Bages村增添了一分活力，这家餐厅还附设有全天候经营的小酒馆及一家光鲜的面包坊。这是目前为止的波亚克，绝对称不上热闹，除了9月的某个周末上千名的跑步爱好者们会来这里参加梅多克的马拉松比赛。

整体来说，波亚克各酒庄的葡萄园比梅多克其他产区更为集中。就拿玛歌村来比较，酒庄都集中在村子里，但村外的葡萄园却是各家混杂一处，一家酒庄常常是这里拥有几行葡萄藤，在不同的园区又拥有几排葡萄藤；但在波亚克，整个坡段、砾石圆丘或是台地的葡萄园都属于同一家酒庄，因此我们可以期待因为风土条件所形成的不同酒款风格，而且少有失望的时候。

波亚克三家最伟大的酒庄，酒款风格截然不同。拉菲以及拉图分别位于教区的对立两端，前者非常靠近圣埃斯泰夫，后者则邻近圣于连。更奇怪的是，这两家酒庄各自的风格又正好与其所处的地理位置相反，拉菲酒庄拥有更多圣于连葡萄酒的滑顺与细腻，而拉图酒庄则相当程度地体现了圣埃斯泰夫的坚实酒体。

一般年份里，拉菲酒庄所拥有的100公顷葡萄园约可酿出700桶的正标酒，这是梅多克规模最大的葡萄园之一；其酒香味馥郁，单宁光洁细腻，纯然的优雅；酿制葡萄酒的地下酒窖（chai）造型独特，犹如一座圆形剧场。拉菲的二标酒Carruades，产量就更大了。

建筑结构更为稳固踏实的拉图酒庄，看起来似乎是扬弃了优雅，以其近河的地理位置在砾石圆丘上尽展霸气，酒质强劲而深邃，没有几十年的沉淀无法完全展现出其复杂度。该酒庄最大的优点还在于，即使是在恶劣的年份，生产的葡萄酒也还是能展现最佳的稳定品质。二标酒是拉图堡垒（Les Forts de Latour），以产自不同地块的葡萄酿成，园区位于酒庄的西北面以及西面，虽然是二标，但是其地位被认为有二级酒的价值，甚至连酒价也属于这个等级。此外，这家酒庄甚至还酿制三标酒，依旧风味十足，以简单的Pauillac名称销售。

木桐酒庄是波亚克好酒的第三种典型：强劲、酒色深沉，充满成熟的黑醋栗浆果的芳香，有人称之为异国风情。到波亚克一游的爱酒人，少有人会错过庄内的小型葡萄酒艺术博物馆——老酒杯、油画以及挂毯；崭新的酿酒窖则是全梅多克最佳的展示橱窗。二标酒小木桐（Le Petit Mouton）于1997年首次发售。Mouton-Cadet则是一个更泛的波尔多品牌。

嗅闻着赤霞珠单一品种葡萄酒的馥郁香气，感受其强劲的酒力，很难想象直到150年前，这些葡萄园才刚被认定是梅多克的精华。当时，这些一级酒庄的葡萄园里还种有其他的辅助品种，最主要的是马尔白克（Malbec）葡萄。最好的赤霞珠需要很长的熟成时间，依据品质和年份不同，所需要的熟成时间可从10年到20年不等。这些酒很少能在达成完美熟成的境界之时才被饮用，大部分的富豪都没有太多耐性，因此多数好酒都过早被开瓶喝掉了。

二级酒庄的竞争对手

往南顺着D2道路走，两家竞争的二级酒庄就在路旁，这两家酒庄都曾经是碧尚（Pichon）家族的产业。多年来，碧尚女爵酒庄（就是指Château Pichon Longueville Comtesse de Lalande）的知名度一向较高，不过近年来碧尚男爵酒庄（Château Pichon-Longueville）（曾被称为Pichon-Baron）也已经确立形态，走出自己的风格且逐渐赶上前者。这其中的关键在于庞大的投资（见图）。香槟厂Louis Roederer也不甘示弱，在2007年买下了对面的碧尚女爵酒庄之后，大手笔重组了葡萄园，建立了新酒窖并修建了酒庄。

此外，虽然百麟翅酒庄只是一个五级酒庄，却因其丰盛的酒体与辛香料的风情，长久以来受到众多青睐，特别是在英国，可以算是亲民版的木桐酒庄；风头正劲、位于村庄北部的生物动力耕种法领导者庞特─卡奈酒庄是面积最大的列级酒庄。其地理位置优越，就在木桐酒庄旁边，然而，其酒庄形态却与木桐非常不同：庞特─卡奈单宁较强，形态较收敛保守，木桐则较为开放与丰盛。由于庞特─卡奈近几个年份都非常精彩，因此被称为"超二级庄"。

杜哈米隆酒庄（Château Duhart-Milon）是名家拉菲罗斯柴尔德家族（Rothschilds of Lafite）的产业，而Châteaux d'Armailhac和Clerc Milon两家则属于木桐罗斯柴尔德家族。这三家酒庄都因为拥有者的雄厚财力和管理团队的专业素养而受惠，Clerc Milon新酒窖的建立就是最好的佐证。Châteaux Batailley以及通常酒质更为细腻的Haut-Batailley酒庄位于离河较远的森林边缘，都酿制着典型的波亚克酒。如同Haut-Batailley，重新整修完成且品质可靠的Grand-Puy-Lacoste酒庄，都是由弗朗索瓦─格扎维埃·博里（François-Xavier Borie）所经营管理，而他的弟弟布鲁诺（Bruno）则是圣于连产区Ducru-Beaucaillou酒庄的掌舵者。Grand-Puy-Ducasse酒庄也展现了坚实、活力十足的酒体，是波亚克的好酒。Lacoste是

在生机勃勃的中国市场，拉菲酒庄的威望如此深入人心，以致大量的假标酒（无论是粗制滥造的还是几乎可以瞒天过海的）开始泛滥。鉴于此，大多数顶级波尔多列级酒庄都开始采取措施来对打击赝品。几十年来，木桐酒庄每年都会委托一位新的艺术家为其设计酒标。

1987年AXA保险集团买下碧尚男爵酒庄之后，这座尖顶的建筑进行了重修并建立了一个引人注目的游客中心和酒厂。它是波亚克为数不多的鼓励游客拜访的酒庄之一。

CH COS LABORY
CH COS D'ESTOURNEL
St-Estèphe
CH LAFON-ROCHET
ST-ESTÈPHE
Chenal du Lazaret
Valle du Breuil
Raff. de Pétrole (Anc.)
Milon
CH DUHART-MILON-ROTHSCHILD
CH LAFITE ROTHSCHILD
Moussat
CH CLERC MILON
Loubeyres
l'horte
CH MOUTON ROTHSCHILD
le Charite
Cissac-Médoc
D205
les Carruades
le Pouyalet
Trompeloup
CH D'ARMAILHAC
Lescargean
CH LAFITE ROTHSCHILD
Padarnac
CH PEDESCLAUX
Ch Ramage la Batisse
St-Sauveur
la Garosse
CARRUADES DE LAFITE
D205
Guérin
Junlande
CH PONTET-CANET
Labrousse
Canterayne Cave Co-op
Ch Liversan
D104
Ch Peyrabon
Béhéré
Pibran
Ch Pibran
Gare
D205
ST-SAUVEUR
la Rose-Pauillac (Cave Co-op)
CH GRAND-PUY-DUCASSE
Ch Bernadotte
Ste-Croix
PAUILLAC
Pauillac
le Fournas
D206
Port
la Naude
LES FORTS DE LATOUR 4
Chais de Ch Duhart-Milon
D104
LES FORTS DE LATOUR 3
Ponneton
Bouhaubrun
la Verrerie
Ch Lieujan
Ch Haut-Bages Monpelou
Artigues
CH GRAND-PUY-LACOSTE
CH CROIZET-BAGES
Bages
CH LYNCH-BAGES
CH LYNCH-MOUSSAS
Grand Moussas
Ch Cordeillan-Bages
les Gabarreys
Ch Haut-Madrac
D206
Ch Gaudin
Daubrat
Ch Bellegrave
St-Lambert
CH HAUT-BAGES LIBÉRAL
Ch Fonbadet
Daubos
D2
Bois de Madrac
CH BATAILLEY
CH PICHON-LONGUEVILLE (BARON)
l'Enclos
Petit Batailley
Saint-Anne
Ch la Couronne
CH HAUT-BATAILLEY
CH PICHON LONGUEVILLE COMTESSE DE LALANDE
CH LATOUR
LES FORTS DE LATOUR 2
St-Julien-Beychevelle
Pinada
St-Laurent-Médoc
LES FORTS DE LATOUR 1
ST-JULIEN

Lesparre-Médoc
Gironde
M É D O C
Pauillac
Blaye
Bordeaux

行政区边界
村庄（教区）边界
CH LATOUR 列级酒庄
Ch Pibran 值得关注的酒庄或酿造商
l'Enclos 地块
一级葡萄园
列级葡萄园
其他葡萄园
森林
20 等高线间距 10 米

1:35,000
Km 0　　　　1 Km
Miles 0　　1/2　　1 Mile

N

高地上一块连续绵延的葡萄园，包围着酒庄建筑，而 Grand-Puy-Ducasse 的葡萄园则分成3块，分别位于波亚克的北边及西边，古老的酒庄本身则坐落在波亚克村的码头边。

　　Château Haut-Bages Libéral 酒庄的葡萄园坐拥 St-Lambert 村的优越地点，刚刚拿到新的终身租契。Château Lynch-Moussas 与 Château Batailley 这两家酒庄共同运作，酒质稳定且价格合理。Châteaux Croizet-

Bages 及 Pedesclaux 是两家五级酒庄，主要的竞争对手是在2003年被列入"特级中级酒庄"的几家酒庄：圣兰伯特（St-Lambert）村的 Fonbadet 酒庄，由老藤酿出严肃好酒；Haut-Bages Monpelou 酒庄（与Batailley 酒庄同一个老板）以及 AXA 保险集团所拥有且珍视的 Pibran 酒庄。当地的酿酒合作社 La Rose-Pauillac 也酿出值得信赖的葡萄酒，不过产量则越来越少。

波亚克和St-Saveur

当地人有这样一个说法：所有的精品酒都集中在可以看到吉隆特河的区域——虽然查看南边那半边地图后我们会发现拉图为其二标酒拉图堡垒开辟了内陆的葡萄园，如今是由4部分组成。St-Saveur 区在内陆偏远地区，有不少中级酒庄位于此地。

圣于连 St-Julien

波尔多没有任何一个产酒村能够像圣于连一样拥有这么高比例的列级酒庄（80%的葡萄园均为列级酒园）。圣于连面积不大，产量居梅多克四大产酒名村之末尾。然而，圣于连的所有土地几乎都是种植葡萄的优质地块：这里有典型的砾石小圆丘，虽然不像波亚克一般深厚，但大多都靠河岸或是开放的南向山谷（山谷一词是以梅多克产区的标准来看），而且都有 Jalle du Nord 这条小溪及 Chenal du Milieu 这条排水道协助排水。

因此此区的精华酒庄可分为两组：一组是靠河岸，位于圣于连村周围，以三家与 Léovilles 名称有关的庄园为代表；另一组则以南边的龙船（Beychevelle）村为中心，领衔的酒庄有龙船庄（Château Beychevelle）、Branaire-Ducru 以及 Ducru-Beaucaillou 这三家酒庄，往西向内地走还有金玫瑰（Châteaux Gruaud Larose）以及朗日（Lagrange）两家酒庄。在龙船村附近，则聚集了几家品质不差但未被列级的酒庄，包括酒质扎实的 Gloria 酒庄。

如果说波亚克酿出了全梅多克地区最令人惊艳的杰出好酒，而玛歌的酒质最细腻精练，那么圣于连的葡萄酒形态则介于这两者之间。除了少数例外，这里各家酒庄的酒质都偏向圆滑柔和（柔和指的是当此区酒款完好熟成之后）。在好年份里，圣于连的年轻葡萄酒还是显得单宁坚硬。

三家 Léoville 酒庄

圣于连产区的主要光环来自靠近波亚克边界、面积庞大的 Léoville 庄园，该庄曾是梅多克区面积最大的酒庄，现在则一分为三：Château Léoville-Las-Cases 在三者中拥有最大的葡萄园，占地约100公顷，不过酒庄的心脏地带其实是53公顷的 Grand Enclos。其酒质浓郁、长寿，有时几近严肃硬实，是非常经典的波尔多酒，在主事者德隆（Delon）家族精明圆熟的运作下，该庄酒价有时直逼一级酒庄。Léoville Barton 酒庄的酒价紧跟在后，是一个爱尔兰老家族巴顿（Barton）的产业，该家族在18世纪初期移居至波尔多从商，目前的庄主安东尼·巴顿（Anthony Barton）住在隔邻一栋18世纪的美丽城堡里，该建筑就是 Château Langoa Barton 酒庄，这两家酒庄都属于安东尼·巴顿，两庄的酒都在 Langoa Barton 的酒窖里一同酿制；相比较起来，一般认为 Langoa Barton 的品质略逊，但平心而论，两者都是经典波尔多好酒的范例，而且物有所值，即便在困难年份，表现都相当稳定。Léoville Poyferré 酒庄过去命运多舛，不过自20世纪80年代开始，就以一系列的强劲好酒证明了其实力。

在 Léovilles 几家酒庄的南方，还可见到由布鲁诺（Bruno Borie）所经营的 Château Ducru-Beaucaillou 酒庄，壮丽的意式城堡顾盼自雄，细腻至极的酒质是其特色；邻近的 Branaire-Ducru 酒庄酒质就比较平凡，未臻雅致。再往南边一点的龙船庄、它的邻居 St-Pierre 以及其同一个业主下的 Gloria 酒庄，在细腻优雅的酒质之外，还以平易近人的丰厚口感掳获人心。

金玫瑰酒庄（Château Gruaud Larose）开展于圣于连的"腹地"西边，因为丰美及力道兼具的产酒而进入名庄之林；大宝酒庄（Chateau Talbot）占据了此产区的中央高地，或许不是非常细致，但却稳定而浓郁顺滑，其可口多汁的口感不只缘于其风土，还在于酿酒技术的纯熟。

最后一家列级酒庄是朗日酒庄，一度因为丰

剪枝是在寒冷时节完成的工作，但对保持低产量和高品质十分重要。1月初，Léoville Barton 的赤霞珠藤枝进行剪枝焚烧，此时内部已经决定了混调比例。

圣于连和圣洛朗村

圣于连距离波亚克非常近，因此这张地图与85页的那张有重复的部分。从拉图酒庄的品酒室望去，圣于连龙船庄的教堂是主要的风景。请注意排水沟渠将列级庄的葡萄园与吉隆特区分了开来。

盛有料的酒体而受到高度赞赏，1984年由日本的三得利（Suntory）公司购下，将昔日渐失光彩的酒庄重新带回正轨。该庄位于圣洛朗（St-Laurent）村边界，深入腹地［酒款与品质不断进步的翠陶酒庄（Larose-Trintaudon）类似，以法定产区名上梅多克上市］。这里还有三家正处于复苏阶段的列级酒庄：La Tour Carnet酒庄的进展最显著，目前已推出酒质迷人的酒款；Camensac酒庄，如今属于拥有金玫瑰酒庄的默洛（Merlaut）家族，曾经在易主的几年之后进行了重新种植。最后一家酒庄是Château Belgrave，发展情形如同20世纪80年代初梅多克区的许多例子一样，由酒商杜尔特（Dourthe）买下后积极重整，获得不错成绩。但无论如何，这块内陆地区还是酿不出像吉隆特河岸附近葡萄园一样的贵气酒质。

圣于连不是中级酒庄的重点区域，但Châteaux du Glana、Moulin de la Rose以及Terrey-Gros-Cailloux酒庄都在2003年的分级里晋升为特级中级酒庄（见80页），而Château La Bridane和Teynac酿制着极具性价比的酒款。

三家 Léoville 酒庄曾经是一家酒庄。有着最严苛定价政策的酒庄（Léoville Barton）的酒标描绘出了其姐妹庄 Château Langoa Barton 的全貌——安东尼·巴顿的居所。他是梅多克少见的几位居住在本区的知名业主。

梅多克中部 Central Médoc

  这是梅多克地区的一个过渡地带，以音乐来比喻，算是介于圣于连区的缓调"行板"与玛歌区之间的活泼"快板"之间的"稍强板"。此区一连穿行过4个村庄，没有看见一家列级酒庄，其法定产区名只简单地称为上梅多克（Haut-Médoc）。这里的砾石圆丘只高于河面一点点，地下水层也较高，因此葡萄藤不怕缺水，产酒风格通常也不太复杂。区内的屈萨克（Cussac）镇倒是延续了北边圣于连区的一些动力与潜力；的确，近来可见到一些动作，希望将屈萨克镇的葡萄园重新分级。总之，专为葡萄酒而来的游客可以在上梅多克产区好好喘口气，放松一下。

  梅多克中部比圣埃斯泰夫大区更像是中级酒庄之乡，在2003年的分级里就出现了许多"特级中级"等级的酒庄；甚至在穆里斯（Moulis）产区还出现了两家最高等级的"精选中级酒庄"（该年共入选9家），分别是忘忧酒庄（Châteaux Chasse-Spleen）以及Poujeaux酒庄，两家都位于Arcins镇西边的小村落Grand Poujeaux外围。Arcins镇内，砾石脊状高地升起，然后呈扇形向内地开展，在Grand Poujeaux村和里斯特哈特（Listrac）村达到最高点，这两个村庄各自拥有自己的法定产区名，而不使用较为笼统的上梅多克产区命名。近年来，里斯特哈特与穆里斯两村的评价稳定上升。

  葡萄酒的品质随着砾石高度一起上升，与适量的供水也息息相关。忘忧酒庄的葡萄酒口感顺滑易饮却不失结构，与北边的圣于连区产酒神似。Château Poujeaux通常比较粗犷而不细腻，如今却日渐精细，令人难忘；介于这两家酒庄之间的是Grand Poujeaux村，村子四周有好几家以"Grand Poujeaux"命名的酒庄，例如Gressier-Grand Poujeaux、Dutruch Grand Poujeaux、La Closerie du Grand Poujeaux以及Branas Grand Poujeaux。这些酒庄都值得信赖，生产健壮长寿的波尔多红酒，富含梅多克地区红酒的特殊风味。此地北边的Château Maucaillou时常有物超所值的表现并接受未预约的游客的拜访，这在这片没那么迷人的上梅多克地区来说并不多见。

  里斯特哈特村位置更偏的内陆地区位于较高的台地上，土层上有砾石，下有石灰岩，该村似乎成了坚实、多单宁的酒的代名词。不过酿酒商们近年来试图采用种植更多的梅洛葡萄来柔和酒款，从而改变这种现象。这里有4家以Fourcas为名的酒庄，其中Fourcas Hosten以及Fourcas Dupré酒庄值得爱酒人的关注。

  如今完全翻新且现代化的克拉克酒庄（Château Clarke），在里斯特哈特村内拥有53公顷葡萄园，最初是由已故的埃德蒙·德·罗斯柴尔德（Edmond de Rothschild）公爵所创设。酒庄奢华至极，不过该酒庄的酒与罗斯柴尔德位于波亚克的两家酒庄的酒之间的巨大差异充分诠释了这样一个道理：风土条件（terrior）的优越性胜于巨额的投资。里斯特哈特村的南边也有两家姐妹庄，分别是Châteaux Fonréaud以及Lestage，两家酒庄中间夹有74公顷的葡萄园。这些重新改造的酒庄，一反里斯特哈特村酿制坚硬酒款的传统，生产出比较圆润的现代酒款来吸引消费者，使得产区名声也越来越响亮。

靠河更近

  在地图的北边地区，上梅多克的Château Lanessan面对着对岸的圣于连产区，以一条人工运河分隔两个产区。Lanessan以及邻近的Caronne Ste-Gemme酒庄（主要在圣洛朗村）均运作良好，拥有足够财力以支撑高品质酒款。此外，最重要的砾石地在屈萨克村十分少见，而且这里的森林距河相当近，Château Beaumont占据了最好的岩石露

一些实力不俗的酒庄。不过与北边和南边来自更优质村庄、排水更良好的葡萄园的顶级葡萄酒相比，它们有时会缺乏精细度、鲜明度和存放潜力。

这片中部地区相对而言并没那么受到重视，因此机器采收非常常见。机器采收比人工采收更为迅速，品质也不见得逊色。不过一级庄在短期内不会采用机器采收。优越感的体现……

头地区，该庄的葡萄酒易饮、芳香、容易成熟，因此相当受欢迎。相反，位于老屈萨克村的Château Tour du Haut-Moulin酒庄则酿出酒色深沉、需要陈年的老式酒款，不过确实值得等待。

  河畔处还有一座17世纪的梅多克堡垒（Fort-Médoc），当初是用来抵御英国人入侵，如今则转化为和平用途。拉马克（Lamarque）村雄伟的Château de Lamarque酒庄以前是一座要塞，现在则以酿制令人满意、酒体丰满的酒款而为人所熟知，该酒庄的酒具有梅多克的真正风味。拉马克村是梅多克地区与吉隆特河对岸的布拉伊（Blaye）村的转运站，码头有运载人车的渡轮来回穿梭。该村还是梅多克最受人钦佩的酿酒顾问雅克·布瓦瑟诺（Jacques Boissenot）与其子埃里克（Eric）的家乡。

  此区的葡萄园近年来曾经过大规模重植，因此看起来显得井然有序。Château Malescasse是第一批重建的酒庄之一。接下来是南边的村镇Arcins，历史悠久且产业规模大的Château Barreyres及Château d'Arcins两家酒庄，近来由Castels集团进行了不少重建计划，该集团势力庞大，远至摩洛哥到勃艮第的Patriarche都有其葡萄园。Castels集团与邻近的经营良好的Château Arnauld酒庄对于Arcins的知名度都有贡献，然而，其实该村最著名的景点，仍旧是Lion d'Or小餐馆，这是梅多克区酒商经常聚餐的交流站。

  在此区东南角越过Estey de Tayac渠道后，我们便进入了玛歌产区。占地广大的Château Citran酒庄目前由默洛家族所拥有，与规模较小的Villegeorge酒庄（酒庄位置超出右页地图南边，是一家值得关注的酒庄）都位于Avensan镇内，两家的著名酒款风格都接近玛歌。

  同样是在东南角的Soussans镇，法定产区名不是上梅多克而是玛歌，Soussans镇北边的某些酒庄都希望能使用玛歌这个比较出名的产区名。Châteaux La Tour de Mons以及Paveil de Luze两庄都继续拥有中级酒庄的资质，后者还是波尔多一个巨贾家族长达一世纪的度假别墅，酒款易饮且优雅，是该家族喜欢的形态。

圣于连与玛歌之间

观察在地图南边的 Arcins 和 Soussans 这两个村所需
要的内陆排水沟渠有多长。这片区域的一些葡萄园在
长期的暴雨过后会被积水淹没。

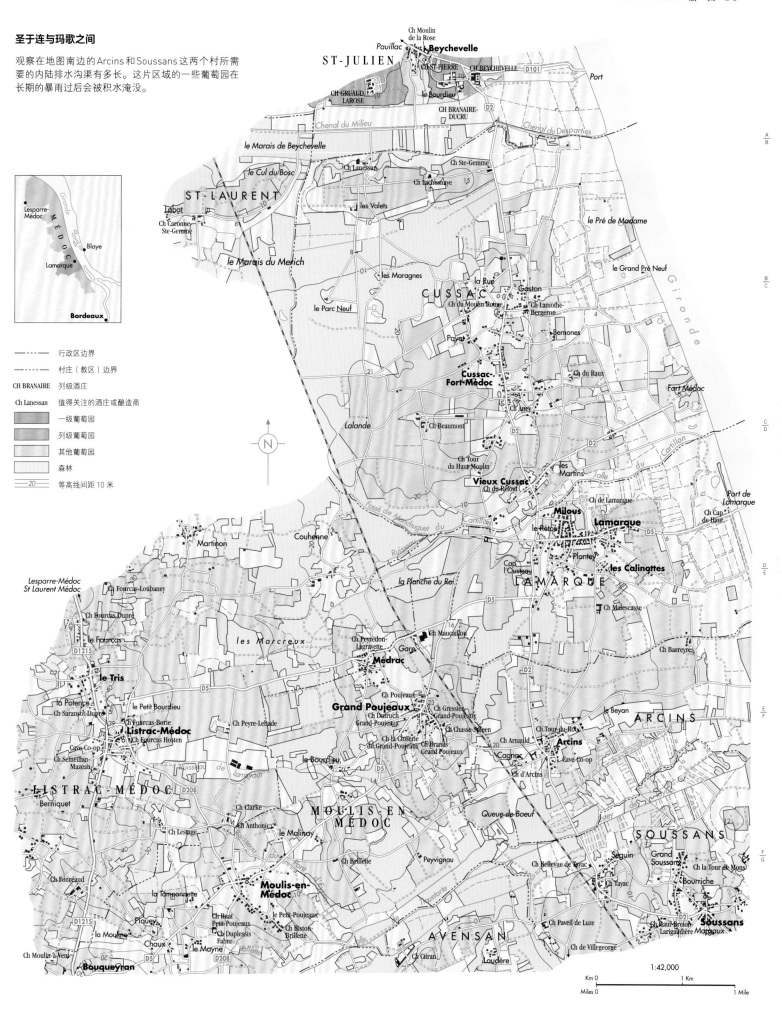

玛歌与梅多克南部
Margaux and the Southern Médoc

玛歌村以及南边的康特纳克（Cantenac）村被视为可以酿出全梅多克最芬芳以及单宁最顺滑且芳香的酒款。以上说法有史可证，而现在的真实情况也慢慢赶上了史实。此区比起其他区拥有更多的二级酒庄与三级酒庄，因此也在梅多克南部形成了各酒庄良性竞争的氛围。

由右页地图可以看出，此区与波亚克及圣于连的地貌相当不同；后面两区的酒庄四散在各处，但玛歌产区的大部分酒庄却群聚在几个村庄周围。从市政府地图的乡镇总数，不难知道其实各酒庄的葡萄园常常混杂在一块儿，情形比波亚克要严重得多。在这种情形下，若想要了解各家酒庄的酒款风格，与其专注土壤的变化，不如研究各酒庄使用的葡萄品种、酿酒技术以及各自坚持的传统。

事实上，玛歌的土层是梅多克地区最浅薄且砾石最多的地区，葡萄藤的根部必须深入土壤达7米以便获得稳定且适量的水分，也因此本区酒款在年轻时会比较柔顺，不过在较差的年份，酒质可能会显得过于纤瘦。在好年份或极佳的年份，关于砾石土质的所有优点都一一显露无遗。典型的玛歌葡萄酒拥有其他产区所没有的细腻、甜美醉人的酒香，是独一无二的波尔多红酒。

产自玛歌酒庄及帕玛（Palmer）酒庄的葡萄酒，常常能达到上述的优点。玛歌不只是梅多克的一级酒庄，还是一家最符合身份的酒庄：在酒庄的大道尽头可以见到文艺复兴时期留下的山墙建筑；仿佛宫殿般的建筑，还有相得益彰的酒窖。玛歌酒庄从20世纪50年代晚期后就缺乏资金，1978年门采尔普洛斯（Mentzelopoulos）家族购下了玛歌酒庄，自此该庄年年都有杰出的酒款问世。该庄在地图西边的土地种植葡萄，酿制以橡木桶陈年的白葡萄酒玛歌白亭（Pavillon Blanc de Château Margaux）。由于是白葡萄酒，所以只能以一般波尔多的法定产区名销售。帕玛酒庄是一家三级酒庄，酿制出的酒含有更高比例的梅洛，有时会成为玛歌酒庄颇具威胁的竞争对手。Château Lascombes曾先后经历过多次易主，依序是美籍葡萄酒作家亚历克西斯·利基（Alexis Lichine）、英国啤酒厂Bass以及"美国投资工会"，如今则隶属于法国一家保险集团。在20世纪70年代到80年代，这家二级酒庄因为过度扩增葡萄园而导致酒质变得稀薄。它旁边则是最近重新整顿后开业的三级酒庄菲丽酒庄（Château Ferrière），酿制以细腻见长的玛歌佳酿。

如同18世纪在圣于连产区的Léoville酒庄一样，玛歌产区也有情况类似的两家酒庄，以往这两庄都属于Rauzan大庄园，后来才分家为Rauzan-Ségla及Rauzan-Gassies。目前，Rauzan-Ségla酒庄的

品质略胜一筹，该庄于20世纪80年代进行现代化改革，并在1994年由高级成衣集团香奈尔（Chanel）购下。规模较小的Rauzan-Gassies酒庄，产酒品质离二级庄的标准还相去甚远，不过这之间的差距有日渐缩小的趋势。

玛歌区还有好几家成绩傲人的姐妹酒庄，例如波尔多无所不在的勒顿（Lurton）家族就拥有Brane-Cantenac以及Durfort-Vivens两家二级酒庄，这两家酒庄的酒款风格相当不同：前者芬芳而柔顺；后者则较为坚实严峻。近年来，勒顿家族也握有三级酒庄Desmirail的部分股权，俨然已形成"三姐妹"的阵势。

四级酒庄Pouget可以算是三级酒庄Boyd-Cantenac的强劲兄弟档。Malescot St-Exupéry酒庄在楚戈尔（Zuger）家族的管理下创造了佳绩。而规模较小的三级酒庄Château Marquis d'Alesme-Becker则由Perrodo家族进行了重建，该家族还买下了非等级庄Château Labégorce与手上的Labégorce-Zédé进行重组。

还是在玛歌村附近，四级酒庄Château Marquis de Terme虽然不易在海外找到，但是酒质相当好；此外，迷人且酒质日益精进的三级酒庄Château d'Issan坐拥玛歌产区最佳的地理位置之一，葡萄园顺着缓坡而下，往吉隆特河的方向一路绵延。

在康特纳克村，当葡萄酒作家亚历克西斯·利基还坐镇在Château Prieuré-Lichine时，酒庄生产的红酒品质是玛歌区最稳定的，该庄当时还首开风气让一般路过的旅客登门造访，而这个做法直到目前才开始普及。曾经一度低迷不振的Château Kirwan酒庄也已经重现光芒。此外，在阿尔萨克（Arsac）

近年来更多被财团而非个人所拥有的Château Lascombes最不缺的就是投资，这些先进的酒窖就是最好的证明。

村还有一家深入内地、孤悬在高地上的酒庄Château du Tertre也因重整而恢复生机，该酒庄与Château Giscours同属一家充满活力的荷兰集团所有。Château Cantenac-Brown就在Brane-Cantenac酒庄旁边，大概是全梅多克最丑的酒庄之一（看起来就像是维多利亚时期的英国学校），不过酒质不差，可能是全玛歌区最坚实的酒款。

在上梅多克法定产区的尽头，快接近波尔多北边市郊之前，还有三家列级酒庄值得注意：首先是Giscours酒庄，半木造的农庄式建筑遮掩在绿荫之下，面对美得令人屏息的葡萄园树海，酒质极易讨人欢心（1970年份酒可谓妙不可言）。Cantemerle酒庄就像是躺在森林里的睡美人，除了高大的树林，还有池塘美化点缀，生产的酒款以优雅著称。最后还有品质高超的Château La Lagune，酒庄建筑属于18世纪的简洁风格，与法国隆河流域的著名酒庄Paul Jaboulet Ainé为同一家族所拥有。

勒顿家族所有的Dauzac是一家四级酒庄，位于此区南边，知名度渐高。其邻居Siran酒庄是2003年评出的"精选中级酒庄"之一，该酒庄与Château d'Angludet均属于西奇尔（Sichel）家族旗下，两者都能酿出具列级酒庄品质的酒款。

玛歌酒庄与邻近的帕玛酒庄均为玛歌地区的尖顶建筑，它们的风格差异巨大，但令人无法抱怨。卡尔·拉格斐（Karl Lagerfeld）为Rauzan-Ségla 2009年份手绘的酒标反映出了该庄与时尚圈的密切联系。

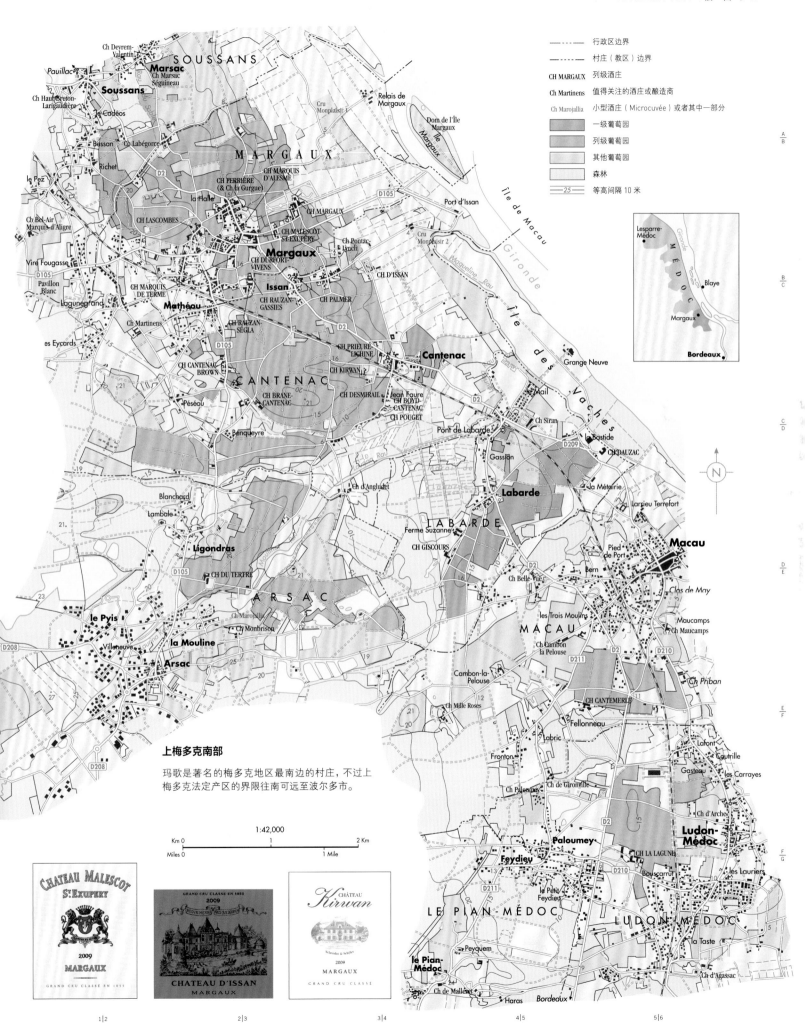

行政区边界
村庄（教区）边界
CH MARGAUX 列级酒庄
Ch Martinens 值得关注的酒庄或酿造商
Ch Marojallia 小型酒庄（Microcuvée）或者其中一部分

一级葡萄园
列级葡萄园
其他葡萄园
森林

25 等高间隔10米

上梅多克南部

玛歌是著名的梅多克地区最南边的村庄，不过上梅多克法定产区的界限往南可远至波尔多市。

1:42,000
Km 0 · 1 · 2 Km
Miles 0 · 1 Mile

格拉夫与两海之间
Graves and Entre-Deux-Mers

佩萨克（Pessac）镇及雷奥良（Léognan）镇是格拉夫产区最著名的村镇，这两个村的名字连起来就变成了一个法定产区（见跨页地图），但格拉夫的可看性不仅如此。本区南端四散的葡萄园已经恢复生机，原本个性不突出的白葡萄酒转而成为新鲜生动的好酒，而红酒也随着潮流而转为单宁软熟、果香深厚、滋味丰富的样式。

朗贡（Langon）市现在已成为爱酒人寻找风味突出且具性价比的好酒的去处。在格拉夫中部及南部还有几家老牌酒庄，尤其集中在曾经名噪一时的波尔泰（Portets）、朗迪拉（Landiras）及圣皮埃尔德蒙斯（St-Pierre-de-Mons）几个市镇，现在酒庄已易主，连带也引进新的酿酒哲学。

受惠于格拉夫的土壤，红白葡萄酒同样都酿得极好的是位于波当萨克（Podensac）镇的Châteaux de Chantegrive以及位于波尔泰镇的Rahoul和Crabitey酒庄；还有Arbanats镇以及Castres-Gironde镇附近一带的其他酒庄。而位于Pujols-sur-Ciron镇的Clos Floridène以及Château du Seuil两家酒庄，就如同许多其他邻近加伦河的成功酒庄一样，目前都极被低估，以长相思及赛美容葡萄酿成的干型白葡萄酒经橡木桶陈放，这两种葡萄都极适合种植在吉隆特省南部这静谧的一角；然而，以格拉夫法定产区命名的白葡萄酒只有红葡萄酒产量的1/4不到。

两海之间

右边地图向北及向东延伸的区域见证了波尔多一些较不为人知的产区所做出的努力，在两海之间产区所酿制的葡萄酒一般是以普通波尔多法定产区等级售卖。两海之间产区介于加伦河与多尔多涅河之间，是个楔形的美丽农地；而Entre-Deux-Mers字样只出现在此区干白葡萄酒的酒标上，产量更小。

借由更细心的整枝系统以及降低产量，此区

有越来越多的人酿制红酒，虽然明知其法定产区分级只是一般波尔多或高级一点儿的优级波尔多，但仍努力酿出让人必须正视的酒款。其中许多酒庄都出现在地图上，也包括最有意思的两海之间产区。

接近地图北边的多尔多涅河及圣艾米利永产区，因为不少内涵充实的独立酒庄以及优质的酿酒合作社的兴起而逐渐改变此区面貌；原来果园与葡萄园夹杂的景象，现在只剩下葡萄藤独领风骚。几家具有代表性的酒庄如下：Grézillac镇南边，由勒顿家族经营的优质酒庄Château Bonnet；位于Branne镇南边，德帕涅（Despagne）家族的Château Tour de Mirambeau，可饮可存；靠近Créon镇，由库塞尔（Courcelle）家族拥有的Château Thieuley；以及酒商所拥有的、位于刚出地图界限的Salleboeuf市的Château Pey La Tour；其中许多酒庄，长相思及赛美容白酒都酿得比红酒要好。更厉害的是，St-Quentin-de-Baron镇的Château de Sours甚至有办法将其简单波尔多等级的粉红酒以期酒的方式售出。

在两海之间产区，我们还能找到更多令人印象深刻的优质酒庄。在此区偏北地带，土壤中含有许多石灰岩质，与北边的圣艾米利永产区惊人地相似。德帕涅家族所创建的Girolate酒庄，以手工酿制小量的梅洛"车库酒"，其葡萄园每公顷的种植密度是全波尔多密度最高的园区之一。地图的西北边，靠近St-Loubès镇的Château de Reignac，因庄主伊夫·瓦特洛（Yves Vatelot）一心想酿制好酒的努力，让酒价攀升到令人瞠目的地步。白马（Châteaux Cheval Blanc）以及伊甘（d'Yquem）两家酒庄的酿酒师皮埃尔·勒顿（Pierre Lurton）也在Grézillac镇附近建立了Château Marjosse，为此产区增色不少。

自2008年起，**波尔多首丘区**这个名字只能用于加伦河右岸环河的窄长地带出产的半甜型白葡萄酒。而其通常十分可口的红酒则使用**波尔多丘卡迪拉克**产区这个名字。同时，其他三个右岸的产区名字也被赋予了新的定义：**波尔多丘卡斯蒂永**只能用于红酒，而**波尔多丘布拉伊**和**波尔多丘弗朗**产区则可酿制红葡萄酒及白葡萄酒（见77页地图）。以伞形产区**波尔多丘（Côtes de Bordeaux）**命名的酒则可以混调来自以上4个产区的红葡萄酒。

既然波尔多首丘区这个法定产区涵盖了卡迪拉克、卢皮亚克以及Ste-Croix-du-Mont这几个甜白葡萄酒产区，此区当然可以找到几款不错的甜白葡萄酒。此区南边的红酒以卡迪拉克法定产区命名销售，而白酒则是挂上最简单的波尔多法定产区名。波尔多最具领导地位的酿酒师之一丹尼斯·布迪厄（Denis Dubourdieu），在靠近卡迪拉克镇的Béguey创设了Château Reynon酒庄，以清新的长相思白酒和极其可靠的红酒广受欢迎。Château Fayau酒庄则一直酿制卡迪拉克地区最富传统滋味、果香丰美的甜白葡萄酒。

要说**Ste-Croix-du-Mont**法定产区还能靠浓甜的甜白葡萄酒来赚进大把银子，似乎言过其实且风

卡兹家族的Villa Bel-Air酒庄生产着格拉夫最可靠的酒款之一。由一对威尔士籍夫妻管理，他们的女儿和女婿则负责酿酒工作。

VILLA BEL AIR 值得关注的酿造商

- 巴萨克
- 波尔多丘卡迪拉克产区、卡迪拉克和波尔多首丘区
- 塞龙
- 波尔多丘-圣马凯
- 两海之间
- 波尔多-上伯诺日和两海之间-上伯诺日
- 格拉夫
- 卢匹亚克
- 佩萨克-雷奥良
- 波尔多丘卡迪拉克产区和波尔多首丘区
- Ste-Croix-du-Mont
- 苏特恩

95 此区放大图见所示页面

(Map of the Bordeaux inland region showing numerous towns and châteaux including Camarsac, Croignon, Baron, Cursan, le Pout, Créon, la Sauve, St-Léon, Maillaux, St-Genès-de-Lombaud, Capian, Villenave-de-Rions, Paillet, Cardan, Rions, Laroque, Omet, Donzac, Béguey, Cadillac, Cérons, Barsac, Loupiac, Gabarnac, Preignac, St-Maixant, Toulenne, Langon, Bazas, Grézillac, Daignac, Dardénac, Blésignac, Faleyras, Romagne, Courpiac, Bellebat, Cessac, Targon, Montignac, Ladaux, Soulignac, Cantois, Escoussans, Arbis, St-Pierre-de-Bat, Gornac, Mourens, St-Martial, St-Germain-de-Grave, Verdelais, Ste-Croix-du-Mont, St-Pierre-d'Aurillac, St-Macaire, St-Martin-de-Sescas, Bergerac, Branne, Cabara, St-Jean-de-Blaignac, Guillac, Naujan-et-Postiac, Villesèque, Jugazan, Rauzan, Bellefond, Lugasson, Frontenac, Sallebruneau, Baigneaux, Daubèze, Martres, St-Genis-du-Bois, St-Brice, Sauveterre-de-Guyenne, St-Sulpice-de-Pommiers, Castelviel, St-Félix-de-Foncaude, St-Hilaire-du-Bois, St-Romain-de-Vignague, St-Laurent-du-Bois, St-Laurent-du-Plan, St-Exupéry, Morizès, Ste-Foy-la-Longue, St-André-du-Bois, le-Pian-sur-Garonne, Caudrot, Casseuil, Gironde-sur-Dropt, la Réole, Marmande, Camiran, Bagas, les Esseintes, Agen)

Paris
Bordeaux

1:154,000
Km 0 1 2 3 4 5 6 7 8 Km
Miles 0 1 2 3 4 5 Miles

N

光不再了，不过目前还有Loubens、du Mont以及La Rame三家酒庄致力于此；邻近的卢皮亚克法定产区也有Châteaux Loupiac-Gaudiet以及de Ricaud两家酒庄敢冒潜在风险，酿制传统的甜稠白葡萄酒，而非只是半吊子的半甜白酒（见96页）。

越过加仑河，在巴萨克以北，有一个让人遗忘已久的独立产区**塞龙**[包括伊拉（Illats）以及波当萨克（Podensac）两镇]，目前因为以格拉夫法定产区命名酿制主流口味的红白葡萄酒而找到新财源（例

如Château d'Archambeau酒庄），也让此区放弃了以往擅长的甜白葡萄酒，其风格介于优级格拉夫（Graves Supérieures，一种格拉夫带甜味的白酒）和巴萨克熟软甜酒之间。塞龙酒庄（Château de Cérons）和Grand Enclos du Château de Cérons均有一些上乘之作。另一方面，Château Haura（见左页酒标）在Château Doisy-Daëne的白葡萄酒酿制奇才及酿酒师丹尼斯·杜博（Denis Dubourdieu）的巧手下酿制出了可以与许多苏特恩甜白酒相比的精致甜酒。

波尔多的内陆地区

广阔的两海之间区域虽然从酒的角度来说并不是许多超级明星的故乡，但毫无疑问它是吉隆特省最漂亮的葡萄酒产区。它的名字"在两海之间"（加仑河和多尔多涅河）只能在少数白葡萄酒的酒标上看到。

佩萨克-雷奥良
Pessac-Léognan

时值17世纪60年代，就在这波尔多市南郊，整个波尔多高级红葡萄酒的概念才由侯伯王酒庄的庄主带起。

至少自1300年起，此区干旱的沙质以及砾石地就替该区以及出口市场提供了最优质的红酒；也在此时，当时该区的大主教（后来成为亚维农市的克莱门特五世教皇）也建起了一整块的葡萄园，即目前Château Pape Clément酒庄的原型。

佩萨克-雷奥良是格拉夫地区中心地带的现代称呼（格拉夫的全貌可参见前2页地图）。在此砂岩地形上，松木是常见的景色。此区的葡萄园界线整齐，单一园区通常都独立不与其他园区混杂，有茂密森林，也有小河切割出小型河谷。右页的地图展示了波尔多市以及其历史最悠久的葡萄园是如何向林地延伸的。

随着波尔多市的发展，几乎所有的葡萄园都被一一吞并，除了少数位于佩萨克区砾石深厚的优质酒庄之外，包括：侯伯王（Haut-Brion）以及其邻近的兄弟庄La Mission Haut-Brion，以及Les Carmes Haut-Brion和Picque Caillou（在侯伯王酒庄的北边和西边，部分超出地图的范围），此外，离城市稍远一点儿的是曾经属于大主教所有的Pape Clément酒庄。

侯伯王以及La Mission两家酒庄都位于波尔多的远郊区，分列在通往佩萨克镇Arcachon旧大道两侧，很难找到。侯伯王绝对是当之无愧的一级酒庄，酒质是介于劲道与细腻的一种甜美均衡，具有格拉夫地区的特色，酒中带有些泥土以及蕨类气味，还有烟丝以及焦糖味。La Mission较为浓郁、成熟，或者说较带有野性，品质杰出。1983年时，拥有侯伯王的美国庄主购下了它的老牌劲敌La Mission，同时也一并买下了Château La Tour Haut-

Brion（如今已被并入La Mission）。该庄主这么做的目的并非为了统一葡萄园，相反是为了持续这场竞争。比赛每年都在侯伯王以及La Mission两庄之间进行：竞争的范围不仅有红酒，还包括两款白酒姐妹酒款：Châteaux Haut-Brion Blanc以及Laville Haut-Brion（自2009年起更名为La Mission Haut-Brion Blanc）。还有一些更生动的例子能够证明风土条件、每一片土地的独特性对这片波尔多产区来说是多么的重要。

虽然此区葡萄园所酿制的葡萄酒大多数是红葡萄酒，且酿酒的品种与混酿的比例与梅多克区差不多，然而，在同一个佩萨克-雷奥良的法定产区内，许多酒庄都同时酿制了品质极为优秀的白葡萄酒。雷奥良镇深入森林，是右页地图的核心地带。骑士酒庄（Domaine de Chevalier）外表简朴，却是此地极为精彩的酒庄。虽然酒庄从未有过城堡式的建筑，但酿酒窖及陈年酒窖都因整修替换而显得焕然一新，葡萄园也在20世纪80年代以及90年代初期大幅扩增，但它依旧保持着像倚在松树下的

看一眼下图La Mission Haut-Brion的酒标，你会发现最近才经过翻修的修道院式建筑多了一栋副楼。

农庄那样的做派；该酒庄的红葡萄酒与白葡萄酒在年轻的时候经常会被人低估。Château Haut-Bailly是雷奥良地区具领导地位的列级酒庄，只酿红酒，在此区属异类；但是红酒蕴含深度，极具说服力。Château de Fieuzal酒庄的红酒向来都不可小觑，除了在千禧年时曾经出现质量不稳定的现象。此外，其白葡萄酒品质也十分不俗。相同的情形也发生在Malartic-Lagravière酒庄，比利时的博尼（Bonnie）家族于1997年购下此庄后便进行大肆翻新及现代化。Château Carbonnieux的情况较为不同。这里原属本笃会的资产，长久以来都以可信赖的白葡萄酒而非清淡型的红葡萄酒闻名，但是近年来，原本清淡的红葡萄酒倒是增加了一些酒体。Château Olivier的酒堡建筑是波尔多历史最悠久的，美丽得令人目眩，红白葡萄酒都有生产，目前正进行长期的革新改造。

自1990年起，没有一家酒庄像Château Smith Haut Lafitte那样如此大刀阔斧地进行翻新。该酒庄位于佩萨克-雷奥良最南端的玛蒂雅克（Martillac）镇。这家酒庄不仅红白葡萄酒酿得好，还以Les Sources de Caudalie为名，建立了旅馆、餐厅以及一家前卫的葡萄浴疗中心。南边的Château Latour-Martillac虽然规模较小，但酒的性价比十分出色。

此区的先知以及推手是安德烈·勒顿（André Lurton）先生，他是此区葡萄酒农组织的创立者，名下更拥有许多酒庄，包括Châteaux La Louvière、de Rochemorin以及列级酒庄Couhins-Lurton（这些酒庄几乎都在1959年被评级），还有de Cruzeau酒庄（在Latour-Martillac酒庄的南边，见92页地图）；而在新近的改革行动中，他也扮演重要角色。Château Bouscaut也是列级酒庄，身价渐涨。酒庄主人是他的侄女索菲·勒顿（Sophie Lurton）。

虽然佩萨克-雷奥良两大主要酒庄侯伯王和La Mission Haut-Brion的酒款比起其他酒庄的口感更加集中，但这个产区所出产的所有红酒都拥有特别清新的丰饶感。此外Haut-Bailly所有酒庄都能酿制出精致的白葡萄酒。

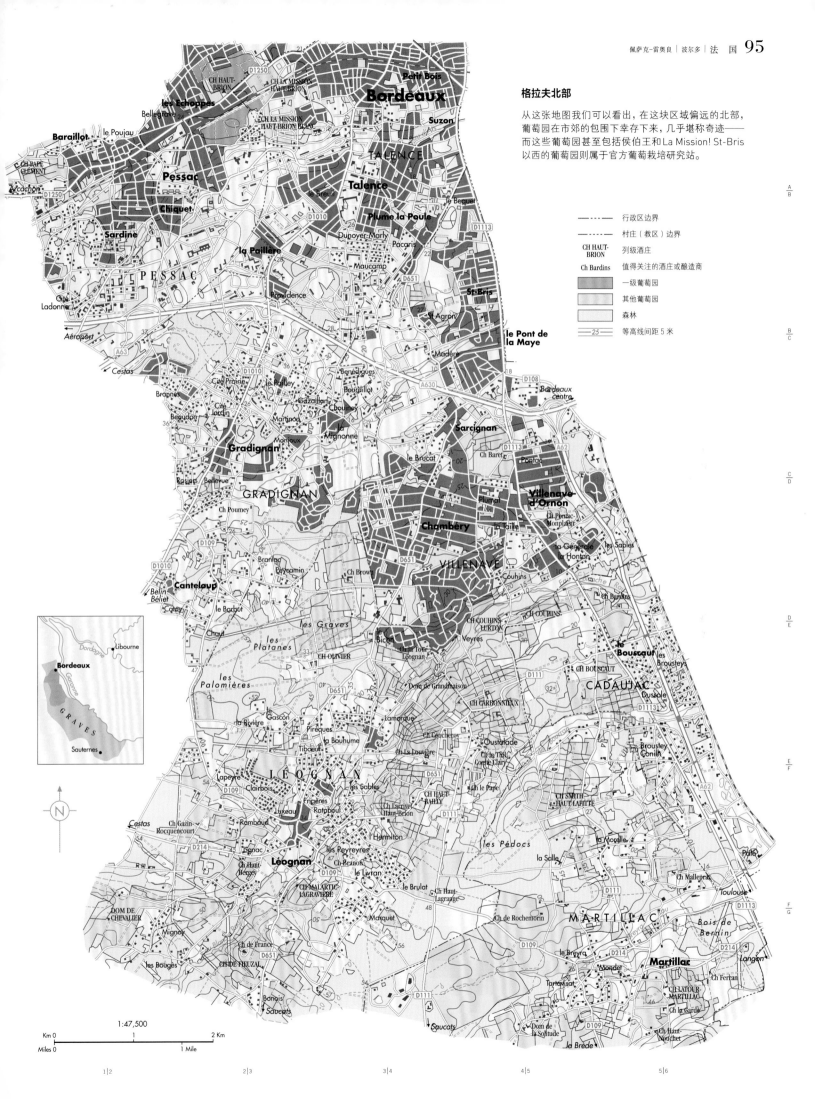

格拉夫北部

从这张地图我们可以看出，在这块区域偏远的北部，葡萄园在市郊的包围下幸存下来，几乎堪称奇迹——而这些葡萄园甚至包括侯伯王和La Mission! St-Bris以西的葡萄园则属于官方葡萄栽培研究站。

行政区边界
村庄（教区）边界
CH HAUT-BRION 列级酒庄
Ch Bardins 值得关注的酒庄或酿造商
一级葡萄园
其他葡萄园
森林
25 等高线间距5米

Bordeaux

Petit Bois
Suzon
TALENCE
Talence
le Bequer
Plume la Poule
Dupoyer-Marly
Pacaris
St-Bris
le Pont de la Maye
Madère
Bordeaux centre

CH HAUT-BRION
CH LA MISSION HAUT-BRION
CH LA MISSION HAUT BRION BLANC
les Echoppes
Bellegrave
le Poujau
Baraillot
CH PAPE CLÉMENT
Arcachon
Pessac
Chiquet
Sardine
la Paillère
PESSAC
Cité Ladonne
Aéroport
Providence
Bénédigues
Bourdillot

St Agron

Cestas
Cité Prairie
le Pailley
Gazaillan
Chouiney
Brannes
Cité Jardin
Martinon
Momoux
la Mignonne
Sarcignan
Ch Baret
Pontac
Beaudon
Rosiers
Bellevue
Gradignan
GRADIGNAN
le Brucat
Villenave-d'Ornon
Ch Pontac-Monplaisir
Chambéry
la Taille
Plumat
la Générale la Hontan
les Sables
Ch Poumey
Branfac
Peysamin
Ch Brown
VILLENAVE
Couhins
Canteloup
Belin-Béliet
Coloy
le Barbot
les Graves
Ch Bardins
les Platanes
Bicon
CH COUHINS-LURTON
CH COUHINS
CH OLIVIER
Ch la Tour Léognan
Veyres
le Bouscaut
les Brousteys
les Palomières
Dom de Grandmaison
CH BOUSCAUT
CADAUJAC
Dussole
la Rivière
le Gascon
Lamarque
CH CARBONNIEUX
Broustey-Conilh
Pireques
la Bouhume
Ch Coucheroy
l'Oustalade
Tiboeuf
Ch La Louvière
Ch le TRIO Comte Clary
LÉOGNAN
Lapeyre
Clairbois
les Sables
CH HAUT BAILLY
Ch le Pape
CH SMITH HAUT-LAFITTE
Frigères
Ratahoul
Ch l'Arrivet Haut-Brion
Lyxeau
Hermiton
la Morelle
Rambaud
les Peyreyres
les Pédocs
la Salle
Cestas
Ch Gazin-Rocquencourt
Tignac
Ch Haut-Berger
Léognan
Ch Branon
le Livran
Ch le Pape
Mignoy
CH MALARTIC-LAGRAVIÈRE
le Brulat
Ch Haut-Lagrange
DOM DE CHEVALIER
Maquet
MARTILLAC
Bois de Bernin
Ch de Rochemorin
Ch de France
les Bouges
le Breyra
le Breyra
CH DE FIEUZAL
Monget
Martillac
Langon
Bonois
Saucats
Tartavisat
Ch Ferran
CH LATOUR-MARTILLAC
Dom de la Solitude
Ch la Garde
Saucats
Ch Haut-Nouchet
la Brède

Inset:
Dordogne
Libourne
Bordeaux
Garonne
GRAVES
Sauternes

N

1:47,500
Km 0 ... 1 ... 2 Km
Miles 0 ... 1 Mile

苏特恩与巴萨克 Sauternes and Barsac

　　本书所提到的波尔多地区葡萄酒几乎都可拿来互相评比高下，但苏特恩地区的酒不同：虽然经常被低估轻忽，却无可比拟，形态特殊而鲜有对手。储存潜力可列为世界之最，酿制则需要当地特殊的气候、一种少见的霉菌以及特殊的酿酒技巧才能成功。在好年份，酒质可臻超凡入圣：极度甜美、结构丰腴、花香萦绕的迷人金黄色酒液。但也有些年份，有可能会出现完全不配被称为苏特恩甜酒的窘况。

　　总之，只有最好地块且经营良好的苏特恩及巴萨克地区酒庄才能酿出如此佳酿。品质普通的苏特恩酒，只能称为带有甜味的白葡萄酒罢了。

贵腐（Noble Rot）

　　在此温暖且肥沃的阿基坦地区一角，秋季晚间会沿着锡龙河产生雾气，雾气会持续到凌晨。制作苏特恩酒所需的酿酒技术，只有财力雄厚的酒庄才能支撑，包括分批采收（次数可高达8至9次），通常从9月开始采收，有时候会持续到11月，而这主要是为了善加利用一种叫作"贵腐霉"（科学家们称其为Botrytis cinerea，诗人们则称其为pourriture noble——"Noble Rot"）的特殊菌种。在温暖有雾的夜晚，这种霉菌有时会长在长相思、赛美容以及密斯卡岱品种上，随着白天气温升高，霉菌也会随之增生，葡萄皮会干缩变成棕色，但却不会因此产生腐味，反而会让葡萄中的大部分水分蒸发，而在极浓稠的剩余葡萄汁里留下糖分、酸度及香气分子。这些极度浓郁的葡萄汁在随后的发酵中会非常费工夫，并在小橡木桶中陈放；最后酿成的是香气集中、口感滑顺丰美且储存潜力难以限量的佳酿。

　　这些葡萄最理想的采收时间是当它们干缩的时候，有时必须逐粒采收；而财力不充裕、知名度不足的小酒庄只能一次完全采收，并且希望采收当日，"贵腐霉"已经让葡萄汁变得足够浓郁且集中。

　　鉴于葡萄里的水分已经蒸发，这也代表此种酒的产量惊人地低。伊甘酒庄是苏特恩最伟大的酒庄，葡萄园占地约100公顷，每年平均产量还不到千瓶，目前由资本雄厚但经营精打细算的LVMH集团拥有。梅多克地区的一级葡萄园，平均产量都是伊甘酒庄的5倍或6倍。

　　酿造此酒的风险非常大，因为10月份的潮湿天气可以使"贵腐霉"变成"灰霉菌"，使酿酒者无法酿出甜酒，有时甚至什么酒都酿不出来。酿酒代价如此之高，相对于其他葡萄酒来说，即使是最好的酒款售价（伊甘酒庄除外），都让酿酒人无太大利润可图。虽然苏特恩甜酒的价格逐渐攀升，但是少有饮酒人能够理解，这些伟大的波尔多甜白葡萄酒与波尔多红葡萄酒相比，售价真是低得可以。

1855年分级

　　在1855年分级时，苏特恩是除了梅多克以外，唯一被评级的产区。伊甘酒庄在当时被评为特等一级酒庄（First Great Growth），这个等级只此一家，是波尔多唯一的特例。奇怪的是，这家酒庄位于居高临下的丘顶处，但地下水层却相当高，因此即使遇到干旱，葡萄藤也能生长良好。当年还有11家酒庄被列为一级酒庄，12家酒庄被列为二级酒庄。

　　包括苏特恩镇本身在内的5个产酒村镇可以使用"Sauternes"这个法定产区名称。其中最大的市镇**巴萨克**可以选择将生产的甜酒取名为Sauternes或Barsac。

　　苏特恩甜酒的风格与其标准一样多样化，虽然大部分的顶尖酒庄都位于伊甘酒庄的四周。Château Lafaurie-Peyraguey念来花哨，酒里也藏有许多花香；AXA集团的Château Suduiraut酒庄位于普雷尼亚克（Preignac）镇，以丰盛华丽见长；Château Rieussec属于拉菲罗斯柴尔德集团，通常酒色深沉而丰盛。其他目前较精彩的酒庄还有Clos Haut-Peyraguey、Châteaux de Fargues（由Lur-Saluces家族所主持，该家族也是过去伊甘酒庄的拥有人）、Raymond-Lafon以及La Tour Blanche（此庄本身设有酿酒学校）；此外，还有未经过橡木桶陈年

感染了贵腐霉的葡萄看起来绝对称不上美观，但是霉菌却能令生长在波尔多顶级甜白葡萄酒产区的成熟赛美容产生神奇的变化，促进其甜度、新鲜度和储存潜力。

的Château Gilette，形态不同，却极富储存潜力。在巴萨克，Châteaux Climens、Coutet以及Doisy-Daëne等酒庄则具有领导地位，风格比苏特恩的葡萄酒更为清新一些。此地区有许多认真制酒的庄园，高品质好酒的比例也越来越高，值得爱酒人多多关注。

除了Guiraud酒庄之外，这些酒标都有一些相似处。虽然苏特恩和巴萨克甜白葡萄酒的风格有明显的区别，不过许多酒庄都已不再一味追求最大甜度和酒体。

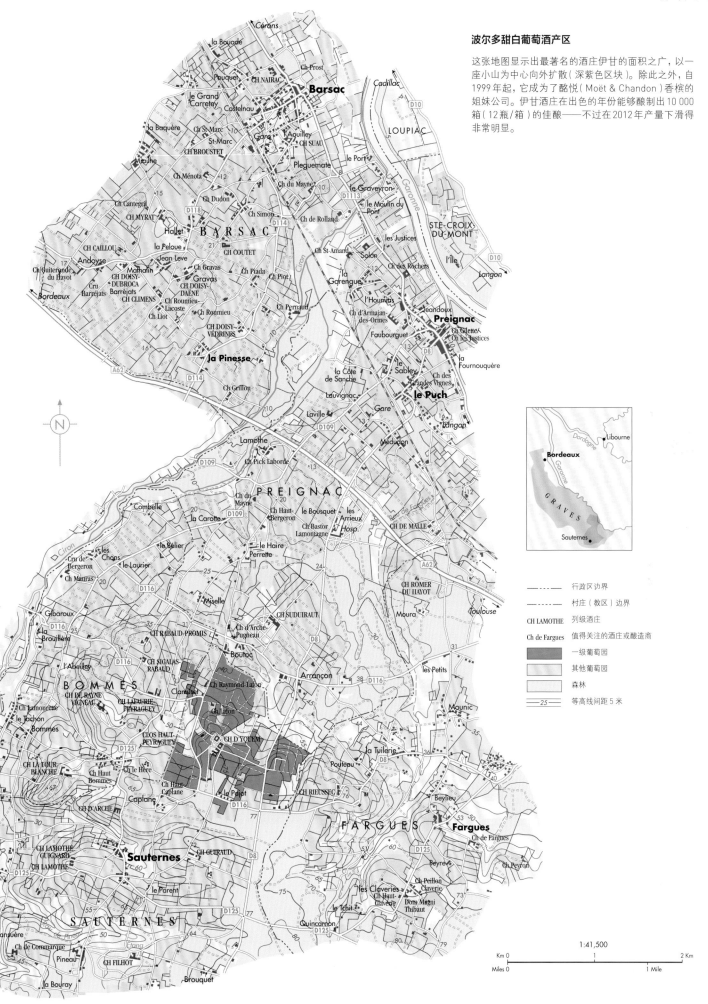

波尔多甜白葡萄酒产区

这张地图显示出最著名的酒庄伊甘的面积之广，以一座小山为中心向外扩散（深紫色区块）。除此之外，自1999年起，它成为了酩悦（Moët & Chandon）香槟的姐妹公司。伊甘酒庄在出色的年份能够酿制出10 000箱（12瓶/箱）的佳酿——不过在2012年产量下滑得非常明显。

——— ———	行政区边界
——— ———	村庄（教区）边界
CH LAMOTHE	列级酒庄
Ch de Fargues	值得关注的酒庄或酿造商
▓	一级葡萄园
░	其他葡萄园
□	森林
═25═	等高线间距 5 米

1:41,500

Km 0   1   2 Km

Miles 0   1 Mile

波尔多右岸地区
The Right Bank

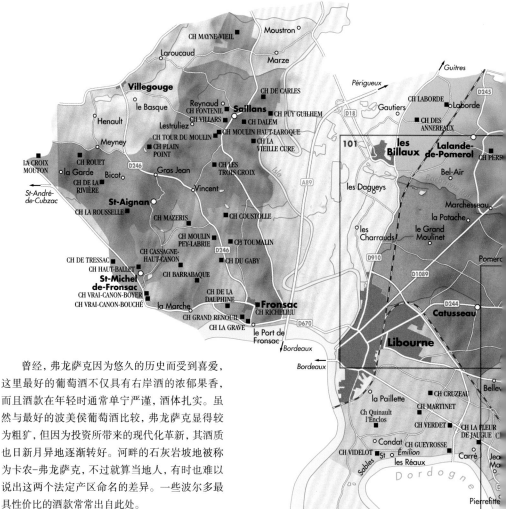

波尔多最有活力的产酒区（右岸地区）都在这张地图上，"右岸"一词是盎格鲁撒克逊人（Anglo-Saxons）先叫的，用以对照梅多克以及格拉夫所在的吉隆特河"左岸地区"。法国人则称此地区为利布内区（Libournais），以古老的首都利布恩市（Libourne）命名，该市还是波尔多的第二大葡萄酒交易中心。从历史来看，利布恩市长久以来一直供应欧洲北部一些简单但品质不差的葡萄酒，这些酒来自附近的葡萄园产区，如弗龙萨克（Fronsac）、圣艾米利永以及波美侯产区。比利时是利布恩市最主要的出口市场。

如今，这些名字都已经是全世界耳熟能详且价格高昂的酒名，圣艾米利永及波美侯这两个产区下文有专章详述。现在我们要观察的是，环绕在这两个产区周围的几个区域生龙活虎的表现。其中最优秀的例子，是位于利布恩市西边的**弗龙萨克和卡农-弗龙萨克（Canon-Fronsac）**双产区。当年利布恩市最重要的酒商 J-P Moueix 握有许多优质酒庄，却在2000年将好几家重要酒庄出售给拥有法国家乐福（Carrefour）超市集团的哈利（Halley）家族，许多人预测这是走下坡路的开始。然而事实上，在几个理想及财力兼具的外援开始进入后，却带来了崭新的动力（尤其是弗龙萨克），这个林木点缀、坡度平缓的产酒区终于有了生气，一扫几个世纪以来的沉闷。

曾经，弗龙萨克因为悠久的历史而受到喜爱，这里最好的葡萄酒不仅具有右岸酒的浓郁果香，而且酒款在年轻时通常单宁严谨，酒体扎实。虽然与最好的波美侯葡萄酒比较，弗龙萨克显得较为粗犷，但因为投资所带来的现代化革新，其酒质也日新月异地逐渐转好。河畔的石灰岩坡地被称为卡农-弗龙萨克，不过就算当地人，有时也难以说出这两个法定产区命名的差异。一些波尔多最具性价比的酒款常常出自此处。

波美侯产区外围的葡萄园主要集中在涅克（Néac）村以及**拉朗德波美侯（Lalande-de-Pomerol）**村的周围，两者都以拉朗德波美侯为法定产区名，相较于波美侯台地本身的产酒，它们欠缺了一些耀眼的活力。地图上这些酒庄的品质，关键处其实在于背后所投资的较大型酒庄。举例来说，拉朗德波美侯村的 La Fleur de Boüard 酒庄，就属于圣艾米利永的晨钟酒庄（Château Angélus）旗下所有，也从其酿酒经验与设备中受惠。正如 Château Les Cruzelles 也因与波美侯 Château L'Eglise-Clinet 有着千丝万缕的关系而获益匪浅。

同样的现象，也发生在右岸最东边的**波尔多丘卡斯蒂永**以及**波尔多丘弗朗**（在地图外的东边）法定产区。Château Les Charmes Godard 以及 Château Puygueraud 两家酒庄都属于比利时的蒂安蓬（Thienpont）家族，此家族还握有 Vieux Château Certan 以及 Le Pin 两家酒庄。在卡斯蒂永产区（地图只列出了最西边部分），Château d'Aiguilhe 与圣艾米利永的酒庄 Château Canon-la-Gaffelière 同属一个庄主；Château Joanin Bécot 属于右岸大集团旗下的物产；至于 Domaine de L'A 则是著名的国际酿酒专家 Stéphane Derenoncourt 的大本营。从地质学上来说，卡斯蒂永与圣艾米利永十分类似。

所谓的圣艾米利永"卫星产区"都位于圣艾米利永镇的北边，一共有4个村庄，分别是 Montagne、Lussac、Puisseguin 以及 St-Georges，均可在各自的产区名字前加注"St-Emilion"。这些卫

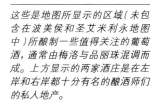

这些是地图所显示的区域（未包含在波美侯和圣艾米利永地图中）所酿制一些值得关注的葡萄酒，通常由梅洛与品丽珠混调而成。上方显示的两家酒庄是在左岸和右岸都十分有名的酿酒师们的私人地产。

星产区的酒尝起来，通常有点儿像介于略粗糙的圣艾米利永产区酒与贝尔热拉克（Bergerac）产区红酒间的感觉。贝尔热拉克紧邻圣艾米利永东边（见115页），但是也有一些区域拥有具良好栽培潜力的黏土—石灰岩土壤——这会是投资和品质改进的沃土吗？

最有意思的是，有许多知名酒庄都位于圣艾米利永产区里的浅紫色区块，离圣艾米利永的经典核心区域还有一段距离（见102~103页地图）。目前在波尔多找不到任何产区，能像这里一样将大量资金及心力投入探索地理及葡萄酒风格的极限，以便酿出杰出的波尔多佳酿（见102~105页）。

利布内区

请注意地图上只显示了波尔多丘卡斯蒂永产区的西部地区，只有一条分界线将东部的那一部分与多尔多涅的贝尔热拉克法定产区分离开来。用紫红色框出的葡萄园酿制着一些更有名的小产量葡萄酒，这些酒于20世纪末在右岸地区发展迅猛。然而如今，这股热潮似有退却之势。

图例

CH DE SELLE	值得关注的酒庄
Ch Laroque	圣艾米利永列级酒庄
Ch Fonbel 1	小型酒庄或其中之一

- 弗龙萨克
- 卡农-弗龙萨克
- 拉朗德波美侯
- 波美侯
- 圣艾米利永
- 波尔多丘卡斯蒂永
- Montagne-St-Émilion
- Lussac-St-Émilion
- Puisseguin-St-Émilion
- St-Georges-St-Émilion

101 此区放大图见所示页面

波美侯 Pomerol

虽然波美侯在整个波尔多产区中算是一颗耀眼的新星，但其最名贵酒款的售价甚至超过了梅多克区规模大得多的一级酒庄。在这片面积还不及圣于连的地区却有多到令人瞠目结舌的小型酒庄，而且品质还被公认是波尔多数一数二的。

波美侯是这葡萄酒世界中的奇怪一角，置身其中时常常会迷失方向。这里没有真正的村落中心，在这块台地上，无数看起来相似的小路纵横穿越葡萄园区。似乎家家户户都在酿酒，而且房屋都远离葡萄园。整个景观就是平均分布的一些普通小房舍，而每间小房舍却都享有酒庄城堡（Château）的称号。连教堂也孤立于一处，仿佛是另一家小酒庄。整个波美侯都在你眼底了，这就是波美侯。

就地理上来说，波美侯是另一处巨大的砾石河岸，地形略为高升后便平坦落下，整个地形相当平坦。朝向利布恩市的方向走，土壤的含沙量渐多，而在东边及北边与圣艾米利永区接壤的部分，通常有较丰富的黏土质。这里所生产的，可以说是全波尔多最温润、最丰盛、单宁最丝滑也最容易讨人喜欢的波尔多红葡萄酒类型。

波美侯是个民主产区，这里没有酒质的分级制度，真要分级也不容易办到。一些最闪亮的名字也许只有几十年甚至更短的历史。而这里的酒庄都是家庭规模的事业，常常会随着人事变迁而产生变异。此区没有复杂的地质，充其量只是从"砾石地"变成"带砾石的黏土地"，或是变成"有些砾石的黏土地"，或从"沙质的砾石地"转变成"带砾石的沙地"，而这些都真正反映在葡萄园的分界上。

然而，对于何为波美侯最精彩的酒庄以及最好的葡萄园，共识倒是相当一致。柏图斯酒庄（Château Pétrus）是公认的第一把交椅，Trotanoy酒庄或许可以排名第二，不过Vieux Château Certan（VCC）可能会抗议。接下来则是Le Pin酒庄，即使以波美侯的标准来说，这都是家超小型的酒庄（面积只有3公顷），这是由比利时人雅克·蒂安蓬（Jacques Thienpont）所创设，而蒂安蓬家族还同时拥有Vieux Château Certan。

既然这些酒庄的产量都极小，因此完全可以采用手工操作，酿制出"超凡的葡萄酒"，各方面都卓尔不凡，非常迷人（且相当稀有）。而在物以稀为贵的观念下，酒价当然不俗，有时甚至超越名厂柏图斯。令人难忘的新酒窖向人证明了销售这些超奢华葡萄酒是多么的易如反掌。

Le Pin 的新酒庄比起原来位于普通房屋之下的酒窖算不上截然不同的改变。松树仍然会保留，不过游客们不用再穿过一台家用洗衣机了。

皇冠上的宝石

右页地图以大写字母标出目前酒价最高的几家酒庄。Clos l'Eglise、Châteaux Clinet、L'Eglise-Clinet（看看这些名字多么容易混淆）、La Fleur de Gay 和 La Violette，这些都是"波美侯王冠"上新晋的几颗宝石。此外，像是 Châteaux La Fleur-Pétrus、La Conseillante、L'Evangile、Lafleur 以及 Latour à Pomerol 都有酿制优质佳酿的长久记录可证。

这些优质酒庄大都位于黏土质的土壤上，这不仅显示了产酒的风格，也代表了品质。这些酒庄的佳酿通常最浓郁，最肉感丰满，也最狂放引人。其实不需要琐碎地谈波美侯，你只要知道的是，这产区的平均水准非常高，且品质稳定可信赖就行了。而另一方面，物超所值的情况很难遇到。

此区最具影响力的是利布恩市的酒商，而其中最具领导地位的是让-皮埃尔·穆埃科斯（Jean-Pierre Moueix）这个家族企业，该家族直接拥有或代为管理此区的多家精英酒庄。这些酒商重新命名并重建了靠近柏图斯的Hosanna酒庄（旧名为Château Certan Guiraud）。而附近的Providence酒庄（旧名是Château la Providence）则在2005年时，由穆埃科斯（Moueixes）家族重新发表了酒款。

这个小产区的酒之所以受欢迎的一个优势，是以波尔多的标准来说，它们较早熟、较早可以饮用。这里最主要的葡萄品种不是厚皮的赤霞珠（因为年轻时单宁相当强劲紧实），在波美侯，梅洛才

波美侯最著名的酒庄 Petrus 一度由 Christian Moueix 经营，现由他的兄长 Jean-Francois 所有，前酿酒师 Jean-Claude Berrout 的儿子 Olivier Berrout 负责经营。

拉朗德-波美侯和波美侯

这里的地图展示了波美侯是如何与圣艾米利永多碎石的西部边界接壤的，后者也是白马酒庄和Figeac庄的所在地。波美侯顶级酒庄酒款出色的集中度不言而喻。不过这些酒庄的迷你尺寸常常令很多游客感到震惊。

St-Denis-de-Pile
Ch des Annereaux
les Annereaux
Ch Jean Gué
les Sables
le Perron
Ch Perron
le Sablot
Viaud
Ch de Viaud
Lalande-de-Pomerol
Ch Grand Ormeau
St-Médard-de-Guizières
la Pignière
LALANDE - DE - POMEROL
le Moulin de Salles
Canton des Chats
Ch de Bel-Air
Bel-Air
Ch les Cruzelles
Ch de Salles
le Petit Moulinet
Ch Moulinet
NÉAC
Chevrol
Marchesseau
le Moulin de Lavaud
le Moulin
Lavaud
la Forêt
le Grand Garrouil
Ch Belles Graves
le Moulin de Cazelis
Ch Tourrefeuille
Néac
la Patache
CH LA GRAVE À POMEROL
CH ROUGET
Ch l'Enclos
Ch le Moulin
CH LATOUR À POMEROL
CLOS L'EGLISE
Pignon
CH LE GAY
Clos du Beau Père
Ch Rêve d'Or
Pont de Cloquet
le Grand Moulinet
CH CLINET
Dom de l'Eglise
Ch la Croix-de-Gay
CH LA FLEUR PETRUS
la Chichonne
Ch Bellegrave
Clos René
Ch Montviel
Ch Feytit-Clinet
CH L'EGLISE-CLINET
Ch Vray Croix de Gay
CH LAFLEUR
Ch Lafleur Gazin
Ch Mazeyres
les Barrières
les Ormeaux
Ch de Bourgueneuf
Pomerol
CH GAZIN
Ch de Grange-Neuve
Ch la Cabanne
Ch Gombaude Guillot
Ch Lagrange
PETRUS
Ch Franc-Maillet
Trochau
Ch Certan-Marzelle
CH HOSANNA
Ch Vieux Maillet
Béquille
Ch Bourgneuf-Vayron
CH TROTANOY
Clos du Clocher
La Providence
Ch Haut Maillet
Beauséjour
Ch Guillot
CH LA VIOLETTE
CH CERTAN DE MAY
VIEUX CHÂTEAU CERTAN
CH LE BON PASTEUR
Ch Guillot Clauzel
Ch Haut-Tropchaud
CH L'EVANGILE
Ch Bonalgue
LE PIN
Ch Croque Michotte
Ch la Pointe
la Gravette
Ch la Grave Figeac
Montagne
Bonalgue
Catusseau
CH PETIT VILLAGE
CH LA CONSEILLANTE
Ch la Croix St-Georges
Ch la Tour du Pin Figeac
Ch la Dominique
CH NÉNIN
Ch Lafleur du Roy
Ch la Croix
CH BEAU-REGARD
Ch la Tour du Pin
CH CHEVAL BLANC
Ch Plince
la Brandaude
Ch la Croix du-Casse
Ch Ferrand
les Grands Sillons
Toulifaut
Ch la Tour Figeac
St-ÉMILION
Libourne
Borderie
Ch la Commanderie
Ch la Croix Taillefer
Ch la Clémence
Rouilledinat
la Lamberte
la Grange Neuve
Ch Taillefer
Ch du Tailhas
St-Émilion

1:25,000
Km 0   1 Km
Miles 0   1/2 Mile

————·——	行政区边界
——·——	村庄（教区）边界
CH LAFLEUR	领导酒庄
Ch Guillot	其他值得关注的酒庄
La Fleur de Gay	小型酒庄或其中一部分
	圣艾米利永一级特等酒庄A级葡萄园
	其他葡萄园
	森林
—50—	等高线间距5米

是国王。此区大部分的优质酒庄都种植70%~80%的梅洛葡萄，另外有大约20%的品丽珠品种（当地人称之为Bouchet）。波美侯区最伟大的酒庄柏图斯自2010年起几乎百分之百都采用梅洛葡萄，该庄土壤几乎都是黏土，酒质有目共睹。

即使是品质最高的波美侯葡萄酒，陈放十多年后就已经将迷人的酒香及细腻的酒质发展完整了。甚至，许多酒款只要5年就已经非常引人贪杯了。

N

Dordogne
Isle
Libourne
Bordeaux
Garonne

圣艾米利永 St-Emilion

历史悠久的美丽小镇圣艾米利永，是目前波尔多葡萄酒区的"活动震中"，它位于多尔多涅河上方断崖的一个角落。在该镇后方的砂岩及砾石台地上，葡萄园绵延至波美侯地区。而在此镇一侧，沿着山脊、顺着陡峭的石灰岩坡度（山丘）而下的便是平原。

此地虽小，却是波尔多产区观光客最多的乡间之宝，自1999年起，该地区被列入联合国教科文组织世界文化遗产。它具有内陆及高原地区的特质，还有与古罗马相关的历史起源、许多藏酒窖及醉人的酒香。甚至连圣艾米利永镇上的教堂都同时是藏酒窖，而且一如其他藏酒窖，同样都是从坚硬的山壁间凿出的。小镇中央的那家米其林星级餐厅的酒店Hostelleriede Plaisance其实就盖在教堂的屋顶上，你还可以惬意地坐在钟塔旁，享用鹅肝和羊肉。

圣艾米利永区的红葡萄酒相当浓郁。以往，在许多人尚未能适应梅多克地区酒质的结实与紧涩之前，他们爱的正是圣艾米利永红葡萄酒的丰厚美味；在成熟、阳光充沛的好年份酿出的圣艾米利永酒在真正熟成时，酒质几乎带着甜味。

圣艾米利永的主要葡萄品种是果味浓郁的梅洛以及品丽珠。赤霞珠在此区的气候下可能无法完全成熟；因为在这里海洋没有起到过多的调节作用，尤其土质较为湿冷。

圣艾米利永分级体系

圣艾米利永区可敬的分级制度，比梅多克区要严谨得多。每过10年左右，专业委员会就会针对区内酒庄重新评定（最近一次是在2012年），以确认哪些酒庄可进入一级特等酒庄（Premiers Grands Crus Classé）以及特等酒庄（Grands Crus Classé）的行列。其他一些圣艾米利永酒庄可标示为Grand Cru，但酒标上不会出现Classé字样（要仔细观察标签）。目前，一级特等酒庄有18家，其中白马庄（Cheval Blanc）、奥松（Ausone）酒庄以及后加入的晨钟酒庄（Angélus）和帕维（Pavie）庄被列入一张单独的超级目录。特等酒庄等级的有64家，简单的特级酒庄则有好几百家。最近晋升至一级特等酒庄的是Châteaux Larcis Ducasse，La Mondotte和Valandraud（见下图），即使一些非常出名的酒庄也有可能遭到降级。

不过有越来越多的酒庄虽不在分级系统中，但是酒款却大受欢迎。在20世纪80年代初期，Château Tertre Roteboeuf就是第一批不理会分级制度的酒庄之一，他们在新式的严谨管理下，将品质与迷人的酒款风格推到极限。此后，本区总数800多家酒庄里，就有几十到上百家酒庄都经过现代化调整，酿出的酒款通常都滑顺、易饮不粗犷，且更为浓郁集中。

20世纪90年代初期，随着Château Valandraud酒款的出现，另一股较不怀好意的风潮开始形成，即未经过滤、极致浓郁扎实的酒款，由当地酒商Jean-Luc Thunevin从小小块葡萄园酿制出来。这便是圣艾米利永"microcuvées"（小型酒庄）或车库酒的开端（之所以这么称呼是因为这些酒的产量极少，在自家面积不大的车库就可酿造）。突然之间，似乎无由来地冒出了许多这样的酒庄。这些酒庄里，有的建立了一定的名声，我们以紫红色字样在地图上标示出来，但是其中许多酒庄在未取得预期的获利之前就消失无踪了；而其获利公式是酿制浓郁易饮的酒，且以量少（常常不到1000箱）制造"供不应求"的效果，这个做法有时会奏效。

同时，圣艾米利永这广袤的葡萄酒法定产区也吸引了无数的外来投资者，他们购买葡萄园，大手笔投资酿酒设施，且雇用当地最具知名度的酿酒师，包括最著名的迈克尔·罗兰（Michel Rolland）、斯特凡娜·德勒农古（Stéphane Derenoncourt）以及帕斯卡尔·沙托内（Pascal Chatonnet）。再加上某些刻意走现代化风格的酒款，使得圣艾米利永在某些方面，竟然意外地与加州纳帕谷颇为相似。人为操纵与金钱的影响力，在此区特别明显。

高原和山丘

圣艾米利永产区有两个风格独特的区域，但这不包括河畔平原那些较差的葡萄园，也不包括东部和北部可以使用同一法定命名的村镇（详见98～99页地图）。想进一步了解本区不同土壤类型的差异，可以参考跨页地图。

第一组的优质酒庄位于波美侯的边界地带，就在圣艾米利永沙质及砾石台地的西缘。这其中最负盛名的是白马酒庄，该酒庄崭新的、夺人眼球且环保的酒庄（见跨页地图）和其美味又均衡的好酒一样令人难忘；该庄酒款使用的主要品种是品丽珠。在其众邻之中，当属规模较大的Château

晨钟酒庄和帕维酒庄在2012年晋升至与奥松酒庄和白马酒庄统一级别——这并非没有争议。同时，穆埃科斯家族将古老的Château Magdelaine 的葡萄园并入了Bélair Monange（曾经只是简单地被称作Belair）。

圣艾米利永的核心地带

所有18家一级特等酒庄在这张地图上都有显示，同时大部分的特级酒庄也均有标出。可以重温98~99页的地图，在那张地图上，整个圣艾米利永的地貌都有完整的展示。

Figeac酒庄的品质与其最为接近，这里的土壤砾石更多，品种则一反常态地以赤霞珠占最大比例。

另一组范围较大的好酒地带，是在圣艾米利永丘（Côtes St-Emilion）附近，主要占据了圣艾米利永镇周边的山崖，还包括东边朝St-Laurent-des-Combes这个村子方向的地块。尤其是圣艾米利永

镇南边的南向山坡，从Tertre Daugay酒庄，经由几家以帕维为名的酒庄，一直到Tertre Roteboeuf酒庄的这处优质地块。圣艾米利永区的高原地貌到此戛然而止，因而非常容易看到在酒窖所在处软质却坚实的石灰岩上只覆盖了一层薄薄的表土。重新恢复活力的奥松酒庄是圣艾米利永丘的明星酒

庄，占据了全波尔多地区最好的位置之一，从这里可以俯瞰下面的多尔多涅河谷，在你走进地下酒窖时，可以看见葡萄藤就长在酒窖上方的土壤里。

圣艾米利永的酒质或许不如来自砾石台地的格拉夫酒（格拉夫用在这里有些令人混淆，因为该地区的名字即来自于其砾石土壤）那么果香奔放。

圣艾米利永风土解析

以下是圣艾米利永法定产区里的土壤分析地图，根据波尔多大学科内利斯·范莱文（Cornelis Van Leeuwen）教授为圣艾米利永葡萄农工会（Syndicat Viticole de St-Emilion）所做的深度研究绘制而成。从下图中，就可看出此复杂产区在风土上的巨大差异。

在通往贝尔热拉克地区的主道路南边，有许多地块看来实在不像能酿出好酒，这里有多尔多涅河带来的新近沉积土，虽然有些砾石，但土质还是比较接近河边的泛滥平原沙地。在往圣艾米利永镇的上坡

处，还会碰到一些沙地，这些地方应该可酿制一些比较清淡的葡萄酒（当然也有例外）；但不久后，石灰岩地形显露，越接近小镇，地形就越明显。在这圣艾米利永丘的下坡处，有弗弗龙萨克地区一样类型的软质磨砾岩（Molasses du Fronsadais），而其上方高原则有较为坚硬的海星石灰岩（calcaire à Astéries），表土则以黏土居多，难怪来自被称为山丘的葡萄可以酿出如此佳酿。这些圣艾米利永镇周围的斜坡地，是由多尔多涅河、Isle 河以及 Barbanne 河共同在第四纪时期的第三纪沉积土上塑造而成。另外要注意的是，有几个独立小丘的土质

是由砂岩与黏土所构成，而不是只有黏土质，尤其在圣伊波利特（St-Hippolyte）村以北的那个小丘。

但是在圣艾米利永北边，则是一大片由不同浅层沙土所构成的广阔地块，一直向北到波美侯的边界才戏剧性地垄起为砾石圆丘，而这里便是 Châteaux Figeac 以及白马两个酒庄所在地。下面地图中可以看出，为何 Figeac 以及白马庄的酒尝起来会如此相似，以及同样列为 4 家一级特等酒庄 A 之一的白马酒庄与其他 3 家酒庄的风格又何以会如此不同。

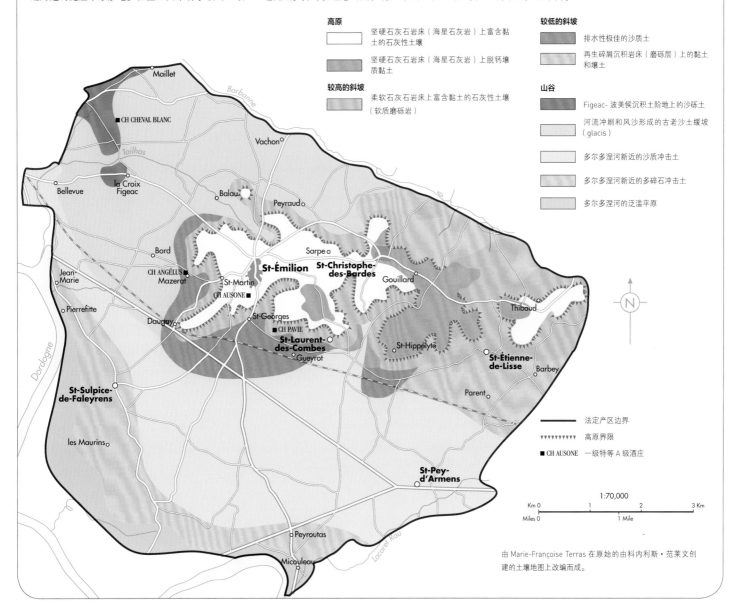

高原

- 坚硬石灰石岩床（海星石灰岩）上富含黏土的石灰性土壤
- 坚硬石灰石岩床（海星石灰岩）上脱钙壤质黏土

较高的斜坡

- 柔软石灰石岩床上富含黏土的石灰性土壤（软质磨砾岩）

较低的斜坡

- 排水性极佳的沙质土
- 再生碎屑沉积岩床（磨砾层）上的黏土和壤土

山谷

- Figeac- 波美侯沉积土阶地上的沙砾土
- 河流冲刷和风沙形成的古老沙土缓坡（glacis）
- 多尔多涅河新近的沙质冲击土
- 多尔多涅河新近的多碎石冲击土
- 多尔多涅河的泛滥平原

—— 法定产区边界
ⅤⅤⅤⅤⅤⅤⅤ 高原界限
■ CH AUSONE 一级特等 A 级酒庄

1:70,000
Km 0   1   2   3 Km
Miles 0   1 Mile

由 Marie-Françoise Terras 在原始的由科内利斯·范莱文创建的土壤地图上改编而成。

白马酒庄不可一世的现代新酒厂自 2011 采收季开始投入运营，聚集了 52 种不同且少见的壶形混凝土发酵桶。新的风潮是指定某一个发酵桶发酵来自某一特定区块葡萄藤的酒。

但若遇到好酒，也能是波尔多最香气馥郁且最大气的佳酿。通常，这区的红酒酒精浓度要比梅多克地区来得高，如今通常能达到超过 14% 的酒精度。不过最优质的酒款陈年潜力相当不俗。圣艾米利永丘可屏障北边与西边的风，且坡度向阳，不太会受到霜害。相反，白马酒庄虽然在台地周围，只要地上有小小的积水，在万里无云的冬夜里都会成为一

大洼凝聚寒气的冻点。

在短短的时间里，整个圣艾米利永就从沉睡中的偏壤转型成了野心人士的聚集地和备受吹捧的新品牌的温床。不过对一般的爱酒人士来说，圣艾米利永有个可爱的好处，那就是这里还有许多名气中等的酒庄，长年稳定地提供相对早熟、价格合理、品质优秀且能安心享用的好酒。

法国西南部产区葡萄酒 Wines of the Southwest

在波尔多大片葡萄园的南边、法国米迪（Midi）地区西边的这片范围里，有四处分散的葡萄园，西边因为朗德（Landes）森林的屏障而阻绝了大西洋的影响，这个地区以当地美食传统自豪，每个产区都依偎着一条河流，而这是以往葡萄酒被运至遥远的销售市场的唯一途径。以往忌妒心强的波尔多酒商在未卖完自己的酒之前，都会将这些来自"高地"（High Country）的葡萄酒阻绝在港口之外；当时，甚至还会将这处上游的坚实葡萄酒加入波尔多酒中，以强健其酒质，对此区的酒更是二度伤害。在吉隆特省边缘酿制波尔多酒的这个地带，当然以波尔多的葡萄品种为主导（这也包括多尔多涅产区，将在后页讨论）；然而，此西南区的各角落，也聚集了最多样的法国原生品种，而且许多品种都有专属的特定产区。恢复古老的葡萄藤品种是这里流行的做法。

卡奥尔（Cahors） 这个产区从中世纪起就以酿制极有深度及长寿的葡萄酒闻名，是此区的经典风貌。不过，酒农常常会掺入梅洛品种来柔化酒质，但塑造风味与灵魂的则是当地称为Côt的葡萄品种（Côt葡萄就是阿根廷及波尔多的马尔白克品种）。由于这个品种，再加上当地比波尔多更温暖的天气，造就了卡奥尔酒的丰满酒体以及精力十足的风格，比经典的波尔多红葡萄酒粗犷些。

目前在洛特（Lot）河所形成的三块冲积阶地上种植有葡萄树，而其中又以冲积阶地最上面的阶地酿出的葡萄酒品质最好。鉴于阿根廷已经将马尔白克这个葡萄品种放入了世界葡萄酒地图上，竞争是在所难免的，一些酿酒师们则开始追求成熟度并更大胆地使用橡木桶。该区每年都会由评鉴小组评选出数十支"卡奥尔优秀酒款"（Cahors Excellence）。

从卡奥尔到上游处的葡萄园，距离差不多等于从卡奥尔到吉隆特省的边界（因此右边地图不标出，参见47页的法国地图），两地之间是阿韦龙（Aveyron）省的葡萄园。在这荒野的法国"中央山地"还依稀可以看到曾经风光一时的葡萄园区，这里最重要的产区的葡萄酒是酒质有很大进步的**Marcillac**——由Fer Servadou品种所酿成的带胡椒味的红葡萄酒，酒质坚硬如铁，但得益于全球气候变暖，该酒开始变得日益醇熟。此产区附近还有风格多变的几个法定产区，**Entraygues-Le Fel**以及**Estaing**两区的酒本来就很少见，如今则更加稀有。而南边的**Côtes de Millau**则相反，生产的高山红葡萄酒都是由多种西南部产区的品种混酿而成。

在阿尔比市西边塔恩（Tarn）河附近的丘陵地区，以及下游处由河流穿凿塞文（Cévennes）山脉而成的壮观峡谷区域，这里的种植条件相较之下

要逊色一些。绵延的绿色草地无论是地貌还是气候都一样温和，涵盖了众多美丽的村镇，其中73个都被包含在加亚克（Gaillac）法定产区。此区在酿酒之际，下游的波尔多产区恐怕都还没开始种植葡萄树；不过，一如卡奥尔，这地区也遭受根瘤蚜虫病的侵袭，使得葡萄酒贸易严重受创。不过，因为真挚的热情，这个产区在最近的一二十年又活了过来，其中最大的原因当属加亚克多变的风土以及多元的葡萄品种之间的各种复杂组合。最具当地特色的红葡萄酒品种，是带有胡椒风味的Braucol（即Fer Servadou品种），该品种如今已酿制出一些令人信服的酒款。此外，还有风味较清淡

这里展示的酒标因葡萄品种、颜色和甜度不同而差异巨大（Renaissance Gaillac确实相当甜）。不过它们皆与西北部波尔多的产酒结构相呼应。

■ CH PINERAIE　值得关注的酿酒商
— · — · —　国界
— · —　省界

法定产区（AOP/AOC）

- 雅文邑（Armagnac）
- Béarn
- Brulhois
- Buzet
- 卡奥尔
- Coteaux du Quercy
- Côtes de Duras
- Côtes du Marmandais
- Fronton
- 加亚克
- Irouléguy
- 朱朗松
- Madiran et Pacherenc du Vic-Bilh
- St-Mont
- St-Sardos
- Tursan

地区餐酒（IGP/Vin de Pays）

- Côtes de Gascogne
- Lavilledieu

109　此区放大图见所示页面

的 Duras 葡萄。西拉品种是受欢迎的外来者；佳美就略为逊色，主要用来酿制可以早饮的"加亚克新酒"（Gaillac Primeur）。波尔多红葡萄酒品种在此区也有种植。深皮品种是目前种植的主流，十分适应塔恩南部多碎石的黏土土壤。库纳克（Cunac）镇（在阿尔比市东边，不在地图上）附近的土地则被浪费在种植当地合作社所需要的佳美葡萄上。坐落在河右岸的东南向加亚克首丘（Premières Côtes）区，秋季漫长而干燥，是加亚克地区最适合酿制甜酒以及略带甜味葡萄酒的地方，曾经风行一时。这些酒是由当地品种 Mauzac［有苹果皮的风味，在法国利穆（Limoux）地区很常见］、Len de l'El、少见的 Ondenc 以及密斯卡岱和长相思等品种

酿成。然而，该区的现代白葡萄酒几乎都不带甜味，还带有或多或少的气泡，这也包括少量气泡的 Perlé 形式的气泡酒，这是北方石灰岩土质的葡萄园所擅长的酒款，尤其是在山城科尔德（Cordes）附近更是常见。外人可能会认为此区品种及葡萄酒风格的复杂让人辨识不清，但对于努力创新的 Robert Plageoles 酒庄来说，标准产品线除了无泡红葡萄酒、粉红酒之外，白葡萄酒的风格更是包括了以传统加亚克法（méthode gaillacoise）制作的低酒精甜气泡酒和加亚克当地版本的不甜雪利酒，饮来独特，令人遐思。

紧邻西边的是介于塔恩河及加伦河之间的产区 **Fronton**，这是图卢兹（Toulouse）城附近地区酿

制当地红葡萄酒及粉红酒的产区。这些酒主要由花香奔放的本土 Négrette 葡萄混合各式各样的其他西南部品种（有时还包括西拉或佳美葡萄）酿制而成。法定产区 **Lavilledieu** 及 **Brulhois** 风格近似，都生产与下游地区类似的酒款，后者因为混有塔娜品种而显得结构较为坚实。

Mont-de-Marsan 东部的一大片葡萄园原本都是用来生产雅马邑（Armagnac），在许多人眼里，雅马邑是比干邑更可口的白兰地，虽然它的葡萄品种开始越来越多地被用于酿制便宜、口感清爽的 Côtes de Gascogne 地区餐酒级白葡萄酒，就在它的北部、加伦河的左岸则是法定产区 **Buzet**，葡萄园散落在超过27个村镇的农园及果园之间。收成

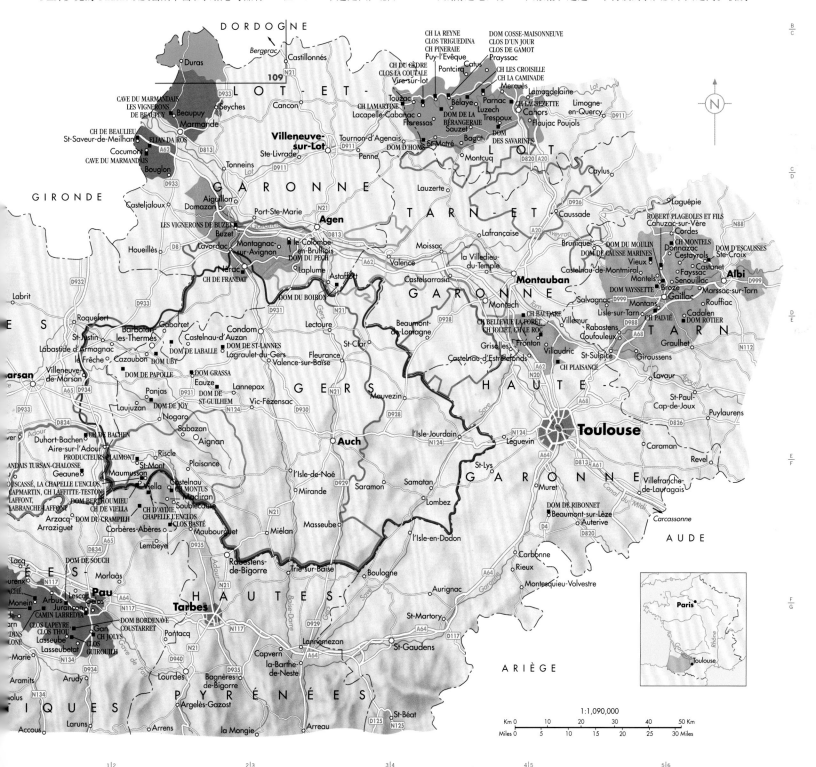

的绝大部分葡萄都交由一家运作良好的酿酒合作社酿制，酿制的红葡萄酒可以被形容为"乡村波尔多红葡萄酒"（Country Claret）。更北边的 **Côtes du Marmandais** 则由本地的酿酒师 Elian da Ros 以 Abouriou 葡萄品种的香料风味混融波尔多葡萄品种，形成此产区特色。

地图上标出的其他葡萄酒产区，一向比较依赖 Bayonne 港而不是波尔多。**Béarn** 法定产区其实涵盖了 **Béarn-Bellocq** 产区，主要酿制红葡萄酒、白葡萄酒以及粉红酒；不过，马第宏（Madiran）及朱朗松（Jurançon）这两个家喻户晓的产区才是西南部产区两颗真正的明珠。

马第宏 是 Gascony 地区最伟大的红葡萄酒，葡萄树都种植在 Adour 河左岸的黏土及石灰岩山坡上。当地的红葡萄酒品种塔娜葡萄颜色深、单宁突出、坚实且劲道十足，通常会与某些赤霞珠以及 Pinenc（即 Fer Servadou）葡萄混酿。当地精力旺盛的酿酒人对于是否有必要以及如何驯化这样强壮如野兽的酒，各有不同见解；这些方法包括使用不同比例的新橡木桶，以及进行"微氧化"（micro-oxygenation）处理技术。此区有些酒可以早些饮用，但是优质的马第宏葡萄酒，在陈放 7 年或 8 年

之后才开始令人惊艳，香气及风味十足、滑顺且精力充沛，才会真正让人爱不释杯，品质足以和波尔多列级酒庄比较，与该区的"油封鸭腿"（Confit de canard）是绝配。

此区的酿酒才俊，也逐渐将注意力放在地区性的白葡萄酒上面，其中主要是 Plaimont 酿酒合作社，**St-Mont** 产区的酒几乎都是此家合作社的产品，他们还花费许多力气拯救几乎灭绝的当地品种。**Pacherenc du Vic-Bilh** 产区其实就在马第宏产区之内，专酿甜型和不甜的白葡萄酒，使用的酿酒品种为 Arrufiac、Petit Courbu、大满胜（Gros Manseng）以及小满胜（Petit Manseng），酒款每年越加精彩，不过光彩却常常被 Pau 城南方的对手产区压过，这个产区就是朱朗松。

朱朗松 位于陡峭的比利牛斯山麓的贝阿恩（Béarn）地区附近，是法国最精彩的白葡萄酒产区之一，其产酒结构稠密，酒液带点儿绿光，有许多不一样的甜度。朱朗松的干型白葡萄酒主要是由可以较早采收的大满胜品种酿制；而更小颗且厚皮的小满胜品种则较适合留在葡萄藤上，等到 11 月甚至到 12 月后让果实在树藤上干瘪并浓缩糖分及酸度（贵腐霉并非此产区的特色）。这些甜而稠

所有的葡萄园在秋季都十分上相，而卡奥尔复杂的土壤类型和多样的品种为本已色彩斑斓的马赛克般的风景锦上添花。主导的葡萄品种马尔白克有一种新的广受欢迎的阿根廷式风格。

密的白葡萄酒具有清雅的酸度，颇适合像法国人一样在开胃菜时即饮用，搭配肥鹅肝是经典吃法。这些酒的风格与武夫赖（Vouvray）地区的产酒或许更为类似，而不像波尔多的苏特恩甜酒。若是酒标上面有注明"Vendange Tardive"（迟摘葡萄酒），则酒体更为丰厚，酿成此酒的葡萄通常更干瘪且需要经过至少两次的分批收成。

Tursan 产区位于马第宏下游，目前因为一些有野心的酿酒商正逐渐恢复活力，其中包括星级主厨 Michel Guérard。不过红葡萄酒产量还是大幅压过以 Baroque 品种酿制的有趣白葡萄酒。

小型的 **Irouléguy** 法定产区是法国境内唯一的 Basque 酒产区，以当地品种酿制清新的粉红酒及红白葡萄酒，包括塔娜、Petit Courbu 以及满胜葡萄，葡萄树种植在南向阶地上，海拔达 400 米，可俯视大西洋。本区酒标的装饰十分繁复。

多尔多涅区 Dordogne

多尔多涅区是波尔多右岸的美丽内陆地区，一个遍布着农舍的乡村地区，往其后方走去就可看到纵横交错的绿色山谷切入古城佩里格（Périgueux）的岩石高地里。一直以来，这里都是知名的观光胜地，对游客来说，如今他们可以买到标注为 Périgord Dordogne 的地区餐酒（IGP），这些酒通常来自多尔多涅省的任何一个地区。如果酒标上显示的是 Périgord Vin de Domme，则说明该酒来自某一特定的村庄（见47页）。

位于波尔多两海之间产区与贝尔热拉克产区之间担任着桥梁位置的小产区是 **Côtes de Duras**，该地区采用波尔多品种酿出不少令人尊敬的红、白葡萄酒。传统上来说，**贝尔热拉克**的葡萄酒总被认为比不上波尔多酒精细，而被形容成"土包子"。在多尔多涅省的广大法定产区里，质量最一般的红白葡萄酒，与波尔多最基本的AOC级别葡萄酒十分类似，都带有一些共同的弱点；然而，现在本区也出现了不少意志坚决的酿酒人，意图证明该地区也能酿出更严谨的好酒，包括红、白（各种甜度）以及桃红三种色泽的葡萄酒；其中 Château Tour des Gendres 酒庄的庄主吕克·德孔蒂（Luc de Conti），是一位崇尚"自然动力种植法"的信徒，也是带动此风潮最重要的推手，虽然不是唯一的一位。

此区所使用的葡萄品种与波尔多相同。气候则比受到大西洋影响的吉隆特省来得稍微极端些，而且在海拔较高的地区，土质以石灰岩为主。这里的白葡萄酒选择非常多样，虽然有些令人混淆不清，却非常值得探索。以贝尔热拉克的干白葡萄酒来说，其力道相当强劲，使用比例不一的长相思及赛美容葡萄酿成（虽然此区也酿制一些品质优良的甜白葡萄酒，但消费者主要是当地人）。贝尔热拉克丘（Côtes de Bergerac）以酿制品质更出色的红葡萄酒脱颖而出。在贝尔热拉克这个更大的产区里，另区分出许多独立的小型法定产区，甚至因为数量过多而导致有些产区几乎被遗忘。举例来说，当地只有非常少数的酒庄将所酿制的细腻、微甜的白葡萄酒以 **Rosette** 的名字进行销售。同一地区的法定产区 **Pécharmant**，则以几乎只有当地人才懂得欣赏的有时经橡木桶陈年的红葡萄酒闻名。

从卡斯蒂永丘（Côtes de Castillon）产区（见98~99页）越过省界，马上就进入了相当复杂的**蒙哈维尔（Montravel）**白葡萄酒产区，其中蒙哈维尔丘（Côtes de Montravel）和上蒙哈维尔（Haut-Montravel）地区的白葡萄酒甜度较高，分别位于蒙哈维尔的北

边及东边。全产区中如果只是以简单的 Montravel 命名的酒都是干白葡萄酒，产量也在日益增加，通常以长相思酿制并使用橡木桶陈年；至于赛美容葡萄则是酿制甜酒的王者，酿出的高品质甜酒外观像极了邻省的弗朗丘（Côtes de Francs）；密斯卡岱品种也可在此种植。以梅洛品种为主的红葡萄酒现在也有了自己的法定产区命名，不过，假使品质未通过当地品鉴委员会的审核，也有可能被降级为一般的贝尔热拉克产区酒。

在此法国产区里，最杰出亮眼的葡萄酒其实是丰盛甜美的白葡萄酒，然而产量极少，产自贝尔热拉克镇西南边的两个小产区，其中之一是 **Saussignac** 产区（Monbazillac的西边近邻），虽然有

一些才情独具、意志坚定的酿酒人，但每年的总产量不过几千箱。

贝尔热拉克这个大产区里最负盛名的产区是 **Monbazillac**，总产量是 Saussignac 产区的30倍，且从1993年起放弃使用机械采收而改以多次手工采收后，平均品质就大幅提升，降低二氧化硫的使用量也成为目前的共识。一如苏特恩甜酒产区，Monbazillac 也位于一条小支流的东边，该支流最后流入一条主河川的左岸（这里的两条河分别为加尔德奈特河及多尔多涅河），但地形上则更丘陵化。此外，两个产区使用的葡萄品种也相同，但酒款风格却不同，理由之一或许是密斯卡岱品种对 Monbazillac 产区的特殊适应力。

当苏特恩区缺少贵腐霉时，在 Monbazillac 产区的葡萄园却可能会大量出现，不过正如苏特恩产区一样，在葡萄园内的多次采收筛选通常都是必不可少的。最好的年轻 Monbazillac 甜酒，例如 Château Tirecul La Gravière，会比最好的年轻苏特恩甜酒更丰郁也更充满活力；而当 Monbazillac 甜酒老熟时，则会带着迷人的核桃香，而这也绝对不是波尔多最有名的甜白葡萄酒的特色。

主要酿酒商

1 CH MOULIN CARESSE
2 CH PUY-SERVAIN
3 CH COURT-LES-MÛTS
  CH LA MAURIGNE
4 CH RICHARD
  CH LES MIAUDOUX
  CH GRINOU
5 CH DES EYSSARDS
6 CH BÉLINGARD
  LES HAUTS DE CAILLEVEL
  CH LE FAGÉ
7 CH TIRECUL LA GRAVIÈRE
  CH LA GRANDE MAISON
  CH THEULET
  CAVE DE MONBAZILLAC
8 DOM DE L'ANCIENNE CURE
9 CH TOUR DES GENDRES

CH PIQUE-SÈGUE ■ 值得关注的酿酒商
Saussignac 值得关注的村庄
——— 省界

蒙哈维尔
上蒙哈维尔
蒙哈维尔丘
贝尔热拉克
Côtes de Duras
Monbazillac
Pécharmant
Rosette
Saussignac

1:440,000
Km 0   5   10   15 Km
Miles 0   5   10 Miles

多尔多涅地区的主要领军人物是 Château Tirecul La Gravière 的 Bruno 和 Claudie Balancini 以及 Château Tour des Gendres 的 Luc de Conti。Balancinis 的 Cuvée Madame 只在最好的年份才会酿制。

卢瓦尔河谷 The Loire Valley

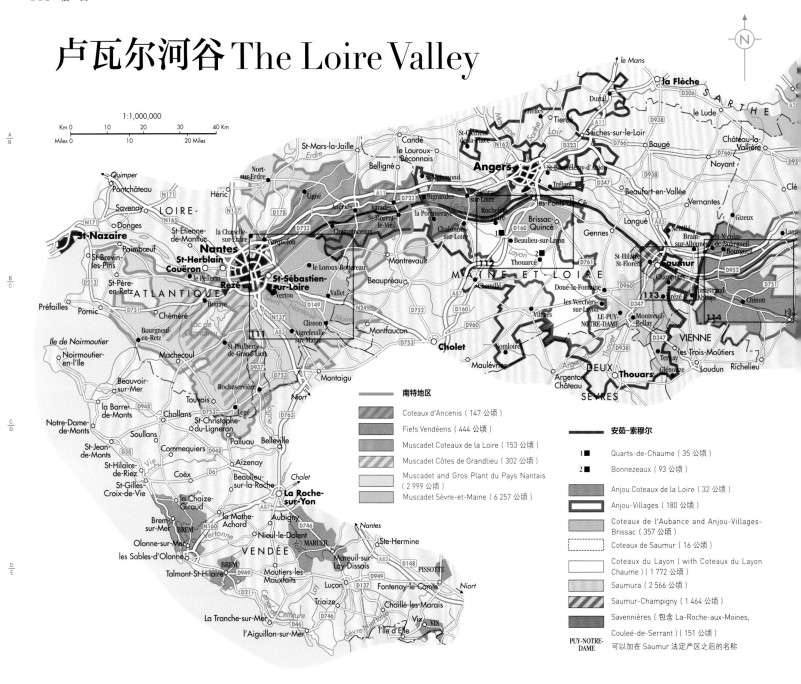

1:1,000,000

Km 0   10   20   30   40 Km
Miles 0   10   20 Miles

南特地区

Coteaux d'Ancenis（147 公顷）

Fiefs Vendéens（444 公顷）

Muscadet Coteaux de la Loire（153 公顷）

Muscadet Côtes de Grandlieu（302 公顷）

Muscadet and Gros Plant du Pays Nantais（2 999 公顷）

Muscadet Sèvre-et-Maine（6 257 公顷）

安茹－索穆尔

1 ■ Quarts-de-Chaume（35 公顷）

2 ■ Bonnezeaux（93 公顷）

Anjou Coteaux de la Loire（32 公顷）

Anjou-Villages（180 公顷）

Coteaux de l'Aubance and Anjou-Villages-Brissac（357 公顷）

Coteaux de Saumur（16 公顷）

Coteaux du Layon（with Coteaux du Layon Chaume）（1 772 公顷）

Saumura（2 566 公顷）

Saumur-Champigny（1 464 公顷）

Savennières（包含 La-Roche-aux-Moines, Couleé-de-Serrant）（151 公顷）

PUY-NOTRE-DAME 可以加在 Saumur 法定产区之后的名称

卢瓦尔河的众多酒区虽然多元而复杂，却值得绘制一张完整地图，因为虽然这些产区分布很广（偏远的产区可查看 47 页的法国全图）且拥有各种不同的气候形态、土壤类型及酿酒传统，以及四五个重要的葡萄品种，但这里的酒都有着相似之处：清淡、活泼，带有明显的酸度，而且通常价格适中。卢瓦尔河谷葡萄酒有半数以上是葡萄酒，并明显地分为东部（桑塞尔和普依）与西部（密斯卡岱）的不甜型，以及中部都兰（Touraine）与安茹（Anjou）的甜润型（采用卢瓦尔河特有品种白诗南酿成）。然而，都兰与安茹最好的红葡萄酒，则是以芳香又迷人的品丽珠葡萄酿成。

南特地方（Pays Nantais）是布列塔尼的酒乡，有人说这里是海神尼普顿（Neptune）的葡萄园，这里也是**密斯卡岱**的故乡。密斯卡岱是卢瓦尔河区第一个在近代发迹的例子，该酒极干，带有些许咸味，酒质坚硬而非尖酸，搭配虾、生蚝或贻贝等料理是美食界不成文的规定之一。密斯卡岱是酒名，

既非产区也不是品种名（密斯卡岱所使用的品种是霞多丽葡萄的近亲 Melon de Bourgogne）。**Sèvre-et-Maine** 产区（跨页地图上有详细标注）拥有 69% 密斯卡岱的葡萄，密集种植在低矮的各种山坡地，尤其以片麻岩或花岗岩地形最为出色。产区中心在 Vertou、Vallet、St-Fiacre 与 La Chapelle-Heulin 等村庄周围，这个地带所生产的酒成熟度最高、最活泼，香气也最大。产自内陆页岩或花岗岩陡坡上的酒款 **Muscadet Coteaux de la Loire** 往往比较纤瘦，而产自多沙、多石土层的 Muscadet Côtes de Grandlieu 就比较柔顺而圆滑。

传统上密斯卡岱是以泡渣法（sur lie）酿制，让已死的酵母与酒一起在酒槽中浸泡，然后直接从发酵槽取出装瓶，不经换桶处理，这种方法会增加密斯卡岱的风味及结构。可喜的是，有些最好的酒庄急欲摆脱密斯卡岱过于简单的名声，小心呵护他们的葡萄藤以便生产出更健康成熟的葡萄，并区隔各种不同的土层，将最有果味的葡萄酒采

用橡木桶培养，近似勃艮第作风。这些酒庄的野心甚至激发了新的酒标命名（当然目前还在萌芽状态）。

超出地图之外的 **Jasnières** 产区，主要生产一些优良、具挑战性的不甜型白诗南，本地黑诗南（Pineau d'Aunis）葡萄所酿造的清淡型红葡萄酒与粉红葡萄酒，却有令人容易搞混的产区名 **Coteaux du Loir**。**Cheverny** 生产多种形态的葡萄酒，其中表现最佳的可能是香味浓郁的长相思；尖锐多酸的干白葡萄酒以 Romorantin 葡萄酿成，并以 **Cour-Cheverny** 的名义销售。

品质不稳定一直是困扰着这个极北地区酒农的问题。尽管全球变暖带来了显著影响，但卢瓦尔河区许多葡萄园每年的成熟度仍有极大差异，以致酿酒品质难以一致。温和的秋季会有效催熟葡萄，直到其变成葡萄干，但若遇上天气潮湿的话，酸度将会非常高。因此，这里就发展出了重要的气泡酒产业。

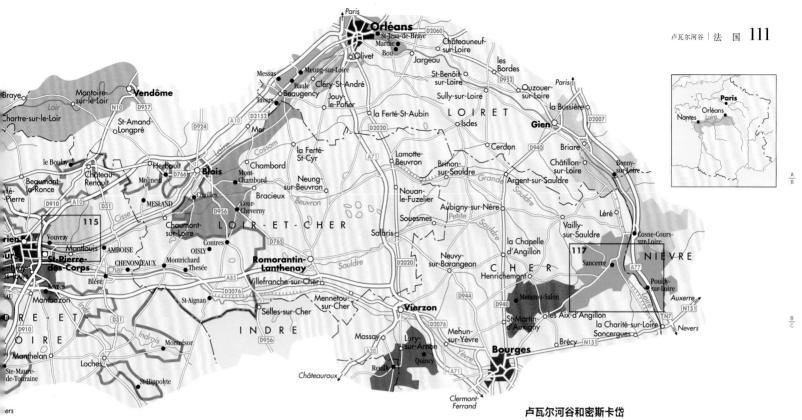

都兰

Bourgueil, St-Nicolas-de-Bourgueil and Chinon (4 788 公顷)

Touraine Noble-Joué (31 公顷)

Vouvray and Montlouis-sur-Loire (2 586 公顷)

AMBOISE 可以加在 Touraine 法定产区之后的名称。

—— 省界

● Brézé 主要葡萄酒酿制村镇

[111] 此区放大图见所示页面

▼ 气象站

上卢瓦尔河

Cheverny and Cour-Cheverny (657 公顷)

Coteaux du Giennois (202 公顷)

Coteaux du Loir and Jasnières (150 公顷)

Coteaux du Vendômois (125 公顷)

Menetou-Salon (501 公顷)

Orléans (73 公顷)

Orléans-Cléry (31 公顷)

Reuilly and Quincy (471 公顷)

Sancerre, Pouilly-sur-Loire and Pouilly-Fumé (4 181 公顷)

Valençay (67 公顷)

卢瓦尔河谷和密斯卡岱

关键要素给予此区 2011 年法定产区的地位，不过密斯卡岱的酒价已经攀升到没有性价比的水准，预计许多卢瓦尔河酒农会完全放弃种植葡萄。

卢瓦尔河区：南特市 ▼

纬度 / 海拔 **47.15° / 26 米**

葡萄生长期间的平均气温 **16.1℃**

年平均降雨量 **820 毫米**

采收期降雨量
9 月：63 毫米

主要种植威胁
秋雨、真菌病

主要葡萄品种 **Melon de Bourgogne、Gros Plant Nantais（Folle Blanche）**

卢瓦尔河区：Tours St-Symphorien 村 ▼

纬度 / 海拔 **47.44° / 108 米**

葡萄生长期间的平均气温 **15.8℃**

年平均降雨量 **696 毫米**

采收期降雨量
10 月：71 毫米

主要种植威胁
成熟度不足、霉病

主要葡萄品种
品丽珠、白诗南

卢瓦尔河区：Bourges 镇 ▼

纬度 / 海拔 **47.06° / 161 米**

葡萄生长期间的平均气温 **16℃**

年平均降雨量 **748 毫米**

采收期降雨量
9 月：60 毫米

主要种植威胁
春霜、冰雹

主要葡萄品种
长相思、黑皮诺

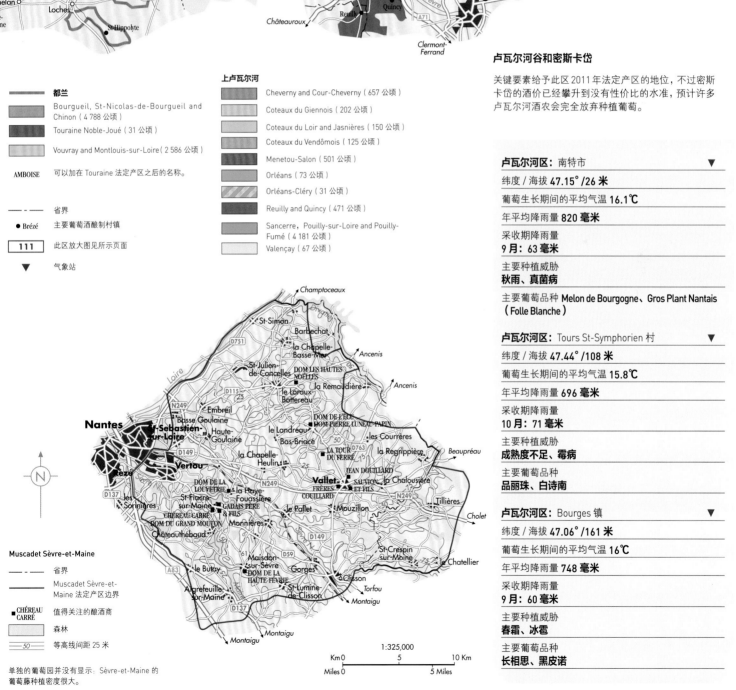

Muscadet Sèvre-et-Maine

—— 省界

—— Muscadet Sèvre-et-Maine 法定产区边界

■ CHÉREAU CARRÉ 值得关注的酿酒商

森林

—50— 等高线间距 25 米

单独的葡萄园并没有显示：Sèvre-et-Maine 的葡萄藤种植密度很大。

1:325,000

Km 0   5   10 Km

Miles 0   5 Miles

安茹 Anjou

就传统来说，拥有秋日阳光和贵腐霉的安茹，其理想和目标一直以来就是酿造甜白葡萄酒。以往，在缺乏上述条件的年份没有什么好作品上市，但如今这里每年都会酿制出真正精致的干白葡萄酒，这要归功于手工采收（而非无处不在的机器采收）、采收时的严格筛选以及对橡木桶的巧妙使用。

这里的葡萄品种全部是白诗南，当地称为Pineau de la Loire。在地图东南边的**Coteaux du Layon**产区可以达到惊人的成熟度，让甜度和酸度得以达到完美的均衡状态。巴黎盆地在此与Amoricain丘陵接壤，让南向及西南向的山坡日照充足，还有大西洋吹送的干燥海风，对于葡萄糖分的浓缩都极有帮助。屏障最多的**Quarts de Chaume**产区占地仅有35公顷，是卢瓦尔河谷第一个官方的特级

名庄（Grand Cru）。还有面积约2.5倍葡萄园大的**Bonnezeaux**产区，因为表现杰出也拥有自己的法定产区。

当大自然条件配合的话，与莱永河（Layon）平行的欧班斯河（Aubance）往南流经的地方，也可以找到绝佳的甜白葡萄酒。**Coteaux de l'Aubance**产区已经涌入了一批才华横溢的生产者。

卢瓦尔河北部的萨韦涅尔（Savennières）产区，位于该区罕见的一个陡峭的南向河岸上。这里也是白诗南葡萄的天下，不过酿出的酒款是干型，酒质大多稠密而浓郁、结构扎实；浓缩的风味加上出色的酸度可以让它多陈放几年。萨韦涅尔产区里有两个拥有自己法定产区的葡萄园：面积只有19公顷的**La Roche aux Moines**，以及占地只有6公顷、

严格采用生物动力法栽培的**La Coulée de Serrant**。

这些都是安茹地区传统上比较具有特色的葡萄酒，不过该区基本的法定产区安茹也渐渐在转变。现在的Anjou Blanc坚实而具有特色，而香味细腻的微甜Cabernet d'Anjou粉红葡萄酒则渐渐超越了乏味的Rosé d'Anjou。

尽管这里的土质似乎比较适合生产白葡萄酒，但品丽珠还是占有一席之地。安茹的葡萄农现在也会自行酿酒，并使用新橡木桶来酿造极具香味的红葡萄酒。其中表现最佳的，偶尔还会添加赤霞珠让结构更为坚实，赢得Anjou-Villages这个法定产区名以及其核心地带Anjou-Villages-Brissac。在最佳年份，这里可以酿出令人惊艳、物超所值的伟大都兰红葡萄酒。

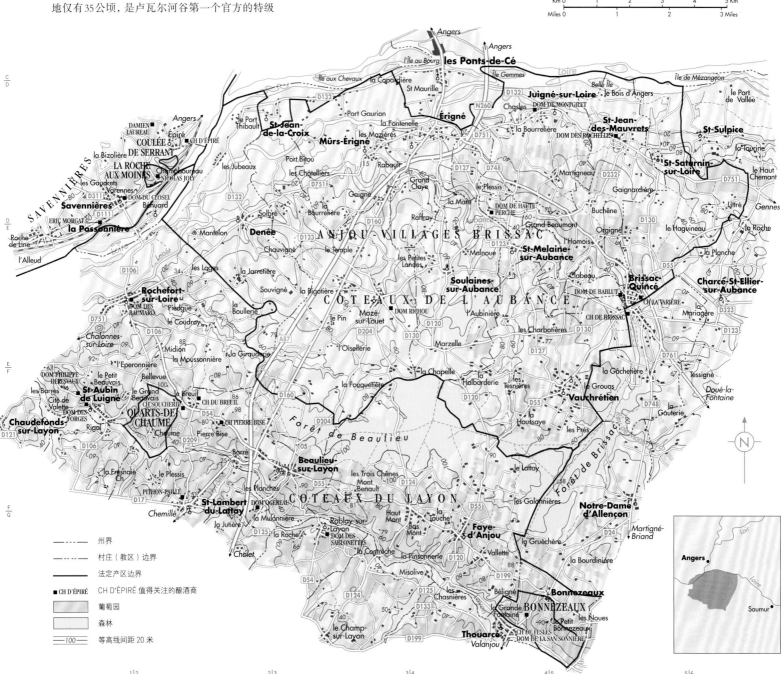

1:112,500

图例：
- 州界
- 村庄（教区）边界
- 法定产区边界
- ■ CH D'ÉPIRÉ   CH D'ÉPIRÉ 值得关注的酿酒商
- 葡萄园
- 森林
- 100 等高线间距20米

索穆尔 Saumur

　　二氧化碳从很久以前一直都是索穆尔产区葡萄酒经济活动里不可或缺的元素，如同它在香槟区凸显了酸度美妙的一面。索穆尔气泡酒（在当地称为Mousseux）吸收了索穆尔全区的所有白诗南及10%的霞多丽葡萄产量，甚至包含了部分安茹地区的葡萄，因为酸度太高而无法酿成无泡葡萄酒。

　　索穆尔镇位于翁热（Angers）市上游48公里处，算是卢瓦尔河区汉斯市与伊培纳（Epernay）市的综合版，当地在柔软的石灰华挖掘出的酒窖绵延好几公里长。就天生特性来说，用来酿造气泡酒的白诗南，或许比用来酿成香槟的葡萄品种更为调皮活跃，不过最好的索穆尔气泡酒（采用传统法酿造的干型气泡酒）并不是毫无企图心。它们或许有一部分会采用橡木桶发酵，其他的可能经过非常长的熟成过程让品质提升。更高等级的Crémant de Loire气泡酒则可使用来自卢瓦尔河这个向东延伸的狭长地区的任何葡萄品种，但法规对于产量的限制也比较严格，酒质通常比索穆尔气泡酒还细致。

　　索穆尔的无泡酒涵盖了白、红和桃红三种颜色。整体来说，葡萄要比10或20年前成熟得多，不过目前索穆尔区最值得关注的酒款应该是**Saumur-Champigny**红葡萄酒，产地位于卢瓦尔河左岸的一小块葡萄园。这里的品丽珠有最清新的表现，产自以石灰华为主的土地（这是从省界另一边都兰产区的最佳红葡萄酒产区延伸过来的）。这里的葡萄藤密集种植在河边的白色悬崖上，并往内陆延伸，在重要产酒中心St-Cyr-en-Bourg有可靠的酿酒合作社，当地的土壤颜色偏黄且含沙量较高，通常会酿出略微清淡的酒款。

　　Saumur Puy-Notre-Dame（距索穆尔西南部大约30公里，见110页）是一个相对新的子产区，在同名村庄附近酿制芳香馥郁、以品丽珠为主的红葡萄酒。与卢瓦尔河谷其他地区一样，此地区的红葡萄酒开始变得越来越强劲且颜色越发深沉，这要归功于不断改进的葡萄种植技术和气候的变化。

Château de Saumur是能够成功吸引游客拜访卢瓦尔河谷并向其展现该区辉煌葡萄酒的众多伟大的酒庄之一。卢瓦尔河谷地区的酒仍在努力扩大其在法国之外地区的影响力。是否过于清淡、过于脆爽，因此很难吸引那些未开化的味蕾？

地图图例

- 省界
- 州界
- 村庄（教区）边界
- 产区边界
- DOM DE NERLEUX　值得关注的酿酒商
- 葡萄园
- 森林
- 100　等高线间距 20 米

这些是安茹与索穆尔地区优秀且典型的葡萄酒精选，包含了安茹的甜型白诗南和索穆尔的干型酒，后者更为出名的其实是以品丽珠为主的红葡萄酒。L'Insolite其实是一款由古老的白诗南葡萄藤发展而来的有质感的白葡萄酒。

希农与布尔格伊 Chinon and Bourgueil

希农、布尔格伊及 St-Nicolas-de-Bourgueil 是都兰与卢瓦尔河最知名的红葡萄酒产区。在这个受到大西洋影响的都兰区西部边缘地带，品丽珠可以酿制出活泼、充满覆盆子果香的酒款，还透着刚削好的铅笔味道。在一般年份，呈紫红色的年轻酒款表现绝佳，可以低温饮用，装瓶几个月后就可享用。在特别成熟的出色年份如2003年、2005年及2009年，酒质坚实有架构，如同优质波尔多红葡萄酒一样，需要10年的时间才会熟成。这么好的品质，却被不合理地低估了。

希农产区位于一片混杂着多样土质的区域，该区的酒庄将不同土壤的葡萄分开酿造。在河边沙质及砾石地的葡萄园，生产的酒款比较清淡易饮。以石灰华为主的葡萄园［尤其是希农东边克拉旺莱科托村（Cravant-les-Coteaux）的南向坡地，以及西边博蒙特村（Beaumont）上方的台地］，往往可酿出结构良好的优质酒款，而**布尔格伊**的陡峭山坡以及丰富的石灰岩土层，则可让优质酒款在装瓶10年后有更好的表现。**St-Nicolas-de-Bourgueil** 产区的土壤比布尔格伊带有更多沙土。希农的白葡萄酒（从"taffeta"至Rabelais）也非常出色。白诗南是希农的白葡萄品种，产区边界向南边和西边延伸与酿制白诗南的村庄合为一体，酿制出了比长相思更有趣的酒款，并且成为了都兰白葡萄酒规定的品种。

广大的都兰地区生产着各式各样的葡萄酒，通常是不那么严肃的红葡萄酒、粉红葡萄酒及白葡萄酒，全都使用**都兰**这个产区名，但有时后面也会加上更详尽的地理名称，如 **Amboise、Azay-le-Rideau** 或 **Mesland。Touraine Noble Joué** 是一款非常不甜、独具特色的粉红葡萄酒，或者说是淡粉红葡萄酒（vin gris），酿自图尔（Tours）市南郊，使用的酿酒葡萄有莫尼耶皮诺、黑皮诺及灰皮诺等品种。在不带后缀的都兰葡萄酒中，佳美为主的酒是红葡萄酒中较有特色的酒款，而长相思有时可以酿成物超所值的有趣白葡萄酒。

这里列出了3款品丽珠（有时被称作Breton），该品种在这里可谓发挥到极致——虽然产区过于靠北，年份的差异也极大，而且未完全成熟的品丽珠并不讨喜。此外，草本气息是许多品丽珠酒的致命伤。

州界
村庄（教区）边界
产区边界
COULY-DUTHEIL 值得关注的酿酒商
la Grille 葡萄园名称/地块
葡萄园
森林
100 等高线间距 20 米

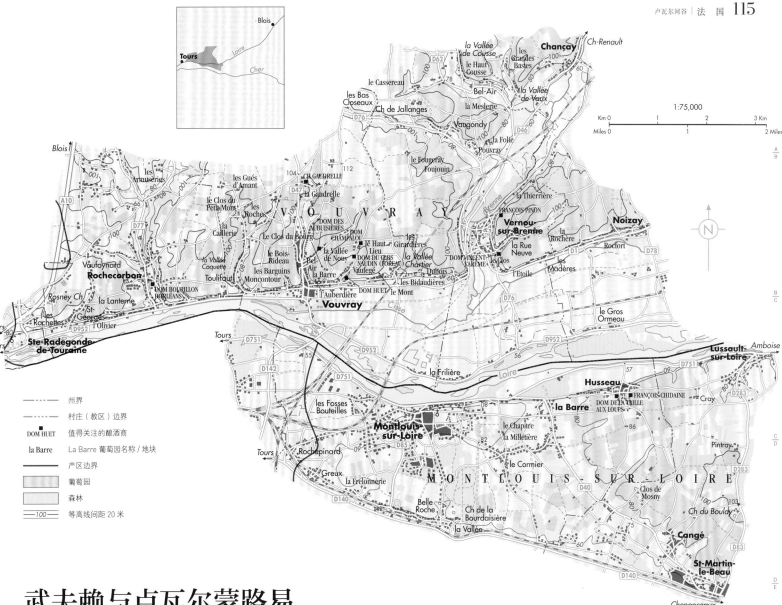

武夫赖与卢瓦尔蒙路易
Vouvray and Montlouis-sur-Loire

只要提到法国皇室及法国的浪漫，就会令人联想到这片拥有文艺复兴时期城堡、古老城镇的土地，还有坐落于绵长且蜿蜒的卢瓦尔河岸的那些令人陶醉的白葡萄酒。低矮柔软的石灰华山丘，从Noizay村到Rochecorbon市分布在卢瓦尔河两岸，几个世纪以来提供了本区酒农很好的酿酒与储存场所。尽管这里的白诗南通常会比安茹地区来得尖酸，但表现最好的甜酒却有着明显的蜂蜜味。不过最大的特质还是极耐久存，如此清淡的酒竟然可以这么长寿，实在令人惊讶。你可以期待波特酒陈年半个世纪，但淡色、坚实且相当娇贵的酒款竟然在装瓶后还能越陈越好，这大概只有在德国的某些酒中才找得到。酸度是最大的关键。

区分**武夫赖**葡萄酒的第一个方式是不甜（sec）、微甜（sec-tendre，非官方分级，却是渐受欢迎的形态）、半干（demi-sec）、甜（moelleux）或气泡酒。来

自大西洋的影响在此与大陆型气候交接，每年的天气差异极大，葡萄的成熟度与健康情形也是如此。因此，武夫赖每个年份的性格都不相同：一些干燥严酷的年份需要好几年的瓶中熟成时间（二氧化硫的添加已经减少且谨慎许多）；酿造浓郁的贵腐型，需按照不同的葡萄园分批采收。至于不太成功的年份，则可以改酿绝佳的气泡酒，具有蜂蜜特色且有久藏潜力，跟索穆尔气泡酒很不一样。

通常来说，只有产自少数几个位于最佳坡地的著名葡萄园才会标出名称，这些园区的黏土与砾石覆盖在河边的石灰华上。名声最响亮的酒庄Huet拥有3座葡萄园：地窖上方的Le Haut Lieu葡萄园、酒质最浓缩的Le Mont葡萄园，以及前任酿酒师诺埃尔·潘盖（Noël Pinguet）最偏爱的Clos du Bourg葡萄园，他在20世纪80年代晚期率先采用自然动力种植法。

武夫赖顶级酿酒商Huet酒庄自2005年起就由美国投资者Anthony Hwang所有。他似乎更钟情于酿制干型白诗南，例如Chidaine的Montlouis，而非这款Le Mont的超甜贵腐甜酒。

蒙路易产区的条件与武夫赖非常接近（即使是当地人也很难分出两者的差异），由于缺乏良好的屏障，南向地点成了卢瓦尔河沿岸武夫赖葡萄园的第一个条件。土质的含沙量稍高，因此典型的蒙路易的酒是比较清淡而不强烈的，许多收成都用来酿造气泡酒了。

桑塞尔与普依
Sancerre and Pouilly

普依与桑塞尔果香馥郁的白葡萄酒或许是最容易辨认的法国酒。在这些以石灰岩和黏土为主的山丘被卢瓦尔河上游一分为二，靠近大陆型气候的那一边，长相思葡萄的表现较好，较之世界其他产区更加细致复杂。不过并非所有的产酒都是如此。广为流行的**桑塞尔**与卢瓦尔河另一边的**普依-芙美（Pouilly-Fumé）**产区，有一些不太有趣的品项充斥在我们的葡萄酒货架与酒单上。

卢瓦尔河畔普依（Pouilly-sur-Loire）是一个产酒村镇，不过生产的酒全部都称为普依-芙美，使用长相思葡萄酿造而成。其他的品种还有夏思拉，它曾经是为巴黎人的餐桌而种植的，酿出的酒非常温和平淡，它能够一直存活在此地，倒是一件奇怪的事情。

如果有人说可以清楚分辨桑塞尔与普依-芙美，那他可真的是个十分厉害的品酒者，因为这两个产区表现最好的酒款其实非常接近。桑塞尔或许比较饱满且明显一点儿，而普依-芙美的香气较浓。普依产区的许多葡萄园地势比桑塞尔低，海拔在200~350米之间，分布在这个山顶小镇的两旁，但最好的园区还是在普依镇北方。那里的土质含有高比例的黏土燧石，赋予酒陈年久藏的潜力，尝起来的味道近似于呛辣的葡萄酒中出现类似打火石（pierre à fusil）的风味。这两个产区从西北至东南部的地带均含有燧石，而桑塞尔法定产区的西边土层则属于"漂白土"（terres blanches），也就是含有高比例黏土的白色石灰岩，会酿出相当坚实的葡萄酒。在这两区之间，石灰岩常混合小卵石，生产的葡萄酒比较直接而细致。

桑塞尔的范围

有权生产桑塞尔葡萄酒的村庄共有14个，外加3个小村落。普遍公认是桑塞尔最好的两个葡萄园之一是含有小卵石及石灰质、位于布埃（Bué）村的Chêne Marchand葡萄园，酿出的桑塞尔葡萄酒特别具有矿石味，酸味细致；而另一个是查维欧诺村（Chavignol）的Monts Damnés葡萄园，因为土层属于kimmeridgean泥灰土（黏土石灰岩），酿成的酒比较粗犷。如果酿酒师能够坚持品质的话，门内特雷奥勒村（Ménétréol）的燧石地可以酿出非常坚硬的酒款。

从黏土燧石土壤的葡萄园望去，笼罩在晚春日落下的桑塞尔山顶上的村庄。这里是法国游客众多的长相思之乡，其最优质的葡萄酒通常带有象征着品质的时髦"矿物气息"。

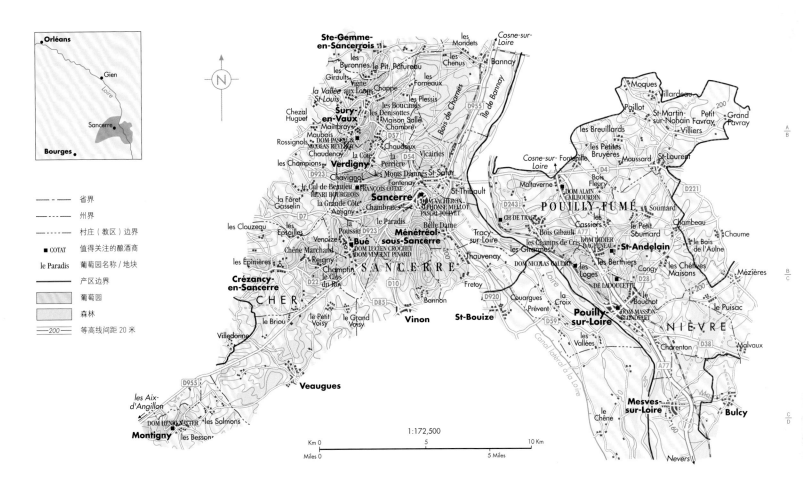

桑塞尔的葡萄园面积在20世纪后25年内已经翻了3倍多，截至2011年已多达2 900公顷，面积大概是普依-芙美的2倍多。

在普依，de Ladoucette家族像极迪士尼城堡原型的Châteaudu Nozet酒庄，可能是最大最有名的一处庄园，不过后起之秀Didier Dagueneau酒庄是降低产量以及尝试使用橡木桶培养的先驱，引起了Vincent Pinard、Henri Bourgeois、Alphonse Mellot和其他桑塞尔领导酒庄的积极反响。

我们可以理解这类企图心强的酒庄有意证明他们的葡萄酒值得久藏，但与武夫赖（举例来说）顶尖白葡萄酒完全不同的是，绝大多数的桑塞尔和普依-芙美在装瓶后一两年就会达到适饮高峰。然而，近期有个种植计划是采用1950年以前的葡萄藤剪枝当成种苗，来取代现代更多产的树苗。试验范围并不仅限于这些葡萄园。桑塞尔的另一个特产是黑皮诺，在当地很受欢迎，不过在其他地方很少见。产量稀少的粉红葡萄酒可以酿得很美妙，不过期待喝到平实版勃艮第红葡萄酒的人，这里产的一些红葡萄酒可能会淡到让他们无所适从。红葡萄酒大概仅占全部产量的1/7（而且普依-芙美这个法定产区没有生产红葡萄酒），但若是碰到好年份，企图心最强的那几家酒庄可以酿出品质与价格都相当接近伯恩丘区的酒款。

深入内陆河流转弯处的葡萄园，就是所谓的中央产区（Vignobles du Centre，见111页卢瓦尔河谷地图）。这里有历史悠久的Quincy与Reuilly葡萄园，以及Menetou-Salon产区快速扩张的零星葡萄园，所酿成的多果味长相思及清淡的黑皮诺，可以用低价与桑塞尔竞争。

Quincy产区有广大的沙质土，是在3个法定产区里风格最粗犷的一区，而且仅生产白葡萄酒。**Reuilly**产区的红葡萄酒、白葡萄酒及粉红葡萄酒的产量都逐渐增加，产自日照充足的石灰岩泥灰地（黏土-石灰岩）以及砾石和沙土的河阶地。**Menetou-Salon**受惠于高比例的石灰岩，自有其本身的迷人之处：清淡，适合搭配一顿阳光下的午餐，表现最好的酒款和东邻桑塞尔普通酒庄的酒比起来更具性价比。

桑塞尔与普依-芙美

这里列出了桑塞尔和普依-芙美最重要的葡萄园（产区全貌图参见第111页）。普依-芙美最优质的酿酒商均位于北部，而桑塞尔最勤劳的楷模们则广泛散布在产区各地。

这里最明显遗漏的酒标当属*Didier Dagueneau*的普依-芙美，该酒的包装出奇地狂野，且并不传统，很难复制。亨利博卢瓦酒庄（*Henri Bourgeois*）在新西兰也种植长相思。你无法抵挡……

阿尔萨斯 Alsace

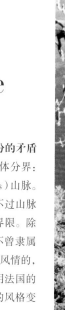

阿尔萨斯葡萄酒反映出一个边境省份的矛盾情况。法国和德国之间有两个明显的实体分界：莱茵河和西边平行25公里的孚日（Vosges）山脉。莱茵河是历史上长久以来的政治边界，不过山脉往往才是气候、民情甚至语言上的最大界限。除了军事占领时期之外，阿尔萨斯区从来不曾隶属于德国。虽然语言和市场未必完全是法国风情的，但土壤却是全然的法国灵魂。阿尔萨斯用法国的方法酿造日耳曼风味的葡萄酒。葡萄酒的风格变化取决于气候、土壤以及葡萄品种的选择，这些都可与德国的葡萄酒产区相提并论，事实上德国的巴登（Baden）产区就在莱茵河的那一头。

阿尔萨斯之所以受到酿酒师和行家注意的原因，在于本区有如马赛克般的多种土壤类型，以及如何挑选合适土壤的品种的挑战。不过将其与其他法国产区区分开的则是其位于孚日山脉雨影的地理位置。只要大致比对其他地区的气象资料，就会发现只有位于西班牙边界的佩皮尼昂（Perpignan）市比本地的科尔马市（Colmar）干燥，连普罗旺斯区的土伦（Toulon）镇都比斯特拉斯堡（Strasbourg）还潮湿。虽然本区葡萄园有时会受到干旱影响，但葡萄要达到成熟通常没问题。

传统上，阿尔萨斯人酿酒追求的是极干、坚实、强劲的酒款，将漫长干燥夏日所累积的每一分糖都发酵转化成酒精，甚至还在发酵过程中加糖（chaptalizing）以酿造更强劲的葡萄酒；这与传统德式残留一点儿天然糖分的轻盈形态形成对比。不过，近来这两个传统模式似乎有对调的趋势，阿尔萨斯葡萄酒的残糖量提高了，而德国葡萄酒则变得更干更强劲。莱茵河两岸最好的酿酒者都认为这是降低产量让每串葡萄得以更浓缩的结果，并以此自豪。不过，消费者开始抱怨阿尔萨斯葡萄酒越来越难搭配食物，而且认为酒标透露的线索太少，无法判断一瓶酒到底喝起来会有多甜。

阿尔萨斯的葡萄品种

对法国而言，阿尔萨斯的酒标最不寻常的地方在于品种名称的标示。赋予阿尔萨斯葡萄酒优质特色的品种是莱茵河的雷司令（这也是德国最好的品种），其他还有西万尼、麝香葡萄、有着特殊香味的琼瑶浆、白皮诺、灰皮诺以及黑皮诺等葡萄品种，而琼瑶浆葡萄则是该区的最佳代言人。你无法想象一支如此纯净而不甜的酒，果香竟然会那么浓郁。Gewürz的德文意思是带辛香味的，不过用玫瑰、葡萄柚，或时而出现的荔枝香等形容可能会更贴切些。

雷司令才是葡萄品种之王。它那不易捉摸的特质、坚实与柔和的平衡、花香和强劲，都让人感到愉悦而不甜腻。与它对应的则是酒体饱满的灰皮诺，不过香味算是本区里较弱的，在餐桌上它算得上是勃艮第白葡萄酒可供替代的选择。阿尔萨斯的麝香葡萄酒通常是Muscat Ottonel与白麝香（Muscat Blanc）两个葡萄品种混酿而成。酿得最好的可以保留所有麝香葡萄富含的葡萄香气的特色，酒质不甜却纯净清透，是一款轻松的餐前酒。工业城巴尔（Barr）北边的海利根斯特恩（Heiligenstein）村附近地区还有一个特有品种Klevener de Heiligenstein，这处以石灰岩为主的地区向北延伸至奥特罗特（Ottrott）市。这里生产的葡萄酒带着轻微的辛香味，有时还会稍带点儿黄油香，酒精度相当低，好年份的酒款具有不俗的陈年潜力。

冬天的白霜让直立垂直架枝系统更醒目，这套系统主要为了促进植株更好地生长，这也是阿尔萨斯（及许多德国）葡萄园的特色。

白皮诺就重要多了，这个名称除了指同名的葡萄品种之外（为阿尔萨斯日常的地区白葡萄酒带来烟熏特色），还可用来指称比较柔和的Auxerrois（两者经常混酿）；更令事情变得复杂的是，Auxerrois有时会以Klevner或甚至Clevner的名称标示在酒标上。这也是以传统法酿造的Crémant d'Alsace气泡酒最常使用的基酒，采用传统方法大量生产，品质最好的还可媲美勃艮第、汝拉和卢瓦尔河区的气泡酒。

等级最普通的地区级酒是以西万尼葡萄酿成，阿尔萨斯西万尼是带有叶子气息、偶尔会出现迷人酸度的清淡酒款，若是少了酸度，可能就会稍显呆板而风味粗糙。这款酒通常是享用阿尔萨斯美食第一支上桌的葡萄酒，随后才会端上主要的葡萄酒雷司令。

特级名庄（Grand Cru）位置

通常Edelzwicker（意思是高贵的混合）一词是用来表示混合不同品种的葡萄酒，一般来说是白皮诺和夏思拉。所有这些品种中，只有雷司令、灰皮诺、琼瑶浆和麝香葡萄等阿尔萨斯葡萄中的贵族，才是颇具争议性的阿尔萨斯特级名庄（Alsace Grand Cru，后页会有讨论）所允许栽种的几个葡萄品种，不过西万尼老藤的高品质，成功地让小镇Mittelbergheim北边的Zotzenberg葡萄园得以晋升特级。一些没有收录在右页详细地图中的特级名庄，另在右图以数字标出，其中有许多聚集在斯特拉斯堡西边一块特别受欢迎的黏土石灰岩上，这些都是下莱茵省（Bas-Rhin）海拔最低的葡萄园。

André Ostertag和Marc Kreydenweiss因执着追求而从众多名气稍逊、下莱茵省海拔较低的葡萄园中脱颖而出——特别是他们的酿造方式。两家酒庄都较早就开始在葡萄园采用生物动力栽培法。Ostertag酒庄一些酒款会在小型橡木桶中进行熟化，这在阿尔萨斯十分少见。

特级名庄Steinklotz的灰皮诺与黑皮诺特别有名，Altenberg de Bergbieten则以雷司令出名。

在地图左下角，离上莱茵省（Haut-Rhin）特级名庄密集地外20公里处，就是位于坦恩（Thann）村上方地势陡升且久享盛名的Rangen葡萄园。Schoffit和Zind-Humbrecht这两家酒庄从这些温暖的火成岩土壤酿造出浓郁的酒款，特别是雷司令及灰皮诺。一般来说，下莱茵省的葡萄园不怎么受到孚日山脉的屏障，因此生产的葡萄酒也较为清淡，虽然埃普菲（Epfig）镇的Domaine Ostertag的生物动力栽培葡萄酒是个令人震惊的例外。2012年，11家村庄通过谈判获得了在基础的阿尔萨斯法定产区名上添加明确的葡萄品种名的权利，特定的葡萄园名或地块名或许也会出现在酒标上。

颜色和风格

就像卢瓦河区及德国境内一些类似的产区，阿尔萨斯葡萄酒基本上也是以果香为主而非强调橡木桶味。就算用到橡木桶，也只是老旧的椭圆形大桶，不会有橡木味进入酒中，当然还是存在一些特例。同样，许多阿尔萨斯的酿酒师会谨慎抑制白葡萄酒的二次乳酸发酵，但对于产量占10%左右的黑皮诺红葡萄酒则会采用二次乳酸发酵来柔化酒质。本区葡萄酒不论是酒色或风格都非常多元，从传统的高酸度、暗粉红色到深红、经木桶陈年而充满橡木味的低产量浓郁型葡萄酒应有尽有。随着夏季气温的上升，该区葡萄酒的品质也有所提高。

本区酒农的另一个挑战，就是尽量让葡萄能够在条件最好的秋天小心成熟，以便用来酿造迟摘型（Vendange Tardive）葡萄酒，或者更甜、更稀少、通常会感染贵腐霉菌且分多次采收的选粒贵腐型葡萄酒（Sélection de Grains Nobles）。本区的迟摘型琼瑶浆或许是全世界香味最奇特的葡萄酒，同时还能保有令人赞叹的纯净与细致的风味。

上莱茵省（Haut-Rhin）和下莱茵省

所有阿尔萨斯葡萄酒品质的关键因素在于从葡萄园（地图所示）西边骤然上升的孚日山脉为葡萄园提供了遮蔽，阻挡了降雨。后页带有等高线的地图清晰地反映了这一点。

国界

省界

• *Barr* 带有特级葡萄园的村庄

葡萄酒酿造区

120 此区放大图见所示页面（包含此页地图未显示的特级葡萄园）

没有收录在详细地图中的特级名庄

1 STEINKLOTZ
2 ENGELBERG
3 ALTENBERG DE BERGBIETEN
4 ALTENBERG DE WOLXHEIM
5 BRUDERTHAL
6 KIRCHBERG DE BARR
7 ZOTZENBERG
8 KASTELBERG
9 WIEBELSBERG
10 MOENCHBERG
11 MUENCHBERG
12 WINZENBERG
13 FRANKSTEIN
14 PRAELATENBERG
15 OLLWILLER
16 RANGEN

Appenthal
Heissenstein
Guebwiller
KITTERLE
AMBERG
Bergholtz-Zell
Orschwihr
SPIEGEL
PFINGSTBERG
Soultzmatt
Bergholtz
Ferme du
Bollenberg
Bollenberg
Westhalten
Munster
Strangenberg
Clos St-Landelin
VORBOURG
Chapelle
d'Oelberg
STEINERT
Gueberschwihr
Marbach
Centre de
rééducation
les Trois
Châteaux
d'Eguisheim
Ehrberg
Bois Commune
de Wintzenhei
Clos St-Imier
GOLDERT
Chapelle
des Bois
Cernay
Voegtlinshoffen
HATSCHBOURG
Husseren-
les-Châteaux
STEIN-
GRUBLER
Wintzenheim
HENGST
Rouffach
Pfaffenheim
PERSIGBERG
Obermorschwihr
Wettolsheim
Clos Hauserer
Château
d'Isenbourg
Hattstatt
FLOIMBERG
Château
Eguisheim
Bellevue
Auberge
Colmar
Cité
Jardir

图例

—— 省界
–––– 村庄（教区）边界
SPOREN 特级葡萄园
其他葡萄园
Altenburg 其他领导葡萄园
森林
200 等高线间距 20 米
▼ 气象站

阿尔萨斯的中心地带 The Heart of Alsace

阿尔萨斯葡萄园区的中心地带，如同在勃艮第，是一整排东向山坡，提供了孕育葡萄的理想环境。而山麓的支脉和凹陷部分更提供了额外的屏障，也让分布在东向、东南向及南向山坡上的葡萄园获得充足的日照。相对于邻近年轻橡树林的葡萄园，在浓密松树旁边的葡萄园更能有效降低平均温度。为了充分利用每一寸光照，此处的葡萄园都采用成列的种植方式。

阿尔萨斯的日照充足。西边高耸的孚日山脉是这些葡萄园的秘密，它们躺在海拔180～360米的山脉两侧，有如一条条绿色缎带，宽度很少超过1英里。开车从凯泽贝尔（Kaysersberg）镇前往圣

迪耶（St-Dié）镇的一路上总是厚云压顶，直到抵达孚日山脉的最高峰，云都聚集在西边。山势越高越能阻挡西风带来的水汽，而让土地干燥。从地图可以看出，上莱茵省中部的葡萄园，以科尔马市为中心，在山顶布满树林的斜坡上向南北两端延伸，此处的天空可以连续好几个星期晴空万里，见不到一朵云。在自然气候的保护之下，经典、芳香但强劲的雷司令在此的表现相当成功。

讽刺的是，阿尔萨斯拥有这么理想的产酒环境，以前却长期沦为廉价混调葡萄酒的供应来源，情况有点儿类似法国的殖民地阿尔及利亚。因此本区不像金丘区的做法，缺乏为区内优质葡萄园

精心策划制定出的一套长期的分级制度。

由于现代酿酒产业的发展，企业家酒农（有许多自17世纪就开始在家族里的葡萄园工作）纷纷转型为酒商，并成立品牌销售自家或邻居生产的葡萄酒，仅依葡萄品种来区分这些酒。知名的几家，有Becker、Dopff、Hugel、Humbrecht、Kuehn、Muré及Trimbach。阿尔萨斯也拥有全法国第一家酿酒合作社，创立于1895年，而Beblenheim、Eguisheim、Kientzheim、Turckheim及Westhalten等合作社的地位，至今仍不输给一些更好的酿酒商。

特级名庄和 Clos

在1983年制定的阿尔萨斯特级名庄法定产区（Alsace Grand Cru appellation）尝试着要将最好的葡萄园区隔出来，如此重大的变革可谓争议四起，每个人都在争论到底哪一个地块才有资格获得提升。不过这些特级葡萄园（地图上以紫色呈现）慢慢地改变了人们对于阿尔萨斯葡萄酒的认知。最起码来说，限制单位公顷产量以及增加成熟度都对增进品质有所帮助。这些特级葡萄园要做的不仅是让不同葡萄酒呈现出品种特征，还要充分传达出此等级法定产区的特色：风土条件与葡萄品种的特定联结，是建立在土壤、地理位置以及特别要强调的"传统"上面。此外，越来越多的葡萄酒，如Marcel Deiss的酒款诠释了传统复杂的种植，旨在展现风土条件而非任何单一葡萄品种的特征。

每个特级名庄对所栽种的葡萄品种都有限制，混调酒（例如已经获得准许的 Altenberg de

古老的葡萄酒路线（Route des Vins）蜿蜒曲折，贯穿整个阿尔萨斯葡萄酒乡镇，游客们可以参观一些世界上最美丽的葡萄酒镇。位于首都城市科尔马西北边的凯泽贝尔是最迷人的地区之一。

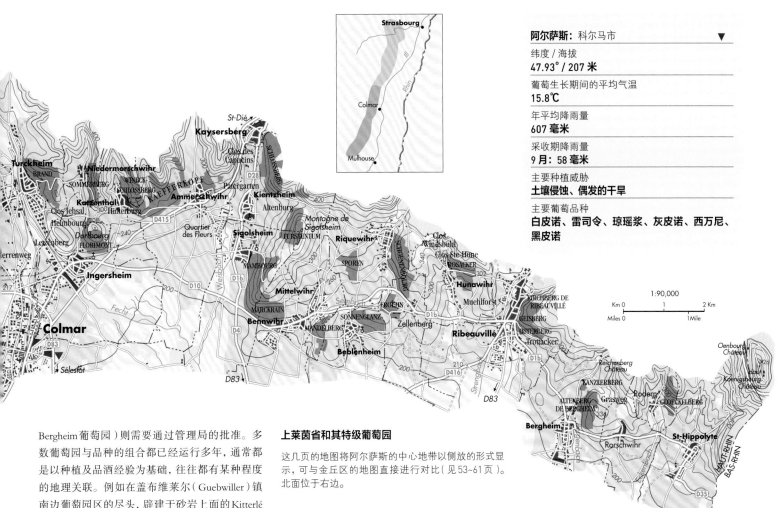

阿尔萨斯：科尔马市 ▼

纬度／海拔
47.93°／207 米

葡萄生长期间的平均气温
15.8℃

年平均降雨量
607 毫米

采收期降雨量
9 月：58 毫米

主要种植威胁
土壤侵蚀、偶发的干旱

主要葡萄品种
白皮诺、雷司令、琼瑶浆、灰皮诺、西万尼、黑皮诺

上莱茵省和其特级葡萄园

这几页的地图将阿尔萨斯的中心地带以侧放的形式显示，可与金丘区的地图直接进行对比（见 53~61 页）。北面位于右边。

Bergheim 葡萄园）则需要通过管理局的批准。多数葡萄园与品种的组合都已经运行多年，通常都是以种植及品种经验为基础，往往都有某种程度的地理关联。例如在盖布维莱尔（Guebwiller）镇南边葡萄园区的尽头，辟建于砂岩上面的 Kitterlé 特级名庄就以多种葡萄酿出甘美的葡萄酒而出名，特别是 Schlumberger 酒庄的产酒更为出色。紧邻北边的 Zinnkoepflé 特级名庄，位于韦斯特哈尔登（Westhalten）镇的南向山坡上，这里的土壤含有较多的石灰岩，主要的葡萄品种是琼瑶浆与雷司令；而在鲁法克（Rouffach）镇的 Vorbourg 园，东南向的园区因为土壤含泥灰土及砂岩，则是以麝香葡萄酿出独特的酒款。

Voegtlingshofen 村的特级名庄 Hatschbourg 拥有泥灰土跟石灰岩，孕育着拥有浓郁质感的灰皮诺与琼瑶浆，邻近的 Goldert 葡萄园也一样。Eguisheim 村的 Eichberg 葡萄园则富含泥灰土与砂岩，适合种植琼瑶浆与雷司令，而 Wintzenheim 村的 Hengst 葡萄园也是以这两个品种著称。孚日山脉的花岗岩赋予了雷司令额外的浓郁感，受惠的特级名庄包括蒂尔凯姆（Turckheim）村的 Brand 园，以及肯兹海姆（Kientzheim）村的 Schlossberg 园。至于里克威尔（Riquewihr）镇的 Schoenenbourg 园则拥有黏土泥灰岩，也生产耀眼的雷司令，而村镇南边富含黏土的 Sporen 园则比较适合栽种琼瑶浆葡萄。

虽然如此，还是有一些生产者（特别是名气响亮的）不使用特级名庄的制度。阿尔萨斯（有人认为是全球）最细致的雷司令产自酒商 Trimbach 的圣榍楼（Clos Ste Hune）单一葡萄园，地点就在汉拿威（Hunawihr）村上方的 Rosacker 特级名庄内。但在酒标上根本找不到"Rosacker"的字样，因为这家酒商不认为这个以石灰岩为主的葡萄

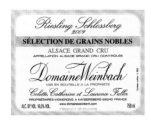

圣榍楼葡萄园的酒标并没有直接透露出其地理位置或地位（技术上说是阿尔萨斯特级名庄），而 Marcel Deiss 的 Altenberg 酒标则没有反映出这款葡萄酒使用的品种。阿尔萨斯的酒标是出了名的含糊不清——特别是在甜度上。

园区，整个园区都能生产出同样优质的葡萄。的确，clos 这个词代表一个与众不同、拥有自我特色的葡萄园区，可以成为品质保证的标记，就像 Domaine Weinbach 酒庄的 Clos des Capucins 葡萄园（位于肯兹海姆村的 Schlossberg 园坡底）、Muré 酒庄的 Clos St-Landelin 葡萄园（位于 Vorbourg 园里），以及 Zind-Humbrecht 酒庄的 Clos Hauserer 葡萄园（在特级名庄 Hengst 附近）、Clos Jebsal 葡萄园（在

蒂尔凯姆村附近）、Clos St-Urbain 葡萄园（位于坦恩市的特级名庄 Rangen 内，见 119 页地图）和 Clos Windsbuhl 葡萄园（位于汉拿威村附近）。

当许多酿酒师纷纷被特级名庄和 Clos 的概念所吸引同时，也有一些人单纯地拿自己所生产的精选葡萄来酿制特选酒（cuvées），通常在酒标上显示最实际的品牌名。看起来，对于阿尔萨斯的争议将会一直持续下去。

隆河北部 Northern Rhône

隆河谷的葡萄园被大自然分成两个部分：北部只有隆河谷总产量的1/10不到，但几乎都是佳酿；南部则辽阔许多，地势和葡萄酒也和北部截然不同。对比下两个产区降雨量（见123页和129页），就足以说明为何北隆河更加绿意盎然，而南隆河则更加具有地中海气候特征。两者的分界线在Montélimar，葡萄藤在这里的一小段河谷里没有生长，然后慢慢开始往南扩张到隆河的三角洲。在北隆河，葡萄藤生长在那些能够充分吸收阳光、陡峭而充满花岗岩碎石的梯田上，这里是西拉的王国，也被称为西拉子（Shiraz）。但北隆河也有玛珊、胡珊和维欧尼这3个颇具个性、而且时下非常时髦的白葡品种，但它们的产量相对较少。

南北隆河最好的产区都会在下面几页详细地呈现在地图中。罗蒂丘（Côte-Rôtie）、孔得里约（Condrieu）和赫米塔希（Hermitage）这些最壮美的隆河葡萄酒都在北部，在它们周围有一些历史悠久、富含当地特征并且日渐出名的产区。

以**Cornas**来说，如同那高贵的赫米塔希的一个倔强的农村表弟一般，虽然同样酿制于种植在花岗岩上的西拉品种，也同样有力量和权威感，但却少了一丝细腻。近年来，这里有一些酒庄开始酿制出在年轻时就适于饮用、果味饱满的葡萄酒，而那些风格传统酒庄的作品在前5年左右的时间总是相对封闭。用桶较重的Jean-Luc Colombo、才华横溢的Thierry Allemand和极受尊敬的Auguste Clape是Cornas最有名的酒庄，但他们已经不是该产区唯一名扬国际的了。

如今这个产区展现了令人振奋的文艺复兴的苗头。Courbis兄弟、Eric和Joël Durand、Vincent Paris和Domaine du Tunnel的Stéphane Robert都是值得关注的新星。这些年种植总面积也达到了125公顷，那些面朝东方、类似罗马圆形露天剧场般的梯田正是Cornas的核心所在。

在**St-Joseph**产区，利用好名声进行扩张的欲望已到了滥用的地步。这个位于Cornas北面、北隆河西岸的产区如今已经从St-Péray产区延伸到超出孔得里约产区北面不少、足足接近60公里的地域。而它曾经只占据了以Mauves和Tournon为中心、与河对岸赫米塔希产区有着类似的花岗岩土壤的6个村庄。但自从1969年，St-Joseph产区被允许从97公顷扩张到1 180公顷，并且覆盖26个村庄，导致葡萄酒的质量也变得十分轻薄无味。

幸运的是，自从20世纪90年代开始，越来越多的葡萄园种植在陡峭的、以花岗岩为土壤的河岸上，而不是在这些山坡的底部或者气温较低、土壤含更多黏土的坡顶上。后两种条件只能酿出与**隆河丘（Côtes du Rhône）**这个覆盖了整个隆河谷的产区差不多质量的葡萄酒，它包括了Montélimar北面47个村庄和其南面124个村庄。Glun、Mauves、Tournon、St-Jean-de-Muzols、Lemps和Vion这6个St-Joseph起源地的村庄，加上北面孔得里约领域中的Chavanay，依旧是质量最好的St-Joseph的来源。很多佳酿来自Chapoutier、Jean-Louis Chave、Gonon

和Guigal这些酒庄，并且有时也是单一葡萄园的，而如Courbis、Coursodon、Delas、Pierre Gaillard、Gripa和Stéphane Montez这样的酒庄也能始终如一地酿出优秀的葡萄酒。St-Joseph还有隆河谷最低调但却最有说服力，且最容易配菜的白葡萄酒之一，酿制于赫米塔希的玛珊和胡珊品种，常常比这里的红葡萄酒更加复杂。

与St-Joseph的那些酒庄一样，Cornas南部的**St-Péray**产区也用同样的葡萄出产越来越优秀的白葡萄酒和少量的金黄色传统型气泡酒。在地图东部的Drôme河边，Clairette和Muscat这两个完全不同的葡萄品种分别酿出了大量的**Crémant de Die**和羽毛般轻盈、葡萄味十足的**Clairette de Die Tradition**。

北隆河谷狭窄的区域使得这里最重要产区的面积都无法进一步扩大，因此一些酒农开始尝试在一些AOC级别以外的地域种植。罗蒂丘和孔得里约（下一页）最有活力的一些酒庄近年来在河左岸物色了有潜力、以片岩为土壤的山坡，并且种植了西拉和维欧尼品种，比如在Vienne和Lyon中间的Seyssuel地区。这些法定区域以外的葡萄园只能出产IGP级别的葡萄酒，在这里被称为des Collines Rhodaniennes（见47页的地图），这名字让这里的葡萄酒多多少少有了那么点儿魅力。

在葡萄酒小镇Ampuis上面高处的罗蒂丘葡萄酒，这个小镇完全可以被叫作"Guigal镇"，因为超过40%生长在这里的葡萄最终都在不停扩张的Guigal的酒窖中发酵。

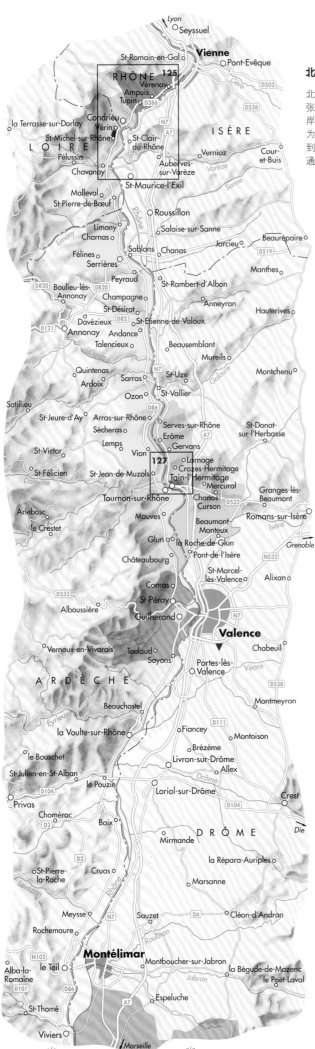

北隆河的葡萄酒产区

北边孔得里约和Côte-Rôtie产区几乎没有扩张的空间，所以勤奋的年轻酒农们开始在河对岸Seyssuel周围种植。St-Joseph已经被公认为质量跨度最大的产区，不过世人最终都会看到，那些被顶级酒庄恢复的绝佳葡萄园会从普通葡萄园中脱颖而出。

1:450,000

| Km 0 | | 5 | | 10 | | 15 Km |
| Miles 0 | | | 5 | | | 10 Miles |

- - - - 省界
罗蒂丘
Château-Grillet
孔得里约
孔得里约 /St-Joesph
St-Joesph
赫米塔希
克罗兹–赫米塔希（Crozes-Hermitage）
Cornas
St-Péray
隆河丘
Grignan-les-Adhémar

125 此区放大图见所示页面

▼ 气象站

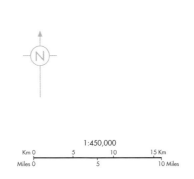

隆河北部：瓦朗斯市 ▼

纬度 / 海拔
44.91° N/ 160 米

葡萄生长期间的平均气温
17.9℃

年平均降雨量
923 毫米

采收期降雨量
9 月：118 毫米

主要种植威胁
开花期的坏天气、真菌类疾病

主要葡萄品种
西拉、维欧尼、玛珊、胡珊

这3个酒庄在St-Joseph陡峭的山坡上种植葡萄，这里在此产区被大肆扩张前就早已开始出产优秀的葡萄酒。Vincent Paris是南边微小的Cornas产区中几个新酒庄之一。

罗蒂丘与孔得里约 Côte-Rôtie and Condrieu

罗蒂丘（Côte-Rôtie）的葡萄园生长在隆河谷西岸、Ampuis周围那些险恶的花岗岩梯田上，这个产区只是在近些年才变得举世闻名。直到20世纪80年代，世人才开始关注坚定不移的Marcel Guigal和他酿制的卓越无比的葡萄酒之前，罗蒂丘一直只是酒业人士喜欢的葡萄酒，每个发现它的人都会十分惊喜，它有着诱人的柔软感、果味十足的细腻感和南部葡萄酒的温暖感，但却更接近伟大的勃艮第红葡萄酒，因为它有精细的香气支持着坚实的单宁，和北隆河另一个知名品牌赫米塔希的健壮感形成显著的对照。

和赫米塔希一样，罗蒂丘的起源可以追溯到罗马时代，甚至更早。直到19世纪之前，这里的葡萄酒是按照76升的体积销售，等于两个细颈椭圆土罐的大小。它长期以来都保持着法国最伟大的葡萄酒之一的秘密身份。在1971年本书首版的时候，罗蒂丘总共的种植面积才只有70公顷，而且还在不断缩小，并且与在这里陡峭山坡上那疲劳之极的耕种相比，葡萄酒的便宜卖价也极不合理。自从世界终于"发现"了罗蒂丘开始，价格便不断提升，在过去40年间，葡萄园的种植面积也达到264公顷，几乎翻了4倍，在产量方面大大超过了赫米塔希。

正如它的名字所指，这片东南朝向的山坡在夏天确实像被烘烤一般（rôtie是烘烤的意思），而且山坡尤其陡峭，有些葡萄园气温甚至能够达到60℃，当运输像一盒葡萄那么重的物品的时候，就必须用上滑轮拉车，甚至单轨小车。这片产区有时仅500米那么宽，这里许多土地全天都在太阳的照射下。在这些河岸旁坚硬岩石上（产区北部为片岩）开辟出来的葡萄园抓住了每一丝的热量，而在山坡顶处新种植的葡萄园则很少能够像它们一样

成熟，因此那里出产的葡萄酒对罗蒂丘的声誉有所影响。

罗蒂丘的边界貌似应该很明显：西北边是这著名的"被烘烤的"山坡的坡顶，东南面的边界现在应该由开往隆河右岸、里昂南部的N86公路划开。但是在东北方和西南方，罗蒂丘真正的风土能扩张到多远是几个世纪来一直被争论的问题。不管怎样，所有人都同意，最早的葡萄园毫无争议地围绕在Ampuis小镇上面两块明显的山坡上：紧接着小镇南面、朝向为南的Côte Blonde和小镇北面、河岸边西南朝向的Côte Brune。Côte Blonde是Massif Central的一部分，这里土壤中有更多的花岗岩，有时在土壤表面就看得到，而表层土更加柔软，由许多不同的沙质和板岩土壤组成，并且有一些浅色的石灰岩成分。相对于Côte Brune，Côte Blonde酿制出更柔软、更迷人、较早陈年的葡萄酒，而同样面积的Côte Brune土壤更多样化，拥有片岩和更紧实的黏土，土壤因为含铁的缘故颜色更深，这里的葡萄酒传统上则更加深厚和坚实。

右页地图中列出最可能在酒标上出现的那些单一葡萄园，而当地的产区地图列出的单一葡萄园甚至会更多。Côte Blonde和Côte Brune的葡萄酒在风格上不同，但质量同样出色。过去酒商会将两者调配在一起、只出品一款罗蒂丘；而如今，单独装瓶和单一葡萄园是由举足轻重的Guigal酒庄领衔的流行趋势。将Côte Blonde的La Mouline、La Landonne和Côte Brune的La Turque葡萄园单独装瓶，并将葡萄酒在新橡木桶中大胆而夸张地陈年42个月，Guigal比其他酒庄都更加接近地创造了一个新的Romanée-Conti。这些为百万富翁而创造的葡萄酒，以力量和浓郁引人注意，但并不合那些喜欢经典而柔和、在老橡木桶中陈年的Côte-

Rôtie的爱好者的胃口。传统主义者可能更欣赏Barge、Gangloff、Jamet和Jasmin的葡萄酒，也包括Roasting的Côte Blonde系列。

因为Guigal酒标上的名字、罗蒂丘最著名的葡萄园的名字和当地地图上的名字之间具有分歧，而使情形变得更加复杂。Guigal最坚实和陈年潜力最强的葡萄酒来自La Landonne葡萄园，而Jean-Michel Gérin和René Rostaing也有这个葡萄园的单一葡萄酒装瓶。但是，La Landonne是Guigal闻名于世的"La La"系列中唯一一个官方公认的葡萄园。La Mouline是Guigal从1966年开始使用的品牌名称，来自地图中标出的Côte Blonde里面60岁的葡萄藤，是一款富丽堂皇、天鹅绒般口感、极其饱满的葡萄酒。La Turque是另一个由Guigal在1985年创造的品牌，由地图上Ampuis上方标出的La Turque中的葡萄藤酿制。而以Guigal新晋收购以Château d'Ampuis为酒标名、更加传统的罗蒂丘装瓶则是由几块Côte Brune和Côte Blonde中不同的葡萄园葡萄调配而成。Marcel Guigal将河边上那破烂不堪的Château d'Ampuis买下并豪华整修一番，这是件理所当然的事情，因为他的父母年轻的时候曾经在那里工作。

但是罗蒂丘远远不是一个只有独角戏的产区。Gilles Barge、Bonnefond家族、Bernard Burgaud、Clusel-Roch、Duclaux、Jean-Michel Gérin、Jamet、Jean-Michel Stéphan，还有Michel和Stéphane Ogier，以及许多以孔得里约和St-Joseph为根据地的酒庄都酿制出很有意思的葡萄酒。在罗蒂丘势力很大的酒商包括Chapoutier、Delas、Jaboulet、由Guigal所有的Vidal-Fleury，当然还包括Guigal自己。

罗蒂丘和赫米塔希的不同不仅仅在于地理位置，理论上罗蒂丘的葡萄酒中可以加入最多20%的维欧尼，用于增加香气，并且使葡萄酒中的西拉更稳定。Guigal的La Mouline中就包含了超过10%的维欧尼，使其更加有活力，但一般来说，2%~5%则是最常见的比例。

孔得里约——富丽堂皇的白葡萄酒

香气异常浓烈，很容易识别，充满杏子和山楂花香味的维欧尼品种是面积更小的孔得里约产区的特产，此产区与罗蒂丘的南部相交融，在这里片岩和云母石变成沙质的、易碎的花岗岩。这里

越来越多的孔得里约和罗蒂丘在酒标上都会标明葡萄生长的葡萄园或者地块的名字。所有的这些顶级葡萄酒都会在酒标上说明自己的葡萄园，即使Jamet的顶级混酿也标出了在小镇上方山坡的名字。

图例

- —— 省界
- —— 村庄（教区）边界
- **LE CLOS** LE CLOS 葡萄园名
- —— 法定产区边界
- 孔得里约，Château-Grillet 和罗蒂丘
- St-Joseph
- 森林
- —200— 等高线间距 20 米

地图地名

RHÔNE, CÔTE-RÔTIE, Givors, Grand Plomb, le Valin, le Grand Bois, le Lacat, MONTMAIN, Lyon, LES GRANDES PLACES, LA VIALLIÈRE, Vérenay, le Giraud, LE CHAMPIN, TARTARAS, LA BROSSE, FONGEANT, LES MOUTONNES, ROZIER, CÔTE ROZIER, la Gauthier, BOUCHAREY, LANCEMENT, LA TURQUE, CÔTE BRUNE, LES ROCHAINS, LA LANDONNE, la Roche, Valence, le Villard, le Crêt, le Chipie, PIMONTINS, LE COLOMBARD, LA MOULINE, CÔTE BLONDE, le Vagnot, Ampuis, Rive-de-Gier, la Jeannette, Gravisse, les Olivières, LA TAQUIÈRE, Beton, le Port, Arbuel, les Chaudières, Chaudique, BUT DE MONT, MAISON ROUGE, Tupin, la Plaine, le Coin, Lymps, Château du Rozay, COTEAUX DE SEMONS, la Calle, Île de la Chèvre, Rhône, les Murettes, CÔTE BONNETTE, CÔTE CHATILLON, Île du Beurre, les Apprêts, STE-AGATHE, LA CAILLE, VERNON, Condrieu, les Agnettes, CHÉRY, l'Olivière, le Rafour, Symperieux, le Chatelard, MALADIÈRE, CLOS BOUCHE, Vérin, les-Roches-de-Condrieu, l'Olagnières, Château-Grillet, Roussillon, CHÂTEAU GRILLET, St-Michel-sur-Rhône, Jean-Rude, les Cavettes, la Faverge, LE PIATON, LA CROIX ROUGE, Montjoux, COLOMBIER, Jassoux, la Privelerie, LA BOURDONNERIE, la Resoly, le Treuil, les Arts, VERLIEUX, Verlieux, Chantelouve, Triolet, Voturery, MEYE, Richagneux, Montelier, Pecher, CHANSON, LA CÔTE, IZÉRAS, LES EYGUETS, Malpas, Pelussin, Ventabrin, Mantelin, Chavanay, Roussillon, la Chorery, Port Vieux, ST-JOSEPH, LA PETITE GORGE, LA RIBAUDY, BOISSEY, la Grande Gorge, Limony, LOIRE, DRÔME

比例尺 1:61,540

孔得里约、罗蒂丘和Château-Grillet

Château-Grillet那极小的一片葡萄园俯视着隆河和孔得里约南面的工业区。葡萄园和酒窖都正在翻修，葡萄园也可能会扩张，这个François Pinault的新猎物必定会有更多的新闻。

品种，确实不如种植那些更容易护理、收益更丰厚也同样是当地特产的其他农产品更加吸引人。在20世纪60年代，1940年才创立的孔得里约产区的总体种植面积缩小到仅仅12公顷。幸运的是，维欧尼品种、尤其是孔得里约产区的魅力是如此迷人，它的国际粉丝俱乐部不断扩大。如今这个品种在朗格多克、加利福尼亚和澳大利亚的种植面积要比孔得里约多得多。目前已经有新的维欧尼克隆，虽然不是所有的克隆品种都能保证酿出好酒，但这样的热情也促使孔得里约自己迸发出创新的火花。

经典的、芳香的、几乎只出品干型的孔得里约风格的顶级酒庄包括Georges Vernay，他家的Coteau du Vernon是经典，还包括Pierre Dumazet、André Perret和Guigal，Guigal目前的顶级产品是La Doriane，由Côte Châtillon和Colombier单一园的葡萄调配而成。年轻一代、并且雄心勃勃的酒庄会尝试较晚丰收、贵腐和木桶陈酿的风格，包括Yves Cuilleron、Yves Gangloff、Pierre Gaillard和François Villard。

所有的这些创造力都需要葡萄园，孔得里约也因此不停扩张，在2011年面积已达164公顷。孔得里约产区从Chavanay村的北部开始，这里也可以出品St-Joseph，据说土壤中更高的花岗岩含量能使葡萄酒有一些矿物感；一直往北延伸到孔得里约村北面的山坡上，这里出品的维欧尼尤其饱满。

挑剔的维欧尼品种在那些难以耕种的土地上最为适合，为了能够让产量达到收支平衡，维欧尼在开花期间必须避开北面刮来的冷风。但最新的葡萄园不一定都在这样的位置。孔得里约最理想的葡萄园拥有当地人称作Arzelle的粉状表层土，它拥有较多的云母含量，包括Chéry、Chanson、Côte Bonnette和Les Eyguets这些葡萄园。孔得里约将酒精度给予的力量与强烈且又令人吃惊的精致香气结合在一起，它也是少有的需要在年轻时就要享用的高价白葡萄酒之一。

世界上最不寻常的维欧尼就是**Château-Grillet**了，这是一块被孔得里约领域包围着、3.8公顷大、拥有自己产区、像圆形露天剧场一般的葡萄园，享有特权的葡萄藤生长在其中。相比于其质量，它的价格更多是反映了物以稀为贵的规律。但改变正在进行之中，它现在属于拥有Pauillac产区拉图酒庄的François Pinault。Château-Grillet比大部分孔得里约都更有潜力陈年。

许多酒庄酿制的红葡萄酒和白葡萄酒都广受欢迎，让那些想买他们葡萄酒或者更情愿收购他们葡萄园的大酒商苦恼不已。曾几何时，孔得里约更多被看成是名不见经传的甜酒。在孔得里约村上面那些相对难以耕种的山坡上，种植像维欧尼这样不稳定、易受病虫害侵袭、产量小的

赫米塔希
Hermitage

罗蒂丘紧紧背靠着北面，才能让产区最北部的西拉足够成熟。 往南走50公里，赫米塔希那壮观的山丘也同样紧靠北面，只不过它在隆河的另一边而已。似乎很难将它微小的面积和其闻名于世的声誉相提并论，整个赫米塔希产区只有136公顷的葡萄藤，这比波亚克的拉菲酒庄也大不了多少。而且与河对岸的St-Joseph不同的是，早有法令限制了它的扩张。

但赫米塔希确实是法国历史上最辉煌的葡萄酒之一。有记录显示自从18世纪中期，波尔多酒庄已经开始将赫米塔希调配在他们的酒中，使其更加饱满。André Jullien在1816年（见12页）第一次出版了其著名的关于世界上最顶级的葡萄园的《葡萄园地形学》（Topographiede Tout les Vignobles Connus）一书，其中将赫米塔希的单独地块产酒与Château Lafite和Romanée-Conti等葡萄酒评为世界上最伟大的红葡萄酒，他同时也将这里的白葡萄酒列为最高等级。丹·赫米塔希（Tainl' Hermitage）镇挤在赫米塔希山丘脚下狭窄的河畔，罗马时代称为Tegna，这里的葡萄酒深受科学家Pliny和诗人Martial的喜爱。

左岸

隆河是法国主要的南北枢纽，公里和铁路顺其而建，它在狭窄梯田下曲折前行，将丹（Tain）镇北部山丘的雄伟景色展现给世人。

赫米塔希的山坡在北隆河非常特殊，因为它在河的左岸，也就是东岸。它的朝向为从西面到正南，因此不会受到北方刮来的强风的影响。在隆河变换它的河道，从赫米塔希的西边（而不是东边）流过之前，这块露出地面的花岗岩层曾经是中央山地（Massif Central）的延伸。最终这片陡壁有350米高，虽然不如罗蒂丘那般险峻，但也足够陡峭，使得有些葡萄园需要梯田才可耕种。当然，如此陡峭的地势已经将机器作业的可能性排除，而修复土壤流失造成的问题则是每年都要进行的苦差使。在暴雨后冲下山坡的表层土主要是由分解的燧石和石灰岩组成，也包括山坡东段源于冰河时期沉积土。

尽管赫米塔希的红葡萄酒全是由西拉葡萄酿成，但每个独立的地块在土壤类别、呈现和海拔方面还是会有细微的差别，并都受益于罗马圆形剧场般的天然地形。Jullien在1816年就信心十足地将赫米塔希的地块按照优劣顺序排出：Méal、Gréfieux、Beaume、Raucoule、Muret、Guoignière、Bessas、Burges和Lauds。如今有些拼写或许有所

改变，但地块仍然不变。虽然赫米塔希通常都是几个不同地块的葡萄调配在一起，并且这样也许更加合适，但现在地块的名字在酒标上也越来越常见，因为消费者和酒庄都热衷于了解单一葡萄园的特征。

一般说来，最芳香的红葡萄酒来自地势较高的Beaume和L'Hermite地块，它们位于山丘顶部的小教堂周围，Jaboulet著名的旗舰产品La Chapelle就是以此为名；来自Péléat地块的葡萄酒相对饱满一些；Chapoutier是Les Gréffieux地块最大的拥有者，壮丽的葡萄酒优雅而芳香；Le Méal地块则出品极其厚重和强劲的风格；土壤中花岗岩含量尤其高的Bessards地块在赫米塔希的西边，有着正南和西南的朝向，这里的葡萄酒的单宁和陈年潜力都最强。

马匹不是隆河岸边、丹镇北部的赫米塔希葡萄园中的新式工具，它们早在20世纪80年代就被"雇用"到陡峭的山坡上来工作，这匹马和这位耕夫在Paul Jaboulet Aîné的葡萄园里劳作。

英国学者和葡萄酒行家乔治·圣茨伯里（George Saintsbury）教授在20世纪20年代第一次用"阳刚"形容赫米塔希，从此这个词就和赫米塔希形影不离。确实，它这特别的风格和它用于强化薄弱的波尔多葡萄酒的历史同样出名。赫米塔希几乎像是没有添加白兰地的波特酒，而且同年份波特酒一样，它也会在瓶中和酒瓶内壁留下厚厚的沉淀物，因此也需要换瓶处理。出色的年份会经过多年的陈年而变得更加完美，渐渐香气变得令人陶醉和激动，几乎让人无法招架。

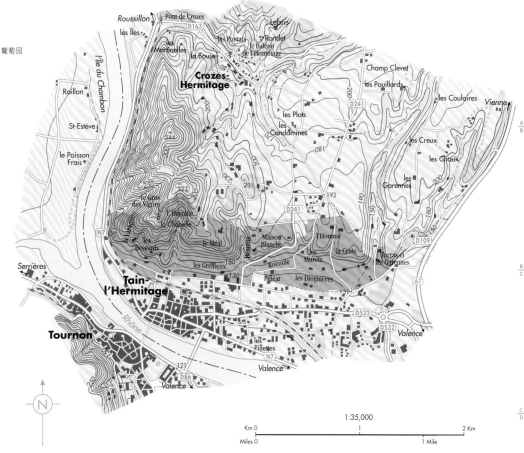

1:35,000

Km 0　　　　　　　　　　　　　2 Km

Miles 0　　　　　　　　1 Mile

在所有年轻的伟大红葡萄酒中，优秀年份的年轻赫米塔希也许是香气最封闭且单宁最厚重的，没有什么可以束缚它丰富的香气和饱满的水果味。这样的冲击力并不会随着陈年而减弱，但它年轻时的霸气慢慢变成了陈年老酒那纯粹的雍容，饮者必然为之动容。

与北部的孔得里约和罗蒂丘产区不同，很久以来赫米塔希都声名在外，因此几乎所有可以种植的土地都已经种满，空间的扩张已无可能，对葡萄藤和新酒庄来说都是如此。

4个酒庄在这个产区占据主导地位：位于河对岸 Mauves 镇上 Domaine Jean-Louis Chave，就在丹的姐妹镇 Tournon 的南边，还有大酒商 Chapoutier 和 Jaboulet，以及已经规模较小的 Delas。这些大名都在他们自家梯田上的护墙上像广告板似地标出，从山坡下要道经过时很容易就能够看到。

克罗兹-赫米塔希（Crozes-Hermitage）

和大部分伟大的葡萄酒一样，赫米塔希也有一个自己的影子。它和克罗兹-赫米塔希的关系就像 Le Chambertin 和 Gevrey-Chambertin 村一般。克罗兹是围绕着山丘后面的一个村庄，产区的名字由此而来，而面积包括了超过 1 500 公顷的葡萄园，从丹和赫米塔希本身向南北两端延伸了近 16 公里。

克罗兹-赫米塔希为满怀热忱的新来者在这个地区提供了机会，同时有越来越多的当地酒庄开始装瓶自家的葡萄酒，而不是像以前那样卖给 Cave de Tain l'Hermitage 合作社，即便如此，这个产区20%葡萄园的收成都由这个合作社酿制。

直到20世纪90年代，只有一款克罗兹-赫米塔希能够常与赫米塔希相提并论，那就是 Paul Jaboulet 酒庄的 Domaine de Thalabert，地处 Beaumont-Monteux 北边，是这个克罗兹产区最成功的区域之一。其余的大部分克罗兹-赫米塔希都苍白无力。如今，我们可以将这个产区分成两种基本风格：一种充满年轻的黑醋栗的果味，适合较早饮用；另一种更有抱负，甚至有能力模仿赫米塔希的高贵，也能够陈放10年。领军人物是那些更加优秀的酒商和酒庄，包括 Alain Graillot、Belle、Domaine Pochon、Domaine Marc Sorrel 和 Domaine du Colombier，但是像 Tardieu Laurent 这样的新一代酒商和 Cave de Tain l'Hermitage 合作社也出品一些值得赞扬的酒款。Domaines Yann Chave、Combier、des Entrefaux、des Remizières 和 Gilles Robin 这些酒庄酿制的克罗兹-赫米塔希也越来越值得关注，其中有一些也酿制赫米塔希。

来自赫米塔希山丘上的白葡萄酒在历史上几乎和它的红葡萄酒同样出名，由胡珊和更主要的玛珊品种酿造。对 Jullien 来说，赫米塔希白葡萄酒和 Montrachet 可以并肩列为法国最伟大的白葡萄酒之一。即使在今天，白葡萄品种也大约占据了赫米塔希所有葡萄藤的1/4。Jullien 将 Raucoule 列为赫米塔希白葡萄酒中最优秀的地块，它出品的葡萄酒以其香气而著称。

赫米塔希白葡萄酒能够美妙地在瓶中演变几十年，开始时它会很浓厚，香气有石头般的矿物感，稍微有些蜂蜜味但却相对封闭，这沉思般的状态（不过近年来的风格都比以前更加清爽）会慢

赫米塔希和克罗兹-赫米塔希

赫米塔希山坡上的葡萄园也许是世界闻名，但它的面积真的就只像这张地图上呈现的那么有限。这里只包括了克罗兹-赫米塔希的一小部分（见123页展现全貌的地图）。

慢演变成奇妙的坚果味。和红葡萄酒一样，赫米塔希白葡萄酒也正有出品小量酒款的趋势，通常是来自单一地块，比如 Chapoutier 的 L'Ermite 和 Le Méal、Guigal 的 Ex-Voto、Ferraton 的 Le Reverdy 和 Jaboulet 的 La Chapelle 白葡萄酒。

赫米塔希还有传奇的 vin de paille 甜酒，陈年潜力异乎寻常，仅在非常成熟的年份由按照传统方法在稻草垫上脱水的葡萄酿制而成，产量极小。Gérard Chave 在20世纪70年代将这个古老的可能可以追溯到罗马时代的特产重新复苏。这个产区最古老的酿于19世纪的佳酿仍然存在，据说尝上去依旧是令人无法忘怀的华美。Cave de Tain 合作社现在的产品十分优秀，也更加实惠。

来自3个不同酒庄的法国最伟大的葡萄酒之一，赫米塔希的历史比著名的波尔多葡萄酒还要悠久许多，它的白葡萄酒和它的红葡萄酒一样令人着迷，而波尔多人曾经用赫米塔希红葡萄酒来加强他们自己的葡萄酒。

隆河南部
Southern Rhône

隆河谷的南端像是个漏斗的尽头，在这里它流入地中海，同时在每个旅行者心中都占有一席之地。 人文和自然历史相结合，使这里在各个方面都成为法国最富裕的地区之一。又有谁不能想象出这样一幅景象呢？在遥远的南方，那古罗马人留下的雄伟遗迹，那警惕地站在沉睡的石头上的蜥蜴，那一片片躲在密史脱拉风刮不到的地方的早熟蔬菜园，那替代了松树和杏树的橄榄树丛，当然，还有那遍布山坡或者平原、在沙地或者黏土中交错生长的葡萄藤。

这里最基本的产区是**隆河丘（Côtes du Rhône）**，覆盖了 56 400 公顷，是隆河谷红葡萄酒、白葡萄酒和桃红葡萄酒的基本产区，也是法国排在波尔多之后第二大的葡萄酒产区。

不可避免，在如此大的产区，酒款的品质和风格会有很大的差异。沙质土壤与曾经产自高山的石灰石或者来自地中海的沉积土交汇在一起，在较冷的区域享受充足的阳光。有些隆河丘的酒款极其普通，但即使这个鱼龙混杂的产区也可以淘出宝贝，往往（但不一定总是）是等级较高产区中酒庄的低端酒，比如 Château de Fonsalette，它和举世闻名的 Château Rayas 来自一个家族。

目前所有隆河丘红葡萄酒中，歌海娜的比例必须最少为 40%，它最常见的调配搭档为西拉和慕合怀特，当然不仅限于这两个品种。白葡萄酒和桃红葡萄酒分别为总产量的 4% 和 7%。占地 7 800 公顷的**隆河村庄（Côtes du Rhône-Villages）**产区明显在质量方面更上一步，而且出品一些法国性价比最高的葡萄酒。有 95 个村庄有资格使用 "–village" 后缀，全部坐落于隆河南部，其中最优质的 17 个村庄可以将自己的村名加在已经繁琐之极的隆河丘村庄之后。这些更出色的村庄都在下一页的地图上用红色标出。地图中已经建立了自己名声的村庄包括 Valréas、Visan 和隆河右岸的 Chusclan 和其附近的 Laudun，后两者在出品优质红葡萄酒的同时，也有出色的桃红葡萄酒。Vinsobres 村较冷的气候和较高的海拔尤其适合西拉品种，它在 2006 年成功将自己升级为独立的产区。

在 Vinsobres 和隆河之间是 **Grignan-les-Adhémar** 产区，这个奇怪的名字来自两个村庄名字的元音省略，是对同名的核电站发生事故后、Coteax du Tricastin 产区销售崩盘的对策。这片干燥的被密史脱拉风吹袭的区域出产的松露比葡萄酒更出名。慕合怀特品种在如此远离地中海的地方无法成熟，因此在这里用来增强充满果味的歌海娜的品种是神索，以及适合更高海拔、结构强硬的西拉。有机种植的先驱 Domaine Gramenon 向世人证明了在这里精心酿制的葡萄酒的陈年潜力确实比一般的两三年要更长。

从凹凸不平的 Dentelles de Montmirail 可以俯瞰 Gigondas，受其庇护的 Gigondas 是法国最具魅力的村庄之一。俯视着教皇新堡葡萄园的当地酿酒商们非常自豪。更多葡萄酒细节参见后页。

东边是 Ventoux 山，因此较为分散的 **Ventoux** 产区（6 100 公顷）也比大多数隆河丘具有更高的海拔和更凉爽的气候。传统上，这里酿制的是轻盈无比、年轻时很活泼轻快的红葡萄酒和桃红葡萄酒，但现今像 Fondrèche 和 Pesquié 这样的酒庄开始出品越来越值得关注的葡萄酒，同时还有像来自 Château de Beaucastel 的 Perrin 家族所拥有的 Le Vieille Ferme 这样出色的酒商混酿葡萄酒。再往北走，就在 Durance 河的北边，就是当红的度假胜地 Luberon 产区了。这里的美景有时比产区那接近 3 200 公顷葡萄园出产的酒更有个性。

这些是下一页地图中知名的中心区域以外、隆河南部出品的一些非常激动人心的葡萄酒，都以歌海娜为主，但西拉在较冷的产区表现也十分出色。

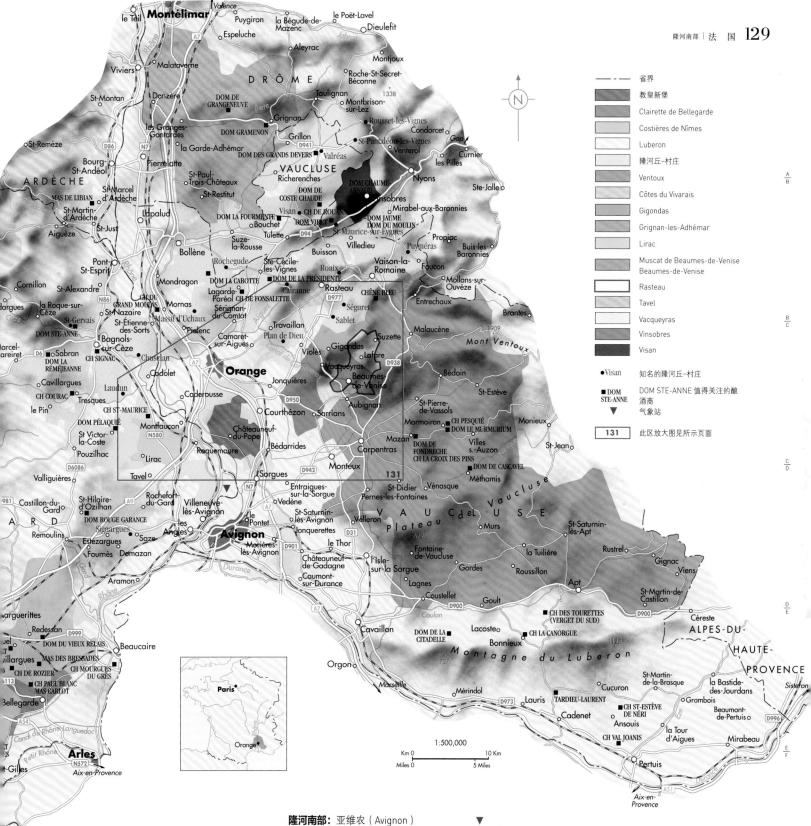

隆河南部：亚维农（Avignon）　▼

纬度 / 海拔
43.91° N/ 34 米

葡萄生长期间的平均气温
19.7℃

年平均降雨量
677 毫米

采收期降雨量
9 月：117 毫米

主要种植威胁
干旱

主要葡萄品种
黑歌海娜、西拉、佳丽酿、神索、慕合怀特

隆河南部的葡萄酒产区

这里不仅仅是葡萄酒的世界，同时也是美妙的度假胜地，通往普罗旺斯的关口。奢侈的度假别墅和艺术感浓厚的小型乡村宾馆分布在 Luberon 的山丘上。在西南方，Costières de Nîmes 与朗格多克的东部紧紧相连，但它对黑歌海娜的倚赖使它更像是南隆河的盟友。

在隆河右岸的 **Côtes du Vivarais** 由 Cave de Ruoms 占据主导地位，出产的都是几乎像羽毛般轻盈的隆河丘，因为对这一片法国尤其炎热的地区来说，这个产区的气候十分凉爽。

位于 Camargue 北面 **Costières de Nîmes** 产区的 3 500 公顷葡萄园则受到更多地中海气候的影响，也更加炎热。这里现在正被归为下一页地图中那些葡萄园向西的延伸，而不是朗格多克的一部分。这里的葡萄酒很有意思，强劲，充满阳光，尤其是风格多汁的黑歌海娜。

隆河南部的中心地带
The Heart of the Southern Rhône

在下一页详细呈现的教皇新堡产区周围，聚集着很多村庄和不断壮大、满怀抱负的酒庄，每一个都诉说着自己甜美而辛香的故事。和教皇新堡产区一样，这里的葡萄园在夏天也饱受普罗旺斯的烈日，昏昏欲睡的知了叫声不时在耳边响起，而空气中则充满了那些弥漫在葡萄园的地中海灌木丛中的草本气味。

功能多样的歌海娜是酿制红葡萄酒的主要品种，配角是生长在气温较低、海拔较高地域上的西拉和在一些更炎热地区的慕合怀特。产量较少但呈上升趋势的白葡萄酒也有出品，非常有个性，酒体饱满，由白歌海娜、克莱雷、包布朗、胡珊、玛珊和维欧尼这样的品种酿造而成。

隆河南部葡萄酒村庄的晋级道路非常清晰明了，隆河丘是这里最基础的产区；明显更优秀一级的是来自标有"Côtes du Rhône-Villages"的那些村庄，主要在地图的北面，由红色标出；但这些村庄的酒建立了良好的声誉，它们能够申请在酒标上将自己的村名加在"隆河丘村庄"后面；再下一步，它们可以升级到有它们自己的产区，当地人称为特级酒庄（cru）。

早在1971年，**Gigondas** 就成为第一个赢得自己产区的村庄，它那结构紧实的红葡萄酒能够和教皇新堡相媲美。晚熟的葡萄园从Ouvèze河东边的平原一直延伸到Dentelles de Montmirail壮观而交错的石灰岩地貌，有时甚至种植在其中，这样的地貌占据了Gigondas那漂亮的山丘上的村落。依靠这里的海拔和更富石灰质的土壤，Gigondas通常比教皇新堡的葡萄酒香气更加浓郁，口感稍微更轻柔一些。但是正如隆河南部所有的产区，这里的酿酒工艺也十分多样化。像Domaine Santa Duc

和Château de St-Cosme这些雄心勃勃的酒庄成功地尝试了新橡木桶的作用，而像Domaine Raspail-Ay和St-Gayan这样的传统派风格则十分华丽，极具深度，香气悠长，最优秀的年份能够陈放20年以上。目前将每小块葡萄田分开、按照其特点单独酿制的趋势在Gigondas相对更加成熟。和西拉间一时兴起的"调情"也开始淡去，并且从2009年开始，100%歌海娜的葡萄酒也有了合法的身份。一小部分Gigondas特意被酿成桃红葡萄酒，而克莱雷是当地酿制白葡萄酒的品种。

Vacqueyras 在1990年赢得了自己独立的产区，这里的土壤为较早成熟的沙质和石质梯田，出品的葡萄酒与Gigondas相比，风格更加直接而轻盈，同时也更具乡土味。新橡木桶在这里几乎不存在，以歌海娜为主、西拉为辅的果香在酒中完美表现自己。Vacqueyras以相当合适的价格向消费者呈现了隆河南部的香料味和草本味，它也是隆河左岸唯一一个能够出品3种颜色葡萄酒的产区，包括一些用白歌海娜酿制而成的精彩、饱满、有烟熏味的白葡萄酒。**Beaumes-de-Venise** 含有一些侏罗纪时期黏土的土壤，能够出品强劲型的红葡萄酒，其在2004年得到了自己的AOC身份，当地因特产酒精较高、香气浓烈、具有金黄色的甜麝香Vin Doux Naturel，在1945年就取得了自己的产区，此酒风格

和朗格多克的麝香葡萄酒十分相似。同样，**Rasteau** 也因相对强烈而质朴的甜Vin Doux Naturel而获得AOC身份，但自2009年开始，Rasteau的干型葡萄酒和邻居产区Cairanne（在地图北面）同时获得了自己独立的产区。**Cairanne** 是隆河南部最令人激动的葡萄酒村庄之一，像Alary家族、Brusset家族和Marcel Richaud这样能力非凡的酒庄都在这个产区出品白葡萄酒和红葡萄酒。和最好的Cairanne相比，Rasteau的葡萄酒没有那么精细讲究，但像Gourt de Mautens这样的酒庄都有着忠实的粉丝。

桃红葡萄酒是Tavel和Lirac的传统特产，它们与教皇新堡隔隆河相望。很久以来Tavel都曾经是

教皇新堡卫星产区中最好的一些葡萄酒。这是Gourt de Mautens最后出品的Rasteau之一，庄主Jérôme Bressy坚持将像Picardan和Counoise这样的传统品种和歌海娜调配在一起，因此被规定禁止使用产区名称。

歌海娜是隆河南部的国王，不过如果糖分没有达到能够酿造极度强劲的葡萄酒的程度，这个品种的成熟度则不够理想。

法国最有力量的深桃红色葡萄酒，对许多口味较重的地中海菜来说，它是个豪放不羁的搭档。但本世纪以来，更加倾向于普罗旺斯风格的趋势日渐明显，许多酒庄开始出品一些口感更柔、更清爽的葡萄酒。**Lirac** 曾经也是以桃红葡萄酒而出名，它的性价比会更高一些。Lirac 的法定产量更低，如今它更趋向于出品以轻柔果味为主的红葡萄酒，歌海娜在这里也不如在 Tavel 重要。一些知名的教皇新堡酒庄已经在 Lirac 购买了葡萄园，此举让产区的质量在近年来有所提升。它的白葡萄酒非常适合配餐，法定规定其必须包含最少 1/3 的克莱雷品种，使其更有活力。

图例说明（右上）

省界
行政区边界
村庄（教区）边界
CH DE SÉGRIÈS　CH DESÉGRIÈS 值得关注的酿酒商
Sablet　Sablet 知名的隆河丘-村庄
法定产区边界
葡萄园
森林
——100——　等高线间距：
每 20 米低于 120 米
每 40 米高于 120 米
133　此区放大图见所示页面

隆河丘的村庄

在地图中所有还没有得到 AOC 身份的隆河丘村庄中，Sablet 和 Séguret 陈年相对较早，而强力而结实的 Plan de Dieu 则需要两三年的陈年时间。

1:125,000

Km 0　1　2　3　4　5 Km
Miles 0　1　2　3 Miles

教皇新堡 Châteauneuf-du-Pape

教皇新堡本身不过是一个充满石头房屋的村落，坐落于炎热而芳香的普罗旺斯乡下，中心为一座破落的属于教皇的夏日皇宫。然而，与其同名的葡萄酒在充满活力的隆河南部却是声名显赫的舵手，无论是红葡萄酒还是白葡萄酒，都是法国最浓烈同时也是最有个性的葡萄酒之一。

教皇新堡有一项无人能及的称号，那就是它的法定最低酒精含量一直都是所有法国葡萄酒中最高的，要达到12.5%。但在当今全球变暖的形势下，它的酒精含量很少会在14.5%以下，有时会达到16%，这对酒农、酿酒师以及消费者都是一个挑战。这个产区也是法国著名的法定原产地制度（Appellations d'Origine Contrôlées，简称AOC）的出生地。1923年，产区最著名的庄主——Château Fortia的Baron Le Roy在这块干燥到可以同时种植熏衣草和百里香的土地上划定了产区的界限，从而为整个AOC系统奠定了基石。

教皇新堡90%多的产量都是红葡萄酒，但风格迥异。大部分都十分讨喜，辛香味足、浓郁、强烈。大公司或者合作社可能会调配出较轻、较甜的版本，适于相对较早享用，但如今的教皇新堡更可能是雄心勃勃，家庭式酒庄的作品极具个性、陈年力强，展现出他们风土的独特。教皇新堡另一不寻常之处，就是它可以用多至18种法定允许的葡萄品种调配而成（曾经是13种，但现在同一品种的不同颜色版本被列为不同的品种）。

歌海娜是这个AOC的支柱，通常与慕合怀特和西拉调配在一起，也包括神索和Counoise（当地特产），还有少量的Vaccarèse、Muscardin、Picpoul和Terret Noir。白葡萄品种有克莱雷、Bourboulenc、胡珊（相比于隆河北部，它在隆河南部更加容易种植）和较为中性的Picardan。Château de Beaucastel和Clos des Papes异乎寻常地使用所有13个葡萄品种（AOC法规中另外5个品种分别是粉红克莱雷以及白色和粉红的歌海娜与Picpoul）。

西拉在如此偏南的产区缺乏新鲜度，因此在与西拉一时兴起的"调情"后，它广泛地被越来越招人喜爱的慕合怀特替代。因为当地非常炎热的夏天适合这个较晚成熟的品种，将它包含在调配中能够帮助驾驭炎热年份中歌海娜过高的酒精度。因为干燥的夏天，红葡萄酒在年轻时常常十分生涩坚硬，但经过陈年可以演变出华丽而有层次的香气，有时会带些野味。至于更加罕见的白葡萄酒，在最初几年十分美味多汁，经过通常十分沉闷的中年期，在完全陈年后会展现出更加丰富的异国香气。很多酒庄会使用沉重的勃艮第形状酒瓶，并且会根据酒庄所属的公会而刻上不同的浮雕图案。

沙土、黏土和石头

鹅卵石（Galet）是教皇新堡的众人皆知的老调重弹，这是种善于吸收热量的圆形石头，几乎只能在教皇新堡的某些葡萄园中找到，但实际上，在这个相对较小的产区，土壤极其多样化。例如，传统派鼻祖Château Rayas，其位于Château de Vaudieu后面高地的葡萄园中几乎没有任何鹅卵石，反而是高比例的冲积沉淀土、破碎的黏土石、沙土和黏土。旁边一页的地图以无可比拟的精准度呈现了教皇新堡哪些区域究竟主要是哪种土壤类型。

许多酒庄在不同土壤类型的地块上都有葡萄园，通常将它们调配在一起成为一款酒品，但越来越多的酒庄正在出品一个甚至几个价位高端的特别酒款，以此来展现某种特别的风土，如来自酒庄最老的葡萄藤，或某个单一品种。其他有关风格的因素包括新橡木的使用比例（新橡木和歌海娜"八字不合"）、木桶的尺寸和原料、调配中不同品种的使用比例。

教皇新堡的土壤

岩床上的薄土
坚硬的白垩纪石灰岩

些许风化的岩石上的薄土
经过耕犁调整的白垩纪石灰岩
第三纪中新世砂岩和摩砾层

河谷冲击层上的未成熟土
质地粗糙的沙质石灰岩黏土
质地细腻的沙质黏土
带许多鹅卵石的沙质黏土

被未成熟土覆盖的斜坡
富含白垩纪石灰岩碎片的粗糙碎石
第三纪中新世摩砾层上富含砂土的崩积层（细腻的碎石）
富含砂土的崩积层和来自谷底的黏土

富含石灰岩的棕土（一般风化）
白垩纪泥灰土上的黏土
第三纪中新世摩砾层上的砂岩

富含石灰岩的土壤
古冲积砾石层
古冲击层和调整后的摩砾层砂石

来自高地富含铁质的红土
古冲积砾石层上的红土
白垩纪石灰岩上的红土和石灰土
古冲击层上的深红色土壤和石英岩卵石（galets）

来自谷底富含黏土的土壤
纹理细致的薄土层（黏土和细腻的砂石）
细腻、中等纹理的厚土层（黏土、砂土，小鹅卵石）

―――― 法定产区边界
――――― 村庄（教区）边界
.... Lieu-dit 边界
■ VILLENEUVE　VILLENEUVE 值得关注的酿酒商

那些最名声显赫的酒庄，比如不断改进的Château de Beaucastel、现代派La Nerthe和决意只出单一酒款的Clos des Papes，正在受到一些酒庄挑战，比如Féraud家族的Domaine du Pegaü，而他们的武器是像Da Capo这样的限量版酒款。

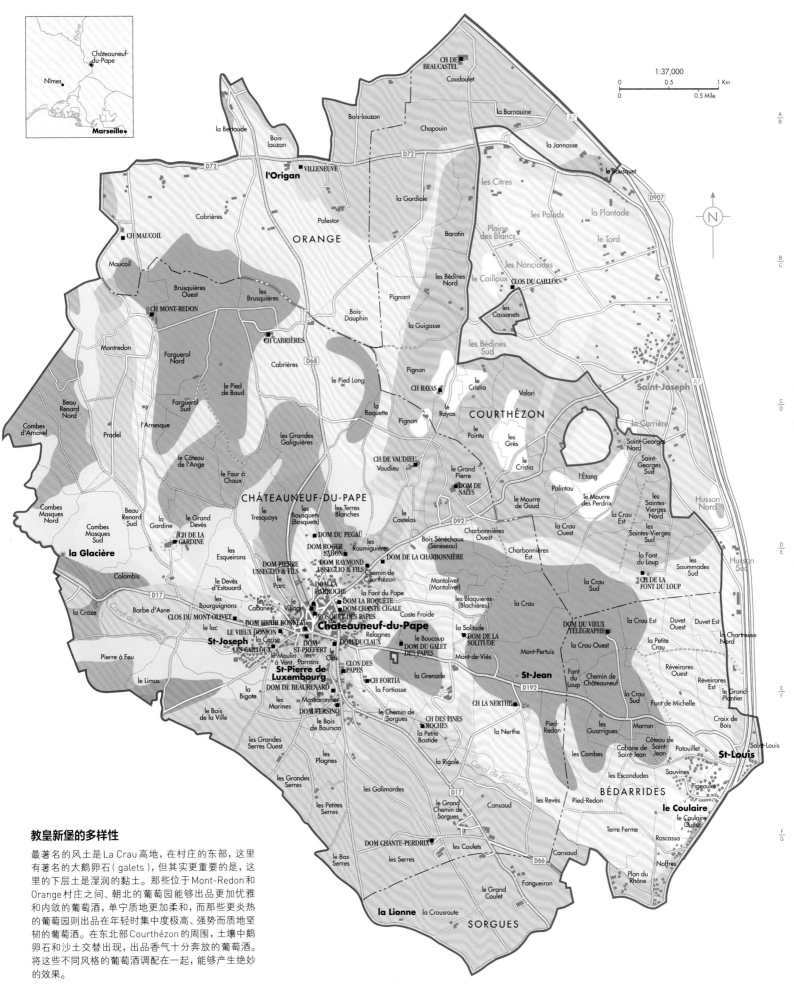

A/B

B/C

C/D

D/E

E/F

F/G

教皇新堡的多样性

最著名的风土是 La Crau 高地，在村庄的东部，这里有著名的大鹅卵石（galets），但其实更重要的是，这里的下层土是湿润的黏土。那些位于 Mont-Redon 和 Orange 村庄之间、朝北的葡萄园能够出品更加优雅和内敛的葡萄酒，单宁质地更加柔和，而那些更炎热的葡萄园则出品在年轻时集中度极高、强势而质地坚韧的葡萄酒。在东北部 Courthézon 的周围，土壤中鹅卵石和沙土交替出现，出品香气十分奔放的葡萄酒。将这些不同风格的葡萄酒调配在一起，能够产生绝妙的效果。

朗格多克西部 Western Languedoc

朗格多克（后页会有更详尽的介绍）是法国的新世界，许多新的想法在这里获得了成功，因而人们对此区的期望也日益增加。投资和酿酒人才聚集在此，旧的恶习已被改变。该地区值得细细研究。区内气候大多是明显的地中海型，只有偏远的西边受到大西洋影响。所有最高、最广的葡萄酒区都标示在这几页的地图里，这里的葡萄酒性格应有尽有，从东边类似隆河（或至少是受到隆河影响）的酒款，一直到来自最西边的葡萄园，香气或许不像但口感架构更像波尔多的酒款。

朗格多克西部地区最主要的两个法定产区中，**Minervois** 是稍微文明些、精巧些的产区。区内地形不像科比埃（Corbières）产区那么崎岖，不过最北界的葡萄园已经直抵努瓦尔（Noire）山的山脚，小山村塞文斯（Cévennes）的丘陵地满布卵石的土壤上种植着葡萄树，看起来就像科比埃产区景致粗犷、位于比利牛斯山脚的葡萄园一样陡峭不稳。蔓延在 Minerve 村高地上的，是这个产区里地势最高且最晚成熟的葡萄园，高悬在南向的半圆形剧场般的河阶地形之上。下坡比较宽广、向西延伸的 Petit Causse 是一条黏土-石灰岩地质带，坐拥这天然剧场里条件最好的位置。拉利维涅尔（La Livinière）山村周围的葡萄园生产相当多的葡萄酒，风格似乎是结合了高海拔葡萄园的粗犷香气与低海拔葡萄园的平顺柔和，拥有自己的法定产区。

大西洋的影响从这里的西南边开始，产酒是酸度较高且略微清淡的风格。奥德（Aude）河倾斜，最靠近地中海的更为炎热干燥的地区生产着品质平庸的混酿 Minervois，在法国各地的超市里都有销售。

地图上所标示的酒厂是一些企图心较强的独立酒庄和酿酒合作社，生产的酒款美味可口。其中包括了来自勃艮第的一些令人尊敬的酒庄。Minervois 产区的葡萄酒大约85%是红葡萄酒，粉红葡萄酒的比例目前达到了12%，典型的混酿品种为歌海娜、西拉、慕合怀特以及不超过40%的佳丽酿。

古老的白葡萄品种 Bourboulenc 通常被称为马尔维萨（Malvoisie），在朗格多克产区的西边偏远处有自己的法定产区 La Clape，这个奇怪的石灰岩山地在罗马时代是纳博讷（Narbonne）港南部的一座岛。这些白葡萄酒在香气上虽不能说带有碘味，但也真的是海味十足。Minervois 产区也生产一系列甜酒，尤其是不能漏掉香气馥郁的 **Muscat de St-Jean de Minervois**（见138页）。

科比埃产区的景观更加戏剧化：地质结构混乱的山区以及谷地从海边延伸60公里到奥德（Aude）省。石灰岩、页岩、泥灰岩以及砂岩交错出现；既有地中海的影响，还有风从大西洋吹袭着奥德河谷和其西边的丘陵，带来间歇性的影响。

品质好一点儿的科比埃红葡萄酒与该区最平庸的葡萄酒同样采用各种南部葡萄品种酿制而成，但喝起来不会那么平淡，有更多的集中度，通常比 Minervois 红葡萄酒坚硬一些，这里的葡萄园夏日气候没有那么极端。干旱与夏日的野火是科比埃法定产区中多数小区的共同威胁。**Boutenac** 村一带低平的不毛丘陵地，则在科比埃北部获得了自己的地位。

成立于1948年的**菲图（Fitou）**产区算是朗格多克的第一个法定产区，和历史悠久的丽维萨特天然甜葡萄酒（Rivesaltes VDN，见138页）一样出现在科比埃的产区范围里：一部分位于海岸边的盐水泻湖的黏土-石灰岩带，被称为海区菲图（Fitou Maritime），而另一部分是往内陆24公里处的多山页岩区，即山区菲图（Fitou Haut），后者被科比埃产区强行分为两半。菲图产区在20世纪80年代和90年代远远落后于它北边的邻居，不过如今，Domaine Maria Fita 与 Bertrand-Bergé 等酒庄已与两家杰出的酿酒合作社 Mont Tauch 与 Cascastel 展开了激烈的竞争。在山区菲图，歌海娜葡萄的使用比例日增而佳丽酿葡萄则减少，至于西拉和慕合怀特这两种葡萄则在海区菲图有所进展。

大西洋的影响

凉爽的大西洋影响看起来最显著的地方，应该是中世纪城镇卡尔卡松（Carcassonne）南边的西向丘陵，这里的**利慕（Limoux）**产区以传统法酿造的气泡酒，不论是主要采用本地种 Mauzac 葡萄酿造的 Blanquette，或者更细致的采用霞多丽、白诗南和黑皮诺葡萄酿造的 Crémant de Limoux，长久以来就在法国国内建立了名声；无泡的利慕白葡萄酒以霞多丽葡萄为基酒，并在橡木桶内发酵，在这个深入南部的产区，风格会让人误以为是产自更凉爽的气候区。近期出现的利慕红葡萄酒以橡木桶培养，必须使用至少一半的梅洛葡萄，其余则可采用其他的波尔多品种，如歌海娜与西拉。不过鉴于该地区是朗格多克最具潜力的种植皮诺葡萄的地区，有时还会在混调中添加黑皮诺，目前以地区餐酒 IGP 级别销售。

相对于温暖的朗格多克东部，这些葡萄酒的酸度要细致很多，就像紧邻北边的 **Malepère** 的那些葡萄酒。Malepère 从未轰动一时，主要是采用梅洛与马尔白克（或称Côt）葡萄酿成。位于卡尔卡松北边的 **Cabardès** 产区，是唯一同时结合地中海和大西洋（波尔多）葡萄品种的法定产区，这样的结合生产出越来越多的优质葡萄酒。

圣西纽（St-Chinian）这个法定产区虽然本页地图有标示，但是详细内容则放在后页、与邻近的 Faugères 产区一起介绍。

朗格多克西部葡萄酒产区

本页地区仅标示了那些足以优秀到可以推动法定产区葡萄酒的地区，生动地刻画出了贝济耶（Beziers）周围的广阔区域，这里曾是一座廉价酒生产工厂，不过如今则稀疏地种植着葡萄藤，这要归功于欧盟当局的财政激励体制。朗格多克和鲁西荣的各种地区餐酒（IGP 或 Vins de Pays）信息可参见47页的法国全图。

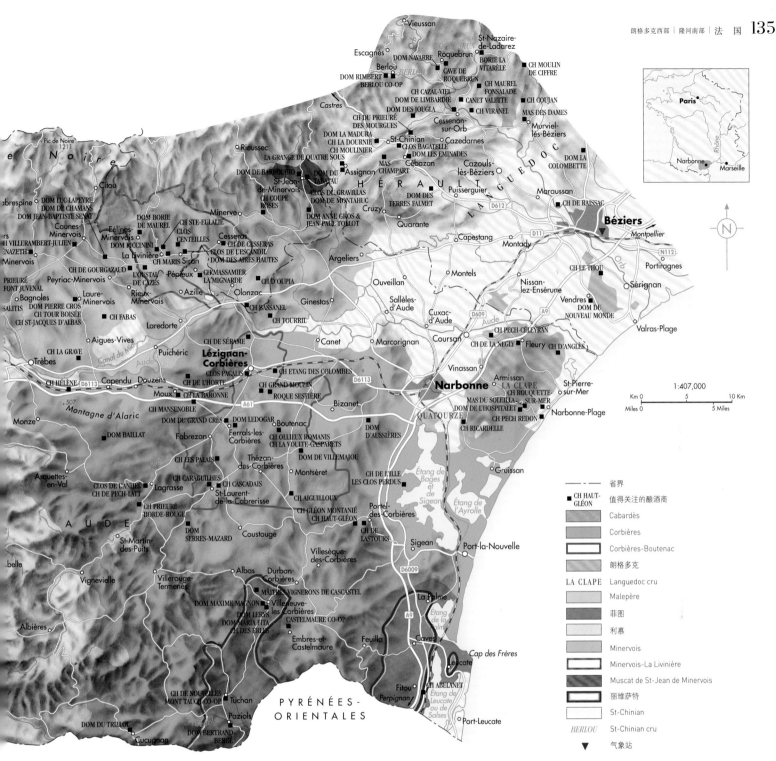

Vieussan
St-Nazaire-de-Ladarez
Escagnès · DOM NAVARRE · Roquebrun
Berlou · BORIE LA VITARÈLE
DOM RIMBERT · CAVE DE ROQUEBRUN · CH MAUREL FONSALADE · CH MOULIN DE CIFFRE
BERLOU CO-OP · CH CAZAL-VIEL · CANET VALETTE · CH COUJAN
DOM DE LIMBARDIÉ · MAS DES DAMES
Castres · DOM DES JOUGLA · CH VIRANEL
CH DU PRIEURÉ DES MOURGUES · Cessenon-sur-Orb · Murviel-lès-Béziers
DOM LA MADURA · Cazedarnes · DOM LA COLOMBETTE
Rieussec · CH MOULINIER · St-Chinian · Cazouls-lès-Béziers
LA GRANGE DE QUATRE SOUS · CLOS BAGATELLE
DOM DE BARROUBIO · St-Jean- · MAS · DOM LES EMINADES
de-Minervois · Assignan · CHAMPART · Cébazan
DOM DU TABATAU · CH DES TERRES FALMET · Puisserguier
Minerve · CLOS DU GRAVILLAS · Cruzy
CH COUPÉ DOM DE MONTAHUC · Quarante
ROSES · DOM ANNE GROS & JEAN-PAUL TOLLOT · Capestang · Maraussan · CH DE RAISSAC
CH STE-EULALIE · Cesseras · Argeliers · **Béziers**
DOM BORIE CLOS · CH DE CESSERAS · Montels · Montpellier
DE MAUREL CENTEILLES · CLOS DE L'ESCANDIL · Ouveillan · Montady · Portiragnes
DOM PICCININI · CH MARIS Siran · DOM DES AIRES HAUTES · Sallèles- · Nissan- · CH LE THOU
La Livinière · CH MASSAMIER LA MIGNARDE · d'Aude · lez-Ensérune · Sérignan
CH DE GOURGAZAUD · CH D'OUPIA · Cuxac- · Vendres · DOM DU NOUVEAU MONDE
L'OSTAL DE CAZES · Pépieux · Olonzac · d'Aude · Valras-Plage
Laure- · Azille · Coursan
Minervois · Rieux- · CH BASSANEL · Marcorignan · CH PECH-CÉLEYRAN
Minervois · CH TOURRIL · Canet · CH DE LA NEGLY · Fleury · CH D'ANGLES
CH FABAS · Laredorte · Bizanet · **Narbonne** · LA CLAPE · St-Pierre-sur-Mer
Aigues-Vives · CH DE SÉRAME · Vinassan · Armissan · MAS DU SOLEILLA · CH ROUQUETTE-sur-Mer
CH LA GRAVE · Puichéric · **Lézignan-Corbières** · QUATOURZE · MAS DU · CH DE L'HOSPITALET
Trèbes · CLOS PACALIS · CH ETANG DES COLOMBES · CH RICARDELLE · Narbonne-Plage
CH HÉLÈNE · Capendu · Douzens · CH GRAND MOULIN · CH PECH REDON
Moux · CH DE L'HORTE · ROQUE SESTIÈRE · CH DE LA BARONNE
CH MANSENOBLE · Bizanet · DOM D'AUSSIÈRES
Montagne d'Alaric · DOM DU GRAND CRÈS · Boutenac · Gruissan
Monze · DOM BAILLAT · Fabrezan · DOM LEDOGAR · Étang de Bages et de Sigean
Ferrals-les-Corbières · DOM OLLIEUX ROMANIS · CH DE L'ILLE · Étang de l'Ayrolle
CH LA VOUTE-GASPARETS · LES CLOS PERDUS
CH LES PALAIS · Thézan-des-Corbières · DOM DE VILLEMAJOU · Montséret
Arquettes-en-Val · CH CARAGUILHES · CH CASCADAIS · CH GLÉON MONTANIÉ
CLOS DE L'ANHEL · Lagrasse · St-Laurent- · CH AIGUILLOUX · CH HAUT-GLÉON
CH DE PECH-LATT · de-la-Cabrerisse · Portel-des-Corbières
CH PRIEURÉ BORDE-ROUGE · CH DE LASTOURS · Sigean
A U D E · DOM SERRES-MAZARD · Coustouge · Villesèque-des-Corbières · Port-la-Nouvelle
St-Martin-des-Puits · Albas · Durban-Corbières · La Palme
Vigneville · Villerouge-Termenès · MAÎTRE VIGNERONS DE CASCASTEL · Caves
Albières · DOM MAXIME MAGNON · Villeneuve-les-Corbières · Étang de la Palme
DOM LERYS · CASTELMAURE CO-OP · Cap des Frères
DOM MARIA FITA · Embres-et- · Feuilla · Leucate
CH DES ERLES · Castelmaure
CH DE NOUVELLES · Fitou · CH ABELANET · Étang de Leucate ou de Salses
MONT TAUCH CO-OP · Tuchan · Perpignan
DOM DU TRILLOL · Paziols · Port-Leucate
Cucugnan · DOM BERTRAND-BERGÉ · PYRÉNÉES-ORIENTALES

Pic de Noire 1211 · Noire · Citou · abrespine · DOM LUC LAPEYRE · DOM DE CHAMANS · DOM JEAN-BAPTISTE SENAT · Caunes-Minervois · Félines-Minervois · CH VILLERAMBERT-JULIEN · NAZETH · Minervois · PRIEURÉ FONT JUVENAL · Peyriac-Minervois · SALITIS · Bagnoles · DOM PIERRE CROS · CH TOUR BOISÉE · CH ST-JACQUES D'ALBAS

Paris
Narbonne · Marseille

1:407,000
Km 0 · 5 · 10 Km
Miles 0 · 5 Miles

图例

—— 省界
■ CH HAUT-GLÉON 值得关注的酿酒商
Cabardès
Corbières
Corbières-Boutenac
朗格多克
LA CLAPE Languedoc cru
Malepère
菲图
利慕
Minervois
Minervois-La Livinière
Muscat de St-Jean de Minervois
丽维萨特
St-Chinian
BERLOU St-Chinian cru
▼ 气象站

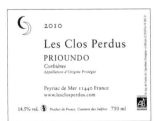

朗格多克: 贝济耶镇 (BÉZIERS) ▼

纬度 / 海拔
43.32° / 15 米

葡萄生长期间的平均气温
19.3℃

年平均降雨量
579 毫米

采收期降雨量
9 月: 70 毫米

主要种植威胁
干旱

主要葡萄品种
佳丽酿、黑歌海娜、神索、西拉、梅洛、赤霞珠

Hecht & Bannier, Les Clos Perdus 和 *Rives-Blanques* 是值得敬佩的由移民新近创建的葡萄酒酿酒商，这要归功于朗格多克相对低成本的葡萄园土地的出现。科比埃山麓的 *Castelmaure* 是朗格多克众多合作社中最优秀的合作社之一。

朗格多克东部 Eastern Languedoc

绵延在法国地中海中部海岸线的葡萄园近年来大幅缩水，却从中获益匪浅。欧盟倡议拔除种植在不那么适合的地区的葡萄藤，而朗格多克是唯一一个积极响应该倡议的地区。朗格多克-鲁西荣产区（Languedoc-Roussillon）的葡萄园总面积从2005年的292 000公顷下降至2009年的236 500公顷。大部分被移除的葡萄园都来自不那么有趣的靠近海岸的内陆平原，使得种植条件较佳的园区成为了朗格多克的主导，这些地区通常是位于海拔较高且土壤较贫瘠的地方，酿制出的酒款有着真正的本地特色——浓浓的法国味以及吸引人的价格。本书大多数的地图都尽量完整涵盖每个产区的葡萄园分布范围，不过这个地区因为过于广阔，所以仅能将属于法定产区的部分以色块标出。

在糟糕的旧时代，该地区大部分的酒都由合作社（通常管理混乱）来主导，成千上万的酒农中只有少数一部分会酿酒。不过近年来一些精力充沛的独立酿酒商刮起了一股新风潮，其中许多都来自朗格多克以外的地区，对于酿酒和葡萄种植具有执着的热情。虽然超过300家仍以合作模式出现，但不少合作社都进行了合并以共享资源，并提高实力以应对充满竞争的现代葡萄酒市场。他们在酿造和外销方面的能力确实有巨大的转变。不过，葡萄酒爱好者应该将注意力放在朗格多克东部标出颜色的那些法定产区。最令人兴奋的一些酒款往往出自那些热情的独立酒农手中，他们通常是没有背景的第一代葡萄酒生产者，在贫瘠、土层浅、其他作物难以生存的山丘上种植葡萄，而这些都是当初罗马人种植葡萄藤的地方（有些是高卢地区首批种植的）。

朗格多克丘（Coteaux du Languedoc）法定产区，在2006年已经重新简称为**朗格多克**，这也是全区最重要的产区。不过这个新名字现在并不会最终生效，如果会，那也要等到2017年。这个法定产区内的优质产区（cru，参见地图上的紫红色名称）涵盖了大部分（但并非全部）朗格多克东部最优质的葡萄园区，从地图上值得关注的酒庄的分布情形就可一目了然。

朗格多克东部葡萄酒产区

东朗格多克地区由单一的朗格多克法定产区所主导。曾经有过多次尝试将其细分为不同的地层和级别，其中最具潜力的当属海拔最高的Terrasses du Larzac和Pic St-Loup这两个地区。

独特的风土条件

朗格多克产区内最具有明显地方特色或风土条件的地区之一，是位于地图最北边的 Pic-St-Loup，坐落在地势崎岖的塞文斯山山麓上。葡萄酒就产自蒙彼利埃（Montpellier）市北边称为 Pic-St-Loup 如手指般耸立的岩山两侧，一些酒庄如 Clos Marie、Mas Bruguière、Domaine de l'Hortus 以及 Châteaux de Cazeneuve、de Lancyre 与 Lascaux，所酿制的酒款明显

带有南部阳光的感觉。这里生产的葡萄酒不仅反映出本区的草本植物，还反映出海拔及相对冷凉夜晚的影响。这里是朗格多克最北部的地区之一，西拉在此的表现相当不俗。

像 Domaines l'Aiguelière、d'Aupilhac（拥有神索和佳丽酿老藤）、Alain Chabanon、La Pèira 与 La Sauvageonne 等酒庄就坐落在纳博讷市外，如今都在举足轻重的 Gérard Bertrand 帝国版图内，且都已经在这些多风的山丘（位于 Clermont 市北部）展现出极高潜力。回到 20 世纪 70 年代，Mas de Daumas Gassac 酒庄在 Aniane 独特的沙砾石上率先酿制出了野心勃勃的 Hérault 葡萄酒，不过当时采用的主要是赤霞珠而非西拉或更为传统的 Midi 葡萄品种。

Grés de Montpellier 区涵盖了这个古老大学城西南边和北边那些有着各种不同土壤的广大葡萄园，这些区块在炎热的夏季都可受惠于海风的调节作用。中古世纪城镇 Pézenas 有一个同名的优质园，从该城北边一直延伸到 Cabrières 产区，富含页岩的土壤让紧邻西边的 Faugères 以及邻近的圣西纽（见135页地图）这两个村庄级的法定产区都拥有自己的特色。

圣西纽以朗格多克区最具特色的红葡萄酒、白葡萄酒及粉红葡萄酒闻名，最有个性的酒款或许产自北边和西边、海拔通常高于600米的壮观山区的崎岖页岩带。这里有一些优质白葡萄酒，而以佳丽酿葡萄为主的 St-Chinian-Berlou 与 St-Chinian-Roquebrune 红葡萄酒则受到隆河品种的影响更深，特别是种在页岩上风格鲜明的西拉葡萄。海拔较低的圣西纽村一带有奇特的紫色黏土与石灰岩土层，这里的葡萄往往会酿出比较柔和的葡萄酒。**Faugères** 产区（产红、桃红和现在的白葡萄酒）的土壤几乎全由页岩组成，葡萄园分布在高达700米的贫瘠土地

上，耕作相当不容易，由此可以俯瞰贝济耶小城，以及往海岸延伸的一大片较差的葡萄园（见135页）。

在朗格多克大量的葡萄酒酿制中，几乎80%是红葡萄酒，而且主要是混合佳丽酿等地中海品种的混酿酒（通常会采用二氧化碳浸泡法来柔化），以及日渐增加的歌海娜、西拉、慕合怀特或神索。白葡萄酒的酿造方法越来越精细复杂，而且现在有许多迷人的混酿酒，使用的葡萄品种包括白歌海娜、Clairette、Bourboulenc、Picpoul、胡珊、玛珊、维蒙蒂诺（也被称为 Rolle）和维欧尼。

Clairette du Languedoc 以及 **Picpoul de Pinet** 是白葡萄酒的法定产区，前者位于小镇佩兹纳斯（Pézenas）北方，面积相当有限。生产的白葡萄酒风格日渐清新，证明 Clairette 葡萄也可以是一个非常清新的品种。该品种也可用来酿制晚收型和甜葡萄酒。后者是以品种命名的产区，也是法国最不寻常的法定产区，具有柠檬香味的古怪品种 Picpoul 葡萄种在佩兹纳斯小镇和 Sète 港后的咸水湖之间。其中大部分由两家充满活力的合作社所种植。最终的成品是一种 Midi Muscadet 酒。这里生产的葡萄酒也体现了朗格多克的传统，就像麝香葡萄酿造的金黄色天然甜葡萄酒一样（见138页），Muscat de Frontignan 这款麝香葡萄甜酒也曾经驰名全球。尼姆（Nîmes）市南方的 Muscats de Mireval 和 Muscats de Lunel 两个小产区，相比之下就少有 Frontignan 的风味，不过如今已开展了一些关于非加强型晚收型葡萄酒的试验。

地区葡萄酒

上述是朗格多克东部主要的法定产区，但不论是位于法定产区之内还是位于法定产区之间的平坦地区，这里的许多酒庄或多或少都会生产一些地区餐酒（见47页地图），其中还有许多（并非全部）位于正式法定产区范围之外的酒庄，只生产地区餐酒——这些葡萄酒的酒标除了采用当地的一些 IGP 小地名之外，也有可能会使用国际上比较知名的 Vin de Pays d'Oc（通常会再加上品种名）。

炎热的夏季确保了许多葡萄都能完全成熟，而由于法国人对 vins de cépage（就是英国人所谓的单一品种葡萄酒）存有偏见，因此会在酒标上标示品种的比较少见。这里越来越多的酒以 Vine de France 的名义出售：这是一个非常有弹性的分级，适用于游离在 AOC 及 IGP 法规限制之外的和（或）不愿意参与文本申请工作的酿酒商们。朗格多克已经证明了其可以酿制出严谨、展现风土条件特征、通常带有手工制作精髓的法国南部葡萄酒，不过像它这样广阔且多样化的产区在理解和销售上都十分困难。就像勃艮第一样，酿酒商的名字就是葡萄酒品质的关键。不过值得一提的是，这里酿制的葡萄酒从来不会有价格过高的问题。

虽然这些酒标几乎不标示葡萄品种，但这些来自不同风土条件的葡萄酒则是由各种葡萄品种酿制而成。举例来说，Servières 是世界上最优质的神索葡萄酒之一，而 Clos Marie 的 Manon 则是由维蒙蒂诺、白歌海娜和胡珊酿制而成的紧实白葡萄酒。Bergerie de Hortus 是一款更为常见的歌海娜、西拉和慕合怀特的混调酒。

图例：
- 省界
- DOM CLAVEL ■ 值得关注的酿酒商
- ■ 朗格多克
- PÉZENAS Languedoc cru
- □ Clairette du Languedoc
- Faugères
- Muscat de Frontignan
- Muscat de Lunel
- Muscat de Mireval

鲁西荣 Roussillon

曾经只是作为朗格多克后缀的鲁西荣正开始展现出其独立性：无论是在物质上、文化上还是葡萄栽培上。鲁西荣的居民自认是加泰隆尼亚人，然后才变成法国人，不过这是从1659年才开始的事。区内随处可以看到他们红黄交错的旗帜飘扬，当地方言的拼写中常有两个L，比起法语似乎更接近西班牙语。

这里的景色非常壮观，在比利牛斯山东缘，几乎终年覆雪的卡尼古（Canigou）峰，突然自海拔2 500米骤降到地中海岸，但是此区的气候却比北边多石、海拔较低的科比埃丘陵区温和。日照（每年平均325天）助长并解释了佩皮尼昂（Perpignan）平原和阿格利河（Agly）、泰特（Têt）以及泰什（Tech）河谷为何拥有如此众多的果园、蔬菜园与葡萄园。由科比埃丘陵地、卡尼古峰以及分割西班牙与现代法国的阿尔伯尔（Albères）山，形成了一个东向的圆形剧场地形，让日照更为集中。

天然甜葡萄酒

每年法国最早的葡萄采收季会从这里开始，而位于平原的葡萄园是法国最干燥且最炎热的园区之一，低矮的葡萄树丛产量非常低，让各种颜色的歌海娜葡萄在8月中旬就已达到完全成熟。这个品种被拿来酿造鲁西荣最有名的天然甜葡萄酒（VDN）。事实上，这种曾经很受欢迎的餐前酒与其酒名并不相符，它不是完全自然的甜酒，而是部分发酵的葡萄汁加入酒精加烈停止发酵所酿成，添加的时机要视甜度与强度而定，但通常比波特加烈的时间要晚。

鲁西荣生产全法国90%的天然甜葡萄酒，而**丽维萨特**以广大的鲁西荣区为范围，主要生产以黑歌海娜、白歌海娜和灰歌海娜葡萄酿成的在法国最受欢迎的天然甜葡萄酒。**Muscat de Rivesaltes**则是比较新的法定产区，产自同样宽广的地带，涵盖了东比利牛斯省（Pyrénées-Orientales）海拔最高的葡萄园，以及位于奥德省菲图产区的两块园区（见135页）。

不过，位处阿格利河谷上游的内陆地区非常有趣，在莫里（Maury）周围且拥有独特的黑色页岩，已经成为鲁西荣近年来最受注意的葡萄酒产区。这里生产的红葡萄酒深沉厚重，而干型的白葡萄酒紧实、耐久藏且富矿石味，吸引了世界各地众多的酿酒师。

毫无疑问的是，即使风格和形态上每年都稍有不同，这些干型白葡萄酒对局外人来说要比天然甜葡萄酒更简单易懂，是"自然葡萄酒"（见29页）。日照量记录加上低产量的老藤令粗糙的单宁成为潜在的问题。发酵整串葡萄和抛弃去梗机成

为了越来越常用的解决方法。**鲁西荣丘（Côtes du Roussillon）**是最基本的酒款，仍采用佳丽酿老藤酿制，而与之搭配的歌海娜、神索、西拉和慕合怀特等葡萄品种的比例也都在逐渐增加。

许多红葡萄酒和白葡萄酒（包括阿格利区最好的酒款），都以IGP Côtes Catalanes的名义销售。令人难忘的白葡萄酒则从众多色调奇怪的浅皮葡萄品种中受益匪浅。

鲁西荣丘村庄（Côtes du Roussillon-Villages）因为单位产量较低，酒精度较强而让葡萄酒变得比较浓厚，因此有更多的好酒（仅限红葡萄酒）。对于那些表现优秀而不在鲁西荣丘村庄之列的酒村，则另外加设了**Côtes du Roussillon Les Aspres**这个新的法定产区。该法定产区出产了许多物超所值且耐久存的红、白葡萄酒，这些酒的香气更多地来自土壤而非顺应国际潮流。在我描写阿格利河谷令人难忘的景色时，该地区甚至还没有自己的法定产区。不过莫里有一个天然甜白葡萄酒的法定产区，其酒可与优秀的班努斯（Banyuls）一样精彩耐存。

班努斯是法国最细致的VDN，葡萄园区位于法国最南端，有时平均产量低于每公顷2 000升。葡萄园分布在寂静的法西边境，满布棕色页岩，多风陡峭的梯田一路朝向西班牙边境检疫站北边的地中海倾斜。这个产区的葡萄品种相当多样，不

在采收期从种植着各种歌海娜葡萄的陡峭的班努斯梯田向下眺望的景观。用来酿制甘美的天然甜葡萄酒的鲁西荣葡萄所占比例近年来有所缩水。

过居主导位置的还是历史悠久的黑歌海娜，它们往往会干缩成葡萄干挂在一丛丛葡萄藤上。特级班努斯（Banyuls Grand Cru）只有在特别好的年份才会生产，在木桶中培养30个月，且至少要使用75%的黑歌海娜葡萄。根据培养方式的不同所呈现的形态也不同，酒款的颜色和种类之丰富就如波特酒（见209页）一样，有时两者的诉求也相当类似。浅色的酒款拥有迷人的陈年（rancio）风味，这是因为长时间在温暖环境下将酒放在旧木桶中培养的结果，而标注Rimage的葡萄酒则是经过熟化，类似年份波特酒，经过瓶中陈年后更显高贵。

班努斯葡萄园所酿制的干型葡萄酒，是以美丽渔港命名的**Collioure**。这个渔港有许多艺术家聚居，也以凤尾鱼罐头厂闻名。Collioure的酒色呈现深红色，更接近西班牙的风格，因为葡萄的糖分高所以酒精特别强劲，主要以歌海娜葡萄酿成，不过添加西拉和慕合怀特有逐渐增加的趋势。这里还有强劲的Collioure白葡萄酒，通常由白歌海娜或灰歌海娜酿成。

AUDE

Opoul-
Périllos
Narbonne

Caudiès-
de-Fenouillèdes
Prugnanes
DOM LE SOULA
St-Paul-de-
Fenouillet
DOM POUDEROUX
CH ST-ROCH
CALVET THUNEVIN
DOM PERTUISANE
DOM DES ENFANTS
DOM MAS AMIEL
JEAN-LOUIS LAFAGE
DOM DES CHÊNES
Vingrau
DOM DU CLOS
DES FÉES
DOM DE MAJAS
MAS KAROLINA
MAS MUDIGLIZIA
Maury
Tautavel
DOM DES SOULANES
DOM GARDIÉS
Salses-
le-Château
DOM GRAIN
D'ORIENT
DOM LAGUERRE
Lesquerde
PRECEPTOIRE
DE CENTARNACH
DOM DU BILA-HAUT
CLOT DE L'ORIGINE
LA PETITE BAIGNEUSE
CLOS DES VINS D'AMOUR
DOM
DANJOU-BANESSY
Espira-
de-l'Agly
DOM DU MAS CRÉMAT
CH LES PINS
Port-
Barcarès
DOM DU POSSIBLE
DOM DU BOLT DU MONDE
Lansac
CLOS DU ROUGE GORGE
Latour-
de-France
DOM
FONTANEL
Estagel
CH DE JAU
DOM DEPEYRE
DOM PIQUEMAL
DOM BOUDAU
DOM SINGLA
St-Laurent-
de-la-Salanque
Ansignan
DOM DE L'AUSSEIL
DOM J-L TRIBOULEY
DOM RIVATON
DOM DE RANCY
ROC DES ANGES
DOM VINCI
DOM DES
SCHISTES
DOM DE
L'HORIZON
Rivesaltes
DOM CAZES
Caramany
Montner
DOM MATASSA
DOM PADIÉ
DOM GAUBY
Calce
DOM PITHON
Baixas
Sournia
Cassagnes
CH DE CALADROY
Belesta
DOM RIBERACH
DOM DU CLOT DE L'OUM
Bompas
Perpignan
Canet-en-
Roussillon
PYRÉNÉES-
St-Estève
DOM LAPORTE
DOM SARDA-MALET
MAS BAUX
Canet-Plage
Millas
Molitg-les-Bains
DOM FORÇA RÉAL
Têt
Toulouges
Cabestany
Étang de
Canet et de
St-Nazaire
Vinça
Ille-sur-Têt
ORIENTALES
Canohès
Prades
Thuir
CH MOSSÉ
DOM FERRER-RIBIÈRE
Terrats
Trouillas
DOM DE CAZENOVE
Bages
St-Cyprien
Elne
DOM SOL-PAYRÉ
Fourques
DOM PUIG-PARAHY
Passa
DOM VAQUER
CH PLANÈRE
Banyuls-
dels-Aspres
COUME DEL MAS
DOM MADELOC
DOM ST-SEBASTIEN
DOM LÉONINE
Argelès-sur-Mer
DOM LA TOUR VIEILLE
St-Genis-
des-Fontaines
Collioure
Port-Vendres
Cap Béar
Massif du Canigou
Pic du Canigou
Valmanya
le Boulou
DOM DU
MAS ROUS
DOM
LE SCARABÉE
Sorède
LE CLOS DE PALHIÈRES
CAVE DE L'ÉTOILE
DOM BRUNO DUCHÈNE
Céret
Amélie-les-
Bains-Palalda
Barcelona
Chaîne des Albères
Pic Neulos
DOM DU MAS-BLANC
CELLIER DES TEMPLIERS
CASOT DES
MAILLOLES
Banyuls-sur-Mer
DOM DE LA
RECTORIE
Arles-
sur-Tech
le Perthus
Barcelona
Cerbère
Cap Cerbère
Montferrer

ESPAÑA

1:250,000

Km 0 1 2 3 4 5 Km
Miles 0   1   2   3 Miles

国界
省界
DOM CAZES 值得关注的酿酒商
Lesquerde 名称可能出现在鲁西荣丘村庄
AOP/AOC后的村庄
班努斯和Collioure
鲁西荣-莱萨斯普尔（Côtes du
Roussillon Les Aspres）
鲁西荣丘
鲁西荣丘村庄
莫里
丽维萨特和Muscat de Rivesaltes
气象站

鲁西荣葡萄酒产区

上面地图显示了一些有趣的酿酒商的分布，暗示着阿
格利河谷在本书的下一版中很有可能会有自己的详细
地图。丽维萨特北部地区和Muscat de Rivesaltes地
区详情见135页。

Paris
Perpignan

鲁西荣：佩皮尼昂市（PERPIGNAN） ▼

纬度 / 海拔
42.74° / 42 米

葡萄生长期间的平均气温
19.8℃

年平均降雨量
558 毫米

采收期降雨量
9 月：38 毫米

主要种植威胁
干旱

主要葡萄品种
佳丽酿、黑歌海娜、马卡波、西拉、白歌海娜、麝香葡萄、灰歌海娜、慕合怀特、Lladoner Pelut、神索、Rolle、玛珊、胡珊、Malvoisie du Roussillon

这里只列举了一款天然甜葡萄酒，Mas
Amiel的riposte to port。在鲁西荣干型
葡萄酒中，白葡萄酒（典型的是IGP而非
AOC级别）往往会胜过红葡萄酒一筹，不过
Bertrand-Bergé的菲图葡萄酒（酿制于地图
的北部地区）可谓大师之作。

普罗旺斯 Provence

从意大利涌入的罗马人发现了普罗旺斯，并在这里沿用了大部分的意大利传统。这里的城市和纪念碑仍保留了宏伟壮丽的特点：而普罗旺斯生产的葡萄酒，直至最近才摆脱了恶名，之前人们对它的印象不过是一个酿制口感过于强劲却缺乏香味的粉红葡萄酒的地区。如今这块区域仿佛被施了魔法——奇昂第也有类似的经历。大批野心勃勃、时髦且富有的外来者看中了普罗旺斯的传奇和气候，纷纷涌入该地区并重新塑造了其葡萄酒的形象。现在，粉红葡萄酒的比例逐渐增加，酿制方法十分轻柔，酿制出的酒香气诱人，通常为干型酒款，适合用来搭配当地以大蒜与橄榄油调味的地方料理。有趣、严谨的红葡萄酒则在普罗旺斯各处都有生产。

看一下地图，就能明白为何这些红葡萄酒的特点会如此与众不同。经典的**普罗旺斯丘（Côtes de Provence）**产区是法国延伸最广的法定产区，涵盖了马赛市北部郊区、圣维克多山（Montagne Ste-Victoire）南侧、地中海里的小岛，以及 Le Lavandou 和 St-Tropez 等度假区的温暖沿岸腹地，还有德

普罗旺斯从吕贝隆（Luberon）向南方和西方扩展，散发着慵懒的魅力：温暖的石头、被太阳烘烤过的橙色瓷砖、盛开的花朵、黄色雏菊、知了、薰衣草、百里香，当然还有葡萄酒（一般为桃红酒）都是其不可或缺的部分。

拉吉尼昂（Draguignan）市北边比较冷凉的亚高寒带山区，甚至还包括尼斯（Nice）市北边的维拉尔（Villars）村附近的一小块葡萄园区。

气候一般较凉且土壤以石灰岩为主的独立产区 **Coteaux Varois** 是法定产区的生力军，因为 Ste-Beume 高地的屏障而较少受到海洋的影响，所以布里尼奥勒（Brignoles）镇北边林地中一些葡萄园要到 11 月初才能采收，而海岸地带则早在 9 月初就完成采收了。勃艮第酒商 Louis Latour 在更偏北的欧普斯（Aups）镇附近所种植的黑皮诺非常成功，由此可知这里的气候有多凉了。

西边的 **Coteaux d'Aix-en-Provence** 产区（同名的大学城 Aix-en-Provence 其实是位于东南边缘），景观就没那么令人惊艳，所生产的葡萄酒也具有同样的倾向，不过 Counoise 葡萄还是酿出了一些不错的粉红葡萄酒。

位于 Coteaux d'Aix-en-Provence 产区和隆河之间的是 1995 年设立的小产区 **Les Baux-de-Provence**，以当地观光胜地的奇特山头命名。海洋的温和调节作用，以及普罗旺斯地区盛行的密史脱拉海风，让这里比普罗旺斯其他地方更适合采取有机种植；此外，如今 Les Baux-de-Provence 已获得批准成为一个法定产区，主要由 Clairette、白歌海娜以及越来越流行的维蒙蒂诺（Vermentino）酿制而成——在普罗旺斯也被称为 Rolle。

一批批的外来者从东、北、西、南（主要是 19 世纪的萨丁尼亚人）不断涌入，也让普罗旺斯拥有了许多优秀且多元的葡萄品种，其中 Tibouren（在越过意大利边境的利古里亚也被称为 Rossese di Dolceacqua）这个葡萄品种就是一个实际的例子。虽然老藤佳丽酿有着良好的声誉，但法国国家原产地命名与质量监控院（INAO）近年来努力地削减本地佳丽酿的数量直至最后将该品种完全淘汰（这个品种供应大量便宜、清淡的红葡萄酒给法国北部），就像朗格多克区的做法一样，同时鼓励栽种歌海娜和神索（用来酿造粉红葡萄酒），以及口感坚实、在凉爽的 Coteaux Varois 酿制出一些出色葡萄酒的慕合怀特和西拉。赤霞珠在官方看来，某种程度上就像是居心不良的入侵者，当然这个品种在这里的成熟程度也难以预测。因此，现在许多普罗旺斯的精彩红葡萄酒（以及白葡萄酒）都以地区餐酒等级销售，包括小山城莱博（Les Baux）的 Domaine de Trévallon 酒庄（堪称整个产区最好的一家酒庄）。

这个地区如此悠久的酿酒史自然可以上溯到罗马时代，而现在的普罗旺斯则拥有一些信誉卓著的独立酒产区，其中最古老的或许是 Aix 东边的 **Palette** 产区，坐落在阿尔克（Arc）河畔石灰岩土

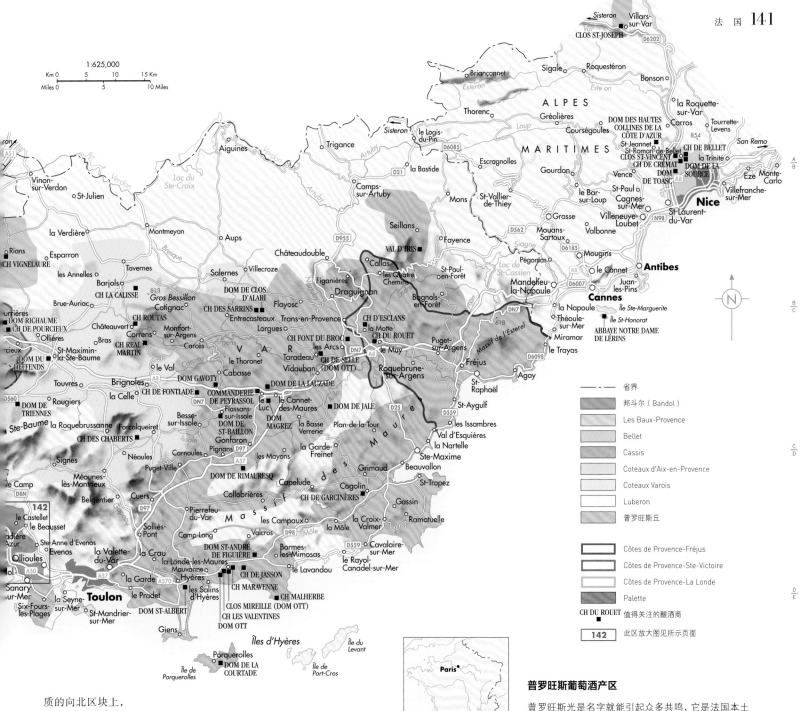

1:625,000

Km 0 — 5 — 10 — 15 Km
Miles 0 — 5 — 10 Miles

图例

省界

邦斗尔（Bandol）

Les Baux-Provence

Bellet

Cassis

Coteaux d'Aix-en-Provence

Coteaux Varois

Luberon

普罗旺斯丘

Côtes de Provence-Fréjus

Côtes de Provence-Ste-Victoire

Côtes de Provence-La Londe

Palette

CH DU ROUET 值得关注的酿酒商

142 此区放大图见所示页面

普罗旺斯葡萄酒产区

普罗旺斯光是名字就能引起众多共鸣，它是法国本土最具地中海特征的葡萄酒产区。地图上的许多地区并没有种植葡萄藤，这是因为这些地区海拔过高且过冷，无法令葡萄成熟。

质的向北区块上，鲁吉耶（Rougier）家族的Château Simone酒庄在此生产红葡萄酒、白葡萄酒及粉红葡萄酒已有200年以上，使用当地有如调色盘（palette）般的葡萄品种（不知这是不是产区名的命名缘由），种类之多甚至超过教皇新堡所允许的品种数目。

Cassis产区以马赛市东边的一个小港口为中心向四周分布，也致力于生产白葡萄酒，酒中特别的草本香味很适合用来搭配马赛鱼汤（bouillabaisse）。在普罗旺斯最东边的地方则有一些葡萄园区对抗着尼斯市的扩张，这里即是Bellet产区（该地区有文件记载的历史可追溯至200年前），海风和来自阿尔卑斯山的山风降低了这个产区的气温，这里种有丰富的意大利葡萄品种，例如Braquet（Brachetto）、Folle Noire（Fuella）以及Rolle（维蒙蒂诺）。靠近观光胜地的产区，想要找到便宜的酒款几乎不可能。

Garrus是Sacha Lichine所有的Château d'Esclans的顶级混调酒，同时也将普罗旺斯的桃红酒推向了奢侈品行列。Château Vignelaure在被波尔多的Georges Brunet买下后成为了普罗旺斯西拉和赤霞珠混调酒的领导者。

邦斗尔 Bandol

夹杂在松树林之间的台地向南倾斜，远离充斥着观光客的海港，但地中海的微风却能够送达这里，这个法定产区邦斗尔让人觉得遗世独立且独一无二。这块充满阳光的法国东南角落相比于辽阔如大海般的普罗旺斯丘法定产区更显得渺小。不过这个小产区却算得上是普罗旺斯最受认可的产区。

本区以生产红葡萄酒为主，基本上是以流行的慕合怀特葡萄为主，这是法国所有法定产区中唯一大量使用此品种的产区。慕合怀特葡萄充满了活力，野性香气近似动物与青草味，很容易辨认，通常会与一些歌海娜和神索混酿。慕合怀特品种的生长期数一数二的长，幸亏这里的气候够温和才能充分成熟；多数邦斗尔红葡萄酒具有成熟肉感的肥美风格，只要六七年就能适饮。歌海娜是北向葡萄园最常见的选

择；该品种潜在的酒精含量需要时间柔化。干型粉红葡萄酒主要以神索葡萄酿成，在当地颇受欢迎；邦斗尔也生产少量白葡萄酒，采用的酿酒葡萄品种主要包括Clairette、Bourboulenc和白玉霓（Ugni Blanc）。

这个小产区里的风土条件变化非常大。La Cadière d'Azur（地图的中心位置）南部的土壤富含红色黏土，通常会酿制出口感丰饶有时略显厚重的酒款。歌海娜可以轻易达到高酒精度，大都种植在北向的葡萄园。从圣西尔（St-Cyr）市东北部的白垩土平原一路向东至Le Brûlat村，这里的土壤最为中性，往往会酿出比较细致柔顺的酒款。邦斗尔东北部多石、更富含石灰质的土壤酿制出的酒款最具质感，而产区里较老的土层则位于勒博塞（Le Beausset）镇的南边，出产的酒品质不一。那些海拔较高（如300米）的葡萄园，或者在Château de Pibarnon酒庄附近的葡萄园，其土壤比大多数的地

区都来得肥沃，因此采收有可能会延到10月中旬。

邦斗尔是法国单位产量最低的产区之一，幸运的是，降雨后往往会吹起密史脱拉海风而让葡萄免于感染霉病。低酸度的慕合怀特葡萄需要完全成熟才能酿造红葡萄酒，大部分的葡萄酒都在大橡木桶（foudre）中进行熟化，它并不好酿造，很容易出现一种因还原反应而产生的难闻的农场味，可喜的是，邦斗尔的酿酒技术已经有长足的进步。邦斗尔的标志性葡萄品种必须占据混调酒50%以上的比例。不过在较温暖的年份，一些酒庄会酿制几乎100%的慕合怀特酒。

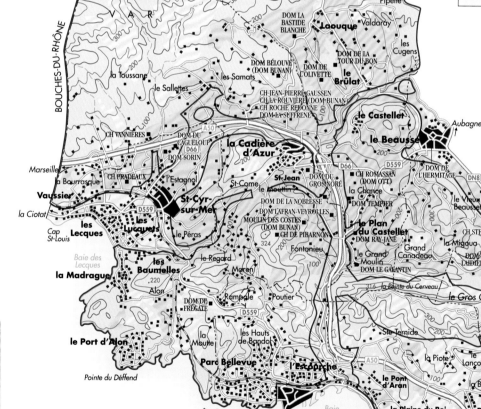

图例

——— ———	省界
———————	行政区边界
——·——	村庄（教区）边界
■ CH PRADEAUX	值得关注的酿酒商
————	法定产区边界
▨	葡萄园
▨	森林
—100—	等高线间距50米

邦斗尔的名字来源于其港口名，该地区的酒曾经也都通过这个同名港口运输。如今其大部分的葡萄酒都在内陆酿制，葡萄藤生长在被称为"restanques"的梯田上，得天独厚的位置屏蔽了冷凉的北风，充沛的阳光使得慕合怀特葡萄能够在此地完美地成熟。

1:100,000

Km 0　　1　　2　　3 Km

Miles 0　　　1　　　2 Miles

科西嘉岛 Corsica

科西嘉岛比法国本土任何一个地方都更加阳光普照，更干燥，不过多山的地形也代表了岛上风土条件的多元，只有7月及8月的干燥是大致的共同点。岛上在各方面都比法国本土更接近意大利，包括距离的远近，不过其近代酿酒史，则主要受到法国的影响。当法国在20世纪60年代失去阿尔及利亚后，一群身怀种植技术的退役军人就移居到了未开垦的东岸。到了1976年，科西嘉岛的葡萄园面积已经成长了4倍，而且几乎都是大产量的葡萄树。

自那时起，科西嘉岛就大量增加了欧洲葡萄酒的产量，这要归功于布鲁塞尔和巴黎方面的大量资助，目前岛上的酿酒设备已相当完善，酿酒师在法国本土的酿酒学校受训，而岛上的葡萄园则缩减许多，并且只种植优质的葡萄藤品种。即使如此，岛上绝大多数的酒款仍在本土出售，游客需求的上涨抬高了价格。外销最多的葡萄酒是最基本的地区餐酒，有着很有魅力的名字"美丽之岛"（L'île deBeauté），以这个名称销售的葡萄酒几乎占据全岛的一半产量。

葡萄藤遗产

不过，越来越多的科西嘉葡萄酒都变得严肃谨慎，本地传统葡萄品种的潜力被重新开发，这些品种在多石的山丘上有最好的表现。针对科西嘉岛原生葡萄品种的研究一直都在持续进行，其中的Nielluccio葡萄就是托斯卡纳的桑娇维塞，当初可能是由热那亚人所引进，他们直到18世纪末之前一直都统治着科西嘉。岛上几乎1/3的葡萄藤都是Nielluccio品种，该品种也是北部法定产区**Patrimonio**的主要品种，这个产区由临海的巴斯帝亚港往内陆一带延伸。这是高耸崎岖的整座岛上唯一一拥有石灰岩土层的地方，Patrimonio生产着岛上一些最优秀且最耐久藏的葡萄酒，包括坚实的隆河风格红葡萄酒和完美均衡的白葡萄酒，以及高品质且浓郁的麝香葡萄天然甜葡萄酒（见138页）。

Sciaccarello葡萄（即托斯卡纳的Mammolo）是个柔和许多的品种，种植面积约占全岛葡萄园的15%，主要分布在岛上花岗岩西岸的最古老产酒区，就在首都阿雅克修（Ajaccio）市一带，以及卡尔维（Calvi）港与普罗普里亚诺（Propriano）附近（南岛有许多片岩土壤）的萨尔泰讷（Sartène）地

区。Sciaccarello葡萄可以酿成非常易饮、柔顺而带香辛味的红葡萄酒，以及酒精度高却很活泼的粉红葡萄酒。

以麝香葡萄或本地的维蒙蒂诺葡萄（科西嘉岛北部称为Malvoisie de Corse）所酿造的甜酒，是北部狭长的科西嘉角（Cap Corse）的特产，品质可以十分出色。Rappu是在罗利亚诺（Rogliano）村附近所生产的一款强劲的甜红葡萄酒，以Aleatico葡萄酿成。在这个科西嘉岛北端所生产的葡萄酒，一般标示为**Coteaux du Cap Corse**。维蒙蒂诺葡萄是岛上所有法定产区的主要白葡萄酒品种，也生产脆爽的干白葡萄酒，从香气馥郁到富含柑橘香味等风格都有，随着不断陈年变得越发可口。

西北边的法定产区是**Calvi**，这里栽种的品种是Sciaccarello、Nielluccio与维蒙蒂诺等葡萄，还有更多的国际品种，主要生产一系列酒体饱满的佐餐酒；南部的**费加里**（Figari）与**韦基奥港**（Porto-Vecchio）两个小产区也是。在这个缺水的地方，几乎没有因为葡萄酒而获得舒解，虽然费加里和萨尔泰讷看起来不像是酿酒地区，特别对白葡萄酒来说，但生产的白葡萄酒颇具现代感，充满爽脆的果味。

相比于这些传统口感集中的葡萄酒，没有加注村庄名的一般Vins de Corse大都产自东部海岸平原的阿莱里亚（Aléria）与吉索纳恰（Ghisonaccia）两个村镇一带，品质没有特别的亮点。岛上较好的一些酿酒合作社使用本地原生种与国际品种混酿的酒款，在销售上已获得成功。

岛上新一代的种植者则急欲充分利用他们的风土条件来酿酒，市场也热切地在他们生产的葡萄酒中寻找一种地方性的（有些人可能会说是专属的）风味。

科西嘉葡萄酒产区

大部分的葡萄园都坐落在海岸区，更靠内陆的山区则过于崎岖不适合葡萄栽种。西海岸土壤为花岗岩，南部和cap corse peninsula的土壤带有一些片岩，而冲击土壤和一些泥灰土及沙土则在东海岸更为常见。

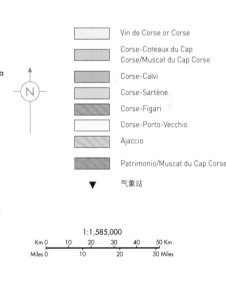

	Vin de Corse or Corse
	Corse-Coteaux du Cap Corse/Muscat du Cap Corse
	Corse-Calvi
	Corse-Sartène
	Corse-Figari
	Corse-Porto-Vecchio
	Ajaccio
	Patrimonio/Muscat du Cap Corse
▼	气象站

科西嘉岛：巴斯帝亚港（Bastia） ▼

纬度/海拔
42.33°/10米

葡萄生长期间的平均气温
19.8℃

年平均降雨量
799毫米

采收期降雨量
9月：81毫米

主要种植威胁
干旱

主要葡萄品种
Nielluccio、梅洛、维蒙蒂诺、黑歌海娜、Sciaccarello

这里的夏季降雨量非常低，因此岛上水果和蔬菜的所有风味都非常集中，包括岛内最吸引人的天然甜葡萄酒*Muscats of Cap Corse*。

汝拉 Jura

　　汝拉区的葡萄园一块块错杂在森林与草地之中，感觉就像是位于法国最偏远的山丘上。 经过19世纪末霜霉病和葡萄根瘤蚜虫的双重肆虐后，产区面积已经大大缩减了，不过其葡萄酒的种类仍十分多样，几乎都是本土酿造，并变得越来越流行——不仅是因为其获得的有机和"自然"的认证。法定产区阿尔布瓦（Arbois）、Château-Chalon、l'Etoile以及无所不包的汝拉丘（Côtes du Jura）各具特色，对学习食物与餐酒搭配艺术的学生来说也都令人目眩神迷。

　　这是一个美食家的宝地，除了冬天山丘地的气候严峻许多之外，在传统美食、土层以及气候方面都深受西边近邻勃艮第所影响。就像在金丘区，最好的葡萄园区都位于斜坡上，有时还很陡峭，而为了捕捉阳光，因此都位于南向或东南向的坡地上。毫不奇怪的是，汝拉区的石灰岩特性也和勃艮第一样（法定产区l'Etoile这个名称，是由于土壤里有细小的星形化石而得名）。青泥灰岩和泥灰岩特别适合种植Savagnin葡萄。

　　汝拉区栽种勃艮第的葡萄品种，包括一些黑皮诺以及大量的霞多丽葡萄，目前已有越来越多的人酿造勃艮第式非氧化风格的酒款，当地人称之为花香型（floral）风格。然而，最具特色的汝拉葡萄酒仍是以本地品种酿造，特别是晚熟的Savagnin葡萄，而且通常在培养阶段会特意暴露使其氧化。Savagnin葡萄往往会搭配霞多丽酿造，年轻的简单款品尝起来与其近亲塔明娜十分相像，橡木桶熟化带来了口感紧密、带有榛子类香气的白葡萄酒，美味且独特。

黄葡萄酒（Vin Jaune）

　　Savagnin葡萄这个高贵的品种也是汝拉区有名的黄葡萄酒（vin jaune）的原料，会等到尽可能成熟的时候才进行采收，然后在老勃艮第橡木桶里发酵后培养至少6年。期间葡萄酒会渐渐蒸发，但表面会有一层酵母，通常没有雪利（见198页）著名的酒花（flor）那么厚。

　　这种紧实、有着强烈坚果味的葡萄酒被装在一种特别的620毫升的clavelin瓶里，大概是原本1升的酒在桶里所剩下的量。这种黄葡萄酒不适合刚入门的葡萄酒新手饮用，可以陈放数十年，而且在品尝饮用前最好能开瓶醒酒，适合用来搭配成熟的Comté奶酪或当地的布列斯鸡（poulet de Bresse）。**Château-Chalon** 这个法定产区只能生产这种奇特但具出色潜力的葡萄酒，不过汝拉全区都可生产黄葡萄酒，只是品质高低差异颇大。

　　汝拉最普遍的深色皮葡萄是香气馥郁的Poulsard葡萄，通常称为Ploussard，尤其是在阿尔布瓦的子产区Pupillin更是受到欢迎。这里生产的红葡萄酒颜色清淡、带有玫瑰的香气。如丝绸般顺滑的Poulsard桃红酒以及半甜的Pétillant Naturel也有酿制。Trousseau葡萄是颜色较深且较少见的汝拉品种，酿制出的酒带有胡椒气息和紫罗兰芳香，主要产自阿尔布瓦产区一带，最近在加利福尼亚北部也有出现。黑皮诺在Château-Chalon产区西边和Lons-le-Saunier南边的Arlay村表现似乎最好，这个位于**Côtes du Jura** 南部的地区以生产白葡萄酒为主，包括黄葡萄酒。而l'Etoile则只专注于酿制白葡萄酒。

　　汝拉一直以来都生产杰出的气泡酒，而以传统法酿造气泡酒的新晋法定产区则是**Crémant du Jura**，产量占据整个汝拉葡萄酒的1/4，性价比极高。汝拉浓甜的麦秆酒（vin depaille）也是全区皆有酿造，酿酒用的葡萄有霞多丽、Savagnin以及Poulsard等品种，通常会提前采收且小心地在通风环境下干燥直到1月份，当这些葡萄干进行发酵后（酒精度至少14.5%），接着就放置在老桶中培养2年或3年。就像黄葡萄酒一样，这些也都是需要长时间陈放的葡萄酒。

　　最后一个地区特产是Macvin du Jura香甜酒，这是一种混合葡萄汁与葡萄烈酒、作为当地餐前酒的芳香酒款。

汝拉的中心地区

正如汝拉丘和阿尔布瓦法定产区边界显示的那样，这里的地图只是汝拉葡萄酒产区的一部分（当然是最重要的一部分），起伏的绿色山区和美丽的村庄随处可见。

DOM MACLE ■　值得关注的酿酒商

—— Arbois

—— Château-Chalon

—— l'Etoile

—— Côtes du Jura

葡萄园

森林

— 400 —　等高线间距50米

主要酿酒商

1　DOM A & M TISSOT
　　DOM TISSOT
　　FRÉDÉRIC LORNET
　　JACQUES PUFFENEY
　　MICHEL GAHIER

2　DOM DE LA TOURNELLE
　　DOM DE L'OCTAVIN
　　DOM ROLET
　　JACQUES TISSOT

3　DOM BERTHET-BONDET
　　DOM MACLE

4　DOM BAUD PÈRE ET FILS

汝拉这么小的产区却有着风格各异的各种葡萄酒。餐酒被分成两类：一类是故意氧化的酒款（例如黄葡萄酒）；另一类则是未经氧化的，例如这款种植在樱桃树下的霞多丽。

1:310,000

Km 0　　　5　　　10 Km

Miles 0　　　5　　　10 Miles

萨瓦 Savoie

　　萨瓦这个法国的高山地区是个迷人的观光胜地：冬天够冷，吸引了成群的滑雪客；夏天时，湖泊为邻近的葡萄园增温。萨瓦的葡萄园种植面积不大，却在不断增长。不过本区的产酒区域和个别葡萄园的分布，实在是太零散了。由于山地遍布，能够种植葡萄的地方非常缺乏。而大部分的原始葡萄园在根瘤蚜虫害、霉菌病大肆爆发和第一次世界大战之后被弃置。萨瓦区生产的葡萄酒种类非常多样，主要是因为当地有非常丰富的特有葡萄品种，对外地人来说非常意外的一点是，几乎所有的葡萄酒都以最基本的法定产区**萨瓦**或"**萨瓦酒**"（Vin de Savoie）挂名销售。

　　萨瓦AOC的白葡萄酒产量是红葡萄酒或粉红葡萄酒的两倍之多，而且淡雅、纯净、清新的酒款（风格就像是萨瓦山区的空气、湖泊及溪流）与深沉粗犷酒款的比例大约是10:1，不过有些酒庄已经开始尝试对区内最有价值的深皮品种Mondeuse进行更多榨取。这种带有胡椒味的葡萄可以酿出很像博若莱的葡萄酒，有些则会细心严格地控制产量并通过木桶培养来强化风格，表现最好的是有着强烈梅子味且伴随些许单宁涩味的酒款，十分可口。绝大多数以直接的萨瓦名义出售的葡萄酒是由Jacquère葡萄酿成，属于清淡、干型的白葡萄酒，通常带有隐约的高山特质。

　　不过，在整个大萨瓦地区内有16个独立的葡萄园（crus），可以在某些条件下在酒标上标出名称，每个葡萄园的条件都不相同，但都比基本的萨瓦葡萄酒严格。例如在雷蒙湖（Lac Léman，即日内瓦湖）的南岸，只有种植特别受到邻近瑞士青睐的夏思拉葡萄，酒标上才允许标出crus Ripaille（风格可以相当浓郁，酒色呈金黄色）、Marin、Marignan以及Crépy。

　　再往南走，位于阿尔沃（Arve）河谷的是Ayze葡萄园，生产以稀少的Gringet葡萄酿造而成的无泡葡萄酒和气泡白葡萄酒。

　　Bellegrade东南面的则是Frangy，也是一个独立的葡萄园，专门生产具有当地特殊风格且耐存的Altesse葡萄酒。任何使用优质葡萄，并在某些条件下酿造的萨瓦酒，另冠以特定的法定产区名Roussette de Savoie销售（那些允许生产Roussettede Savoie的4个葡萄园在地图上均以品红色标示）。

萨瓦和Bugey

Bugey所有的葡萄园并没有在这张地图上显示出来，这些葡萄园会继续向西面和北面延伸，从第47页的法国全图上可以看出。观察一下酒厂及葡萄园的密集程度就会发现其中一些高山峡谷有多么狭长。

　　位于Frangy南边的 **Seyssel** 有着自己的法定产区，曾经以气泡酒闻名，采用Altesse葡萄及一些本地原生的Molette葡萄酿成。如今这个产区的无泡葡萄酒主要也是以Altesse葡萄酿成。Seyssel产区以南是广阔的Chautagne葡萄园，以生产红葡萄酒著称，特别是颗粒口感的佳美。布尔歇（Bourget）湖的西边是Jongieux葡萄园，若酒标上仅标出Jongieux的话，表示是全部采用Jacquère葡萄酿制，但这里也栽种一些Altesse葡萄，特别种植在Marestel葡萄园斜坡（拥有自己的Roussette de Savoie cru）上。

　　尚贝里（Chambéry）镇南方有萨瓦产区面积最广的葡萄园区，葡萄园位于Granier山的南向及东南向的低坡处。这个区域包含了受欢迎的Apremont以及Abymes等独立葡萄园。沿着伊泽尔（Isère）河往上到萨瓦深谷（Combe de Savoie），有一连串葡萄园栽种着萨瓦区所有的葡萄品种，特别是Jacquère葡萄和一些Altesse葡萄，其中又以Chignin村庄是萨瓦酒最出名的优质酒大使。除了以自己

的名字种植Jacquère葡萄，其最特别的酒款当属Chignin-Bergeron，仅采用产自隆河区最陡峭斜坡上的胡珊葡萄酿成，这是萨瓦区最强劲且香气浓郁的白葡萄酒之一。萨瓦深谷，特别是尚贝里东南方向的Arbin村是能够让Mondeuse葡萄完全成熟的理想之地。

　　Bugey 在2009年获得了自己的法定产区名。其引以为豪的本土政治家和美食家Brillat-Savarin一定会对此感到欣慰。这里主要生产轻盈、多泡、半甜的粉红Cerdon气泡酒——主要由种植在十分陡峭、海拔高达500米的南向斜坡上的佳美酿制而成，这也是该区最与众不同且流行的代表作。霞多丽则为传统法酿制的气泡酒和气泡白葡萄酒提供了骨架，而黑皮诺则是少量单一品种葡萄酒的主要品种，这些酒通常都标注为无泡红葡萄酒。

主要酿酒商
1 CH DE RIPAILLE
2 DOM BELLUARD
3 JACQUES MAILLET
4 CAVE DE CHAUTAGNE
5 DOM MONIN
6 MAISON ANGELOT
7 DOM DUPASQUIER
8 DIDIER & DENIS BERTHOLLIER
9 GILLES BERLIOZ
10 ANDRÉ ET MICHEL QUENARD
JEAN-PIERRE ET
JEAN-FRANÇOIS QUENARD
11 LES FILS DE CHARLES TROSSET
LOUIS MAGNIN
12 DOM DE L'IDYLLE
13 DOM PRIEURÉ ST-CHRISTOPHE

━ ━ ━	国界
━ · ━ ·	省界
	萨瓦酒 / 萨瓦
	Seyssel
	Bugey
● *Arbin*	萨瓦列级酒庄
● *Frangy*	Cru of Roussette de Savoie
● *Manicle*	Cru of Bugey
LOUIS MAGNIN	值得关注的酿酒商
▨	葡萄酒酿造区域
▼	气象站

萨瓦：尚贝里市（CHAMBÉRY） ▼
纬度 / 海拔
45.64° / 235 米
葡萄生长期间的平均气温
16.4℃
年平均降雨量
1 221 毫米
采收期降雨量
9 月：112 毫米
主要种植威胁
生长季期间的冰雹和潮湿
主要葡萄品种
Jacquère、佳美、Mondeuse、Altesse、胡珊、夏思拉

Les Filles是Grilles Berlioz酒庄出品的一款由100%胡珊酿制而成的Chignin-Bergeron酒，其酒标也是本书中最吸引人的酒标之一。Chignin村庄位于Combe de Savoie，就在Arbin和Cruet的南边，其葡萄园面朝东南部伊泽尔河（River Isère）。

ALTESSE
WHITE TABLE WINE
ROUSSETTE DU BUGEY - MONTAGNIEU
Appellation d'Origine Contrôlée
FAMILLE PEILLOT, VIGNERONS
MONTAGNIEU - Bugey - France
MIS EN BOUTEILLE À LA PROPRIÉTÉ
A.I.C. 12.5% BY VOL.   PRODUCE OF FRANCE   750 ML

意大利

Cinque Terre 白葡萄酒 DOC 产区中的科尔尼利亚小镇利古里亚。

意大利 Italy

有哪个国家像意大利具有时尚创意？或者说不太容易管理？意大利拥有世界上最丰富多变的单一葡萄酒风格，独特的风土条件，以及本土品种。最好品质的顶级意大利酒往往带有活力、原创性以及自己独有的风味。在低端部分，意大利也像其他国家一样，仍有许多平庸、产量过大的葡萄株，然而这些葡萄酒现在很少看到。中价位的葡萄酒是最重要，而且它们的质量已提升很多。

有些人或许认为这是天经地义。毕竟，远在希腊人移居意大利时，他们就称意大利是Oenotria——"葡萄酒的国度"（或严格来说，是葡萄树的乐土——这证明了他们在葡萄种植方面的雄心）。从地图上我们更能清楚看出，意大利几乎无处不产酒。全世界只有法国有时可能在葡萄酒产量方面超过意大利。

从地理学上看，如果说坡度、阳光及温和的气候是酿好酒的基础，意大利更没有理由在坐拥绝佳品种的情况下酿不出好酒。这个国家从北部屏障的阿尔卑斯山脉以南，一路有狭长山脉往南延伸至近北非的独特地形，意味着各种适合葡萄种植的海拔、纬度、日照的组合（作为气候变化的一个救星）几乎都能找到。意大利很多土壤为火山性火成岩，石灰岩或砾质黏土也很常见。但是这样的多样性却是徒劳。如果要说缺什么，那就是秩序。意大利酒标依然是个迷宫，令人费解。意大利是葡萄种酿者的天堂，给我们提供了很多，但这些现象只不过发生在近几十年。两个世代之前，只有非常少的意大利酒由生产商装瓶。绝大部分葡萄酒被运到大城市供当地饮用，所有出口的葡萄酒也多半是由大型酒商调配而成。

意大利葡萄酒产酿区

这张地图只是作为各产区位置的提示以及一把通往后面更详细地图的钥匙。目前最重要的DOC和DOCG出现在之后4页代表意大利的西北、东北、中部和南部的地图上，而那些属于最复杂、高质量酿酒区中心地带的法定产区都有各自的大比例尺地图。

1:6,000,000
Km 0 — 100 — 200 Km
Miles 0 — 50 — 100 Miles

—·—·— 国界
—·—·— 区域边界
葡萄酒产酿区
海拔600米以上的土地
151 此区放大图见所示页面

意大利酒法

意大利酒标明显未进化是不足为奇的，其主要问题是有时混乱且令人费解的名字，一个不起眼的镇名常常是唯一地理标识。意大利仍需要一套清楚确定生产者、产地、时间，以及如何酿造的酒类命名系统（这不代表要建立一套全新的葡萄酒酒法）。从20世纪60年代，意大利政府就着手进行一项艰难任务：规划出一套能和法国AOC法定产区抗衡的产区制度。这项被称为DOC（Denominazione di Origine Controllata）的意大利法定产区制度，划分标准包括产区范围（但多半很宽松），最大产量（同样很宽松），所使用的特定葡萄品种，以及酿造方式。比DOC更高级别的是DOCG（该等级的法定产区不只受到管控，还获得"保证"——多细微的差异）被创立；自20世纪80年代来，DOCG级别已被越来越多地授予。

1992年，当局通过了一项重建所有法定产区制度更严格的新法规，包括对最高产量的限制，从最高等级DOCG往下逐渐放宽至DOC，然而再到IGT（Indicazione Geografica Tipica）级别。就如法国的地区餐酒，IGT也是以地区和品种来标示；至于关键的年份，在这个最基础的日常餐酒（Vino da Tavola）级别中被取缔了，以鼓励生产商使用IGT而非把他们较好的酒命名成Vino da Tavola——让人常常觉得是对整个系统的嘲讽。

在六十多个IGT产区中，以那些和意大利19个行政区同名的最广为人知。IGT产区名在许多酒标上越来越常见，很大的原因应该是许多区的名字，例如翁布里亚（Umbria）、托斯卡纳（Toscana），比起那些个别的DOC名更能引起市场共鸣。

理论上，IGT不具备DOC的地位，但在其他方面市场谈论它们很多，特别是那些由非传统葡

萄酿造的 IGT；这些非本土品种被官方规定所鼓励，现在已在意大利全境内种植。赤霞珠（在 19 世纪早期首先被引入）和霞多丽带头进入，而梅洛、西拉和其他品种也已经被很普遍种植了。这种情况正逐渐成为一个在充斥着国际品种的全球市场上的劣势，但却引导了一个期待已久对意大利本土且又往往光芒夺目的葡萄品种的重新评价。这些葡萄品种包括，白葡萄 Fiano、Greco、Erbaluce、Malvasia 和 Nosiola，红葡萄阿里亚尼考（Aglianico）、Cesanese、Gaglioppo、Marzemino、Negroamaro、Nerello Mascalese、Perricone 以及 Uva di Troia，它们都已经在其产区外建立了声誉。其他品种将继续被发现。

白葡萄酒也出色

整个意大利最好的葡萄酒曾经是红葡萄酒，但现在已非如此。意大利早在 20 世纪 60 年代就学习如何酿造"现代化"（即清新爽口）的白葡萄酒；80 年代，当地酒款中甚至找回了那些曾经在现代化酿酒过程中失去的个性和特征，并在 90 年代晚期获得成功。今天的索阿韦（Soave）、Verdicchio 以及富卢利（Friuli）一系列白葡萄酒不但只是单纯拥有迷人的水果风味，有时还能表现其复杂深度。另外，意大利酿酒开始有种复古趋势，就是在发酵白葡萄品种，如 Ribolla Gialla、灰皮诺（Pinot Grigio）或 Albana 时，会把汁和葡萄皮一起在发酵大缸中发酵。

可以看到托斯卡纳大区远在北部的蒙帕赛诺区。如此多的外来者忍不住在这样的美景之地购入一小块产业，不仅仅可以酿造葡萄酒，还能享受更多的田园风光，难道不是吗？

意大利的红葡萄酒也是持续地精益求精，尤其是因为本土葡萄品种的重新被发现和技术的使用。从丝缎般的纤柔质地到深浓紫色、强而有力，从令人敬畏的原生品种到可比拟波尔多一级名庄的酒，都被以各种风格和香味凸显而出。这股迅速掀起的葡萄酒品质革命，除了要归功于欧元崛起外，在一定程度上也依靠那群经常游历海外的酿酒顾问所提供的建议。然而，他们经常可预见的影响力正倾向于个体：当地风土真实的表现，古老原生葡萄的采用，以及技术本身都被看作时髦的方法。另一种类型的顾问在今天更有价值：掌握有机种植与生物动力学的农艺学家，如 Michel Barbaud，Claude 与 Lydia Bourguignon 夫妇。其结果就是一些葡萄园重新评估了传统藤蔓修剪方式，转变为架空网格和棚架系统，因为这些方式能够在意大利炎热的夏天里，保护葡萄以免晒伤。Alberello，这样的灌木藤蔓也被同样重新评估。

然而，要符合意大利的精神，所有意大利葡萄酒都必须以佐配意大利极端多样的美味菜肴为前提来界定其品质。意大利的天赋在于飨宴，在绝妙的意大利飨宴中，酒如同食物一样起着关键作用。

意大利西北部
Northwest Italy

对所有国外葡萄酒爱好者来说，一提到意大利西北部就会联想到皮埃蒙特（Piemonte，英文Piedmont），其实阿尔巴（Alba）和阿斯蒂（Asti）附近的山丘朗格（Langhe）和蒙费拉托（Monferrato），详见第151页地图）不是这片近阿尔卑斯山山脚下唯一的最佳葡萄园所在。

本区最重要的葡萄品种内比奥罗（Nebbiolo），在当地许多产区都有绝佳的优异表现，其中尤以Novara和Vercelli以北的丘陵地区（也是知名的产米区）最著名；在当地被称为Spanna的内比奥罗品种是附近至少7个DOC产区的主要品种，而且每区的土质都不同。

属于DOCG等级的**Gattinara**产区（以Le Colline Monsecco酒庄为代表），被认为是内比奥罗品种的最佳产区；此外，Antoniolo酒庄以及Travaglini酒庄也提供了其他令人信服的证据。酒款基本上同样杰出的还有**Ghemme**（同属DOCG）和**Lessona**两个产区；此外，**Bramaterra**产区也有相去不远的水准。这些产区都受惠于近阿尔卑斯山的气候、位处朝南的向阳坡地，以及明显比朗格地区土壤酸度更高且排水良好的冰河期土壤。事实上，酒款的差异仍取决于种植者以及调配品种Bonarda或Vespolina的用量。尽管这些酒可能没有巴罗洛的酒体和浓郁度，却不乏优雅的香气。生产者，如Lessona区的Proprietà Sperino和Boca区的Le Piane，就倾全力重建该区酒款，在150年前其声誉远胜于当年在发展中的巴罗洛酒。

内比奥罗也种植在Lombardy和瑞士的交界处（远在第151页地图的东北角）。位于Adda河北岸、南向避风向阳处的Valtellina产区，当地称之为Chiavennasca的葡萄能酿出强劲的酒款。产自本区心脏地带，包括Grumello、Inferno、Sassella及Valgella的4个子产区在内的**Valtellina Superiore** DOCG，品质则更胜于许多单纯的**Valtellina** Rosso酒款。本区另外还生产以半风干葡萄酿成的不甜Sfursat（Sforzato）：一种当地且可能会如Amarone酒款杰出的酒。著名的生产商有Arpepe、Fay、Nino Negri和Rainoldi。

都灵市以北，往上经d'Aosta谷地和勃朗峰隧道通往法国的方向，还有另外两个名气响亮但产量却很少的内比奥罗产区：Carema和Donnaz。小小的**Carema**区虽仍属于皮埃蒙特区，却将内比奥罗称为Picutener'Ferrando酒庄与本地的酿酒合作社都很杰出。产于多纳镇（Donnas）的**Donnaz**则是位于边界旁的**Valle d'Aosta**（意大利最小的葡萄酒区）。尽管此地的阿尔卑斯山山地气候可能让这些内比奥罗不像来自低纬度产区的酒款那么壮盛、酒色不那么深浓，但此地的酒款却有其独特的优雅与细腻。奥斯塔（Aosta）镇当地的红葡萄品种Petit Rouge，尝起来和来自法国萨瓦酒区的Mondeuse葡萄有几分相似：酒色深浓、清新，带有浆果口感的清爽风味。这是涵盖在d'Aosta谷地DOC产区内的Enferd'Arvier及Torrette等几个酒款类型的基础。Fumin葡萄则被酿成其他更能陈年的红葡萄酒品种。酒产丰富的本区还以进口葡萄品种酿出罕见的白葡萄酒，例如极其清淡的Blancs de la Salle、Blancs de Morgex，以及用来自瑞士的马尔瓦西（Malvoisie）和Petite Arvine两种葡萄酿成口感更厚重的酒款，还有一些充满活力的霞多丽酒。

当皮埃蒙特区多山的狂暴气候在伦巴第平原的东部会合后，变化极端的高山气候也跟着和缓下来。支撑伦巴第农业的**Oltrepò Pavese**地区，正位于帕维亚省（Pavia）波河（Po）的另一边，许多意大利用来酿制气泡酒的最好黑皮诺和某些白皮诺都是产自此处。

名为Oltrepò Pavese Rosso的DOC，是以2/3的芭贝拉混合其他当地品种酿成，其中Bonarda葡萄（当地品种Croatina的别名）又是诸多混合品种中最普遍且最具个性者；此外，Uva Rara葡萄也能为调配增添独特的风味。本区最杰出的酒庄是位于卡斯泰焦（Castéggio）的"红箭"（Frecciarossa）酒庄。关于在布雷西亚（Brescia）省附近发展得欣欣向荣的伦巴第（Lombardy）气泡葡萄酒工业，详见158页。

皮亚琴察（Piacenza）省南方的**Colli Piacentini**产区，正试图以国际品种的酒款争取认同；以芭贝拉和Bonarda酿成的微气泡红酒也很常见。

从皮埃蒙特往南越过阿尔卑斯山最后一段蜿蜒，被称为利古里亚亚平宁山脉后，就来到了在山海之间只有极狭窄空间可种葡萄的地中海沿岸。利古里亚（Liguria）地区的产量很小，但却充满独特的性格且值得投资。在众多品种中，只有维蒙蒂诺（当地也称为Pigato）和马尔维萨（Malvasia）这两个品种在其他地区也广为种植。**Cinque Terre**是在拉斯佩齐亚（La Spezia）小城附近的险峻海岸用来搭配海产品

自古罗马时期，葡萄已经在Valtellina Superiore产区内的子产区Grumello被种植。引人注目、被灯光聚拢的Grumello古堡，其历史可以追溯到13世纪；如今，古堡成为一家广受旅行者和当地人喜爱的餐厅。

来自阿尔卑斯山山脚下不同地方的三款葡萄酒。Valle d'Aosta谷地区最冷，而Valtellina区陡峭、面南的葡萄园（为干葡萄Sfursat提供最佳条件）在夏天能够相当温暖。

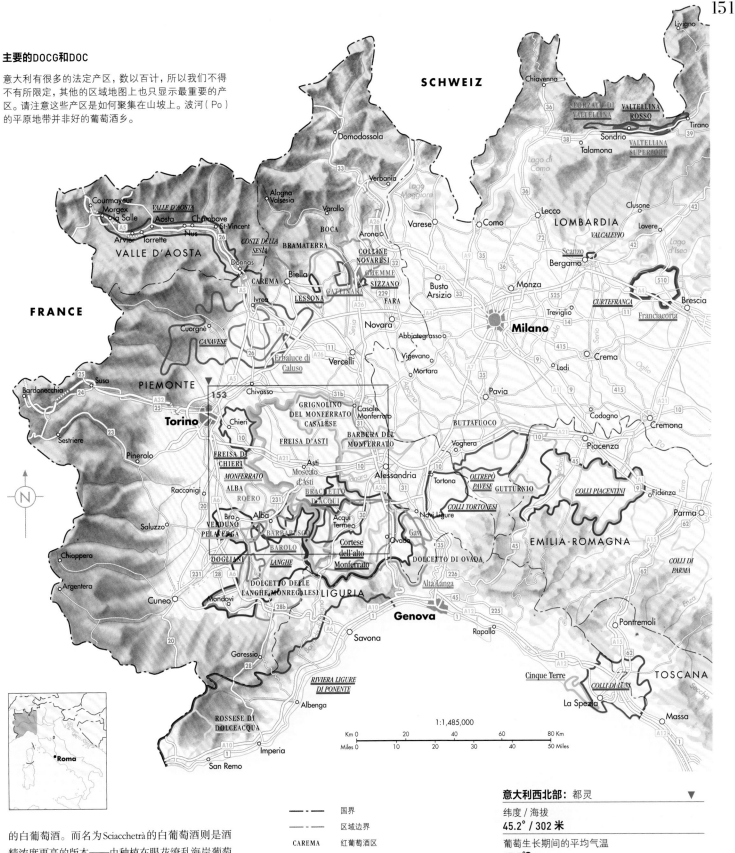

主要的DOCG和DOC

意大利有很多的法定产区，数以百计，所以我们不得不有所限定，其他的区域地图上也只显示最重要的产区。请注意这些产区是如何聚集在山坡上。波河（Po）的平原地带并非好的葡萄酒乡。

SCHWEIZ

FRANCE

VALLE D'AOSTA

PIEMONTE

LOMBARDIA

Milano

Torino

LIGURIA

Genova

EMILIA-ROMAGNA

TOSCANA

的白葡萄酒。而名为 Sciacchetrà 的白葡萄酒则是酒精浓度更高的版本——由种植在眼花缭乱海岸葡萄园里的风干葡萄酿成——在如此险恶的地方种上葡萄可谓是出于真正的爱。

　　然而，利古里亚最有可能让人难忘的葡萄酒应首推当地的红葡萄酒 Rossese，不管是产自邻近法国边界的多尔切阿夸（di Dolceacqua）小镇或更靠近热那亚的阿尔本加（di Albenga）。不同于那些普罗旺斯的酒款，Rossese 可以非常清新且带有果香，很诱人。并且，这种酒款在年轻时可以很吸引人，而陈年后也同样可以很美妙。

———	国界
—·—·—	区域边界
CAREMA	红葡萄酒区
LANGHE	红白葡萄酒区
Cinque Terre	白葡萄酒区
DOCG	DOCG/DOC 的界限由不同颜色区分
	海拔 600 米以上的土地
153	此区放大图见所示页面
▼	气象站

意大利西北部：都灵　▼

纬度/海拔
45.2°/302 米

葡萄生长期间的平均气温
17.7℃

年平均降雨量
741 毫米

采收期降雨量
10 月：75 毫米

主要种植威胁
灰霉病、冰雹、不成熟

主要葡萄品种
芭贝拉、多切托、白色麝香、内比奥罗

比例尺 1:1,485,000

皮埃蒙特 Piemonte

就像勃艮第，皮埃蒙特区的美食和美酒也密不可分；两者的味道同样强劲、丰厚、独特又成熟，带点儿秋天的味道，这里白松露扮演着重要的角色。Piemonte，字面上的意思正是山脚，当然是指阿尔卑斯山。在这个几乎被阿尔卑斯山环绕的丘陵地区，从中心地带围绕着阿斯蒂起伏的蒙费拉托（Monferrato）山丘，几乎形成一道绵延的黑色地平线，在冬天或春天积雪时则可能成为闪亮白色的地平线。此区只有不到5%的葡萄园被正式认定为地势平坦，每座种满葡萄树的山坡，看来都像是以些微差异面对不同方向，在地势和高度方面也略有不同——这些都决定了葡萄株应该在哪里种植。如果说每块葡萄园都拥有各自的中型气候，那么范围更广的皮埃蒙特区就拥有自己的大型气候了：包括一个酷热的生长季，以及随之而来的多雾秋天和寒冷且常有浓雾的冬季。

收获时节的巴罗洛（Barolo），有近半的山坡被隐藏。长满铜红和金色葡萄藤蔓的坡道间点缀着桃树、榛子树（为Nutella厂提供原料），而留存的空位由霞多丽填补。这样的景致一路往下延伸到塔纳罗（Tanaro）河谷，常常消失在迷雾中。彼时拜访该区，看着色泽深浓的葡萄穿越浓雾是一种神奇的体验。

巴罗洛和芭芭罗斯科（Barbaresco）是皮埃蒙特区最好的两种红葡萄酒，酒名源自同名村落（见右页地图）。皮埃蒙特区的其他名酒，则多半以所用的葡萄品种为名，例如芭贝拉（Barbera）、Brachetto、多切托（Dolcetto）、Grignolino、Freisa、麝香（Moscato）、内比奥罗（Nebbiolo）。如果在葡萄品种后面还加上地区名，比如阿斯蒂的芭贝拉（Barbera d'Asti），通常意味着酒来自某个特定且理论上品质更佳的区域。不过也有例外，比较有名的像近期才出现的朗格（Langhe）、Roero、Monferrato，以及当地人不希望该区出现IGT等级酒，而使范围特别涵盖整个皮埃蒙特区的同名DOC。

给人强烈印象的内比奥罗，无疑是称霸意大利北部的最佳红葡萄酒品种。即便不在巴罗洛或芭芭罗斯科区内种植，内比奥罗也能酿出芳香醇厚的红葡萄酒；事实上，今天我们已经能找到许多表现不俗的Nebbiolo d'Alba、Langhe Nebbiolo以及Roero红葡萄酒。在2004年才升格为DOCG的**罗埃洛（Roero）**，必须来自阿尔巴（Alba）西北部、塔纳罗河（Tanaro）左岸的罗埃洛丘陵沙质土壤的内比奥罗。带有梨子浓郁香气的当地古老白葡萄品种Arneis在这里也同样茁壮成长。

另一方面，**Langhe DOC（朗格）**在河的对岸由阿尔巴往南延伸。这个DOC可以使用种在塔纳罗河右岸土质厚实的黏土泥灰岩上的内比奥罗、多切托、Freisa、Arneis、Favorita以及霞多丽等等多种葡萄。在朗格周边的山丘地带，包括巴罗洛和芭芭罗斯科在内的许多特定产区酒款，都可以降级至Langhe DOC，既可成为朗格单一品种酒，也可只是红葡萄酒或白葡萄酒。

拥有独立DOC的**蒙费拉托（Monferrato）**范围和Barbera d'Asti相去不远，但在酒款的内容上，却和专为芭贝拉、Brachetto、霞多丽、柯蒂斯（Cortese）、Grignolino、麝香、Uva Rara以及三种皮诺所设计的皮埃蒙特DOC一样：都包含许多不同的酒款类型。

曾经因为太普遍而受轻视的芭贝拉葡萄，如今却高居皮埃蒙特区最迷人红葡萄酒品种排行榜的第二名。能酿造出浅色、富单宁酒的内比奥罗需要时间和心力照顾，而被置于法国新橡木桶熟成的芭贝拉反而更能符合现代化红葡萄酒的模版：浓郁、壮盛以及深紫的酒色。虽然芭贝拉一向比内比奥罗采收得早，但却需要更温暖的葡萄园以及足以降低酸度至可接受范围的充分熟度，如阿斯蒂和阿尔巴所采取的做法。**Barbera d'Asti**法定产区，整体而言堪称最精华的典型芭贝拉，其下包括3个子产区：Nizza、Tinella以及Astiano或Colli Astini。**Barbera d'Alba**通常是更坚实且更具陈年潜力；至于多数的**Barbera del Monferrato**，虽然产区范围几乎和Barbera d'Asti一样，但酒款的表现却截然不同，风格总随流行而演变。

在皮埃蒙特，吃得糟糕似乎是不可能的。巧克力和榛子与内比奥罗葡萄一样，都是朗格山区的特色。

多切托是皮埃蒙特区的第三大红葡萄酒品种，在地势最高也最严寒的地区仍能有圆熟的表现（在这些地区，芭贝拉品种通常难以成熟），还能在丰厚多肉、带有尘土风味的结实酒体和不甜又带有微苦的口感之间达到绝妙的均衡，并和当地丰盛的料理形成完美的搭配。最好的多切托葡萄产自阿尔巴、Diano d'Alba、Dogliani及Ovada等城镇和村落（尤其是风格强劲有力者）。

一直以来，格丽尼奥里诺（Grignolino）葡萄所酿造的都是酒体轻巧且带有樱桃风味的红葡萄酒，其实此类酒款也可以很细致而有趣；其极品（产自阿斯蒂或Monferrato Casalese两个产区）相当纯净且令人舒畅。这些都是适合趁早饮用的酒款。

麝香是皮埃蒙特区最具代表性的白葡萄酒品种，代表酒款不只有阿斯蒂气泡酒，还有品质更佳的微泡酒**阿斯蒂莫斯卡托（Moscato d'Asti）**，这是香甜的麝香葡萄最令人欣喜的类型。阿斯蒂莫斯卡托还有另一项让人难以忽略的优点，就是它的酒精浓度只有约5%，几乎比其他所有葡萄酒都要低，能在一顿丰盛的晚宴之后，为宾客带来惊喜和欢愉。

白葡萄品种Cortese主要种植在亚历山德里亚镇（Alessandria，见151页）以南，用来酿制依然流行的干型白葡萄酒**Gavi**。Arneis看似顺利地移植在Roero，但当地的（尽管在产区范围上）沙质土壤仍是最适合栽种颇具风味的Favorita葡萄（维蒙蒂诺葡萄的当地品种）。

这个丰饶产区里的其他特产，还包括：一种气泡甜红葡萄酒Brachetto d'Acqui；以Pelaverga葡萄酿成的淡红葡萄酒Verduno；名为Malvasia diCasorzo d'Asti的甜味粉红葡萄酒或红葡萄酒；产自Erbaluce di Caluso DOCG产区的有趣黄色葡萄酒（属于甜酒类型的Caluso Passito，则是以半风干葡萄酿成；而气泡酒则得益于持久的酵母陈酿期）；多半产自阿斯蒂且经常带有甜味的微泡红葡萄酒Freisa，尝起来就像是多了些酸涩而少了点儿果味的Lambrusco，对于这种酒人们不是很喜欢就是很讨厌。在2002年创立的Alta Langa DOC是专门为传统方式酿造气泡酒而设立的产区，生产出一些令人惊叹的优质雷司令气泡酒，仅以Langhe Bianco之名对外销售。所以，从来没有人会说皮埃蒙特区的葡萄品种、酒款风味或产区名称不够多。

20世纪80年代，Giacomo Bologna的Bricco dell'Uccellone酒款改变了皮埃蒙特这种种植最广的葡萄品种——芭贝拉的命运；通过把这个品种放入法国橡木桶中陈年而让酒变得非常集中。

Barbaresco DOCG
Barbera d'Alba DOC
Barbera d'Asti DOCG
Barolo DOCG
Brachetto d'Acqui DOCG
Dolcetto d'Alba DOC
Dolcetto d'Asti DOC
Dolcetto di Diano d'Alba DOCG
Dogliani DOCG
Grignolino d'Asti DOC
Grignolino del Monferrato Casalese DOC
Langhe DOC
Asti and Moscato d'Asti DOCG
Nebbiolo d'Alba DOC
Roero DOCG
Ruchè di Castagnole Monferrato DOCG

省界线
葡萄园
森林
等高线间距 100 米
155 此区放大图见所示页面

1:365,000

Km 0   5   10 Km
Miles 0   5   10 Miles

皮埃蒙特的心脏地带

因为很多几乎重叠的 DOC 和 DOCG 的集合，我们称这张地图为"多层式立交桥"——那些图注并不全面。阿尔巴-阿斯蒂（Alba-Asti）轴线是这里的关键所在。

芭芭罗斯科
Barbaresco

内比奥罗葡萄在朗格山丘找到它最耀眼的精华产区，就生长在塔纳罗河右岸的石灰质黏土上，从芭芭罗斯科产区内的阿尔巴（Alba）市东北，一直延伸到巴罗洛村附近城市的西南部（详见右页地图）。内比奥罗是一种特别晚熟的葡萄品种，因此最好的酒通常都产自高度适中的南向山坡，海拔通常介于150至350米之间。

今天，巴罗洛和芭芭罗斯科的品质要看种植者和葡萄园的所在位置（酒标上通常以sori和bricco来突出那些杰出的葡萄园）。通过品尝，可以发现不同葡萄园在品质、香气、潜力及细致程度上确有其一贯性的差异；这在勃艮第的金丘区同样会以葡萄园来证明其差异性。然而，这些优秀酒款的崛起，或者说它们从被遗忘的传奇过渡到万众瞩目焦点的这段过程，却是在20世纪80年代之后才发生，此前70年代到80年代的规则就是延迟收成、长时间萃取以及在大木桶中的无止尽陈年等等。80年代之后，挑剔的新兴消费者断然将"果味"也视为判断品质的标准之一，他们开始拒喝那些单宁过重而且往往因为陈放过久

（但仍然未臻成熟）而使得水果风味尽失的干涩酒款。

现代化的酿酒技术轻松地找到了解决方法：选择最佳的收成时机（有时会让单宁尽可能成熟）；在可控温的不锈钢槽中发酵，缩短浸皮时间；缩短在大型旧木桶中的陈放时间；或者在全新或半新的法国小型橡木桶中陈放（这点争议更多）。两大阵营以及其追随者们多年来一直互相抨击，如今最好的生产者们则结合彼此优点。然而芭芭罗斯科酒常常被酿成需要陈放的紧涩酒款，此中所含的单宁是建构其难忘风味的一部分。优质的巴罗洛和芭芭罗斯科可以在浓郁的甜香中带有森林的熏烤风味，在皮革和香料之外感受到覆盆子的果味，而在果酱般的浓缩风味中又带着树叶般的淡香。更成熟的酒则带有动物性或柏油类风味，有时会令人联想到蜡或者熏香，有时则可能是蘑菇、松露又或是樱桃干。这些风味的融合正是活跃于其中的单宁和酸度，它能清新活化味觉，而不过度刺激味蕾。

尽管新种植的葡萄园相当多，但种植面积达680公顷的芭芭罗斯科，葡萄园面积仍不到巴罗洛的一半。这个位于山脊上往西朝向阿尔巴市的村庄，人口不过600人，山麓上都是大名鼎鼎的葡萄园。Asili、Martinenga、Sorì Tildìn都是最顶级红葡萄酒的代名词。下方往东走就是Neive村，当年由本村地主加富尔伯爵（Count Cavour）请来

的法国酿酒师路易斯·乌达尔（Louis Oudart）就是在村内城堡里以内比奥罗进行实验。此地的葡萄园里，芭贝拉（Barber）、多切托（Dolcetto），特别是麝香（Moscato）葡萄到今天仍比内比奥罗重要。20世纪90年代出自该村最佳葡萄园的部分酒款，曾以强劲的风格引人注目，如今来自该地区的酒常出现在市场上。

往南走是更高的山坡，有些地区甚至冷到内比奥罗无法成熟，因此更适合栽种多切托；而在Treiso村，内比奥罗往往表现得特别优雅且带有迷人香气。Pajorè是此区历史悠久的重要葡萄园，而Roncagliette葡萄园所酿的酒相当均衡，甚至带有芭芭罗斯科北部邻近村落的特色。当地政府将整个芭芭罗斯科又再区分为几个子产区，其中有些产区的品质明显优于其他。在右页地图中只标出最好的芭芭罗斯科葡萄园，并尽量以出现在酒标上的名称来标示（虽然葡萄园的拼法可能会有出入，尤其是皮埃蒙特区又有自己的方言）。

产区领导者们

芭芭罗斯科一度被视为名气更大的巴罗洛替身，直到穿着鲜艳米索尼（Missoni）毛衣出现的安杰洛·加亚（Angelo Gaja），他作为意大利酒先知和势不可挡的发起人使芭芭罗斯科大步迈向世界舞台。百无禁忌的加亚，他的酒不管是传统的内比奥罗，还是带有实验性质的赤霞珠、霞多丽、长相思，或者被当成波尔多一级酒看待的芭贝拉，各自都勇于表述，而且款款价值不菲。

嘉科萨（Bruno Giacosa）酒庄在20世纪60年代就已经证明，芭芭罗斯科尽管未必能拥有和巴罗洛相当的厚实浓郁，但却可以展现出同样的浓度；然而真正以现代化方式传达出此信息的却是加亚，在这个最重视传统的地区，他毫不迟疑地引进新橡木桶、新观念。加亚在2000年宣布要放弃自己一手建立的芭芭罗斯科产区名声，并将之前以芭芭罗斯科DOCG名义售出的酒款，包括价格惊人的单一葡萄园酒款Sorì San Lorenzo、Sorì Tildìn以及CostaRussi，都改以Langhe Nebbiolo DOC的名义出售。这个拥有各类酒款的DOC，不只涵盖被降级的巴罗洛和芭芭罗斯科，还包括调配中混有最高达15%"外国"葡萄品种（例如赤霞珠、梅洛、西拉）的诸多酒款。

今天，芭芭罗斯科其他杰出生产者们不仅包括Giacosa，Marchesi di Gresy以及出色的酿酒合作社Produttori del Barbaresco，还有Ca'du Rabajà、赛拉图酒庄（Ceretto）的Bricco Asili酒款，Cigliuti、Moccagatta、Fiorenzo Nada、Rizzi、Albino Rocca、Bruno Rocca和Sottimano。然而传统上，本地比巴罗洛有更高比例的葡萄是出售给地区性大型酒商或酿酒合作社酿制装瓶。

Neive 市镇的葡萄采收。平坦的葡萄园在朗格山区并不存在，然而精确的位置和海拔决定了斜坡地是否适合芭贝拉、多切托和内比奥罗的种植。

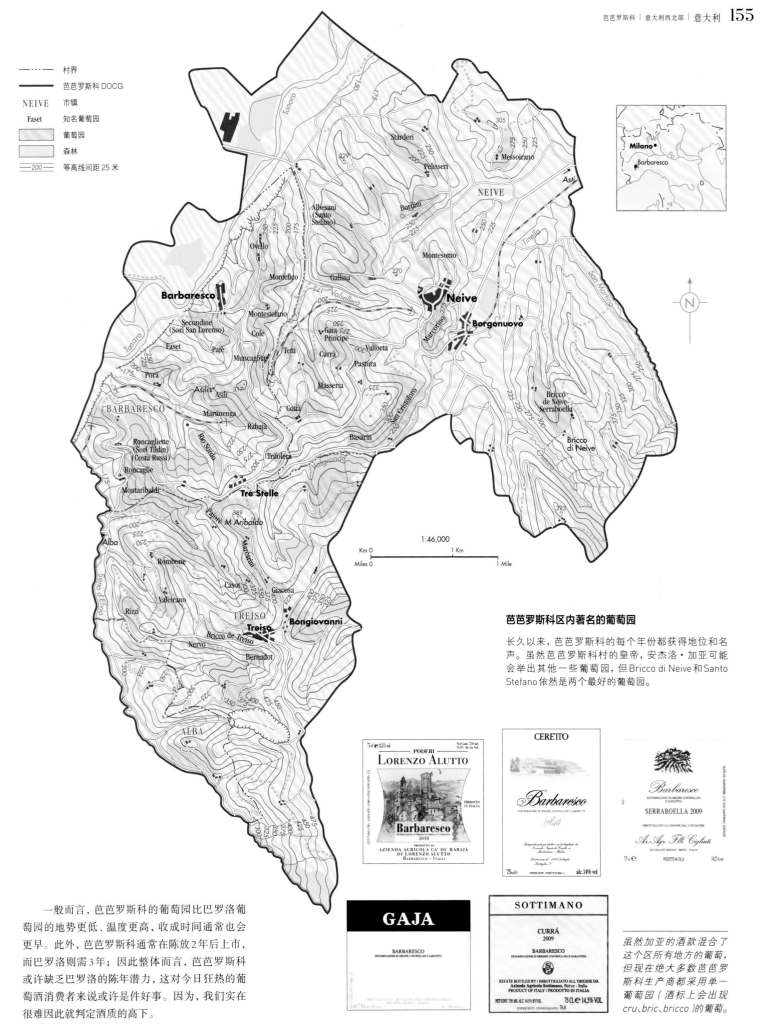

村界
芭芭罗斯科 DOCG
NEIVE 市镇
Faset 知名葡萄园
葡萄园
森林
200 等高线间距 25 米

1:46,000
Km 0 ___ 1 Km
Miles 0 ___ 1 Mile

芭芭罗斯科区内著名的葡萄园

长久以来，芭芭罗斯科的每个年份都获得地位和名声。虽然芭芭罗斯科村的皇帝，安杰洛·加亚可能会举出其他一些葡萄园，但 Bricco di Neive 和 Santo Stefano 依然是两个最好的葡萄园。

一般而言，芭芭罗斯科的葡萄园比巴罗洛葡萄园的地势更低、温度更高，收成时间通常也会更早。此外，芭芭罗斯科通常在陈放 2 年后上市，而巴罗洛则需 3 年；因此整体而言，芭芭罗斯科或许缺乏巴罗洛的陈年潜力，这对今日狂热的葡萄酒消费者来说或许是件好事。因为，我们实在很难因此就判定酒质的高下。

虽然加亚的酒款混合了这个区所有地方的葡萄，但现在绝大多数芭芭罗斯科生产商都采用单一葡萄园（酒标上会出现 cru、bric、bricco）的葡萄。

巴罗洛 Barolo

如果说芭芭罗斯科是内比奥罗的绝佳范例,巴罗洛就是经典中的经典。 巴罗洛产区距离芭芭罗斯科西南方只有3公里之遥,其间隔着Dianod'Alba产区的多切托葡萄园,就像上文(154页)提到的,巴罗洛和芭芭罗斯科不论是在所受到的影响或特质上都有诸多雷同。塔纳罗河(Tanaro)的两条小支流Tallòria dell'Annunziata 及 Tallòria di Castiglione,将巴罗洛分割为比芭芭罗斯科产区高出约50米的3个主要山丘(见右页地图)。

目前巴罗洛的葡萄园总面积已达1 886公顷,这要归功于从20世纪90年代末期后本地增加了超过40%的葡萄园面积;不过尽管天气变暖,但某些新增葡萄园所在位置还是会被证明太冷而无法让内比奥罗葡萄全部成熟。所有的巴罗洛葡萄园都集中在人口相对稠密的朗格山区,此区只够容下11个行政村镇。由于日照、纬度和中型气候的诸多不同,以及两种主要的土壤类型,为本区划分子产区的争论提供了无止境的素材。在2011年官方葡萄园名单上,一些行政村镇(绝不是全部)选择急剧扩充(是否有贬值之意?)各自最佳葡萄园范围(其中,引人注目的是Monforte d'Alba镇Bussia园延伸了13公里)之后,这种争论达到了顶点。

东西划分

往西走向阿尔巴市途中,就在拉莫拉(La Morra)村一带,这里的土质和芭芭罗斯科非常接近,是来自地质学家所称的托尔顿时期(Tortonian)的石灰质泥灰土。位于本区西部的这些山丘横亘于拉莫拉村和巴罗洛村的数个行政村镇内,往往产出比较不那么紧实、香气更开放的酒款。此地的最佳葡萄园包括Brunate、CerequioLe Rocche及拉莫拉村的La Serra;巴罗洛这个行政村镇内最著名的Cannubi葡萄园当然也在列,但所处地势略低。

然而,由巴罗洛镇往东,在Castigione Falletto村、Serralunga d'Alba村 及 Monforted'Alba村 北 部地区的其他葡萄园,土质都属于较不肥沃、含有更高砂石比例的海尔微(Helvetian)。因此生产的酒多半酒质更浓缩,同时也是巴罗洛最强劲结实的酒款;需要极长的熟成期。卡斯蒂廖内法莱托(Castiglione Falletto)村部分葡萄园所生产的酒,在口感上明显比塞拉伦加(Serralunga)村葡萄园的酒柔顺;而在分隔塞拉伦加村和巴罗洛镇山谷的山脊上,所出产的葡萄酒风格更明显,兼具塞拉

巴罗洛村屋顶,这里的风景几乎像地中海景致,但没有橄榄和松树。整个区域有明显的亚高山地带感觉——这可能也是基于它的名字。

伦加的力量及产自卡斯蒂廖内法莱托村和蒙福蒂(Monforte)村北部巴罗洛的优雅芳香。绝佳的例子有蒙福蒂村的Bussia园和Ginestra园,以及在卡斯蒂廖内法莱托村,维耶蒂(Vietti)家族的Villero园,Mascarello酒庄的Monprivato园以及Scavino酒庄以皮埃蒙特方言称为Bricdël Fiasc(意大利文应该是Bricco Fiasco)的酒款。在Castiglione Falletto巴罗洛强劲结实的众多酒款中,唯一的例外要算是Bricco Rocche,由于相对含有更多沙质土壤,因此酿造的酒款香气特别浓郁。

这里的Serralunga d'Alba村是著名葡萄园Francia以及前皇室酒厂Fontanafredda的根据地,正是它们奠定了巴罗洛"王者之酒,酒中之王"的地位。镇上还有一些巴罗洛地势最高的葡萄园,但在从Monforte d'Alba村往东分隔塞拉伦加村的狭窄谷地上,却能累积足够的热能来弥补高海拔的不足;因此绝大多数年份,这些位置绝佳的葡萄园,仍然可以让内比奥罗达到完全的成熟。20世纪80年代末期,加亚要从芭芭罗斯科拓展进入巴罗洛时,也选择从塞拉伦加村(Serralunga)开始;所生产的两款酒早在1980年就已经属于DOCG等级。

但在此之前,巴罗洛早就有十多家专精的酒庄自己装瓶上市了(称他们为"domain"也许会

意大利西北部的贵族,在这里代表了那些能够付得起价格、愿意等待的葡萄酒爱好者们。巴罗洛是款典型需要耐心,同时也是为那些深刻理解当地地貌的人准备的酒。

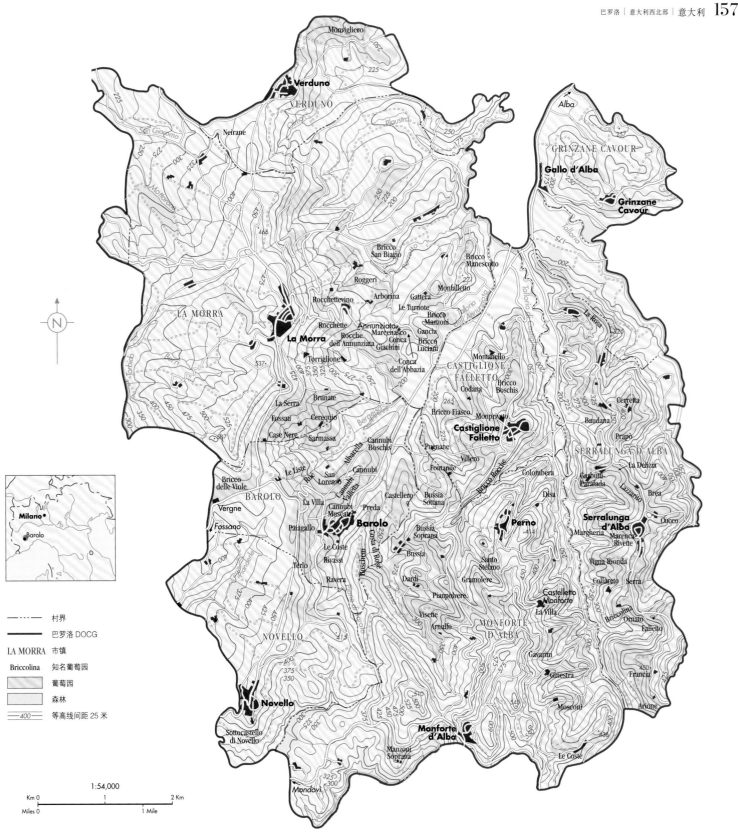

Within the map, the following labels are visible:

Monvigliero

Verduno
VERDUNO

Neirane

Alba

GRINZANE CAVOUR

Gallo d'Alba

Grinzane
Cavour

Bricco
San Biagio

Bricco
Manescotto

Roggeri

Arborina
Rocchettevino

Gattera
Le Turnote
Monfalletto

La Rosa

LA MORRA

Rocchette
La Morra

Bricco
Manzoni

Annunziata
Marcenasco
Rocche
dell'Annunziata

Conca
Giachini

Gancia
Bricco
Luciani

Torriglione

Conca
dell'Abbazia

Montanello

CASTIGLIONE
FALLETTO

Codana

Bricco
Boschis

Cerreta

La Serra
Brunate

Baudana

Prapò

Fossati
Cerequio

Bricco Fiasco
Monprivato

SERRALUNGA D'ALBA

Case Nere
Sarmassa

Cannubi
Boschis

Castiglione
Falletto

Pugnane

La Delizia

Gabutti
Parafada

Lazzarito

Brea

Le Liste
Roè
San
Lorenzo

Albarella

Cannubi

Villero

Fontanile

Bricco Rocche

Colombera

Disa

Cuceo

Bricco
delle Viole

Cannubi
Valletta

BAROLO

La Villa

Cannubi
Muscatel

Castellero

Bussia
Sottana

Perno

Serralunga
d'Alba

Margheria

Marenca
Rivette

Vergne

Barolo

Preda

Bussia
Soprana

Vigna Rionda

Fossano

Paiagallo

Le Coste
Rivassi

Costa di Rose

Bussia

Santo
Stefano

Collaretto

Serra

Castelletto
Monforte

Briccolina

Terlo

Ravera

Dardi

Grumolere

La Villa

Ornato
Falletto

Piampolvere

NOVELLO

Visette

MONFORTE
D'ALBA

Arnulfo

Gavarini

Ginestra

Francia

Novello

Mosconi

Sottocastello
di Novello

Monforte
d'Alba

Le Coste

Manzoni
Soprana

Arione

Mondovì

1:54,000
Km 0 — 1 — 2 Km
Miles 0 — 1 Mile

Milano
Barolo

图例：
村界
巴罗洛 DOCG
LA MORRA 市镇
Briccolina 知名葡萄园
葡萄园
森林
400 等高线间距 25 米

比庄园更为恰当，因为此地正是意大利最"勃艮第"的葡萄酒产区）。就像在勃艮第，这里的传统通常也是由负责种植葡萄的家族完成酿酒工作：即使如此，在这方面已经历过相当的演变；过去的二三十年间，这里的酒款变得更活泼、更直接，几乎就像是勃艮第葡萄酒。优质巴罗洛可说是全世界最不妥协的葡萄酒，需要数十年的瓶中陈年才能充分展现酒款的真正光彩，散发出精

巧细致的迷人香味。少数传统派酒厂，因为拥有信心十足且博学多闻的后继者，因此至今仍能维持传统的酿酒方式。而其他酒厂则或多或少会借着减少发酵和木桶陈年的时间，来赋予巴罗洛新时代的面貌，让酒可以更早就适合饮用。这只是做法不同，没有谁是谁非，只有那些忽略内比奥罗葡萄特质且轻视巴罗洛潜力的人才会铸下大错。

巴罗洛区内著名的葡萄园

在只有几平方公里的区域内，却有那么多被命名的葡萄园似乎很奇怪，然而等高线可以帮助解释其原因。一个葡萄园名字能够比另一个有更多的价值，因此边界争端是这里很常见的事。

意大利东北部 Northeast Italy

这种葡萄在生产商们意识到其名字作为一个地理名词更有价值之前，一直被称为普罗赛柯。

对页地图上所显示的大都市区域现在是意大利葡萄酒种类最丰富的产区——这里大部分为白葡萄酒，最主要的是灰皮诺（Pinot Grigio）葡萄。在地图的最西侧，小镇佛朗恰克塔（Franciacorta）因为酿造意大利最好的传统制法气泡酒，而已建立自己的名声。意大利气泡酒的成功故事始于20世纪70年代，当时的贝鲁奇（Berlucchi）家族一开始只是仿效香槟的做法，随后在本区的伊塞奥（Iseo）湖以南陆续出现了更多追随者。霞多丽和黑皮诺（Pinot Nero）葡萄非常适合此地温和的气候。最好的气泡酒和无泡酒都出自Ca' del Bosco酒厂那个极具个人魅力的里奇奥·扎内拉（Maurizio Zanella）之手，他酿的Cuvée Annamaria Clementi展现了只有最杰出香槟才具有的优雅风范。此外，其他酒厂如Bellavista，Ferghettina，Gatti，Majolini，Monte Rossa以及Ubert也紧随扎内拉的脚步坚定前进。他们的红色波尔多混酿型和勃艮第型白葡萄酒以Curtefranca DOC酒标售卖。

有关维纳图酒区的集中详细介绍可以参见162~163页。在该区西缘的加尔达（Garda）湖南段，生产一种吸引人的干白葡萄酒Lugana；这是以Verdicchio葡萄在当地的变种所酿成。Ca' dei Frati酒庄与Ca' Lojera酒庄已向人们证明这种葡萄酒甚至可以陈年；而这个著名的度假湖区，除了传统的清淡红**巴多利诺（Bardolino）**和粉红葡萄酒外，也有生产完全成熟红葡萄酒的潜力。上述这两款酒，使用的葡萄品种和瓦尔波利塞拉（Valpolicella）酒相同，最适合在有葡萄树遮荫的露台趁年轻饮用；至于**Bardolino Superiore** DOCG当然有着更多的实质，更像波尔多混酿。和加尔达（Garda）同名的DOC，让维纳图产区下的Soave，Valpolicella和Bianco di Custoza小产区可以互相调配；位于加尔达湖南边的**Bianco di Custoza**区，能够酿成比基础索阿韦（Soave）更可靠的酒款，而在索阿韦（Soave）东边的**甘贝拉拉（Gambellara）**产区，Angiolino

Maule 酒庄与 Giovanni Menti 酒庄生产出最真实表现 Garganega 葡萄的酒款。

普罗赛柯与兰布鲁思科（Prosecco & Lambrusco）

对于远在东缘的维纳图来说，最受欢迎的酒应该是能为造访威尼斯的观光客带来心灵滋润的气泡酒**普罗赛柯（Prosecco）**。世界范围内对这种非常易饮的气泡酒需求之大，以致在2008年时产区面积轻易地扩大到了意大利全部9个省份（地图上用粉色为界的广大地区）。为了保护其珍贵的普罗赛柯气泡酒不被假冒，生产者把葡萄名称改为可靠的"Glera"，并注册其原来"普罗赛柯"作为一个地理名称以保持自己的产品。产自瓦尔多比亚德内（Valdobbiadene）小镇Cartizze山丘的普罗赛柯传统上是最抢手的，然而现在越来越多的兴趣放在了酿造绝干的"sur lie"型酒款（没除渣就装瓶上市）。Verduzzo是威尼斯内陆地区的白葡萄品种，在富卢利（Friuli）称为Friulano，在维纳图被叫作Tai Bianco；至于风味清淡的卡本内（以品丽珠为主）和梅洛，搭配些强硬但质量提升的当地品种Raboso，就成为皮亚韦（Piave）和Lison-Pramaggiore两个平原的主要酒款。

从地图上就可以看得很清楚，由米兰南部平原往下流向亚得里亚海的波河（Po），形成宽广平坦的一片河谷地带，因此不是理想的葡萄酒产区。在整个波河谷地中只有一个知名产区，而对一些人而言这是个声名狼藉的区：产自摩德纳（Modena）古城附近的红色气泡酒**Lambrusco**，尤其是来自Sorbara镇的。这是一种活跃、充满红色莓果香的葡萄酒，具有不同寻常的明亮粉色泡沫，显然很让人开胃，它可以降低博洛尼亚食物的浓腻肥厚之感。生产商们，如Francesco Bellei，正推进Lambrusco di Sorbara产区的生产范围，以不同方式酿造经典葡萄酒，包括frizzante（微气泡）以及metodo ancestrale（瓶中发酵，不出渣就装瓶上市）这些曾在20世纪70年代被方便

的大缸发酵方式取代的传统方法。

维纳图东部葡萄酒变得更加多元。在维琴察（Vicenza）城和帕多瓦（Padova）城附近，平原上的绿色火山岛产出的是日益受欢迎的 **Colli Berici** 和Euganei，后者是甜气泡酒 **Colli Euganei Fior d'Arancio** DOCG（以前称为Moscato Giallo）的家。红葡萄品种包括波尔多的赤霞珠、品丽珠和梅洛，以及歌海娜（Grenache）——当地称为Tai Rosso——是Berici区的经典红葡萄。白葡萄方面则是国际葡萄与当地传统葡萄的综合：索阿韦的Garganega，Glera，清淡爽脆的Verdiso，更坚实的Friulano，后者以前称Tocai Friulano，现在改名为Tai Bianco，拥有自己的Lison DOCG（见164页）。这里本地和欧洲政治利益之间的相互影响是足以让你晕头转向。本区的各DOC产区是一系列划分出来的特定区域，产品名称可以冠用区内所产的一系列红、白葡萄酒款上，一般都是标示出品种名称的单一品种酒。

维琴察城北方的**Breganze**，同样也是因为一名狂热的酿酒师才出名的DOC产区之一（就像佛朗恰克塔Franciacorta）。福斯托·马库兰（Fausto Maculan）用他的金色Torcolato让来自当地风干葡萄Vespaiola酿制的传统威尼斯甜酒重获新生。关于维纳图东部的详细葡萄酒介绍，请见164页。

艾米利亚-罗马涅（Emilia Romagna）作为葡萄酒产区的声誉持续上升。在博洛尼亚附近的山丘**Colli Bolognesi**，目前已经是某些杰出赤霞珠、梅洛和霞多丽以及当地白葡萄Pignoletto的产区。博洛尼亚和拉文纳（Ravenna）城以南的地区，依然是Romagna品种的大本营，其中又以Trebbiano di Romagna表现最普通。1986年，**Albana di Romagna**是意大利第一个获提升到DOCG的白葡萄酒（由于某种原因，它很难被看到）。就像其他许多意大利白葡萄酒一样，Albana也可以被酿成各种不同的甜度；其中最好的，包括Zerbina酒庄由风干葡萄干酿造的Scacco Matto甜酒。**Sangiovese di Romagna**是一个宽广的红葡萄酒产区，品质难免参差不齐。这种酒可能会因为产量过大而口味淡薄，但也可能会是结实细致到足以说明何以许多慧眼独具的托斯卡纳酿酒师会特别偏爱来自Romagna的桑娇维塞克隆品种。

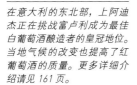

在意大利的东北部，上阿迪杰正在挑战富卢利成为最佳白葡萄酒酿造者的皇冠地位。当地气候的改变也提高了红葡萄酒的质量。更多详细介绍请见161页。

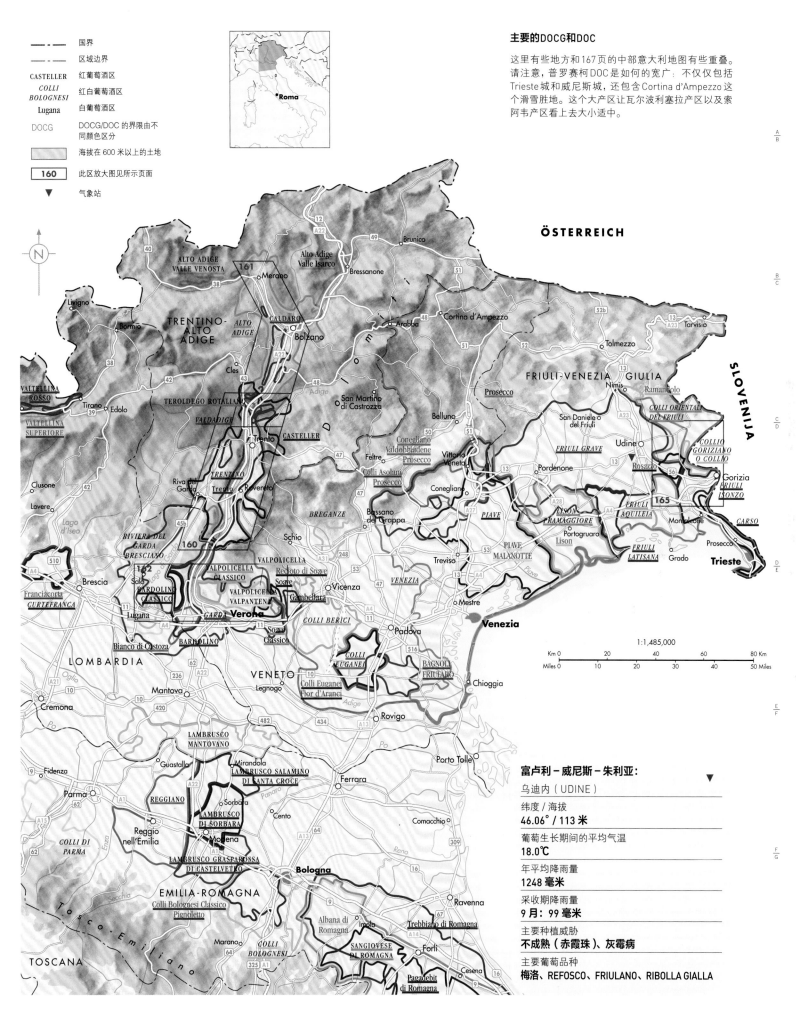

主要的DOCG和DOC

这里有些地方和167页的中部意大利地图有些重叠。请注意，普罗赛柯DOC是如何的宽广：不仅仅包括Trieste城和威尼斯城，还包含Cortina d'Ampezzo这个滑雪胜地。这个大产区让瓦尔波利塞拉产区以及索阿韦产区看上去大小适中。

图例

——	国界
—·—	区域边界
CASTELLER	红葡萄酒区
COLLI BOLOGNESI	红白葡萄酒区
Lugana	白葡萄酒区
DOCG	DOCG/DOC 的界限由不同颜色区分
	海拔在 600 米以上的土地
160	此区放大图见所示页面
▼	气象站

富卢利－威尼斯－朱利亚： ▼

乌迪内（UDINE）

纬度／海拔
46.06°／113 米

葡萄生长期间的平均气温
18.0℃

年平均降雨量
1248 毫米

采收期降雨量
9 月：99 毫米

主要种植威胁
不成熟（赤霞珠）、灰霉病

主要葡萄品种
梅洛、REFOSCO、FRIULANO、RIBOLLA GIALLA

1:1,485,000

Km 0   20   40   60   80 Km
Miles 0   10   20   30   40   50 Miles

特伦蒂诺Trentino

由阿迪杰谷地（Adige Valley）构成的这条通往阿尔卑斯山的惊险走廊，同时还以布伦纳（Brenner）隘口连接意大利和奥地利。这条由石壁构建的天然通道，某几段宽阔到可以望见远方的山峰，但就像隆河谷地一样，此处也因为是贯穿南北的交通要道，不可避免地有繁忙交通及工业企业的进驻。

虽然有种往谷地发展的趋势，但斜坡上最好的葡萄园与下面繁忙而吵闹的交通要道形成迷人对比。从河川到岩壁，视线所及的山坡都被高架的葡萄藤蔓所占据；从高处俯瞰，一处处葡萄园就像是由浓密叶子构筑的阶梯。

特伦蒂诺是涵盖此一山区所产各类酒款的DOC产区。但区内的不同区域又有各种专属的区域特产——即特有原生葡萄品种。而每个区域都种植着很多灰皮诺（非常流行）和酿造传统制法气泡酒（Trento DOC）的霞多丽品种，然而这些地区正在寻找新的品种种植。往北通向特兰托（Trento）小镇的蜿蜒峡谷称为Vallagarina，这里是Marzemino（一种充满香水味、酒体轻盈的传统红葡萄酒）的家。

特伦蒂诺的北缘，位于梅佐伦巴多（Mezzolombardo）镇与美佐科罗娜（Mezzocorona）镇之间、被悬崖环绕且覆盖着葡萄藤蔓的砾石平原Campo Rotaliano上，种植着一种紫色品种Teroldego。**Teroldego Rotaliano**是意大利最具特色的酒款之一：高酸度以及带有点儿苦味的特性标志其原生性。完全成熟、精致的Teroldego Rotaliano酒之女王是Elisabetta Foradori，她改进的克隆品种以及在双耳酒罐中的发酵经验都给她的客户带来了深刻印象，而产区管理当局却不予理会，因此她只能把自己的酒以IGT Vigneti delle Dolomiti售卖。产自蒂罗尔（Tyrol）的Schiava或Vernatsch葡萄（在德国称为Trollinger），一度也被广泛种植，但幸运的是如今已逐渐消失。粉红葡萄酒或许是最适合Schiava的出路，例如本页地图北缘法埃多（Faedo）村一带的酒款。

在圣米凯莱（San Michele）周围的阿迪杰东侧山坡，也是非常成功的白葡萄酒产区；近些年，国际红葡萄品种在此也表现不错。全世界少数杰出的穆勒塔戈葡萄也产于该产区。

特兰托附近紧邻三个小湖的西侧山谷，虽然也种有各种不同的葡萄品种（这些区域基本上是为气泡酒准备基酒的产区），但同时还有一种特产，即以另一种原生白葡萄品种Nosiola酿成的优质甜酒——圣酒（Vino Santo）。最好的圣酒来自Laghi谷地（Valle dei Laghi）中的Pressano村和Lavis村。

酒农合作社在如此分隔成小块的葡萄园中占主导地位，但特伦蒂诺区当下被重新发现的旅程却被区内一些最有活力的小酿酒者肩负着。

交通要道的两边

和其西南方的Franciacorta产区一样，特伦蒂诺一直以来都是意大利酿造干型气泡酒的地方，而无泡酒则为商业型规模。但是真正令人感兴趣的葡萄酒在这里有酿造，如来自远在本区南部、杰出的San Leonardo酒庄出品的波尔多混酿；以及位于北部的Foradori酒庄的Teroldego酒款。

Valdadige (Etschtaler) DOC

Trentino DOC
Trento DOC

Alto Adige (Südtirol) DOC

Teroldego Rotaliano DOC

Caldaro (Kalterer) DOC

Casteller DOC

省界

ZENI 知名酒庄

葡萄园

森林

1000 等高线间距 200 米

1:257,000

上阿迪杰 Alto Adige

位于奥地利蒂罗尔南端的上阿迪杰，不仅是意大利最北端的葡萄酒产区，也是最富生气的产区之一，其出产高质量葡萄的意愿也日渐实现。阿尔卑斯山使此地成为文化和农业的大熔炉，在这里，德语比意大利语更普遍，而法国的葡萄品种则比日尔曼品种更被广泛种植（虽然后者正慢慢赶上）。本地不只生产那些奠定其国际名声的清爽、富果香、优质品种的白葡萄酒，同时也生产在其他更温暖产区可用来酿制优质红葡萄酒的葡萄品种。本地多数的葡萄酒都是以大范围的 Alto Adige（南蒂罗尔省）DOC 名义出售，同时还会标出葡萄品种名称。

葡萄园区主要集中在阿迪杰谷地的河滩和低坡上，葡萄园所在高度从海拔 200 米爬升至将近 1 000米，但 350~550 米的高度最能预防霜害，而且栽种的葡萄也具有最佳的成熟度。

特别适合种植雷司令、西万尼、克尔娜以及其他不同维特利纳（Veltliners）品种的葡萄园多半是地势偏高且呈梯田状，一如在西北部的**韦诺斯塔**（**Venosta**，德语称 Vinschgau）谷地，或是在博尔扎诺（Bolzano）市向东北延伸24或32公里的**伊萨尔科**（**Isarco**，又称 Eisacktal）谷地（见159页地图）。

在地势略低的山坡上，霞多丽、白皮诺（Pinot Bianco）及灰皮诺都能表现出清新的水果风味；至于在泰拉诺（Terlano）村以及往北朝梅拉诺（Merano）市一带，则是高水准的长相思产地。到处可见的白色石灰质土壤（因为古代冰河移动而露出），却独独在此处被坚硬的花岗斑岩所取代，本书158页的许多酒标上，都可看到酒厂特别强调这一点。一些显而易见的缘由，塔米娜（Traminer）葡萄与博尔扎诺市以南的小镇 Tramin（意大利语 Termeno）相关。当地知名酒厂 Hofstätter 特别杰出。

本地最吃苦耐劳的红葡萄酒品种是 Schiava（又名 Vernatsch），酒款的色泽浅淡、口感柔顺简单。最早产于博尔扎诺一带的原生品种 Lagrein，则能

酿出更严肃的酒款，其中包括果香浓郁的粉红葡萄酒 Lagrein-Kretzer，以及酒色更深浓的 Lagrein-Dunkel，两者都有不错的陈年潜力，在全球各地有越来越多的追随者。一个当地错综复杂且有价值的葡萄园体系在博尔扎诺市上方的陡坡上盘旋着。

19世纪引进的红葡萄酒品种黑皮诺、梅洛及赤霞珠，在本区也有非常好的表现。事实上，马格尔（Magre）村的 Alois Lageder 酒庄能够酿意大利最细腻与时髦的黑皮诺酒。受惠于来自加尔达湖的午后微风和冷凉的夜间气候，上述这些品种外加 Lagrein 葡萄，逐渐在卡尔达罗（Caldaro）湖以东及博尔扎诺市上坡处最温暖的葡萄园里取代 Schiava 葡萄的位置。对这些地方来说，灌溉还是至关重要的。

当地的酿酒合作社或酒窖在上阿迪杰区是非常珍贵且重要的力量。其中最杰出的合作社能与在地图上标出的一些知名独立酿酒者一比高下。

多洛米蒂山脉的葡萄园

这里是这个双语葡萄酒产区的历史中心地带，与特伦蒂诺大部分地区合并在一起。有款 IGT 葡萄酒被赋予一个浪漫的名字 "Vigneti delle Dolomiti"（多洛米蒂山脉的葡萄园），虽然那里为葡萄所定的标准一点都不低。

上阿迪杰DOC内的次产区

————	Meranese (Meraner)
————	Santa Maddalena (Sankt Magdalener)
————	Caldaro (Kalterer)
————	Terlano (Terlaner)
————	Colli di Bolzano (Bozner Leiten)
————	Teroldego Rotaliano DOC
————	Trentino DOC
—·—·—	省界
■ FRANZ HAAS	知名酒庄
	葡萄园
	森林
—1000—	等高线间距 200 米
▼	气象站

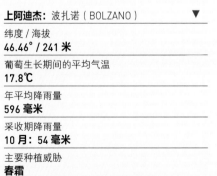

上阿迪杰：波扎诺（BOLZANO） ▼	
纬度／海拔	
46.46°／241 米	
葡萄生长期间的平均气温	
17.8℃	
年平均降雨量	
596 毫米	
采收期降雨量	
10 月：54 毫米	
主要种植威胁	
春霜	
主要葡萄品种	
SCHIAVA、灰皮诺、白皮诺、霞多丽、LAGREIN、琼瑶浆、黑皮诺	

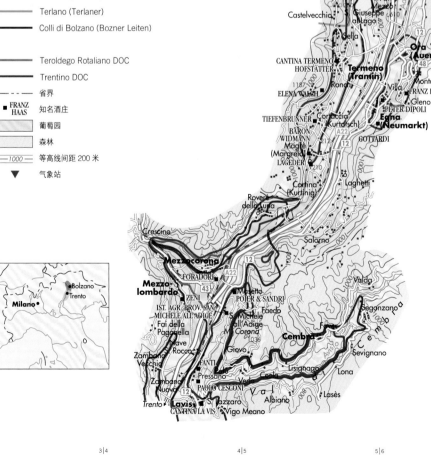

维罗那 Verona

维罗那的丘陵地从索阿韦村（Soave）往西延伸至加尔达湖（Lake Garda）的山丘地区，其中有些是让植物茂盛到难以控制的肥沃火山灰土壤；每处斜坡上蔓延的葡萄树、错落在乡间别墅和柏树风景间的棚架葡萄，构成了一幅意大利式的优雅风情画——遗憾的是，这些优雅景致不常常反映在他们所酿之酒中，因为维纳图（Veneto）已经成为意大利最多产的葡萄酒产区。本区的单位产量之高，特别是从区内重要的产区**索阿韦**DOC每公顷高达10 500升的官方规定来看，就不难理解这正是影响品质的罪魁祸首。高达80%的葡萄种植者，都将采收的葡萄直接卖给当地的酿酒合作社；因此也就无须在意品质及个人名声。

真正的索阿韦酒是无法比拟的，带有明显的杏仁和柠檬混合香气。一瓶来自Pieropan或Anselmi的酒款将消除你的怀疑。为了从大量任意取用索阿韦名字的酒中区分真品，当局又另外设立了两个更高等级的产区：**Soave Classico** DOC，产自最初的历史产区；**Soave Superiore** DOCG，产自土壤较贫瘠的山坡地区。两者的单位最大产量分别为每公顷9 800升及每公顷7 000升——至少这是个开端。当然，真正索阿韦的顶尖生产者所采取的实际产量限制远比这些规定要来得更为严苛。Pieropan和Anselmi这两家酒厂，以及随后加入他们行列的那些尽心尽力的酒庄，如Cantina di Castello、Coffele、Filippi、Gini、Inama、Prà、Tamellini以及现代主义者Suavia。其中除了Filippi酒庄位于索阿韦DOC最高部分Soave Colli Scaligeri外，其他酒庄都位于传统的历史产区Soave Classico，集中在索阿韦村东北部里斯尼（Lessini）山区的东缘。

本区重要的葡萄品种是加格奈加（Garganega）及Verdicchio（当地称Trebbiano di Soave），两者所构成浓厚饱满而集中的酒体和酒质，正是Soave（意为温和的）酒款的真义。调配中也可以使用白皮诺和霞多丽葡萄，只要加格奈加葡萄的占比不少于70%即可。

最好的酒庄通常都会推出一系列单一葡萄园或特定葡萄园酒款，借此表现当地Vigneto La Rocca和Capitel Foscarino等风格独具的葡萄园，有些酒庄如Prà酒庄则酿造经过橡木桶陈酿的优质索阿韦酒。**Recioto di Soave**则是以风干葡萄酿成，是能让人欣喜的绝佳传统甜酒。

和索阿韦产区有部分重叠的**Valpolicella** DOC产区范围，一路从传统的历史产区扩增到直抵索阿韦产区的边界。品质逐渐提升的子产区Valpantena，目前仍是由老字号酒庄Bertani和当地酿酒合作社主导。普通的Valpolicella，应该是带有可爱的樱桃酒色和风味、愉悦的酸度、柔顺的甜香及少许的微苦杏仁味。虽然那些大量生产的酒款很少能够做到这样的风格，但如今的Valpolicella也像索阿韦一样，有许多酒厂已经意识到他们必须酿出真正具有特色的酒款，而不只是满足于商业化的产品：就像20世纪的最后10年，许多人开始回归到更难耕作但品质却更高的山坡葡萄园工作。大多数优质Valpolicella酒来自Valpolicella Classico产区，4根指头般的高海拔葡萄园往下屏障着Fumane、San Ambrogio及Negrar村落，然而其他地方也仍然有像Dal Forno以及Trabucchi这样的杰出酒庄。

葡萄株以密度更高的垂直整枝方式种植在白色砾石的山坡地上，以便从每颗葡萄，特别是本区表现最佳且晚熟的Corvina萃取出更多风味。欠缺个性的Rondinella葡萄和酸味较高的Molinara葡萄（可选择）能够用于酒款中。此外，有些酒厂则是以Oseleta以及Corvinone等更罕见的原生品种来进行调配实验。

瑞奇奥托与阿马罗尼（Recioto and Amarone）

Valpolicella产区最强而有力的表现，首推瑞奇奥托（Recioto）甜酒或阿马罗尼（Amarone），这两种以精选、健康的葡萄经风干后制成的甜味（偶尔还会有气泡）和不甜（且微苦）形态的酒款，更为浓缩和强壮有力。这些令人兴奋的酒款（近些年这些酒已经不那么厚重）都是直接传承自中世纪时由威尼斯商人所引进的希腊葡萄酒。采用古老的ripasso酿酒法来强化Valpolicella，这是以经过压榨后的阿马罗尼酒渣进行二次发酵，选用的葡萄最好是Corvina；经过此程序得出的酒款，就可以是一款Valpolicella Superiore或Ripasso，构成"阿马罗尼精简版"。阿马罗尼酒常常是每一场维罗那盛宴的最高潮。

维罗那的山丘

地图所标的地区延伸到加尔达湖西岸和巴尔多利诺区（Bardolino），以及许多复杂、现在越来越有趣的瓦尔波利塞拉与索阿韦产区。Garda是一个涵盖所有的DOC产区。

维罗那：维罗那（BOLZANO） ▼
纬度 / 海拔
45.38° / 73 米
葡萄生长期间的平均气温
19.1℃
年平均降雨量
783 毫米
采收期降雨量
9 月：81 毫米
主要种植威胁
冰雹、真菌病
主要葡萄品种
加格奈加、CORVINA、灰皮诺、梅洛

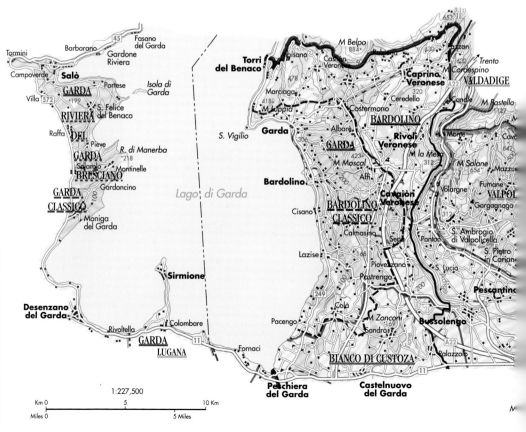

MONTE FIORENTINE

DA UVE GARGANEGA

2011

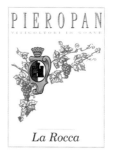

所有这些葡萄酒都证明维罗那区是个优质葡萄酒产区，同时也能满足大宗市场的需求。最好的三款白葡萄酒从任意角度衡量都是严肃酒款，而且和勃艮第的同行相比，绝不索价过高。

即使在酿酒合作社，譬如这个在 Negrar 村的合作社，Corvina 葡萄也被小心谨慎地悬挂起来用于风干，以便浓缩葡萄中的糖分——这是酿造目前非常流行的阿马罗尼酒款的一部分工艺。

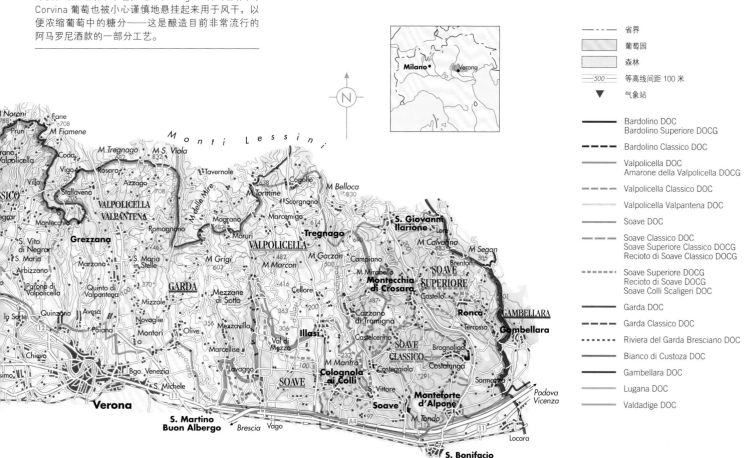

	省界
	葡萄园
	森林
—500—	等高线间距 100 米
▼	气象站

Bardolino DOC
Bardolino Superiore DOCG

Bardolino Classico DOC

Valpolicella DOC
Amarone della Valpolicella DOCG

Valpolicella Classico DOC

Valpolicella Valpantena DOC

Soave DOC

Soave Classico DOC
Soave Superiore Classico DOCG
Recioto di Soave Classico DOCG

Soave Superiore DOCG
Recioto di Soave DOCG
Soave Colli Scaligeri DOC

Garda DOC

Garda Classico DOC

Riviera del Garda Bresciano DOC

Bianco di Custoza DOC

Gambellara DOC

Lugana DOC

Valdadige DOC

富卢利-威尼斯-朱利亚
Friuli-Venezia Giulia

意大利的东北角一直以来都是该国顶级白葡萄酒最重要的产区。 虽然整体的白葡萄酒酿制技术，在过去一二十年才在意大利全境有长足的进步，但是对富卢利而言，或者说这个全名为富卢利-威尼斯-朱利亚的产区，却是早在20世纪70年代早期就以其清新、摩登的白葡萄酒闻名于世。目前这个产区最好的葡萄酒位居全球某些最顶尖白葡萄酒之列，在香气馥郁、酸度明晰、清亮如笛音婉转的品种酒方面更是表现杰出；而且近些年很少看到过度橡木味的酒款。

全意大利最受推崇的白葡萄酒DOC产区分别位于地图上半部的 **Friuli Colli Orientali**，以及地图下半部因为戈里齐亚（Gorizia）省而得名的 **Collio Goriziano**（常常被简称为Collio）。此外，位于Primorska区西部的葡萄园，虽然在行政版图上属于斯洛文尼亚（Slovenia，265页上有更详细的描述），但因为在地理上接近富卢利而被涵盖在本区范围。有些酒厂甚至在国境两侧都拥有葡萄园。就像意大利其他地区，本区也有酿酒合作社；但和意大利另一个以生产清爽干白葡萄酒著称的产区特伦蒂诺-上阿迪杰不同的是，富卢利基本上是由家族酒庄所主导。

Colli Orientali产区的葡萄园，虽然受惠于东北部位于斯洛文尼亚境内的朱利安阿尔卑斯（Julian Alps）山脉保护，得以躲开严酷北风的威胁，但比更靠近得里亚海、受到更多海洋性气候调节的Collio产区来得冷凉且更偏向大陆型气候。这些高度介于海拔100米至350米之间的Colli Orientali（意为"东方山丘"）因为曾经是海洋，而在今日的土壤组成中仍可见到泥灰土和砂岩的踪迹，而构成地质上相当独特的科尔蒙斯复理层（flysch of Cormons，因位于右页地图中心的Cormons小镇而得名）。

日趋优异的红葡萄酒

当地的主要葡萄称为Friulano的白葡萄酒品种（在维纳图被称为Tai Bianco），即所谓的Sauvignonasse或Sauvignon Vert品种。这个在其他产区可能显得粗野的品种，却在意大利的这个地区有不错的表现。此外，灰皮诺、白皮诺、长相思及当地特有的Verduzzo品种也有种植；但Colli Orientali产区还有近1/3的葡萄园献给了当地愈趋完美的红葡萄酒，其中又以赤霞珠及梅洛为主，其他像当地的Refosco、Schioppettino及Pignolo也都以清新、舒爽的单一品种酒出现；经过木桶陈年的混合品种酒也很普遍。

多数种植在富卢利的赤霞珠葡萄，一直以来都被认为是品丽珠（有时被拼作Cabernet Frank），但其中有些原来是古老的波尔多品种佳美娜（Carmenère，此一品种曾在智利被错认是梅洛）。Colli Orientali的某些地区，气候受山区影响更甚于海洋，但是在Búttrio和Manzano两地之间的西南角则是可以让赤霞珠都充分成熟的温暖气候。尽管本地还是有些表现平平的生产者会不顾土壤的适宜性而种植更多品种以争取更大的产量，但全球气候变暖和更佳的酿酒技术使得本地酒款品质普遍获得持续提升。

Colli Orientali产区最北部的尼米斯（Nimis）市一带（见159页地图的西北端），属于 **Ramandolo** DOCG产区的斜坡则是区内最陡峭、最寒冷，同时也可能是最潮湿的山坡。以Verduzzo品种酿成的琥珀色甜酒为本地特产。**Picolit** 则是另一种备受期待的当地葡萄品种，酿出的甜白葡萄酒宛如意大利版的朱朗松（Jurançon）甜酒般强壮：带有干草般的酒色和花朵芳香，不像苏特恩（Sauternes）甜酒那样带有明显的蜂蜜香气。

Colli Orientali产区南部范围较小的 **Collio** DOC产区，所产的酒款基本上大同小异，包括大多数富

在Collio产区，葡萄株沿着等高线被种植，然而在两排之间留有足够的空间给机器农活。这里是靠近边境的乡村，在意大利—斯洛文尼亚的边境监管并不严格。

卢利的顶级白葡萄酒，以及相比之下微不足道的红葡萄酒产量。这些红葡萄酒尝起来常显得不够成熟且口感太淡，特别是如果秋雨来得太早而使得葡萄无法完全成熟。全球市场对灰皮诺的需求，使得此一品种早早就取代了 Friulano 葡萄以及长相思的地位。具有历史意义的 Ribolla Gialla 常常与果皮一起发酵（Gravner 是这方面的先行者）以酿造出颜色深黄的葡萄酒，是 Collio 产区日渐流行且受重视的招牌白葡萄（在斯洛文尼亚边境被称为 Rebula）。一如在 Colli Orientali 产区，本区的霞多丽和白皮诺（Pinot Bianco）多半会比其他白葡萄酒品种多些轻微的橡木桶风味。当地特有的其他淡色品种，还包括 Traminer Aromatico、Malvasia Istriana 以及 Riesling Italico（Welschriesling），这些品种在国界另一边的斯洛文尼亚同样也有种植。

红葡萄酒出于何处

　　整体而言，在富卢利－威尼斯－朱利亚西部的赤霞珠最为强健茂盛，特别是 **Lison-Pramaggiore** 产区（见159页）所生产的。越往东行，意大利这个大产区的丰饶产量和冷凉气候似乎更适合早熟的梅洛。梅洛是 **Grave**、**Isonzo** 这两个 DOC 产区的主要品种。相较于 Colli Orientali 产区内种在山坡上的葡萄，产自沿岸地区地势平坦葡萄园里的相同葡萄所酿制的酒则比较清淡，然而 Isonzo 河北部那些排水性好的葡萄园（属于 Isonzo DOC）同样能酿出集中度好的酒款。事实上，多年以来有些 Colli Orientali 的酒厂，已经悄悄地将优秀的 Isonzo 种植者视为其原料葡萄的供应者。至于产自海、河之间地势更低缓、土壤更肥沃地区的酒款，则和西部多产的 Gravedel Friuli 平原的酒款较接近。Isonzo 另外还出产不错的白葡萄酒，例如有名的 Friulano 和灰皮诺（Pinot Grigio），而 Vie di Romans 是其中的佼佼者。

　　Carso DOC 产区的范围沿着滨海古城里雅斯特（Trieste）附近的海岸分布，这里的特有品种是在当地被称为 Terrano 的 Refosco 红葡萄品种，在国界另一端的斯洛文尼亚也广为种植。

富卢利与斯洛文尼亚西部

斯洛文尼亚最西北部的葡萄酒产区 Brda，也包含在这张地图上，这是因为它从地理上几乎与 Collio 没有区别。小山丘和陡坡构成的葡萄园，有时同一块葡萄园地跨边境线两侧。这个产区是如何融入大斯洛文尼亚画面中的，请见264页。

斯洛文尼亚的影响很明显体现在以上酒标上。而 Gravner 的影响力在整个富卢利和 Brda 也能被发现和品尝到。汁皮接触、双耳陶罐比比皆是、混浊现象是没有错的——这些大概在酿造非常干净的白葡萄酒（曾经主导过这部分葡萄世界）时经常出现。

1:192,000

			国界

─ ─ · ─ 国界
─ · ─ 省界
FRIULI COLLI ORIENTALI DOC
COLLI ORIENTALI DEL FRIULI PICOLIT DOCG
COLLIO GORIZIANO O COLLIO DOC
FRIULI ISONZO DOC
斯洛文尼亚的 PRIMORSKA 产区，子产区名称
■ RONCUS 知名酒庄
森林
500 等高线间距 100 米

意大利中部
Central Italy

意大利的心或许连其灵魂，都躺在这块中心有点儿歪斜的半岛上。对外国人来说，这里最知名的城市是佛罗伦萨和罗马，最具代表性的是奇昂第的乡村风景，还有伊特拉斯坎人的葬身之地……听起来太了无新意吗？那可未必。这里的海拔、地形殊异，更重要的是天差地远的所有观念。两边的大海赋予沿海的葡萄酒产区截然不同的性格。古代的事物包覆了现代的创新想法，如今大量外来投资进入这个地区。这里没有什么是理所当然的事，在这个全球变暖的纪元，即使是晚熟的桑娇维塞也能够在意大利亚平宁山脉的山脊（海拔可以高达600米）上成熟。Lamole就是个例子。

桑娇维塞的国度

除了沿海酒区外，本区完全是桑娇维塞葡萄的天下。这种在意大利种植最广的葡萄，可以是浅淡、稀薄、酸涩的漱口水，也能完全展现出意大利美食在酒杯中的极致奢华表现。地图上的高海拔地区需要一个温暖的生长期才能完全成熟，其结果就是这里的酒款比低海拔区的桑娇维塞精细许多。尤其对那些在20世纪70年代因为产量大（而非品质）才获选的克隆品种而言更是如此，这种以更好的克隆品种来取代旧有克隆品种的过程，颠覆了我们对托斯卡纳葡萄酒的期待。今天意大利中部的桑娇维塞，极有可能会带有更深的酒色、更浓的口感，但同时仍保有绝佳的酸度和单宁结构，绝对适合佐餐。浅皮葡萄们往往种植在更高或少保护的葡萄园里，其中最主要的是Trebbiano Toscano，这种已经在这块桑娇维塞之乡种植达一个世纪以上的多产白葡萄品种。该品种一般

酿成相当沉闷的葡萄酒，不过在与白色马尔维萨（Malvasia Bianca）葡萄混酿时能成为引起人们兴趣的托斯卡纳干白葡萄酒。

亚平宁山丘地的土质差异性很大，其中最特殊的两种形态分别是：galestro，这是当地一种特别易碎的泥灰岩黏土；以及更坚硬厚实的albarese土壤。当地的湖泊和河川一如两旁的海洋，都为葡萄园带来令人欣喜的温暖影响。

东部沿海区域

在马尔凯（Marche）地区内的 **Verdicchio dei Castelli di Jesi** 产区本身就非常大，而所谓的传统 Classico 区就又占了九成，听上去像是个胡扯；但是像 Colonnara、Umani Ronchi 等知名酒厂则是用尽所有方法来提升旗下顶级酒款的品质，以使其兼具清新特质和饱满结构。范围较小的 **Verdicchio di Matelica** 区，则倾向于在区内更高更陡的地区酿出更具特色的酒。这个产区最接近南部的区域（Falerio DOC 和 Offida DOCG 两个产区），能够以 Passerina 和（或）Pecorino 葡萄酿出与众不同的干白，并且备受瞩目。

马尔凯区的红葡萄酒，尽管在风格特性的定位上发展较慢，但当地以多汁的蒙帕赛诺葡萄所成名的 **Rosso Conero** DOC，却展现出独特的性格。以桑娇维塞和 Montepulciano 两种葡萄酿成的 **Rosso Piceno**，一般来说如果产量较低又经过合宜的木桶陈年，倒不失为经济实惠的酒款。

蒙帕赛诺（Montepulciano）是本区亚得里亚海沿岸的红葡萄酒品种，酿成的 **Montepulciano d'Abruzzo** 红葡萄酒虽然品质落差可能很大，却很少出现索价过高的情形（Cerasuolo d'Abruzzo 是令人满意拥有饱满酒体的干型粉红葡萄酒版本）。最适合种植这种葡萄的区域位于阿布鲁齐（Abruzzi）的广阔山丘间、泰拉莫（Teramo）小镇附近的地区，是已经获得DOCG的法定产区 **Montepulciano d'Abruzzo Colline Teramane**。Illuminati、Villa Medoro 是表现较佳的两家酒厂。Trebbiano d'Abruzzo（与 Trebbiano Toscano 不同）同时也是一个品质落差走极端的产

区，好酒的表现可以很好，特别在他们没有搞清楚到底使用了哪些葡萄品种的时候。Loreto Aprutino 当地天马行空的已故酿酒师爱德华多·瓦伦蒂尼（Eduardo Valentini），使用严格精选的最佳果实来酿制酒体丰厚、陈年潜力惊人的白葡萄酒。

西部沿海区域

在本区西部沿岸，罗马所在地拉齐奥（Lazio）大区在酿制葡萄酒方面却奇怪地发展迟缓。虽然有少数酒厂使用国际品种及当地土生的清淡红葡萄酒品种 Cesanese 以求努力地做出成绩，但基本上罗马仍是个以白葡萄酒为主的产地。**Marino** 和 **Frascati** 这两款酒产自新近成立的 Castelli Romani 产区，则是完全被淹没在庞大的产量当中，极少受到人们的关注。

往北走就来到切韦泰里（Cerveteri）古城，这是个地图上看起来远比实际上更为重要的地方。在此地以北的托斯卡纳沿岸腹地，才是为近年的葡萄酒产业发展带来最戏剧性转变的地区。详细介绍见后页。

地图上最显著的酒区上面已经提到，而至于艾米利亚-罗马涅（Emilia-Romagna）大区的葡萄见151页及后续页面上的描述；但一个越来越重要的例外是就蒙帕赛诺镇东边这个完全现代化的 Cortona DOC 区。一大批国际性葡萄品种在此地被允许种植，西拉似乎是其中最有前途最具复杂度的品种，Tenimenti Luigi d'Alessandro 酒庄与 Stefano Amerighi 酒庄是最令人印象深刻的生产者。

到目前为止，桑娇维塞是意大利中部种植最多的红葡萄品种，事实上这个品种也是整个意大利种植最广的葡萄。但是，桑娇维塞这个古老品种的很多克隆种变化很多，其酿造的葡萄酒质量也不同。

一些最好的意大利中部酒款，它们来自两边的海岸区，下面几页详细地图之外的产区。特别是 Verdicchio 产区已经历了戏剧化的质量提升过程，尤其在通过对天赐的风土的辨识后。地理永远是回答。

Genova

COLLINE LUCCHESI
Lucca
Pisa
MONTECARLO
Pistoia
CHIANTI
MONTALBANO
Livorno
Pontederao
Prato
Borgo San
Lorenzo
CARMIGNANO
CHIANTI COLLI
FIORENTINI
CHIANTI
COLLINE
PISANE
Firenze
TERRATICO DI BIBBONA
Cecina
CHIANTI
MONTESPERTOLI
Vernaccia
di San
Gimignano
Volterra
Poggibonsi
Figline
Valdarno
CHIANTI
MONTESCUDAIO
CHIANTI
COLLI
ARETINI
SAN GIMIGNANO
CHIANTI
CLASSICO
BOLGHERI
CHIANTI
COLLI SENESI
CHIANTI
VAL DI CORNIA
Piombino
169
Massa
Marittima
Siena
Val d'Arbia
Arezzo
Isola
d'Elba
Portoferraio
MONTEREGIO DI
MASSA MARITTIMA
Val d'Arbia
VALDICHIANA
Città di
Castello
ELBA
ELBA ALEATICO
PASSITO
BRUNELLO DI
MONTALCINO
CHIANTI
COLLI
SENESI
CORTONA
Cortona
Umbertide
MONTECUCCO
SANT'ANTIMO
MONTECUCCO
SANGIOVESE
Moscadello di
Montalcino
Montalcino
Montepulciano
VIN SANTO DI
MONTEPULCIANO
Gubbio
Grosseto
Scansano
VINO NOBILE
DI MONTEPULCIANO
Lago
Trasimeno
MORELLINO
DI SCANSANO
COLLI DEL
TRASIMENO
Perugia
TORGIANO ROSSO
RISERVA
Assisi
MAREMMA TOSCANA
Bianco di
Pitigliano
COLLI
PERUGINI
TORGIANO
ASSISI
Isola del
Giglio
PARRINA
SOVANA
Orvieto
UMBRIA
Foligno
Argentario
Orbetello
Orvieto
Classico
MONTEFALCO
SAGRANTINO
Ansonica Costa
dell'Argentario
Porto
Ercole
Est! Est!! Est!!!
di Montefiascone
Lago di
Bolsena
Orvieto
COLLI
MARTANI
Spoleto
Montefiascone
COLLI
AMERINI
Norcia
Tuscania
Narni
Terni
Civitavecchia
Viterbo
Civita
Castellana
Ascoli
Piceno
Rieti
Teramo

LAZIO

CERVETERI
Bracciano
Lago di
Bracciano
L'Aquila
Roma
Cannellino
di Frascati
Tivoli
Subiaco
CESANESE
DI AFFILE
Avezzano
MONTEPULCIANO
D'ABRUZZO
Marino
Frascati
Colli Albani
Celano
Colli Lanuvini
Aprilia
VELLETRI
Fiuggi
CERASUOLO
D'ABRUZZO
Sulmona
CORI
CESANESE
DEL PIGLIO
MONTEPULCIANO
D'ABRUZZO
ABRUZZO
Anzio
CASTELLI
ROMANI
Latina
CESANESE DI
OLEVANO ROMANO
Frosinone
Trebbiano
d'Abruzzo
CERASUOLO
D'ABRUZZO
Sora
Terracina
Priverno
Pontecorvo
Cassino
PENTRO DI ISERNIA
BIFERNO
Formia
Gaeta
Isernia
Napoli
MOLISE

EMILIA-ROMAGNA
Bologna
Imola
Lugo
Reno
Albana
di Romagna
Faenza
Ravenna
Cervia
SANGIOVESE DI
ROMAGNA
Forlì
TREBBIANO DI
ROMAGNA
Pagadebit
di Romagna
Cesena
Cesenatico
Rimini
SAN MARINO
Cattolica
Pesaro
COLLI PESARESI
Fano
Urbino
Bianchello
del Metauro
LACRIMA DI
MORRO D'ALBA
Senigallia
Verdicchio dei
Castelli di Jesi
Jesi
Ancona
CONERO
VIN SANTO DI
MONTEPULCIANO
Fabriano
ROSSO
CONERO
Verdicchio
di Matelica
ROSSO PICENO
MARCHE
Macerata
VERNACCIA DI
SERRAPETRONA
COLLI MACERATESI
FALERIO
Fermo
OFFIDA
ROSSO PICENO
SUPERIORE
MONTEPULCIANO
D'ABRUZZO COLLINE
TERAMANE
MONTEPULCIANO
D'ABRUZZO
Loreto
Aprutino
Trebbiano
d'Abruzzo
Pescara
Chieti
Lanciano
CERASUOLO
D'ABRUZZO
Vasto
Trebbiano
d'Abruzzo
BIFERNO

图例

—··—··— 国界

—··—··— 区域边界

BIFERNO 红葡萄酒区

TORGIANO 红白葡萄酒区

Zagarolo 白葡萄酒区

DOCG DOCG/DOC 的界限由不同
颜色区分

海拔 600 米以上的土地

169 此区放大图见所示页面

1:1,500,000

Km 0 ___ 20 ___ 40 Km

Miles 0 __ 10 __ 20 __ 30 Miles

Roma

主要的DOCG和DOC

请特别注意，这张地图已经被旋转过，而并不指向正
北。对葡萄种植来说，亚平宁山脉太高；它又把产
区分成受地中海影响和受亚得里亚海影响。最集中
浓郁的佳酿来自西边，然而东部沿海地区也正慢慢
赶上。

马里马 Maremma

169页的地图只标出了最初同时也是最北1/4的地方，这块或许被称为托斯卡纳黄金海岸的马里马托斯卡纳（**Maremma Toscana**），这块从比博纳（Bibbona）小镇往南延伸至Argentario半岛的土地，已经激发了人们的极大兴趣，吸引了外来的投资。

这片曾经疟疾肆意的沿海地区没有酿酒的传统；直到20世纪40年代，因奇萨·德拉·罗凯塔（Incisa della Rocchetta）侯爵在自己妻子位于贝格瑞（Bolgheri）古镇上占地广阔的San Guido庄园里挑了块满布石头的地，并开始种植赤霞珠葡萄时，这个区域酿酒的火把才被点燃。他向往法国的梅多克。最近的葡萄园在数里之外，而侯爵年轻的葡萄株被弃置的桃子园和废弃的草莓田所包围，即使如此他依然很开心，因为在自己的酿酒专家贾科莫·塔奇斯（Giacomo Tachis）指导下庄园内可以种植更多的葡萄株。当侯爵早期的葡萄酒最终失去其单宁时，那些葡萄酒所呈现的风味在意大利也消失了。

侯爵的外甥皮耶罗（Piero）和洛多维科·安蒂诺里（Lodovico Antinori）尝过这些酒后，皮耶罗向波尔多的佩诺（Peynaud）教授提了这事。而安蒂诺里开始将1968年份的西施佳雅（Sassicaia）装瓶上市，到了20世纪70年代中期，这已经是一款世界知名的意大利酒了。接着在80年代，洛多维科·安蒂诺里开始在自己拥有的邻近庄园内种植葡萄，包括赤霞珠和梅洛（组成Ornellaia酒款），以及结果不那么理想的长相思。

1990年，他的兄弟皮耶罗在位置更高、西南向的Belvedere庄园酿造出以赤霞珠和梅洛组成一款名为Guado al Tasso的葡萄酒，结果因为这里的土壤含有更多沙质，酒清淡了些。这或许是酿出伟大红葡萄酒酒款的最西限，但是过去的20年，整个马里马地区都被种上了葡萄。投资已经进入，不仅仅来自实力强大的佛罗伦萨人——安蒂诺里、弗雷斯科巴尔迪（Frescobaldi），鲁芬诺（Ruffino），同时也有一群来自奇昂第内陆丘陵地的小型生产商，他们来此地寻找具有额外成熟度的葡萄——15%来自海岸的葡萄被允许加到他们内陆的葡萄酒中。很快该地的葡萄也吸引了意大利北部生产商，如Bolla、Gaja、Loacker以及Zonin，甚至吸引了远至加利福尼亚的生产商。

贝格瑞DOC法定产区建立了（连同先锋者Sassicaia也在其中拥有独自的DOC），新酒厂几乎都位于罗马海岸大道Via Aurelia上。赤霞珠和梅洛已经是新来者的选择，甚至在某些情景下，大量被占用的土地已被证明太过平坦和肥沃而无法酿出特别质量的葡萄酒。随着贝格瑞产区多数最好葡萄园的占用，中心已继续移向南部。如今，**Val di Cornia** 与Suvereto里地势较高的山上，已经吸引了相当数量满怀希望的投资者。

马里马托斯卡纳（Maremma Toscana）DOC建立，涵盖了这页地图上所有的DOC和DOCG，以及第167页地图上标示出的拉齐奥（Lazio）大区北部边界和蒙塔尔奇诺的西部。

在迷宫般的DOC和DOCG中（大多数是全新建立的），有托斯卡纳标志性葡萄品种的生存迹象。事实上，马里马的中部与南部似乎更适合桑娇维塞葡萄而非波尔多品种，最佳产品来自地势高、土质不那么肥沃的葡萄园。**Montecucco Sangiovese** DOCG要求至少90%种植桑娇维塞（相对于Montecucco DOC最少70%）看来特别有前景，产区内起伏缓和的山丘地比延伸至Colli Metallifere山脉这个更高且更荒凉的**Monteregio di Massa Marittima**产区更容易种植。富有潜力的葡萄园可能需要大规模重建，然而土壤和蒙塔尔奇诺的没什么差别，在海拔600米可以有一些非常优雅的桑娇维塞。

格罗塞托（Grosseto）城正南面是**Morellino di Scansano** DOC，早在1978年就已成立；Morellino是桑娇维塞在当地的名字，而Scansano则是位于

Ornellaia 酒庄里的葡萄酒图书馆可能很容易在加州实现。事实上，这个特别的酒庄曾在某个阶段，由纳帕谷的罗伯特·蒙大维部分拥有。这个围绕在贝格瑞古镇的葡萄酒区已经吸引超过其价值的大量海外投资。

黑色似乎在马里马产区的葡萄酒酒标设计中很流行。以上这些酒的拥有者包括芭芭罗斯科区的安杰洛·加亚，安蒂诺里家族，佛罗伦萨的弗雷斯科巴尔迪，和以西施佳雅开始这一切的贵族家族因奇萨·德拉·罗凯塔。

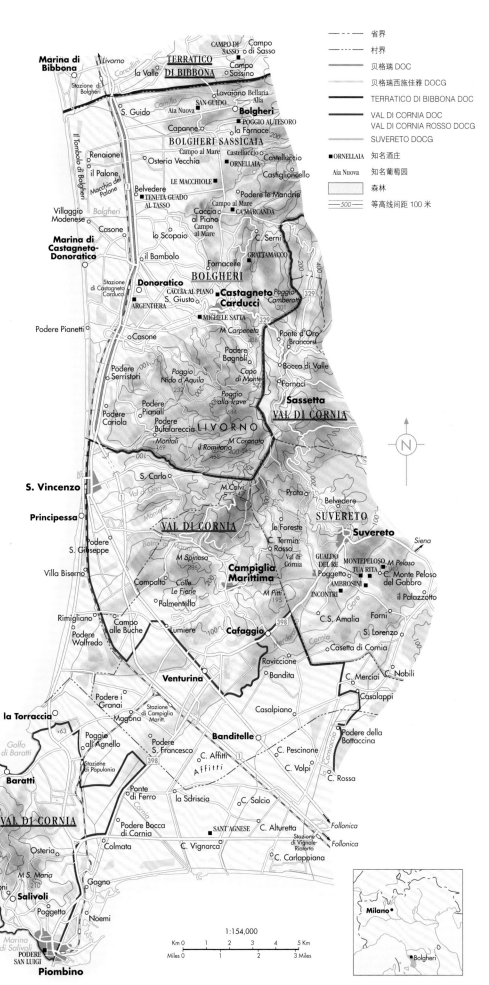

山顶的中心城市。虽然该区富有争议，但是这里还是马里马经典的桑娇维塞生产区。最著名的酒款是波尔多品种与一些 Alicante 混酿，这款名叫 Saffredi 的酒款由开拓者 Le Pupille 酒庄酿制，最初在 Giacomo Tachis 的帮助下生产而成。在近海平面的温和气候下，成熟不是个问题。在以其单一酒庄名字命名的海边 **Parrina** DOC，酒款比 Chianti Classico 山丘内陆区的任何地方要更富肉质感、更柔顺，甚至可以说更"国际化"。

然而，最近葡萄园的扩张已经向地图南北两端发展。安蒂诺里兄弟俩的 Biserno 庄园，如今再加上 Gaja 几公顷的葡萄园（种植着红白葡萄品种）都已经投资到海拔更高、风更大、更温暖的 Terratico di Bibbona，这里生产的酒款比贝格瑞的更强劲。整个马里马区域，在引人瞩目的短时间内，已经从一片沼泽地转变成意大利的纳帕谷。

托斯卡纳海岸的南部

严肃而有趣的酒款也在地图所标区域的南部被酿造出来，如 Morellino di Scansano 产区、Parrina 产区以及 Montecucco 的内陆地带。详见 167 页的地图。

奇昂第 Chianti

介于佛罗伦萨和锡耶纳（Siena）之间的山丘地区，应该是地球上最接近罗马诗人梦想中乡绅生活的地方。周围的景致、建筑以及农业，交融出古老和深远的气氛：由度假别墅、柏树、橄榄树、葡萄株、岩石和森林所组成的图画可以是古罗马时代、文艺复兴时期或是19世纪的复兴运动时期的杰作，根本无从分辨（这也让所有游客都要小心翼翼地停车）。

在这幅时间停滞的图画里，曾经只是托斯卡纳农村力求温饱的农作，如今却由满山满谷的葡萄园所占据，而且大多数拥有者是口袋鼓鼓的外来者。

早在1716年就率先被规定出范围的奇昂第初始产区，原本只包括拉达（Radda）、佳奥利（Gaiole）以及卡斯特里纳（Castellina）3个村镇附近的地区，之后还加入了格里弗（Greve）镇。旁边地图的红线代表扩张后的传统历史产区，即今日意大利顶级葡萄酒产区之一的**古典奇昂第（Chianti Classico）**。

在其他6个奇昂第子产区中，位于佛罗伦萨以东的**Chianti Rufina**（部分可在这里的地图上找到）要算是当中最突出的，生产优雅且能够久藏的酒款。由于本区往北通往亚平宁山脉，因此葡萄园得益于吹拂而过的凉爽海风，同时也造就了本区酒款的优雅风格；并且葡萄酒需要时间来充分

表现实力。一些酒庄的酒窖中还存有50或60年之前的酒款。**Chianti Colli Senesi**子产区的圣吉米尼亚诺（San Gimignano）山城附近，锡耶纳往上的山丘地，一些非常杰出的酒庄就在此处安家落户。产自佛罗伦萨、比萨、阿雷佐（Arezzo）等地上方山丘的奇昂第（分别为**Chianti Colli Fiorentini，Colline Pisane** 和 **Colli Aretini** 这些子产区），和来自佛罗伦萨西北部的**Chianti Montalbano**酒款一样，多半比较平淡无特殊。

从167页的地图可以看出这个酒区到底有多大：从北到南将近160公里，比波尔多范围更广。本区也可以生产最简单的奇昂第酒，一种在最佳状态时充满香气、水果风味，并适合在一两年内饮用的易饮酒款；比起必须在更严格规范下酿造的古典奇昂第，当然要容易喝很多。

远在1872年，利卡索利（Barone Ricasoli）男爵（曾是意大利首相）就在自己的布洛里奥（Brolio）城堡内为这两种不同形态的奇昂第做出区隔：一种适合在年轻时饮用的简单酒款，另一种则是更适合在酒窖中陈年的严肃酒款。针对那些适合在年轻时饮用的奇昂第，男爵允许在原本的桑娇维塞和Canaiolo红葡萄之外，再加入少许当时盛行的马尔维萨（Malvasia）白葡萄品种。遗憾的是，用来增加产量的白葡萄用量居然逐渐增加，甚至连另一种沉闷的Trebbiano Toscano也在不知不觉中乘虚而入。

在1963年制定DOC相关法规时，当局竟然规定任何一种类型的奇昂第都必须加入至少10%最多可达30%（这显然太多了）的白葡萄品种。结果是平淡无奇的奇昂第竟然成为常规（甚至往

往需要添加意大利南部的红葡萄酒来增添口感），事态发展至此已日趋明朗，那就是这些法规非改变不可，否则该区的酒庄就必须自己决定如何酿出他们最好的酒，然后为这些酒取个新名字。

超级托斯卡纳的起起伏伏

1975年，历史悠久的安蒂诺里（Antinori）家族推出了他们带头革新的旗舰酒款Tignanello，就像佛罗伦萨北部酿造卡尔米尼亚诺（Carmignano）的方式，用桑娇维塞加上少量的赤霞珠来酿制。为了强调这样的观点，他们很快又推出了在葡萄使用比例上恰好相反的Solaia。短短几年内，几乎所有奇昂第的酒厂或庄园都跟随他们的脚步去打造出所谓的"超级托斯卡纳"（Super Tuscan，最初很挑衅地以日常餐酒Vino da Tavola名义销售，现在则已纳入地区餐酒IGT的范畴），其中包括许多杰出的酒款，也不乏创新之作。

但是，不少这类革新酒款的特性已经和真正的托斯卡纳酒款渐行渐远，再加上品质更好的新桑娇维塞克隆品种的出现，以及在最佳葡萄园种植并确立了更合适的种植方式，使得古典奇昂第及更高级的珍藏级古典奇昂第（Riserva Chianti Classico）成为一种高质量酒款的概念开始出现。如今，珍藏级古典奇昂第占整个产区总产量的20%左右。

今天的古典奇昂第是非常严谨的酒款，主要以低产的顶级桑娇维塞红葡萄（在调配中占比需达到80%~100%）来酿造，并经过木桶陈年（可以是大桶或小桶），酒龄至少可达10年甚至更长。目前被允许加入古典奇昂第的其他葡萄品种（最高可达20%）包括传统的Canaiolo，深色的Colorino，以及国际品种赤霞珠、梅洛为首选。自2006年起，所有浅色葡萄品种被全面禁止混酿古典奇昂第（但是它们可以混入奇昂第）。

古典奇昂第的葡萄园大都坐落在海拔250~500米以上的位置，然而这些被标于奇昂第乡村乱糟糟的山丘、散落在树林间的葡萄株（和橄榄树）地图上的生产商们，成功地把颜色较浅、酸度高的桑

如同皮埃蒙特产区，奇昂第产区中单一葡萄园的名字在酒标上出现得越来越多。不少在这里呈现的酒标来自古典奇昂第——奇昂第产区的中心地带。来自 Chianti Rufina 区的 Selvapiana 酒庄是个令人印象深刻的例外。

托斯卡纳：佛罗伦萨 ▼		
纬度 / 海拔		
43.80° / 44 米		
葡萄生长期间的平均气温		
20.1℃		
年平均降雨量		
767 毫米		
采收期降雨量		
10 月：85 毫米		
主要种植威胁		
不成熟、灰霉病、溃疡病		
主要葡萄品种		
桑娇维塞、TREBBIANO、CANAIOLO NERO		

奇昂第产区的中心地带

佛罗伦萨南边的奇昂第山丘是数千个暑期度假胜地之一。这片地域的某些地方海拔高度稍微高了些，对葡萄成熟度稍有影响。目前葡萄酒与橄榄油是这里最主要的农产品——混合种植的日子早已远离。

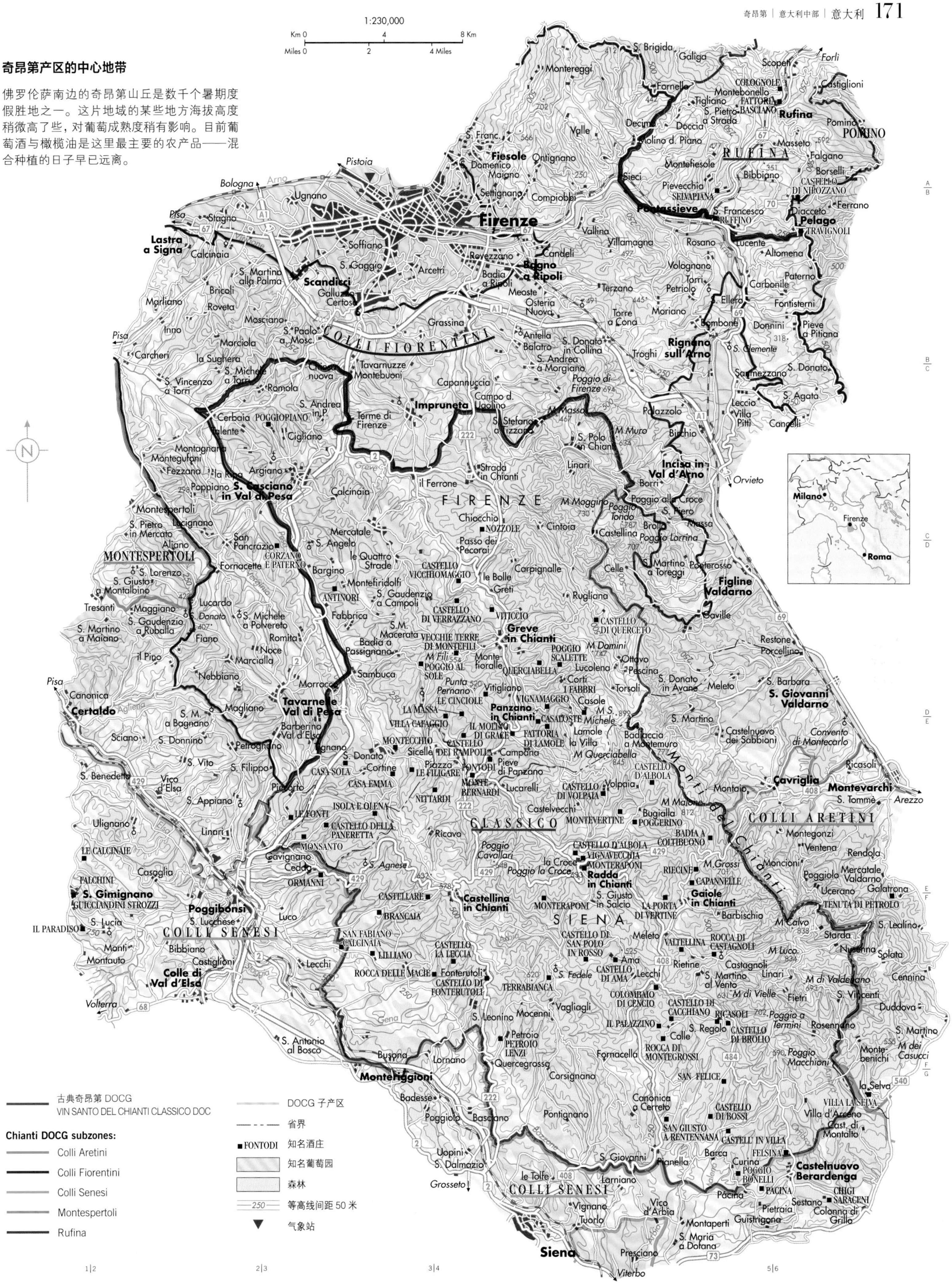
1:230,000
Km 0 4 8 Km
Miles 0 2 4 Miles
古典奇昂第 DOCG
VIN SANTO DEL CHIANTI CLASSICO DOC
Chianti DOCG subzones:
Colli Aretini
Colli Fiorentini
Colli Senesi
Montespertoli
Rufina
DOCG 子产区
省界
FONTODI 知名酒庄
知名葡萄园
森林
250 等高线间距 50 米
气象站
Firenze
FIRENZE
CLASSICO
SIENA
Siena
COLLI FIORENTINI
COLLI SENESI
COLLI ARETINI
MONTESPERTOLI
RUFINA
POMINO
Monti del Chianti
Fiesole
Pontassieve
Rufina
Pelago
Scandicci
Lastra a Signa
Bagno a Ripoli
Impruneta
S. Casciano in Val di Pesa
Tavarnelle Val di Pesa
Greve in Chianti
Panzano in Chianti
Radda in Chianti
Gaiole in Chianti
Castellina in Chianti
Castelnuovo Berardenga
Poggibonsi
Colle di Val d'Elsa
S. Gimignano
Certaldo
Monteriggioni
Incisa in Val d'Arno
Figline Valdarno
S. Giovanni Valdarno
Cavriglia
Montevarchi
Rignano sull'Arno
Bologna
Pistoia
Pisa
Forlì
Orvieto
Arezzo
Volterra
Grosseto
Viterbo
Milano
Roma

娇维塞酿成复杂、具有令人满意的单宁且不妖娆的葡萄酒。

　　这些酒厂多半还同时生产橄榄油，以及需要经过长期陈放后才适合饮用的珍藏级古典奇昂第；有时，还生产一种无足轻重的当地干白和日益增多的粉红葡萄酒，或许还有圣酒（意大利中部非常有名的风干葡萄，经过长期陈放的甜白葡萄酒或呈现黄褐色，见174页），此外或许还包括一两款超级托斯卡纳IGT，然而，最后提到的酒似乎作为古典奇昂第正逐渐衰落，如今只能用最具托斯卡纳代表性的葡萄品种桑娇维塞来酿造。虽然这些葡萄酒都是严苛精酿的典型作品，但现

在已回归到使用被称为botte的传统大橡木桶酒槽，与20世纪80年代流行的法国小橡木桶一样普遍。

　　区分古典奇昂第高度个性化的葡萄酒和普通奇昂第最好的方法可能应该是发展出每个单一村的身份辨识，在法国隆河谷已经这么做了。例如，加伊奥莱（Gaiole）村的葡萄酒通常酸度比较高，这归功于该村的葡萄园海拔，而来自奇昂第低洼地带卡斯泰利纳（Castellina）村的葡萄酒则通常酒体饱满且有点儿肥厚。出自古典奇昂第区极南部的Castelnuovo Berardenga村的酒，因其年轻时所带来的紧密而颗粒状的单宁令其颇具特色；虽

从来没有人指责奇昂第的山丘缺乏戏剧性。这幅显然如启示录般的景色是古典奇昂第产区西边 Badia a Passignano 葡萄园上空的黎明。

然Panzano实际上比格雷韦（Greve）更像是个行政区，但酿自这里圆形剧场般葡萄园上的酒则非常杰出。整日沐浴在阳光下，酒往往以果香主导并兼有特别细腻的单宁。从一个局外人眼光看来，这些地区在酒标上有明确区别后似乎有了完美的意义。

蒙塔尔奇诺 Montalcino

20世纪70年代，蒙塔尔奇诺还只是托斯卡纳南部山丘上的一个贫穷小镇。 当时意大利的这块地区还鲜为人知。不过当地人知道，这里的气候状况比北部或南部更加稳定。海拔1 700米的阿米阿塔（Amiata）山就屏障在南面，阻挡了夏季由南而来的风暴。蒙塔尔奇诺拥有温暖、干燥的托斯卡纳海岸气候类型，而这里最好的葡萄园也位于比凉冷古典奇昂第（Chianti Classico）更多岩石、土质更贫瘠的土地上。

就在利卡索利（Ricasoli）男爵为奇昂第产区制定出理想形态的同时，克莱门特·桑迪（Clemente Santi）也和他的家族（如今称Biondi-Santi）为旗下的酒**蒙塔尔奇诺布鲁奈诺（Brunello di Montalcino）**建立了雏形。布鲁奈诺（Brunello）是桑娇维塞葡萄在当地的克隆品种。罕见的老年份酒不仅仅用这种值得尊敬的葡萄酿造，而且男性化风格令人印象深刻，值得仿效，而且确实有不少人这么做了。20世纪70年代，庞大的美国班菲（US Banfi）公司因为兰布鲁斯（Lambrusco）在美国市场大获成功而冲昏头脑，而试图引入甜白品种Moscadello di Montalcino，这个已在蒙塔尔奇诺区种植了几百公顷的品种。这次事件的失败是个触发器，班菲迅速把这些葡萄园改种布鲁奈诺（Brunello）；感谢班菲的影响力与销售渠道，从20世纪80年代起，蒙塔尔奇诺已完全占领美国市场，然后引起全世界范围的关注。这完全就是巴罗洛的托斯卡纳版本。

专门为英雄准备，陈酿时间超长的老派蒙塔尔奇诺布鲁奈诺酒，已经相当适合现代口味。原本必须经过最少4年的橡木桶陈酿期改为2年，而且一些生产者开始在酒中加入非法定的"国际"品种而非100%的法定品种Brunello di Montalcino去加深桑娇维塞。这一切在2008年时引发了一场激烈的骚动。最终所有生产者投票决定在混酿缸中不允许添加外来葡萄。近几个年份该类型酒已比托斯卡纳获得了更高的知名度。Sant'Antimo DOC（和布鲁奈诺相同的区域，只是名字不同而已）是专门为其他葡萄品种而非桑娇维塞而设的产区。蒙塔尔奇诺还是第一个同时拥有"二军DOC"的DOCG产区，**Rosso di Montalcino** 是一种酒体（相对来说）清淡的桑娇维塞，并可以只经过1年而非4年就装瓶上市。

受到布鲁奈诺酒高价的鼓动，该产区范围极度扩展，面积从1960年的60公顷左右到扩张到今天超过2 000公顷。海拔高度可以从黏土含量高、酒质通常也最厚重的南部Val d'Orcia谷地的150米变化到蒙塔尔奇诺以南泥灰岩黏土上的500米，这里的酒质优雅芳香，在口感上更"真"。虽然区内某些地方的表现稳定且特别突出，但有关个别区块的等级划分目前仍被视为是个敏感的政治议题。

	图例
— · —	省界
—	Chianti Colli Senesi DOCG
—	Brunello di Montalcino DOCG Rosso di Montalcino DOC Moscadello di Montalcino DOC Sant'Antimo DOC
■ LISINI	知名酒庄
	知名葡萄园
	森林
—500—	等高线间距100米

1:135,000
Km 0　1　2　3　4　5 Km
Miles 0　1　2　3 Miles

N

黑色回归——但是，唉，这是 Gianfranco Soldera 出产毫无瑕疵的 Case Basse Brunello 之前的一段时间。2012 年年底时，一个入侵者闯入他的酒窖，并且打开了最近 6 个年份的所有酒桶龙头。

蒙帕赛诺 Montepulciano

蒙帕赛诺是蒙塔尔奇诺的东邻，中间还夹着一块普通的奇昂第；这是一个很早就拥有自己独立、贵族般DOCG的产区，**Vino Nobile di Montepulciano**。蒙帕赛诺是一个葡萄园围绕的迷人山城，种植着桑娇维塞的克隆品种，当地称为Prugnolo Gentile，还有其他当地及波尔多品种。Vino Nobile必须含有至少70%的桑娇维塞，有些酒厂喜欢用到100%，而有些则偏好混合其他品种，因此在品种组成方面，本区其实比较接近古典奇昂第而非布鲁奈诺蒙塔尔奇诺。

就像蒙塔尔奇诺，本地酒款所需的最低木桶陈放期也被缩短了（只需要在橡木桶中陈放1年，普通和珍藏级都一样），但是Vino Nobile di Montepulciano直到两年后才能上市，而珍藏级需要3年。虽然如此，年轻的Vino Nobile品尝起来与相同年纪的古典奇昂第或布鲁奈诺蒙塔尔奇诺没有很大区别；最好的蒙帕赛诺可以窖藏5年甚至10年之久。如果说年轻的Vino Nobile通常有相当咬口的单宁，那么更为早熟的"二军"版本**Rosso di Montepulciano**，就可以说是顺口得令人惊讶了。

本区的葡萄园被瓦尔迪奇亚纳平原（Val di Chiana）分成两部分，并且都位于海拔250~600米之间，年平均雨量大约是740毫米，就比蒙塔尔奇诺区高一点儿；混合着石灰岩的黏土可以让酒提早适饮；不过托斯卡纳南部普遍的温暖气候，本来就不会有葡萄不够成熟的问题。

在Avignonesi酒厂的带动下（目前由比利时人接管），当地有越来越多的知名酒厂开始尝试性地按各种"超级托斯卡纳"的方式制酒，有些酒厂甚至远拓至Cortona DOC产区。（见167页）

圣酒（Vin Santo），被遗忘的奢华

蒙帕赛诺另一个了不起的成就是"圣酒"，这种酒色橘黄、带有熏烤香气且口感浓甜持久的酒在意大利的许多地区（特别是托斯卡纳）已经成为被遗忘的奢华了。这种酒通常是使用白马尔维萨（Malvasia Bianca）、格莱切多（Grechetto Bianco）、棠比内洛（Trebbiano Toscano）品种酿制，在葡萄开始发酵之前，要先在空气流通的空间仔细风干至少到12月，发酵完成后，还必须再放入称为caratelli的小型扁平木桶中陈年3年（有时放在屋瓦片下）。用来酿制**Vin Santo di**

Montepulciano Riserva酒款的葡萄，则是在风干酿成葡萄酒之后，还要历经更长的陈年期，特别是Avignonesi酒厂，由Prugnolo Gentile葡萄酿制的奢华珍品 Vin Santo di Montepulciano Occio de Pernice（鹧鸪之眼），通常在装瓶前要先在橡木桶中经过长达8年以上的陈年期。

区域边界
省界
Chianti Colli Senesi DOCG
Vino Nobile di Montepulciano DOCG
Rosso di Montepulciano DOC
Vin Santo di Montepulciano DOC
Valdichiana DOC
■ FASSATI 知名酒庄
葡萄园
森林
500 等高线间距100米

这些Vino Nobile di Montepulciano酒款的酒标有些相似，混酿中至少70%的葡萄来自本土桑娇维赛的克隆品种，即这里被称为Prugnolo Gentile的葡萄。Avignonesi，这个本区最著名的酒庄正在稳步扩张中。

翁布里亚 Umbria

内陆翁布里亚的气候差别很大，从北部 Trasimeno 湖附近比奇昂第高地更冷的气候到南部蒙特法尔科（Montefalco）和特尔尼（Terni）这两个小镇那样的地中海型气候。这里为葡萄酒世界带来的最好礼物即当地用来酿造酒体结实的白葡萄酒、能表现出浓醇坚果芳香的格莱切多（Grechetto）品种，以及用来酿制红葡萄酒的萨格兰蒂诺（Sagrantino）葡萄。萨格兰蒂诺葡萄是一种皮厚、味道丰富、陈年潜力佳的品种，长久以来一直都只种在蒙特法尔科这个小镇附近，生产风干甜红酒。一直到上世纪90年代早期，由于 Marco Caprai 以这种葡萄酿出充满带有丰润水果和活泼单宁的干型酒款，才让此品种受到国际瞩目。今天的 **Montefalco Sagrantino** 已经是一个生产面积超过1235英亩（500公顷）、酒厂数目超过40家，同时还有740英亩（300公顷）将陆续建成的DOCG。

翁布里亚的葡萄酒传统也一样久远。奥维亚图是重要的伊特拉斯坎古城，三千年前特别为了让甜白葡萄酒能进行低温长期发酵而建在陡峭山顶的宏伟火山岩酒窖，至今仍是见证史前科技的例子。可惜受到20世纪六七十年代干白葡萄酒风潮的影响，**Orvieto** 变成只是另一种以棠比内洛葡萄（本地称 Procanico）为基础的混酿，而用以增加个性的格莱切多葡萄逐渐被弃用。这个本来应该是翁布里亚最具代表性的葡萄酒资产也因此全数耗尽。

在乔治·伦加罗蒂（Giorgio Lungarotti）博士位于小山城佩鲁加（Perugia）附近托尔贾诺（Torgiano）镇的酒庄，您将发现在这个首度于20世纪70年代就证明现代翁布里亚也能生产出以桑娇维塞为基础且不亚于托斯卡纳红葡萄酒的地方，还在进一步探究关于所谓"超级翁布里亚"的可能性。他的两个女儿特蕾莎（Teresa）和基娅拉（Chiara），则继续为维持**托尔贾诺（Torgiano）**的地位而努力（其 Riserva 等级的酒款现为DOCG，请见地图）。

安蒂诺里家族旗下的 Castello della Sala 酒厂位于西南部，翁布里亚的葡萄酒历史通过一系列革命性的非传统白葡萄酒在此再度向前迈进。原本以为只会是木桶发酵的霞多丽，但 Cervaro della Sala 几乎从一开始就具备了某种纯粹和特殊的性质，让这款酒得以成为意大利最伟大的白葡萄酒之一。贵腐白葡萄酒 Muffato，则是以一系列国际品种再加上格莱切多葡萄酿成，展现了其他可能性。今天，翁布里亚是真正意大利各类红白葡萄酒款的宝库，包括对 Orvieto 酒的某些真正兴趣。

翁布里亚与北部拉齐奥

拉齐奥不是意大利最有活力的葡萄酒产区之一，但这个产区的东北角或许被看成它荣耀的延伸地，尤其是给我们带来 Orvieto 和 Montefalco 两种酒款。

— · —	区域边界
— — —	省界
MONTEFALCO SAGRANTINO	DOCG 法定产区
ORVIETO	DOC 法定产区
■ LA FIORITA	知名酒庄
DOCG	DOCG/DOC 的界限由不同颜色区分
▼	气象站

比例尺 1:695,000
Km 0　5　10　15　20　25 Km
Miles 0　5　10　15 Miles

翁布里亚：佩鲁贾 ▼

纬度／海拔
43.10° / 208 米

葡萄生长期间的平均气温
18.1℃

年平均降雨量
778 毫米

采收期降雨量
9 月：89 毫米

主要种植威胁
在比较老的葡萄园内会有一些溃疡病

主要葡萄品种
桑娇维塞、CILIEGIOLO、萨格兰蒂诺（SAGRANTINO）、TREBBIANO、格莱切多（GRECHETTO）

来自拉齐奥东北部的 Falesco 酒庄旗下最有名的酒款 Montiano，是款特别甘美的梅洛。这个酒庄由科塔雷洛（Cotarello）兄弟建立，他们在本区的声誉如同安蒂诺里兄弟在托斯卡纳一样高。

意大利南部 Southern Italy

早在古罗马时期，坎帕尼亚（Campania）的内陆部分，特别是那不勒斯东部的阿韦利诺（Avellino）省，就奠定了整个意大利最著名葡萄酒酒款的标准。阿里亚尼考（Aglianico）是意大利最伟大的深色葡萄品种之一，酿出的酒强而有力，又明显散发出高贵气质，具有让人难忘的特性。而 **Taurasi** DOCG 产区的火山岩山坡地带正是它们发挥最佳表现的地方，这种葡萄可以晚熟至11月份，而天生的高酸度

甚至让乳酸发酵都未必能顺利完成。

Greco di Tufo 是坎帕尼亚内陆所生产的一种口感极为独特的重要白葡萄酒，带有苹果皮的香气和矿物质的深度，名称由来有两个原因：一是长久以来被认为源自希腊，二是葡萄种植在当地凝灰岩石上所致。同样有山丘起伏的阿韦利诺省，使用传统的菲亚诺（Fiano）葡萄酿制出一种口感更细致幽微，既有结实的酒体又兼有花香的白葡萄酒。陈年后，

该酒款散发出强劲、带烟熏与岩石的气息。Greco di Tufo 与 Fiano di Avellino 现在都是DOCG。

上述都是坎帕尼亚已经建立起知名度的现代化酒款，但在其他较不为人知的地区仍然有许多值得鼓励的好酒陆续出现。那不勒斯（Naples）拥有自己的DOC，**Campi Flegrei** 区可以酿出优质的Falanghina酒，其同时也是 Capri DOC 与 Costa d'Amalfi DOC 白葡萄的主要葡萄品种；Furore 子产区内的Marisa Cuomo 酒厂可以酿成一些整个意大利最著名的白葡萄酒。

古老品种的百年老藤在这个戏剧化的长长海岸地以及其内陆的特拉蒙蒂（Tramonti）山谷都非常常见。种植于维苏威火山斜坡上用于酿造 **Lacryma**

TAURASI法定产区周围知名酒庄

1 TERREDORA DI PAOLA
1 I FEUDI DI SAN GREGORIO
3 MOLETTIERI
4 BENITO FERRARA
5 PIETRACUPA
6 CAGGIANO
7 LUIGI TECCE
8 COLLI DI LAPIO
9 MASTROBERADINO

主要的DOCG和DOC

坎帕尼亚、莫利塞、普利亚三个区内几近狂热的葡萄酒活动与巴西利卡塔、卡拉布里亚大区出产那些与世隔绝的著名葡萄酒和葡萄株的地方对比，显得多么奇怪。

它是什么样的黑色酒标？最前的两个酒标是以阿里亚尼考葡萄为基础、特别精致的 Taurasis 酒；Fatalone 属于普利亚最稳定复杂的普里米蒂沃之一；Graticciaia 则由晒干的黑曼罗葡萄酿成。

图例

—·—· 区域边界
BIFERNO 红葡萄酒区
SOLOPACA 红白葡萄酒区
Greco di Tufo 白葡萄酒区
■MAFFINI 知名酒庄
DOCG DOCG/DOC 的界限由不同颜色区分
▢ 萨伦托 IGT
▨ 海拔 600 米以上的土地
▢177 此区放大图见所示页面

1:2,348,000

Km 0 20 40 60 80 100 Km
Miles 0   20   40   60 Miles

Christi 酒的红白葡萄最终不仅仅是因为其酒名而名声大噪。

巴西利卡塔（Basilicata）这个南部的大区，则只有一个值得注意的DOC产区：**Alianico del Vulture**。当地有一种极为不寻常的技巧，让葡萄得以生长在海拔760米相对寒冷的死火山山坡上，选用这个区独特的品种：阿里亚尼考。虽然没有Taurasi出名，但却经常能提供更实惠的酒款选择，虽然本地的酿酒水平可能有很大的落差。2010年时，Alianico del Vulture Superiore被提升为DOCG。另外，阿里亚尼考葡萄在意大利南部亚得里亚海岸默默无闻的**莫利塞（Molise）**地区也有种植。Di Majo Norante酒厂在该区有杰出表现，这家采用有机种植的酒厂一直都如此种植蒙帕赛诺和Falanghina葡萄。

在卡拉布里亚区（Calabria）荒野的东部沿海地区，只有一种比较出名的红葡萄酒，就是东部沿岸的Cirò——由细腻、让人流连忘返的芳香葡萄Gaglioppo酿成。最有名的酒厂是由家族经营的Librandi，该厂致力于保存像Magliocco Canino一类的当地传统葡萄品种，还以此葡萄酿制出一款酒质柔细的Magno Megonio。然而，Calabria最具原创性的酒款，要算是在意大利这只长靴的脚趾前端一个名为Bianco的小村镇附近所产的强劲、刺激且甜香的**Greco di Bianco**酒了。

普利亚大区的改革

卡拉布里亚和巴西利卡塔的葡萄酒也许正在缓慢前行，而普利亚（Puglia）大区的葡萄酒景象已经获得彻底改变。用于拔除葡萄株的欧盟的慷慨资助也已经产生了形形色色的结果，这样的经费经常只用在能产出浓缩葡萄汁、酿出有趣酒款的低矮葡萄树上。普利亚几乎是意大利南部最平坦的地区，因此比其他邻近地区容易进行耕作；但是当地的低海拔，却也让该区难以从持续不断的夏日热浪中获得疏解。

本区产酒中有3/4仍是供给北部地区（包括法国）作为调用葡萄酒，或作为浓缩葡萄汁、苦艾酒，甚至蒸馏酒的原料（用以解决欧洲葡萄酒生产过剩的窘境）。然而，高品位葡萄酒爱好者对普利亚酒的喜爱比例的确在逐步增加。北部福贾（Foggia）市附近的平坦地区，有高产量的棠比内洛、蒙帕赛诺及桑娇维塞，但大都平凡无特色；不过有些以**圣塞韦罗（San Severo）**为根据地的生产者，已经推出更具雄心的酒款。

Castel del Monte DOC位于意大利这只长靴"脚跟"的北部（详见本页地图），拥有一些气候温和的山丘，可以生产出某些著名的颜色深郁的红葡萄酒（以晚熟的Nero di Troia葡萄为基础）；尤其是Torrevento酒厂来自单一园、极富陈年潜力的Vigna Pedale以及Rivera酒厂的Cappellaccio酒款。尽管如此，多数最有意思的普利亚葡萄酒还是产自平坦的萨伦托（Salento）半岛，虽然此地在日照和中型气候方面没有太大的差异，但葡萄树却受惠于吹向亚得里亚海和爱奥尼亚海的凉风。今日，受益

于葡萄栽培的进步，比较好的葡萄几乎很少在9月底之前收成。

在世纪转换之际，半岛上虽然已经因为能产出填满货架用的IGT等级萨伦托霞多丽（Chardonnay del Salento），而引起国际酒坛瞩目；但与此同时，也有越来越多的人开始注意到萨伦托（Salento）地区特有的原生品种们。黑曼罗（Negroamaro），意思是"黑色的苦味"，这个具有警示名字的品种是萨伦托东部主要的红葡萄；然而，即使它的浸皮时间不是很长又或是在瓶子里没有存放很久，也能够酿造迷人的桃红葡萄酒以及充满果味适合年轻时候饮用的红葡萄酒。如在**Squinzano**和**Copertino**等DOC产区，它那极深的酒色几乎像是波特酒般带有烧烤风味的红葡萄酒。Malvasia Nera葡萄已被认定是来自Lecce和Brindisi两区的分别种，不但最常用来混合Negroamaro品种，同时还能让酒款的质地更柔滑。

不过，普利亚最著名的古老葡萄品种仍是普里米蒂沃（Primitivo），即加州的金芬黛（Zinfandel），其根源自现在的克罗地亚。这种传统上属于萨伦托西部的特有品种，特别喜欢曼杜里亚（Manduria）小镇上被红色土壤覆盖的石灰岩以及焦亚德尔科莱（Gioia del Colle）镇的高处。这种酒精浓度可以飙至极高的酒款，在优质生产者手中呈现享乐派的丰浓肉感。葡萄品种如菲亚诺（Fiano），Greco以及香水般的Minutolo则用于酿造白葡萄酒。

例如这些在坎帕尼亚大区的棚架式系统，一直是多产的代表，现在却遭到怀疑。但是当气温升高，它们作为葡萄的防晒架的功能开始得到承认。

普利亚

位于意大利版图的"靴跟"处，表现这个国家其他地方特征的山丘到这里突然消失。Gioia del Colle是少数葡萄酒产区拥有同一海拔的地方之一。为海岸两边降温的凉风常年不间断。

比例尺 1:1,575,000
Km 0　20　40　60 Km
Miles 0　20　40 Miles

图例：

——	区域边界
——	省界
CASTEL DEL MONTE NERO DI TROIA RISERVA	DOCG 法定产区
SQUINZANO	DOC 法定产区
■ FELLINE	知名酒庄
DOCG	DOCG/DOC 的界限由不同颜色区分
▼	气象站

主要酒庄
1 TORMARESCA（ANTINORI）
2 DUE PALME
3 MASSERIA LI VELI
4 CANDIDO
5 CANTINA SAN DONACI
6 TAURINO
7 CASTELLO MONACI
8 AMATIVO
9 LEONE DE CASTRIS
10 CUPERTINUM
11 MONACI

意大利南部：布林迪西（BRINDISI） ▼

纬度 / 海拔
40.65° / 10 米

葡萄生长期间的平均气温
21.5℃

年平均降雨量
572 毫米

采收期降雨量
8月：19 毫米

主要种植威胁
成熟太快、降水太多、晒伤

主要葡萄品种
黑曼罗、普里米蒂沃、MALVASIA NERA、NERO DI TROIA

西西里 Sicily

经过几个世纪的产业停滞，这个地中海最大也是最具历史的迷人岛屿如今堪称意大利最活跃、进步最神速的葡萄酒产区。西西里岛在葡萄酒的世界里远比其他地方明显地保留了更多的文明遗迹：从古城阿格利琴托（Agrigento）几乎完整无缺的古希腊神殿，到皮亚扎阿尔梅里纳（Piazza Amerina）的古罗马式马赛克；从巴勒莫（Palermo）的十字军城堡和摩尔式（Moorish）教堂再到诺托（Noto）城和拉古萨（Ragusa）城所保留的巴洛克时期的瑰宝；甚至还有最近20世纪80年代末到90年代出现的巨大的欧盟葡萄酒工厂。这就是西西里，不仅在文化上丰富多元，在葡萄酒种植方面也是如此。如此多样化的风土条件和地形，让人不禁要将它视为一块大陆而不仅是一座小岛。

西西里的东北角比突尼斯首都突尼斯市（Tunis）更偏南。这里热的时候可以非常热，岛上的葡萄特别是种植在内陆地区的葡萄就经常受到来自非洲的热风而濒临沸腾。灌溉对本区大半的

葡萄园都不可缺少，特别是阿尔卡莫（Alcamo）镇周围的棚架葡萄海洋尤为重要。事实上，本区气候太干燥，还需要额外的喷射处理，这让西西里岛特别适合有机种植。然而，内陆的景致可以更绿意盎然些，而东北部的高山在冬季通常覆盖皑皑白雪（埃特纳火山终年白雪覆盖）。

即使地形地貌可以恒常不变，但是岛上的葡萄酒产业政治风向却未必，近期更是令人捉摸不定。20世纪90年代中，只有普利亚能和西西里竞争意大利产量最大葡萄酒产区的头衔，但现在甚至连维纳图产量都比它高。这个岛显然已经清楚而敏锐地掌握了21世纪的经济趋势，果断选择质量而非产量，并关注对原生葡萄酒的继承，而非简单出口。

建立起西西里岛在海外葡萄酒声誉的是本土葡萄品种Nero d'Avola（Avola位于岛东南部尽头的小镇，有它自己的Cru和DOC Eloro），特别是产自靠近南部沿海中心的阿格利琴托附近及岛的西部，能够酿出酒体饱满带活跃香的红葡萄酒。如今，这个受欢迎的品种在全岛都有种植。另一个本土品种是Frappato，在这个西西里岛唯一一个DOCG Cerasuolo di Vittoria酒中为Nero d'Avola带来生气；而这个Frappato葡萄本身也因为其年轻时的新鲜度、活力以及散发出的精致果香而获得越来越多

的赏识。

然而，这个岛上可能引起人们更多兴趣的是Nerello Mascalese葡萄——传统上生长在海拔1 000米的埃特纳（Etna）火山斜坡上的葡萄，近年来越来越多充满雄心壮志的种植者愿意勇敢地面对火山不时发出的隆隆声甚至可能喷发的危险依然前往。埃特纳火山，因其不同海拔、朝向以及密集种植于凝固火山熔浆土壤上的百年老藤这些丰富组合，对有风土意识的葡萄酒生产者而言就像一块磁铁吸引着他们来此按勃艮第方式酿造葡萄酒。葡萄园都划成一小块一小块，所以有些人把这里看作新的金丘区。当地领导者，Salvo Foti在给拥有长久历史的Benanti家族工作时，就获得声望为重燃埃特纳酒的名声做好准备；他把来自埃特纳火山坡上古老葡萄株上的葡萄酿成了不同的酒（I Vigneri系列）。该火山葡萄园新的投资者包括Firriato和Tasca d'Almerita，后者出品的Rosso del Conte是近代第一款严肃的西西里红葡萄酒，其美国的进口商是Marc De Grazia。另外，还有来自托斯卡纳的南部小镇Trinoro的Andrea Franchetti，

主要的DOCG和DOC

经常被征服的西西里岛习惯于各种冲突。今日，在葡萄酒领域则是西部和东部的战争，Nero d'Avola葡萄同Cerasuolo和Nerello Mascalese之间的对决。最近，东部地区似乎已经赢得胜利，然而我们都渴望Marsala酒的命运复兴。

图例	
— · · — · · —	省界
ELORO	红葡萄酒区
ETNA	红白葡萄酒区
Moscato di Pantelleria	白葡萄酒区
■ PLANETA	知名酒庄
DOCG	DOCG/DOC 的界限由不同颜色区分
	海拔 500 米以上的土地
179	此区放大图见所示页面

1:1,786,000

Km 0   20   40   60 Km

Miles 0   10   20   30   40 Miles

以及来自比利时的极端自然主义（不用硫化物）酿酒师 Frank Cornelissen。

一种所酿之酒相当柔和的红葡萄品种 Nerello Cappuccio 也被种于埃特纳，并常与 Nerello Mascalese 混酿。然而，远在岛的东北端的 **Faro** DOC，另一个西西里本土红葡萄品种 Nocera 在此与前两个红葡萄品种混酿。建筑师 Salvatore Geraci 建于陡峭台阶地上，能够俯瞰整个墨西拿海峡（Messina）的 Palari 酒庄，让 Faro（意为"灯塔"）产区重生。与埃特纳酒相似，最好的 Faro 酒能够展现其精确度与高酸度——对这个如此南部的产区而言令人吃惊。

西西里的白葡萄酒与加强酒

在埃特纳，如果要说可以和红葡萄相当的白葡萄品种的话，它就是能够酿成清脆葡萄酒的 Carricante。

Benanti 家族曾酿成可以优雅窖藏 10 年之久的 Carricante 葡萄酒（来自 Pietramarina 园）。而 Catarratto 白葡萄则非常不同，它一直是西部地区产量最大的品种。虽然 20 世纪 90 年代涌入的飞行酿酒师们偶尔发现这个品种也能酿成有趣的酒，但是更多的却是将之与 Inzolia 葡萄（即托斯卡纳的 Ansonica）或和 **Marsala** 酒中至关重要的白葡萄品种 Grillo 搭配——后者是西西里岛经典的加强酒葡萄，种植在该岛遥远的西部，靠近特拉帕尼（Trapani）小镇并受凉爽海风和艾利斯山（Erice）影响的葡萄园中。Marsala 酒就像是奶油雪利酒的远方表亲，由英国定居者发明，用于强化以那不勒斯为基地的纳尔逊海军。至 20 世纪晚期，Marsala 酒看来似乎还处于有史以来的最萧条期，只出现在厨房。然而业者热情还在，De Bartoli 酒厂以及 Rallo 酒庄 Gruali 的酒都是用细腻且占主导的 Grillo 葡萄酿成，由于都为非传统的加强酒所以无 DOC。

西西里岛最著名的麝香（Moscato）葡萄通常强劲而甜香。普拉内塔（Planeta）家族最早把西西里带入世界范围，通过出色的酿酒技术解救了几乎就快被遗忘的国际品种 **Moscato di Noto**。尼诺普皮洛（Nino Pupillo）则是在和前者截然不同的酒款身上施行了同样的魔法；两者虽然都是以 Moscato Bianco/Muscat Blanc 葡萄酿成，但生长环境却有天壤之别。然而，西西里岛那些以 Muscat of Alexandria（当地称 Zibbibo）酿成的麝香或许要在本岛之外才有显赫名声。丰饶的 **Moscato of Pantelleria**（产自一个更靠近突尼斯而非西西里岛的火山小岛上）一直都不缺仰慕者。不太出名的是华丽酒款 Malvasias of Lipari 以及这个远离巴勒莫北部的埃奥利群岛（Aeolus），Barone di Villagrande 是充满橙香的美酒酿造者之一。

虽然不是完全没有影响，但那些四处游走的酿酒顾问在西西里岛的影响力显然远不及他们在意大利其他许多著名的酒乡。酒农合作社在本地依然极为重要，然而，西西里岛的将来取决于那些雄心勃勃的不受约束的酒庄，而且它们绝大部分是土生土长。

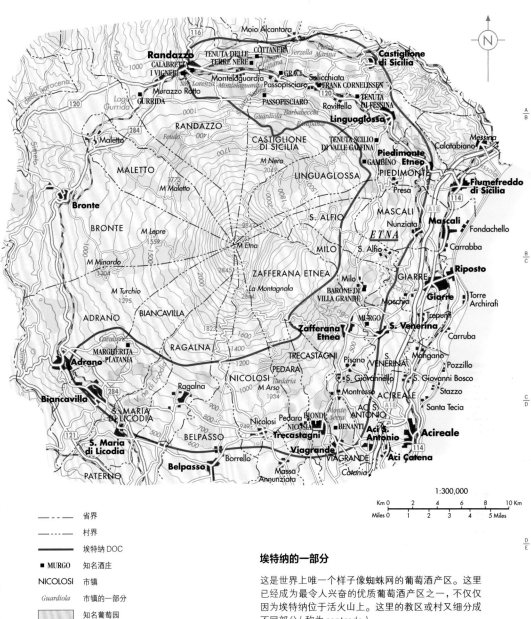

比例尺 1:300,000

— — — 省界
——————— 村界
—————— 埃特纳 DOC
■ MURGO 知名酒庄
NICOLOSI 市镇
Guardiola 市镇的一部分
（浅色块） 知名葡萄园
（灰色块） 森林
——500—— 等高线间距 100 米

埃特纳的一部分

这是世界上唯一一个样子像蜘蛛网的葡萄酒产区。这里已经成为最令人兴奋的优质葡萄酒产区之一，不仅仅因为埃特纳位于活火山上。这里的教区或村又细分成不同部分（称为 contrade）。

Pietramarina 被认为是埃特纳产区最好的白葡萄酒，而 Etna Bianco Superiore 也许只在米洛（Milo）村被酿造。Vinupetra 酒出自一家由埃特纳著名的葡萄种植专家萨尔沃·福蒂（Salvo Foti）为顾问的小型种植者联盟 I Vigneri。

撒丁岛 Sardinia

自撒丁岛酒供给古罗马帝国开始,葡萄酒从来没有在该岛的文化领域扮演过重要角色。虽然在20世纪中期,曾经因为优渥的农业补助而引发一批酿造红葡萄酒的葡萄种植风潮,但这些红葡萄酒的酒精浓度太高又太甜,最后还是在意大利本土被当成调配用酒(尤其是在奇昂第)。即便是今天,许多撒丁岛最顶级(很少出口)的葡萄酒也是甜型——稀有而丰厚浓稠的Moscatos,Malvasias和**Vernaccia di Oristano**。然而,在20世纪80年代,过去要靠种植葡萄才能获得的补助竟然变成要以拔出葡萄才能获得,岛上的葡萄园总面积因此缩减了将近3/4,而且多半集中在南部平坦的坎皮达诺(Campidano)平原。

由于撒丁岛曾受到西班牙的阿拉贡王国统治达4个世纪(至1708年),因此当地的许多葡萄品种其实都源自西班牙。DNA已经证明,Bovale Sardo和Bovale Grande分别是西班牙的格拉西亚诺(Graciano)和Mazuelo(即佳丽酿)。种植广泛的Monica则用于酿造普通的红葡萄酒,而Giròs既可以酿成干型酒也可酿成甜型酒款,尝起来都有类似樱桃的味道。Nuragus是如Monica一样种植广泛的白葡萄品种,而另一种古老撒丁岛品种Nasco则能酿成柔和、常为甜白的酒款。

Cannonau葡萄是当地的英雄,占本岛整个产量的20%。这个品种是西班牙葡萄品种歌海娜的撒丁岛版,这是一种具有高品质潜力的多变品种,可以酿成甜型或干型。清脆、带有柠檬清香的维蒙蒂诺是自然赐予这个多风之地的礼物,现在在利古里亚海岸(当地称为Pigato)、皮埃蒙特(当地称Favorita)以及整个法国南部(称为Rolle)被发现。在多石干燥的撒丁岛东北部,从著名的科斯塔斯美拉达海岸往内陆延伸的加卢拉(Gallura)地区,酷热和海风的共同影响浓缩了维蒙蒂诺葡萄,甚至使得**Vermentino di Gallura**成为了岛上第一个DOCG产区。

撒丁岛最成功的红葡萄酒DOC是岛上西南部的**Carignano del Sulcis**,由优质的老藤佳丽酿酿成;即便在当地,每公顷105 000升的单位产量也已经相当令人满意。继西班牙的加泰隆尼亚之后,这里或许是全世界最适合种植佳丽酿的地方。例如,Barrua这个由托斯卡纳海岸区Sassicaia酒庄与撒丁岛Santadi酒庄合资建立的酒庄,其背后的知名酿酒顾问贾克莫(Giacomo Tachis)显然也这么认为,酿造了以老藤佳丽酿为主的葡萄酒。在Sulcis Meridionale地区,全年平均日照7小时,外加来自非洲炎热的西罗科风,消除了很多不利葡萄生长的因素。Santadi酒庄目前已经有两款浓缩细致的Carignano del Sulcis,分别是Terre Brune 和Rocco Rubia;同时,在首府卡利亚里北部以及在岛上南部

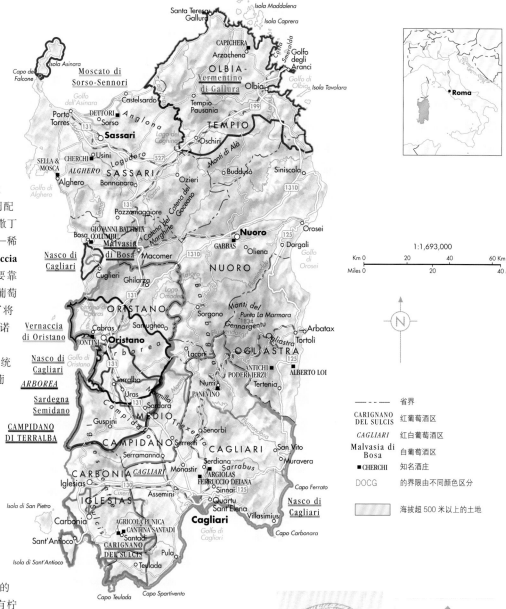

撒丁岛的葡萄酒区

酿造Cannonau葡萄酒的DOC法定产区已经大量增加,以至于包围了整个岛。就像Vermentino di Sardinia那样,其产量或许可以高达130百升/公顷,而依然有资格拿到DOC。

的平坦地区,Argiolas酒庄则以Turriga葡萄为撒丁岛建立新声誉;这是一款经过橡木桶陈年的浓缩酒款,由老藤Cannonau和佳丽酿调配而成——出自贾克莫之手的另一个项目。

在西北部靠近阿尔盖罗(Alghero)小镇的地方,Sella & Mosca酒庄用赤霞珠酿成的Marchese di Villamarina有把握成为窖藏能力超强的Alghero酒;当地稀有的本土品种Torbato葡萄(鲁西荣地区称为Tourbat或Malvoisie)则酿成杰出的Terre Bianche白葡萄酒。

撒丁岛无疑是一处拥有各种丰富原料的宝库。它拥有现代社会所需求的数不清的流行且有趣的品种,各种老藤种植在完美的气候条件下,潜力无穷。

撒丁岛的葡萄酒给葡萄酒爱好者正在不断进步的印象。有太多的潜力没有被发掘出来。*Capichera* 的 *Vermentino di Gallura*(一个 *DOCG* 产区)酒款被称为 *Santigaini*(当地方言 "10月" 之意,也是葡萄采收的时间)。

西班牙

Torres 酒园沿波雷拉（Porrera）上方斜坡面上的波纹型葡萄园，位于普瑞特

西班牙 Spain

西班牙与意大利是地中海两个伟大的葡萄酒国度，但是这两个国家之间几乎没有共性。意大利作为一个半岛，永远都不会远离山脉或者大海，由许多分散的省组成，拥有无数当地产业和工艺。而西班牙是一大片神奇的土地，它的历史是世界中心和海外帝国之一。直到近年来，西班牙的葡萄酒品类范围还是有限的。在过去的20年里，这里发生的最大事情就是改革：不断有新星在各地涌现。

西班牙应该处在更温暖的纬度区域，但是90%的西班牙葡萄园海拔比法国主要葡萄酒产区还要高，例如卡斯提拉莱昂（Castilla y León）以及卡斯提拉拉曼恰（Castilla-La Mancha）两个产区，它们的

地理位置能够让葡萄保持足够的酸度，让葡萄保持相对的新鲜度。冬季寒冷，夏季非常炎热，炙烈的阳光甚至会让葡萄藤停止生长，也让葡萄终止成熟，因而在降温之前要让早秋时节的葡萄迅速增加糖分与香气。在西班牙南部、东部和某些北部地区，夏季干旱是一大问题。干燥的土壤无法维持众多葡萄藤的生长，所以在大部分产区，每株葡萄藤的间距特别大，而且传统上培植比地面高出不多的葡萄藤。因而，西班牙的葡萄园面积特别辽阔，每株葡萄藤所占的面积远远超过其他国家，而这样的种植并没有阻碍酿酒师的雄心壮志。但这种状态持续到2008年，投入的资金基本用完了。那时成片成片的葡萄园产量极少。

1995年，西班牙的葡萄农获得正式许可可以在葡萄园进行灌溉，虽然只有富有的酒庄才负担得起钻井取水以及建立灌溉系统。尽管西班牙近年来曾遇到过几个相当危险的干旱年份，但是灌溉却让葡萄园大幅提升产量。像拉曼恰这样的产区，建立树篱藤架式的种植以及使用机器采收等方式也产生了不同凡响的效果。

西班牙的产区一直保持增加之势。在本书出版时已经有67个DO法定产区，两个DOCa产区里奥哈（Rioja）和普瑞特（Priorat），14个单一园建立的产区（Vinos de Pago，特优级法定产区），以及6个地区标示（Vinos de Calidad）。但西班牙葡萄酒最令人兴奋的发展存在于这些官方体系之外的葡萄园，本页的地图就精确、实时地展现了西班牙葡萄酒的最大挑战。西班牙的DO法定产区制度，比

西班牙的葡萄酒产区

貌似永远都有西班牙古老葡萄藤的新发现，它们都有能力出品高质量的葡萄酒，比如马德里西边的Gredos山脉、Ribeira Sacra、Canary群岛和Mallorca岛。

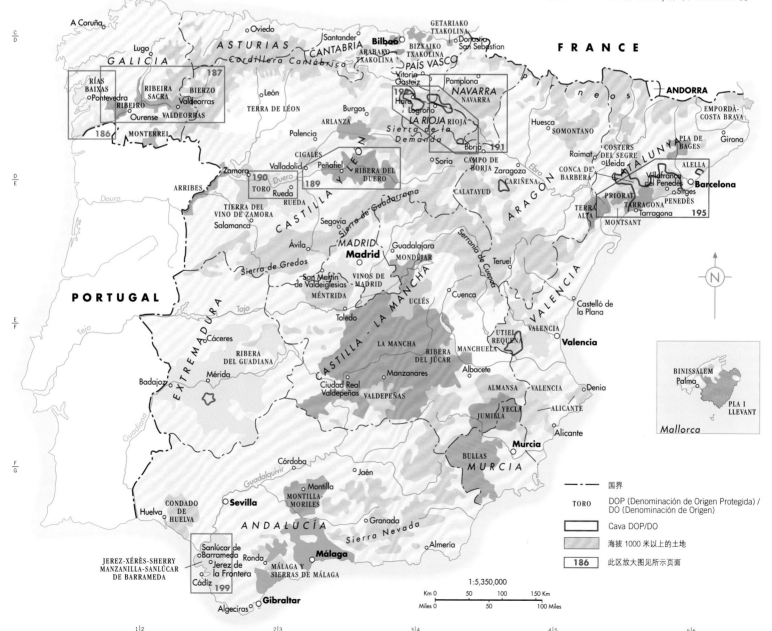

—————	国界
TORO	DOP (Denominación de Origen Protegida) / DO (Denominación de Origen)
□	Cava DOP/DO
▨	海拔1000米以上的土地
186	此区放大图见所示页面

1:5,350,000

Km 0　50　100　150 Km
Miles 0　　50　　100 Miles

法国的AOC分级制度及意大利的DOC制度都来得简单。大部分的DO产区范围都相当大，区内经常包含许多不同地形以及条件。西班牙人对于这些法定产区制度的规定也带有不少拉丁无政府状态式的特质（参见意大利），特别是就各产区品种的规定，在允许种植的品种与实际种植的品种之间总存在着一些出入。在多数情况下，与规定不符其实都是好事一桩，因为有如此多的酿酒厂都致力于酿造品质更佳的葡萄酒。然而，在西班牙葡萄酒产业中还是有一个特色，那就是收购别人家的葡萄来酿酒，或甚至经常直接买进已经酿好的葡萄酒来装瓶。

西班牙所称的酒窖（bodegas），传统来说都是指葡萄酒陈年的地方，考虑到市场，往往陈年的时间比一般的惯例要长。无论如何，至少西班牙酒庄的好习惯是等葡萄酒已经适饮时才上市，而不是能卖就赶着推出。但是，近年来酒窖里也发生了许多变化。几世纪以来，受惠于大西洋贸易之便，西班牙主要使用美国橡木制成的橡木桶。但从20世纪80年代开始，西班牙新浪潮酿酒师们成为了法国橡木桶的忠实购买者，尽管大部分的橡木桶事实上是在西班牙本国被制作成为橡木桶，以里奥哈小城Logroño的制桶厂最为著名。

不仅仅是橡木的来源，连桶中陈年的时间也越来越像法国的做法。Reserva和Gran Reserva这两种等级的酒在橡木桶中熟成的时间比一般的酒要长，但是现在有越来越多的酒厂更注重葡萄酒的强劲度，他们放弃生产Gran Reserva等级的葡萄酒或者降低这个级别酒的价值，甚至把顶级酒在更年轻的时候就装瓶。

北部

卡斯提拉莱昂的葡萄园大都位于高海拔、深处内陆的多罗河谷（Duero Valley）、托罗（Toro）、卢埃达（Rueda）及多罗河岸（Ribera del Duero），在第188~190页有详细地图。不过，多罗河北边的**锡加莱斯（Cigales）**产区也已能将古老的来自岩石土壤葡萄园的添普兰尼洛酿造成颇具水准的红葡萄酒（以及价格便宜的传统红葡萄酒与桃红酒）。该产区气候干燥，海拔650米~800米，降雨量相对较少，杀菌剂很少需要。干旱和霜冻是这里最大的问题，而不是病虫害。锡加莱斯比西南部的托罗海拔更高更凉爽，所以它所出产的葡萄酒也更具有结构感。

顺比斯开湾（Bay of Biscay）而上的Bilbao和San Sebastián城市附近区域主要出产清新、高酸度的巴斯克白葡萄酒，分别是**比斯卡亚产区（Bizkaiko Txakolina/Chacolí de Vizcaya）**和**赫塔尼亚产区（Getariako Txakolina/Chacolí de Guetaria）**。西班牙的官方语言有4种，分别是加利西亚语（Gallego）、巴斯克语（Basque）、加泰隆尼亚语（Catalan）以及更普及的卡斯蒂利亚语/西班牙语（Castilian）。**阿拉瓦（Arabako Txakolina/Chacolí de Alava）**则是在阿拉瓦省产量非常小的产区，这里的葡萄酒在当地通常都是倒在极薄的平底玻璃杯中品尝。

埃布罗河（River Ebro）从北部沿海的坎塔布连山脉（Cantabrian Cordillera）向东南方向流淌，直到加泰隆尼亚的地中海。上埃布罗河拥有两个主要产区里奥哈（Rioja）和纳瓦拉（Navarra，见191页~193页），以添普兰尼洛（Tempranillo）和歌海娜（Garnacha）葡萄品种出名。同时，海拔较高的

博尔哈（Campo de Borja）种植着许多古老的歌海娜葡萄藤，能在低成本的情况下酿造出特别多汁的红葡萄酒以及极具橡木桶风味的浓郁葡萄酒，适应美国市场的口味需求。该产区属大陆性气候，受益于当地干燥寒冷的西北风——西尔左风（cierzo）。南部的**卡利涅纳（Cariñena）**拥有相似的气候条件，但是歌海娜品种受添普兰尼洛影响，一些里奥哈的酿酒厂又将赤霞珠引进于此。邻居产区**卡拉塔尤德（Calatayud）**有不少西班牙最成功的出口商，比如著名的San Gregorio。葡萄酒大师Norrel Robertson利用当地的歌海娜葡萄酿造出一流的葡萄酒，但这些葡萄藤仍然是被低估的西班牙葡萄酒资源之一。在欧盟国家的人眼里，无名产区的老藤就应该拔掉，他们对于这些生长在板岩土壤的葡萄园的潜力了解甚少。

索蒙塔诺（Somontano）在西班牙语中的意思是"在山脚下"，该地区是一个年轻而充满活力的DO产区。在20世纪80年代末时，Viñas del Vero酒庄受到鼓励种植添普兰尼洛和其他一些国际化品种，为当地的莫利斯特尔（Moristel）及帕拉丽塔（Parraleta）葡萄增添了一丝国际韵味。自90年代末起，葡萄园总面积翻倍，到2011年几乎达到4 750公顷。阿拉贡（Aragon）拥有令人骄傲的历史，但就葡萄酒来说，远远落后于相邻的加泰隆尼亚和纳瓦拉。它的西面朝着大西洋，葡萄藤很难生长繁茂；南面则是一片沙漠。但是索蒙塔诺拥有温和的气候，比大部分西班牙中部产区要多雨，每年平均降雨量500毫米，仅仅刚能满足需要。

如今，索蒙塔诺的葡萄酒虽然还不能与多罗河岸、里奥哈及普里奥拉托（Priorat）的顶级葡萄

降雨量及气温

年平均降雨量

一个具有极端降雨量的国家：从干燥的南部及内陆地区（很多地方的年平均降雨量少于500毫米），到较湿润的西北部加利西亚（有些地方的降雨量超过1 000毫米）。

mm	
	<500
	500~750
	750~1000
	1000~1200
	1200~1500
	1500~1750

生长季节平均气温

从北部及西北部适宜葡萄种植的较凉爽气候条件到南部非常炎热的生长季。（两张地图的来源：WorldClim，1950~2000）

℃	
	<3（非常冷）
	13~15（冷）
	15~17
	17~19（温暖）
	19~21（热）
	21~24（太热）
	>24（非常热）

阳光照耀着 Rioja Alta 产区 San Vincente de la Sonsierra 村中（见 193 页地图），但请注意前景中那一片葡萄园是如此之大，需要多少水源才能满足每株葡萄藤。这在西班牙处处可见。

酒相媲美，但是它们却是西班牙品质稳定、性价比最好的佳酿。4 瓶中有 3 瓶葡萄酒不是由 Viñas del Vero 酒庄酿造就是由 Pirineos 生产，Pirineos 由几家酒庄共同成立，包括 Blecua、Dalcamp、Irius、Laus 以及 Olvena。

总体来说，国际风格的葡萄酒，特别是来自索蒙塔诺的，销售比预期的要差。与 20 世纪 80 年代相比，如今个性化的佳酿更受青睐，获奖无数。在经济不景气时期，雪利酒的大型酒厂控制着大部分的产量，González Byass 收购了 Viñas del Vero，Barbadillo 接管了 Pirineos，所酿造的葡萄酒丰满而诱惑，但从不过度，这得感谢沙质土壤的先天条件——天然地带着脆爽的酸度，特别是因为这里的土壤钾含量低，致使 pH 值也低。另外这里也出产口感丰富的波尔多式红葡萄酒，一些添普兰尼洛的干型葡萄酒，比西班牙其他任何地方都让人叹服的霞多丽，以及西班牙极少的干型琼瑶浆葡萄酒。

不会有人责怪西班牙酒庄或他们的酒标设计师缺乏创新力。拿这些酒标和那些来自波尔多和勃艮第的酒标对比一下吧。有一些相当精辟，比如 Alicante 产区 Enrique Mendoza 酒庄的 Estrecho Monastrell，以及 Mallorca 的 An Negra。

Pirineos 酒庄为了能确保使用当地的葡萄而不懈努力，酿造莫利斯特尔（Moristel）时通过苹果酸

乳酸发酵把这风味清淡、带有龙眼香气的果实的所有风味都压榨出来。Pirineos同时还保留低产量、紧致而其矿物气息的帕拉丽塔（Parraleta）葡萄酒。这两种葡萄酒都值得陈年。

东部

在西班牙地中海沿岸中部的内陆地区，葡萄园发展快速，甚至超过北部地区。很久以来，Manchuela、Valencia、Utiel-Requena、Almansa、Yecla、Jumilla、Alicante及Bullas一直被看作海外出口市场提供散装酒的产区。但是这些DO法定产区中的一些正投入更多的资金和新想法来酿造水果风味的甚至更具风格的红葡萄酒。所酿造的酒依然强劲甜美，但是一些最佳的典范与加利福尼亚和澳大利亚的特别成熟的顶级红葡萄酒媲美。当地的葡萄品种常常与国际化的品种混酿，但一些酒庄，比如Jumilla产区的Casa Castillo就充分显示了酿造慕合怀特的实力。在Alicante产区，Enrique Mendoza酒庄起着领军作用，所酿的酒如果酒体不够强劲，那么在甜度上富于变化。其他产区也竞相效仿。Manchuela产区位于高原，土壤含有石灰岩，Finca Sandoval酒庄成功地酿造了西拉与慕合怀特的混酿葡萄酒。仅次于添普兰尼洛的西班牙第二大红葡萄品种Bobal在该产区别具风格。毗邻的Utiel-Requena产区同样海拔很高，高出海平面600米以上。

马德里南部

西班牙生活的中心在马德里南部的梅萨塔高原（meseta），那里有一望无际的葡萄园，是拉曼恰的延伸，地图上清晰地标注着其DO法定产区，DO级别的葡萄园不到总面积的一半，但是占地面积很大，相当于澳大利亚葡萄园面积的总和。Valdepeñas地区除少量红葡萄品种外，主要种植大量强劲的阿依伦（Airén）白葡萄品种，这种葡萄通常用作酿造白兰地的原料。20世纪90年代，拉曼恰和西班牙其他产区一样发生了巨大的变化，葡萄种植从白葡萄品种转变为红葡萄品种。到2005年，这个大产区2/3的葡萄酒为红葡萄酒，大部分价格便宜，且为Cencibel品种（添普兰尼洛的克隆葡萄）。该产区的歌海娜种植也有一定的历史，与此同时，一些国际化的品种也可以在这里找到踪迹，赤霞珠、梅洛、西拉甚至是霞多丽和长相思，但是采摘早到每年的8月中旬，葡萄酒风格很难形成独特的区域特色。

从这里到马德里之间的区域拥有Méntrida、Vinos de Madrid以及Mondéjar这几个DO法定产区。该区域最具创造性的葡萄园是Toledo附近的Marqués de Griñon。凭借引入包括西拉与小维尔多在内的葡萄品种、葡萄培植与灌溉的新方法，Marqués建立了西班牙第一个DO Pago级别的酒庄Dominio de Valdepusa。一些好酒由老藤的歌海娜及当地的Albillo品种酿造，这些葡萄藤种植在西北部花岗岩的Sierra de Gredos山脚下的花岗岩和一些板岩的土壤里，如Bernabeleva酒庄、Jiménez-Landi酒庄及Marañones酒庄。拉曼恰西部的Extremadura临近葡萄牙边界有相对较新的DO法定产区Ribera del Guadiana，同样，这里具有巨大的潜力酿造强劲成熟的葡萄酒，与隔壁的葡萄牙产区Alentejo相似。比如Castillo de Naos酒庄酿造出色的添普兰尼洛葡萄酒。

群岛产区

加那利群岛（Canary Islands）是西班牙最著名的甜酒产地，坐落于遥远的大西洋西南部，但也加入了DO的体系。群岛包括Gran Canaria、La Palma、El Hierro、火山岛Lanzarote以及La Gomera，每个岛屿都有一个DO法定产区，而Tenerife岛的DO产区不少于5个（见下面地图），至少官方数据显示6 500公顷的葡萄园种植着12种不同的当地葡萄品种，红葡萄酒占少数。如今，最佳的葡萄酒是那些用当地品种酿造的白葡萄酒，比如Marmajuelo（Bermejuela）和Gual（Madeira's Boal），他们味道鲜美，带有柑橘皮的风味。

过去的20年，Mallorca古老的葡萄园得到复兴，不仅有当地的葡萄品种，还有引进的品种。Manto Negro红葡萄酒酒体轻盈，而稀有的Callet红葡萄酒则更为复杂，特别是与众不同的Anima Negra。两个DO法定产区分别是东部的Plà i Llevant和中部的Binissalem。

酒标用语

品质分级

Denominación de Origen Calificada（DOCa） 西班牙最高等级的葡萄酒，目前仅有里奥哈和普瑞特（在当地此等级称为DOQ）两个产区属于这个等级。

Denominación de Origen（DO） 西班牙等同于法国AOP/AOC法定产区等级的葡萄酒（见46页），以及欧盟DOP等级的葡萄酒，包括DOCa和DO Pago。

Denominación de Origen Pago（DO Pago） 专门保留给酿造出品质与风格都非常独特的单一酒庄。

Indicación Geográfica Protegida（IGP） 最新的欧盟等级，逐步替代原来的相当于法国地区餐酒级别的Vino de la Tierra（VdlT）和Vi de la Terra。

Vino、Vino de España 最基本等级的西班牙葡萄酒，替代原有的餐酒Vino de Mesa及Vi de Taula。

其他常见用语

Año 年

Blanco 白葡萄酒

Bodega 酒庄

Cava 以传统法酿造的气泡酒

Cosecha 年份

Crianza 采收后至少2年才上市的葡萄酒，其中至少要经过6个月以上的橡木桶（在里奥哈和多罗河岸产区则需要12个月）

Dulce 甜型

Embotellado（de origen） 装瓶（在原产酒庄装瓶）

Espumoso 气泡酒

Gran Reserva 至少经过18~24个月的橡木桶陈年熟成以及36~42个月的瓶中陈年才能上市

Joven 在采收后的下一年就上市的年轻葡萄酒，通常完全没有或只有极短的橡木桶陈年

Reserva 根据产区级别，有较长橡木桶陈年的葡萄酒，通常白葡萄酒的橡木桶时间较短

Rosado 桃红葡萄酒

Seco 干型

Tinto 红葡萄酒

Vendimia 年份

Vino 葡萄酒

Viña, viñedo 葡萄园

ABONA DOP/DO

DOP/DO boundaries are distinguished by coloured lines

Islas Canarias

LANZAROTE
Lanzarote
Arrecife

La Palma
LA PALMA
Santa Cruz de la Palma

TACORONTE-ACENTEJO
VALLE DE LA OROTAVA
Santa Cruz de Tenerife
YCODEN-DAUTE-ISORA
VALLE DE GÜIMAR
Tenerife
ABONA

Fuerteventura
Puerto del Rosario

LA GOMERA
La Gomera

EL HIERRO
El Hierro

Las Palmas de Gran Canaria
GRAN CANARIA
Gran Canaria

1:4,047,500
Km 0   50 Km
Miles 0   25 Miles

加那利群岛

这些离摩纳哥海岸不远的火山群岛有着独特的葡萄种植传承，这里的葡萄藤从来没有遭遇过根瘤蚜虫，并且有悠久的甜白葡萄酒的历史，来自低矮的、迎风而立的灌木修枝的葡萄藤。地方政府创立了过多的产区名，意在帮助这些葡萄酒重新引起世人的关注。

下海湾
Rías Baixas

加利西亚最著名的葡萄酒是精致、活泼且芬芳的白葡萄酒，非常适合搭配加利西亚当地盛产的虾蟹类海鲜，这跟多数人对西班牙葡萄酒的印象相差甚远。它们的名字是下海湾（Rías Baixas），有点儿拗口。除部分为加利福尼亚E&J Gallo拥有的Martín Códax酒庄之外，加利西亚下海湾的葡萄酒产业规模都相当小，有些酒庄每年才产几百箱的葡萄酒，而且大部分葡萄农仅有几公顷的葡萄园。这个西班牙潮湿翠绿的角落（拿Vigo与西班牙其他气象站的年雨量相比）直到最近都是非常差、被大家所忽略。加利西亚人并没有太多远渡他方的勇气，反而坚守着极小片的继承土地。这个原因加上加利西亚在地理位置上的孤立，直到20世纪八九十年代，这里出产的独特葡萄酒才开始在加利西亚以外的地区找到市场。

就跟这里生产的葡萄酒一样，加利西亚的自然景致在西班牙也算是特例：大西洋边凹凸不平的峡湾（当地人称为rías），迷人的浅海湾，以及茂密生长着原生松树与20世纪50年代引进的尤加利树的连绵丘陵；连这里的葡萄藤看起来也相当有特色。

如同在Miño河对岸景致非常类似的葡萄牙产区Vinho Verde，这里的葡萄藤传统也采用棚架式的引枝法，长在比肩膀还高、遮蔽光线的水平棚架上。葡萄藤的间距非常大，细长的枝干通常沿着花岗岩柱爬上葡萄棚，这是本地最常见的葡萄种植方式。数以千计的果农种植葡萄仅仅是为了酿造自用的葡萄酒，这样高的棚架管理方式让他们可以更加善用珍贵的每一小块土地，棚下还种着卷心菜。而且这样的引枝法也让葡萄保有通风良好的环境，在这个即使夏天都经常有海雾笼罩的地区，确实需要认真考虑通风问题。

皮厚的阿芭瑞诺（Albariño）葡萄为该产区的主要品种。在所有品种中，它最能抵抗常见的发霉危害，而且年轻的阿芭瑞诺非常受欢迎。这里也有越来越多的实验性酒款，但主要是混合不同品种、采用橡木桶熟成以及熟成时间较长的葡萄酒。

由Caiño Tinto、Loureiro Tinto、Espadeiro和黑皮诺酿制的红葡萄酒变得越来越常见，都归功于酿酒师Rodrigo Méndez的努力，他深受Bierzo产区Raúl Pérez的鼓舞。

Rias Baixas的分区

Val do Salnés是最重要的小产区，也是最凉爽和潮湿的。在南部的O Rosal，最出色的葡萄园都位于在朝向为南的山丘上挖出的梯田中，出品的葡萄酒酸度明显更低。Condado do Tea是最温暖的小产区，离海岸线最远，这里葡萄酒的风格更为有力，但不够细腻。

下海湾的分区

	Condado do Tea
	O Rosal
	Ribeira do Ulla
	Soutomaior
	Val do Salnés
FILLABOA	知名酒庄
—400—	等高线间距200米
▼	气象站

——— 国界
—·— 省界

下海湾（Rias Baixas）产区： Vigo ▼

纬度/海拔
42.24° / 261 米

葡萄生长期间的平均气温
16.8℃

年平均降雨量
1 786 毫米

采收期降雨量
9月：102 毫米

主要种植威胁
真菌类疾病、强风

主要葡萄品种
阿芭瑞诺，Treixadura, Loureira Blanca

西班牙西北部内陆地区
Inland Northwest Spain

近年来，西班牙的东部和南部气候持续变暖。 同时潮流又回归到了清新而令人印象深刻的风格——暗示着凉爽、潮湿的西班牙西北部及其葡萄酒。它们吸引了葡萄酒爱好者们越来越多的关注——不仅仅是上页所描述的下海湾区的脆爽白葡萄酒。几乎所有的西班牙葡萄酒都需要加酸来提升酒的新鲜活力，除了加利西亚。

这里的传统主要由凯尔特人（Celtic，加利西亚的古名 Gallic 就源自凯尔特）所确立。邻近大西洋、多丘陵地、多风以及雨量充足（见183页地图）等天然条件界定了这里的主要地理特征。这里出产的葡萄酒主要以清淡、干型、清新的风格为主。在根瘤蚜虫病之后所引进的 Palomino 葡萄和红色果肉葡萄 Alicante Bouschet 现在已经大量地被本地更有特色的传统品种所取代。

白葡萄酒产区**河岸地区（Ribeiro）**就在从下海湾区流入的 Miño 河的上游，早在中世纪时期就已经将葡萄酒卖到了英国，比南边的多罗河谷（Douro Valley）早了许久。贸易消失后葡萄园也继而被遗弃——遍及西班牙的各个角落。如今酿酒商们更加乐观，消费者们也变得更加乐于接受。用来混调河岸地区干型白葡萄酒的典型葡萄品种有阿芭瑞诺、Treixadura、Loureira、Torrontés，此外，日益增多的 Valdeorras 区的 Godello 品种前途大好。这里也酿制少量的红葡萄酒，主要采用颜色深沉的 Alicante 葡萄。

更靠内陆的 **Ribeira Sacra** 酿制着加利西亚最有趣的红葡萄酒（以及一些精致的 Godello 白葡萄酒），古老的葡萄园位于几乎无法耕作的陡峭梯田上，梯田位于 Sil 河与 Miño 河流域之上。果香馥郁的 Mencía 是最优质的红葡萄，在近年来重建的小产区 **Monterrei** 也有种植（这里的气候比较暖和，足以令添普兰尼洛葡萄成熟）。Quinta da Muradella 是该区的领导酒庄。

Valdeorras 产区 因其口感紧实的 Godello 白葡萄酒而闻名，该地区可以酿制出耐存且极其精致的单一品种葡萄酒，不过其红葡萄酒则在努力开辟属于自己的道路。Mencía 在这里也十分重要，不过种植范围更小的加利西亚红葡萄品种在这些地区则更占优势，无论是混调酒还是单一品种。Merenzao/Bastardo（Trousseau）、Mouratón（Juan García）、Carabuñeira（Touriga Nacional）、Sousón（Vinho Verde's Vinhão）、Brancellao（葡萄牙北部的 Alvarelhão）、Ferrón（Manseng Noir），以及 Caíño Tinto（绿酒产区的 Borraçal）已不再是稀有品种。

Mencía 葡萄还是流行的 **Bierzo** 的主要酿造品种，后者是西班牙最多果味、香气最浓郁同时口感也最新鲜的红酒之一，该葡萄种植在卡斯提拉莱昂产区内，但是地理条件与加利西亚十分相似。因为在普瑞特产区酿造红酒而闻名的 Alvaro Palacios 和他的侄子 Ricardo 如今已将 Bierzo（事实上是 Mencía）放到了世界葡萄酒地图上。令他感兴趣的是位于板岩梯田的葡萄园而不是区内比较常见的黏土质葡萄园。他们酿制出的酒带着优雅与精致，与那些口感极其浓缩、带有浓重橡木桶味道的葡萄酒截然不同。现在 Bierzo 有 50 家酒庄，Raúl Pérez 是西班牙这片绿色角落的酿酒奇才。

— · — · — 省界

━━━ Bierzo DOP/DO

━━━ Ribeira Sacra DOP/DO

━━━ Ribeiro DOP/DO

━━━ Valdeorras DOP/DO

■ **Villafranca del Bierzo** 酿酒中心

VALDESIL 知名酒庄

— 1200 — 等高线间距 300 米

Palacios 家族向世界介绍了 Bierzo 充满活力的优质红葡萄酒，可是在 Bierzo 的产地 Raul Perez，酿制了 Ultreia，已经成为下面地图里 4 个葡萄酒产区的引领人物。

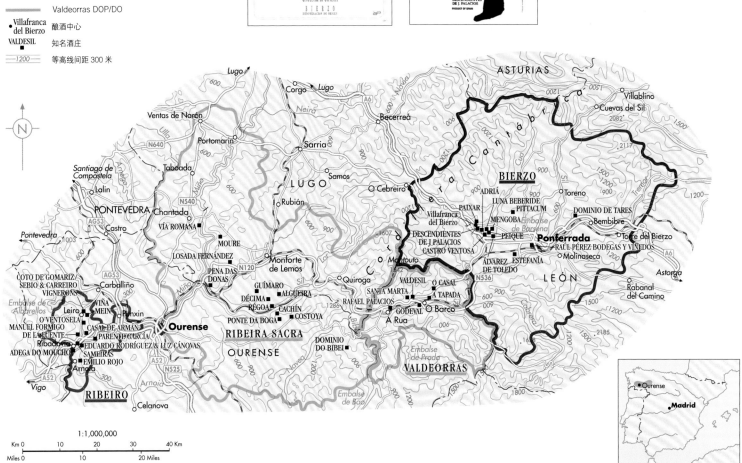

1:1,000,000

Km 0 — 10 — 20 — 30 — 40 Km

Miles 0 — 10 — 20 Miles

多罗河岸
Ribera del Duero

多罗河岸是西班牙北部的现代红葡萄酒奇迹。在**20世纪80年代**初期几乎不为人知，现在却是已经可以和里奥哈竞争西班牙的首席葡萄酒产区。旧Castile行政区的黄褐色平原从Segovia和Avila往北延伸与旧莱昂王国连成一片，年轻的多罗河越过国境进入葡萄牙后称为Douro，是波特酒的故乡（见206~209页）。在850米的海拔高度，夜间的气温明显降低，在8月底，中午的温度常常可以达到35℃，而夜间则仅12℃。春霜几乎无可避免，葡萄经常要到10月底才采收。这里的高海拔提供干燥的空气和更多的日照，较凉的夜晚让本地产的葡萄保有特别活泼的酸味；酿成的浓缩红葡萄酒无论颜色、果香和味道都非常浓郁，和东北方不到100公里外的里奥哈产区的红葡萄酒风格截然不同。

Vega Sicilia酒庄的成功提供了最早期的明证，证明本地也可以酿出非常细致的葡萄酒。该酒庄在1860年开始种植葡萄，当时正是许多波尔多酒商转进里奥哈产区并带来许多影响的时候。Vega Sicilia酒庄生产的Unico红酒只有在好年份才酿造，在橡木桶内熟成的时间比全世界任何其他干型红酒都还要久，一直要到10年后才会上市（现在，上市之前会先在酒瓶中培养数年），这是一款拥有惊人个性的葡萄酒。不过，在这家酒庄使用添普兰尼洛（本地使用的是当地称为Tinto Fino或Tinto del País的品种）酿造时，会不同寻常地加入一点儿波尔多品种以增加都会魅力。

迅速发展

多罗河岸产区在20世纪90年代爆红，当1982年法定产区成立时，全区只有24家酒庄，到了2012年底时已经超过200家，在西班牙经济危机后从230家酒庄缩减到200家左右。值得注意的是，其中有相当多家连葡萄园都没有。这一广阔的高海拔台地历经了相当显著的土地转化，将原本种植谷物和甜菜的土地变成超过20 000公顷的葡萄园。不过，有很多新种植的葡萄园采用的不是本地特有的添普兰尼洛品系，而是从别区引进的水准堪忧的其他品系。葡萄种植专家很容易就会被本地相当多变的褐色土壤所骗，即使是在同一片葡萄园，葡萄成熟的速度也会非常不同。多罗河北岸较为常见的石灰岩露头，有助于在这雨水稀少的地区为土壤留住水分。

向葡萄农采买葡萄来酿酒的传统，也像里奥

在Ribera del Duero的某些地方，酒农确实还是用篮子收葡萄的，比如图片里La Horra村的García Figuero酒庄的葡萄园，整个产区一些最优秀的葡萄都来自这个酒村。

哈一样普遍（连 Vega Sicilia 这种占地 250 公顷的大酒庄都跟其他协作葡萄农买葡萄），很多新建的酒厂需要彼此竞争才买得到所需要的葡萄。某些最好的葡萄来自 La Horra 村附近的葡萄园，不过最顶尖的酿酒者，比如打造 Dominio de Pingus 这款西班牙最稀有最昂贵葡萄酒的丹麦人 Peter Sisseck，却能稳定地保有他的葡萄来源：产自树龄最老、最纠结生长且低矮如树丛般的 Tinto Fino 葡萄树。

区域内最成功的两家葡萄酒酒庄却不在 DO 产区的范围之内，其中位于 Sardón de Duero 村的酒庄

Abadía Retuerta 是 1996 年由瑞士药商公司 Novartis 所建立的大型葡萄酒庄园，刚好就在法定产区边界外的西边（当 1982 年 DO 法定产区建立时，这里并没有葡萄园，不过早在 17 世纪开始这里却几乎一直都有葡萄园）。这个曾是修道院的酒庄，一直到 20 世纪 70 年代都是巴利亚多利德市主要的葡萄酒供应商）；另一家位于 Tudela 市的酒庄 Mauro 于 1980 年创立，位置甚至更偏西，现在位于一座美丽的古老石造建筑内，创建者 Mariano García 曾是 Vega Sicilia 的酿酒师。他本人也参与了 Aalto 酒庄

的计划，这是多罗河岸新近成立的酒庄之一，在这里仅凭一个成功的年份就可以建立酒庄的名声。

最近的一些新投资者包括 Felix Solis（Pagosdel Rey 酒庄）、Alonso del Yerro、Marqués de Vargas（Conde de San Cristóbal 酒庄）、Celeste Torres、Faustino，其中很多都已经在其他产区（尤其是不远的里奥哈）拥有优秀的酒庄。其他的投资者，还包括马德里的杰出出版商 Alfonso de Salas 和 Montecastro 侯爵，酿造的是口感相当柔和、极不典型的红葡萄酒，为多罗河岸增添了新风格。

多罗河的葡萄酒中心

多罗河岸那广阔而地势高的山谷及其支流已经有几个世纪的酿酒历史，不仅仅是因为这里严酷的大陆性气候适于葡萄藤，想必更是因为当地人对葡萄酒的饥渴，Valladolid 是 17 世纪西班牙的首都，并制定了严格的葡萄酒法规。

Key to producers

1 DOMINIO DE PINGUS
2 ARZUAGA NAVARRO
3 VEGA SICILIA
4 DEHESA DE LOS CANÓNIGOS
5 HACIENDA MONASTERIO
6 MATARROMERA
7 EMILIO MORO
8 CONDE DE SAN CRISTÓBAL
9 LEGARIS
10 MONTECASTRO
11 PAGO DE LOS CAPELLANES
12 RODERO
13 ALONSO DEL YERRO
14 REAL SITIO DE VENTOSILLA
15 GOYO GARCÍA VIADERO
(BODEGAS VALDUERO)
16 CILLAR DE SILOS

1:671,000

Km 0 — 10 — 20 Km
Miles 0 — 5 — 10 — 15 Miles

—·—·— 省界

——— Ribera del Duero DOP/DO

● La Horra 酿酒中心

PESQUERA 知名酒庄

———1000——— 等高线间距 100 米

▼ 气象站

在所有这些被人追捧的红葡萄酒酒庄中，只有一个有超过 20 年的酿酒历史，那就是先驱 Vega Sicilia。这里的葡萄酒都是以添普兰尼洛为主，在当地被称为 Tinta del Pais，占据了超过 80% 的种植面积。

多罗河岸产区：VALLADOLID ▼

纬度 / 海拔
41.70° / 846 米

葡萄生长期间的平均气温
15.7℃

年平均降雨量
435 毫米

采收期降雨量
52 毫米

主要种植威胁
春霜、丰收季的雨水

主要葡萄品种
添普兰尼洛

托罗和卢埃达 Toro and Rueda

在1998年时，位于卡斯提拉莱昂西端的中世纪小镇托罗只有区区8个酒庄，所出产的葡萄酒几乎都很朴素。但是当地的主流品种活泼的添普兰尼洛岂能被忽视，尤其是在那个人们追求丰富戏剧性的葡萄酒的年代。到2006年，酒庄数量增加至40家，到2012年50家。西班牙一些著名的投资商，包括多罗河谷的名庄Vega Sicilia、Pesquera和Mauro，以及飞行酿酒师Telmo Rodríguez都来此地落户。甚至法国人，比如波尔多的François Lurton、波美侯的著名酒类学家Michel和Dany Rolland都为Tinta de Toro极好的成熟度留下深刻印象，并建立了一个合作酒庄Campo Eliseo。2008年，LVMH集团收购了当时名望极高的Numanthia酒庄。

和多数西班牙产区一样，托罗的品质核心来源于它的海拔。600~750米的海拔，让葡萄种植者能够在炎热的夏季成熟期拥有凉爽的夜晚，葡萄的色素和风味都更为浓郁，这里的土壤条件也多样，拥有各种红色黏土和沙质土壤。

托罗产区的葡萄藤平均年龄相对较大，大部分的葡萄藤还是贴近地面生长，葡萄藤间距能有3米，低密度种植，每年的降雨量也在400毫米以下。Tinta de Toro占据85%的葡萄种植面积，葡萄酒通过快速的二氧化碳浸渍法酿造，所出产的葡萄酒年轻多汁。但是大部分的葡萄酒经过橡木桶陈酿，比如珍藏级别（Reservas）需要在橡木桶中至少12个月。

卢埃达（Rueda）

一直以来，卢埃达以本土品种青葡萄酿造白葡萄酒，但是在20世纪70年代当里奥哈实力酒庄Marqués de Riscal将白葡萄酒的酿造搬到卢埃达时，卢埃达的白葡萄酒产量遭遇了很大的下滑。该产区近年来种植长相思，而青葡萄也能带来长相思一般的清新口感，拥有良好的酸度，稍微晚摘时日，它能散发出浓郁的矿物感，比简单的长相思更馥郁。

卢埃达的红葡萄酒主要是添普兰尼洛和一些赤霞珠，以Vino de la Tierra Castilla y León来销售，而不是红色卢埃达（red Rueda）。

波尔多的触角在许久以前就伸到了西班牙北部。知名的托罗酒庄Dominio del Bendito是由一个名叫Antony Terryn的波尔多年轻人经营，而Belondrade最早的合伙人之一就是波尔多庞大复杂的Lurton大家族的成员之一。

托罗和卢埃达的西北部

这张地图包含了整个托罗产区和卢埃达产区的西北部，也是对葡萄酒来说最重要的一部分。卢埃达产区延伸出了Valladolid省，一直到Segovia和Avila省（见182页地图），一些酒庄同时出品两个产区的葡萄酒。

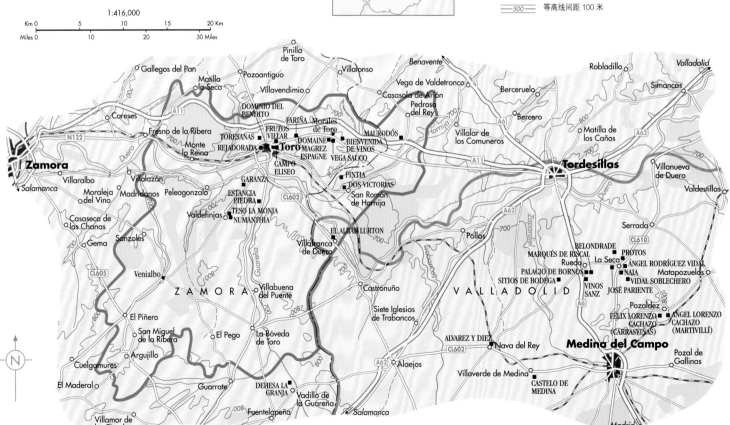

纳瓦拉
Navarra

紧靠里奥哈东北边界，纳瓦拉葡萄酒产区一直以来与其有竞争。在波尔多遭受根瘤蚜虫病侵害的年代里，里奥哈和东北部的纳瓦拉这两个相邻的产区共同成为波尔多葡萄酒的主要原酒供应地。Haro镇和波尔多开始以铁路联结后情况有了改变，纳瓦拉这片盛产芦笋和种苗园的肥沃绿色大地就此失去了和波尔多的葡萄酒生意，而全部拱手让给了比较贫瘠的里奥哈（见192页）。在整个20世纪的多数时候，纳瓦拉四散分布的葡萄园曾经是歌海娜葡萄的天下，用来酿造粉红葡萄酒以及强劲深厚的散装红葡萄酒。但后来历经了一场转种赤霞珠、梅洛、添普兰尼洛和霞多丽的改革，现在添普兰尼洛的种植面积已经超过歌海娜，而赤霞珠也成为全区种植面积第三的品种，当然一些新葡萄品种在商业上也获得了一定的成功。

在纳瓦拉，混酿依旧盛行，但是另一方面，一些葡萄酒，例如在Chivite酒庄酿造的Gran Feudo Viñas Viejas Reserva就体现了歌海娜老藤的价值。当大部分的合作酒厂还是一如既往地以歌海娜为主时，一些顶级酒庄还是关注老藤葡萄园，这些葡萄园种植着纳瓦拉的传统品种，比如歌海娜和白麝香（Moscatel de Grano Menudo），或酿造单一品种佳酿，或提高各自在混酿中的比例。Domaines Lupier酒庄和Emilio Valerio酒庄就是这些新酒庄中的代表，秉持这种理念并获得可观的成功。

国际魅力

纳瓦拉最主要的外销酒款，在风格上可以被视为介于里奥哈和索蒙塔诺这两个产区之间，除了带有明显的橡木桶味外，又使用了非常多元的西班牙品种及国际品种。比里奥哈使用更多法国橡木桶的原因，也许是因为纳瓦拉在使用橡木桶熟成方面起步得比里奥哈晚，但也可能是因为这里种植了更多的法国品种。

纳瓦拉葡萄酒的同质性不会比里奥哈还大。位于南边埃布罗河岸的**下河岸（Ribera Baja）**和**上河岸（Ribera Alta）**这两个子产区炎热、干燥又平坦，需要灌溉供水（采用罗马时期就已经建立的运河系统），这里和北边葡萄园更分散、气候更凉爽、土壤更多变的葡萄酒产区完全不同。

上河岸产区比南边受Moncayo山脉保护的下河岸产区来得温暖一些，也有更多来自地中海的影响。下河岸产区最好的歌海娜红酒产自小镇Fitero附近，因为这里贫瘠如教皇新堡般的土壤全然外露。Corella附近则因为生产Moscatel de Grano

纳瓦拉产区的分区

纳瓦拉产区有3种不同的气候。西北部受到大西洋气候的影响，而东北部是明显的大陆性气候。往南走，紧挨着下里奥哈的地方是地中海性气候，年平均降雨量离葡萄种植需要的最低500毫米差很远。

省界

纳瓦拉产区的分区

- Baja Montaña
- Ribera Alta
- Ribera Baja
- Tierra Estella
- Valdizarbe

OCHOA 知名酒庄

400 等高线间距200米

一对相对罕见的佳酿：左边为晚收的Muscat葡萄酒，右边为纳瓦拉产区歌海娜老藤的出品，而这里太多太多的葡萄酒都是非常一般的品质，大多都是当地酒农合作社酿制的歌海娜桃红葡萄酒和相对淡薄的红葡萄酒。

Menudo（白麝香）葡萄酿成的贵腐甜酒而成名，这又是杰出的Chivite酒庄所酿成的佳作。与此同时，Camilo Castilla酒庄又重新培育该品种，保持西班牙传统的老酒风格麝香，在老橡木桶里陈酿多年。

在南边气温非常高时，北边因为比较靠近大西洋且多山还是可以很凉爽。一如里奥哈产区，纳瓦拉北部的高海拔条件意味着波尔多品种在这里的采摘季会比波尔多当地的葡萄园晚，有时，海拔最高的葡萄园的采摘可能会延迟到12月。**Baja Montaña**子产区主要生产粉红葡萄酒，混杂一些

石灰岩的黏土是本地主要的土质，但是在**Tierra Estella**和**Valdizarbe**这两个北边的子产区里，土壤、山坡角度及海拔高度却变化多端，区内的先锋酒庄必须严格挑选条件适合的地区，否则一不小心就会碰上春霜以及秋寒的问题。也许是因为Tierra Estella子产区的气候变化，Chivite酒庄在一座古老的酒庄Arínzano里大量投入，该酒庄出产添普兰尼洛与赤霞珠、梅洛混酿葡萄酒，品质出众，能够到达西班牙最巅峰的Pago级别。这个级别的佳酿必须具备突出的自然风格，以及至少5年以上的商业历史。

里奥哈 Rioja

里奥哈建立于150年前，是西班牙最接近法国风格葡萄酒的产区。如今，这也许无关紧要，西班牙葡萄酒的风格多样，但是里奥哈仍是海外最知名的西班牙产区。近些年，在国际舞台上，多罗河岸（Ribera del Duero）和普瑞特（Priorat）产区对于里奥哈来说有点儿逆风挑战。

如果没有Cantabria山脉如厚石墙般挡住北方吹来的大西洋海风，里奥哈的葡萄藤势必很难存活。在区内最西北部，位于Labastida村海拔最高的一些葡萄园，有时根本无法成熟。但是，在东边，多亏有来自地中海的温暖影响，即使是海拔高达800米的葡萄园也可以完全成熟，东边的暖风往西可以吹送到小镇Elciego。东边Alfaro镇的葡萄农比西边Haro镇的葡萄农可以早4～6周采收，在Haro镇，最晚成熟的葡萄到了10月底可能都还没采收完。

里奥哈产区共有3个分区：**上里奥哈（Rioja Alta）**在西边海拔较高的地方，主要处于多风、种着成排白杨树的埃布罗河南岸，另外也包含北岸一小块非巴斯克地区，就在San Vicente de la Sonsierra村附近。**阿拉维萨里奥哈（Rioja Alavesa）**是里奥哈区位于巴斯克自治区Alava省境内的部分，巴斯克在西班牙有如另外一个国家，不仅有自己的语言、自己的警察，而且跟西班牙其他地方一样，最近也有了自己的实质补助。在葡萄酒产业中，这些补助促成埃布罗河北岸快速建立了许多酒厂。**下里奥哈（Rioja Baja）**位于东边面积广阔、更加炎热的区域，不过里奥哈首府Logroño东边的地区却违反常理地被划分到上里奥哈。这是因为历史酒庄Marqués de Murrieta Castillo Ygay以及邻近的其他两家侯爵酒庄Marquéses Vargas和Romeral，因为质量不佳，都没有被纳入下里奥哈。

上里奥哈和阿拉维萨里奥哈的葡萄藤几乎是当地的单一作物，这里的葡萄园景致是由许多小片的葡萄园补缀起来，土质随着红色软质黏土与白色石灰岩的比例而有所变化，再混合一些黄色的沉积土，上面则种着低矮且如树丛般生长的葡

萄树。这些被冲刷成层叠状的河阶地，位置越高条件越好，在上里奥哈区主要以黏土质居多，而在阿拉维萨里奥哈则以石灰岩质较多。Fuenmayor镇附近的红土是里奥哈几个产量最多的地方，土壤中含有非常多的黏土，镇上甚至因此诞生一家巨大的陶瓷工厂。下里奥哈的土壤比其他产区要丰富得多，且葡萄藤的栽培更稀疏。

添普兰尼洛远超越其他葡萄，是里奥哈区内最重要的品种，占据61%的种植面积。它非常适合和更多肉的歌海娜葡萄（占18%）调配，歌海娜在上里奥哈的Nájera镇上游地区以及下里奥哈的Tudelilla镇海拔较高的葡萄园中表现最好。Graciano葡萄（在法国朗格多克称为Morrastel，在葡萄牙称为Tinta Miúda）是一个细腻但却挑剔难种的里奥哈独特品种，近年来颇受注意，不再有绝种危险。本区也可以种植Mazuelo（佳利酿）葡萄，赤霞珠虽然可以实验性地进行种植，但却不轻易被允许添加入酒中。

里奥哈本色

怪异的是，这个西班牙最著名也最重要的葡萄酒产区却在21世纪初期才开始寻求自身的真正风格。里奥哈的名声早在19世纪末就传开，当时比利牛斯山以北的葡萄园大半毁于根瘤蚜虫病，于是波尔多的酒商到这里寻求葡萄，以填满他们用来调配的空荡荡酒槽。他们从Riscal和Murrieta这两家侯爵酒庄的酒里获得潜力的证明，这两位侯爵分别在1860年于Elciego镇和1872年在Logroño市东郊创立自己的酒庄。

因为有铁路直接通到大西洋沿岸，Haro镇成为理想的设厂调配葡萄酒中心，可用马车将远自下里奥哈的葡萄酒运送过来。波尔多酒商为本镇引进了如何在小型橡木桶熟成的技术，许多镇上最重要的酒厂因此诞生，全都创建于1890年左右，而且都集中在火车站边，其中有几家酒厂甚至还拥有自己的火车月台。

一直到20世纪70年代，大部分由小葡萄农所酿造的里奥哈酒都带着柔和多汁的口感，在像San Vicente这样的小村子里，现在还可见到石造酒槽与酿酒槽藏身在半开的门后，门上还挂着手写的Se Vende Rioja（内售里奥哈葡萄酒）。在里奥哈产区，地理条件常被忽略，甚至酿造都不是最重要的，调

配和熟成才是最关键的技巧。过去，里奥哈经常很快就完成发酵，然后在老旧的美国橡木桶中经过多年的熟成。这样培养出来的葡萄酒颜色淡，散发出甜美的香草香气，会让人误以为是采用顶级葡萄酿造的。装瓶者对葡萄农自酿的葡萄酒品质管理通常很不严格，走捷径与提高产量的诱惑在过去屡见不鲜。

20世纪末，很多酒厂都在酿酒技术上做了许多修正（即使不是自己种植葡萄，大部分的酒也都自己酿造）。皮薄柔和的添普兰尼洛在酿造时浸皮的时间比以前长了很多，在橡木桶中的熟成时间则缩短，装瓶更早，而且现在更常采用的是法国橡木桶而不是美国橡木桶。这样的改变让酒的口感更深厚，也保留了更多的果味，简单说就是更加现代了（却也比较不像传统的里奥哈）。如今，回归传统的酿造方法不只在老酒庄保持着，也被不少新酒庄采纳，比如Ollauri的Valenciso酒庄。

新的法国橡木桶是在1970年由位于Cenicero镇的Marqués de Cáceres酒庄引进里奥哈使用。该镇位于里奥哈的中间地带，气候较不极端，种在镇外西边的葡萄往往有更多的酸味和单宁，而镇外东边的葡萄两者都比较少。

另一个比较没有争论的发展是独立酒庄的设立，例如Allende、Contino、Remelluri和Valpiedra等酒庄。还有一些更年轻的追求风土条件的新酒庄，例如Abel Mendoza、Olivier Rivière、David Sampedro和Tom Puyaubert（Exopto）酒庄，它们的模式更类似勃艮第。当装瓶与种植葡萄这两个功能逐渐结合后，人们能够从里奥哈的地图看出更多讯息。

在里奥哈所有的葡萄园中，大约1/7生产白葡萄。一成不变的做法是在多酸的Viura（Macabeo）葡萄添加一点产量稀有的传统马尔维萨和白歌海娜。大部分的里奥哈白葡萄酒都酿成顺口易饮、新鲜中性的风格。这有一点可惜，因为橡木桶熟成的里奥哈白葡萄酒，经过10～20年橡木桶与瓶中培养之后，会变得更丰盛细致，可以和最好的波尔多白葡萄酒一较高下。López de Heredia酒厂是这方面的佼佼者，他们所生产的Tondonia是葡萄酒世界里的奇葩。

左上角两个酒庄建立于19世纪末期。Contino是里奥哈新派单一园的代表之一，它属于CVNE酒庄，是另外一个19世纪末期的幸存者。这里另外三个酒庄都要年轻得多，但都呈现出老藤的伟大。

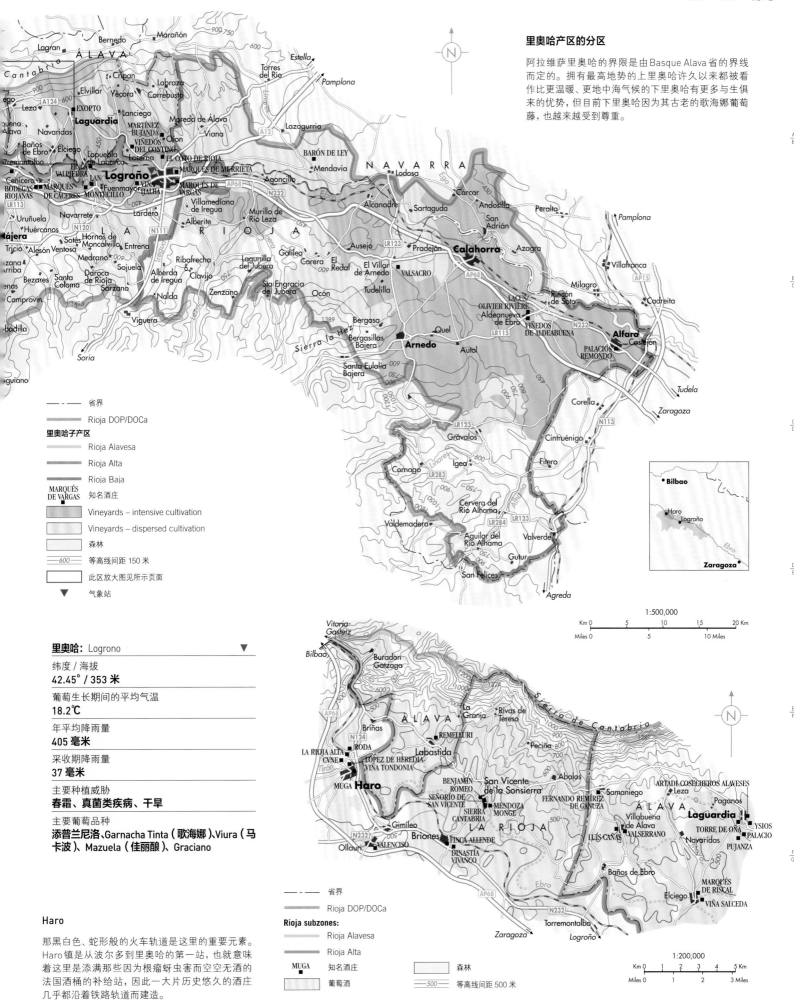

里奥哈产区的分区

阿拉维萨里奥哈的界限是由 Basque Alava 省的界线而定的。拥有最高地势的上里奥哈许多以来都被看作比更温暖、更地中海气候的下里奥哈有更多与生俱来的优势，但目前下里奥哈因为其古老的歌海娜葡萄藤，也越来越受到尊重。

省界

Rioja DOP/DOCa

里奥哈子产区

Rioja Alavesa

Rioja Alta

Rioja Baja

MARQUÉS DE VARGAS　知名酒庄

Vineyards – intensive cultivation

Vineyards – dispersed cultivation

森林

600　等高线间距 150 米

此区放大图见所示页面

▼　气象站

1:500,000

里奥哈：Logrono　▼

纬度 / 海拔
42.45° / 353 米

葡萄生长期间的平均气温
18.2℃

年平均降雨量
405 毫米

采收期降雨量
37 毫米

主要种植威胁
春霜、真菌类疾病、干旱

主要葡萄品种
添普兰尼洛、Garnacha Tinta（歌海娜）、Viura（马卡波）、Mazuela（佳丽酿）、Graciano

Haro

那黑白色、蛇形般的火车轨道是这里的重要元素。Haro 镇是从波尔多到里奥哈的第一站，也就意味着这里是添满那些因为根瘤蚜虫害而空空无酒的法国酒桶的补给站，因此一大片历史悠久的酒庄几乎都沿着铁路轨道而建造。

省界

Rioja DOP/DOCa

Rioja subzones:

Rioja Alavesa

Rioja Alta

MUGA　知名酒庄

葡萄酒

森林

500　等高线间距 500 米

1:200,000

加泰隆尼亚 Catalunya

加泰隆尼亚（英文拼法则是 **Catalonia**），向世界证明了它是一个存在于西班牙之外的省。如果你拜访巴塞罗那，你就会发现所有的东西都让人有不同感觉。巴塞罗那是欧洲最具活力的地方之一，从文化到饮食，你很难分辨出它到底与法国还是与卡斯提尔（Castile）更为相近。加泰隆尼亚人不知疲倦地忙碌着，奋斗在葡萄酒的前线并出奇地具有创造力。从炎热的地中海岸绵延到寒冷气候可以提高葡萄酒品质的高海拔地区，这里有着更多生产多样风格葡萄酒的潜力，而这个潜力也确实得到了充分的发挥。

首先，在西班牙的葡萄酒货架及酒单上，最显眼的地方一定看得到气泡酒 Cava，这是西班牙版本的香槟，其中95%的 Cava 产自加泰隆尼亚，用以酿造的主要葡萄园则坐落在佩内德斯（Penedès）酒业中心 Sant Sadurní d'Anoia 附近的肥沃土地上。Cava 工业，这是比较符合实情的用词，主要由两家最大的酒厂 Codorníu 和 Freixenet 主导。酿造的方法也许跟香槟一样，但是所采用的葡萄品种却非常不同。Macabeo 葡萄是大部分 Cava 的主要品种，因为比较晚发芽，在佩内德斯较冷的葡萄园内不太会受到春霜危害。至于葡萄酒独特的味道主要来自另一个当地品种 Xarel-lo，有时味道甚至会太过，此品种主要栽种在海拔较低之处。在佩内德斯北部，当产量不是太大时，相对中性的 Parellada 品种可酿成如苹果般、带有真正爽口酸味的气泡酒。霞多丽约占5%的种植面积，而黑皮诺的种植也让酿造越来越受欢迎的粉红 Cava 成为可能。降低葡萄园产量以及延长熟成时间，可让最佳的 Cava 在品质上逐步提升。

至于无泡酒方面，则带有特别诚恳直接的味道，佩内德斯是主要的 DO 产区。在西班牙，佩内德斯的国际葡萄品种分布得最为广泛，这些品种是由加泰隆尼亚无泡酒业巨头 Jean León 和 Miguel Torres 在20世纪60年代率先引进的。Torres 酒庄早期推出赤霞珠和 Milmanda 霞多丽（Milmanda 城堡位于截然不同的内陆地带 Conca de Barberá 产区内，坐落在塔拉戈纳省北部的石灰岩山丘上），如今其超凡且具原创性的酒款 Grans Muralles 则充分展现出了加泰隆尼亚当地品种（在 Conca de Barberá 也有种植）的特征。产量逐渐增加的加泰隆尼亚 DO 产区于1999年建立，覆盖加泰隆尼亚各区，并允许混合不同区的葡萄，此产区成立的最主要原因是因为不断扩张的 Torres 酒厂发现仅局限在佩内德斯产区会影响他们的发展。

在最热、海拔最低且靠近海岸的 Baix-Penedès 产区种植着大量的 Monastrell、歌海娜和佳丽酿葡萄，以用来混调干红酒。在中海拔高度的地区主要生产酿造 Cava 的葡萄，不过更具事业心的葡萄农则是极尽可能地从产量低的葡萄园中酿造出充满地方独特风格的酒，这些葡萄园通常是从地中海矮树丛与松树林中开辟出来的，海拔最高可达800米，种植着本土葡萄品种与国际品种。

Tarragona DO 产区紧邻在佩内德斯的西边，葡萄园环绕在同名的城市周围，这里的山丘同样也是 Cava 气泡酒的葡萄供应地，不过东边海岸平原区依旧生产传统带甜味的浓厚红葡萄酒，有时会在橡木桶中熟成相当长的时间，而成为带有陈年风味（rancio）的老酒。

海拔较高的西边葡萄园如今成为了独立的 DO 产区 **Montsant**，产区范围将非常特别的普瑞特 DOCa 产区（后页有详细描述）包围住。在法尔塞特（Falset）镇一带有着最多值得注意的酒厂，这个高海拔的小镇就位于普瑞特的出入门户，刚好在其产区范围之外。这里采用各种不同的葡萄品种来酿酒，即使没有像普瑞特一样的独特土壤，也能酿出相当浓缩的干红葡萄酒。Celler de Capçanes 和 Joan d'Anguera 是该产区的模范，而世界级的歌海娜则种植在 Cannan-Barbier 的 Espectacle 葡萄园内。

在海拔较高、阳光普照又炎热的 **Terra Alta** DO 产区的西边和南边，外来的红葡萄品种已经取代了白歌海娜（Garnacha Blanca）葡萄，当地用该品种来酿造口感浓厚、风味独特的白葡萄酒。Vinos Piñol 和自然酒先锋 Laureano Serres 则酿制着精致的歌海娜和佳丽酿红葡萄酒。

Costers del Segre DO 产区在地图上只代表性地出现了一小块，这个产区包括了7个范围分散的子产区（见182页西班牙全境地图）。其中，Les Garrigues 子产区和当红的普瑞特只隔着 Montsant 山脉，两者的自然环境相当类似，只是这里的地形稍微细致一些。歌海娜老藤以及如树丛般生长的 Macabeo 葡萄在海拔750米的地区拥有相当的潜力，不过现在，在杏仁与橄榄树之间，以树篱的方式成排地种植着许多添普兰尼洛及新引进的国际品种。来自地中海的微风降低了霜害风险。

清淡而充满香料味的国际品种被种植在 Valls de Riu Corb 产区东北部海拔较低之处，而北边的 Artesa de Segre 产区则和亚拉冈（Aragón）的索蒙塔诺产区比较类似。此外，还有大型的 Raimat 酒

这里许多酒标都用加泰隆尼亚语，而不是 Castilian 西班牙语。下方两个酒标是属于最优质的气泡酒，都是100%产自加泰隆尼亚的。Gramona 酒庄以主要使用加泰隆尼亚的葡萄品种 Xarel-lo 而自豪，这个品种目前重新开始流行。

海岸边的加泰隆尼亚

这是个很复杂的地图，而且没有涵盖加泰隆尼亚边远的葡萄酒分区（见182页地图），但其实那里很多葡萄酒都越来越值得被密切关注。

1:615,000

通过自己的学生和门徒，加泰隆尼亚的现代派建筑师高迪（Gaudí）影响了许多酒庄的建筑设计风格，尤其那些20世纪初期在这里欣欣向荣的酒农合作社。这里酒庄中的大教堂是位于 Terra Alta 的 Gandesa 合作社，由 César Martinell 在1919年设计，合作社的酒款之一就以其而命名。

庄，有如绿洲般坐落在半沙漠的列伊达（Lleida）市西北边，这个由 Codorníu 酒厂的拉文托斯（Raventós）家族所发展起来的巨大庄园，需要仰仗 Codorníu 的 Raventós 家族开发的灌溉系统才能种植葡萄。这里生产的酒比较接近新世界的风格，而较少呈现加泰隆尼亚的特色。

紧挨着巴塞罗那北部海岸边的 **Alella** 产区，葡萄农正和房地产开发商们竞争土地，而且也跳进了国际葡萄品种的风潮中。

不在这张详细地图内，但出现在西班牙全图的 **Pla de Bages** DO 产区集中在巴塞罗那北边的曼雷萨（Manresa）镇附近，虽然这里有一些有趣的 Picapoll 老藤（即朗格多克的 Clairette），但也一样种植了许多赤霞珠和霞多丽。加泰隆尼亚最北边的 DO 产区、位于布拉瓦海岸（Costa Brava）的 **Empordà**，过去只生产以佳丽酿酿造、专门卖给观光客的粉红葡萄酒，但现在也生产出越来越多令人惊喜的红葡萄和白葡萄混调酒。其中许多有着比利牛斯山脉另一边的顶级鲁西荣酒的影子。总而言之，加泰隆尼亚可以说正在全面发酵中。

图例：

- —— 省界
- ■ PARXET　知名酒庄
- —— Cava DOP/DO
- 196　此区放大图所示页面
- ▼　气象站

- Alella DOP/DO
- Conca de Barberá DOP/DO
- Costers del Segre DOP/DO
- Montsant DOP/DO
- Penedès DOP/DO
- Priorat DOP/DOCa/DOQ
- Tarragona DOP/DO
- Terra Alta DOP/DO

加泰隆尼亚：雷乌斯（Reus）市 ▼

纬度／海拔
41.15° N / 71 米

葡萄生长期间的平均气温
20℃

年平均降雨量
497 毫米

采收期降雨量
75 毫米

主要种植威胁
干旱、真菌类病害

主要葡萄品种
添普兰尼洛、歌海娜、赤霞珠、Parellada、Xarel-lo、Macabeo

普瑞特 Priorat

普瑞特这个名字你在古老的参考书上是找不到的。在本书1971年第一版的时候，它还只是以一款浓郁的干红葡萄酒的名字 Priorato 出现。在根瘤芽病来袭之前，这个地势起伏、令人眩晕的产区拥有5 000公顷的葡萄园（这里绝对不适合那些开车紧张的司机）。1979年，Clos Mogador 酒庄的 René Barbier 发现了这片古老土地的潜力，当时只有600公顷的葡萄园，主要种植着佳丽酿。1989年，他说服了5个朋友，共同在 Gratallops 村种植葡萄，酿造葡萄酒。他们的葡萄酒带着十分明显的质朴、葡萄干的风格，后来也就成为了普瑞特的标准，浓郁集中、矿物感，与橡木味重的传统西班牙葡萄酒截然不同。

这些充满激情的先锋者很快建立了自己的酒庄，所酿造的葡萄酒也获得国际认可，但是该产区受到来自佩内德斯（Penedès）甚至是南非开发者的影响，到世纪之交，有1 000公顷的土地刚种下葡萄藤，或刚开垦准备种植，还有1 000公顷刚获得种植许可。如今，酒庄数已达90家，这片近些年还是牧羊人和驴车遍地的土地已然成为葡萄园的天下。

为什么这里出产的葡萄酒如此独特呢？普瑞特产区受到西北方向 Sierra de Montsant 陡峭山脉的保护。这里拥有极为特别的石炭质板岩底层土壤，黑棕色板岩里突起的岩石在阳光下如石英一般闪闪发光，这种土壤条件赋予了普瑞特葡萄酒独特的精华。这里每年的降雨量常常少于400毫米，这样的降雨量在大部分产区早就需要灌溉了，但是普瑞特的土壤特别凉而潮湿，葡萄藤的根能够在石炭质板岩底层土中找到水源。在最佳地块，葡萄产量低得惊人，但是葡萄酒的品质十分出色，相当集中。

佳丽酿仍然是该产区种植最广泛的葡萄品种，特别在产区北部 Torroja 及 Poboleda 附近。葡萄藤的年龄也足够老，能够结出高品质的果实。Terroir al Limit、Trio Infernal、Mas Doix、Cims de Porrera 和 Ancient Garnacha 酒庄酿造的葡萄酒，葡萄藤主要种植在更凉爽的成熟慢的地块，比如 L'Ermita 葡萄园。近些年主要引进的品种当中，似乎只有西拉是成功的。而歌海娜和佳丽酿主要还是在 Vi de Vila 村，或者在那些2009年才引进种植的一些村落。

1:146,000

Km 0   1   2   3   4   5 Km

Miles 0   1   2   3 Miles

------- 市镇界

——— Priorat DOP/DOCa/DOQ

——— Montsant DOP/DO

EL LLOAR Vi de Vila/Vin de Vila

MAS MARTINET 知名酒庄

Gran Clos 知名葡萄园

▨ 葡萄园

森林

—500— 等高线间距 100 米

Alvaro Palacios 的 L'Ermita 是让全世界关注普瑞特的葡萄酒，也是西班牙最昂贵的葡萄酒之一。Eben Sadie 是他来自南非的同行，曾经参与过 Terroir al Límit 的经营。

普瑞特的村级酒

上方地图中标出了12个村级酒（Vi de Vila）。Montsant 紧挨着普瑞特的南端，但却没有 llicorella 土壤，这种奇特的土壤造成的风味在许多调配而成的普瑞特葡萄酒中都品尝得到。

雪利酒之乡：安达卢西亚
Andalucía-Sherry Country

近20个世纪以来甚至更长，葡萄酒在安达卢西亚的意思就等同于 vinos generosos，用他们自己的翻译来解释：最主要的是雪利酒（Sherry），但还有与之相似又有些不同的来自 Montilla-Moriles 及 Málaga 产区的葡萄酒。雪利酒依旧是西班牙最好的酒，虽然还是有争议。不过在近代历史中，安达卢西亚正朝着其他方向发展。Costal del Sol 发展速度惊人，葡萄园迅速扩张，用于酿造非加度葡萄酒，包括干型葡萄酒和令人惊讶的甜酒。能够酿造出保有新鲜度和南方成熟度的葡萄酒，其关键仍是产区的海拔高度。山脉从沿海的别墅、高尔夫球场以及建筑物绵延起伏，距离湛蓝的地中海岸只有数里之遥的葡萄园，海拔高度都有可能超过800米，这样的环境夜间凉爽而白天炎热。

马拉加（Málaga）

马拉加 DO 产区曾经专门生产在发酵时添加白兰地的加度甜酒，以及以葡萄干制成的甜酒，这些酒的产量严重地减少。到了2001年，这个 DO 产区一分为二变成 Málaga 和 Sierras de Málaga（见182页地图）。马拉加的加度酒酒精在15~22度之间，甜酒的酒精度在13度以上，糖分及酒精度主要取决于安达卢西亚的光照。**Sierras de Málaga** 是酿造15度以下干型葡萄酒的 DO 产区，主要来自迅速扩张的新葡萄园。

最有活力的子产区是山顶观光胜地 Ronda 附近区域，种植了相当多的国际品种，包括小维尔多、意外成功的黑皮诺以及添普兰尼洛。至于白葡萄品种，Montilla-Moriles 产区的 Pedro Ximénez、麝香以及 Maccabeo 都允许种植，另外还有长相思和霞多丽，由 F Schatz 酒厂在此纬度地区酿造出令人惊喜的佳酿。

这里还有一些子产区：在本区西部海岸往加的斯（Cádiz）方向的地方是麝香葡萄的产区，同时受地中海和大西洋的影响。另外在马拉加（Málaga）北边，朝向 Montilla-Moriles 产区的广大高地，红褐色土壤下的石灰岩让这里的 Pedro Ximénez 葡萄和当地品种 Doradilla 酿出意外的细致风格；东边崎岖的阿萨尔基亚（Axarquia）山区以产自板岩的麝香和 Romé 闻名；另外还有几乎消失、位于马拉加周边山丘的历史葡萄园。

当 Sierras de Málaga 葡萄酒证明其存在的价值时，马拉加产区本身的葡萄酒却呈现出两种独特风格：清淡或浓如糖蜜。Málaga Virgen 和 Gomara 酒庄持续酿造传统的加度酒。同时，来自里奥哈且在西班牙许多产区都酿造相当多优秀酒款的酿酒师 Telmo Rodríguez，以其酿造的香浓且有橙皮风味的 Molina Real，让马拉加的麝香酒获得重生，他的 Molino Real 新鲜、芳香、精巧又带着浓郁的蜜橘风味。在美国起家又深富创意的西班牙葡萄酒进口商 Jorge Ordoñez，马拉加人，成功地将来自高山上麝香老藤葡萄园的葡萄酿出如甘露般的甜酒。Almijara 酒庄的 Jarel 是另一个典范。

当 DO 法定产区成立之后，许多富有创造力的酿酒师纷纷迎头赶上。Costal del Sol 的内陆地带是西班牙最崎岖不平的地区，甚至因为面积辽阔而被描述为新的拉曼恰产区。有些地区餐酒产自格瑞那达（Granada）附近 Barranco Oscuro 葡萄园，这里海拔高达1 386米，是欧洲最高的，还有可能会成为西班牙最令人兴奋的非加度酒产区之一。Barranco Oscuro 和 H Calvente 是值得关注的酒庄。

白垩土与葡萄

至于赫雷斯（Jerez）和 Montilla-Moriles 这两个安达卢西亚葡萄酒业两千年来最核心的产区情况又是如何？它们并非向上发展的产区，两者反而都出现葡萄过剩，对于我们这些珍视此类独特葡萄酒的人来说倍感震惊。虽然在安达卢西亚以外的地区，对雪利酒普遍反应冷漠，但是**赫雷斯市**最近却出现了几家令人期待的新酒厂，跻身于原本就已经不算少的名庄之列，Fernando de Castilla、Tradición、Valdivia 和特别挑剔的小规模贸易商 Equipo Navazos。Valdespino 酒庄的酿酒师 Eduardo

赫雷斯叫作 albariza 的白色白垩纪土壤能够保持湿度，这对整个生长季节可能连一滴雨都见不到的 Palomino Fino 葡萄品种至关重要，这个品种尝上去相对无味一些。Emilio Lustau 的 Montegilillo 葡萄园在 Carrascal 附近，紧挨着赫雷斯的北面。

Ojeda 及法律教授 Jesús Barquín 为精品雪利酒注入了新生命，他们在赫雷斯、Sanlúcar 和 Montilla 酿造出杰出的酒。

雪利酒最独特的地方在于其细腻性，这要归功于这里的白垩土、Palomino Fino 葡萄以及巨大的投资和悠久传承的酿酒技术。不是每瓶雪利酒都有这样的品质，事实上，雪利酒的高贵性就曾在 20 世纪 70 年代与 80 年代被高比例的劣质酒毁于一旦。但是，一瓶产自 Macharnudo 或 Sanlúcar de Barrameda 贫瘠白垩土丘葡萄园的真正的 fino 或 manzanilla 雪利酒，正是葡萄酒与橡木桶最鲜明也最美丽的相遇。

位于浪漫城市加的斯和塞维利亚（Seville）之间的区域是雪利酒之乡，几乎是显贵西班牙的夸张侧写，这里是庭院、吉他和佛朗明哥舞者的不夜城。雪利酒以赫雷斯—德拉弗龙特拉（Jerez de la Frontera）这个城镇为名，生活、呼吸到处都离不开雪利酒，就如同伯恩市之于勃艮第，埃佩尔奈（Epernay）市之于香槟一样，不过经过了一系列新开的、关闭的、转让的，现在出口酒庄的数量远远少于 10 年前。

雪利酒与香槟可以比较的地方很多，例如两者都出自白葡萄酒，都因白垩土质才具有特殊的风味，还有两者都需要悠久的传统酿造方法来成就特别的风格。雪利酒与香槟都是爽口的开胃酒，在原产地可以喝掉非常惊人的量，而且喝完会更有精神。以方程式来解释，它们都是白色土壤生长出的白葡萄，却分别是欧洲的北极与南极。

不过，并非所有的土地都是白色的。白垩土的地区（本地称为 albarizas，即白土地）是最好的，Carrascal、Macharnudo、Añiña 和 Balbaina 等庄园是最有名的种植区（称为 pagos）。有些葡萄园位于称为 barros 的黑土及沙土上，在这些地方只能酿出用来混酿的次等葡萄酒，虽然海岸边的沙地其实非常适合种植麝香葡萄。

酒商的总部和酒窖都位于 Sanlúcar、El Puerto de Santa María 等雪利酒城镇内，特别是赫雷斯。在这些小镇上都有一些小酒吧，供应各式各样的小食，这些是安达卢西亚人开始喝酒时不可或缺的东西，随之还有丰盛的晚宴。在酒吧里称为 copita 的小玻璃杯，容量大小不及一朵盛开的郁金香，杯子里盛着您从未喝过的葡萄酒，清淡的、冰凉的、

无比美味的，倒满又喝光。然而这种传统渐渐在消退，现代的消费者都需要一个大酒杯来饮用勃艮第精品酒。

在赫雷斯最值得一看的是这里历史悠久的酒窖。高耸的刷白廊道、阳光洒入的十字厅舍有如教堂般引人入胜。在这些建筑内，那些称为 "butts" 的橡木桶通常都叠成三层高，新酿的酒要放入这些桶中熟成。这些酒大都在离开酒窖之前会经过索雷拉（solera）系统陈年，当然仍有些极独特的酒会不经混合就销售，或者以单一年份酒销售，这是雪利酒经销商或股东们近年来开启雪利酒鉴赏市场的新生方式。

新酒会依据不同的类型，放入最上层也最年轻的某一组木桶组中（称为 criadera，西班牙文的意思是育婴房，代表培养酒有如养小孩一样）。每年从年份最久、最底层也是最后阶段的木桶组（称为索雷拉的系统）中取出一定比例的酒装瓶销售，然后再从第二次的木桶中取下一个年份的酒补进老木桶中继续混合。分层越多，就可培养出越细致、层次越丰富的酒来。

雪利酒的类型

所有年轻的雪利酒一开始都会分成两类，如果清淡且够精巧的话，就选为 fino；如果较浓厚的话就选为 oloroso。fino 的酒精度低，会在一种称为 "flor"、有如面包般的奇异雪利酵母层的保护下熟成（flor 可能会因为气候变化而受损，这点颇值得关注）。Olorosos 则是在跟空气接触的环境下熟成，而且谨慎地加烈到 15.5% 以上，通常会加烈到 17.5%，以免长出 flor 酵母。

索雷拉木桶的酒是雪利酒商在调配厂牌酒时的颜料箱，西班牙人（和本书的作者）都喝直接从索雷拉取出装瓶的干型雪利酒。但遗憾的是，大众市场上的雪利酒却大都添加了许多糖分，并经过加烈，完全掩盖了雪利酒的特色。这样的酒除了蚂蚁之外，应该没有人会再想要第二杯。

以 fino 为名的雪利酒口感最细致，颜色也最淡，这种极干的雪利酒几乎不需要任何调配。产自 Sanlúcar de Barrameda 港的 manzanilla 甚至更干、颜色更淡，酿法跟 fino 一样，但却带着些微的咸味，一般认为是来自邻近海洋的影响；陈年的 manzanilla（在当地称为 pasada）是搭配海鲜的绝佳选择。在您选择雪利酒的时候（大部分适合快速饮用），不妨考虑那些最受欢迎的品牌，如 Fino 的 Tio Pepe；如 manzanilla 的 La Gitana 也是很好的选择。

Amontillado 则是颜色更深也更复杂的雪利酒，最好的 amontillado 是由老 fino 培养而成，那些如果

在安达卢西亚的热浪中用火焰烘烤橡木桶内部，想必一定是个极其考验人的工作，但如果没有橡木桶（butt），那雪利酒就不是雪利酒了。新橡木桶和雪利酒格格不入，必须先要在用于陈放葡萄酒超过 20 年后才能用于雪利酒。

赫雷斯： Jerez de la Frontera ▼

纬度 / 海拔
36° / 27 米

葡萄生长期间的平均气温
21.9℃

年平均降雨量
582 毫米

采收期降雨量
8 月：5 毫米

主要种植威胁
干旱

主要葡萄品种
Palomino Fino 和 Pedro Ximénez

在年轻时喝没有完美活力的酒会被挑出来，熟成更久的时间让它变得浓厚些，不过大部分是为海外出口市场的混酿而保持中度的酒体。真正经典传统的 oloroso 是干型、颜色深、有点儿咬口的雪利酒，虽然较少见，但却是雪利酒产区居民们最喜爱的酒之一。这样的酒经得起相当长的熟成时间，但是相对于 fino 来说实在太浓厚。一般商业厂牌推出的、在标签上标示 oloroso 或称为 cream 的雪利酒，大多是比较年轻、较粗犷且添加糖分的混合口味。另一方面，Palo cortado 这种类型的雪利酒则是一款真正经典、浓厚、干型的稀有酒款，其风格介于 amontillado 和 oloroso 之间。

为了吸引更多的优质酒爱好者来品尝这些受到忽视的葡萄酒，雪利酒厂设计出一套品质与酒龄的标记与认证系统：VOS 和 VORS 等级，分别代表酒龄超过 20 年和 30 年的雪利酒；12 年和 15 年熟成的标示也被允许印到酒标上。

但是未经任何调配的雪利酒（通常大部分的调配都是半甜或甜型的），可以和最好的天然雪利酒媲美。这些酒有如酒庄装瓶的最佳勃艮第葡萄酒，是收藏家追求的对象，价格也不菲。

蒙蒂勒（Montilla）

在科尔多瓦（Córdoba）市南边的 **Montilla-Moriles** 产区（此区名是由区内两个城镇名合成）也在衰退中。到 2010 年，葡萄园的面积缩减到 6 200 公顷。直到 50 年前，这里生产的葡萄酒还是都运到雪利酒产区混合成雪利酒销售，两者有如同一个产区。

但是蒙蒂勒（Montilla）镇不同。蒙蒂勒镇所种植的葡萄品种不是 Palomino 而是 Pedro Ximénez，这边生产的 Pedro Ximénez 还是稳定地运往雪利酿成甜酒。蒙蒂勒海拔更高，气候极端，这些酿酒用的原液更加浓稠，与雪利酒相比不需要加烈就能运输。它与雪利酒不同之处就是，蒙蒂勒的酒随着陈年酒精度会越来越低，有些老酒只有 10 度左右。当至少两年的熟成时间到了之后，酒通常也已经熟成好了，比雪利酒重但是更柔和，感觉类似餐酒一般。Alvear 和 Pérez Barquero 是建立此产区标准典范的两家酒厂。

赫雷斯的土壤

在 20 世纪 80 年代早期雪利酒很畅销的时候，所有土壤出产的葡萄都被用于雪利酒的制作。但自从那之后，雪利葡萄园的总面积缩小了超过一半，剩下的葡萄藤大部分都种植在最好的 albariza 土壤上（见 197 页 ）。

	图例
----·----	省界
▬▬▬	Jerez DOP/DO
Tehigo	葡萄园
▢	白垩土
▨	白垩土与沙土
—200—	等高线间距 100 米
▼	气象站

雪利酒的酿制过程中有生命的迹象。最左边的三款葡萄酒、以及酒标为 Solear Manzanilla 的酒款可以被称为是爱好者推崇的、几乎没有过滤过的雪利酒。第一排另外两个酒款是优质的 Montillas，而剩下两款是十分美味的 Málaga Moscatel。

葡萄牙

正值丰收时节，位于 Pinhão 市（坐落在多罗谷的次产区 Cima Corgo 内）之上的顶级葡萄园

葡萄牙 Portugal

　　在欧洲的大西洋之滨，葡萄牙似乎隐身在西班牙之后，成为一个离群索居的个体，即使是最热切的葡萄酒市场营销人员都未必能够看出，该国事实上具有最独特的卖点。 当其他国家正忙着种植法国的葡萄品种时，葡萄牙依旧在深耕其特有的原生葡萄品种，且坚持其旧有的味道，不受世界潮流所左右。这些原生的葡萄包含一些潜力雄厚的品种，有足够的能力带给人更多样的品饮乐趣。

　　例如，国产杜丽佳（Touriga Nacional）这个葡萄品种，已成为一流的葡萄品种；而它的中心地带是杜奥（Dão）和多罗（Douro）产区，该品种在多罗区，无论是酿波特酒还是餐酒都曾是次要角色，而如今成了主角。目前该品种已经扎根在全国各地，特别是作为混酿中最重要的品种出现。Touriga Franca是另外一种可用来酿制酒精强化甜酒之外酒品的品种；而Trincadeira品种（酿制波特酒的地区称为Tinta Amarela）具有丰盛的厚度，至

于Jaen品种（西班牙的加利西亚地区称为Mencía），则可酿成风格独特、多汁、年轻即适饮的葡萄酒。此外还有许多品种，像是在西班牙被称为添普兰尼洛的品种，也在葡萄牙大获成功：葡萄牙北部称此品种为Tinta Roriz，南部则称为Aragonês。在贝拉达（Bairrada）区，巴加（Baga）葡萄可以酿出整个葡萄牙最具陈年潜力的卓越的单一品种红酒，而Alfrocheiro品种的平衡性也增加了其价值，即便在杜奥产区之外也如此。

　　进入21世纪，葡萄牙也成为一个酿造严肃白葡萄酒的国家。绿酒（Vinho Verde）产区的质量已经有了巨大提高（见204页）。Bucelas产区主要葡萄品种Arinto因其给混酿带来的酸度而渐受重视，特别是在阿连特茹（Alentejo）产区。百拉达（Bairrada）产区的Bical品种能够有很好的陈年潜质，杜奥产区原生的品种Encruzado具有酿造饱满酒体的巨大潜力，相当于勃艮第型白葡萄酒。也许，最令人惊喜的要算是炎热的多罗区有能力生产出令人激动、混合了Viosinho、Rabigato、Côdega de Larinho以及Gouveio（西班牙称Godello）品种的饱满白葡萄酒。以上所说，还不包括葡萄牙著名的酿酒岛屿马德拉（Madeira）所生长的优质白酒葡萄品种（详见214页）。

　　葡萄牙一直保有她的独特本色，不过现在也走进了范围较大的葡萄酒世界中，至于其发展，我们会在下文中多加讨论。近些年与这情况形成强烈反差的是，全世界的葡萄酒爱好者都只认得葡萄牙的优质酒精强化甜酒：波特酒（详见209页）；而该国的另一种葡萄酒类型，在上世纪中期主要被酿作出口用酒——这是一种介于白葡萄酒与红葡萄酒、甜与不甜及有气泡与无气泡之间的产品——该国的Mateus以及Lancers就是此类产品的领导品牌与大使。

　　这个国家不是很大，但不同地区受到非常不同的气候影响，如大西洋、地中海，甚至大陆性气候。土壤结构也千差万别：北部以及岛上为花岗岩、板岩和片岩；靠近沿岸地区则为石灰岩、黏土和沙土；而南部，片岩受到专注于质量生产者们的喜爱。

新一代

　　葡萄牙的餐酒，因为搭上现代酿酒的潮流已经产生了相当程度的革新；同时感谢受过良好教育的新一代葡萄牙本土酿酒师，他们捕捉了葡萄牙原生品种的特殊果香并将之留存在酒瓶里，且让这些酒不必等待熟成10年才能饮用。

　　葡萄牙的葡萄酒酿造曾经没有任何的法律进行规范。不过，该国宣称多罗地区是世界上第一个为葡萄酒产区进行界定的地方（1756年）。后来在葡萄牙于1986年加入欧盟之前，国内许多其他产区也被划定为法定产酒区，而且每个酿制环节

在阿连特茹产区的多数地方，就如这片Requengos de Monsaraz古城附近的葡萄园，规模大、广阔而且空旷。区域中最重要的葡萄酒镇几乎占葡萄牙领土的1/3。

品质分级

质量分级

　　Denominação de Origem Controlada（DOC）葡萄牙仿效法国AC制度（详见46页）所制定的分级，相当于欧盟的DOP。

　　Indicação de Geográficas Protegidas（IGP）欧盟的分级，逐渐取代了Vinho Regional（VR）这个地区分级。

　　Vinho 或 **Vinho de Portugal** 最基础的欧盟分级，取代旧有的Vinho de Mesa。

其他常用术语

Adega 酒庄

Amarzém 或 Cave 酒窖

Branco 白葡萄酒

Colheita 年份

Doce 甜型

Engarrafado (na origem) 装瓶（在酒庄装瓶）

Garrafeira 酒商特别陈酿

Maduro 老酒或熟化

Quinta 酒庄或农庄

Rosado 粉红酒

Séco 干型

Tinto 红葡萄酒

Verde 年轻

Vinha 葡萄园

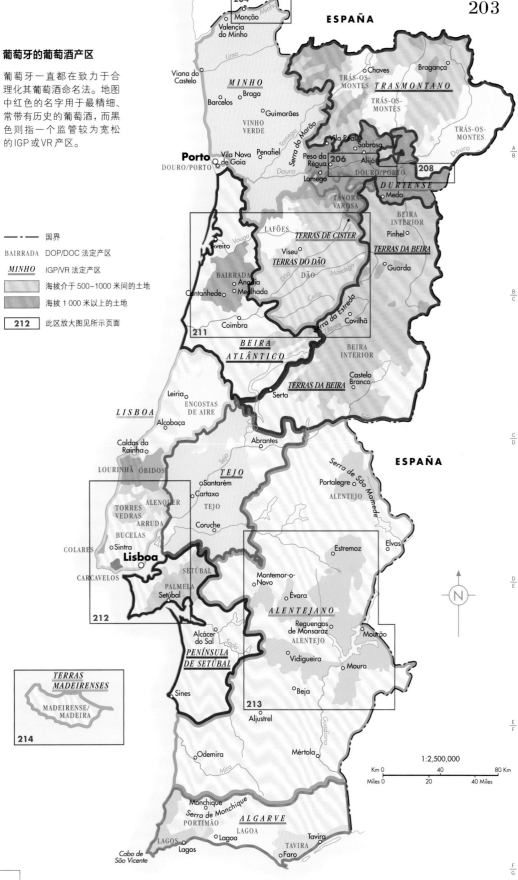

都有一定的规范。不过，这并不能保证葡萄酒的品质，当地酒商及他们的顾客也不一定因此而受惠，酒商往往会忽视政府的规范，径自酿制调配自己喜欢的酒款，然后在这些酒款上标明"Garrafeira"（酒商特陈）的字样。

就如西班牙的情形，葡萄牙的葡萄酒产区已经如同雨后春笋般冒了出来。仿效法国AOC法定产区管制系统（AOC/AOP）而制定的葡萄牙DOC（DOP）法定产区制度，规定了可以使用的当地葡萄品种。不过目前看来，增加最多的是范围较大、规定较宽松的法定产区Vinho Regional（VR/IGP）。这页的地图标示出产区名称，图示则表明其产区范围的等级。例如，**Duriense**产区是一个VR，一般用于河谷被降级的葡萄酒，特别用于那些用国际品种，或至少非本地品种酿的酒，如西拉、长相思、阿芭瑞诺、赛美容。

产量大的**特茹（Tejo）**产区以一条从西班牙西南边境一直流向里斯本的塔霍河（River Tagus，也称特茹河）命名。这处肥沃的河岸地区过去只产大量清淡的葡萄酒，但自20世纪末，欧盟提供补助说服了当地数百名酒农将这些品质不佳的葡萄藤拔除。此区的总产量因而锐减，而特茹产区的种植重心也从此河岸区迁移到较远之处、充满黏土的北方和拥有沙质冲积土的南部。品种种植上也转向更多高贵的本土品种，如国产杜丽佳和Alicante Bouschet（后者在葡萄牙享有盛誉），外加重要的国际品种如赤霞珠、梅洛以及较近期的西拉（此品种在葡萄牙似乎前途大好）。相对简单但果味充沛的Castelão也是本区最重要的红葡萄酒原生品种，不过这里也种了一些Trincadeira品种。白葡萄酒主要以香气惊人的Fernão Pires品种为主，然而霞多丽、长相思、阿瑞图（Arinto）以及后来的Alvarinho和维欧尼都已经有可喜的前景。

在葡萄牙南部，VR等级远比DOC来得重要，以**阿尔加维（Algarve）**产区的葡萄酒为例，该区的葡萄酒大都是以VR命名销售，而不是采用4个DOC的其中一个。随着对酿酒合作的约束，社阿尔加维的葡萄酒质量已提升，产量为主的生产因此而萎缩。在大西洋中间的亚速尔群岛（Azores）上虽然种植着一些与马德拉岛上相同的葡萄品种，但没有其戏剧性的结果。

对葡萄酒的饮家来说，葡萄藤并非葡萄牙唯一值得注意的植物。该国南部的大部分地区遍布着全世界最大最密集、用来制作软木塞的橡树林，因此全世界葡萄酒装瓶用的软木塞大都来自葡萄牙。若有葡萄牙葡萄酒生产者采购旋转盖，则可算是一种勇敢的行为。

葡萄牙的葡萄酒产区

葡萄牙一直都在致力于合理化其葡萄酒命名法。地图中红色的名字用于最精细、常带有历史的葡萄酒，而黑色则指一个监管较为宽松的IGP或VR产区。

- – - – 国界

BAIRRADA DOP/DOC 法定产区

MINHO IGP/VR 法定产区

海拔介于 500~1000 米间的土地

海拔 1 000 米以上的土地

212 此区放大图见所示页面

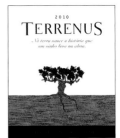

Malhadinha 和 Terrenus 分别在阿连特茹产区的南部和北部酿造，Porta Velha 则是来自 Trás os Montes 的价格合理的混酿，Lagoalva de Cima Alfrocheiro 出自特茹区。

绿酒法定产区 Vinho Verde

在葡萄牙各种不同的葡萄酒风格中，最独特的还是绿酒（Vinho Verde），这是来自最北部省份米尼奥区（Minho）那些年轻又"青涩"的葡萄酒；verd（绿色）是相对于maduro（成熟）或是陈年葡萄酒的说法。米尼奥河是一条分隔葡萄牙与西班牙加西利亚之间的北部边境河流。这个省所产的绿酒数量占了整个葡萄牙所有葡萄酒总量的1/8。"绿色"是个合适的词来描述这片被大西洋冲刷之地的青翠景色，而且这个词也适合于形容那些由不成熟葡萄所酿的酸度极高之酒。

然而，这种现象已经发生戏剧化改变：国内市场对最基础、酒体最薄的绿酒酒款已经萎缩，新一代种植者们和酿酒师们偏向质量而非产量。米尼奥是葡萄牙最潮湿的地区，除非是严格修剪，否则这些含水量充足的葡萄株只会让叶子生长而非让葡萄成熟。不过，目前当地的葡萄株为棚架整枝方式，这样就能获得最大的成熟度而不需要任意攀爬到大理石支架上（当地主要的石头）或是树上。更多充满雄心壮志的酒农在自家靠近溪水旁的最肥沃、多产的土地上种植了其他农作物，而酿酒师们则尽其所能保护和提升果香的细微差异。

过去，绿酒的酒精度常为9%~10%；更多的商业化绿酒不得不通过加入甜味和气泡去掩盖刺激的酸度。如今的酒款基本上都拥有完美的平衡度，且时而能达到14%的天然酒精度——短时期内发生了相当大的转化。

正如绿酒的生产商已经更多地关注出口市场，白葡萄酒也已经变得比那些酸度尖锐、深紫酒色的绿酒（曾经被当地人大量饮用，有时还会装在白色瓷碗中）更重要。本土葡萄品种Vinhão是酿造红色绿酒的主要品种，最好的酒款带有令人振奋的果香。另一方面，绝大多数白色绿酒由不同的葡萄混酿而成，比较典型的品种包括Azal、Loureiro（西班牙西北部称Loureira）、Trajadura（或Treixadura）、Avesso以及Arinto（当地称Paderná）。有些顶级绿酒则是以100%的区域明星Alvarinho白葡萄酿成，此品种在最北端的次产区 **Monção** 区以及 **Melgaço** 区种植得最好；它在米尼奥河对岸的西班牙下海湾叫作阿芭瑞诺。

就在Monção区和Melgaço区正南方向的次产区 **利马**（**Lima**），只用洛雷罗（Loureiro）葡萄酿造的酒款同样具有信服力——常常是最成熟、最复杂的白色绿酒；其中有些酒甚至强壮到经得起橡木桶陈酿，比它们的西班牙同类型酒更具深沉的滋味。

海拔高度和与大西洋的接近度是葡萄品种选择以及其在广阔次产区表现的主要影响因素：Monção和Melgaço两个区平均降雨量约1 200毫米，而利马则为1 400~1 600毫米；山丘保护了Monção和Melgaço免受来自大西洋的影响，以使这两个区相对干燥和温暖，而这里的海拔高度有助于夜晚降温。同样，区域内最有可能生产出高品质红色绿酒的地方是内陆腹地，如利马内陆，以及Basto、Amarante和Paiva的最南端。

Monção和Melgaço

下方左边的地位图以及203页上的葡萄牙地图都只是为了显示下方绿酒区是如何之小。然而，正因为Monção和Melgaço这两个子产区酿造出很高比例的杰出葡萄酒，这里成为快速进步的产区。

绿酒产区许多（但不意味着所有）最好的酒款以葡萄品种命名，如流行品种Alvarinho、Loureiro，以及一些最好的红葡萄品种Vinhão（没有在这里展示）。Quinta do Ameal Escolha用了100%的Loureiro白葡萄品种。

波特酒乡：多罗 Douro-Port Country

波特酒的家乡多罗河谷有了新使命。几个世纪以来，世人只认识酒精强化的波特酒，不过现在这里富有特色且未经酒精强化的葡萄酒已经建立了国际声誉，这些葡萄酒的酒标上标明着"Douro" DOC（或是更灵活的 Duriense VR）。除了 Fladgate Partnership 这个波特酒集团外，目前其他生产商们也都在酿造普通餐酒，这唤起的商业意识让那些曾经被认为提供大量便宜酒的葡萄园和酒庄得以重新设计。作为世界银行主要投资的一部分，超过 2 500 公顷的葡萄园重新栽种，特别还选定了少量被许可的品种以取代过去多品种的混乱现象。与此同时，因为此区的生活水准及工资大幅提高，连带着酿制成本也水涨船高，出现了大量经济效益普遍不高的便宜波特酒（主要销到法国市场）。多罗河谷有许多独立的小农户被允许每年可酿制一定比例的波特酒，然而在多罗目前的经济气候下，这些小农户的前途堪忧，他们希望来此地的游客们能够有所助益。

在全球所有葡萄园中，多罗河谷上游几乎是最难耕作的地区。首先这里几乎没有什么土壤，种植葡萄的山坡斜度达 60°，而且土壤主要是易碎且不稳定的页岩。炙热的夏季气温高达 38℃，甚至还有疟疾。这里全是荒郊野岭，当地居民通常住在离河岸较远的上坡处，以避免被凶狠的蚊子叮咬，从 206 页地图就可一窥端倪。

工程的壮举

然而，葡萄藤是这里少数不畏如此险恶环境的植物。这里气候严峻且变化大，从西边受大西洋影响较大的地区，一直到离海岸越来越远的东边大陆型气候，葡萄藤都能够适应，只需要在山区里构筑矮墙，就能种植葡萄藤。用来保护土石（实在很难称之为土壤）不流失的成千上万道矮墙，看起来就像一条条等高线。只要稳住了地面，雨水就不会直泻而下——这项工程早在 17 世纪就开展了——橄榄树、橙子、橡树、栗树以及葡萄藤都在此地欣欣向荣。

在根瘤蚜虫病肆虐当地葡萄园许久之后，时间到了讲求效率的 20 世纪 70 年代，有些历史久远的石头墙被推平，成为页岩堤岸式的梯田（patamares），种植的空间变得更宽阔。如此改变的最大的好处是农耕机器可以开进去，但缺点是葡萄藤的种植密度变小了。由于这个原因，更因为稀缺资源——土壤的流失，狭窄的单行梯田又开始流行。

只要坡度许可，不少酒农都将葡萄藤沿着山坡的垂直面种植，而非横着跨越山坡种植，这有助于密集种植，获得更匀称的成熟度以及可以机械化操作——但坡度不能超过 30°。在这个传统酿制波特酒的地区，位于酒乡 Régua 上方有许多年代可以上溯到 17 世纪的梯田（首次划分是在 1756 年），一直往上游延伸至图阿（Tua）河的支流。今天，上科尔戈（Cima Corgo）这个地区依旧是波特酒生产的中心区域，但是若要追求品质，还要往上游处去寻找。

多罗河从西班牙流到葡萄牙，所经之处都是荒野，直到 20 世纪 80 年代后期资金涌入葡萄牙之后才开始兴建联络通道。多罗河在层层叠叠的岩石高地上刻画出一道大峡谷，我们称此地为多罗河上游（Upper Douro 也称 Douro Superior），这里是本区最干燥、最平坦也是最少开发的地带（见

多罗河谷区作为联合国教科文组织世界遗产，这一点儿都不奇怪，因为这里真的与众不同。图中的前景是 Quinta do Ventozelo 酒庄的梯田葡萄园，远处则是皮尼奥小镇和其中一条河流。

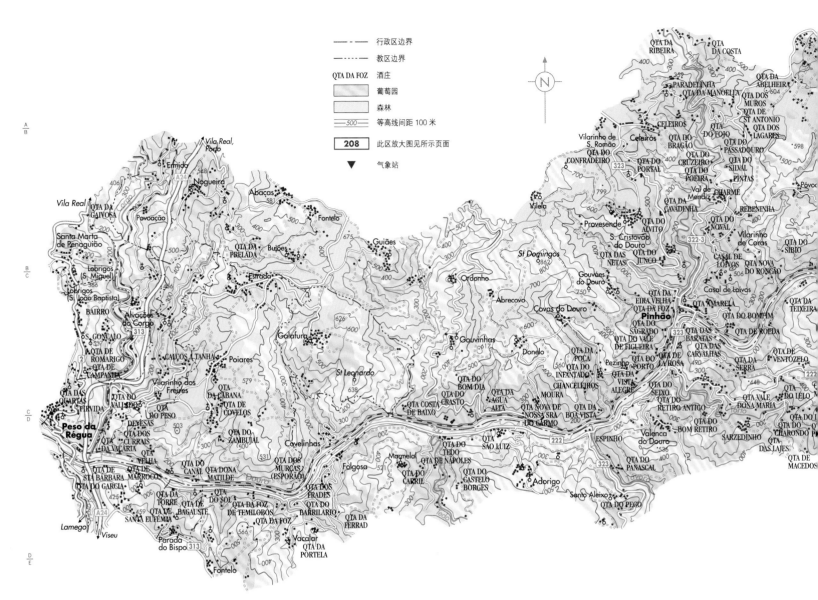

图例：
- 行政区边界
- 教区边界
- QTA DA FOZ 酒庄
- 葡萄园
- 森林
- 500 等高线间距 100 米
- 208 此区放大图见所示页面
- ▼ 气象站

207页地图）。尽管这个区域属于极端大陆性气候，但却能种植出一些非常高品质的葡萄；维苏威酒园（Quinta do Vesuvio）的波特酒以及标志性Douro DOC酒款Barca Velha都是例证。过去10年里，这个多罗河谷的极东处已经掀起一股种植狂潮，特别是在科阿河（Côa）与西班牙边境之间，多罗河

左岸这片更凉、更高处（见207页地图）。由于来自河流的灌溉水以及下午的阴影遮盖，所以这里的好处是明显的。陡峭且到处是页岩的坡地让人不禁想到上科尔戈区，这里比上多罗区其余相对起伏的地方更加难以耕作。

在该区西边，海拔1 415米的马朗山脉（Serra

do Marão）和Serra do Montemuro山挡住了大西洋夏季的云雨带，让波特酒产酒中心上科尔戈区（见本页地图）以页岩为主的地带高温不降。每年的平均降雨量各地不一，例如多罗河上游为500毫米，上科尔戈区为650毫米，而下游且种植密度极高的下科尔戈（Baixo Corgo）地区则有900毫米。在天气最湿冷的科尔戈（Corgo）支流下游地区及不在地图内的西部地区，通常由酿酒合作社生产基本款的价格低廉的波特酒。

下科尔戈地区被认为天气过于潮湿而难以酿出高品质的波特酒。要酿出高品质的波特酒，葡萄株的树根必须深入页岩岩层，扎根越深越好，以便汲取生长所需的水分。位于地图东部地区的Quinta do Vesuvio酒庄，葡萄株的树根可以深入地下8米。在这个干燥气候下的产量在世界葡萄园中属于最低产量之一。

传统看法都认为波特酒的最佳产区是在铁路小镇皮尼奥（Pinhão）周围及上方地带，包括德多（Tedo）、塔沃拉（Távora）、托尔托（Torto）、皮尼奥（Pinhão）及图阿（Tua）这几条多罗河支流所形

过去10年左右，一些最好的多罗餐酒已混合整个河谷地带的葡萄。像"葡萄酒与灵魂"（Wine & Soul）的Guru酒款，Quinta de la Rose酒庄的酒都是高质量的白葡萄酒。Poeira则属于最优雅红葡萄酒之一，而Duas Quintas酒款来自多罗上游区。

下科尔戈（Baixa Corgo）和上科尔戈（Cima Corgo）

等高线恰好指出多罗河谷以页岩为主角的葡萄园在方位、朝向、海拔以及其影响因素（如河流、坡度中部或平原）上是如何不同。14万片小地块被从A到F加以评定，这也决定了每年哪片葡萄园内的葡萄可以被酿成波特酒。

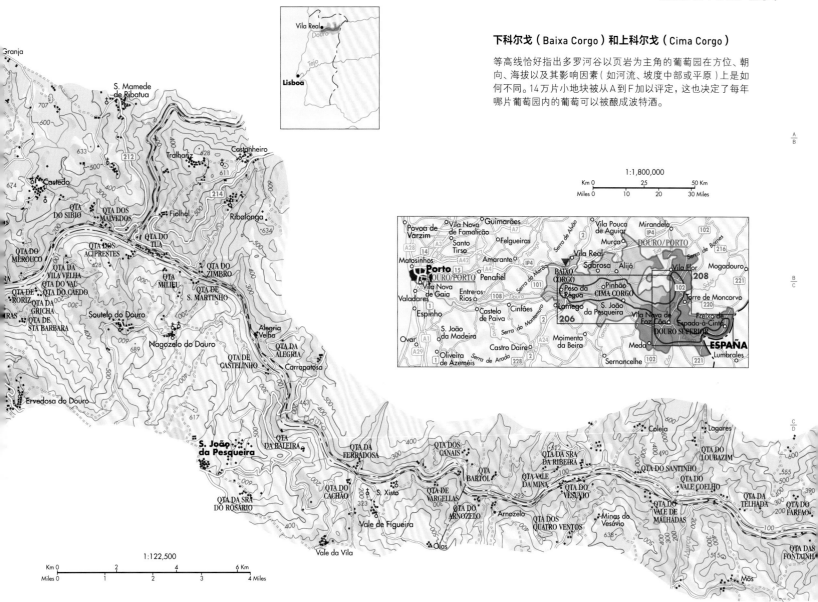

这里的葡萄园因为方位及海拔差异很大，因此即使是相邻的葡萄园，酿制出来的葡萄酒也风味各异。以德多河谷为例，这里的酒通常富单宁，而河对岸，以多罗河谷的餐酒驰名远近的Quinta do Crasto酒庄，酿出的酒较为清爽又带有果香。托尔托河地区的温和气候，使这个区能酿制好品质餐酒，因为这里的葡萄成熟较慢，糖度也较其他多罗河谷主要产区略低一些。海拔较高的葡萄园，不管位于何处，葡萄成熟都比较慢，酿出的葡萄酒酒质较清淡。而那些面南或面西的葡萄园，因为日照最充足，所以酒质最厚重。

葡萄园的分类

每个波特酒的葡萄园都依A到F的等级来分级，依据的条件包括海拔、位置、产量、土壤、坡度、向阳面、葡萄藤龄、种植密度、整枝方式以及品种等。葡萄园的等级越高，葡萄售价也越高，这是葡萄种植者与波特酒酿造商之间所奉行的严谨市场规则。直到20世纪70年代，在若泽·拉莫斯·平

托·罗萨斯（José Ramos Pinto Rosas）及若昂·尼古劳·德·阿尔梅达（João Nicolau de Almeida）两人具前瞻性的努力下，终于让人们对多罗河谷的葡萄品种多少有些了解，特别是那些混种且未经整枝处理的杂乱树藤。他们辨识出了国产杜丽佳、Touriga Franca、Tinta Roriz（西班牙添普兰尼洛的克隆品种）、Tinto Cão以及Tinta Barroca等通常可以酿出最佳波特酒的品种。上述品种在目前管理日趋健全的葡萄园都占有主要地位，不过Sousão品种也日益受到重视。在上科尔戈（Cima Corgo）产区以及多罗河上游区，Tinta Amarela品种也同样重要。

要酿制当地人最爱的白色波特酒，需要Viosinho、Gouveio、马尔维萨以及Rabigato等几种颜色较淡的葡萄品种，这些品种每年都需要与多罗河谷炙热的夏季和冰冷彻骨的冬季抗争。越来越多的这些品种，外加Côdega de Larinho葡萄也同样来酿制多罗河谷的越发具有说服力的白色餐酒，例如Dirk Niepoort的先驱酒款Redoma就是一例。

任何地方的采收季是全年的最高潮，但或许是因为这里生活艰苦，所以采收时的气氛都像是

多罗河谷：雷阿尔城（Vila Real） ▼

纬度／海拔
41.32°／481米

葡萄生长期间的平均气温
17.4℃

年平均降雨量
1023毫米

采收期降雨量
9月：27毫米

主要种植威胁
坐果期降雨，干旱，水土流失

主要葡萄品种
Touriga Franca, Tinta Roriz（添普兰尼洛），国产杜丽佳, Tinta Barroca, Tinta Amarela

酒神降临，让每个人都陶醉其中，尽管脚踏葡萄的夜间仪式和仪式音乐正在被乏味的电脑操纵着。

著名的波特酒商都有自己的酒庄或葡萄园，他们会上山巡视采收情况。这些酒庄都是宽敞的白色房子，以地砖铺地，环绕着葡萄藤，在现代繁

多罗河上游

很长一段时间里，多罗河上游被看成一个偏僻地带，然而葡萄牙的公路系统近期已大大改善。如今，这个区域的生产者们，即使靠近西班牙边境这片土地的气候更加极端，也能够利用这个有利条件酿造葡萄酒。

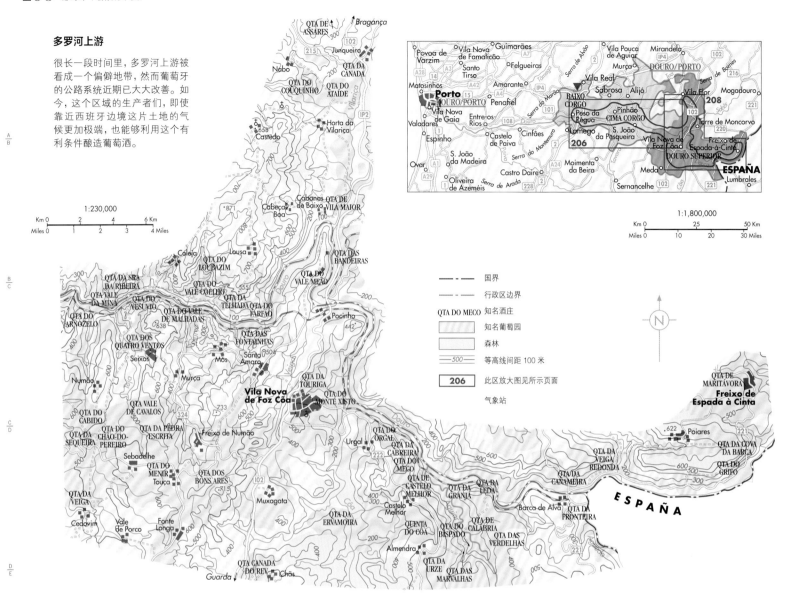

国界

行政区边界

QTA DO MECO 知名酒庄

知名葡萄园

森林

500 等高线间距 100 米

206 此区放大图见所示页面

气象站

1:230,000

1:1,800,000

忙的世界里，这样的情景透着一股宁静的气息。大部分有名的波特酒庄都可在这几页的地图上找到。自20世纪80年代后期，开始流行单一庄园的波特酒，使得这些名字更广为人知。坐落在 Pinhão 镇上方的 Quinta do Noval 酒庄（由 AXA 保险公司整顿），多年来一直是世界知名的酒庄；然而，现在却出现了为数更多的"单一庄园波特酒"，这是指由单一庄园在单一年份所生产的产品，其实常常是较差年份的产品。拿 Taylor 酒厂来说，当年份较差时，他们便会将旗下 Quinta de Vargellas 酒庄的酒对外销售。不过，现在有许多单一庄园的波特酒几乎年年生产，更像是波尔多酒庄的做法。然而，用来酿制波特酒的葡萄或基酒，依然大部分来自小酒农；越来越多的小酒农们也开始以自己的名义销售自己酿的酒，而不再卖酒给大酒厂。

这对餐酒（都以 Douro 命名）来说更是千真万确，自从国际资本进入之后，这类酒款从这个宏伟壮观的河谷地带不停涌现。酿酒设备（如温控）已经彻底改变越来越多葡萄牙本地训练有素的酿酒师们的生活。多罗的餐酒过去常常不受重视，主要是用酿制波特酒剩下的葡萄酿成；不过现在，酿制清淡餐酒已成为重要的事，有些生产商甚至已专门种植或挑选葡萄园来酿制这样的餐酒。高海拔、朝北的葡萄园特别适合。这些餐酒在风格上差异很大，这取决于葡萄的来源以及酿酒师的酿酒意图：Niepoort 酒厂酿制出如同勃艮第形态的 Charme 酒款、Pintas 酒厂的酒款复杂且浓郁集中，而 Quinta da Gaivosa 酒庄则酿出酒质坚硬如页岩的酒款。目前在多罗河谷正笼罩着一股兴奋之情，因为这片无与伦比的梯田竟然能酿出两种完全不同类型的葡萄酒。

很多类型的波特酒：Taylor 2007 是款经典年份波特酒；Vesuvio 则代表非传统单一酒园酒款；茶色波特，Colheita 和 Garrafeira（见 209 页）在木桶中陈酿时间非常长；白色波特，如 Santa Eufêmia 30 年正处于上升阶段。

波特酒的酒商与酒窖 The Port Lodges

酿制波特酒的葡萄种植在多罗河谷的荒野中，但是约2/3的酒还是放在隔着多罗河与最近更新市容的波尔图市（Oporto）相望的加亚新城（Vila Nova de Gaia）里，并在那里的波特酒商们的酒窖里熟成。在酒被运到下游陈放之前，必须先在上游把葡萄酿成独特的强劲甜酒才行：以前都是由维京式的帆船运送，现代则以油罐车代替了——这就是波特酒，没有其他葡萄酒能够使用这个名字。

波特酒的酿法是将部分发酵过的红酒（还含有一半以上的未发酵葡萄糖），注入充满1/4通常被冰镇过的烈酒（质量相当高的白兰地，但过去并不常用如此高质量的烈酒）的大缸或橡木桶中。因为白兰地的关系，红酒停止发酵而形成既强劲又甜美的酒液。不过这酒还是需要葡萄里的色素来增加色泽，并获取单宁以保存酒液。一般葡萄酒的做法是在发酵过程中萃取这些元素，但因为波特酒的发酵时间非常短，因此单宁和色素必须彻底而快速地被提取。过去人们常在深夜时分，在石头槽或在被称为lagars的槽中用双脚踩踏果皮，而今只有一些极少数完美主义者（如Taylor就是其中一员）仍然采用这样的方法萃取单宁与色素。其他多数情况，则由计算机控制的机械lagars或其他等同物代替从前的辛苦劳作。现在多罗河谷的生活并不比以前艰难。传统上，波特酒在春季被运往加亚新城，以防热气入侵年轻的波特酒，造成"多罗河谷焙烤"（Douro bake）的现象而让酒质变调。但这种情况也正在改变。因为交通问题，加亚新城狭窄的街道日趋拥堵；而多罗河谷上游空调的用电供给变得更加可靠后，越来越多的波特酒留在上游，在原产地继续熟成的阶段。

波尔图城以及对岸的加亚新城一度因为英国的影响而繁荣富裕，当时波特酒的交易一概由英国人及英葡联姻的家族所掌控。而波尔图城里雄伟漂亮的Georgian Factory House在过去200年以来，一直都是英国波特酒商每周聚会的地点。

波特酒类型

在波特城对岸那些陈年波特酒的酒窖里头，放满了布满灰尘、黝黑老旧的橡木桶，其中情形颇像西班牙雪利酒的酒窖（bodega）。品质较好的茶色（Tawny）波特酒传统上放在被称为pipe、容量约550~600升的橡木桶里陈放（商业算法是每桶534升以方便计算），陈放时间从2年到50年不等。附近大西洋的影响对这类波特酒特别宝贵。或许每10年就会出现3年的绝佳天气，可以酿出最高品质的波特酒。这些好年份的酒不需经过不同年份的混调，只有时间能增加其风味。就像波尔多的红酒一样，这些波特酒两年就装瓶，会简单地用酒商名称及年份命名——这就是年份波特酒，数量极少但评价极高。最后，或许再经过20年的瓶中熟成之后，酒质会更加肥美，香气更丰盛，风味也越

加细腻，无可比拟。然而，如此绝妙佳品已是葡萄种植的标准，近10年在多罗河谷流行的酿酒技术让年份波特酒能够在4~5年内饮用。

其他品质接近甚至是品质极度中庸的多数波特酒，都会经过混合不同年份酒的工序，以达成一种特殊风格的某种厂牌波特酒。这些酒在木桶中以不同于年份波特酒的方式熟成，熟成速度较快，口感则甜美柔软。年纪较长的木桶陈放波特酒，颜色都颇淡（这种色泽便是茶色），然而却非常顺口。最好的陈年茶色波特酒，通常被标上10年或20年（虽然，其他被允许的标法是30年或甚至40年以上），售价可能与某些年份波特酒的价格一样。相较于年份波特可能在陈放几十年后依旧维持强劲、肥美及燥热的酒性，有些人反倒偏好茶色波特酒的温和易饮。冰凉的茶色波特是波特酒商的正规饮料。

倘若波特酒标上了Colheita（葡萄牙文意思是"收成"），指的就是单一年份且经过木桶陈年的茶色波特酒，这种多香的波特酒基本上一装瓶就能饮用，而且装瓶日期也会显示在酒标上。反传统的Dirk Niepoort坚持酿造极为稀有的Garrafeira形态波特酒，刚开始这种酒和Colheita一样，但是在木桶中陈年3~6年后取出，然后在大型的玻璃坛子里存放很多年，其结果就是成为特别优雅的波特酒。

品质平庸、经过木桶陈放的波特酒，若只是被标上"红宝石"（Ruby），则表示此酒在木桶中陈酿时间不是很长，而这样短的陈酿时间也不会让波特酒增进酒质。价格低廉且未标上任何年龄的茶色波特酒，

通常只是不同年份、风格清瘦的年轻红宝石波特酒混调而成。白色波特酒以同样的方法酿制而成，只是使用白葡萄品种而已（现在，其中一些最佳酒款会以特定年龄出售）。桃红波特酒出现在上世纪末，目前仍属小众群体。要留意的是，在上述基本的波特酒上面还有一些品质较好的酒款，如陈酿（Reserve）波特酒，年轻但风格独具的红宝石波特，或品质值得信赖但木桶陈年不到10年的茶色波特酒。

年份波特酒在很年轻时就被装瓶并且未经过过滤，因此随着时间推移会在瓶侧形成一层较厚的沉淀物。假如购买的是沉淀波特（Crusted Port或Crusting Port），这是几个年份混调后装瓶的波特酒，因为较早装瓶，所以也会在瓶中形成沉淀物。如同年份波特酒，这款酒也需要使用滗酒器将沉淀物去除。

在年份波特酒以及木桶陈年的波特酒之间，还有一个相对妥协、风格差异颇大的版本，这是迟装瓶（Late Bottled Vintage，LBV）等级的波特酒，指的是特定年份的波特酒被放在木桶中陈年4~6年，然后将沉淀物去除后再进行装瓶。其熟成较年份波特快，且酒质干净不需要担心沉淀物，算是方便现代人饮用的年份波特酒。比较商业化的LBV缺乏真正年份波特酒所具有的特质，不过Warre及Smith Woodhouse这两家酒商都已酿制出品质严谨的LBV，其酿法与年份波特并无二致，只不过是在4年后装瓶且不过滤，而不像一般年份波特在两年后装瓶。像这样的LBV也需要以滗酒器去除酒渣。

把自己的英语称呼给了波特酒的波尔图（Porto的葡萄牙语说法）城，现在是个受欢迎的旅游目的地。古老的维京式帆船曾经用于把放在木桶中的波特酒从上游运到加亚新城，如今它们成为这个城市的景点。

贝拉达和杜奥产区 Bairrada and Dão

　　20世纪，贝拉达（Bairrada）以及杜奥（Dão）这两个葡萄牙历史最悠久的葡萄酒产区曾失去它们前进的方向。目前这两个产区正经历转型的阵痛期，但是未来前景看好。 贝拉达全境都是乡间景色，中间有条高速公路经过，而这正是连接首都里斯本与第二大城波尔图（Oporto）的交通要道，此产区大部分介于杜奥区花岗岩山地以西，并一直延伸到大西洋沿岸。贝拉达产区因为邻近大西洋，葡萄园比较潮湿，这里的低山丘地带涵盖了一些多变而富有表现的风土，使得这里酿的葡萄酒充满新鲜度。最好的葡萄酒往往来自能够赋予葡萄牙酒酒体及特别酸涩度的黏土状石灰岩，此地红酒占有85%的高产量。塑造贝拉达红酒风格的重要当地品种是巴加葡萄。当地酒商路易斯·帕托（Luís Pato）是这个品种风味的最佳诠释者之一，并且他拿巴加来比拟意大利皮埃蒙特区的内比奥罗葡萄品种，主要是因为这两个品种的酸度及单宁都颇丰富。巴加葡萄可以酿出风格坚硬的酒款（直到近期才在酒庄里引入一些柔化的方法），同时需要耐心（有些传统酒款需要20年的窖藏熟成）以及一些同理心，因为这些都不是现代的饮酒人所追寻的特点。

　　自2003年开始，贝拉达区被允许可以使用非当地品种酿酒，也许，其不可避免的后果就是很多老藤的巴加葡萄株被拔除。这个产区最伟大的现代主义者酒庄之一Campolargo，早已引领这个变化，它不拘一格，选用完全不典型的葡萄品种，国产杜丽佳、Tinta Roriz、赤霞珠、梅洛、西拉甚至是黑皮诺。但这还是贝拉达酒款吗？然而不能就此说纯粹主义者被击败。帕托以及其他顶尖巴加葡萄酒生产者，包括他的女儿菲利帕（Filipa）在内，已建立一个名叫"巴加朋友"（Baga Friends）的组织来保卫和推广这种已经有很长历史的葡萄品种。

　　巴加的白色同伴是另一本土品种Bical，以其酸度著称，但有能力酿出有质量且有一定程度复杂度的酒款。自1890年起，这两种葡萄都找到各自的传统方式酿造出某些极为出色的气泡酒，成为地区复兴的力量。Maria Gomes（又称Fernão Pires）是另一种传统、很不出色的白葡萄品种。

杜奥

　　就使用的葡萄品种来说，杜奥DOC法定产区可以说是完完全全的葡萄牙。直到20世纪90年代，杜奥还是单宁粗重、风味呆板、由区内粗手粗脚的酿酒合作社酿出葡萄酒的代名词。但是最近20年，独立酒庄数量已经增长5倍，其结果是酿制出很多易饮的葡萄酒，包括价格合理的酒款，如Sogrape酒厂（拥有Quinta dos Carvalhais酒庄）和Dão Sul酒厂（拥有Quinta de Cabriz酒庄），包括一些葡萄牙境内最优质、充满强烈风土感的葡萄酒（来自像Alvaro Castro一样有天赋的酿酒师们）。

　　杜奥这个产区名源自流经的同名河川，事实上这里是一块花岗岩台地，在排水性佳的土壤下常会见到裸露的岩石；虽然在其西边及南边比较肥沃的地区有些页岩存在，不过对酿酒似乎并没有帮助。就地貌来说，葡萄园看起来只是次要风景，好像就是在气味甜美的松树和桉树林里找到可以垦伐的空地后，东一块西一块地种植着。比较理想的种植高度是海拔400~500米，但在高度800米的地方还是可以找到一些葡萄园。葡萄园位置越高，日夜温差更明显。首府维塞乌（Viseu）是葡萄牙最美的城镇之一。卡拉穆卢（Caramulo）山脉屏障在西边，挡住大西洋对此地产生的影响；而埃什特雷拉（Estrela）山脉则环绕在此区东南。这也意味着冬季时，杜奥产区既冷又湿（年平均降雨量多达1 100毫米），夏季则又干又温暖，且比贝拉达产区干燥许多。然而这两个产区的葡萄酒都

在杜奥产区最大的酒庄Casa do Santar的葡萄采收看上去不像年轻人的工作，现在这样的采收工作属于野心勃勃并在全葡萄牙都控股的Dão Sul集团。

图例：
— · — 区域边界
■ LUÍS PATO 知名酒庄
BAIRRADA DOP/DOC
界线由不同颜色区分

1:588,000

大西洋的影响

贝拉达产区的葡萄酒特性深受大西洋的影响，而地处内陆又有两大山脉保护的杜奥产区，其葡萄酒更像是在表现各个葡萄园海拔的不同。

具有真正的结构和新鲜度。

如同葡萄牙的其他产区，杜奥产区内也令人眼花缭乱地种植了许多品种，红葡萄酒也越来越富有果香，因为有花岗岩土壤的影响而显得较为硬实；此外这里也有果香奔放、具有陈年潜力的扎实白葡萄酒。以传统形态来说，此区无论红葡萄酒、白葡萄酒都需要经窖藏后才适合饮用，因此许多酒商会向酿酒合作社购买、混酿，再陈酿这些葡萄酒，并以自己的Reservas（陈酿）或是Garrafeiras（酒商特陈）的字样对外销售。

最优秀的独立酒庄不仅酿制单一品种葡萄酒，也酿制出多种葡萄的混酿酒，这些酒庄包括Luis Lourenço的Quinta dos Roques/Quintadas Maias、Alvaro Castro的Quinta da Pellada/Quinta de Saes，然而传统葡萄混酿是杜奥产区产量的主体，超过60%的历史悠久、通常而言较好的葡萄园混种着不同葡萄品种。国产杜丽佳品种可能在这个产区表现了其最佳特性，且已经被证实有陈放久存的潜力；Jaen（加利西亚地区称为Mencía）品种则适合酿制果香丰富、可以早饮的酒款；而Tinta Roriz品种则能给混酿提供酒体。颜色较深Alfrocheiro葡萄也很有希望成为混酿中可靠的一员。结合出色的勃艮第酿酒技术，可酿出饱满酒体的Encruzado品种已成为葡萄牙最佳的单一白葡萄酒品种之一。

此区极佳的酿酒潜力从真正出色的餐酒就能

看得一清二楚，这要归功于一座怪异、神秘且独特的典范建筑。这座就在贝拉达东界、最初被设计成"葡萄酒的教堂"以陈列该区酒款的巴萨克皇宫酒店（Bussaco Palace Hotel），几代以来一直以完全原始的方式来挑选和熟成自己的红色以及白色Buçaco葡萄酒。红葡萄酒是种混酿，主要来自贝拉达产区的巴加以及种于杜奥的国产杜丽佳；而

白葡萄酒方面，则是杜奥产区的Encruzado葡萄混合贝拉达产区的Bical和Maria Gomes品种。这些著名的混酿在皇宫的酒窖里陈酿许多年，并只能在酒店那份可以追溯到20世纪40年代的酒单上看到。白葡萄酒的最新年份是2008年，红葡萄酒则为2007年。这些酒看起来、尝起来都像另一个世纪的宗教圣物一般，让人既惊讶又肃然起敬。

Luís Pato（下排左边）表明了他对当地葡萄酒法规的态度；Doda（下排右边）是一款用了50%的杜奥产区和50%的多罗产区葡萄混酿的怪诞酒款。帕托的女儿菲利帕酿出Nossa酒款，新上市的Julia Kemper酒是款杰出的白色杜奥酒，而Quinta das Bageiras 2008是款红色贝拉达产区的葡萄酒。

里斯本和塞图巴尔半岛 Lisboa and Península de Setúbal

里斯本VR法定产区曾经被称为艾斯特里马杜拉（Estremadura），或就简单叫作Oeste（"西方"之意），这里是葡萄牙产量最大的产区。当酿酒合作社负责酿造这区的葡萄酒时，该区的潜力并非很明显；然而，这里长长的大西洋沿岸生长期，不同的土壤构成，以及对更优质葡萄品种（尤其是西拉和国产杜丽佳）新的兴趣，都赋予那些雄心勃勃的新酒庄们机会去酿成好酒。其中的大部分偏爱采用VR的酒标而非DOC法定产区标，如托雷斯·维德拉（Torres Vedras）产区、阿鲁达（Arruda）区以及阿连卡（Alenquer）区；Oeste的一部分在Montejunto山脉保护下免受来自大西洋的影响，因而能够出产这个产区一些最好的红葡萄酒。第203页的地图，完整展现里斯本和塞图巴尔半岛两个VR法定产区。

里斯本的腹地几个世纪来一直以3种历史名酒而闻名，但它们目前已快濒临绝迹了。位于西海岸的科拉里什（Colares）产区酿造（或曾经酿出）富有单宁结构的红酒；**卡尔卡韦卢什（Carcavelos）**产区现在只指卡斯凯什（Cascais）的冲浪海滩；**Bucelas**产区则坚持酿造适合现代口味也是真正有质量的新鲜白葡萄酒（主要葡萄为充满柠檬香气的Arinto品种）。当地的Quinta da Romeira酒庄非常成功地吸引了其他投资者到这个DOC。

然而，现在非常重要的葡萄园位于塔霍河（Tagus）对面的塞图巴尔半岛（Setúbal Peninsula）、塔霍河（在葡萄牙称作特茹）和萨多（Sado）河口之间，里斯本的东南向，那里是围绕阿拉比达（Arrábida）、由黏土石灰岩构成的山丘地区（该区的坡地因为受到大西洋海风影响而比较凉爽）；以及在**帕尔梅拉（Palmela）**东边、萨多河旁，更加炎热、较为肥沃的内陆沙质平原。

塞图巴尔产区最重要的酒庄，José Maria da Fonseca和Bacalhôa Vinhos是（尤其是后者）葡萄牙新浪潮易饮品种酒款的先驱。曾经非常适合帕尔梅拉（Palmela）东部沙质土壤的当地红葡萄品种Castelão已经让位于西拉、Aragonês（也称"添普兰尼洛"）以及多罗河谷的葡萄品种。

这个地区传统的葡萄酒是**Moscatel de Setúbal**，这是一款丰美、淡橘色（如果由稀有的Moscatel Roxo葡萄酿造则呈现淡粉色）的酒，略经酒精强化，由于带有浓郁香味的Muscat of Alexandria葡萄经过长时间的浸皮而特别芳香馥郁。陈酿后的该酒款使人着迷；而年轻酒款则适合搭配葡式蛋挞。

图例	
— · — · —	行政区边界
▪ PEGOS CLAROS	知名酒庄
ARRUDA	DOP/DOC 法定产区的界限由不同颜色区分
▼	气象站

各种风格不同的葡萄酒就在上面地图所标示的、管理宽松的产区内酿造。Moscatel Roxo是一款陈年混酿且是Horácio Simões酒庄20世纪90年代最好的酒，而Monte Cascas则把有80年藤龄的Ramisco葡萄酿出最好的科拉里什酒。

埃斯特雷马杜拉：里斯本 ▼
纬度／海拔
38.72° / 77 米
葡萄生长期间的平均气温
20.4℃
年平均降雨量
774 毫米
采收期降雨量
9 月：6 毫米
主要种植威胁
坐果期降雨，秋雨
主要葡萄品种
Castelão, Camarate, Trincadeira, Fernão, Pires, Arinto

阿连特茹 Alentejo

不同于葡萄牙北部有遍地绿毯的葡萄园来柔化地貌，在广袤、多样化的阿连特茹（Alentejo）地区，葡萄园只集中在以下4个主要DOC法定产区内：博尔巴（Borba）、雷东杜（Redondo）、雷根戈斯（Reguengos）及维迪盖拉（Vidigueira）。然而，近些年一些令人兴奋的优秀新区域如雨后春笋般出现（见下文）。一大片终日受到艳阳炙烤的阿连特茹土地，偶尔点缀着银色的橄榄树以及黑色的软木塞橡树，该区许多植物都被羊群啃光，有时就因为有葡萄园才出现一些鲜绿。这里，小酒庄很少见，而大农场般的酒庄却非常普遍，这与人口密集的北部有天壤之别。

游客会注意到西班牙边境就在旁边，而酿酒师们也常常越过国境去采购。此处雨量极少，温度却往往很高，使得葡萄采摘季节从8月的第三个星期就开始了。

阿连特茹产区的8个DOC子产区中，就有6个基本上都仰赖着当地一家重要的酿酒合作社，即坐落在蒙萨拉什（Monsaraz）的Reguengos酿酒合作社，该合作社酿出了葡萄牙境内最畅销的一支酒。很大一部分该产区的葡萄酒，无论是否符合DOC级标准，都以Alentejano VR的等级销售，往往也会将葡萄品种标示在酒标上。

当里斯本对手球队之一的老板，何塞·罗盖特（José Roquette）在20世纪80年代末期，为他位于雷根戈斯产区的酒庄Herdade do Esporão引进澳大利亚籍酿酒师，同时也将美国纳帕谷（Napa Valley）梦幻华美的酒庄文化带入当地，就开创了潮流。到2010年，此地的生产者总数已达到260家（1995年为45家）。

地图上所显示的阿连特茹这部分需要往外扩展，包括更冷、更潮湿、地处北部的Portalegre产区，那里海拔达1 000米，拥有花岗岩及页岩的地质；而地图西南边缘处的贝雅（Beja）古城，则集合了葡萄酒、时尚和生旅游的发展，如酿酒SPA酒店Malhadinha Nova和L'AND。许多葡萄牙酿酒师都已经跟随João Portugal Ramos的脚步，在阿连特茹装备完善的酒窖里酿出属于他们自己的葡萄酒。

旅游者们在如此干旱的地区喝到的解渴的白葡萄酒，可能是由充满热带水果香的Antão Vaz、充满花香的白色Roupeiro或清新的Arinto，以及日益增多的Verdelho和Alvarinho等不同葡萄酿成。然而，这里如今是红酒之乡。Aragonês（添普兰尼洛）以及当地的特殊品种Trincadeira已成为红酒酿制的主角。此外，连果肉也是红色的Alicante Bouschet品种，目前在阿连特茹似乎被视为高贵品种，它是Quinta do Mouchão酒最优质的成分。国产杜丽佳、赤霞珠及西拉也都不可避免地被引种到此地。阿连特茹是一个不断发展的地区，值得观察。

阿连特茹中心

本页的地图只显示了阿连特茹产区的中心部分（全部请见203页）。北部Portalegre产区周围的花岗岩山区更潮湿，酒庄规模更小，并且通常而言，那里的葡萄藤更老而更加本土化。

— · — · — 国界

— · — · — 行政区边界

———— 阿连特茹产区内的DOP/DOC

ALENTEJANO IGP/VR 法定产区

BORBA 阿连特茹产区内的子产区

■ CORTES DE CIMA 知名酒庄

══400══ 等高线间距200米

▼ 气象站

阿连特茹：埃武拉（Evora） ▼
纬度 / 海拔
38.57° / 309 米
葡萄生长期间的平均气温
20.4℃
年平均降雨量
585 毫米
采收期降雨量
8月：6 毫米
主要种植威胁
干旱，时而会有春霜
主要葡萄品种
Aragonês（添普兰尼洛），Trincadeira, AlicanteBouschet, Arinto, Roupeiro, Antão Vaz

博尔巴产区的*Quinta do Mouro*酒庄属于一个牙科医生，而*Pedra e Alma*是一款由葡萄酒作家理查德·梅森（Richard Mayson）在Requengos的Quinta do Centro酒庄出品的珍藏级别老藤酒款。两款酒都由当地品种为主。

马德拉 Madeira

古人称这些火山离岛是 "Enchanted Isles"（魔法岛屿）。它们集聚在离摩洛哥海岸约640公里的海上，位置就在船只横渡大西洋的必经通道上。这个群岛由4个小岛组成，现代名称分别是马德拉（Madeira）、圣港（Porto Santo）、塞尔瓦任斯（Selvagens）及德塞塔（Desertas）；马德拉是其中最大的岛屿（本书地图只标出此岛），也是全世界数一数二的美丽之岛，陡峭如冰山，墨绿如森林。

故事是这样流传的：当葡萄牙人于1419年在马德拉岛东部的马希科（Machico）登陆时，他们放了把火，烧光了岛上的树林（此树林正是该岛名称的由来）。这把大火延烧多年，所留下的灰烬让原本已经相当肥沃的岛屿更加肥美。今天看来，这岛的确是人间沃土，从水岸一直往上延伸到山腰处（峰顶海拔1 800米），都开垦成梯田，种植着葡萄藤、甘蔗、玉米、豆类、马铃薯、香蕉，还点缀了几处优美缤纷的小花园。如同葡萄牙本土北部，这里的葡萄也采用棚架式种植，棚架下还种了其他作物。对于拜访者而言，岛的神秘处是葡萄园在哪儿，那儿可没有大葡萄园。整个岛屿，从北部的斜坡到南部有长达几百米的灌溉水渠，分送水源进行灌溉。

过去400年来，葡萄酒一直是马德拉诸岛的主力产品。群岛中的圣港小岛地势较低，土质多沙，气候与北非相似，看来似乎比高耸、苍绿却多雨的马德拉岛本身更适合种植葡萄。最初的定居者在该岛栽种了马尔维萨葡萄（Malvasia，可能得名于希腊南边的 Monemvasia 港口），他们等待这种葡萄在阳光下集中糖分，然后制成甜酒，并且很快地就为该甜酒找到市场，甚至在当时的法国国王弗朗索瓦一世（François I）的宫廷里也提供此酒。

马德拉岛本身的作物则包括葡萄藤和甘蔗，开始种植的时间比圣港晚。后来因为美洲新殖民地的设立，带来了更多的贸易和海上交通，面积最大的马德拉岛及其港口丰沙尔（Funchal）成了准备西航跨越大西洋船只的中转站。马德拉岛与圣港岛的气候相当不同，这里降雨频繁，尤其是没有任何屏障的北海岸，直接承受了大西洋的风雨。马尔维萨、维德和（Verdelho）及其他被引种在本岛的葡萄藤都有葡萄不够成熟的难题，因此酿制甜度、酸度以及收敛度都巧妙平衡的酒款便成为明智的抉择。

加热的葡萄酒

这种酸甜酒款在装瓶后，成了船只航行时的最佳压舱物，甚至是抗坏血病便宜又好用的药物代替品。就是这样被当作压舱石航行而造就了马德拉的独特风味。在这些酒里加入一两桶白兰地或甘蔗烈酒的方式，可让这种酒增强体质以应付长距离的海上航行。一般的葡萄酒在随航线经过赤道时都会发酵坏掉，然而这种航程却让马德拉酒变得更滑顺甘美；而等第二次或更多次经过赤道时，马德拉酒会蜕变得更加可口。时至今日，这样的航运盛况已经不再，现在的马德拉酒多需经过火的严酷考验（火力其实不猛）。现在都以一种特殊的加热槽（estufas）来模拟当年的热带气候，方法是将酒加温到接近50℃，至少为时3个月。等完成以上过程后，酒中会带有一种热量、酸度与清新混合与一体的美妙活力，而这正是所有马德拉酒的共通特征。

当代的马德拉酒酒商会采用混调方式调制出其最具商业价值且稳定的品牌特色。大部分酒商还是使用加热槽来加温酒液；不过某些高品质的酒款，只陈放在比较温暖的酒窖并置于温和小橡木桶中陈年以增加其风味的复杂度，这种方式称为canteiro。马德拉酒原本也使用和雪利酒一样的索雷拉混合法（solera system）进行混调，但一度遭禁，现在欧盟又放行使用。可试试运气找索雷拉混合法制出的马德拉酒，其中有些酒龄较老的酒款相当出色；但是就像波特酒一样，传统上最顶级的马德拉酒都是单一年份的精选酒。今天，被贴上Frasqueira（年份）的马德拉酒必须来自单一年份，单一葡萄品种，并且在橡木桶中至少陈酿20年。实际上，最最顶级的酒款可能会经历一个世纪的时间在桶中慢慢氧化，在装瓶前可能会在玻璃坛子（demijohn）内滤渣。

马德拉的葡萄株

绿色的线将这个种植密集岛上的那些葡萄栽培最常见的地方包围起来，然而葡萄树几乎总是散落在其他农作物间。彩色阴影区严格地表示了过去的情形。内陆区域海拔太高而无法种植。

这个离岛西北部莫尼什（Moniz）港口不远，靠近 Ribeira da Janela 的台阶葡萄园，每一寸可利用的土地都种上了葡萄株。马德拉酒是100%的大西洋风格的酒。

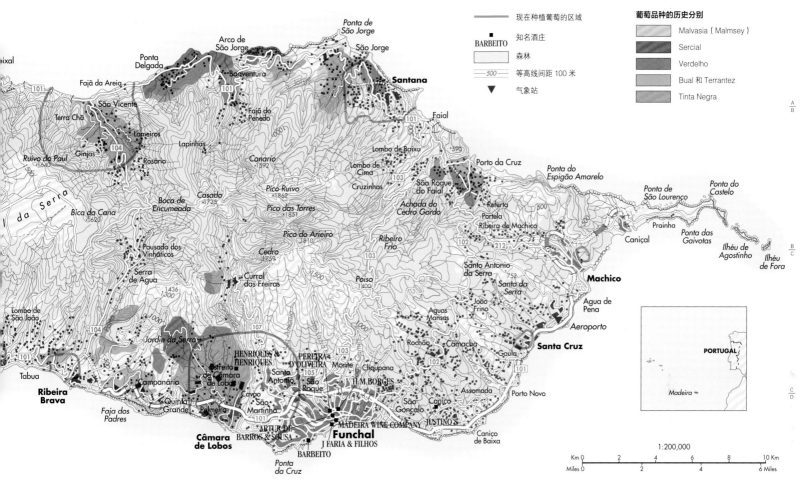

现在种植葡萄的区域

BARBEITO 知名酒庄

森林

500 等高线间距 100 米

▼ 气象站

葡萄品种的历史分别

Malvasia（Malmsey）

Sercial

Verdelho

Bual 和 Terrantez

Tinta Negra

市场上越来越受欢迎的是 Colheita 形式的马德拉酒，这是单一年份制品，而且在经过 5 年的桶中陈放后才装瓶。若酒标上未特别注明葡萄种，那么实际上是用 Tina Negra 葡萄酿成。19 世纪 50 年代的两场白粉病以及 70 年代根瘤蚜虫病入侵之后，这个葡萄品种就大举入侵马德拉岛。之后，对潮湿具有抵抗力的美国杂交品种占领了岛上的葡萄园，曾经种植最广的欧洲葡萄品种（Vitis Vinifera）被 Tina Negra 代替，目前在整个马德拉岛的收成中其仍占有高达 86% 左右的比例。

马德拉酒的类型

葡萄牙在 1986 年加入欧盟以前，习惯做法是在酒标上标明马德拉岛上的经典葡萄品种名称，不管这瓶酒是不是以这些品种酿制的。但是现在，除非这款酒真的是以某款传统品种酿成，否则只能依据混酿酒的平均年龄简单标明 3、5、10、15、20、30 年或 40 年以上；或依据其形态标明 Dry（干型）、Medium（半甜）以及 Rich（甜型）。这些形态的定义也像波特酒一样，在于何时将葡萄烈酒加

入葡萄酒中以停止发酵（96% 而非波特酒的 77%）。

当地的传统品种各有不同甜度，四者中最甜也最早熟的是 Malmsey（或称为马尔维萨）品种，酿成的酒色泽棕黑、香气丰盛且结构丰润柔顺到接近肥美，但仍具有所有马德拉酒锋利精准的一贯风味。Bual 白葡萄酿成的马德拉酒，酒体较轻盈，也没有 Malmsey 酒甜，但依旧是不折不扣的餐后甜酒，酒里特有的烟熏调性让甜味显得较不突出。维德和（Verdelho，马德拉岛上种植最多的白酒品种）酿成的马德拉酒，比 Bual 马德拉酒口味更淡、更柔和。清雅的蜂蜜气息以及突出的烟熏味，让这款酒在餐前或餐后饮用都很适合。种植面积非常小的 Sercial 葡萄（葡萄牙本岛称为 Esgana Cão）则酿成最清淡却最为惊艳的马德拉酒款；这个品种的葡萄园通常位于高处，采摘期也较晚。Sercial 酿制的马德拉酒，成熟速度最慢，酒体轻巧，香气奔放，酸味非常强劲，年轻时涩感较重，但是老熟时却极顺口美味；酒体较 Fino 形态的雪利酒厚重，却依然是完美的餐前开胃酒款。至于历史悠久的 Terrantez 品种，目前正兴起一股小而引人注意的复

兴潮流。

瓶中的马德拉酒熟成速度就像蜗牛爬步。越老酒质越美妙，任何一瓶品质好的马德拉酒在开瓶后若没有喝完，仍可保持鲜美不坏之身好几个月，甚至好几年。

目前，Barbeito 是马德拉最勤奋的独立酿酒者。这款酒是款来自单一木桶、每瓶酒都标有单独号码的酒款。占统治地位的公司 Blandy 一直遵循着这类标有日期、标有葡萄名称的 Colheita 马德拉酒酿造路线，而中间的酒标则是一款来自其葡萄品种最适合那种类型的非加强餐酒。

马德拉：丰沙尔（Funchal） ▼

纬度／海拔
32.63° / 58 米

葡萄生长期间的平均气温
21.0℃

年平均降雨量
627 毫米

采收期降雨量
9 月：2 毫米

主要种植威胁
真菌病

主要葡萄品种
Tinta Negra、维德和、Bual、Sercial、马尔维萨

德 国

巴登—符腾堡州，凯撒斯图尔区的阿赫卡伦村庄。

德 国 Germany

20世纪后期以来,原本不稳定的德国葡萄酒已经逐步受到全球的喜爱,因为新一代的葡萄酒爱好者发现了其独一无二的特质:清新、富有活力以及充满香水般迷人气息。单纯的批量生产葡萄酒渐渐失去吸引力时,德国葡萄酒正为人们提供着令人愉悦的酒款。新一代的种酿者们已经崭露头角,他们对德国伟大传统的演绎正再次改变德国风格。

许多德国最好的葡萄园都远在葡萄能成熟的最北限,其中许多位置甚至根本不适合一般农业。如果不是有葡萄树的话,那些地方极可能只是森林或光秃秃的山地。整体来说,他们能够酿出全世界最佳白葡萄酒的机会看起来是那么微乎其微,但他们确实做到了,甚至酒中还带有一种任何人或任何地方都无法仿效的经典高雅风味。

他们的秘诀就是保持糖分和酸度(这是两种表面看似普通、但其实特别吸引人的元素)之间

的平衡。欠缺酸度的糖分会显得单调,而没有糖分的酸度又会变得尖锐。但是在好年份,这两种元素却可以犹如艺术杰作一样,结合产生无可比拟的均衡。这让德国葡萄酒里那种源自葡萄和土地精华的感人交融找到了绝佳的舞台,而这种交融感是任何地区的酒款都难以企及的。或许是因为这些酒通常都维持着纯朴风貌,没有经过乳酸发酵、搅桶以及新橡木桶陈年等层层酿酒技术所刻意的雕琢,才显得如此澄澈透明。此外,也多亏了酒中的酸度,这些顶级酒往往具有令人赞叹的陈放潜力,远比多数其他白葡萄酒都要来得久。

不像多数其他葡萄酒那样用来搭配食物,德国皇冠上著名的宝石是甜葡萄酒,它们最适合拿来单独品尝其壮丽与荣耀。这些细心酿造出来的酒,多半只到酒精浓度8%就停止发酵,让葡萄中的天然糖分残留在酒中。但是甜酒不太流行,而且一直以来被看成销售上的一个障碍。结果呢?

就是酿制更不甜的德国白葡萄酒,目前许多酒厂都将多数(有时甚至是全部)的酒款,做成完全不甜或几乎完全不甜的干白葡萄酒,并拿来跟其他葡萄酒一样当餐酒销售。例如,2010年是个非常有利于酿造带有浓郁水果风味酒款的年份,这年德国葡萄酒中有64%都被酿成干型(trocken)或半干型(halbtrocken),与2011年这个完全不同年份出产的比例相同。

20世纪80年代早期以来,干型这种不带甜味的葡萄酒开始流行,葡萄酒的风格就逐渐从早期的淡薄艰涩(早期完全不甜的摩泽尔Kabinett可以酸涩到令人痛苦)转化为酒体结实、优雅十足且大多属于不甜的Spätlese。在分级谱的顶端,来

德国葡萄酒产区

与这张主要地图放在一起的指示图显示了葡萄种植集中在南部2/3的国土上。河流定义了绝大多数的葡萄酒产区。东部产区萨勒-温斯图特(Saale-Unstrut)和萨克森(Sachsen,英文为Saxony)比其他酒区更偏向大陆性气候。

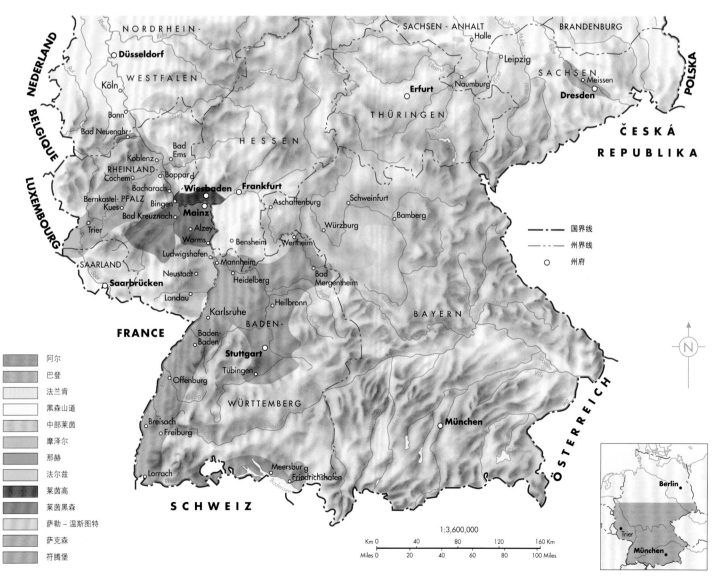

图例	
	阿尔
	巴登
	法兰肯
	黑森山道
	中部莱茵
	摩泽尔
	那赫
	法尔兹
	莱茵高
	莱茵黑森
	萨勒-温斯图特
	萨克森
	符腾堡

国界线

州界线

○ 州府

1:3,600,000

自最杰出葡萄园的一些葡萄酒可标识为 Grosses Gewächs 的酒款。这些酒不但在德国备受尊崇，价格高昂，而且也逐渐在外国找到知音。

德国意志坚定的新一代酒农，不但从历史名园的潜力中得到灵感，还经常受到远在他方的同行之间的影响，而气候变化所带来的效应也有贡献。如今，葡萄更容易完全成熟，各种霉菌和葡萄病虫害也不常见。酒精度为12%甚至14%的干型德国葡萄酒现在已经相当普遍了。在酿酒好手的手中，干型葡萄酒越来越有个性和滋味，虽然并不是所有酿酒师都能意识到过高的酒精度会让德国酒变得不平衡，尝起来有骇人的灼热和油腻感。

虽然在20世纪晚期，德国葡萄酒在国际上的形象因为那些以圣母之乳（Liebfraumilch）和Niersteiner Gutes Domtal 名义大量外销的糖水而严重受损，但目前这类廉价的葡萄酒已经在节节败退。

德国的葡萄酒标是全世界最详尽明确的，但同时也是最复杂难解的酒标之一，更是许多产业问题的原因和导火线。最令人遗憾的欺骗行为，

就是关于 Grosslagen 的设立（1971年）；这是一种在商业上相当好用的大范围地理区域名称，但是对多数的葡萄酒饮用者来说，他们根本无法从名称上分辨出 Grosslagen 和 Einzellagen（单一葡萄园）的差别。幸好在积极发展的德国葡萄酒产业中，这些标示已经逐渐减少使用。雄心勃勃的生产者，已经找到在国际上更容易被接受（且更正确）的方式来标示他们的酒。

重要的葡萄品种

雷司令是德国最伟大的葡萄品种，德国最顶级的酒有很大一部分酿自这个品种；甚至在所有摩泽尔（Mosel）、莱茵高、那赫（Nahe）以及法尔茨（Pfalz）地区，最好的葡萄园几乎都是由雷司令独占。因为只要是在不够好的地点、不够好的年份，这种葡萄根本就不可能成熟。

为了让产量可靠（而非质量），德国在20世纪中期开始转向种植穆勒塔戈（Müller-Thurgau）——这种在1882年培育出的早熟且多产的杂交品种。虽然在法兰肯（Franken）以及远在德国南部的波

萨尔河谷一侧的奥克芬（Ockfen）酒村之上，向南的 Bockstein 葡萄园沐浴在至关重要的太阳之下（萨尔河是上摩泽尔河的支流，详见第223页）。古罗马人把葡萄藤种在雪最早融化的地方。

登（Bodensee）湖附近，都曾有小规模的品种复兴运动，但穆勒塔戈酿出的酒往往比较柔顺而粗糙，欠缺雷司令那种由清新果酸构成的迷人骨架。1996年，顶级德国葡萄酒的爱好者满意地看到雷司令重登德国种植面积最广葡萄的宝座。及至2010年，穆勒塔戈在德国总葡萄园面积所占的比例已经下降到13%。虽然如此，一般没有在酒标上标示葡萄品种的标准廉价德国酒，通常都可视为是穆勒塔戈（至少主要是）酿成。

西万尼（Silvaner）是目前远落后于前两者、种植面积第三广的白葡萄酒品种，但在历史上却相当重要，特别是在表现可以胜过雷司令的法兰肯地区。西万尼带来一种泥土和绿色草本的气味，

但是若在它最偏爱的石灰质黏土上，西万尼似乎总能将这种矿物质的风味变得几乎与夏布利一样。西万尼占整个法兰肯区葡萄总面积的22%，在莱茵黑森（Rheinhessen）则占10%。

在巴登（Baden）区的许多地方及法尔兹区的一些葡萄园，灰皮诺（Grauburgunder）以及白皮诺（Weissburgunder）才是评价最高的品种，而且在德国饮酒者中很受欢迎。从1995年至2010年，这两个葡萄品种在整个德国的种植面积提升超过50%。炎热的夏季使得这些酒更为饱满，经得起在小型橡木桶（一种在德国受欢迎的新奇事物）中陈年。

在过去的20年里，德国在葡萄品种组成方面最显著的发展，要算是德国红葡萄酒的崛起。黑皮诺（Spätburgunder）的种植面积在一个世代内就已经增长了3倍，因此就总种植面积来看，甚至离穆勒塔戈不远了。此外，德国种植面积排第四的葡萄品种是丹菲特（Dornfelder），这是1956年培育出来的杂交品种，在法尔兹产区能够酿出特别的开胃红葡萄酒。德国西拉并不知名，而梅洛和卡本内家族（Cabernets）却很普遍。在德国的葡萄园中，大约有36%的面积种植着红葡萄品种，这是一个葡萄世界的革命。

这些新种植的葡萄有很大一部分可以说是以杂交品种为代价换来的。像Huxelrebe，Optima和奥尔特加（Ortega）这些用以提升葡萄成熟度以酿造甜白葡萄酒的杂交种，曾在20世纪80年代早期风靡一时，特别是在莱茵黑森和法尔兹产区。而克尔娜（Kerner）、巴库斯（Bacchus）以及舍尔贝（Scheurebe）是最受欢迎且精细的现存浅色皮杂交品种。然而，德国也已经种植了新的杂交红葡萄品种，如具抗腐性的莱根特（Regent）；这个品种的种植面积到2005年已超过2 000公顷。

萨克森，萨勒—温斯图特与中部莱茵

217页地图的最东边有两个小产区，萨克森（Sachsen）与萨勒-温斯图特（Saale-Unstrut）。它们几乎和伦敦处于同一纬度带，但更像大陆型气候，经常拥有绝佳的夏季，而严重的春霜风险依然很高。自20世纪90年代，东西两德统一后重新种植开始到2010年，萨勒—温斯图特葡萄园总面积增长到700公顷，萨克森葡萄园总面积超过450公顷。

稳步的发展已取得进展，如弗莱堡（Freyburg）市的Pawis，瑙姆堡（Naumburg）的Gussek（两者都来自萨勒-温斯图特区），迈森（Meissen）镇附

近的Schloss Proschwitz以及德累斯顿—皮尔尼兹（Dresden-Pillnitz）市的Zimmerling（后两者来自萨克森），这些酒庄都努力在如此偏北的地理条件下酿造结实且具有个性的不甜酒款。萨勒—温斯图特，这个曾经在中世纪就拥有10 000公顷葡萄园的地区，目前只生产不甜酒款。至于萨克森，则仍有极小部分的甜酒。

虽然这两个地区的主要葡萄品种还是无处不在的穆勒塔戈，但白皮诺、灰皮诺、雷司令以及琼瑶浆（Traminer）葡萄已占据了许多陡峭的南向斜坡，并让它们都有不错的成绩。这些酒经常被拿来和法兰肯葡萄酒（见240~241页）进行比较，结果是这里的酒更清淡、香气更芬馥，而且较少土地类的风味。

本书没有详细介绍的另一个产区是位于德国西边、日渐吸引人的莱茵旅游圣地——中部莱茵（Mittelrhein），见217页的地图。该区最重要的葡萄园都在科布伦茨（Koblenz）市东南面，位于博帕德（Boppard）村和巴哈拉赫（Bacharach）镇之间。Weingart与Matthias Mülle是这里杰出的酒庄，两者都在博帕德哈默（Bopparder Hamm）的Engelstein，Mandelstein和Feuerlay三个单一葡萄园出产一些十分精致的Spätlese与Auslese酒款。

葡萄园分级

多年以来，德国葡萄酒法规一直都没有限制产量（因此名列全球产量最高的地区之一），也没有像法国那样对葡萄园进行分级。不过这样的情况已经开始改变，在其具影响力的VDP组织（Verband Deutscher Prädikatsweingüter）——由200家最顶尖的酒庄所组成的协会内部，已经为会员的酒庄定下了严格的产量限制，甚至在2000年还接下了极度政治敏感的烫手山芋，即为每个地区特定的品种制定出德国的特级葡萄园（Erste Lagen）分级。这些分级，当然仅限于由会员酒庄所拥有的葡萄园。此外，就像类似的其他任何分级，VDP这份结合葡萄品种和特级葡萄园的分级，也难免遭到一定程度的批判。

在本书中，我们将会针对那一小部分我们认为有着一贯优异表现的葡萄园，以浅紫色和紫色（最好的）分别标示。这个大胆的葡萄园分级，是和德国的顶级生产者们、当地葡萄酒协会和专家，在某种程度上和VDP的共同合作下所催生的；但这和VDP在2000年所推出的分级结果却不尽相同。

中部莱茵总面积才500公顷的葡萄园沿着雄伟的莱茵峡谷排成行，远及波恩。酒农们种植着比例较高的白葡萄品种，主要的雷司令比摩泽尔其他产区都要高。大部分清脆爽口的葡萄酒都在产区内消耗了。

阿 尔 Ahr

阿尔（Ahr）河，这条窄窄的河流，从艾弗尔山（Eifel Mountain）经过一片美丽而狭长的河谷地一直流向莱茵河。这里的葡萄园尽管地处葡萄种植极北之地，但长久以来一直是黑皮诺的天下。然而，也只是从20世纪90年代起，阿尔区的葡萄酒才开始让黑皮诺爱好者们着迷。这个旅游圣地每年吸引着多达两百万饥渴的游客们，他们幸福地享用当地廉价的甜红葡萄酒。

其实，这是非常没有经济头脑的行为。因为，许多葡萄园位于陡峭多石头的坡地上，需要长时间密集的人力劳动。而且，德国人的口感变得更加精致，自20世纪80年代慢慢偏向干型葡萄酒，少数先驱冒着转变的风险，从大规模生产转向种植低产的勃艮第克隆品种，并在小橡木桶中陈酿。其中如美耀-奈克（Meyer-Näkel）、道伊兹园（Deutzerhof）、吉恩·斯道顿（Jean Stodden），这些酒庄仅仅花了几年时间略做调整，便酿造出进入德国红葡萄酒界的典范之作，分别是Dernauer Pfarrwingert，Altenahrer Eck和Recher Herrenberg。他们的成功鼓励了更多酒庄潜心研究酿造一流的葡萄酒，其中包括阿德诺尔（Adeneuer），克罗兹贝格（Kreuzberg）和内勒斯（Nelles）。

阿魏勒西贝格（Ahrweiler Silberberg）山脚下，一座被良好保存下来的大型古罗马时期古堡暗示着是古罗马人把葡萄株带到了阿尔区，然而最早的意指葡萄园的词"ad Aram"出现在公元770年。这个河谷地带许多地方的斜坡地是如此令人晕眩而不得不被建成梯田。19世纪上半叶，持续的酒税上涨以及葡萄酒价格的崩盘促使很多阿尔的酒农移民美国。1868年，留下酒农中的18家成立了德国第一家酒农合作社——梅耶施罗斯酒农协会（Mayschosser Winzerverein）；到了1892年，由于酒农合作社的成功，会员数量达到180家。这类酒农合作社在阿尔地区发挥了重要作用。时至今日，大多数葡萄酒依然由他们酿造。

2011年，阿尔区的总葡萄园面积为550公顷，红葡萄品种占据其中的85%。黑皮诺（62%），早熟皮诺（Frühburgunder 6.5%）——一种黑皮诺的变异，葡萄牙美人（Portugieser 6%），而白葡萄酒品种只有雷司令（7%）占主导地位。从地质学角度看，绵延23公里长的葡萄园可以分成中部阿尔（Mittelahr），位于艾特那赫（Altenahr）与法珀采海姆（Walporzheim）；下阿尔区（Unterahr），从阿魏勒到海么斯海姆（Heimersheim）。狭窄的中部阿尔河谷地，大部分为风化板岩和硬砂岩的岩石陡坡，上面储存了夏日的热量；气温对如此遥

这里被称为（Spätburgunder）的黑皮诺，是阿尔酒的全部来源。现今，完全成熟的葡萄能够酿造出相当深郁的红葡萄酒。

远的北部边缘而言是出乎意料的高。一个几乎是地中海气候类型与岩石地表的联合体，其结果是葡萄酒带有强烈的矿物质属性和扎实的结构。宽广的下阿尔区的土壤中混合着高比例的黄土和肥土，酿造出丰满、多汁、柔和的葡萄酒。

中部和下阿尔区

阿尔谷地往西延伸数英里而向东边延展一点儿。然而，最受人瞩目的葡萄园以深紫色在这页的地图上标出。这些顶尖葡萄园都位于河的左岸，朝向正南方。

ROSENTHAL	单一葡萄园
——	村界
—·—	教区边界
	极优秀的葡萄园
	优秀的葡萄园
	其他葡萄园
	森林
—200—	等高线间距20米

1:77,000

Meyer-Näkel 或许是在海外最知名、来自阿尔区的生产商（尤其是获得很多奖项），然而克罗兹贝格充满结构的黑皮诺、Jean Stodden 以及 Nelles 也同样在德国广受敬重。可以尝出黑皮诺成熟时来自土壤（很多岩石）的味道。

摩泽尔 Mosel

蜿蜒的摩泽尔河，一路从源头的孚日山脉（Vosges Mountains）流经科布伦茨市和莱茵河交汇，沿途都可见到熟悉的葡萄树倒影。在法国和紧接着流过的卢森堡，摩泽尔河被称为 Moselle。所有最伟大的摩泽尔葡萄酒都是雷司令酿造，但作为雷司令葡萄种植的极北之地葡萄只有在最理想的葡萄园才能成熟。河流的每一个蜿蜒曲折，都会给葡萄园的潜力带来戏剧化的变化。因此，一般而言，所有最好的葡萄园几乎都是面朝南方，呈陡峭的坡度，朝向映照着这所有一切的河流。只不过，让本区成为全世界最顶级葡萄园之本的坡度，同时也使得在葡萄园里工作几乎成了不可能的任务；因为德国的年轻人不想在这种必须要和重力对抗的环境中工作，并在致命的葡萄树之间躬身前行。虽然近些年从东欧输入许多往往大材小用的葡萄园工人，但这并非是长期的解决之道。自20世纪90年代以来，整个摩泽尔区的葡萄牙种植面积已缩水了约1/3，虽然这主要是因为次等的品种穆勒塔戈被连根拔出，平原地带的葡萄园被挪作他用。

摩泽尔河谷两个伟大的葡萄酒谷是萨尔（Saar，详见次页）与鲁尔（Ruwer），两者都以种植在灰色页岩上的雷司令著称。鲁尔，不过是条小河；这里葡萄园总面积不过只是一个金丘区的一半。在全球变暖之前，有很长一段时间，本区多数的葡萄园都太淡且带有尖锐的酸度。即使在今天，仍有许多较差的葡萄园荒废着，它们的名气不够响亮，还不足以为自己的酒辩护。但就像萨尔区一样，当时机来了，奇迹就会发生；这里可以生产出全德国口感最细腻的葡萄酒，极其轻柔又极其高雅。

瓦尔德拉（Waldrach）镇是鲁尔第一个酒镇，出产不错的清淡酒款。而卡瑟尔（Kasel）镇早已成名，它的 Nieschen 葡萄园在炎热的年份里能生产出杰出的酒款。规模稍大的冯凯瑟斯坦（von Kesselstatt）酒庄，特里尔（Trier）市的主教酒庄（Bischöfliches Weingut）和梅尔特斯多尔夫（Mertesdorf）镇上的 Karlsmühle 酒庄在这里都拥有产业。

梅尔特斯多尔夫镇和艾特斯巴赫（Eitelsbach）镇，它们的名字并不知名；但这两个小镇都有一座最重要的葡萄园被全国最优秀的种酿者之一单独拥有。艾特斯巴赫镇上的 Karthäuserhofberg 葡萄园在一座同名的古老修道院之上骄傲地延伸出，酿出极好的葡萄酒：蜂蜜中夹带着青柠或柠檬香气。跨过小河来到梅尔特斯多尔夫镇，处于相同状况下的 Maximin Grünhaus 酒庄，也曾是修道院所有。其庄园正斜倚在河左岸的山脚下。在 Grünhaus 庄园地下，至今仍有地道可通往远在上游8公里处的特里尔，古罗马时期是（现在也是）摩泽尔的首府。

在上游的特里尔市，高低起伏的农田总是受

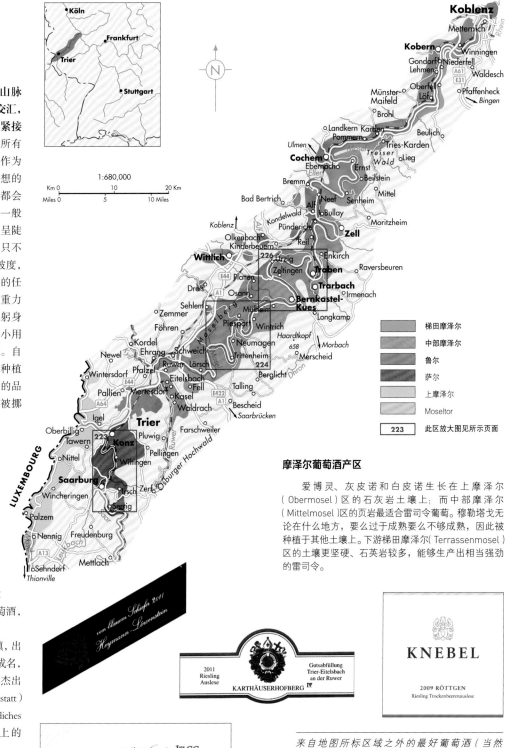

1:680,000
Km 0   10   20 Km
Miles 0   5   10 Miles

摩泽尔葡萄酒产区

爱博灵、灰皮诺和白皮诺生长在上摩泽尔（Obermosel）区的石灰岩土壤上；而中部摩泽尔（Mittelmosel）区的页岩最适合雷司令葡萄。穆勒塔戈无论在什么地方，要么过于成熟要么不够成熟，因此被种植于其他土壤上。下游梯田摩泽尔（Terrassenmosel）区的土壤更坚硬、石英岩较多，能够生产出相当强劲的雷司令。

来自地图所标区域之外的最好葡萄酒（当然都是雷司令酒），细节请看后面几页——除了 Karthäuserhofberg Auslese 是在鲁尔支流区（也是舒伯特的家）出品之外，其他所有都来自中部摩泽尔的下游处。

到春霜威胁，举目所见几乎都是爱博灵（Elbling）这种强健、历史悠久、或许还带有点儿土气的白葡萄品种。爱博灵可以酿造出轻巧、高酸度的酒，有时也可酿成带微气泡的气泡酒。常见于充满石灰岩的上摩泽尔（Obermosel）以及河对岸的卢森堡。卢森堡的酒农习惯会加糖，他们对雷万娜（Rivaner，也称穆勒塔戈）依赖更大，还逐渐增

加 Auxerrois 这类酸度偏低的葡萄品种。气泡酒是他们的强项。

大多数的顶级酒都产自采儿（Zell）镇和塞里希（Serrig）村之间（参见地图），但在第226页的地图上可以找到从采儿镇到科赫姆（Cochem）小镇之间越来越令人兴奋的葡萄酒区详细介绍。科赫姆镇的下游，雷司令葡萄再次独领风骚。

萨 尔 Saar

没有其他地方比萨尔河谷这条摩泽尔河的支流，更能代表德国葡萄酒的问题与胜利。关于葡萄含糖量的争议，在德国这个最冷的角落激情上演着。直到全球气候暖化出现之前，10年里或许只能赢个3或4年。然而，近些年这里已取得一系列辉煌成就，虽然可能有些力单势薄，但却酿造了世界上最细腻的葡萄酒。它们具有所有雷司令酒无与伦比的精妙特性，同时果香和提取物在其中回荡。

总面积仅为720公顷的葡萄园，跟果园及牧场共同分享着这片谷地。这是一片宁静、开放的农地，从对页的地图就可一目了然地看出，这里的南向坡地（几乎都是与河流呈直角的陡峭山坡），为酒农们提供了尽可能多的阳光以使葡萄达到成熟。不像中摩泽尔，萨尔河谷有许多地方都是一无屏障地迎接凉冷的东风，甚至从酒中都可以感受到飕飕凉风所带来的颤栗感觉。

就像摩泽尔最好的产区一样，这里的土壤主要是页岩。摩泽尔酒的所有特色都可以在萨尔的酒中攀上顶峰：苹果般的清新与清脆，混合着蜂蜜的奇妙香气，以及钢铁般锋利的余味。由于这里比鲁尔区更加干燥，因此产量更低，香气也更收敛。真要强调的话，应该说酒质更坚实冷硬而非浓稠甜腻。

在表现欠佳的年份（偶尔会有些），即使是最好的酒农都可能需要将产品卖给那些需要高酸度原料的气泡酒厂。但是当阳光普照，雷司令慢慢成熟甚至能够继续成熟到10月或11月，飘荡出的花香和蜂蜜的美妙香气就能够让萨尔有机会大展身手，如果不是还有尖锐的酸度的话，甚至还太过华美。这里可以酿出可窖藏很久、绝不生腻的甜白葡萄酒：均衡和深度会让你忍不住一再闻香和啜饮。

顶尖的葡萄园很少。而且大部分在富有且历史悠久的酒庄手中，他们经得起等待葡萄成熟，并

能够把其中的大部分酿成最出色的葡萄酒。萨尔最著名的酒庄是依贡·穆勒（Egon Müller）所有，他的庄园在地图上标为Scharzhof，地点就在维尔廷根（Wiltingen）村的Scharzhofberg山丘下。穆勒最甜的TBA位于世界最贵白葡萄酒之列。依贡·穆勒同时管理着Le Gallais庄园，其拥有位于维尔廷根村另一端的著名Braune Kupp葡萄园。

在河那一边的萨尔堡（Saarburg）市，则有Geltz Zilliken酒庄，独立向世人证明饶驰（Rausch）葡萄园的伟大，而冉冉升起的明星，如过于传统主义者——Van Volxem的庄主罗曼（Roman

这些藏在特里尔的Vereinigte Hospitien地下，由古罗马人建造的酒窖几乎与1 600年前一模一样。也许，现在只是有了一点点的电灯光，而那些木桶中的葡萄酒或许尝起来和以前有极大不同。

Niewodniczanski，依贡·穆勒酒庄在维尔廷根的邻居；他只酿他所谓的"和谐"干白葡萄酒酒），Schoden镇上Weinhof Herrenberg酒庄的克劳迪娅（Claudia Loch），Kanzem镇上von Othegraven酒庄（现在该酒庄由电视明星Günther Jauch拥有）。Von Kesselstatt酒庄也拥有一部分的Scharzhofberg葡萄园，而Leiwen镇（见225页）下游的St Urbans-Hof酒庄、Ayl村的彼得·劳尔（Peter Lauer，，酿半干型葡萄酒的专家），Oberemmel村的von Hövel，塞里希的萨尔斯坦堡（Schloss Saarstein）也都生产令人惊叹的萨尔雷司令酒。

摩泽尔河谷区差不多130公顷的葡萄园（其中大部分在萨尔区和鲁尔区）属于一群宗教团体及慈善机构，例如天主教会所有的Hohe Domkirche，天主教寄宿学校Bischöfliches Konvikt，马克思曾经就读过的学校Friedrich-Wilhelm-Gymnasium，神学院Bischöfliches Priesterseminar，以及特里尔的济贫院Vereinigte Hospitien。在他们深藏于城市地底下的潮湿的罗马式酒窖里，人们不禁想到：葡萄酒本身其实应该也是一种善举，而非仅是世俗的商业活动。

所有这些经典酒款都相当甜——至于冰酒（Eiswein）就非常甜了——然而，这些酒在酒精度方面如羽毛般轻盈，大概只有7%~8%。除了范·福尔克塞姆（Van Volxem）酒庄的Gottesfuss外（Gottesfuss葡萄园的葡萄株种于1880年，能够生产出非常浓厚的半甜葡萄酒）。

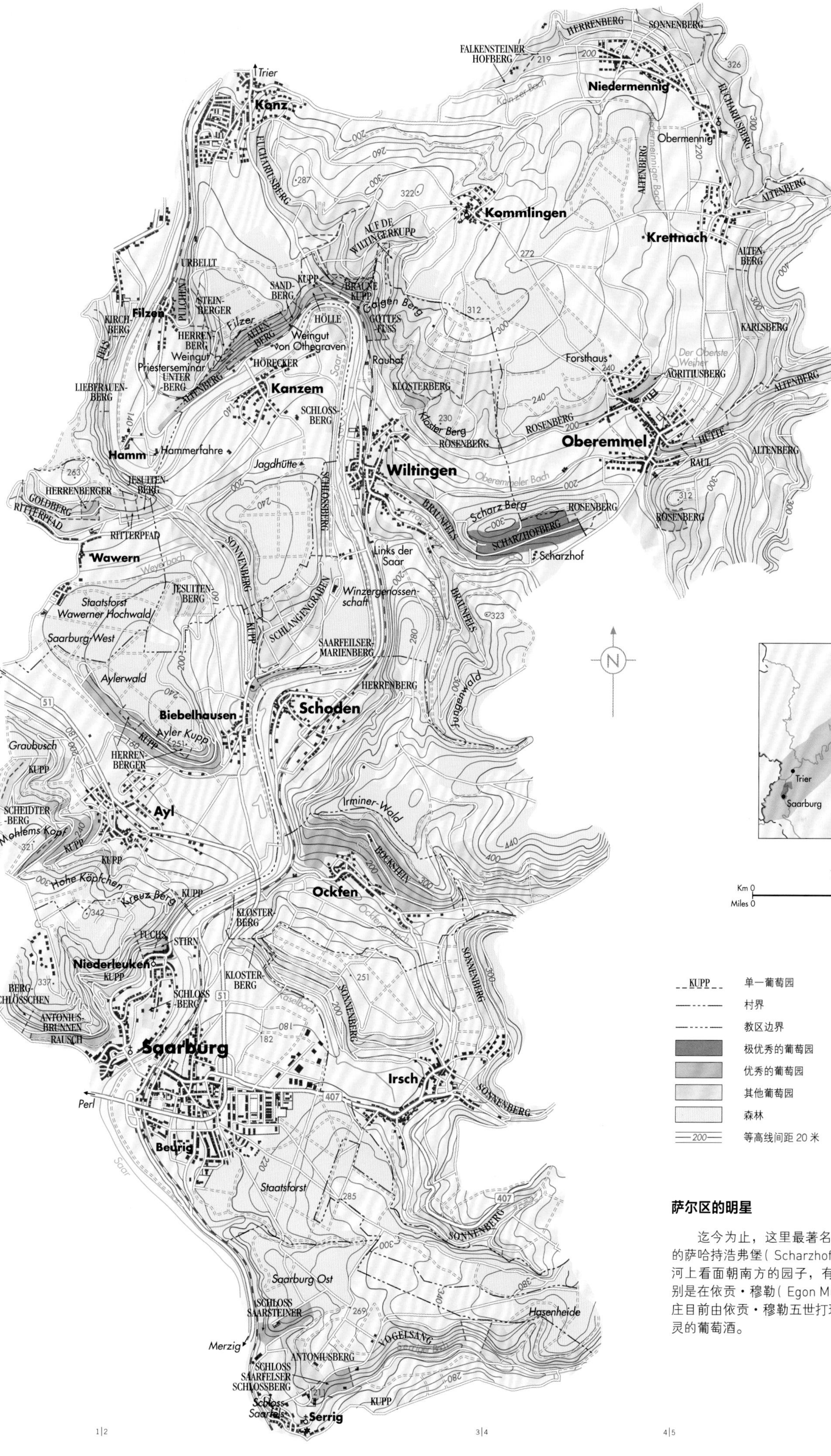

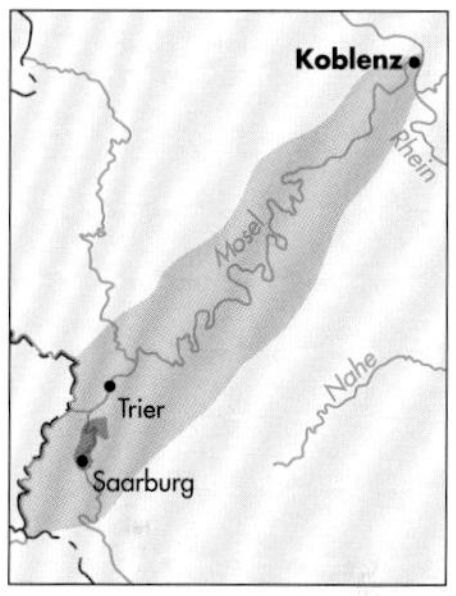

萨尔区的明星

　　迄今为止，这里最著名的葡萄园是28公顷的萨哈持浩弗堡（Scharzhofberg）；这是一块从河上看面朝南方的园子，有一家酒庄运营，特别是在依贡·穆勒（Egon Müller）手中（这个酒庄目前由依贡·穆勒五世打理）能够酿出真正空灵的葡萄酒。

图例

KUPP	单一葡萄园
	村界
	教区边界
	极优秀的葡萄园
	优秀的葡萄园
	其他葡萄园
	森林
200	等高线间距 20 米

1:50,000

Km 0 ———— 2 Km
Miles 0 ———— 1 Mile

摩泽尔中部：皮斯波特
Middle Mosel: Piesport

　　地图上看到的这一段，在某些地方高度甚至超过200米。由页岩所构成的壮观河堤，在公元4世纪，古罗马人最早就在此种下了葡萄株。这片土地为雷司令葡萄提供最佳生长环境，这种葡萄在15世纪被引入，18世纪时逐渐占据了区域中的最佳葡萄园。

　　沿着这条河岸所生产的酒款，彼此之间的差异甚至比产自勃艮第金丘一带的酒款之间的差异还要大。但所有最好的葡萄园都朝向南方，拦截阳光，就如迎向炉火的面包。如此，这些葡萄园在盛夏时可以非常炎热，让午后的葡萄园工作热得难以进行。葡萄园同时还受惠于明海姆（Minheim）村以北的山丘，让谷地不用直接迎向寒冷的东风，位于葡萄园上方的树林山坡地也有助于在夜晚释

放冷空气，让这里能产生戏剧性的日夜温差变化，也得以让该区的葡萄酒保有清爽的酸度和清新的香气。普遍接受的摩泽尔中部（Mittelmosel）的区域与贝卡斯特这个子产区（Bereich Bernkastel）相同，即从西南方的特里尔市到东北处的Briedel小镇。在本页以及后页的地图上，我们将产区中心推延至几个最著名的酒村以外，以覆盖那些出产的葡萄酒常被低估的酒镇。

　　Thörnich村就是其中主要的一个酒村，村里的Ritsch葡萄园在Carl Loewen酒庄的手上又重现光辉。另一个同样的例子则是位于下游的Klüsserath村，Bruderschaft葡萄园就坐落在这个由南弯向西南的典型摩泽尔的陡峭河岸上，Kirsten

酒庄和Clüsserath-Eifel酒庄在此酿出绝佳酒款。淡雅不同于香气微弱，毫无疑问，这些葡萄酒是清新淡雅的。如长舌状的陆地终止在特里滕海姆（Trittenheim）村，几乎就像是一片峭壁，莱文（Leiwen）村就位于这里，河对岸的Laurentiuslay葡萄园也属于该村。多亏聚集于此雄心勃勃的年轻种酿者们，出自该区域的佳酿比比皆是。

　　在特里滕海姆村，日照条件最好的葡萄园要算是Apotheke葡萄园，它位于桥对岸上方，就在Weingut Milz酒庄所独有的Leiterchen葡萄园的旁边。就像这里多数的葡萄园，这块葡萄园也相当陡峭，甚至需要单轨车才能在园内进行农事。Neumagen-Dhron小镇曾是罗马人的堡垒，也是他们登陆之处，至今在镇上绿意盎然的广场还留有杰出的古罗马时代雕刻，描绘的就是摩泽尔河上满载木桶和疲倦的奴隶的葡萄酒船。Reinhold Haart、St Urbans-Hof、von Kesselstatt以及Hain都是这里杰出的酿造者，他们都在皮斯波特村的金滴园（Piesporter Goldtröpfchen）这块由葡萄树构成的南向碗状地区当中，拥有绝佳的葡萄园。小镇皮斯波特如圆形剧场般的独特地形，让它拥有了比邻近村镇更高的声望。多亏当地特别深厚的黏土状页岩，此地如蜂蜜般的酒款竟然也具备了神奇的芳香和酒质，甚至散发出有如巴洛克风格的华丽香气。按照本书中的分级，这里有半数的山坡可以被归类为特优等级，另外一半则属于优级。

　　介于特里滕海姆村及明海姆村之间的是Michelsberg这个"集合葡萄园区"（Grosslage，是指由不同葡萄园组成的较大种植区），因此与皮斯波特镇所产的葡萄酒毫无关联。然而正是这些"集合葡萄园区"（Grosslagen）的名称误导了消费者，幸好这种标示已经越来越少见了。

　　温特里希（Wintrich）村和克斯滕（Kesten）村也能生产优质好酒，其中Ohligsberg葡萄园可能是最好的园子。但这一带看不到完美地排成一列的山坡葡萄园，一直要到下一个大弯道，才会在布劳讷贝格（Brauneberg）村对面见到陡坡葡萄园再次开始蔓延。这片葡萄园在克斯滕村被称为Paulinshofberg，在布劳讷贝格村被称为少女（Juffer）园和少女日晷园（Juffer Sonnenuhr）。Fritz Haag-Dusemonder Hof酒庄、Max Ferd酒庄以及Richter酒庄在这两块葡萄园中都已酿出瑰丽的金色液体。

摩泽尔河、皮斯波特（Piesport）村上方的名园——金滴园（Goldtröpfchen），其景致生动地说明了有多少光从河面反射到葡萄株上。照片的前景则暗示在如此陡峭的葡萄园中工作是多么的艰辛。

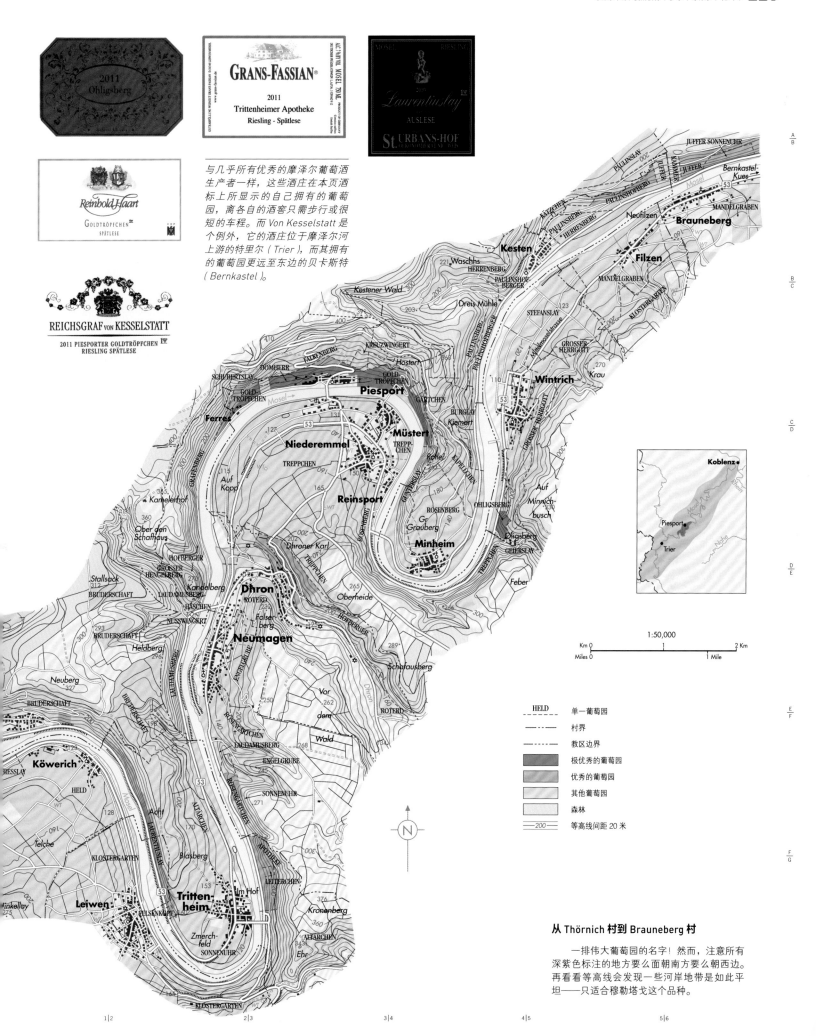

与几乎所有优秀的摩泽尔葡萄酒生产者一样，这些酒庄在本页酒标上所显示的自己拥有的葡萄园，离各自的酒窖只需步行或很短的车程。而 Von Kesselstatt 是个例外，它的酒庄位于摩泽尔河上游的特里尔（Trier），而其拥有的葡萄园更远至东边的贝卡斯特（Bernkastel）。

1:50,000

HELD	单一葡萄园
	村界
	教区边界
	极优秀的葡萄园
	优秀的葡萄园
	其他葡萄园
	森林
200	等高线间距 20 米

从 Thörnich 村到 Brauneberg 村

一排伟大葡萄园的名字！然而，注意所有深紫色标注的地方要么面朝南方要么朝西边。再看看等高线会发现一些河岸地带是如此平坦——只适合穆勒塔戈这个品种。

摩泽尔中部：贝卡斯特
Middle Mosel:Bernkastel

从贝卡斯特镇上方的城堡废墟往下看，映入眼帘的是一片位于海拔200米、由葡萄株所组成的长达8公里的绿色城墙。在河畔地带种有葡萄株的不同流域中，只有葡萄牙的多罗河谷（Douro）才可能看到一些类似的壮丽景致。从布劳讷贝格镇一直到贝卡斯特（Bernkastel）镇近郊的库尔斯（Kues）村，许多山坡的坡度已经算是相对平缓了——葡萄酒也相当温和。本区的知名酒款之一是马克斯·费尔德（Max Ferd）的Richter酒庄产自米尔海姆（Mülheim）村上方 Helenenkloster 葡萄园的冰酒。这里的顶尖葡萄园的地势都极为陡峭。不过，利瑟（Lieser）村会出名或许主要是因为村内那栋阴沉的宅邸，由位于Rosenlay 葡萄园脚下杰出酒庄 Schloss Lieser 的庄主托马斯·哈格（Thomas Haag）所拥有。到了略往下游的 Niederberg-Helden 葡萄园，Schloss Lieser 酒庄在此拥有一块完美的南向斜坡。

摩泽尔最著名的葡萄园就此突然展开，灰暗的板岩层层绵延相连，几乎升至完全垂直于观光胜地贝卡斯特的山墙之上。在山势伸展较宽阔的那一端，有一块笔直向南的高地，那就是 Doctor 葡萄园。从这块葡萄园开始，一块接着一块绵延伸展而出的一连串梯田全是摩泽尔区最著名的葡萄园。把贝卡斯特的顶级葡萄园酒款，拿来和 Graach 村及 Wehlen 村的同级酒款，甚至是同一个酒农的不同葡萄园的酒放在一起比较，其实相当有趣。贝卡斯特葡萄酒的典型特征是些微的打火石气息；生长在浅层多石页岩上 Wehlen 村的葡萄园，则会酿出比较丰厚且更为华丽的酒款；而那些来自 Graach 村更加深厚页岩葡萄园所产出的酒则更具泥土味。

这些葡萄酒至少都有些非常明显的特征。品质最好的那些，酒色是浅淡的金黄，能经得起长期陈放，兼具深度及轻巧活泼，是可以拿来和音乐与诗歌相提并论的葡萄酒。

许多世界知名的酒厂都聚集在此，但是只要去葡萄园里走上一圈（坡度太陡无法闲庭信步），马上就可发现并非所有位于此地的种植者都同样尽心尽责。JJ Prüm 长期以来一直都是 Wehlen 村最顶尖的酒庄；而近年来，同村的 Markus Molitor 酒庄因其雷司令佳酿外加某些异常出色的黑皮诺酒，而赢得了声誉。贝卡斯特镇的 Erni（Dr）Loosen 酒庄，Selbach-Oster 酒庄以及 Willi Schaefer 酒庄也在全世界范围内广受好评，至于 von Kesselstatt 酒庄，尽管地处更下游，却一直有着优异的表现。有个关于建造一座巨型大桥的争论甚嚣尘上：这座欧洲最高的桥计划在 Urzig 村跨过摩泽尔河，高速公路将会通过对排水性非常敏感的优级雷司令种植园。

绵延的绿色城墙在 Zeltingen 村画上句点。这是摩泽尔区最大最好的产酒区。对岸的 Urzig 村，尽是红色页岩，该村位于多石的崎岖地段而不是平坦的河岸上，赋予香料花园（Würzgarten）的酒一种独特的风味，且比 Zeltinger 村的酒款更具穿透力且轻巧活泼。Erden 村最好的葡萄园是 Prälat，由于夹在由红色页岩构成的大量悬崖峭壁和河流之间，因此可能是整个摩泽尔河谷地中气候最温暖的地方，Loosen 酒庄有一些最好的酒就是产于此地。而产自 Treppchen 葡萄园的酒通常会比较粗犷。

过去一般认为，摩泽尔葡萄酒的戏剧演出到了金海姆（Kinheim）村就要画上句点，但是新一代的酿造者，如 Wolf 村瑞士出生的丹尼尔·弗伦维德（Daniel Vollenweider），Traben-Trarbach 镇的马丁·米伦（Martin Müllen）与维泽·孔斯特（Weiser-Künstler，他家 Enkircher Ellergrub 酒），Reil 村的托尔斯滕斯·梅尔斯海默（Thorsten Melsheimer），以及 Pünderich 村的生物动力法实施者克莱门斯·布施（Clemens Busch）（后两者在地图之外的更北方），却以酒款的美味戏剧性地证明了事实并非如此。

从这村到下游处的采儿（Zell）镇，周围景观有了极大的改变，多数葡萄园位于狭窄的梯田上，这也让这段下游谷地得到 Terrassen-mosel（摩泽尔的河阶梯田）的称号。在这段区域许多杰出的葡萄园当中，目前最重要有布雷姆（Bremm）村欧洲最陡峭的葡萄园卡尔蒙特（Calmont），尼贡多夫（Gondorf）村的 Gäns 园，以及温宁根（Winningen）村的 Uhlen（特别杰出）和 Röttgen。令人惊喜的酒厂，则有温宁根村的 Heymann-Löwenstein 和 Knebel，布雷姆村的 Franzen，以及尼德费尔（Niederfell）村的 Lubentiushof，他们杰出的甜味和不甜雷司令酒款，为葡萄园的品质作了最好的注解。

季节宜人，外加很多葡萄酒酒吧，贝卡斯特-库艾斯（Bernkastel-Kues）镇如同一块磁铁般吸引了一大批在春天和夏天涌入摩泽尔河谷区的游客们。小镇周围的葡萄园太陡峭，只吸引体格最健硕的拜访者。

这里介绍的所有争强好胜的工匠中，有一家葡萄酒的窖藏时间最长；这就是 Joh.Jos.Prüm。目前该酒庄由曼弗雷德·普吕姆博士（Dr. Manfred Prüm）和他的女儿，卡塔琳娜·普吕姆博士（Dr. Katharina Prüm）管理。

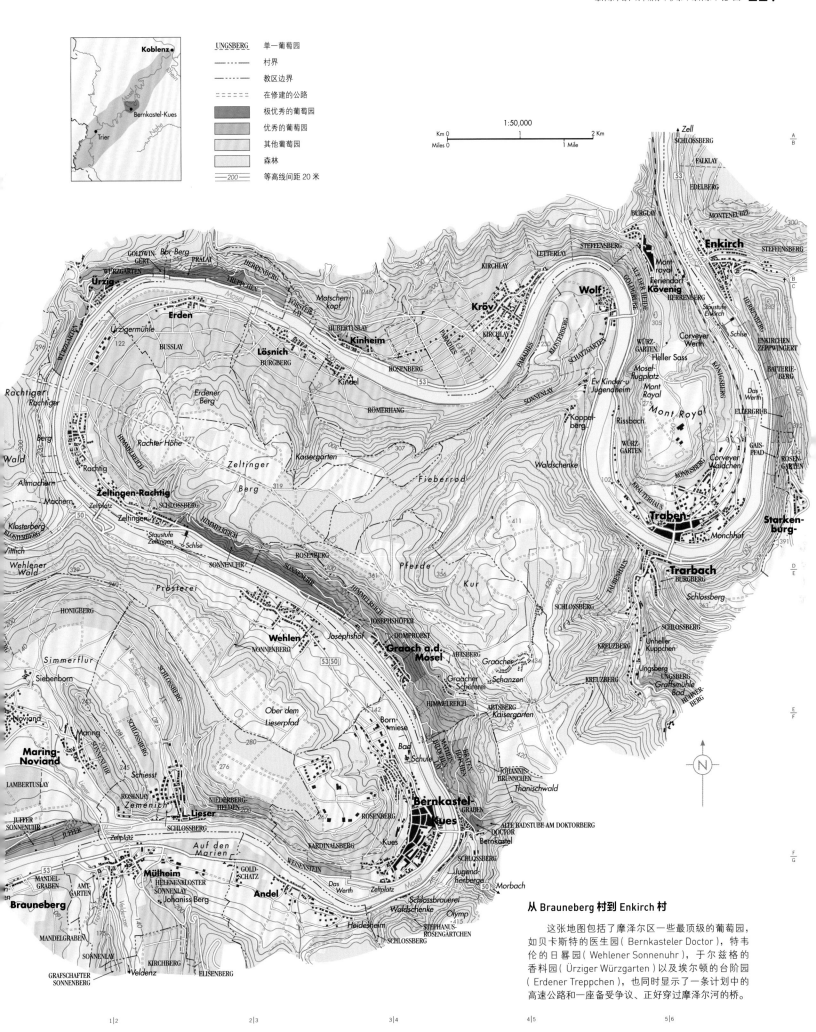

UNGSBERG 单一葡萄园

— — — 村界

—·—·— 教区边界

======= 在修建的公路

极优秀的葡萄园

优秀的葡萄园

其他葡萄园

森林

—200— 等高线间距 20 米

1:50,000

Km 0   1   2 Km

Miles 0   1 Mile

Koblenz

Bernkastel-Kues

Trier

从 Brauneberg 村到 Enkirch 村

这张地图包括了摩泽尔区一些最顶级的葡萄园, 如贝卡斯特的医生园(Bernkasteler Doctor), 特韦伦的日晷园(Wehlener Sonnenuhr), 于尔兹格的香料园(Ürziger Würzgarten)以及埃尔顿的台阶园(Erdener Treppchen), 也同时显示了一条计划中的高速公路和一座备受争议、正好穿过摩泽尔河的桥。

Zell
SCHLOSSBERG
FALKLAY
EDELBERG
Enkirch
BURGLAY
MONTENEUBEL
STEFFENSBERG
LETTERLAY
STEFFENSBERG
KIRCHLAY
Mont royal
Feriendorf
Kövenig
HERRENBERG
AUF DER HEIDE
GOLDGRUBE
Staustufe
Enkirch
WÜRZ-
GARTEN
ENKIRCHEN
ZEPPWINGERT
Wolf
Heller Sass
Mosel-
flugplatz
Mont
Royal
BATTERIE-
BERG
SONNENLAY
Das
Werth
ELLERGRUB
Corveyer
Werth
Corveyer
Waldchen
GAIS-
PFAD
ROSEN-
GARTEN
Kröv
PARADIES
KLOSTERBERG
SCHATZGARTEN
KIRCHLAY
ROSENBERG
RÖMERHANG
Koppel-
berg
WÜRZ-
GARTEN
Rissbach
KÖNIGSBERG
Mont Royal
KRÄUTERHAUS
KÖNIGSBERG
Traben-
Monchhof
Starken-
burg
Trarbach
BURGLAY
SCHLOSSBERG
Schlossberg
KREUZBERG
Unheller
Kupphen
Ürzig
GOLDWIN-
GERT
Bor-Berg
PRÄLAT
WÜRZGARTEN
HERRENBERG
TREPPCHEN
FORSTER-
LAY
Motschen-
kopf
HUBERTUSLAY
Erden
Ürzigermühle
BUSSLAY
Erdener
Berg
Lösnich
BURGBERG
ROSENBERG
Kindel
Kinheim
Fieberrod
Pferde-
Kur
SCHLOSSBERG
KREUZBERG
Ungsberg
UNGSBERG
Graffsmühle
Bad
HÜHNER-
BERG
WÜRZGARTEN
Rachtiger
Rachtiger
Berg
Wald
Altmachern
HIMMELREICH
Rachter Höhe
Rachtig
Zeltinger
Berg
Kaisergarten
Zeltingen-Rachtig
Machern
Klosterberg
Zeltplatz
SCHLOSSBERG
Zeltinger
HIMMELREICH
Staustufe
Zeltingen
Schlse
SONNENUHR
ROSENBERG
SONNENUHR
HIMMELREICH
Prosterei
Wittlich
Wehlener
Wald
Kittich
Klosterberg
Simmerflur
HONIGBERG
Siebenborn
SCHLOSSBERG
Noviand
Maring
SCHLOSSBERG
Maring-
Noviand
SONNENUHR
LAMBERTUSLAY
Schiesst
ROSENLAY
Zemenich
Lieser
SCHLOSSBERG
Wehlen
NONNENBERG
Josephshof
JOSEPHSHÖFER
DOMPROBST
Graach a.d.
Mosel
ABTSBERG
Graacher
Schäferei
Graacher
Schanzen
HIMMELREICH
ABTSBERG
Kaisergarten
Ober dem
Lieserpfad
Born-
wiese
Bad
Schule
MATHIAS
HÖLKEN
BRAUNES
HÖLKEN
JOHANNIS-
BRÜNNCHEN
Thanischwald
Bernkastel-
Kues
GRABEN
ALTE BADSTUBE AM DOKTORBERG
DOCTOR
Bernkastel
ROSENBERG
Kues
KARDINALSBERG
SCHLOSSBERG
JUFFER
SONNENUHR
Zeltplatz
Auf den
Marien
WEISENSTEIN
Jugend-
herberge
Morbach
Mülheim
HELENENKLOSTER
SONNENUHR
Johanniss Berg
GOLD-
SCHATZ
Das Werth
Schlossbrauerei
Waldschenke
Olymp
Heidesheim
STEPHANUS
ROSENGÄRTCHEN
Brauneberg
MANDEL-
GRABEN
AMT-
GARTEN
Andel
MANDELGRABEN
SONNENLAY
KIRCHBERG
Veldenz
ELISENBERG
GRAFSCHAFTER
SONNENBERG

那　赫 Nahe

对一个正好被夹在摩泽尔、莱茵黑森及莱茵高之间的产区，您能期待些什么？一点儿也没错。在表现绝佳的时候，那赫的葡萄酒可以像摩泽尔那样精确捕获葡萄园的特质，同时也可陈放相当时间而依然能散发出莱茵酒款那种坚实酒体和葡萄本身的浓郁风味。此外，它们还多了一些别的，一种像是点石成金般的奥妙幻术。

跟摩泽尔河平行且往东北方流的那赫河，穿过洪斯吕克（Hunsrück）山丘后，在宾根与莱茵河汇流。摩泽尔河酒像葡萄的脊梁，而那赫河不同，它被散置在河畔及支流两边的南向葡萄植区团团围住。今天，绝大多数最好的葡萄酒由崭露头角的新酿酒师酿造，这里的工作一点儿都不比在摩泽尔河区容易，而种植者的数量一直都在减少。

或许那赫大多数的白葡萄酒酒还是被酿成果香浓郁的甜润风格，但种酿者如海尔穆特·丹霍夫（Helmut Dönnhoff）和他的儿子科尼利厄斯（Cornelius），维纳·肖雷柏（Werner Schönleber）与他的儿子法兰克（Frank）以及来自 Schäfer-Fröhlich 酒庄的蒂姆·冯利希（Tim Fröhlich），都向世人证明了区内最好的葡萄园也能够酿出精彩绝伦的干型白葡萄酒酒。

这些葡萄园中最西边是位于莫宁根（Monzingen）镇上的两个最好的葡萄园：多石板岩土壤的哈伦堡（Halenberg）和由柔软红土构成的更大且潮湿的 Frühlingsplätzchen。肖雷柏（Emrich-Schönleber）酒庄和 Schäfer-Fröhlich 酒庄是这个宽广而空旷河谷地上最杰出的代表。那赫开阔的河谷地与本区内顶尖葡萄园最集中地形成戏剧般对比。从对页的图中可以详细看出，他们就位于那赫河蜿蜒流经的 Schlossböckelheim、Oberhausen、Niederhausen 及 Norheim 一带的左侧南向河岸。1901年这里就曾由普鲁士王国考察员予以分级（在20世纪90年代曾由 VDP 重绘，用作评定葡萄园品质的参考基

础）。当时的 Niederhäuser Hermannshöhle 园被评为第一级，因而促使普鲁士政府于次年在此地兴建了一家新的国营酒庄（Staatsweingut）。为了辟建葡萄园，当时由服刑的囚犯负责清除山丘和老旧铜矿脉上长着的浓密低矮树丛。之后，这里的葡萄酒挑战了历史悠久的位于 Schlossböckelheim 镇下方的 Felsenberg 葡萄园。今天这个葡萄园被 Schäfer-Fröhlich 酒庄打理得令人极为信服，这与他家另一座特级园，位于河的北方 Bockenau 小镇陡坡园 Felseneck 名字很容易混淆。

自20世纪20年代起，那赫国营酒庄以及其他几家位于巴特克诺伊兹那赫（Bad Kreuznach）市的大型酒庄，就以本地生产的葡萄酿出如多石的自然景观般壮丽又带有浓烈矿物风味的卓越酒款。1930年，那赫终于作为一个独立的葡萄酒产区获得认可，不过区内顶尖酒农的名气一直都比葡萄酒产区来得响亮。至80年代末，由于国营酒庄已无法再继续像以往一样扮演主导地位，目前已改名为 Gut Hermannsberg，由私人重新经营酒厂，重振声誉。这场骚动的最大收益者要算是奥伯豪森

那赫区的酿酒中心

就如这张地图上所有著名酒镇或酒村的位置显示的那样，那赫区的葡萄园分布特别广，不仅仅集中在那赫河边，也位于 Alsenz 河，Ellerbach 河，Gräfenbach 河以及 Guldenbach 河岸上。

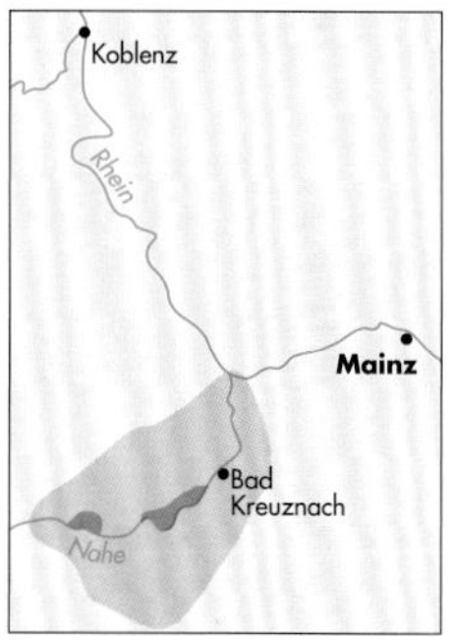

莫宁根镇

当与非常受限制的哈伦堡（Halenberg）相比，Frühlingsplätzchen 葡萄园的无序延展性是明显的；而且这片葡萄园也看上去极为奇怪，似乎是哈伦堡咬了它一口。这部分就是 Emrich-Schönleber 酒庄酿造 A de L（Auf der Lay，意思是"页岩之上"）雷司令的出处。

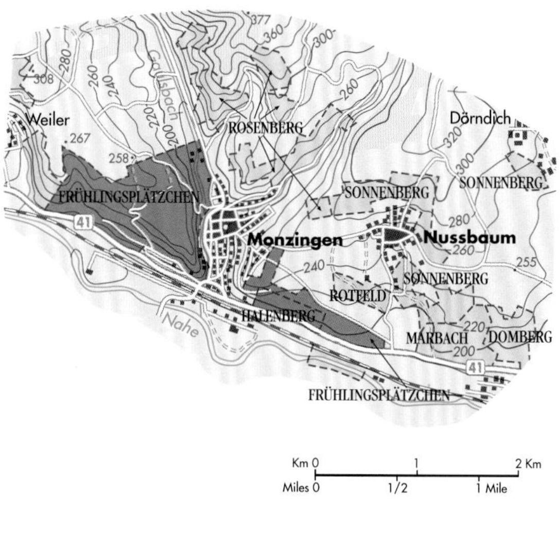

图例：

- — · — 州界
- ● Norheim 酿酒中心
- 海拔 300 米以上的土地
- 229 此区放大图见所示页面

（Oberhausen）镇的 Helmut Dönnhoff，他把这片几乎不可能进行农作的陡峭矮树丛开垦成葡萄园并牢牢将其名字安放在地图上。同时，他把那赫国营酒庄最有价值的 Hermannshöhle 葡萄园一部分归入自己的酒庄，而那块位于巴特克诺伊兹那赫市西南方罗克斯海姆（Roxheim）镇上的地狱之路（Höllenpfad）葡萄园也已恢复以前的声誉。其他很多曾属于巴特克诺伊兹那赫市名噪一时的伟大酒庄的葡萄园都已经被出售。除此之外，在巴特克诺伊兹那赫市以南，就在小城巴特明斯特（Bad Münster）上游的河弯处，有片红色的火山断崖 Rotenfels 据说是欧洲在阿尔卑斯山以北的最高峭壁，从其山脚下那条狭长的被落下碎石填满的葡萄园上也能够酿出顶级葡萄酒。这个由红土组成的向阳短坡，就是大名鼎鼎 Traiser Bastei 葡萄园所在地，由 Dr Crusius 酒庄所拥有。

从这里往下游走，位于地图北部之外的是逐渐展露活力的葡萄酒产区。位于朗根隆斯海姆（Langenlonsheim）镇的 Martin Tesch 酒庄，将令人称羡的成熟葡萄园精华封藏在单一园的不甜酒款中，并以极其醒目的标示方式展现超摩登的流行感。多尔斯海姆（Dorsheim）小镇，则因为 Schlossgut Diel 酒庄的葡萄酒作家阿明·迪尔（Armin Diel）与其女儿卡洛琳（Caroline）推出一系列不时引来赞叹的酒款而跃上葡萄酒地图；反观 Kruger-Rumpf 酒庄，则是从那赫河与莱茵河交汇处、几乎位于宾根市郊的 Münster-Sarmsheim 葡萄园酿出令人兴奋的酒款。

这5家最顶尖的那赫酒庄中，只有 Dönnhoff 一家在下面地图中标识的所有最佳葡萄园都种有葡萄，也正好说明了那赫葡萄园如何的分散。Brücke（意思是"桥"）葡萄园由 Dönnhoff 独家拥有，这里能酿成甘美的甜酒。

STEINBERG　单一葡萄园
------　村界
------　教区边界
　　　极优秀的葡萄园
　　　优秀的葡萄园
　　　其他葡萄园
　　　树林
—200—　等高线间距 20 米

1:50,500

Km 0 ——————— 1 ——————— 2 Km
Miles 0 ——— 1/2 ——— 1 Mile

从 Schlossböckelheim 村到 Bad Münster 镇

巴德明斯特尔阿姆（Bad Münster）镇以及其他村镇不停地占据这段面南的壮丽而古老的葡萄园，特别是俯瞰那赫河而又常常是露营地的地方。Hermannshöhle 园是个以深色页岩为主、混合石灰岩和斑岩的斜坡一级园。

莱茵高西部
Western Rheingau

莱茵高是德国葡萄酒的精神中心，雷司令的诞生地，那里最有历史的葡萄园都是由来自勃艮第的熙笃会修士们创建，成为伏旧园的竞争对手。最好的莱茵高酒，可以融合深度、细腻度和有力的酸度，构成本区最宏伟壮丽的葡萄酒。这些特性使它沾沾自喜了吗？过去10年里，莱茵高已被曾经不那么充满贵族气息的莱茵黑森和法尔兹赶超。然而，本区最杰出酒款的潜力依然泛着光芒。吕德斯海姆（Rüdesheim），约翰内斯堡（Johannisberg），艾尔巴赫（Erbach），劳恩塔尔（Rauenthal）和霍赫海姆（Hochheim）这些名字依然让该地的雷司令酒引人注目。

地图上所看到的这块宽阔延伸的南向山坡，北部有陶努斯（Taunus）山脉屏障，南部又有来自由东往西流向的莱茵河的反射热，很明显这里是绝佳的葡萄种植地。这条超过半英里宽的河流，是成列的大型驳船的通道，河水蒸发的雾气在葡萄成熟期还有助于贵腐霉的生成。此地属于混合性的土壤，还包括各种形态的板岩、石英岩，同时也含有泥灰岩。

莱茵高产区的西部，南向的吕德斯海姆镇上的Berg Schlossberg是莱茵高最陡峭的山坡，几乎笔直坠入河中。吕德斯海姆镇上的葡萄园与其他村镇不同，每个单一葡萄园名前都会加上 "Berg" 一词。在最好的时候（未必一定是在气候最炎热的年份，因为有时排水性太好），这里酿出的酒款非常优秀，充满水果香和力量，又同时兼有细致的变化。在较热的年份，位于吕德斯海姆镇后面的葡萄园就有机会一展所长了。Georg Breuer和Leitz都是这里杰出的酒庄。

雷司令对于莱茵高的白葡萄酒产量，其重要性甚至比摩泽尔区更为重要。但今天，在莱茵高的葡萄园中仍有12%种的是黑皮诺，河岸弯向西北处的阿斯曼豪森（Assmannshausen）镇，如今已不是唯一的红葡萄酒重镇了。

事业心强且具有世界观的酒农，例如阿斯曼豪森镇的奥古斯特·凯瑟勒（August Kesseler），革新了当地酒款的颜色和结构，使酒从浅淡、令人起疑的熏烤味转变成颜色深郁、结构强劲，并经过小橡木桶陈放的葡萄酒。阿斯曼豪森镇的干型黑皮诺酒长久以来一直是德国最著名的红葡萄酒。Krone，Robert König，阿斯曼豪森的黑森州国营酿酒厂（Hessische Staatsweingüter），以及新人Chat Sauvage都保持着高水平。至于阿斯曼豪森镇非常特别的粉色贵腐精选酒TBA，则是令人尊崇的珍品。

在莱茵高所有酒款中索价最高的是那些超级浓甜的逐粒精选酒BA和贵腐精选酒TBA，在这里享用葡萄酒不仅仅是为了搭配食物。即使那些较

莱茵高

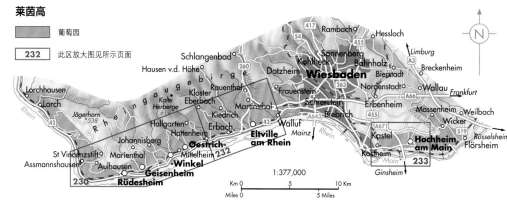

▨	葡萄园
232	此区放大图见所示页面

从阿斯曼豪森镇到哈尔加藤镇

上面的地图显示我们如何划分这段受人尊敬的葡萄园（都倾斜到宽广而繁忙的莱茵河里），以便尽可能多地描绘重要的地带。哎呀，下面的地图已经没有空间留给洛尔希（Lorch）周围声誉正日益增长的葡萄园了。

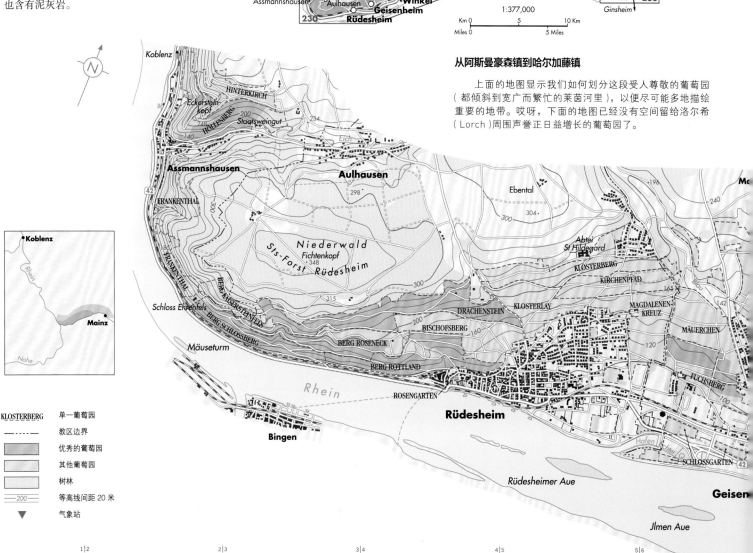

KLOSTERBERG 单一葡萄园
--------- 教区边界
▨ 优秀的葡萄园
▨ 其他葡萄园
▨ 树林
—200— 等高线间距20米
▼ 气象站

普通的葡萄酒也逐渐带有甜味。不过，近期的一些领军人物则谨慎地摆脱这个传统，到了2005年，莱茵高葡萄酒中已有84%属于不甜酒款，回到百年前的情形。有顶尖酒农组成的Charta组织，在20世纪80年代就开始引领风潮，鼓励低产和干型晚摘酒（Spätlese）。1999年，更由VDP组织继续。

就在吕德斯海姆镇上游的盖森海姆（Geisenheim）镇是全球著名的葡萄酒教育和研究中心（特别是葡萄种植方面）的所在地。从这里再稍往上游及往上坡走就是矗立在全是葡萄株平台上的约翰内斯堡酒庄（Schloss Johannisberg），在此能把盖森海姆镇与温克尔（Winkel）镇之间的景致尽收眼底。这里的酒庄在18世纪将稀有的贵腐酒（晚摘酒）引入到德国。待一切平静之后的今天，它再次享有地标的声誉。

温克尔镇上方的Schloss Vollrads是另一家华丽且历史悠久的酒庄，他们的声誉近期刚刚恢复。不过就算温克尔镇上排名第二的葡萄园Hasensprung（意为"兔跃"），也能酿出富有细致变化的芳香酒款。

被挤在温克尔镇与奥埃斯特里希（Oestrich）镇之间的米特尔海姆（Mittelheim）差别并不大，但是奥埃斯特里希镇最好的酒则产自Doosberg和Lenchen两座葡萄园，无论甜酒或不甜酒款都能表现出真正的特色，多汁而甘美。Peter Jakob Kühn，Spreitzer以及Querbach酒庄在两种类型的酒款上都表现优异。

莱茵高的葡萄园在哈尔加藤（Hallgarten）镇达到最高点。厚重的泥灰岩主导了此地。Hendelberg和Schönhell两座葡萄园能酿出强劲、长寿的葡萄酒，然而很多人认为少女园（Jungfer）才是最佳葡萄园。Fürst Löwenstein和Fred Prinz是少女园最佳演绎者。

荣耀了9个世纪葡萄种植技术的约翰内斯堡（Schloss Johannisberg）酒庄是以上所有酒庄的老祖宗，然而其他人家可说是当代的明星。凯瑟勒（Kesseler）是酿造红葡萄酒的专家；莱茵高绝大部分的葡萄酒，无论酒色，都被酿成干型。

莱茵高：盖森海姆 ▼

纬度／海拔
49.59° / 115 米

葡萄生长期间的平均气温
15℃

年平均降雨量
537 毫米

采收期降雨量
10 月：48 毫米

主要种植威胁
真菌病

主要葡萄品种
雷司令，黑皮诺

莱茵高东部
Eastern Rheingau

哈腾海姆（Hattenheim）镇（见下面地图）的边界回头往山坡上延伸，包括了山脊高处的石头山（Steinberg）葡萄园。这座32.4公顷的葡萄园是西多会修士在12世纪开垦并筑墙的。在一片树木繁茂的山谷下，就是 Kloster Eberbach 修道院。如果德国葡萄酒有自己的总部的话，这个矗立在林谷中伟大而复杂的中世纪建筑就是。今天，它设有音乐节、一家酒店和餐厅，以及一个收藏了特别古老葡萄酒的博物馆来讲述莱茵高葡萄酒。2008年，其现任拥有者，克劳斯艾贝巴赫黑森国营酒庄（Hessische Staatsweingüter Kloster Eberbach）正在努力将石头山葡萄园恢复昔日光辉，并在埃尔塔菲莱（Eltville）小镇郊外（见对页的地图）为自己广阔的葡萄园建造了一座现代化酒庄。这是德国规模最大的酒庄，也是最好的酒庄之一。

哈腾海姆（Hattenheim）镇也像哈尔加藤镇一样，土壤中含有泥灰岩。在该镇东缘的 Mannberg 葡萄园90%都被 Langwerth von Simmern 酒庄拥有。Nussbrunnen 和威瑟泉（Wisselbrunnen）这两块葡萄园，也能酿出同样优质的酒款。位于本镇与艾尔巴赫（Erbach）镇交界处的马可泉（Marcobrunn）葡萄园，由于距离河岸太近，其排水状况看起来似乎很糟。但镇边界两边的葡萄酿出的酒都具有非常饱满的风格，浓郁、水果味明显，还带有香料的芬芳：这是这些泥灰岩葡萄园的特色。拥有马可泉葡萄园的包括 Schloss Schönborn, Schloss Reinhartshausen 和 Staatsweingut 酒庄。与马可泉葡萄园平行的 Erbacher Siegelsberg 园出产的酒品质就稍逊一等。

远离河岸且位于海拔120米高的基德里希（Kiedrich）镇上美丽的充满音乐的哥特式教堂，是下一个地标。这个小镇出产平衡度特别好且带有细致香料风味的酒。罗伯特·威尔（Robert Weil，部分日资）是该镇最大的酒庄，生产过不少莱茵高产区令人印象深刻的甜酒。虽然 Gräfenberg 葡萄园被视为当地的个中翘楚，但 Wasseros 葡萄园水准也毫不逊色。罗伯特·威尔酒庄把注意力集中在 Gräfenberg 园和虽然小但同样杰出的 Turmberg 园，在两块园中都酿成了令人忌妒的 TBA 酒款。1971年时 Turmberg 园并入了 Wasseros 园，但到了2005

从哈腾海姆镇到瓦卢夫镇

请注意：出于实用考虑，这个地图的方位如西部莱茵一样并非正北。葡萄株占据了森林与河流之间的绝大多数坡地。葡萄株也被种植在哈腾海姆到艾尔巴赫之间狭窄的岛上。

KLOSTERBERG	单一葡萄园
– – – –	教区边界
	优秀的葡萄园
	其他葡萄园
	树林
200	等高线间距 20 米

产区参考位置请见第 230 页

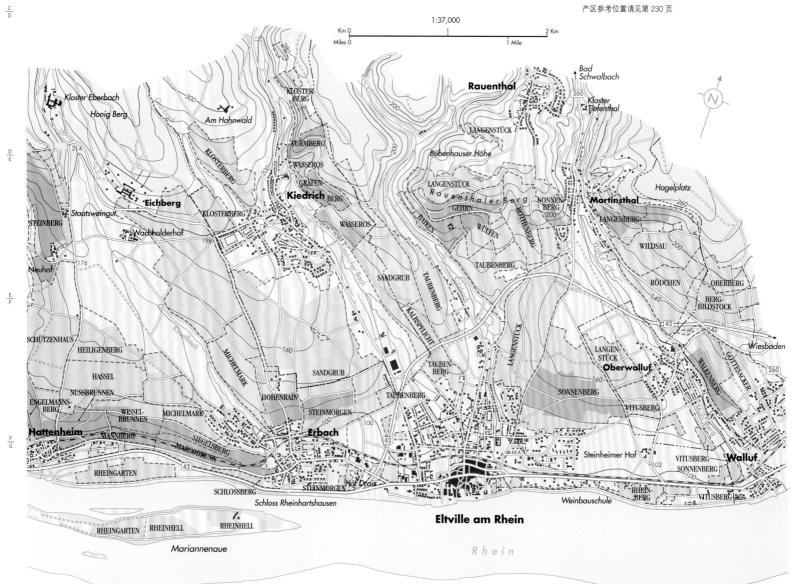

克劳斯艾贝巴赫（Kloster Eberbach）新的 Steinberg 酒庄花费了 1 600 万欧元建造。这个建筑不只是现代化的酿酒设备，而且所有酒瓶现在都已采用独特的旋转盖。

年两者再次分开，恢复了最初的葡萄园名字。这块只有3.8公顷的Turmberg园由罗伯特·威尔酒庄单独拥有。

最后一个山丘小镇，也是离河最远的劳恩塔尔（Rauentha），可以生产风格相当不同的顶尖葡萄酒。由乔治·布洛伊尔（Georg Breuer）酒庄酿造的复杂Rauenthalers酒款一直排在德国最令人向往的酒款之列。贵族气息浓厚的范西默恩男爵（Baron Langwerth von Simmern）及Count Schönborn酒庄的Auslesen酒款，与几款由Rauenthaler Berg葡萄园小酒农所酿的酒一样，除了花香和香料味外，还兼有强劲力量和细腻风格，因而广受好评。

埃尔塔菲莱镇的葡萄酒产量较大，虽然J Koegler酒庄值得注意，但总体品质却不太突出。离镇不远处是克劳斯艾贝巴赫国营酒庄的总部所在地，这个酒庄的酒（特别是Steinbergers）过去也曾是莱茵高的顶尖酒款之一。

虽然没有邻镇的响亮名气，但Walluf和Martinsthal两镇的酒款也有着同样的好品质。JB Becker 和 Toni Jost既是Walluf镇上的明星，也是河对岸中部莱茵（Mittelrhein）最负盛名的生产者之一。

霍赫海姆

在莱茵高的极东处还有个令人惊喜的酒镇霍赫海姆，因为中间隔着威斯巴登（Wiesbaden）市南部不规则的郊区而远离前页地图上的葡萄园，"Hock"这个代表德国白葡萄酒的词源于此地。小镇的葡萄园位于温暖的美因河（Main）北部的平缓坡地，独立于本区其他葡萄园。优秀酒款的霍赫海姆酒，能够在当地深厚的土壤和异常温暖的中型气候环境下，产生出独特的令人震撼的饱满酒体与土地风味，可以比拟最顶级莱茵高酒款的品质，以及莱茵黑森区Nackenheim-Nierstein酒的风格。

20世纪80年代到90年代，维尔纳（Domdechant Werner）带着他的旗舰葡萄园Domdechaney为这个地区注入新生命。今日，因其一贯且耀眼的葡萄酒，法兰兹·昆斯特勒（Franz Künstler）是这里无可争议的领导者，特别是那些来自教会园（Kirchenstück）和地狱园（Hölle）的葡萄酒。教会园能够酿成最优雅的葡萄酒，而地狱园和Domdechaney葡萄园出产的葡萄酒有别于莱茵高特有的优雅风格而极为浓厚。

霍赫海姆镇以前很容易与维多利亚女王联系在一起（她造访酒区时受到臣民们的热烈欢迎），并用Königin Victoriaberg葡萄园与酒款标示纪念。现在Königin Victoriaberg园唯一的拥有者是莱纳·弗里克（Reiner Flick），他不仅从霍赫海姆葡萄园酿成绝佳的不甜和甜型酒款，同时也让小镇东北部的一些历史名园——Wicker园，特别是霍赫海姆镇东北部Nonnberg园——重新获得瞩目，虽然这些葡萄园并不知名。

现在，弗利克（Flick）和孔斯特勒（Künstler）是霍赫海姆（Hochheim）耀眼的酒庄。来自捷克的孔斯特勒家族在20世纪中从那里被驱逐之前，已在摩拉维亚有3个世纪的酿酒历史。

霍赫海姆

霍赫海姆与莱茵高其他地方有相当不同，不仅仅因为它位于美因河上，从地理位置上是分离的；还因为这里由沙石、黏土和黄土构成的土壤更加松弛、更加深厚，更加温暖。

1:37,000

Km 0 —— 1 Km
Miles 0 —— 1/2 —— 1 Mile

HÖLLE	单一葡萄园
	优秀的葡萄园
	其他葡萄园
—200—	等高线间距 20 米

产区参考位置请见第 230 页

莱茵黑森 Rheinhessen

今天，莱茵黑森与法尔兹竞争谁是德国最令人兴奋的葡萄酒产区。 多年以来，这块位于莱茵高与法尔兹之间、东边和北边与蜿蜒的莱茵河交界的产区，似乎一直处于沉睡期。尽管在著名的葡萄酒小镇尼尔斯泰因（Nierstein）的"莱茵前线"（Rheinfront）附近有小部分的优质酒庄生产优质葡萄酒，但大部分地区只是大量炮制圣母之乳（Liebfraumilch）和 Gutes Domtal 这些给德国声誉带来负面影响的酒。

本区内的 150 多个村镇名几乎都带有"heim"字尾，葡萄酒只是众多产品之一；然而到了世纪之交，已经可以明显看出这个 30 多公里宽 50 多公里长的酒区即将有很大的改变。一群受过良好训练、动机清楚且旅行经验丰富得令人嫉妒的年轻酿酒师们向世人证明，不是只有在莱茵河上方的陡峭梯田才能酿出好酒，即使在单调、高低起伏、肥沃且同时种植多种作物的内陆地区也能产出成熟、高品质、令人振奋的好酒。他们都集中在沃纳高（Wonnegau）地区的南部，这个区域是首次在《世界葡萄酒地图》中提及（在对页的地图上被标出）。这些年轻的酿酒师中有不少是 Message in a Bottle、Rheinhessen Five 及 Vinovation 等类似组织的成员；而成立这些组织的动机，是受南部酒镇 Flörsheim-Dalsheim 附近的菲利普·维特曼（Philipp Wittmann）和克劳斯·彼得·凯勒（Klaus Peter Keller）这两位杰出酒居所启发。

而今，这项革命已经发生在以前闻所未闻的小镇身上。Dittelsheim 镇能扬名立万，应该感谢 Stefan Winter；而远在本区西部的 Siefersheim 镇则需感谢 Wagner-Stempel；Hohen-Sülzen 镇要归功于 Battenfeld-Spanier；Bechtheim 镇是因为有 Dreissigacker；而 Weinheim 镇的功臣则是 Gysler 酒庄。在许多情况下，他们并不需要大费周章地重建历史名园，因为莱茵黑森早在古罗马时期就已经开始种植葡萄了。查理曼大帝的叔叔曾在公元 742 年将尼尔斯泰因镇的葡萄园献给乌尔兹堡（Würzburg）的主教辖区。这些新浪潮的酿酒师们，一贯地回归了传统的酿酒方式，包括最明显的低产量，以及使用天然酵母而非添加的培养酵母，结果就是酒质变得更加浓烈，但却比一般的德国葡萄酒能更缓慢地展现香气。当然，这些酿酒师们的尝试也不单有雷司令，严肃的西万尼（Silvaner）也在本区被酿造，黑皮诺酒的质量也提升极快。

所有德国葡萄酒产区内种植的葡萄品种，都没有这里丰富多样。即使是曾经很普遍的穆勒塔戈，今天在所有莱茵黑森的葡萄园中也只占 16%。雷司令是目前种植面积排名第二的品种，超过了以酿造水果味红葡萄酒著称、广受欢迎的丹菲特（Dornfelder）。西万尼、葡萄牙美人、克尔娜（Kerner）、黑皮诺、舍尔贝（Scheurebe）和灰皮诺（Grauburgunder）占有本区葡萄园面积 4%~9% 不等。

西万尼葡萄在莱茵黑森有着特别漫长且显赫的历史，而且时至今日还能找到两种非常不同的风格。大部分的西万尼酒都属于口感清爽、带有相当果味、适合尽早饮用的类型（特别是用来搭配当地人热爱的夏初白芦笋）。另一类是充满力量、带有高提取物和颇具陈年能力的干型西万尼。虽然凯勒酒庄和 Wagner-Stempel 酒庄是这个类型最早的实践者，但最重要的角色是来自 Gau-Algesheim 镇的 Michael Teschke，他的酒庄几乎只专注于这个葡萄品种。

有项传统特色被保留下来：多数莱茵黑森的葡萄酒依旧比半干（halbtrocken）更甜。虽然本区许多最好的新浪潮酒款是完全不甜的，但只有摩泽尔和那赫的干白葡萄酒比例低于莱茵黑森。

几个世纪以来，沃尔姆斯（Worms）一直是莱茵河流域最重要的城市之一，1521 年开除宗教改革者、也是把《圣经》翻译成德文的马丁·路德教籍的那场著名会议就在此举行。围绕着当地圣母院（Liebfrauenkirche）的 Liebfrauenstift-Kirchenstück 葡萄园，因为是圣母之乳酒款名字的由来而败坏了名气，差一点儿也毁了德国酒的声誉。不过 Gutzler 和 Liebfrauenstift（前身是 Valckenberg）这两家酒厂，目前已经从这座葡萄园酿出了更加严肃的酒款。

在莱茵黑森最北端，隔着莱茵河与吕德斯海姆（Rüdesheim）镇（见 230 页）对望的小镇宾根（Bingen），在一级葡萄园 Scharlachberg 陡峭斜坡上拥有绝佳的雷司令葡萄园。

在遥远的过去，尼尔斯泰因镇曾以辉煌的葡萄园，如 Hipping、Brudersberg 以及 Pettenthal 的那

莱茵黑森区的酿酒中心

德国最多产的产区，有超过 400 个单一葡萄园。虽然这里酒的质量已经变得更好，但还是有很多葡萄酒要么是以圣母之乳（Liebfraumilch），要么是以乏味的、地理概念混乱的 Niersteiner Gutes Domta 之名对外售卖。

1:331,000

Km 0 ... 5 ... 10 Km

Miles 0 ... 5 Miles

— · — · — 州界

• Nierstein 酿酒中心

海拔 200 米以上的土地

235 此区放大图见所示页面

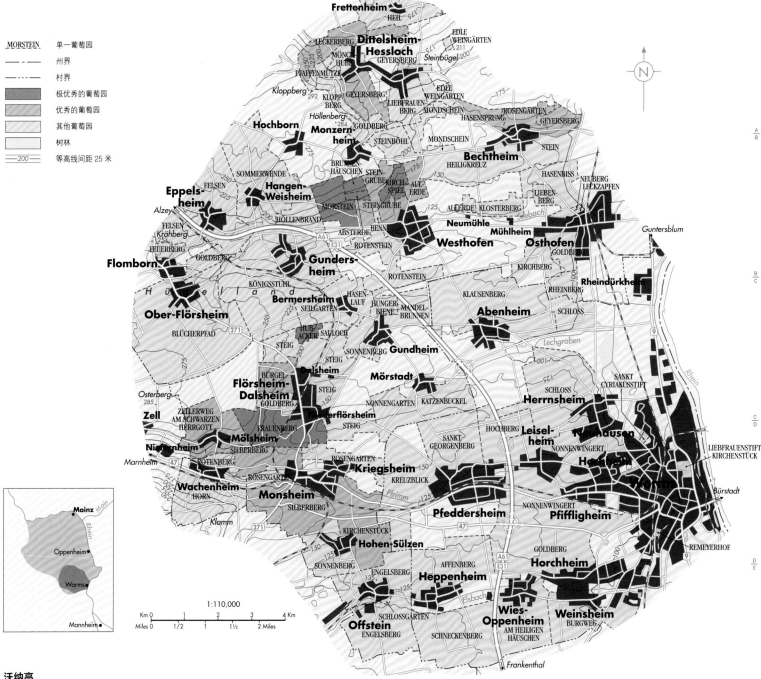

MORSTEIN 单一葡萄园

— · — · — 州界

— — — 村界

极优秀的葡萄园

优秀的葡萄园

其他葡萄园

树林

—200— 等高线间距 25 米

1:110,000

Km 0   1   2   3   4 Km

Miles 0   1/2   1   1½   2 Miles

沃纳高

　　这份新地图显示酿酒新星最集中的区域在哪里。这里温和的农耕乡村不像纳肯海姆（Nackenheim）镇与尼尔斯泰因（Nierstein）镇之间的"莱茵前线"（Rheinfront）有戏剧化的景观。

些无与伦比的甘美、芳香的葡萄酒而著称。但到了20世纪70年代，这个名字被与其相关的一个集合葡萄园 Niersteiner Gutes Domtal 所玷污，那些葡萄酒除了不来自尼尔斯泰因镇外可以来自任何地方。今天，虽然 Kühling Gillot 和 Keller 尽其努力试图把这里带回从前的辉煌时光，但尼尔斯泰因镇已不再是莱茵黑森那束领先之光。

　　从尼尔斯泰因镇往北走一点儿，就是小镇纳肯海姆（Nackenheim）。这里最著名的葡萄园首推由延伸红沙土构成如悬崖般的 Roter Hang，在那里 Gunderloch 酒庄酿造出自 Rothenberg 葡萄园一贯充满独特辛辣与油脂感的雷司令。

4个最左边的酒标所显示的葡萄酒出处都在以上地图上标注出。*Gunderloch* 酒庄也许是最著名的"莱茵前线"区的生产商，而 *Michael Teschke* 则远在莱茵黑森区的西北角。

法尔兹 Pfalz

　　法尔兹（英文称为 **Palatinate**）是德国最大或许也是目前最让人兴奋的葡萄酒产区；这块位于阿尔萨斯北部、绵延80公里的广阔葡萄园区，就坐落在孚日山脉在德国的延伸支脉哈尔特山脉的背风处。如阿尔萨斯，这里也是德国境内阳光最盛及最干燥的地区。在果园之间点缀着魅力恒久的砖木结构房屋，错落着鲜花满眼的迷人小村镇。错综复杂的"葡萄酒之路"（Deutsche Weinstrasse），也跟阿尔萨斯的"葡萄酒之路"（the Route du Vin of Alsace）一样，开始于德国的门户并往北穿过葡萄园和村镇之后，在 Mittelhaardt 地区抵达终点（详见地图）。长久以来，法尔兹区的葡萄酒有很大一部分是由效率极佳的酒农合作社所生产，然而现在这个区则因那些充满雄心壮志的酿酒个人而出名，许多酿酒师属于一些非正式组织，如 Fünf Freunde、Pfalzhoch 以及 Südpfalz Connexion 一类。

　　雷司令是本区种植最广的品种，但红葡萄酒风潮同样也席卷了法尔兹区。2010年时，差不多40%的葡萄酒是红葡萄酒，丹菲特成为种植面积第二位的品种；穆勒塔戈的种植面积降到几乎和更不显眼的红葡萄品种葡萄牙美人一样。除此之外的其他各品种，约占本区种植面积的45%。法尔兹是德国境内各类不同性质的红白品种聚集的产酒地区，包括整个皮诺家族，尤其是口感不甜、通常经过小木桶陈年的餐酒。这三种无论有没有经过橡木桶的皮诺（白皮诺，灰皮诺，黑皮诺）在本区都有深厚基础；甚至赤霞珠都可以在此成熟。每三瓶法尔兹葡萄酒就有两瓶是不甜酒款：干型或半干型。

　　现在，散发出水果风味、真正令人兴奋的葡萄酒不仅仅出自 Mittelhaardt 地区（这里是德国一些最大也最著名酒庄的家园），也可在整个法尔兹区看到。从北至 Laumersheim 村，南到 Schweigen 村，东到 Ellerstadt 村，都能发现维欧尼和桑娇维塞葡萄或其他更传统葡萄品种酿造的严肃酒款。

　　在 Mittelhaardt 区，则仍是由雷司令继续称霸。Mittelhaardt 雷司令的特质在于像蜂蜜般的甜美浓醇的酒体，并有令人震慑的酸度加以均衡，即使是酿成干型葡萄酒。历史上，有三家著名生产者（众所周知的"三个B"）主宰着法尔兹的这个核心产区：生物动力法捍卫者 Bürklin-Wolf 酒庄，von Bassermann-Jordan 酒庄和 von Buhl 酒庄。但是过去他们特有的优越品质，如今在来自四面八方、原创性十足的酿酒师包围之下，优势已然渐渐丧失。

　　位于各酒村西部山坡上的单一葡萄园（Einzellagen），通常最能攀登到甜美浓醇的顶峰。南部的鲁珀茨堡（Ruppertsberg）村是进入 Mittelhaardt 区的第一个酒村之一：顶级葡萄园（包括 Gaisböhl，Linsenbusch，Reiterpfad，Spiess）全位于日照充足的

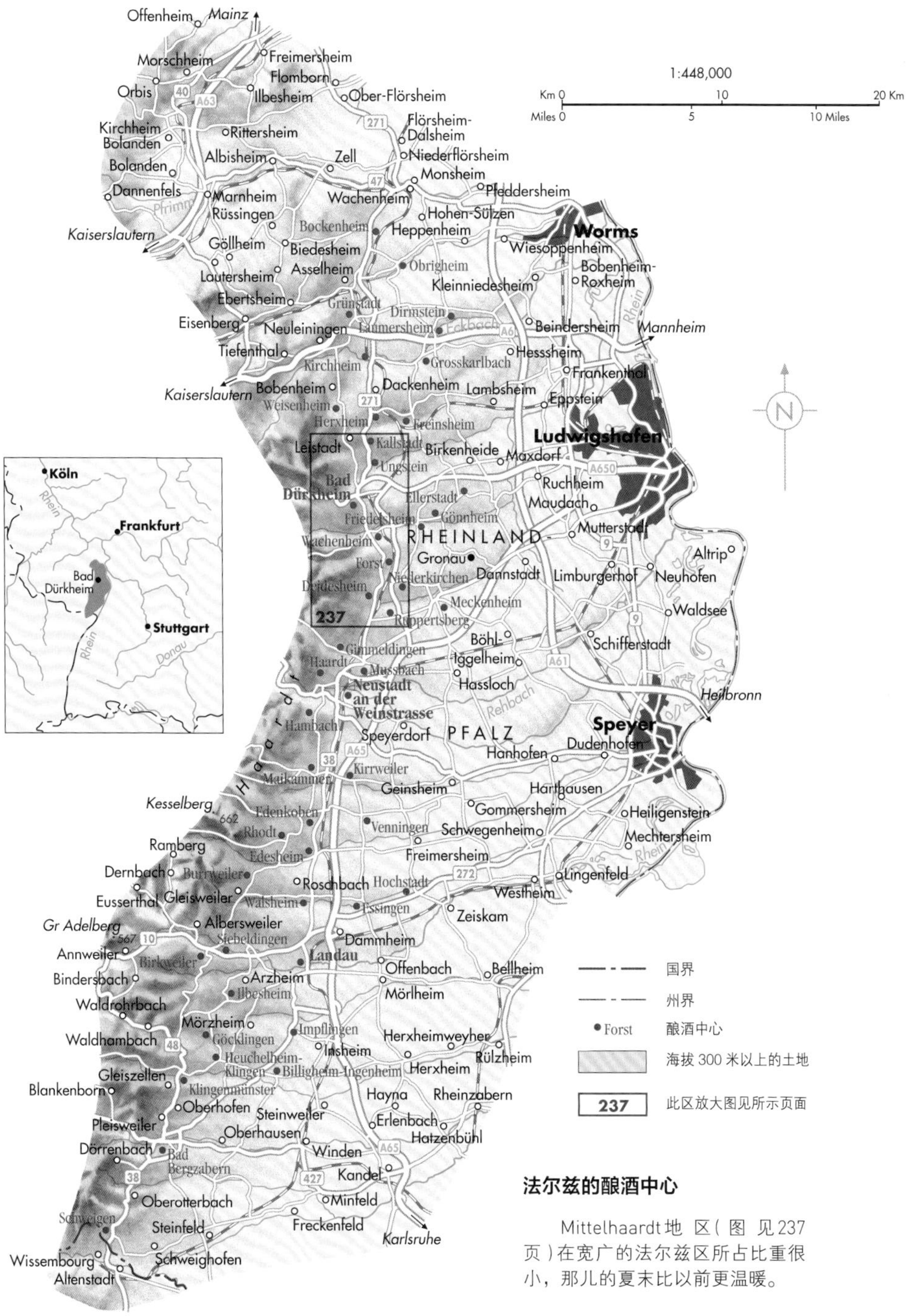

巴特迪克海姆（Bad Dürkheim）村附近梯田葡萄园采收情形，看上去几乎像来自中世纪的挂毯。

1:448,000

法尔兹的酿酒中心

Mittelhaardt 地区（图见237页）在宽广的法尔兹区所占比重很小，那儿的夏末比以前更温暖。

图例：
- 国界
- 州界
- Forst　酿酒中心
- 海拔 300 米以上的土地
- 237　此区放大图见所示页面

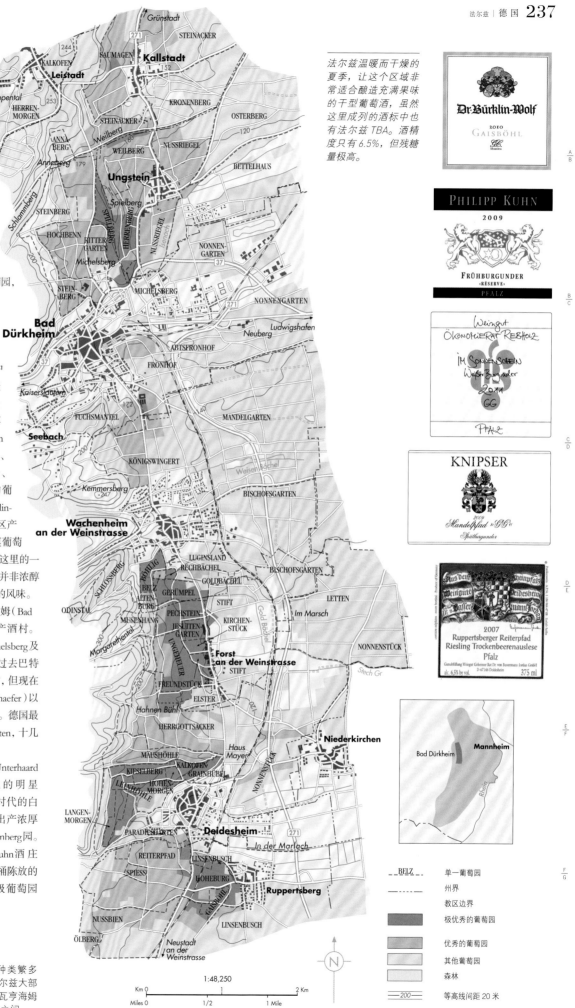

缓坡，且主要种植雷司令。

长久以来福斯特（Forst）村一直被推崇为法尔兹区最优雅酒款的产地，当地人甚至喜欢拿葡萄酒与当地教堂的优雅尖塔相提并论。该村最精华的葡萄园就位在保水性极佳的黏土土壤上；而村庄上方露出的黑色玄武岩矿脉则为葡萄园提供了富含钾的深色温暖土壤，有时甚至会特别开采出来覆盖在其他葡萄园上，尤其是在代德斯海姆（Deidesheim）镇。福斯特村最著名的葡萄园是基督园（Jesuitengarten），以及位于教堂后方、酒质同样杰出的Kirchenstück。实力相当的同级葡萄园，还有Freundstück（由von Buhl酒庄拥有绝大部分）和Pechstein。格奥尔格·莫斯巴赫尔（Georg Mosbacher）则是福斯特村一个表现出色的酒农。

虽然福斯特村曾在1828年的分级中获得最高评分，但南部被誉为德国最美的酒村之一的代德斯海姆镇现在已经赶上。这里的顶级酒款具有非常独特的丰醇多汁的风味。Von Bassermann-Jordan及von Buhl酒庄的据点都在此地。Hohenmorgen、Langenmorgen、Leinhöhle、Kalkofen、Kieselberg以及Grainhübel都是区内顶尖的葡萄园。瓦亨海姆（Wachenheim）村是Bürklin-Wolf酒庄的所在地，这里是Mittelhaardt地区产酒核心的终点；村内有许多著名的小规模葡萄园，Böhlig、Rechbächel以及Gerümpel都是这里的一级葡萄园。不过，Wachenheim酒款的特征并非浓醇丰厚，而是细致地保有均衡的甘甜及纯净的风味。

拥有800公顷葡萄园的巴特迪克海姆（Bad Dürkheim）村是德国葡萄园面积最大的产酒村。雷司令除了在最好的台阶葡萄园Michelsberg及Spielberg两个葡萄园以外，都相当少见。过去巴特迪克海姆村一直被视为是表现欠佳的酒村，但现在亨泽尔（Thomas Hensel）与舍费尔（Karl Schaefer）以及其他竞争者们也能产出令人激赏的酒款。德国最值得信赖的酒农合作社之一的Vier Jahreszeiten，十几年来一直是当地可靠的廉价酒的生产者。

再往北就到了以Kallstadt小镇闻名的Unterhaard地区，Koehler-Ruprecht和Ungstein是当地的明星酒厂。他们最好的葡萄园区是位于罗马时代的白垩岩场的Saumage，以及以Pfeffingen酒庄出产浓厚舍尔贝（Scheurebe）白葡萄酒著称的Herrenberg园。Laumersheim村的Knipser酒庄与Philipp Kuhn酒庄则生产一系列令人欣喜的好酒，从经过木桶陈放的红葡萄酒和白葡萄酒，到产自大量的顶级葡萄园（Grosses Gewächs）的不甜雷司令一应尽有。

Mittelhaardt地区

巴特迪克海姆（Bad Dürkheim）村以它种类繁多的香肠和秋天的葡萄酒集市出名。然而，法尔兹大部分最杰出的葡萄园要在这个村的南方，位于瓦亨海姆（Wachenheim）和代德斯海姆（Deidesheim）之间。

法尔兹温暖而干燥的夏季，让这个区域非常适合酿造充满果味的干型葡萄酒，虽然这里成列的酒标中也有法尔兹TBA。酒精度只有6.5%，但残糖量极高。

巴 登 Baden

气候带给德国的收益比任何其他产酒国都多。在遥远的南部，那里的种植者正在往新方向前进。他们的葡萄酒酒体饱满，且经常是经过橡木桶陈年的不甜酒款。毫无疑问，这些绝对都是适合搭配食

物一起享用的餐酒，而且其中最好的往往可以在一些品位绝佳的德国餐桌上见到，虽然鲜少有机会出口。法国或许提供了黑皮诺、灰皮诺及白皮诺的原型，这些品种分占巴登区葡萄种植面积的第一、第三及第四位，但是新一代的酿酒师却有足够的信心，为这些品种塑造出当地特有的本土风格。

在所有德国的葡萄酒产区中，只有阿尔（Ahr）产区拥有比巴登和符腾堡（Württemberg）更高的红葡萄酒比例，两者的种植总面积中，深色葡萄所占

巴登、符腾堡以及黑森山道区

黑森山道区（Hessische Bergstrasse，见217页），这个就在曼海姆（Mannheim）市北部，所产干型雷司令不供出口，是德国最小的产区。巴登-符腾堡的葡萄园面积是这个区的60倍。

的比例后两者分别是44%及71%。在20世纪后半叶，巴登的葡萄酒产业历经了大规模的重整，这也包括了实质性地重新整建难以工作的陡坡葡萄园，以及从制度层面上改变了以往巴登由效率超高的酒农合作社主导的葡萄酒产业——曾有一阶段每年高达九成的收成都由合作社经手。今天，酒农合作社所占的葡萄酒产量比例已经降至72%，不过目前巴登最主要的酒厂，仍是位于莱茵河畔边境小镇布赖萨赫（Breisach），介于弗赖堡（Freiburg）和阿尔萨斯之间那家规模庞大的Badischer Winzerkeller酒农合作社。

虽然酒农合作社所酿造葡萄酒的质量越来越出色，但让人们以全新的眼光看待巴登的却是规模不能相提并论的那些小酒庄们。这些小酒庄包括凯撒斯图尔（Kaiserstuhl）区的黑格尔博士（Dr Heger）、布莱斯高（Breisgau）区的胡贝尔（Bernhard Huber）、杜尔巴赫（Durbach）村的莱布勒（Andreas Laible）以及Oberrotweil村的萨尔维（Salwey），他们都是率先采用勃艮第酿酒技术及克隆品种的先驱。其他顶尖种植酿者有贝尔谢尔（Bercher）、RC施耐德（R & C Schneider）、约纳（Karl Heinz Johner）以及在葡萄酒和美食方面都深受法国影响的弗里茨·凯勒（Fritz Keller，弗伦茨·凯勒之子）等。

巴登区是德国最温暖的产区，只是比莱茵河对岸的阿尔萨斯稍微潮湿而多云。2/3的巴登葡萄园位于充满奇幻色彩的黑森林，其中的绝大部分都集中在森林和莱茵河之间那块长达130公里的狭窄地带。最好的葡萄园不是在森林山丘上位置最好的南向斜坡，就是位于凯撒斯图尔这块由死火山残块在莱茵河谷组成的特殊岛状高地上。

凯撒斯图尔（见地图）与图尼贝格（Tuniberg）两区的产酒量，占了巴登所有葡萄酒的1/3。虽然黄土是本地最主要的土壤类型，但多数风味细致的最佳黑皮诺红葡萄酒，以及酒体饱满的灰皮诺白葡萄酒，仍产自火山灰土质，这样的葡萄酒带有浓郁的风味。紧临本区的布莱斯高区，则有马尔特丁根（Malterdingen）村的Bernhard Huber酒庄，酿出一些德国最好的黑皮诺红葡萄酒。往

巴登：弗赖堡	▼
纬度 / 海拔	
48° / 280 米	
葡萄生长期间的平均气温	
16℃	
年平均降雨量	
929 毫米	
采收期降雨量	
9 月：87 毫米	
主要种植威胁	
春霜	
主要葡萄品种	
黑皮诺，穆勒塔戈，灰皮诺，雷司令，古德尔	

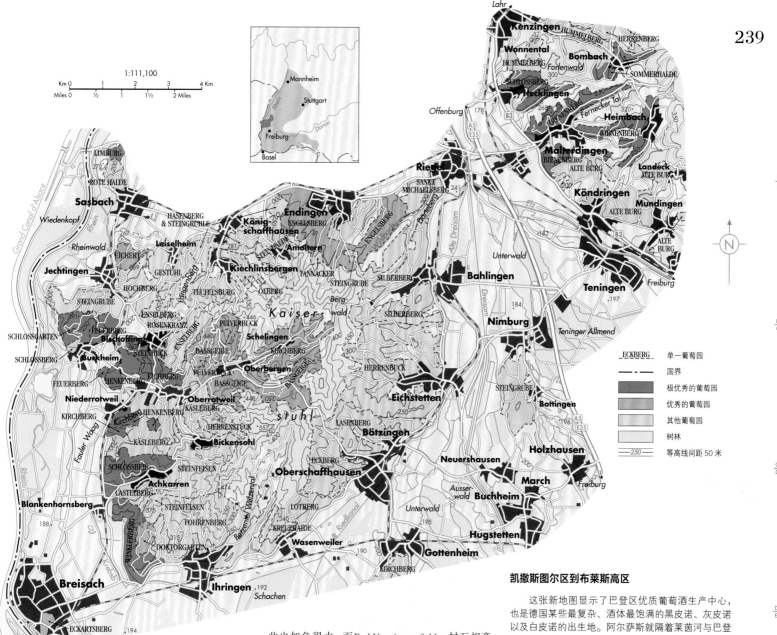

北到拉尔（Lahr）村，韦尔勒（Wöhrle）家族在此为 Weingut Stadt Lahr 酒庄注入了新生命，现在已经能产出特别纯净、清新的白葡萄酒酒——霞多丽以及白皮诺品种。再往北走，位于黑森林区疗养胜地巴登巴登（Baden-Baden）市以南的奥特瑙（Ortenau）是巴登第二重要的葡萄种植园区，一直以来都以生产红葡萄酒为主。Andreas Laible 酒庄、Schloss Neuweier 酒庄以及新人 Enderle&Moll 酒庄都是这个区域出色的酿酒者。

继续往北走，卡莱氏高（Kraichgau）区多样化的土壤结构赋予这个区更多的葡萄品种，但雷司令葡萄依然是最流行的品种，而 Auxerrois 可以说是该区特色。围绕历史悠久的大学城海德堡的巴登山道（Badische Bergstrasse）区，其最出名的是 Seeger 酒庄出产不同种类的皮诺。

往下到远在本区南缘的马克格拉费兰德（Markgräflerland）子产区，这里是位于弗赖堡（Freiburg）和瑞士第二大城巴塞尔（Basel）之间的德国边角，最受欢迎的是古德尔（Gutedel）葡萄（这是种植在瑞士的夏思拉葡萄在当地的名称）。这种葡萄可以酿出清新或含蓄的酒款。霞多丽在此也如鱼得水，而 Bad Krozingen-Schlatt 村互相竞争的一对兄弟酿酒师马丁（Martin）和瓦斯莫（Fritz Wassmer），加上 Efringen-Kirchen 村 Ziereisen 酒庄，已经让本地的黑皮诺跃上舞台。

产自全区最南端、博登湖（Bodensee）区的梅尔斯堡（Meersburg）小镇附近的葡萄被称为 Seewein（意思是"湖酒"）：一种以黑皮诺酿成，具有当地特色令人愉悦的微甜粉红葡萄酒（Weissherbst）。Meersburg-Stetten 村的 Aufricht 以及梅尔斯堡国营酒庄（Staatsweingut Meersburg）生产出一些非常不错的穆勒塔戈（这里最主要的品种）以及非常优雅细致的白皮诺葡萄酒。

符腾堡

身为德国第四大葡萄酒产区的符腾堡，尽管葡萄园的规模相当庞大，但却只在德国享有较高的知名度。生产者们如斯图加特（Stuttgart）市郊费尔巴赫（Fellbach）镇的 Aldinger 酒庄，Rainer Schnaitmann 酒庄暗示着符腾堡区正蓄势待发迎接一场像莱茵黑森那样的葡萄酒变革。这个产区也像巴登一样，部分地区没有出现在地图中（见217页）；深色的品种托林格（Trollinger）在那里依然是主导，但蓝贝格（Lemberger）这个继雷司令、黑雷司令（Schwarzriesling）之后，排名第四位的葡萄品种却能够酿造出某些具有说服力和独特风格的符腾堡红葡萄酒。这个区也已经有种植早熟皮诺甚至是波尔多品种令人信服的经验。这里更偏向大陆性气候，因此葡萄园的位置必须更仔细地选择。本区3/4的葡萄园，位于州政府所在地斯图加特市以北的内卡（Neckar）河及其支流沿岸。

凯撒斯图尔区到布莱斯高区

这张新地图显示了巴登区优质葡萄酒生产中心，也是德国某些最复杂、酒体最饱满的黑皮诺、灰皮诺以及白皮诺的出生地。阿尔萨斯就隔着莱茵河与巴登区相望。

萨尔维（Salwey）和黑格尔博士是巴登两个最受人尊重的酿酒人，就如他们的同行们，都以极为严肃的态度对待灰皮诺（每年，恩丁根镇都举办灰皮诺庆典）。这个产区几乎一半的葡萄品种是皮诺家族成员。

法兰肯 Franken

　　不管是从地理上还是从与众不同的独特传统来看，法兰肯（英文为Franconia）都是德国葡萄酒的非主流。就行政管辖而言，弗兰肯所在位置是以啤酒为中心的前巴伐利亚王国，这使得当地国营酒庄的酒窖拥有称霸全德的奢华显赫。法兰肯区不同于其他产区之处在于，在这里西万尼反而比雷司令更杰出，而且长久以来一直专长于酿造干型葡萄酒。Steinwein一名（字面意思"石头酒"），一度被滥用在所有法兰肯地区出产的葡萄酒上。然而，"Stein"其实是法兰肯在美因河沿岸的葡萄酒之都维尔兹堡（Würzburg）市最著名的两个葡萄园之一；另一个是Innere Leiste。这两座葡萄园，过去都曾经因为酿出陈年潜力惊人的葡萄酒而闻名。一款产自特优年份1540年的Stein葡萄酒，甚至到20世纪60年代还只是刚迈入可喝的阶段而已；当然，这样的酒至少必须是极度浓甜的BA等级才行。今天的法兰肯区很少酿造这样的珍品；事实上，只有不到10%的葡萄酒被酿成干型（trocken）和半干（halbtrocken）之外的酒款。

　　法兰肯是明显大陆性气候类型，但是气候的转变却大大地解决了当地生长季节过短的问题。的确，1996年是雷司令迄今最后一次出现无法完熟的情形；而西万尼近年来往往具备高浓缩度和高酒精浓度，就像奥地利瓦豪丰满结实的酒款那样。

　　遗憾的是，即使在法兰肯，穆勒塔戈似乎仍然提供了较好的收益，至少对那些位置比较不理想的葡萄园来说。而这也使它成为本区种植最广的葡萄品种，几乎占1/3。然而，西万尼（种植面积约有1/5强）才是真正称霸法兰肯的品种，能神奇地在本区最适合的葡萄园酿出具有爆炸性浓度的酒款。法兰肯葡萄酒也可能酿自香气超浓郁的其他葡萄品种，如克尔娜（Kerner）、巴库斯（Bacchus）、舍尔贝（Scheurebe）以及晚熟的品种Rieslaner（西万尼和雷司令的杂交种），它们都能在完全成熟的地方酿出特别出色的甜酒和扎实的不甜酒款。

法兰肯中心区

　　法兰肯葡萄酒产区的中心地带位于Maindreieck区，沿着美因河蜿蜒流出的紊乱三角形，从维尔兹堡市上游的Escherndorf村和Nordheim村，到南部的Frickenhausen村，接着再往北穿过维尔兹堡市下游的整个河岸及在哈梅尔堡（Hammelburg）镇附近的外围地区。Escherndorf村因其知名的Lump葡萄园以及Horst Sauer和Rainer Sauer这些极富天赋的生产者而从众多酒村中脱颖而出。让这些散

在法兰肯相当的寒冷冬季来临之前，华美壮丽的维尔兹堡市附近的秋日葡萄园景色。历史上，这个产区的雷司令种植有限，而鼓励乏味的穆勒塔戈葡萄的种植。

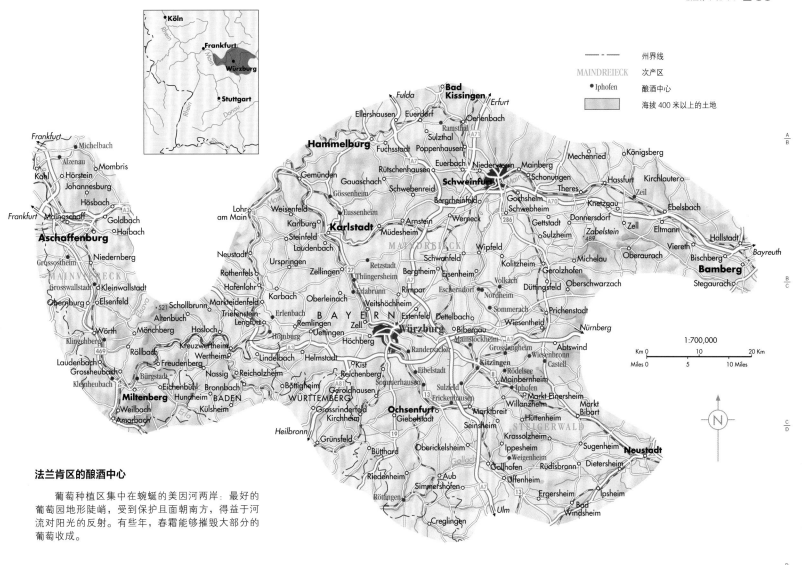

A
B

C

D

法兰肯区的酿酒中心

葡萄种植区集中在蜿蜒的美因河两岸：最好的葡萄园地形陡峭，受到保护且面朝南方，得益于河流对阳光的反射。有些年，春霜能够摧毁大部分的葡萄收成。

乱的南向山坡显得与众不同的是一种称为壳灰岩（Muschelkalk）的特殊石灰岩，其起源与夏布利 Kimmeridgian 黏土（或更确切地说是桑塞尔的一些土壤）相差不远。这种土质让葡萄酒带有一种优雅轻灵的感觉，特别是在著名的维尔兹堡石头园（Würzburger Stein），甚至在 Eschendorfer Lump 蜂蜜风味更浓厚的酒款中都可明显感觉到。

维尔兹堡市是值得造访的伟大葡萄酒城之一，在市区中心就有三座分属于巴伐利亚州（Staatliche Hofkellerei）、教会慈善事业（最近才再度复苏的朱利叶医院）以及市民慈善机构（市民福利院 Bürgerspital）的宏伟壮丽酒厂。此外，维尔兹堡市也是克诺尔（Knoll）家族占地27公顷的杰出酒庄 Weingut am Stein 所在地。Staatliche Hofkellerei 酒厂前身是王子主教的宫殿，光凭由意大利著名壁画大师蒂耶波洛（Tiepolo）所绘的天花板壁画就值得前往一游。此外，在覆满葡萄树的山丘上，还有一座壮丽的马林堡（Marienburg），一座美丽的巴洛克桥，以及隶属于这些古老机构、人气发烧的酒馆（Weinstuben），在那里所有的当地酒产都能绝妙地搭配合适的美食。

位于西部更下游的 Mainviereck 产区，土壤类型是砂石上覆有较轻的壤土。这里的葡萄种植面积虽然小了很多，但一些历史悠久的葡萄园却能产出非常特别且耐久存的葡萄酒，如 Homburger

Kallmuth 葡萄园（位于不在地图上的南部）。这里也是法兰肯的红葡萄酒产区，黑皮诺和早熟皮诺（Frühburgunder）都能在这块陡峭又特别干燥的红色沙石阶地上有相当不错的表现。明星级酒庄如有红葡萄酒魔术师之称的鲁道夫王子（Rudolf Fürst）酒庄与洛温斯坦王子（Fürst Löwenstein）酒庄都位于该区域。

东部的 Steigerwald 产区，由于有适合耕作的农

地及山丘上由各种橡树组成的动人森林，让葡萄树在此几乎没有容身之地。由石膏和泥灰土所组成的陡峭山坡，让本区生产的酒款风味特别强烈，也因此而闻名。小镇 Iphofen（Hans Wirsching 和 Johann Ruck 两家酒厂的所在地）和 Rödelsee，以及以娃娃屋和酒庄闻名的 Castell 镇，都是本地一些最杰出酒款的产地。

E
F

F
G

所有这些酒标都来自法兰肯区一些最受人尊敬的酒庄，它们是为那种宽而扁的瓶子（称为"Bocksbeutel"）设计的。Bocksbeutel 几个世纪来一直都是法兰肯区特有的瓶子——这也就是很多酒标形状是椭圆的原因。

欧洲其他产区

坐落在被联合国教科文组织列为世界遗产地的 Lavaux 葡萄园梯田上的 Riex 村庄，位于瑞士。

英格兰和威尔士 England and Wales

气候变化带来的直接影响对于不列颠群岛来说最为明显。目前英格兰充满信心地拥有接近1 600公顷的葡萄园，它们广泛分布在南半部。东南方的几个郡是最密集的区域，如肯特（Kent）、萨塞克斯（Sussex）以及Surrey。不过，也有为数众多的小葡萄园（总数超过500个）横跨南部直达英格兰西南部各郡，沿着泰晤士河和Severn河谷以及East Anglia这个英国最干燥的区域分布，还包括南威尔士和爱尔兰。最大的葡萄园属于酿造气泡酒的先锋Nyetimber，种植面积达到166公顷，分布在西萨塞克斯郡（West Sussex）和汉普郡（Hampshire）；不过这是个绝无仅有的例外，因为在英国葡萄酒业，平均每家酒厂只拥有2.65公顷的葡萄园，甚至有不少规模更小的葡萄园专门靠卖酒给观光客来维持。现在这里有超过100家的酒庄，产量起起伏伏，但平均年产量超过250万瓶。

英格兰所酿酒款中80%左右为白葡萄酒，余下的大多为桃红葡萄酒。香槟品种霞多丽、黑皮诺和莫尼耶（Meunier）种植面积已经占到总面积的45%，而且随着新老葡萄园的更替预计将会达到75%。白谢瓦尔、Reichen steiner、穆勒塔戈、Bacchus和Madeleine x Angevine 7672（英国特有的品种，20世纪30年代由Georg Scheu在德国培育出来），而红色果实的Rondo、Schönburger、Ortega和白皮诺依次为种植最广泛的品种。只有一些红酒和日益增长的优质桃红酒（尤其是气泡酒）是用黑皮诺和莫尼耶酿造，其余的都是用隆多（Rondo）、丹菲特（Dornfelder）和丽晶（Regent）三个品种酿造的。

英格兰气泡酒

英格兰最引以为傲的就是它的瓶中发酵气泡酒，最好的那些大部分用的都是香槟葡萄；而且和香槟的价格也不相上下。英格兰Downs区的白垩土层和香槟区差异不大，而近年气候转变对英格兰气泡酒的风味产生了极大的影响。过去英格兰的气泡酒经常需要重度加糖酿造，而21世纪以来葡萄中的自然糖度有所上升，在最成熟的年份里甚至根本不需要加糖。一般来说，更为温暖的夏季和春季，更好的田间管理和酿造技巧，更丰富的经验和更好的设备使得许多酒庄几乎每年都能酿出非常不错的白葡萄酒和桃红葡萄酒，尤其是那些气泡酒，有着独特的清爽和活泼的个性。而且它们也具备瓶中陈年的能力。

英格兰：东莫林 ▼
纬度 / 海拔
51.29° / 32 米
葡萄生长期间的平均气温
14.1℃
年平均降雨量
648 毫米
采收期降雨量
10 月：74 毫米
主要种植威胁
结果率低，凉爽的年份酸度太高，产量低
主要葡萄品种
霞多丽、黑皮诺、Bacchus、白谢瓦尔、Reichensteiner

萨塞克斯郡（Sussex）的山景酒庄（Ridgeview）和康沃尔郡（Cornwall）的骆驼谷酒庄（Camel Valley）都由极具献身精神和能力的人运营，所酿的气泡酒品质始终如一，令人赞叹，并多次获奖——不仅仅在英国，在海外盲品中也屡获殊荣。

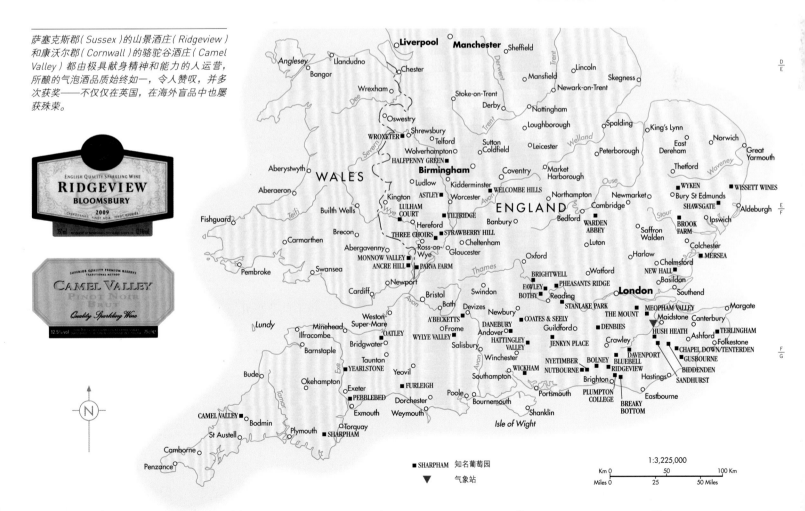

■ SHARPHAM 知名葡萄园
▼ 气象站

1:3,225,000

Km 0   50   100 Km
Miles 0   25   50 Miles

瑞士 Switzerland

即便是在当下这个葡萄酒世界远比以往更开放更充满求知欲的时代，瑞士葡萄酒依然如小家碧玉般深藏闺中，鲜为世人所知。只有1%不到的酒会出口，游客们也只能接触到一些常规酒款而非瑞士最好的酒。很少有人知道在这个弹丸小国居然种植着两百多种葡萄。尽管如此，经过了几十年的葡萄酒封锁之后，瑞士也已经打破了这个壁垒。2001年，它的葡萄酒市场正式开放；2006年，有关葡萄酒进口的禁令也被彻底废除。

瑞士人是狂热的葡萄酒爱好者，60%的需求来自进口——包括大批勃艮第最好的酒。这也使得任何葡萄酒在瑞士都卖得不便宜。这片流淌着牛奶和金钱之地永远不会产生廉价的大众市场商品。而葡萄酒农也深谙此道，越来越多的酒农都会给自己的酒排个什么典故。这对于每个葡萄园来说并不困难，尤其是几乎所有葡萄都有着自己的个性。瑞士的葡萄种植面积达到14 942公顷（如此精确的数字充分体现了瑞士人的风格），拥有成千上万兼职或全职的葡萄酒农，而他们的酿酒精神是崇尚精工细作，而不追求商业化。

为了谨慎照顾葡萄树，他们采用了灌溉方式，特别是在瓦莱州（Valais）的部分干燥地区，这让瑞士的单位公顷产量与德国一样高。为了能确保如此高的产量，还会视需求加糖酿造，由于地势上的困难及高昂的人工费用，他们确实花了相当大的代价种植葡萄。至于在酒厂方面，为了降低天生酸度过于尖锐的问题，使用乳酸发酵是必要的做法（不像德国或奥地利）。

瑞士有欧洲海拔最高的葡萄园，而且还是第一个同时有两条孕育葡萄酒的伟大河流经过的产区：莱茵河与隆河两者位于Gotthard山地的源头非常接近。

瑞士的每一州都生产一些酿酒用的葡萄，近年来4/5以上的酿酒葡萄来自瑞士法语区的西部各州。**瓦莱州**是产量最大的一州，接下来是**沃德州（Vaud）**，然后是**日内瓦州（Geneva）**。至于排名第四的**提契诺州（Ticino，意语区）**几乎全部是红酒。

瑞士红葡萄酒的销量是白葡萄酒的两倍，所以21世纪初时本来种植白葡萄品种的葡萄园纷纷大规模地转种黑葡萄品种，尤其是黑皮诺，如今依然占据58%的种植比例。

这个品种支配着沃州的产酒，也在瓦莱州、日内瓦州以及纳沙泰尔州（Neuchâtel）三州扮演重要的角色。

瑞士最流行且急速增长中的红葡萄酒，使用的葡萄不拘一种，包括黑皮诺、Blauburgunder或全国都有种植的Clevener，例外的是提契诺州，该州以梅洛葡萄为主，这是在根瘤芽虫肆虐而重创本区葡萄酒业后，于1906年由波尔多引入的品种。

品味历史

不过，瑞士最有特色的葡萄酒却是以一长串的传统特有品种酿制而成，例如瓦莱州的Petite Arvine、Amigne、Humagne Blanc、Païen（Heida）和Rèze等白葡萄酒品种，以及Cornalin与Humagne Rouge等红葡萄酒品种；德语区的Completer及古老的德国品种Räuschling与Elbling；提契诺州则是红葡萄酒品种Bondola。其中的Petite Arvine、Completer和红葡萄酒品种的Cornalin与Humagne Rouge等葡萄确实可以酿出某些顶级好酒。也有一系列由知名的欧洲种葡萄所杂交而成的新品种，特别是酿造红葡萄酒用的Gamaret、Garanoir、Diolinoir以及Carminoir。有些酒农（尤其是东部），目前已经栽种出能够抗病害的杂交种。诸如红葡萄品种丽晶（Regent）和白葡萄品种Solaris。

通过精心缜密的规划，瑞士人非常有效地把风景如画的葡萄田保留了下来。而在瓦莱州位于锡永上方的这些葡萄园里，西拉是种得最好的品种之一。

瑞士的葡萄酒产区

不同于阿尔卑斯山脉的寒冷使得葡萄难以栽种，瑞士有许多地方都适合种植葡萄，无论是西部的法语区，还是东部的德语区，抑或南部说意大利语的提契诺州（Ticino）。

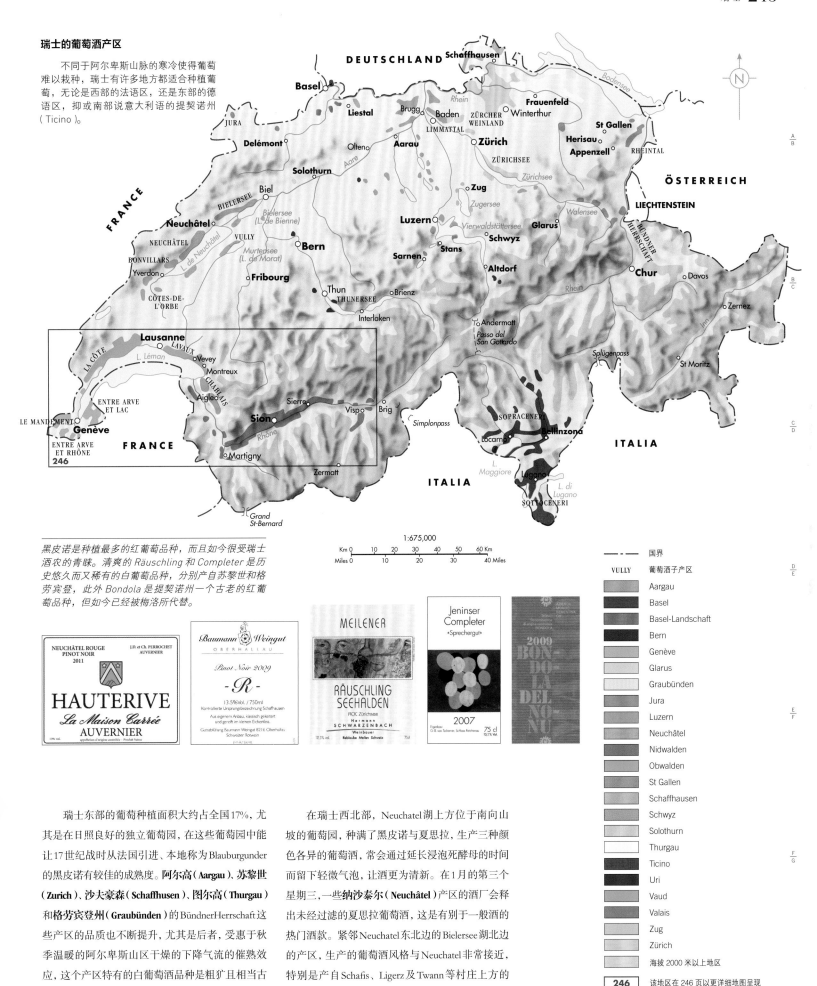

黑皮诺是种植最多的红葡萄品种，而且如今很受瑞士酒农的青睐。清爽的 Räuschling 和 Completer 是历史悠久而又稀有的白葡萄品种，分别产自苏黎世和格劳宾登，此外 Bondola 是提契诺州一个古老的红葡萄品种，但如今已经被梅洛所代替。

1:675,000

Km 0	10	20	30	40	50	60 Km	
Miles 0	10	20	30	40 Miles			

国界

VULLY 葡萄酒子产区

- Aargau
- Basel
- Basel-Landschaft
- Bern
- Genève
- Glarus
- Graubünden
- Jura
- Luzern
- Neuchâtel
- Nidwalden
- Obwalden
- St Gallen
- Schaffhausen
- Schwyz
- Solothurn
- Thurgau
- Ticino
- Uri
- Vaud
- Valais
- Zug
- Zürich

海拔 2000 米以上地区

246 该地区在 246 页以更详细地图呈现

瑞士东部的葡萄种植面积大约占全国 17%，尤其是在日照良好的独立葡萄园，在这些葡萄园中能让 17 世纪战时从法国引进、本地称为 Blauburgunder 的黑皮诺有较佳的成熟度。**阿尔高（Aargau）、苏黎世（Zurich）、沙夫豪森（Schaffhusen）、图尔高（Thurgau）和格劳宾登州（Graubünden）**的 BündnerHerrschaft 这些产区的品质也不断提升，尤其是后者，受惠于秋季温暖的阿尔卑斯山区干燥的下降气流的催熟效应，这个产区特有的白葡萄酒品种是粗犷且相当古老的 Completer 葡萄。

在瑞士西北部，Neuchatel 湖上方位于南向山坡的葡萄园，种满了黑皮诺与夏思拉，生产三种颜色各异的葡萄酒，常会通过延长浸泡死酵母的时间而留下轻微气泡，让酒更为清新。在 1 月的第三个星期三，一些纳沙泰尔（Neuchâtel）产区的酒厂会释出未经过滤的夏思拉葡萄酒，这是有别于一般酒的热门酒款。紧邻 Neuchatel 东北边的 Bielersee 湖北边的产区，生产的葡萄酒风格与 Neuchatel 非常接近，特别是产自 Schafis、Ligerz 及 Twann 等村庄上方的小片葡萄园的优良黑皮诺。

瓦莱州、沃州与日内瓦 Valais, Vaud and Geneva

很久以前，还正年轻的隆河剖开阿尔卑斯山，留下瓦莱州陡峭的边界，然后流经沃州较和缓的山坡，再注入Léman湖（日内瓦湖）。沿着隆河北岸，在南向坡地上形成几乎连续不断的葡萄园种植带。瓦莱州是葡萄酒如假包换的实验温床；沃州是瑞士传统的产酒中心，熙笃会修士在900年前从勃艮第引入葡萄在此种植；而湖尽头的日内瓦州则不断努力地升级自产的葡萄酒。

位于高处的**瓦莱州**，有着阿尔卑斯山地刁钻的气候条件，充足的日照和夏日的干旱造就了浓缩、超成熟的葡萄酒。主要产酒中心锡永（Sion）市的平均雨量不到波尔多的2/3，因此瓦莱州的酒农自中世纪以来便建造了一种称为bisses的特别水渠，接山上的水来灌溉葡萄。

沿隆河区

瑞士隆河最早的葡萄栽种在Brig镇附近，传统的品种有Lafnetscha、Himbertscha、Gwäss（Gouais Blanc）和Heida（长相思，法语区的瓦莱又把它叫作Païen），栽种历史可以上溯到改变瓦莱州经济的Simplon隧道及铁路开通之前。这里西南方的Visperterminen山谷有全欧最高的葡萄园，海拔1 100米，几乎被掩盖在马特峰（Matterhorn）的阴影处。而Heida这个品种拥有非常好的集中度和饱满度。大规模的葡萄酒产量从Sierre镇（全瑞士最干燥的地方）之前开始，一直顺流延伸到Martigny镇。瓦莱州的葡萄种植面积达到5 070公顷，拥有将近20 000名酒农，但自己酿酒的只有500人。瓦莱州有将近1/5葡萄是由酿酒合作社Provins酿造。这里的白葡萄酒以Fedant（当地又称作夏思拉）为主，看似强劲其实却很柔和。而主要的红葡萄酒则是黑皮诺和佳美混酿的Dôle，中等酒体。传统的品种，如富含樱桃香气的Cornalin(或叫作Rouge du Pays)及粗犷的Humagne Rouge，目前不仅被黑皮诺与佳美追上，还受到西拉的挑战，西拉葡萄从法国隆河谷地的原产地逆流而上到本地，表现十分不俗。

瓦莱州有27个白葡萄品种，Arvine（Petite Arvine）是栽培最成功的本地品种，在锡永市与Martigny镇周围相当干燥的气候下，兼具高酸度和浓郁特色的Petite Arvine更是迷人。瓦莱州的白葡萄酒通常都很浓烈，不管是使用以下哪种葡萄：Johannisberg（希尔瓦那）、Ermitage（玛珊）、Malvoisie（灰皮诺，有时会用风干葡萄酿成flétri这种强劲的香甜酒）、霞多丽、Amigne（Vétroz村的特产）、Humagne Blanc（和Humagne Rouge无关）或Heida。Sierre镇的Rèze葡萄，酿制出本区少见、类似雪利酒的Vin du Glacier（冰河葡萄酒），在阿尔卑斯山的Anniviers山谷培养熟成，有点儿类似于汝拉的Vin Jaune。

湖边区

沃州的葡萄园则非常不同，并没有受到阿尔卑斯山强烈的光照影响，而是沐浴在湖区温和的气候下。尽管红葡萄酒正日益增长，但当地63%的种植面积依然属于单一葡萄品种夏思拉，由于沃州的酒标只标注产地名字，因此这个品种从来没有在酒标上出现过。产量相对来说较高，但湖边最好的一些酒庄正打算把这个较为柔和的品种打造为最具个性的葡萄品种。

Chablais区是沃州最东边的酒区，夏思拉在Aigle、Ollon与Yvorne等酒村可以达到最佳成熟度。湖北岸的美丽葡萄梯田分成Lavaux区（涵盖东边的Montreux镇和洛桑之间的地区，瑞士最昂贵的一些白葡萄酒就产在此地），而这片葡萄田的历史可以追溯到11世纪，在2007年时被列入世界文化遗产。湖面上反射的阳光和多石土质的热效应使得葡萄藤生长十分茂密，这里拥有两个特级园——Calamin和Dézaley，享有最高的声誉。Epesses村的Calamin园占地16公顷，毗邻的Dézaley位于Puidoux公社，占地54公顷，石灰岩土质。两者风味差异非常微小，都如同漫步在湖边，从空气中传来阵阵花蜜香和煎鲈鱼的味道，除此之外Calamin有着明显的燧石味，而Dézaley则是烟熏味。

日内瓦湖和隆河谷

第47页的关于法国的地图上清楚标明了隆河流经瓦莱和日内瓦湖之后，转而汇入地中海，而沿岸都是葡萄园。注意一下瑞士境内的朝南山坡对于葡萄种植的重要性，当然凡事都有例外，菲斯普滑雪场不包括在内。

瑞士：锡永（SION）▼	
纬度/海拔	46.22°/482 米
葡萄生长期间的平均气温	14.9℃
年平均降雨量	599 毫米
采收期降雨量	9月：38 毫米
主要种植威胁	春霜
主要葡萄品种	佳美、夏思拉

1:450,000
Km 0 ... 10 Km
Miles 0 ... 6 Miles

沃州位于日内瓦湖北岸的一些葡萄园由于地势过于陡峭，因此需要单轨车来运输葡萄和酿酒设备。图中为 Lavaux，位于洛桑东面。

La Côte 虽然不及上述这些葡萄园知名，但夏思拉区最好的酒却出自此处。位于日内瓦和洛桑中间地带以西，由 Féchy、Mont-sur-Rolle 和 Morges 这几个村组成。La Côte 传统的红葡萄酒是佳美和 Servagnin（黑皮诺的当地克隆品种）的混酿，也是当地对于瓦莱 Dôle 的回应，有时当地还会酿一些梅洛和 Gamaret。

日内瓦州的葡萄园，近年来的转变比瑞士其他地方还要多。佳美是目前已经超越夏思拉的最主要品种，接下来是黑皮诺、Gamaret 及霞多丽。这里有 3 个产区，其中规模最大的是 Mandement（位于 Satigny 这个瑞士最大的产酒村），有着最成熟、味道最好的夏思拉。在 Arve 河和隆河之间的葡萄园则生产比较温和的酒，而产自 Arve 河和日内瓦湖之间的酒款则比较不甜，且颜色较淡。近年来 Cave de Genève 合作社开始把注意力转向日常餐酒，这可以看作日内瓦州葡萄酒业改革的第一步。

如同在瓦莱样，这里也有一小群充满企图心的独立酒农已证明了改革（例如栽种梅洛与长相思）比守旧更有机会。以风景如画的 Dardagny 村为例，就以非常令人振奋的灰皮诺以及尝试性种植的 Scheurebe、Kerner 和 Findling 葡萄赢得了声望。

Mitis 和 Zufferey（中间）分别是由瓦莱的传统葡萄 Amigne 和 Cornalin 酿造，但是 Domaine des Muses 酒庄的 Dôle，则是瑞士的传统混酿，由黑皮诺和佳美酿造而成。Curzilles 则是一款经典的沃州混酿，以夏思拉为主。

—·—·—	国界
—···—	州界
CHABLAIS	葡萄酒子产区
AIGLE	特级园
SATIGNY	其他一些知名的酿酒公社
	葡萄园
	森林
—1000—	等高线间距 200 米
▼	气象站

奥地利 Austria

奥地利纯净的葡萄酒具有自己独特的精雕细琢的个性。 酒中所显现出的新鲜感来自莱茵河，但更多的也许是来自多瑙河的强烈和多风味的特性，与30年前奥地利国内进行葡萄酒革命之前相比，现在的酒已经大不相同，一切都还在继续良性发展中。

所谓的奥地利葡萄酒产区（Weinland Osterreich）是位于奥地利东边维也纳的周边地区，阿尔卑斯山脉的高度从这儿一直往下延伸到匈牙利的潘诺尼亚大平原，大多数的奥地利葡萄酒就产在这个拥有各种不同自然条件的地区。板岩、砂土、黏土、片麻岩、壤土以及肥沃的黄土不一而足，还有干旱的土地、永远苍郁的绿地、多瑙河上方的崎岖峭壁，以及平静无波、湖水极浅的 Neusiedler 湖。

奥地利典型的大陆性气候和相对适中的产量通常会使出产的葡萄酒比德国的酒更为浓郁。最常见的水果风味是那些奥地利本土的白葡萄品种绿维特利纳（Grüner Veltliner），占了该国葡萄园超过1/3的种植面积。"Grüner"或"GrüVe"极度清爽又充满果味，集中的酸度和冗长的回味在柚子和莳萝（常见于广阔的 Weinviertel 地区）的香气中徘徊。从另外一个特性方面来说（特别是维也纳的上游），它也是酒体浓郁，拥有迷人的辛辣风格，带些许白胡椒的香气，且值得陈年。

在维也纳北面 **Weinviertel** 的乡间林地，富饶而又山峦起伏，其巴洛克式的教堂和美丽的村庄，是欧洲中部的精华所在。斯洛伐克的山丘在它与潘诺尼亚平原的东南向的暖流影响之间形成了天然的屏障，所以它所出产的葡萄酒是奥地利最新鲜、最淡雅的。温暖的环境、黄土和砂质的土壤，以及具有良好屏障的河谷，使 Mailberg 地区成为出产一些最好的红葡萄酒的宝地。Blauer Portugieser 是最主力的红酒品种，但是奥地利特有的茨威格

（Zweigelt）葡萄表现更胜一筹。

奥地利学习法国的法定产区管理制度并发展了自己的一套系统，如图所示，截至2013年已有8个 DAC（Districtus Austriae Controllatus）产区。布根兰产区所生产的葡萄酒在不符合4个 DAC 产区 Eisenberg、Mittelburgenland、Leithaberg 和 Neusiedlersee 的时候，会广泛采用 **布根兰（Burgenland）** 这个常规产区名——包括所有那些著名的鲁斯特（Rust）小镇的葡萄园，当地种植者决定选择退出 DAC 分级系统。

白葡萄酒的故乡

目前奥地利葡萄酒近65%都是白葡萄酒。绿维特利纳是主要的葡萄品种；威尔殊雷司令和雷司令也很重要，但如今的葡萄酒市场需要红葡萄酒。奥地利本土的多汁而又浓烈的茨威格，清爽的蓝弗朗克，以及天鹅绒般的 Sankt Laurent，它们的影响力正悄无声息地赶上主力葡萄品种 Blauer Portugieser。虽然在 **Traisental** 和 **Wagram** 地区，混合农业占主导的地位，这些地区出产品质非常优良的绿维特利纳，以及与之没有亲戚关系的红皮的 Roter Veltliner。Traisental 的 Markus Huber von Reichersdorf，Feuersbrunn 的 Bernhard Ott，以及 Wagram 地区 Oberstockstall 的 Karl Fritsch，这三位是全国最受尊敬的葡萄酒种植者。在维也纳的郊区，但实际上还是处于 Wagram 地区，则是修道士酒窖和 Klosterneuburg 地区具有影响力的国家级葡萄酒学校的所在地。

Carnuntum 位于多瑙河南边以及 Weinviertel 南部的 Marchfeld 平原，当地的特产是易饮的红葡萄酒。Göttlesbrunn 和 Höflein 是 Carnuntum 地区的地理位置最佳的村庄，加上 Prellenkirchen 和 Spitzerberg 这两个新晋的热门产区，提高了蓝弗朗克的品质——虽然茨威格和以茨威格为基础的混酿仍然

施泰利亚州 Styria 的 Leutschach 地区位于斯洛文尼亚边境，是生产葡萄酒的重镇。而施泰利亚州的酒都有着自己的个性。大部分为清爽的有着原始风味的干型白葡萄酒，最耀眼的当属长相思。

是最主要的产品。而对于这些葡萄藤来说，其他地方的冬天会过于寒冷而夏天则过于干燥。Gerhard Markowitsch 是 Carnuntum 地区的明星酿酒师，而 Muhr-van der Niepoort 与 Johannes Trapl 两位更是受到西部地区的热捧。

没有哪个国家的首都如同 **维也纳** 这般亲近葡萄园。维也纳的葡萄园占地超过622公顷，一直延伸至其居民区的中心地带，并且在城市周围的山坡上也可寻觅到葡萄园的踪迹。许多年来维也纳的葡萄酒人一直专注于为当地葡萄酒商经营的 Heurigen 旅馆生产简单又不乏朝气的葡萄酒。但是，随着时光的推移，维也纳的酿酒人开始越来越多地酿造口感复杂且严谨的葡萄酒。特别是 Gemischter Satz，它由至少3个不同品种的葡萄酿造而成，并且无特别明显的橡木桶气息。其中的佼佼者包括坐落于 Donau/Danube 南岸的 Nussberg 产区，坐落于北岸的 Bisamberg 产区和位于以温泉而闻名的 **Thermenregion** 边界的 Mauer and Maurer Berg 产区。Thermenregion 产区是 Niederösterreich 所有产区中最靠南段并且是最炎热的。Thermenregion 产区的北部受山脉和维也纳森林的包围，但是仍然受潘诺尼亚平原的影响，这点上不同于位于南部的布根兰。Thermenregion 产区也有着类似于 Heurigen 特点，没有太多的游客。南部的大多数红葡萄酒酿造者喜欢用黑皮诺和 St Lauren 来酿造葡萄酒。同时在北部产区人们开始研究和改良 Gumpoldskirchen、Zierfandler、Rotgipfler 和 Neuburger 这几种葡萄品种的特性。

离南部不远的 **Steiermark**（Styria）地区，则与奥地利北部的产区风格完全不同。数十年来当地只生产干型的葡萄酒，如同在斯洛文尼亚东部边境的

展现奥地利葡萄酒多样性的明证。上图前三款酒来自于 Weinviertel，证明了当地也能出好酒。而 Gerhard Markowitsch 酒庄则是 Carnuntum 地区的一座灯塔，此外 Franz Wieninger 酒庄拥有的老藤能够酿出维也纳最好的酒。

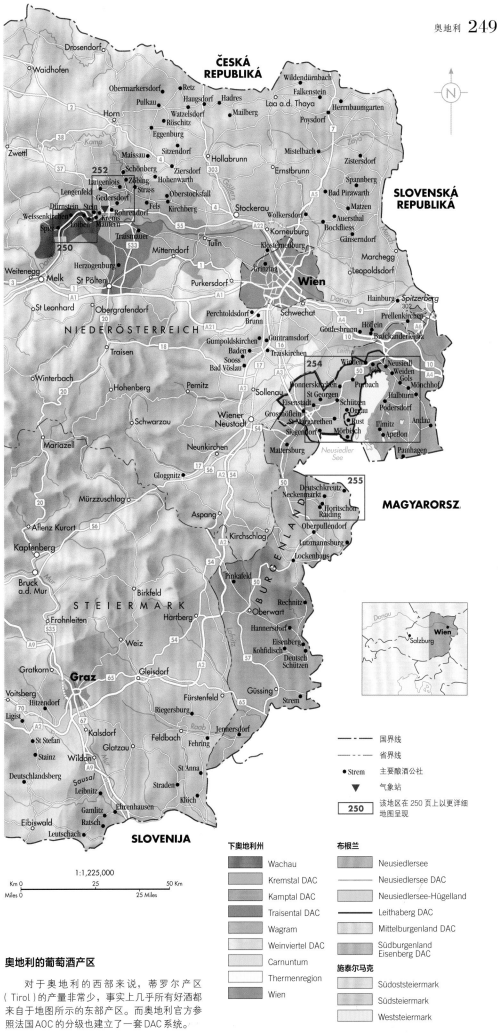

地区，如今由一些奥地利生产商管理。当地可能只涵盖了奥地利国家的7%的葡萄园，而那些分布广泛、当地著名的例如强劲而锐利的长相思（有时经橡木桶陈年）、霞多丽以及威尔殊雷司令是在奥地利境内无可匹敌的。而霞多丽这个到处旅行的葡萄品种在奥地利又拥有另外一个名字：Morillon，也深深扎根于此。

Südsteiermark地区的受人尊敬的生产商出产的酒具有最集中的酒体，这些生产商包括Gross、Lackner-Tinnacher、Polz、attlerhof、Tement，还有充满活力的新晋的生产商包括Hannes Sabathi。还有在片岩密集的Sausal地区的Wohlmuth和Harkamp，出产Südsteiermark地区最优雅的葡萄酒。塔明内（Traminer）是Südoststeiermark的Klöch地区生长在火山岩土壤上的特有品种，而由稀有的Blauer Wildbacher葡萄酿造的粉红Schilcher酒则是来自Weststeiermark地区。

奥地利：克雷姆斯

纬度／海拔
48.42°／207米

葡萄生长期间的平均气温
14.7℃

年平均降雨量
516毫米

采收期降雨量
9月：46毫米

主要种植威胁
春霜

主要葡萄品种
绿维特利纳、茨威格、Blauer Portugieser、威尔殊雷司令、雷司令、蓝弗朗克

奥地利的葡萄酒产区

　　对于奥地利的西部来说，蒂罗尔产区（Tirol）的产量非常少，事实上几乎所有好酒都来自地图所示的东部产区。而奥地利官方参照法国AOC的分级也建立了一套DAC系统。

瓦豪 Wachau

如果有需要用地图集讲故事的产区, 大概就是瓦豪河谷了, 在这个南北气候错综复杂的会合点, 镶嵌着各种不同类型的土壤与岩层。这里离维也纳65公里, 宽阔灰暗的多瑙河凿穿490米高的山丘。河流北岸的一小段峭壁, 陡峭的程度有如摩泽尔河区或罗第丘 (Côte-Rôtie), 葡萄藤错杂在岩架与岩层上, 沿着狭窄的小径从河畔往上延伸到林木蓊郁的山顶。有些区块有深厚的土壤, 其他区块的浅层表土只要挖几下就会碰到岩石; 有些区块整天日照充足, 而有些则看起来总是位于阴暗处。这就是瓦豪河谷, 奥地利最出名的葡萄酒产区, 纵使葡萄园占地1 350公顷, 但也只占全国葡萄园总面积的3%。

让瓦豪河谷葡萄酒 (清一色是不甜或干型的白葡萄酒) 拥有如此特质的原因是地理条件。潘诺尼亚平原炎热的夏季往西延伸到这里, 温暖着瓦豪河谷东缘的多瑙河谷。葡萄生长在单位产量低的葡萄园中, 酒精度有潜力达到15%以上, 绝对不是不扎实的虚胖怪兽。夜间因为有上方树林吹来的北风, 让葡萄园得以降温。这些陡峭的梯田葡萄园在盛夏时或许需要灌溉 (本区年雨量常低于500毫米), 但凉爽的夜晚带来了正面的助益, 加上多瑙河本身还有天然气温调节器的作用。

绿维特利纳 (Grüner Veltliner) 葡萄是瓦豪河谷的传统品种, 酿出本区最生动活泼的葡萄酒, 最佳状况时会泛着绿光, 有着高酒精和类似黑胡椒的香味。顶尖的酒款可以展现出陈年实力, 经长期熟成后会和优质的勃艮第白葡萄酒一样好。绿维特利纳葡萄在含黄土和砂土的低地上也能生长良好, 而最高最陡的葡萄园则用来种植雷司令, 这些葡萄园都位于土质较贫瘠、含片麻岩及花岗岩的山丘顶端, 并酿出让消费者为之着迷的酒款。

瓦豪河谷最好的雷司令白葡萄酒有着萨尔区的犀利, 饱满的口感, 结构则像阿尔萨斯特级葡萄园的雷司令。有能力酿出如此风格的酒庄, 包括 Spitz 镇的 Hirtzberger、Weissenkirchen 镇的 Prager、Oberloiben 村的 FX Pichler、Wösendor 村的 Rudi Picher, 以及 Unterloiben 村的 Emmerich Knoll、Tegernseerhof 家族及 Leo Alzinger 酒庄, 还有 Joching 村的两家酒庄 Johann Schmelz 及 Josef Jamek, 以及 Dürnstein 村著名的瓦豪酿酒合作社。新橡木桶培养并非这里的特色, 不过已经有人尝试用来酿造贵腐葡萄。

位于 Spitzer Graben 侧谷的 Spitz 镇的西部地区受北方冷凉气候的影响最深, 这里的葡萄酒农诸如彼得·韦德尔-马尔 (Peter Veyder-Malberg) 和约翰·多纳鲍姆 (Johann Donabaum) 利用当地的云母片岩和较低的温度来酿出优雅的葡萄酒。而 Loibens (上和下) 两地的气候比起 Weissenkirchen 镇则明显温和许多; 矗立在杜恩施泰因 (Dürnstein) 村的城堡曾监禁过狮心王理查 (Richard the Lion-

heart), 以自然环境来说该村是瓦豪河谷的中心, 河谷景色非常美丽。这里有巴洛克式尖塔、城堡遗址以及山坡上的葡萄园, 都是令人无法抗拒的浪漫景致。

瓦豪河谷最好的优质葡萄酒大都产自多瑙河北岸, 但在南岸的 Mautern 一带至少还有 Nikolaihof 这家酒庄采用自然动力种植法, 酿出口感坚实的酒款。气候如此干燥的地方很少会用上除霉剂, 对有机栽种帮助很大。

不出意外的是, 在这个长仅20公里、葡萄园有如马赛克拼画般的产区却拥有不下于900个名字各异的葡萄园 (或称作 Rieden)。各个葡萄园的分界仍争论不休, 以至于无法在地图上清楚描绘出来, 但如果必须从中挑出一个来介绍的话, 那一定是 Weissenkirchen 镇东北方的 **Achleiten** 葡萄园。板岩和片麻岩的土质结构, 让这里的葡萄酒带着独特的 Krems 矿石香气, 如果喝不出来就没资格当蒙瓶试酒的盲品者。

荣誉宣言

瓦豪河谷葡萄酒生产者协会的成员都必须签署瓦豪宣言 (Codex Wachau), 竭尽所能地酿出最纯净并最能代表当地风格的葡萄酒。他们还拥有自己的葡萄酒分类系统; 事实上就是当地葡萄酒的口味法典。Steinfeder 是指口感轻盈、酒精度最高为11.5%、适合尽早饮用的葡萄酒。Federspiel 则是用更成熟一些的葡萄, 酒精度为11.5%~12.5%, 适合5年内饮用。而酒标上标注为 Smaragd (后面画着一只绿蜥蜴), 非常浓郁, 酒精度也很高, 通常高于12.5%, 需要陈年6年以上才能适饮。然而有些酿酒者, 尤其是年轻一代, 比如 Pichler-Krutzler 和 Peter Veyder-

中部和东部瓦豪

瓦豪的大部分好酒产自多瑙河左岸朝阳的梯田, 但一些比较优雅的则产自施皮茨 (Spitz) 以西凉爽的峡谷。而毛特恩 (Mautern) 的 Nikolaihof 则是多瑙河右岸最著名的酒庄。

Malberg 已经开始跳脱出这个法典之外, 独立酿造他们认为能够把葡萄品种、风土和年份完美结合在一起的酒, 而不仅仅局限于葡萄的成熟程度。

瓦豪酿得最好的当属雷司令和绿维特利纳, 而旁边这些酒标则是一些最值得信赖的酒庄, 从华美巴洛克式的 Knoll 到严肃古朴的 Prager, 以及相对较新的 Pichler-Krutzler。

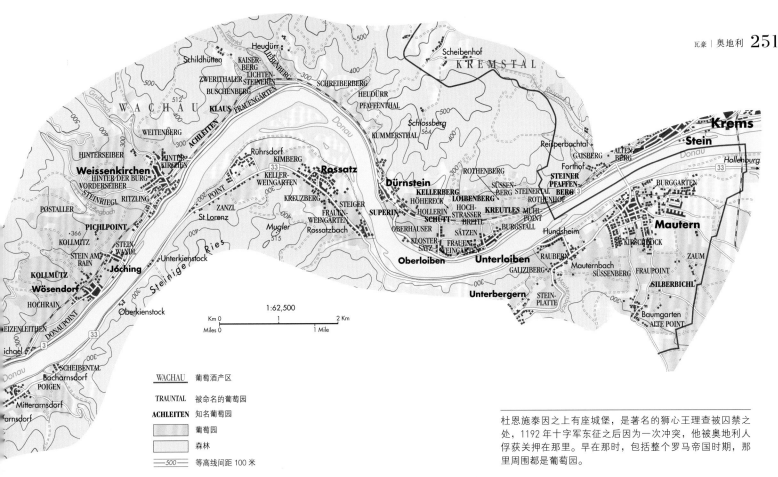

WACHAU 葡萄酒产区

TRAUNTAL 被命名的葡萄园

ACHLEITEN 知名葡萄园

葡萄园

森林

—500— 等高线间距 100 米

杜恩施泰因之上有座城堡，是著名的狮心王理查被囚禁之处，1192 年十字军东征之后因为一次冲突，他被奥地利人俘获关押在那里。早在那时，包括整个罗马帝国时期，那里周围都是葡萄园。

克雷姆斯塔与坎普塔
Kremstal
and
Kamptal

如果说瓦豪河谷是一马当先带领奥地利葡萄酒对世界干白葡萄酒爱好者展开攻势的产区，那么他们很快就会注意到邻近的克雷姆斯塔与坎普塔，因为这两者同样生产品质和风格都相当接近的葡萄酒，而且价格相对来说较低。美丽的双子镇Stein和Krems位于瓦豪河谷的东部地区边缘，紧接着就进入看上去相似但比较不引人注目的克雷姆斯塔（Kremstal）产区。区内含黏土和石灰岩的葡萄园区，包括著名的Steiner-Hund葡萄园在内，都赋予雷司令和绿维特利纳特别的扎实感。而南面的Pfaffenberg，几乎就在瓦豪河谷，当地的花岗岩和片麻岩使得这里的酒别具微妙风情。

克雷姆斯塔产区向多瑙河南北两侧延伸出去，许多都位于半土半石的柔软黄土上，一些有名的绿维特利纳即产自于此，不过这里也生产酒体饱满的红酒。克雷姆斯塔的定位介于聚光灯下的瓦豪河谷及更为多元的坎普塔之间。区内部分地方海拔高而陡峭，必须以梯田方式种植，就像瓦豪河谷的情形一样。

在众多才华洋溢的生产者之中，Malat和Nigl这两家酒庄生产的是风味独特、口感新鲜的优质白葡萄酒，尝起来就像瓦豪河谷的葡萄酒一样浓缩集中。Salomon-Undhof酒厂在澳洲南部也有设厂，酿出了一些超值酒款，是另一家值得注意的生产者。Sepp Moser则直言不讳地坦陈自己是生物动力法的拥趸，而来自于Gayerhof的Ilse Maier也有着同样的理念，他们在多瑙河南岸酿造的白葡萄酒品质非常好。Stadt Krems酒庄及葡萄园都归Krems市所有，由Fritz Miesbauer负责管理，这是属于市政府的财产，建筑非常古老，还包括一座12世纪的Wachtberg葡萄园。而Fritz Miesbauer就在雄伟壮观巴洛克式的哥威特修道院（abbey of Gottweig）中酿着酒。

多产的**坎普塔（Kamptal）**产区是克雷姆斯塔与Weinviertel这两个产区之间的过渡地带，被称为奥地利K2的优质葡萄酒即酿自此地（K2是世界第二高峰，而瓦豪河谷的葡萄酒则被称为第一高峰珠穆朗玛峰）。坎普塔面向南边，以黄土为主的葡萄园受益于山脉挡住北方的冷空气，气候和方位可以说相当接近西边的克雷姆斯塔和瓦豪河谷。坎普塔的气温比瓦豪河谷高出1℃左右，地势较低，生产出浓度相近的雷司令和绿维特利纳葡萄酒，还有一些其他产区没有的葡萄品种。主要影响本区的河流不是往东流的宽阔的多瑙河，而是往南流的支流坎普（Kamp）河，河水会在夜晚带来较低的温度。如此的自然条件，让两个奥地利最有名的白葡萄酒品种在此有更生动的诠释。

1:73,500

Km 0 .... 2 Km
Miles 0 .... 1 Mile

地图图例：

KREMSTAL 葡萄酒产区

GOLDBERG 被命名的葡萄园

LAMM 知名葡萄园

葡萄园

森林

500 等高线间距 100 米

克雷姆斯塔北部和坎普塔南部

第249页的地图上我们聚焦了克雷姆斯塔和坎普塔最令人激动的地区。那里的风土条件和土壤和瓦豪（见图250~251页）非常相似，但大部分葡萄园都离多瑙河更远。而其中许多最好的田地都集中在Langenlois附近。

本区最重要的产酒中心是Langenlois镇，几个世纪以来这个小镇一直都是奥地利的酒乡；Zöbing村以Heiligenstein葡萄园著称；而Michael Moosbrugger修复了Gobelsburg村富丽堂皇的Schloss Gobelsburg酒庄。他在此酒庄的合作伙伴是Langenlois村的明星酿酒师Willi Bründlmayer；而Jurtschitsch酒庄在2009年庄主Alwin Jurtschitsch决定有机种植之后，品质也更胜以往；此外Hirsch则引领着酿造酒体更为轻盈个性更为鲜明的葡萄酒。

本区另一个重要角色是弗雷德·洛伊默（Fred Loimer），部分原因是他那家充满戏剧效果的黑箱（black box）酒厂，他在酒厂的地下酒窖以回归传统的酿造方法，采用大型橡木桶进行酒精发酵的方式，为全新一代的年轻酿酒师带来新的启发。

造访坎普塔的葡萄酒观光客还有一个很好的去处，那就是位于Langenlois村那家出色的Loisium饭店，这里有葡萄酒博物馆、葡萄酒温泉，而且令人赞叹的是餐厅酒单上还找得到20世纪30年代的绿维特利纳。

果实较小的绿维特利纳是奥地利最具代表性的葡萄品种，但如今受到当下流行的红葡萄品种冲击，种植面积渐渐缩小。但与此同时，俄勒冈和新西兰已经开始种植这个奥地利的白葡萄品种。

大部分克雷姆斯塔和坎普塔最好的酒在酒标后面会标上葡萄园的名字或者Ried。20世纪末时，丰富饱满的葡萄酒受到追捧，因此现在大部分酒农会酿造饱满浓郁但干型的雷司令和绿维特利纳，与此同时更添优雅。

布根兰 Burgenland

新锡德尔湖，湖面平静，两岸是沙滩。这片巨大的平原湖长达32公里，但水深只有1米，如今它的周围已经成为奥地利顶级红白葡萄酒的出产地。 长久以来，布根兰给人的印象是回到了早期的中欧，哈斯堡王朝和埃斯特哈奇家族统治的奥匈帝国时期。"二战"以后，Illmitz 和 Apetlon 小镇附近只有100公顷不到的葡萄园，道路泥泞且没有电力供应。但和其他省份一样，布根兰最终受益于1995年奥地利加入欧盟。现在的种植面积达到14 000公顷，其中位于千湖区的2 000公顷是精选葡萄园——这里

也拥有成百上千家设备先进、技术完善的酒庄。

新锡德尔湖附近的地势非常平缓，四周长满了齐腰的芦苇，看得到湖泊的地方很少。海拔只有25米高的隆起地势，在这里就算是山丘了。或许这听起来不像是在形容一个重要的产酒区。但秘诀就藏在这个浅水湖里，漫长而温暖的秋季总是笼罩着薄雾，这样的环境很适合灰霉菌生长或发展出贵腐霉菌，让一串串的葡萄看起来就像沾满了灰尘一样。

阿洛伊斯·克拉赫（Alois Kracher）把葡萄园的

收成酿成一系列绝佳的甜白酒（通常是精心调配的霞多丽和威尔殊雷司令混酿），几乎凭一己之力将 Illmitz 镇推上葡萄酒世界的版图。而他的儿子也沉着地接过火炬，继承父亲的事业。Angerhof-Tschida 则是 Illmitz 镇另外一位超级巨星。

布根兰种植的葡萄品种比奥地利任何产区都要多，Weissburgunder（白皮诺）、Neuburger、Muskateller（小果实麝香葡萄）、Muscat Ottonel 和 Sämling 88（施埃博）这些都是当地酒农感兴趣的白葡萄品种。

红葡萄酒变革

然而近年来变革最明显的是布根兰的红葡萄酒。这里是奥地利最炎热的产区，尤其中部地区直面潘诺尼亚平原带来的温暖气候，因此红葡萄品种（种植的地方看上去和梅多克很像）每年都很成熟，而晨雾又很好地保证了酸度。在南部 Gols 的 Pannobile 集团（Hans Nittnaus 和 Anita Nittnaus 主理）领军下，布根兰中部 Moric 酒庄的 Roland Velich 和 UweSchiefer，还有南部的 Hermann Krutzler 和 Wachter-Wiesler 酿出的红酒都越来越具潜力，酒精度更低，吃桶也不重。2009年时，布根兰红葡萄种植面积超越了白葡萄品种。风味独特的蓝弗朗克是最受青睐的品种，茨威格、Sankt Laurent、黑皮诺甚至梅洛和赤霞珠都比十年前种植得更为广泛。

新锡德尔湖的顶尖红酒大都产自远离湖岸、地势稍高的村庄一带，例如 Frauenkirchen、Mönch-hof 与 Gols 和西北的 Weiden 产酒村庄。穿过湖往西就是石灰岩和片岩地质，海拔更高的莱塔山区。**莱塔法定产区**被认为是奥地利最为严谨、最体现风土的产区，矿物味十足的红酒在奥地利显得尤为独特，Birgit Braunstein、Prieler 和 Kloster am Spitz 这几家就是最好的例子。此外像 Paul Achs、Gernot Heinrich、Hans and Anita Nittnaus、Juris、Umathum 和 Pöckl 这些新锡德尔湖的其他酒庄也很具代表性。

而布根兰历史上最著名的酒来自 **Neusiedlersee-Hügelland** 那风景如画的小镇鲁斯特（Rust），Feiler-Artinger、Ernst Triebaumer 和 Heidi Schröck 是这里的领军人物。传统方法所酿造的 Ruster Ausbruch 甜酒经常被拿来和托卡伊甜酒（见258页）比较，不过酸度较低且酒精度更高，甜度则介于 Beerenauslese 与

新锡德尔和莱塔山区

大部分最好的酒产自新锡德尔湖附近：酒体饱满的红酒产自东北部和莱塔法定产区，而甜白则来自东岸和独立小镇鲁斯特（Rust）。

—··—	国界
—···—	省界
········	地方行政区分界线
NEUSIEDLERSEE	葡萄酒产区
LEITHABERG	法定产区
UNTERE LÜSS	被命名葡萄园
TIGLAT	知名葡萄园
	葡萄园
	森林
	湿地
250	等高线间距 50 米国界

Moric（发音 Moritz）酒庄的 Roland Velich 由于重振了蓝弗朗克这个品种而在奥地利颇具声望，他的葡萄来自 Lutzmannsburg 和 Neckenmarkt 这两块布根兰中部的核心地带，全部手工采摘，且拥有非常独到的田间规划，酿出的干红非常清爽。

Trockenbeerenauslese 两种贵腐甜酒之间。但这个小镇即便退出了布根兰法定产区之后依然还能酿出不错的红白葡萄酒。

这里的葡萄园位于东向 Purbach、Donnerskirchen、Rust 及 Mörbisch 等村镇的斜坡上，因为地势比湖岸东边的葡萄园更高，感染贵腐霉菌的情况较少。大量的红酒生产于此，葡萄园则往西延伸，几乎远至 Wiener Neustadt 镇，并往南越过 Mattersburg 镇。Römerhof 酒庄位于 Grosshöflein 村，该酒庄的酿酒师 Andi Kollwentz 被认为是奥地利最好的全能型酿酒师。

南部紧邻新锡德尔的**布根兰中部**产区，每两株葡萄藤中就有一株是蓝弗朗克，这个品种也在这里展现了自己的本色。这个充满活力的品种所酿成的酒也越来越精致，而当地最好的酒庄除了 Moric 之外还包括 Albert Gesellmann、Hans Igler winery、Paul Kerschbaum 和 Franz Weninger。

在**布根兰南部（Südburgenland）**这个位于新锡德尔湖南方的产区，**爱森堡法定区**（Eisenberg DAC）也包含在内，蓝弗朗克依然是当地主打品种。此区的产酒品质比布根兰中部区要清淡些，因为土壤含铁量高，葡萄酒有着特别的矿石和辛香味。最好的生产者是 Krutzler 家族，他们最有名的酒款是 Perwolff，而 Uwe Schiefer 酒庄的单一葡萄园 Reihburg 的蓝弗朗克也非常有名。此外 Wachter Wiesler 也加入到此行列中，年轻一代的成长让我们对未来更具信心。

布根兰中部产区的东北部

这里位于匈牙利边境，顺理成章地成为种植红葡萄品种的地区，蓝弗朗克占据主导，而这里出产的红酒也使得这个奥地利（匈牙利）的葡萄品种重新获得尊重。蓝弗朗克相对较高的酸度受当地温暖的潘诺尼亚平原气候影响而变得更为平衡。

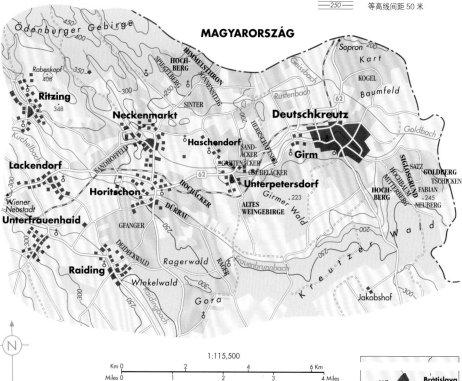

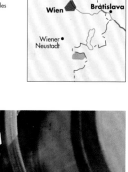

一桶桶蓝弗朗克红酒被整齐地堆放在位于德意志克罗伊茨的 Hans Igler 酒庄内，这里毗邻肖普朗（Sopron），匈牙利种植蓝弗朗克最好的产区（见图257页）。

匈牙利 Hungary

几个世纪以来，匈牙利就已拥有最具特色的美食及美酒文化、最多样化的原生种葡萄，也是德国以东拥有最周全的葡萄酒法规与传统的一个国家，而这些又重新被世人所珍视。匈牙利这些种类繁多的本地白葡萄酒品种，以福尔明为首，已经开始被视为强项而不是缺点。今天，匈牙利的酿酒师们信心满满地酿出品质优良的葡萄酒，而这些酒也广泛被认为极具匈牙利风格。

典型且传统的匈牙利葡萄酒是白葡萄酒（更确切地说是暖金色的酒），辛香味重。如果是好酒，尝起来非常浓郁，未必是甜的，不过非常热情，甚至有些激烈；比起清淡型白葡萄酒，更适合用来搭配辛香、油腻的料理，这些是匈牙利人用来御寒的传统食物。虽然匈牙利的气候比起地中海多数地区来得冷凉，生长季也较短，但秋天的气温比起欧陆很多地方都要温暖，因此葡萄得以成熟。南部地区的年均气温最高，在 Pécs 镇附近可达 11.4℃；而北部地区的年均气温最低，在历史古城肖普朗（见托卡伊）一带会低至 9.5℃。该国境内

的历史产酒区几乎都分布在高地，各种不同的地势与气候影响着每一个产酒区。

匈牙利最重要的葡萄品种是强劲、有酸度的福尔明（Furmint）葡萄，还有口感柔软、香气强的 Hárslevel 葡萄，这都是托卡伊区（Tokaji）的主要葡萄品种，但并不局限于该区。与众不同的葡萄品种，则是更清淡、香气强烈、活泼的 Leányka 葡萄以及有更多新鲜葡萄香气的 Királyleányka 葡萄。其他的品种还有白苏维浓及流行的杂交种 Irai Olivér，主要用来酿制爽脆、清淡、不用橡木桶培养的白葡萄酒；而福尔明、Hárslevel、Olasz rizling（Welschriesling）、霞多丽和 Szürkebarát（灰皮诺）则往往用来酿出酒体较浓厚且采用橡木桶培养的酒款。

匈牙利的特有葡萄品种，今天已经很少见，包括巴拉顿湖（Lake Balaton）产区的 Kéknyel（意为蓝色果粒）、Mór 产区清新（甚至可说尖酸）的 Ezerjó；此外，还有 Somló 产区符合当下易饮风格的 Juhfark，需要用木桶培养来柔化。

匈牙利的红葡萄酒品种不多，大多种植在古都 Eger、Sopron、Szekszárd 和酒乡 Villány。Kékfrankos（在奥地利被称为蓝弗朗克）是种植最为广泛的红葡萄品种，非常具有潜力，这个品种生来就娇贵，而温暖的潘诺尼亚恰好是最好的温床，几乎在每个产区都有所种植，但在 Szekszárd、肖普朗、Eger 和 Mátra 这几个产区表现最好。而克隆品种需要精工细作的 Kadarka 葡萄（在保加利亚称为 Gamza）是传统的无性繁殖系，可以酿出辛辣、红果味且相对简单的酒，特别是在南部的 Szekszárd 产区，这也是混合酿造 Bikáver（又称"公牛血"）红葡萄酒的品种之一。

匈牙利的葡萄园有半数是分布在方便机械耕作的大平原上，在多瑙河与中南部的 Tisza 河之间，目前有名的是 **Kunság**、**Csongrád** 和 **Hajós-Baja** 产区。这里的砂质土壤除了用来栽种葡萄藤之外，其他用处不大。大平原生产的葡萄酒是匈牙利各大城市的日常用酒，主要是白葡萄酒 Olaszrizling 和 Ezerjó 为主，还有一些红葡萄酒 Kékfrankos 和 Kadarka，都是匈牙利人每天的餐酒，然而像是 Frittmann Testvérek 这样的生产者，也证明了酿造更优质的葡萄酒并非不可能。

匈牙利品质比较好的葡萄园横贯在西南方到东北方的各处丘陵地上，最后以托卡伊产区为巅峰。在 Szekszárd、Villány、Pécs 和 Tolna 等气候温暖的南部产区，红葡萄酒与白葡萄酒品种都有种植。Kadarka 葡萄种植历史悠久，与 Kékfrankos 葡萄都是这些地区根深蒂固的酿酒品种。位于最南端且气候最温暖的 **Villány** 产区，生产酒体饱满的红酒，在趣味及复杂度上都已逐渐提升。而北部红酒产区 Eger，也是国外买主寻找的对象，同样都出现在布达佩斯顶级酒的酒单上。酿酒师 Attila Gere、Ede Tiffán、József Bock、Sauska 与酒商 Vylyan 等生产者基本上都是赤霞珠、品丽珠（最为重要）与梅洛葡萄的追随者，有时会在这些国际品种中混合 Kékfrankos、茨威格或甚至是 Portugieser 等葡萄，而带有马札尔（Magyar）的风

"Cuvée" 在这里（奥地利和匈牙利）特指不同葡萄的混酿。海曼（Heimann）家族自 1758 年起就已经在红酒王国塞克萨德（Szekszárd）的斜坡上种植葡萄。

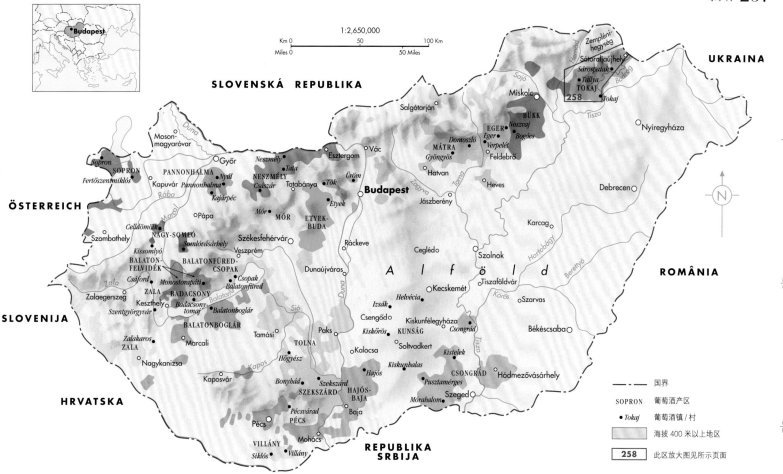

味。在 **Szekszárd** 产区的山坡上，从深厚黄土中酿出很有结构的 Kékfrankos、Kadarka、梅洛与赤霞珠葡萄酒。这里值得品尝的酒款，酿自 Heimann、Takler、Veszstergombi 和 Vida 等生产者。Szekszárd 产区也生产最广为人知的匈牙利红葡萄酒 Bikavér，通常是以 Kékfrankos 葡萄混合卡本内及梅洛酿成，而"公牛血"另外一个传统产区是 Eger。

Egri Bikavér 红酒是匈牙利闻名于西方世界的一种葡萄酒，由于酒色深红而被称为"公牛血"（Bull's Blood）。**Eger** 产区位于匈牙利东北部 Mátra 山的最东端，是匈牙利最重要的产酒中心之一，这个巴洛克式城市的大型酒窖就是挖进 Mátra 山柔软、深色的凝灰岩而形成，里面有数百个历经多年的黑亮橡木桶，这些用红铁箍成的橡木桶宽 3 米，成排堆放在 13 公里长的隧道里。这些古老且几乎完好无缺的橡木桶在酿造"公牛血"红酒上也扮演了一个重要角色，而随着 Kékfrankos 葡萄取代了 Kadarka，在外观上比起这种历史悠久的"公牛血"颜色要淡些，不过 21 世纪在这里已看到了红葡萄酒酿造的一番革新。St. Andrea 酒庄、Gróf Buttler 酒庄、Thummerer 酒庄与后来酿酒师 Tibor Gál 的 GIA 酒庄（之后由家族接手）是 Eger 现代化之后的代表，Bikavér 只是本区许多酒款的一部分，本区红葡萄酒与白葡萄酒都有生产，其中包括一些相当不错的黑皮诺。

Eger 产区西边，沿着 Mátra 山的南向山坡分布的是匈牙利第二大的产酒区 **Mátra**，以 Gyöngyös 镇为中心。本区白葡萄酒占了 80% 的产量，Olaszrizling、塔明内及霞多丽等葡萄品种，而一些

精心酿造的红葡萄酒，表现得非常优异。在最西端接近奥地利国界的**肖普朗（Sopron）**产区，主要种植先锋红酒品种 Kékfrankos，这是由于 Franz Weninger 等生产者而重获重视，他来自国界那头的奥地利布根兰，重新开发最好的园区，而之后当地的 Luka、Pfneiszl 以及 Ráspi 也紧随着他的步伐。

Neszmély 产区位于肖普朗产区的东边，以传统品种酿出最有名的干白葡萄酒，不过现在有些新颖、超现代的酒厂专为出口市场而生产了许多知名的国际品种。Hilltop 则是最知名的。紧临布达佩斯西边的 **Etyek-Buda** 产区是另一个国际性风格白葡萄酒的广大来源，也包括气泡酒，其中有不少酿自首都南边的 Budafok 市的酒庄。Chateau Vincent 可能是本区最好的酒庄。而 József Szentesi 则通过和国内其他小型酒庄合作更多地来保持传统手工的做法来酿酒。

巴拉顿湖北边的 **Somló** 产区位于狭小、孤立的火山丘陵区，Hollóvár、Kreinbacher 和奥地利的 Meinklang 是这里最顶尖的酿酒者。这里种植的福尔明、Hárslevelö、Olaszrizling 和稀有的 Juhfark 葡萄，能够酿出酒体紧致、矿物味十足的白葡萄酒。而东北边的石灰岩土质的 **Mór** 产区，种植的是 Ezerjó 葡萄，酸度高，香气足，有时又高贵甜美。因此这两个产区都是匈牙利的"历史产酒区"。

巴拉顿湖除了是欧洲最大的湖泊之外，对匈牙利人还有一种特别的含义。对这个内陆国家来说，这个湖泊就是他们的海洋，也是个漂亮的旅游景点，湖岸边到处可见夏季度假别墅与度假村，还有手艺令人赞赏的餐厅，绝佳的气候让人潮络

匈牙利葡萄酒当局已经修改了葡萄酒的产区名称，使之更为规范化，以改善之前的乱象。但 Eger 产区，Egri Bikaver（公牛血）的发源地，依旧保持不变。

绎不绝。巴拉顿湖北岸的南边山坡坐拥所有优势，不仅日照充足，而且可以遮挡冷风，大量的湖水还具有调节气温的作用。这些条件都是建构一个好葡萄园所不可或缺的。

优良的气候条件，加上砂质土壤与从平地冒出的火山残块（以 Badacsony 山最出名），孕育出了特别的品质。富含玄武岩的陡坡，排水良好，也可吸收及保存热能。除了在特别的年份能生产出贵腐甜酒 Szürkebarát 或灰皮诺之外，本地其他葡萄酒大多为不甜的形态，而且伴随着高含量的矿物质，在与空气接触后可以变得更好。Olaszrizling 是一种常见的白酒葡萄，此外来自莱茵河的雷司令葡萄也表现不俗。

巴拉顿湖被分为 4 个法定产区。北岸是传统的 **Badacsony** 产区，Huba Szeremley、József Laposa 和 Endre Szászi 是最有名的酿酒者；而在 **Balatonfüred-Csopak** 产区，值得注意的是由酿酒师 Mihály Figula 和 István Jásdi 所拥有的酒庄。至于 BC 南岸的 **Balatonboglár** 产区，则以 Chapel Hill 这个品牌在外销市场最为有名，最好的酿酒者是 János Konjári 和 Ottó Légli 以及 Garamvári 酒庄，他们以气泡酒起名。西边偏远的多处葡萄园所汇集起来的产区就是 **Zala**，最好的酿酒者是 László Bussay。

托卡伊Tokaj

"传奇"一词用于托卡伊区身上，比其他产区更为频繁（Tokay是旧英文拼法；产区名称源自Tokaj镇，见地图下方），而且也有很好的理由。尽管匈牙利在共产时期时因为妥协而牺牲了品质，托卡伊已经有400年的传奇历史。只有香槟拥有同样傲人的经历。历史向我们讲述了华丽的托卡伊Aszú甜酒是如何第一次从被贵腐菌感染的葡萄酿造而成——这绝非偶然成事，一切都是有的放矢。而始作俑者是Rákóczi家族的教士（他的名字叫作Szepsy Lackó Máté，酿造的那年是1630年），就在Rákóczi家族的一块叫作Oremus的葡萄园中。历史还讲述1703年特兰西瓦尼亚（Transylvania）的Rákóczi王子如何用托卡伊打动路易十四以求得援兵来与哈普斯堡的叛军对抗，而彼得大帝与凯瑟琳大帝又是如何让哥萨克骑兵留守在托卡伊区，以确保托卡伊酒的供应不虞匮乏。此外，统治者也深信托卡伊酒的保健功效，随时在床边摆着托卡伊酒。

据说托卡伊（Tokaji）是第一种以贵腐葡萄酿成的葡萄酒，而且时间比莱茵区还提早一个世纪，比索甸区则大概提早了两个世纪之久。托卡伊特有的自然条件有助于贵腐霉菌的生长并促进葡萄干缩，而能集中糖分、酸度以及香味，赋予托卡伊葡萄酒显著的地方特色。

Zemplén山脉是火山地带，隆起于大平原的北缘。Bodrog和Tisza两条河流在介于托卡伊村与Tarcal村之间的Kopas山脉（又叫作托卡伊山）南端会合。夏天来自平原的暖风、山脉的屏障以及来自河流的秋雾都有助于贵腐霉菌的生长，而10月通常都是阳光普照的好天气。

目前托卡伊产区的三个葡萄品种里，大约有70%是晚熟、口感尖锐、皮薄的福尔明葡萄，非常容易感染到贵腐霉菌。另外的20%~25%是Hárslevelü，不太容易被感染，但糖分更高，香气更丰富。大部分葡萄园都会把两种葡萄一起采收、榨汁以及发酵。至于剩下的5%~10%则是小粒种蜜思嘉，当地称为Sárgamuskotály，可用于多种葡萄一起混酿，就像索甸区的密斯卡岱（Muscadelle）品种一样，也可以拿来单独酿造出凸显本身特质的单一品种葡萄酒。

托卡伊区葡萄园（在当地被称为托卡伊山脚）的首度分级是在18世纪初期，分为一级、二级、三级葡萄园，剩下的就是一些未入级的葡萄园。到了1737年，皇家对此颁布了法令，因此这里变成世界上第一个法定葡萄酒产区。下面地图标出了这个地区的主要村庄（总共有27个；标注的北部的地区是Makkoshotyka），这些村庄的斜坡形成一个大V字，因此全部朝向西南、南或者东南。最北端的砂质土壤酿出的是娇贵细致的Aszú甜酒，生产所有Aszú甜酒的Oremus葡萄园（为大地主Rákóczis所有）就坐落在此。新的Oremus酒厂现在是西班牙Vega Sicilia酒庄的产业，已经南迁至Tolcsva村。

在Sárospatak地区，河畔有壮丽的Rákóczi城堡，最早的两座民营葡萄园是Megyer和Pajzos，而Tolcsva村最好的葡萄园则是以匈牙利最伟大的赛马命名的Kincsem葡萄园。在21世纪初，Tolcsva村的旧帝国酒窖仍归国营的酿酒合作社所有，并采用旧名Tokaj Kereskedház，最新的总部在Sátoraljaújhely。时至今日它依然从本区采购大量葡萄并仍是本区最大的葡萄酒生产者。

Olaszliszka（Olasz的意思是"意大利的"）是一处13世纪设立的意大利殖民地，传说都认为引进葡萄酒酿造的就是意大利人。这里的土壤是混有石块的黏土，出产的葡萄酒比较浓烈。Erdöbénye村的上方有座橡树林，是制作橡木桶的来源。Szegilong村有一些列级葡萄园，目前正在复苏当中。托卡伊村和Bodrogkeresztúr村因为河流的关系，拥有最稳定的贵腐霉菌。

从托卡伊村沿着Kopasz山的南侧进入Tarcal村，陡坡上受到屏障的葡萄园堪称是整个产区的金丘；昔日有名的葡萄园（最好的是Szarvas葡萄园）连绵不断，穿越过Tarcal村的道路而直抵麦德（Mád）市，该市有Terézia葡萄园和特级葡萄园Mézes Mály（意为蜂蜜罐）。在Mezözombor地区，Disznókö是20世纪90年代最早民营化的葡萄园之一，并由法国的AXA集团大张旗鼓地完成重建。麦德市是旧时的葡萄酒贸易中心，市内拥有著名的一级葡萄园，例如Nyulászó、Szt Tamás、Király以及Betsek，还包括位于陡坡上已遭弃置的Kövágó葡萄园。所有这些举动都是为了保证产量不要过大，以及保证单一园酿造，以此来更好地表现各个葡萄园独有的风土。而那些一线酒庄的名字又重新开始为人熟悉。随着产区的定义更精确以及重拾那过去的荣光，托卡伊产区在2002年被联合国教科文组织认定为世界文化遗产。

托卡伊产区最近这批革新的代表人物，首推酿酒师István Szepsy，他是个令人振奋且精益求精的酒农；而如果要说市场上的领导者，那便是休·约翰逊（Hugh Johnson，本系列书创始人及共著者）等人于1989年在麦德市成立的Royal Tokaji酒庄，这也是匈牙利新体制后的第一家独立企业。

托卡伊的种类

托卡伊Aszú甜酒之所以闻名于世，是因为融合了甜美、酸度和奔放的杏子类水果香气，采用特殊的两阶段程序酿造。采收于10月底开始进行，皱缩的Aszú葡萄和没有感染霉菌的多汁葡萄一起采收，但要分开存放。后者随后要进行榨汁、发酵，被酿成多种不甜或半甜型的葡萄酒，包括强劲的基酒。同时Aszú葡萄则存放成几近干透的一堆，轻柔压榨出汁，流出传奇的Eszencia（最浓最甜的葡萄汁），含糖量高达每升850克，在当地被当成宝藏一样地存放着（见下图）。

采收结束后，酒商会将破皮或者没有破皮的Aszú葡萄浸泡在新鲜的葡萄汁、半发酵或全发酵的基酒里1~5天，比例是1升液体浸泡1千克葡萄，然后才进行压榨。发酵的进程与糖分以及酒窖的温度有关（糖分越高温度越低，发酵速度越慢）。最浓郁最细致的葡萄酒，天然含糖量最高，因此酒精度较低（通常是10.5%），而品质略低一些的则酒精度会略高（12%~13%），天然含糖量也略低。

甜度的计量仍然采用以20千克为一单位的put-tonyos（当地采收贵腐葡萄所用的容器）数目来表示，即在136升装（一个橡木桶）的基酒中加入多少Aszú葡萄，不过今日的甜度算法则惯用以每升多少克来表示。酿制贵腐甜酒时，酒是放在不同大小的木桶（有时是在不锈钢槽）里进行发酵。装瓶上市后，若酒标标示的甜度是6-puttonyos，就表示这款Aszú甜酒每升的含糖量至少必须有150克；而最浓最甜的Aszú Eszencia就是指甜度为7-puttonyos的贵腐甜酒。甜度3-puttonyos的贵腐甜酒大概等同于德国的Auslese甜酒（每升含糖量至少为60克），4-puttonyos或5-puttonyos则大约是德国的逐粒精选酒Beerenauslese的甜度与浓郁

托卡伊的酒标看上去总是如此千篇一律，即便几十年来它已经分很多种。我们的选择范围可以从干型、单一品种型、晚收型一直到单一园型当然还有传统的Aszú和Eszencia之分。

度。Aszú贵腐甜酒最低的培养年限是3年，2年木桶陈年加上1年瓶内熟成。传统上，应该会陈年更久的时间，不过近年流行及早装瓶及早销售，这样的话年轻时饮用会有更多果味，而陈年后又可以期待它有复杂度。如果不加任何Aszú葡萄，酿出的葡萄酒称为Szamorodni（波兰语，意为"原本如此"），它的葡萄酒和被贵腐感染的葡萄一起采摘和破皮。此外还有比较像是清淡型的雪利酒的száraz（干型）和èdes（颇甜）这几款。有的酒标上标明迟摘型Late Harvest（Kès.i szüretelès）一词，近年来这已经成为法定的标注，但这又增加了托卡伊的复杂。这类甜酒也是用晚收葡萄和贵腐葡萄，但是相对于Aszú甜酒来说，陈年过程要简单多了。

Eszencia贵腐甜酒是托卡伊产区最高档的酒款，甜度非常高，以至于酒精发酵几乎无法进行。它集中所有葡萄的精华于一身，如丝绒般柔滑、浓稠如油、香气如桃子、穿透力高，其香味在口中

麦德市附近的一座葡萄园，一旁堆满了在托卡伊地区很常见的火山浮石。这些石头必须从葡萄园中挑拣出来，否则会损坏耕种的机械设备。

如熏香般源源不断，余韵缭绕。Eszencia的酒精度比任何一种葡萄酒都低，如果你还认为它是葡萄酒的话。任何伟大的Eszencia都很耐陈年，而且陈年时间不限。

而作为日趋重要的第二梯队，托卡伊重新提升了干型葡萄酒的品质，尤其是并不全干的福尔明，更具特色而不失迷人风姿：集中、慢慢展开，非常明显的中欧贵族风范。受如今大放光彩的Aszú甜酒（这其中还要抛开一些营销上的难度）影响，托卡伊区大部分酿酒者开始推出干型酒，一改三四个世纪以来人们对于这里的印象。而在18世纪就已经形成的分级制度基础上，越来越多令人激动的单一园也正开始涌现。

托卡伊最好的葡萄园

自从托卡伊的酿造重新回归私有化之后，各个酒农都渴望通过这金黄的液体来传递当地的风貌，于是过去20年来葡萄园的名字变得越来越重要。

托卡伊：托卡伊（TOKAJ）

纬度/海拔
48.10°/133米

葡萄生长期间的平均气温
15.8℃

年平均降雨量
620毫米

采收期降雨量
10月：41毫米

主要种植威胁
秋雨、灰霉病

主要葡萄品种
福尔明、Hárslevelü、Sárgamuskotály

■ OREMUS　知名酒厂
Hatalos　知名葡萄园
Mád　葡萄酒镇/村
分级葡萄园
其他葡萄园
森林
—500— 等高线间距 100 米
▼ 气象站

1:183,000

Km 0　2　4　6 Km
Miles 0　1　2　3 Miles

捷克与斯洛伐克
Czech Republic and Slovakia

作为一位葡萄酒观察家，如果20年前来到这两个饱受创伤的国家考察只会一无所获。然而现在捷克人和斯洛伐克人又开始喝葡萄酒了，无论从数量还是质量上都有所提高。只有很少部分会出口，但很具潜力。从萨克森（Sachsen）横跨德国东边的边界，**Bohemia**产区拥有约占地720公顷的葡萄园，主要沿着布拉格北边的Elbe河右岸种植，生产出清淡、德国风味的葡萄酒，供应给布拉格的咖啡馆。最著名的黑皮诺产区是Mělník，Roudnice则以Svatovavřinecké（奥地利的圣罗兰Sankt Laurent）闻名，而Velké Zernoseky则是Ryzlink Rýnský（雷司令）。还有Most产区出产专供犹太教徒享用的寇修酒（Kosher wines）。

摩拉维亚（Moravia）州的葡萄园占地18 000公顷，显然是捷克葡萄酒的最大来源，葡萄园就位于从奥地利Weinviertel镇跨过边境的地方，并集中于摩拉维亚州首府Brno市的南方。园区从山城Znojmo向东延伸约110公里，穿越宁静的Palava山丘。这里温暖的石灰岩山坡，因为有特殊的植被而闻名。子产区Znojmo最成功的葡萄酒是长相思（真正清新的风味，没有过于夸张的香气），主要酿自Nový Šaldorf村和Nové Bránice村设备完善的酒窖；此外，还有Satov村以Veltínské Zelené（绿维特利纳）葡萄与雷司令酿成的葡萄酒。

Ryzlink Vlašsky（威尔殊雷司令）、霞多丽以及两种浅色皮的皮诺品种是子产区Mikulov的旗舰酒款。Slovácko地区的北部种植着雷司令，而南边地区则种植Frankovka（即奥地利的蓝弗朗克）一类的红酒葡萄。产自Lechovice、Rakvice和Šatov，用Traminer Rot和穆勒塔戈杂交的葡萄品种而酿造而成的芳香型摩拉维亚白葡萄酒以及Muškát Moravský（摩拉维亚的麝香葡萄酒）也拥有相当多的追随者。但摩拉维亚的红葡萄酒未必如此迷人有趣，不过Velké Pavlovice子产区酿的Svatovavřinecké和Zweigeltrebe（茨威格）以及Kobylí、Bořetice、Dolní Kounice酿的Frankovka还是比较出类拔萃的。

斯洛伐克

传统上来说，葡萄酒在斯洛伐克显然要比在捷克这片啤酒之地更为重要，但在1980至2010年间，境内的葡萄种植面积被分去一半后只剩下15 000公顷。而吸收外来的酿造工艺例如乳酸发酵、桶陈和

酒泥陈酿法（lees contact）也改变了这里的一切。而冰酒和稻草葡萄酒（Straw Wine，稻草上晒干的葡萄酿成）这些甜酒也开始焕发新生。斯洛伐克国内白葡萄酒依然占据主导地位，而种植的也多为国际葡萄品种（雷司令、霞多丽、长相思还有赤霞珠和各种皮诺）。但酿酒师和他们的顾客如今对斯洛伐克的杂交新葡萄品种越来越感兴趣：成熟快、糖分高而且香气浓郁。根据2009年颁布的葡萄酒法令，结合了德国和法国的规定，主要根据葡萄田和成熟度把酒划分为三个等级，品质最好的酒被标注为DSC（斯洛伐克法定产区）。

通常来说，斯洛伐克南部肥沃的土壤和更温暖的气候更适合种植红葡萄品种，尤其是赤霞珠、蓝弗朗克和一些杂交新品种。而首都布拉迪斯拉发以东的Malé Karpaty山地产区，土壤没有那么肥沃，有更多岩石，更适合种植各种白葡萄品种诸如西万尼、绿维特利纳、威尔殊雷司令、雷司令、霞多丽和不同的麝香葡萄。

少数斯洛伐克的大酒庄通常会酿造品质平庸的酒，而成百上千的小酒农则在自己的小葡萄田里酿酒，主要为了自给自足。而大多数最好的酒通常产自中型酒庄，诸如Mrva & Stanko、Karpatská Perla和Elesko。而在为数不多出口的斯洛伐克葡萄酒中，毗邻Stúrovo村由德国酒庄Egon Müller负责酿造的清爽的干型Château Belá雷司令是其中之一。

捷克和斯洛伐克的酒只有很少一部分会出口，这些被展示的酒标显现了当地人敏锐的戏剧鉴赏力。而酒本身都是轻盈的干白。

波希米亚、摩拉维亚和斯洛伐克

这是3个截然不同的产区，然而共同之处在于它们分别毗邻3个值得尊敬的产区，分别是德国的萨克森，奥地利的威非尔特（Weinviertel）和匈牙利北部（包括托卡伊）。而自从斯洛伐克的产量萎缩之后摩拉维亚成为产量最高的产区。

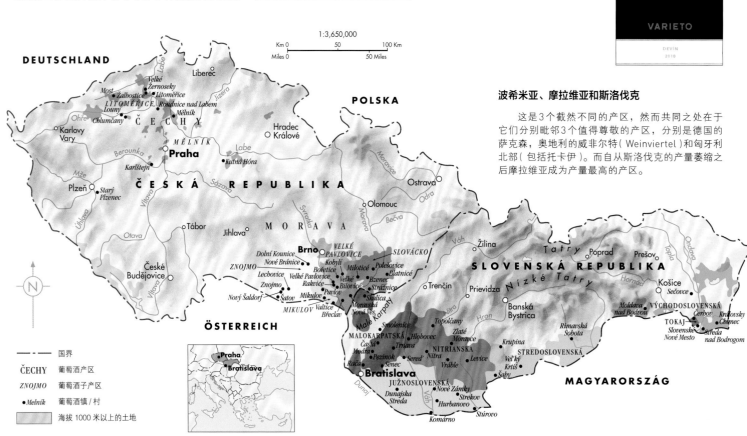

巴尔干半岛西部 Western Balkans

如果说地图上来自这片地区的葡萄酒能够吸引当地以外的注意的话，那更多的是因为政治因素而非地理因素。这里位于和意大利同样的纬度，地理环境也同样多元化和多山丘。它们自然也拥有古老的酿酒历史和许多当地的葡萄品种。当地的阿尔巴尼亚人曾经短暂地建立过南斯拉夫，这些年来远离政治纷争以后他们不凡的酿酒潜力逐渐开始为人所知。

多山的**波黑**，历史上曾经是奥匈帝国重要的葡萄酒产地。莫斯塔镇（Mostar）附近依然还存有如今非常罕见的品种Zilavka，用它酿成的一些干型白葡萄酒香气浓郁，有着杏子的味道，非常让人难忘。而且目前这里最主流的葡萄品种则是更常见的深色果皮的Blatina。20世纪90年代的内战使得这里只剩下4 000公顷不到的葡萄园，大部分集中在黑塞哥维那往南的莫斯塔镇。

塞尔维亚（Serbìa, Srbija）的酿酒历史随着不同的征服者而改变，信奉伊斯兰教的土耳其军队竭尽所能地铲除葡萄树，到了德国的哈布斯堡王朝（Hapsburgs）则大肆鼓励葡萄种植。如今塞尔维亚宣称他们的葡萄园比克罗地亚还要多，大概有60 000公顷，当然不是所有这些田都有产出。如果塞尔维亚顺利加入欧盟的话，那他们先要对所有葡萄园进行普查，再修订相关的法案。全国的总产量依然由5家大型的工业化生产的酒厂所把持，但现在也有40多家小酒庄也在出产一些酒，值得鼓励。

北部的自治省Vojvodina，与北方的匈牙利、东方的罗马尼亚共享着炎热的潘诺尼亚平原所带来的正面影响。这里的葡萄和葡萄酒的风格，主要是饱满、带有甜味的白葡萄酒，可以看出深受马扎尔风格（Magyar）的影响，还有一些不错的黑皮诺。最有潜力的葡萄园位于Fruška Gora山区，这个山丘从Belgrade市北方、沿着多瑙河分布的Vojvodina平地上冒了出来。多瑙河沿岸的乡村景色和西邻克罗地亚内陆非常类似，往西的Subotica-Horgòs产区和Còka产区都是砂质土壤，无论是地理或文化都比较接近匈牙利而非塞尔维亚，因此这里所生产的葡萄带有明显的马扎尔风格。Belgrade市

南边的Smederevo镇是Smederevka白葡萄酒的命名由来，这里生产的微甜白酒并没有人给人留下什么印象，但也有一些葡萄酒农用雷司令、霞多丽和赤霞珠酿造出一些让人感兴趣的酒。

在塞尔维亚南部，最令人振奋的红葡萄酒酿自当地品种Prokupac，而位于多山的Šumadija产区Velika Morava河边的Oplenac子产区，则越来越多把注意力投到雷司令、长相思、霞多丽、蓝弗朗克和黑皮诺上。

南斯拉夫解体之前，**科索沃**的葡萄酒产业大部分以出口Amselfelder（一种混酿甜红葡萄酒，主要针对德国市场）为主。之后许多年塞尔维亚封锁了葡萄酒出口。拉霍维奇（Orahovac）是主要产区，号称种植面积达到22 000公顷。最大的酒庄是Stone Castle，2006年私有化，国际酿酒顾问参与指导，显而易见出口事宜已经提上议程。

阿尔巴尼亚古老的葡萄酒产业经历了奥斯曼帝国和共产化之后依然存活了下来，但如今国内的种植面积只剩下区区4 000公顷。这里的酒非常清新，但当地的地中海气候和许多当地葡萄品种

诸如白葡萄品种SheshiBardhë、Pules和Debine，红葡萄品种SheshiZi、Kallmet、Vlosh和Serina都使得这里具备更成熟的发展空间。这里一直借鉴意大利的经验知识。

黑山共和国2010年加入欧盟。它的葡萄酒产业非常小，种植面积只有4 300公顷，大部分为一家酒庄所有：13 Jul-Plantaže，拥有2 310公顷葡萄园，号称欧洲最大的单一园。70%的好地拿来种植Vranac，这是一种颜色深、单宁重的红葡萄品种，非常有个性且具备一定的陈年潜力。而当地另外一种重要的白葡萄品种是Krstač。在Skadar湖附近还有着黑山第一个私营酒庄Sjekloša，它也是当地葡萄酒业的拼图之一。

再往南，到希腊边界，是属于**马其顿共和国**（不要同希腊的马其顿地区混淆）那炎热的葡萄酒产区，这里的酒品质更好，而且大多为私营酒庄。拥有三个产区大约80家酒庄，目前为止Povardarje或Vardar Valley是最重要产区。Vranac葡萄占据主导地位；白葡萄酒还经常拿来蒸馏白兰地。最大（还在发展中）的生产商Tikveš占全国总产量的25%。

许多产自地图中框出地区的酒都没有酒标，一种是酒庄酿好直接自己消耗掉，还有一种可能则是这酒来自一家大酒厂酿的散装酒。这些酒基本上都产自南方，但没有理由怀疑北方就没有这么有趣的酒。

克罗地亚
Croatia

　　伊斯特里亚半岛和达尔马提亚就如同克罗地亚[别称赫尔瓦茨卡（Hrvatska）]的扉页，海岸线上遍布着威尼斯式的港口，周边更拥有许多岛屿。历史上克罗地亚被君主统治过，被十字军征服过，也曾附属于他国，经历了诸多世事变迁，相信在这里也发生过很多有关葡萄酒的故事。如今这里更是许多富豪的度假天堂，享用美酒之情形只怕更甚于前。克罗地亚有着非常悠久的葡萄酒酿造历史，品质也很好，而价格更是亲民。

　　克罗地亚被第拿里阿尔卑斯山脉沿着海岸线分割为两个差别非常大的产区。克罗地亚沿海产区包括**克罗地亚伊斯特里亚（Hrvatska Istra）**产区，**克罗地亚海岸（Hvratsko Primorje）**产区、达尔马提亚北部（**Sjeverna Dalmacija**）产区、达尔马提亚中南部以及附近岛屿（**Srednja i Južna Dalmacija**）产区和达尔马提亚高地（**Dalmatinska Zagora**）产区。而这里主要出产白葡萄酒。

　　克罗地亚内陆产区位于境内东北部，毗邻匈牙利边境（见261页地图），同样也以白葡萄酒为主。种植最广泛的是当地品种Graševina，被称作克罗地亚的威尔斯雷司令，但并不算传奇性的品种，全国有1/4的葡萄园种植这个品种，主要分布在多瑙河沿岸的斯拉沃尼亚（Slavonia）的库特沃耶（Kutjevo）、巴兰尼亚（Baranya）和伊洛克（Ilok）产区，近年来也开始种植霞多丽、琼瑶浆和真正的雷司令；红葡萄品种也开始进行种植。这里以北地区以及萨格勒布西部，尤其是普莱斯威卡（Plešivica）和扎戈列（Zagorje）的气候都更为凉爽。芳香型的葡萄酒品种诸如雷司令和长相思在这里都表现得不错，而一些甜酒亦同样出色。

由北往南

　　伊斯特里亚，克罗地亚最北面的海岸线，这里种植的葡萄更为出色：主要为当地的白葡萄品种马尔维萨和玛维吉亚伊萨卡（Malvazija Istarska）。酿造过程中和斯洛文尼亚人一样采用浸皮法，酿出的酒香气芬芳，充满着蜂蜜和苹果皮的味道。而在伊斯特里亚，人们大多用洋桧木而非橡木桶，尽管往东不远处的斯拉沃尼亚以出产优质橡木而闻名。进过洋桧木桶之后，酒体会更活泼、饱满、复杂——还具有一定的陈年能力。伊斯特里亚还拥有自己非常独特的红葡萄品种莱弗斯科（Refosco）或称特朗（Teran），而它和意大利弗留利产区的红梗莱弗斯科不一样，单宁非常硬，当地人一般会加一些梅洛进行混酿。

Split 南部布拉齐（Brač）岛上的葡萄园。可以想见若在冬季这里肯定不会有如此天堂般美景，而每年夏季都有越来越多的游客前往这里，即便这里的酒品质一般，但这样的环境也能使之增色不少。

图例：
- 国界
- HRVATSKA ISTRA 葡萄酒产区
- ■ CLAI 知名酒庄
- 500 等高线间距 500 米 辅助等高线 100 米处

克罗地亚海岸和斯洛文尼亚的伊斯特里亚

克罗地亚漫长的海岸线，我们把它全部描绘在这幅地图上，全长 6 176 公里，再加上 1 000 多个岛屿，你会发觉有许多独一无二的葡萄品种。我们已经探本寻源过了 Tribidrag（金芬黛），但无疑还会有更多的发现。

然而惊喜不止于此，沿着海岸线向下往南行走，那里的马尔维萨或许不及北面出色，但一些当地土种如今却被发掘了出来。比如红葡萄品种普拉瓦茨马里（Plavac Mali），对于种植环境要求不高。迪涅其（Dingač）地区的普拉瓦茨马里香气饱满，酒体浓郁，强劲有力，而佩列沙茨半岛以北的杜布罗夫尼克（Dubrovnik）的则更为辛辣。而普拉瓦茨马里曾被视为当地另外一个品种 Crljenak Kaštelanski 的变种，但后来事实证明它和金芬黛有着亲缘关系，现在普利亚（Puglia）的普里米提沃（Primitivo）地区也开始流行种植这个品种。Crljenak Kaštelanski 的意思是"来自卡斯特拉（Kaštela）的红葡萄"，卡斯特拉是斯普利特附近的一个小岛；而这个品种又被称作 Tribidrag。而另外一个香气更讨巧也更馥郁的品种 Babič，历史上只有限地在希贝尼克和斯普利特之间的港口地区普里莫斯滕（Primošten）有过种植，而现在这些品种都已经开始蔓延出来。

原生品种的回归

在岛区，中部和南部海岸最常见的白葡萄品种是马拉斯提那——而令人有些失望的是这个品种在别处只有意大利托斯卡纳种植，意大利人称它为马尔维萨，更为中性。而岛区一些极具个性的白葡萄品种包括北部岛屿 Krk 种植的 Zlahtina，小岛 Vis 上的芳香品种 Vugava，Hvar 岛上的清爽型品种 Bogdanuša，此外 Korčula 岛上还种植有充满熏衣草芬芳、极具潜力的 Pošip 和饱满浓郁的 Grk。而纳帕谷的传奇人物 Grgich Hills 酒庄的庄主 Mike Grgich 于 1996 年返回故乡克罗地亚。他向美国人介绍了克罗地亚酒，并且在名为 Zinquest 这个寻找金芬黛起源是否在克罗地亚的项目中扮演了重要角色。而游客们现在也都知道，达尔马西亚的美食除了小生蚝、生火腿、烤鱼、熏肉、洋葱烤肉和成堆的甜美葡萄、无花果之外，当地的葡萄酒也同样精彩呈现。

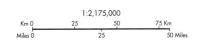

比例尺 1:2,175,000

最顶级的克罗地亚酒会标注为 Vrhunsko Vino，而优质酒则标为 Kvalitetno Vino，餐酒则是 Stolno Vino。而这些都是一些顶级的酒，上面两款是马尔维萨酿的，还有 Graševina（威尔殊雷司令）、Pošip（克尔丘拉岛，Korčula）和 Plavac（Tribidrag 的后代品种）。

斯洛文尼亚 Slovenia

即便是在铁幕时代，也很难说清意大利和斯洛文尼亚的关系，前者攻占至哪里，而后者又从哪里开始收复失地。我们只知道斯洛文尼亚是第一个脱离南斯拉夫宣布独立的国家（在1991年），而斯洛文尼亚葡萄酒也是南联盟诸国中唯一在西欧为人所知并广受欢迎的葡萄酒。在20世纪70年代，东斯洛文尼亚的柳托梅尔（Lutomer）酿的雷司令几乎是东欧唯一出口至西欧的葡萄酒。

斯洛文尼亚从亚得里亚海往东一直延伸至潘诺尼亚平原，都是大陆性气候。到处是绿意盎然的丘陵，可见这里非常适合葡萄种植，现在斯洛文尼亚有3个主要的葡萄酒产区：Primorska（靠近海岸）、Posavje（萨瓦河沿岸，地图上没有详细

标注）和Podravje［德拉瓦河（Drava River）沿岸］，而斯洛文尼亚历史上知名的葡萄酒中心Maribor、Radgona和Lutomer-Ormož都在这个产区里。

1823年，在Maribor，奥地利人Archduke Johann下令要在他的领地里种上"所有高贵的葡萄品种"。于是霞多丽、长相思、灰皮诺、白皮诺、琼瑶浆、麝香葡萄、雷司令、黑皮诺和许多其他葡萄品种纷纷被引入斯洛文尼亚境内。

本世纪以来，由于兼职种葡萄的斯洛文尼亚人在减少，因此国内葡萄园总面积也随之下降，但官方登记在册的依然有16 354公顷，而没有备案的还有很多。人均种植面积很小但斯洛文尼亚的葡萄酒业正渐渐专业化，不再那么支离破碎，

普里默斯卡中部

斯洛文尼亚的葡萄酒产区在地图上被划分为3个不同的地区。遥远西北部的Goriška Brda地区在第165页有详细的地图予以呈现。在图则是Posavje产区的地理位置，而下图则是最为重要的普里默斯卡产区Primorska。

位于马里博尔北部，Podravje产区Spicnik-Stajerska的这片心形葡萄园是不是故意为之呢？从中可以看出斯洛文尼亚是多么地适合种植葡萄。

如今国内仍有27 000多名葡萄酒农。

普里默斯卡

普里默斯卡，斯洛文尼亚最西面的葡萄酒区，种植面积达到6 940公顷，而且历史上一直和毗邻的意大利富卢利产区有着很深的渊源，至今依然有着频繁的互动。夏季这里很炎热，但秋季雨水来得很早。大部分普里默斯卡的葡萄园同时受亚得里亚海和阿尔卑斯山带来的气候影响，因此酿的酒香气芬芳，酒体强劲。如预料中那样，这里的风格很接近富卢利，普里默斯卡出产各种不同葡萄品种命名的芳香型干白，而红葡萄酒的风格则很强壮，几乎占据斯洛文尼亚一半的产量。有时甚至可以把北部的Brda产区看作富卢利的Collio产区在斯洛文尼亚境内的延伸地（见165页富卢利地图）。

丽宝拉（Rebula，又名Ribolla Gialla）是当地主要的白葡萄品种，而这里的波尔多混酿和黑皮诺也很出色。丽宝拉可以被酿成各种风格，从不锈钢桶发酵的清瘦型到在双耳陶罐中超长时间浸皮的做法一应俱全。它能给气泡酒和一些优质的混酿带来清新度。而有些混酿的做法一反常规，其中包括有些白葡萄酒采取数月的浸皮从而使得酒色呈橘色。

普里默斯卡和富卢利一样，种植着许多当地品种和国际品种，包括蔬菜味的芳香型品种Sauvignonasse（在富卢利被叫作Friulano）。但普里默斯卡的灰皮诺相比意大利维内托（Veneto）而言更具个性，结构也更好。

维帕瓦峡谷（Vipava Valley）产区，特别是它的上游异常凉爽，使得这里的酒相比Brda产区更清爽，更优雅，酒精度也更低。而本地葡萄品种Zelen和Pinela（在意大利北部又被叫做Pinella）最近也开始被关注。

喀斯特，位于意大利港口城市蒂利亚斯特

地图图例

- 国界
- KRAS 葡萄酒产区
- ■ OTAR 知名酒厂
- 500 等高线间距 100 米

1:362,500

Km 0 ... 10 ... 20 Km
Miles 0 ... 10 Miles

（Trieste）上面的一片喀斯特地貌的石灰岩平原，从意大利的Carso向东延伸至此，这里的土壤为红色，富含铁质。当地以酿造酒色深、酸度高的特朗红葡萄酒而闻名，而所用的葡萄品种叫作Refosco Terrano（经常会与Refosco dal PeduncoloRosso相混淆），这个品种在伊斯特里亚海岸Istrian coast的克佩尔（Koper）也有种植。特朗红搭配乡村烤肉串非常好。而在毗邻的克罗地亚的伊斯特里亚海岸表现优异的白葡萄品种马尔维萨如今在斯洛文尼亚的伊斯特里亚产区也变得越来越重要（见263页地图）。

波德拉维

波德拉维拥有6 780公顷的葡萄园，是斯洛文尼亚分布最广最内陆的一个产区。它分为两块，不太规则的 **Štajerska Slovenija** 产区和面积相对较小的 **Prekmurje** 产区。过去20年波德拉维一直活在普里默斯卡的阴影下，但如今它也已经开始回归。当地最主要的葡萄品种是Laški Rizling（威尔殊雷司令），但如今无论是在斯洛文尼亚还是海外，Sipon（福尔明）正越来越受关注。当地的Renski Rizling（莱茵雷司令）也能酿出一些很不错的酒，此外长相思也具有一定的潜力。而Ljutomer、Ormož、Maribor三个地方所酿的霞多丽和灰皮诺也拥有各自的不同风格。还有戈纳（Radgona）产区酿的Ranina（奥地利的Ranina）和Dišeči Traminec（琼瑶浆）都非常饱满，且酿造历史非常悠久。戈纳自1852年以来就一直是斯洛文尼亚的气泡酒中心。

如今波德拉维几乎都以白葡萄酒为主，冷发酵，不锈钢桶熟成，装瓶早且使用螺旋盖，当年装瓶当年就发售。为的就是保证奔放的香气、低酒精度和清爽的酸度——尽管现在也有一些酒庄在进行勃艮第酿酒法使用大橡木桶的尝试。以前这里许多酒都有残糖，但如今大部分都为干型，只有在好的年份才会出一些贵腐和冰酒。

红葡萄酒产量只占波德拉维的10%不到，但如今Modri Pino（黑皮诺），Modra Frankinja（蓝弗朗克）和茨威格（Zweigelt）这些品种酿的红酒无论从质量还是产量上都开始慢慢提升。根据吉尼斯世界纪录，地球上最老的葡萄藤就在马里博尔（Maribor），品种为Žametovka，藤龄超过400年，至今每年仍能有35~55公斤的产量。而较为温暖的普雷克穆利出产的红葡萄酒则要比一些新兴产地的酒更饱满更柔美。

波萨维

从产量上来说波萨维有些无足轻重，这片产区位于波德拉维西南，种植面积只有2 703公顷。种植的葡萄品种和波德拉维差不多，但通常会进行混酿，并以非常本土化的名字给酒命名（而不是根据品种），诸如Cviček、Metliškačrnina和Bizeljčan。波萨维的酒相比波德拉维更为轻盈，酸度更高，没有

中波德拉维

这是斯洛文尼亚离海岸线最远的产区，再往北就是奥地利的Styria，受此影响，这里大部分都是芳香型白葡萄酒。而最东面的Ljutomer的威尔殊雷司令曾经在20世纪60~70年代出口了很多。

国界
产区边界
■ VINAG 知名酒庄
葡萄园
600 等高线间距 150 米

Brda 地区 Movia 酒庄的 Ales Kristančič 是国际上最知名的斯洛文尼亚酒农，而他也一直在说服同行们接受"自然酒"的酿造方法。Verus 和 Dveri Pax 在波德拉维也酿出了不错的酒。

那般精致。而Bizeljsko Sremič出产的稀有白葡萄酒Rumeni Plavec口感清爽，也使得这个小地方为世人所知。Dolenjska产区的桃红Cviček酒体轻盈，酸度高，可以和奥地利的西舍尔（Schilcher）一较高下。

而Bela Krajina产区则以黄麝香葡萄而闻名，品质之高足以让波德拉维的甜酒相形见绌。而辛辣的Modra Frankinja（蓝弗朗克）则很具其当地特色，需要进桶陈年后才能表现得更好。

保加利亚 Bulgaria

20世纪70年代时，保加利亚的赤霞珠只是一个笑柄。到了90年代中期，情况则越发不可收拾，而这一切都要拜拙劣的土地私有化政策所赐。然而时至今日，又有确凿的证据表明保加利亚人有能力用国际葡萄品种和本土品种酿出好酒来。

20世纪50年代时，这片肥沃的土地上种植着大片的国际葡萄品种，每天酿的酒足以汇流成河，

而这些全部输往前苏联。不仅如此，保加利亚也曾经出口葡萄酒到西方国家，而对于西方人来说，这酒廉价而又美味。甚至有人惊讶地表示这可能是来自加州或其他地方的酒。但是1980年间戈尔巴乔夫的反酒精运动对此产生了深远的影响。随着经济建设的失败和市场的萎缩，该国大批葡萄园被遗弃或者被忽略，经常无人知晓这些葡萄园

的主人是谁。

直到20世纪90年代后期，许多曾经的国营酒庄和装瓶厂私有化之后，一些较好的酒庄吸引了西欧和欧盟的投资。而保加利亚于2007年加入欧盟看中的就是欧盟对于酒庄和葡萄园有着巨额的补贴。在过去几年，一部分规模更小的私营酒庄开始涌现。至2009年，该国的总种植面积缩减为56 130公顷，而其中15%为私人使用或酿造当地的果酒。但至少这些葡萄园较之前相比境遇要好了很多。酒厂开始越来越多拥有自己的葡萄园，尽管目前来说大部分藤龄还很年轻，只能酿一些较为简单的酒。

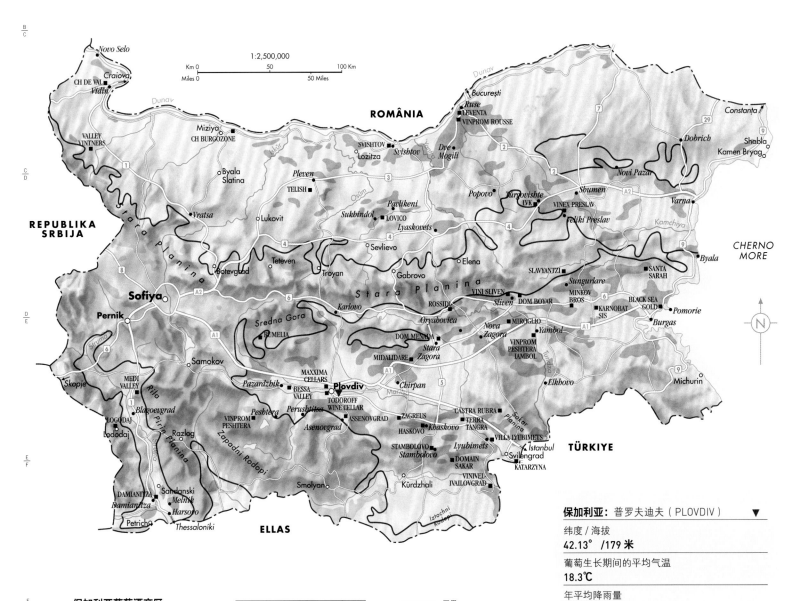

保加利亚葡萄酒产区

在欧盟葡萄酒机构的敦促下，也为了便于自身酿酒，保加利亚把国内葡萄酒的生产分为两大主要产区：多瑙河平原和色雷斯低地区——指保加利亚南部其他酿酒的地方。

-------	国界
DANUBIAN PLAIN	主要葡萄酒产区
• Varna	葡萄酒镇/村
■ TERRA TANGRA	知名酒庄
（阴影）	优质葡萄酒产区
（阴影）	海拔1 000米以上的土地
▼	气象站

保加利亚： 普罗夫迪夫（PLOVDIV） ▼

纬度/海拔
42.13°/179米

葡萄生长期间的平均气温
18.3℃

年平均降雨量
541毫米

采收期降雨量
9月：33毫米

主要种植威胁
真菌感染，冬季霜冻，冰雹

主要葡萄品种
梅洛、赤霞珠、Pamid、Red Misket、Muscat Ottonel、Rkatsiteli、霞多丽、Dimyat、Melnik

为了符合欧盟的葡萄酒法律，保加利亚指定了两片葡萄酒产区：南部的色雷斯低地区（**Thracian Lowlands**）和北部的多瑙河平原区（**Danubian Plain**）。类似于意大利的DOC和DOCG，这里也被划分为21个法定产区和23个等级更高的保证法定产区。

与此同时保加利亚依然有许多廉价的酒出口至俄罗斯和波兰，该国一半的好酒都是出口的，而许多酿酒者对于品质和价格都有着自己的抱负。这其中还包括一位意大利纺织业巨头，Edoardo Miroglio，他在Elenovo的山里拥有一小片优质田，种植着黑皮诺，酿出的葡萄酒很具说服力。法国酒公司Belvedere也成为主力军，尤其在Katarzyna村拥有酒庄。贝萨谷（Bessa Valley）也因为圣爱美浓的卡农嘉丽芙（Château Canon-la-Gaffelière）的庄主在此投资而受益匪浅，此外Château de Val的拥有者，一位保加利亚人在经历了美国的成功之后也返回了本国。

变化也是显而易见，温控、现代化设备和更好的酿酒方法也随之引进。大部分酿酒师都是在本地的，但法国顾问Marc Dworkin已经在贝萨谷的Damianitza取得了一定的影响力，与此同时来自波美侯的酿酒顾问Michel Rolland在Telish's Castra Rubra酒庄也开始了自己的工作。

国际和本地葡萄品种

如今保加利亚种的最多的是梅洛，10 570公顷；赤霞珠排第二，达到8 440公顷，但现在有新的认识就是不再局限于波尔多的葡萄品种，而是应该根据当地的风土来选择何种葡萄。而让人感到振奋的是西拉、黑皮诺（尤其在凉爽的西北部）、品丽珠和马尔白克纷纷出现在红葡萄酒中，而不错的霞多丽、琼瑶浆以及偶尔会有长相思和维欧尼出现在白葡萄酒中。

而作为本土品种，玛露德（Mavrud）获得的关注最多。玛露德是晚熟型品种，用它酿的酒酒体饱满，风味辛辣，能够陈年很久，但是把它用于一些顶级的混酿中会表现得更好（比如Santa Sarah Privat和Rumelia's Erelia这两款），很具当地风格。玛露德的种植季会很长，因此越来越受到青睐，它主要被种植在南方Plovdiv和Assenovgrad附近。南方另一个特殊的本土品种是Shiroka Melnishka Losa（阔叶梅尔尼克），只在靠近希腊边境Rhodope和Pirin山区里炎热的斯特鲁玛谷（Struma Valley）有

色雷斯低地以北Karlovo附近就是著名的玫瑰谷，这里对于葡萄的种植有着最高的限制。而不远处矗立着的就是斯塔拉山脉（Stara Planina）。

种植。梅尔尼克葡萄酒香气浓郁，酒体强劲，其中有些还甜得出奇，经过旧橡木桶熟成后表现更令人称赞。而比刚才那些品种更为常见的是帕米德（Pamid），适合酿造单薄平常的酒。鲁宾（Rubin）是保加利亚最新把内比奥罗和西拉杂交而成的品种，很好地继承了内比奥罗的香气。

保加利亚最主要的葡萄品种赤霞珠和梅洛主要种植在南方，那里的酒更为成熟更具结构，然而最好的红葡萄酒还是产自北方，尤其是西北部，更为精妙且陈年能力更强。

除了在黑海地区，其他地方都以红葡萄酒为主。虽然法国Belvedere集团在萨卡（Sakar）山区的新酒庄能够出产靠谱的芳香型长相思，但保加利亚最好的白葡萄酒却来自东北部最凉爽的地区，Shumen和Veliki Preslav。种的最多的品种是红密斯凯特（Red Misket），它是一种粉红果皮由巴尔干本地品种Dimyat和雷司令杂交而成的品种。

保加利亚玫瑰谷（Valley of the Roses）坐落在巴尔干和Sredna Gora山脉之间，以生产萃取精油的大马士革玫瑰闻名，也生产香气馥郁的葡萄酒，比如红密斯凯特、奥托纳麝香葡萄（Muscat Ottonel）和一些赤霞珠。

Enira是贝萨山谷Bessa Valley的顶级酒款；Dux同样来自贝萨山谷，但在较远的西北部，那里的红葡萄酒相比温暖的色雷斯低地要更复杂更精致。

罗马尼亚 Romania

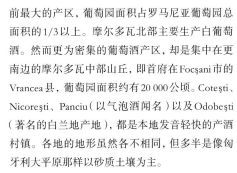

罗马尼亚作为一个拉丁语系国家，被包围在斯拉夫语国家中，因此相对于邻国而言，它和法国更为亲近些。两个国家的纬度和对很多事的观点都是相同的。罗马尼亚的葡萄酒文学，也像法国的美食书一样，理智中带着抒情。诚然罗马尼亚身处黑海，不像法国受大西洋气候影响，但所幸还有喀尔巴阡山脉，它如同一个巨型的号角呈半圆形盘踞在罗马尼亚中部，一定程度上调节了当地干燥炎热的大陆性气候。

喀尔巴阡山脉从周围的平原升高至最高峰近2 400米的高度，包围着占了该国近一半面积的Transylvanian高原。越过南部的Wallachia地区，则是有多瑙河先流经砂质平原，接着转向北部三角洲，分隔出濒临黑海的Dobrogea省。

就像其他东欧国家一样，罗马尼亚也曾在20世纪60年代推行过将大批耕地转为葡萄园的大规模种植计划，但是到了2009年罗马尼亚的葡萄园总面积却持续萎缩，不过依然达到181 340公顷，仍位居欧洲第七大葡萄酒产国，至今也仍是东欧国家中最重要的葡萄酒产国。但这并不意味着当地做酒很认真，出口量大；罗马尼亚有相当一部分葡萄是杂交品种，还经常能在路边看到个人非法兜售自家私酿的酒。事实上，罗马尼亚仍然是一个葡萄酒进口国。

如今最受人们青睐的是Feteasc Albă（即匈牙利著名的Leányka）和Feteasc Regală两种葡萄，也是当地种植最广的品种，而Tamaioasa Rom neasca（果实较小的麝香葡萄）则是最受欢迎的明日之星；但是其他品种，像威尔殊雷司令、阿里高特以及梅洛也都相当普遍。赤霞珠、长相思、灰皮诺以及奥特纳麝香葡萄，则是其他在罗马尼亚已经有迹可循的国际品种。此外，当地也有少量的霞多丽和黑皮诺。至于罗马尼亚当地的原生品种，则是以酿出清淡又有水果风味的Babeasc Neagră、酒款较为严谨的Fetească Neagr较受瞩目。

一如匈牙利，罗马尼亚也有过一种曾经扬名全欧的酒款Cotnari。然而，当托卡伊贵腐甜酒试图再现光芒时，它依然在罗马尼亚以往的地方默默无闻。历史上这是一款产自东北部的贵腐甜酒，而如今酿的Cotnari更像半干至半甜之间的白葡萄酒。

7个产区

如今罗马尼亚划分为7个酒区，位于喀尔巴阡山脉以东的罗马尼亚**摩尔多瓦（Moldova）**是目

Prince Stirbey 酒庄于 21 世纪初被这里最初拥有者的后人 Baroness Ileana Kripp-Costinescu 所接管并重新恢复酿酒，她把更多注意力放在当地品种上，并为 Dragasani 这个产区的振兴做出了许多努力。

前最大的产区，葡萄园面积占罗马尼亚葡萄园总面积的1/3以上。摩尔多瓦北部主要生产白葡萄酒。然而更为密集的葡萄酒产区，却是集中在更南边的摩尔多瓦中部山丘，即首府在Focşani市的Vrancea县，葡萄园面积约有20 000公顷。Coteşti、Nicoreşti、Panciu（以气泡酒闻名）以及Odobeşti（著名的白兰地产地），都是本地发音轻快的产酒村镇。各地的地形虽然各不相同，但多半是像匈牙利大平原那样以砂质土壤为主。

沿着Carpathian山脉的蜿蜒山势，从摩尔多瓦来到了**Muntenia 和 Oltenia**两个产区，前者的知名度较高，因为区内位于Dealu Mare的葡萄园驰名远近。这些有足够水分的南向斜坡，因为拥有罗马尼亚最高的平均温度而成为赤霞珠、梅洛、黑皮诺及酒体丰厚的Fetească Neagră和一些很有潜力的西拉的产地。Dealu Mare是罗马尼亚国内最让人激动和振奋的红葡萄酒产区，尤以Davino、SERVE、Lacerta、Rotenberg和Vinarte这几家酒庄最为著名。此外，还有一种非常特殊的白葡萄酒：油润滑腻、香气馥郁的甜酒Tămăioasă，产自Dealu Mare东北的Pietroasa村。

Dealu Mare西面是个小而充满活力的产区Drăgăşani，近年来古老的皇室家族Ştirbey重振了这里葡萄酒业，用当地红葡萄品种Crâmpoşie Selecţionată、Novac和Negru de Drăgăşani酿成的红酒清爽活泼，而用Fetească Regală、麝香葡萄和长相思酿的白葡萄酒则芳香清新。当地还有一些小酒庄，比如Avincis和Via Sandu。

喀尔巴阡山脉的岩层分散在Muntenia和Oltenia两区，也有各具特色的酒款。Stefăneşti以香气馥郁的白葡萄酒闻名；Sâmbureti的长项则是赤霞珠。至于西边的Vanju Mare镇，则早已经是赤霞珠的知名产地，而且黑皮诺的表现也渐入佳境。更为西南部的Crama Oprisor酒庄的东家是德国的Carl Reh。Craiova南部的Domeniul Coroanei Segarcea酒庄也已重整旗鼓，并在曾经的皇室领土上开始重新种植葡萄。

罗马尼亚短狭的黑海沿岸是**Dobrogea**产区，这块在多瑙河以东的地区是该国阳光最多、雨量最少的产区。Murfatlar子产区一向就以轻柔的红葡萄酒和甘美的白葡萄酒而闻名，甚至还有霞多丽甜酒（在受沿岸海风调节的石灰岩土壤上生长着特别甜熟的霞多丽）。当地最大酒庄叫作Murfatlar，拥有3 100公顷葡萄园，于2011年从南非招募了一位在罗马尼亚出生的酿酒顾问。

罗马尼亚的西北角落，则明显受到来自匈牙利的影响，**Banat**产区的许多红葡萄酒都以黑皮诺、梅洛和赤霞珠酿成，Fetească Neagră和西拉也很被看好。而最好的葡萄酒则是产自Recaş酒厂。当地主要的白葡萄酒品种是Feteasc Regal、威尔殊雷司令以及长相思。

与此同时，**Transylvania**产区则像位居该国中心的一座孤岛，这块海拔超过460米的高原，气温

罗马尼亚葡萄酒产区

　　喀尔巴阡山脉占据了罗马尼亚大部分地区，而大部分酒都产自喀尔巴阡东部和南部。西部的Transylvania由于声名在外，因此那里的酒能够赢得一些国际市场，但总的来说罗马尼亚葡萄酒很少能够出口国外。

比例尺 1 : 3,750,000

	国界
BANAT	葡萄酒产区
COTNARI	葡萄酒子产区
• Sadova	葡萄酒镇 / 村
■ RECAŞ	知名酒庄
	产酒地区
	海拔 1 000 米以上的土地
▼	气象站

Davino 和 Crama Basilescu 酿造的两款 Feteascǎs 格外优雅，而这个品种也是摩尔多瓦人最早栽培的葡萄，在罗马尼亚境内种植最为广泛。

罗马利亚：BACAU ▼

纬度 / 海拔
46.53° / 184 米

葡萄生长期间的平均气温
16℃

年平均降雨量
587 毫米

采收期降雨量
9 月：52 毫米

主要种植威胁
春霜、干旱、采收期间雨量过大、冬季霜冻

主要葡萄品种
Feteascǎ Regalǎ、Feteascǎ Albǎ、梅洛、威尔殊雷司令、阿里高特、长相思、赤霞珠、Muscat Ottonel、Bǎbeascǎ Neagrǎ

凉爽且相对多雨，因此生产的大多是比罗马尼亚其他地区更清新活泼的白葡萄酒，黑皮诺也很被看好。目前看来，罗马尼亚葡萄酒的潜力尚没有得到体现，但如今很多酒庄的投资或许会改变这一切。加入欧盟之后，各种补贴和资本会涌入当地的葡萄酒业。开放进口、引进竞争又能刺激到当地最好的企业，而如今，罗马尼亚国内的五大酒厂共占去70%的市场份额。

黑海地区 The Black Sea Region

在20世纪70年代，当时苏联还是世界上第三大的葡萄酒生产国。到20世纪将尽之际，其总产量只占全世界产量的3%。当时的总统戈尔巴乔夫推动反酒精运动，连带地让该国的葡萄酒酿造者（以及邻国的供应商）都被波及，损失惨重。当苏联在20世纪90年代初期解体之际，许多葡萄园里的植株都被连根拔除，其他的则因为没有市场支撑而纷纷被弃耕。2006年时，俄罗斯总统普京发布禁令，禁止从摩尔多瓦和格鲁吉亚进口葡萄酒，对于这两个以葡萄酒为支柱产业的国家（见格鲁吉亚）而言无异于沉重的打击。

摩尔多瓦

位于罗马尼亚东部边境，摩尔多瓦是前苏联国家中种植葡萄最多的国家，而且一直宣传自己拥有世界上种植最密集的藤蔓。将近4%的国土是葡萄田，1/4的人口从事葡萄酒行业相关工作。与前苏联其他国家一样，这里的葡萄种植面积自从戈尔巴乔夫开展反酒精运动后就开始逐渐萎缩，巅峰时期曾经达到240 000公顷，但在2010年，还剩下149 000公顷，而其中106 000公顷用来酿酒。

当时沙皇克里姆林宫的酒窖里，就藏着摩尔多瓦（更老的名称则是 **Bessarabia**）的优质葡萄酒当作餐酒。摩尔多瓦大部分的历史，都与俄罗斯与罗马尼亚纠缠不清，还好，对该国人民来说（大部分是罗马尼亚裔），两强之争最后谁都没得到好处，摩尔多瓦终于在1991年获得独立（关于罗马尼亚的摩尔多瓦地区的产酒情形，请见268页）。

摩尔多瓦之所以如此得天独厚能产出品质一流的葡萄，主要在于其纬度与法国勃艮第相同，土地却相对贫瘠，还有许多山谷提供优质斜坡及受惠于黑海调节气候。该国的冬季气温虽然有时会低到可能冻死未受到保护的葡萄藤，但是对于耕植已久的优质葡萄园，这样的气候可以说是非常理想。摩尔多瓦的大部分葡萄藤都种在首都Chișinău附近的中部及南部地区，大部分以红葡萄

从摩尔多瓦到阿塞拜疆

下面这幅地图清晰地为我们展现了海洋性气候对于黑海和里海沿岸葡萄种植的影响。而位于俄罗斯内陆Don产区的葡萄树则每年冬季都需要掩埋起来，以免被冻伤。

酒闻名。如今最引人注目的是来自东南部的Stefan Voda地区Purcari酒庄的混酿普卡利黑宝石（Negru de Purkari），由赤霞珠、Saperavi和NegraRara酿成，很具潜力。

为了申请加入欧盟，摩尔多瓦设立了三个法定产区，还吸引了欧洲投资银行数百万欧元投资本国的葡萄酒业，与此同时还逐步引进了俄罗斯的资本和一些国外的酿酒顾问来这里发展。

归功于摩尔多瓦历史上和法国的渊源，这里超过80%的葡萄是酿酒葡萄。种植最多的是阿里高特（占总种植面积的23%），紧随其后的是格鲁吉亚白葡萄品种白羽（Rkatsiteli, 15%）、长相思（9%），之后是梅洛（9%）。但摩尔多瓦种植的赤霞珠和梅洛成熟度一直不够，或许这里发展一下黑皮诺、灰皮诺、长相思和气泡酒的话会更好。

整个产业仍在从俄罗斯的进口禁令（目前已

乌克兰：辛菲波罗尔（SIMFEROPOL） 
纬度 / 海拔
44.95° / 205 米
葡萄生长期间的平均气温
16.5℃
年平均降雨量
501 毫米
采收期降雨量
9 月：36 毫米
主要种植威胁
寒冬
主要葡萄品种
白羽（Rkatsiteli）、阿里高特、赤霞珠

图例

——	国界
KARTLI	葡萄酒产区
•Alushta	主要产酒镇 / 村
	产酒地区
	海拔 1 500 米以上的土地
273	该地区在 273 页有详细地图
▼	气象站

1:9,000,000

Km 0　100　200　300　400 Km
Miles 0　　100　　200 Miles

经取消部分禁令）中逐渐恢复。以前摩尔多瓦一直是酿造半干型白葡萄酒出口，但情况逐渐改变。如今的酒更干，品质也更好。而一些小酒农诸如Pelican Negru、Et Cetera和Equinox正设法与官僚桎梏斗争，来酿自己真正感兴趣的酒。而出口西欧最多的酒庄是Acorex，它的一些国际品种很具竞争力，以灰皮诺和长相思最为闻名。

乌克兰

原属前苏联的第二个最为重要的葡萄种植国则是摩尔多瓦的东邻，乌克兰。大部分乌克兰地区（还有俄罗斯）都太过寒冷，以致葡萄不能成熟，但即便如此，腓尼基人和古希腊人也早就发现黑海和亚述海附近的气候能够使得沿岸产区的葡萄生长和成熟。所以乌克兰最著名的葡萄园都在黑海港口奥德萨（Odessa）和赫尔松（Kherson）附近，但历史上最吸引人的产区却是**克里米亚半岛（Crimea）**。

克里米亚半岛是在18世纪末叶卡捷琳娜二世（Catherine the Great）执政时期成为俄国的一部分，其南岸气候类似地中海，很快就成为贵族的度假胜地。这个地区的发展主要归功于亲英派的Mikhail Vorontzov伯爵，他在19世纪20年代先是建立了一家酒庄，后来又在Yalta西南边的疗养圣地Alupka建了宫殿，还在Magarach附近建立了一所葡萄酒研究中心（葡萄酒是他的嗜好），这个中心在前苏联时期一直具有重要地位，擅长培育耐寒葡萄品种。

几乎与澳大利亚发展葡萄酒产业同时（加州的发展则是此后一个世代的事情了），Vorontzov公爵也正想要通过模仿来酿制出跟法国一样伟大的葡萄酒。但公爵的成就是有限的，因为这就像是要在澳大利亚巴罗萨谷（Barossa Valley）酿制出与勃艮第风格相仿的酒款一样困难。这里的南岸气温太高，但是往内陆10公里，天气又太冷。在Vorontzov公爵之后，下一代的Lev Golitzin王子的做法就比较科学。在1853年至1856年的克里米亚战争之后，沙皇在介于Alupka及Yalta之间的Livadia地区建造了一座夏宫，王子在此成功酿出俄国人最爱的酒精饮料第二名：shampanskoye气泡酒，这是由南海岸向东走50公里的Novy Svet酒庄所酿制，而这酿酒传统目前仍延续着。

不过，克里米亚的宿命终究还是甜酒。1894年沙皇在小镇Livadia附近的Massandra创建了"全世界最佳酒庄"，由Golitzin王子负责管理，以发展南岸的酿酒潜力；这是介于山与海之间长达130公里的狭窄地带，主要酿制所有强劲类型的甜酒。这些酒在苏俄大革命之前就已经建立起稳固的名声，被称为Port、Madeira、Sherry、Tokay、Kagor（在俄国东正教里这支酒的历史地位堪比Cahors对于法国的影响力），甚至有些酒还被称为Yquem或Muscats（酒色里呈粉红或是深褐黑）。而如今正在复兴中的乌克兰葡萄酒产业，种植最多的是完全现代的品种，如霞多丽、雷司令、阿里高特、黑皮诺、梅洛、赤霞珠和白羽。

俄罗斯

俄罗斯的大部分葡萄园如地图所注，基本上都离黑海和里海不远，可以免受严酷的大陆性气候影响。一半以上的葡萄种植在西面的克拉斯诺达尔边疆区（Krasnodar Krai），这里受海洋性气候影响，大部分情况下这里的葡萄藤过冬时不用保护。而Don产区及Stavropol以及Dagestan地区，葡萄藤过冬时必须被掩埋，这里的葡萄大部分用来蒸馏白兰地。

前苏联时期老旧的葡萄酒工业快速过时，甚至连装瓶作业都不甚可靠，更不用说酿酒，然而现在已经逐渐可以嗅到业者对于酿制现代化葡萄酒日增的兴趣，因此有一些由老厂重建的现代化酒厂加入行列，如Myskhako及Fanagoria；还有一些新建且受到法国影响的新兴酒庄也相继出现，像是Chateau Le Grand Vostock及Chateau Tamagne等。而这些更为现代化的酒厂已经在向西方出口葡萄酒，大部分酒具备竞争力，但都是一些让人感到有些乏味的国际品种。

本区大部分新种的葡萄藤都是法国进口的品种，不过有些酒农也开始尝试种植一些当地的原生品种来试探潜力，这些原生品种包括白皮诺、Golubok以及Krasnostop葡萄（意思同意大利文的Piedirosso，即"红脚"）；而格鲁吉亚的晚红蜜品种也在俄罗斯南部生长良好。最主要的白葡萄酒品种是霞多丽、长相思、阿里高特及白羽。

前苏联还有一项行之有年的传统：一些大城市周边会有一些半工业化的工厂，自全世界进口葡萄酒或葡萄浓缩液再进一步酿制成俄罗斯人偏爱的气泡酒。至于传统的俄罗斯酿法，可以在当初同样由Golitzin王子在Krasnodar所建立的Abrau Durso酒厂看到，而这里已经成为极其重要的旅游景点；而Rostov-on-Don产区的Tsimlianskiy酿酒厂，则忙着酿造精致度略逊的气泡酒。

过去，不管是红葡萄酒还是白葡萄酒，往往都会掺入甜味剂来掩盖葡萄酒酿制过程的许多缺失，不过当越来越多的俄罗斯人接触到西方的影响与品位之后（尤其通过莫斯科及圣彼得堡等大都会兴盛的餐饮文化），可以预期的是，俄罗斯人对于葡萄酒的品位将会越来越趋向更干型的风格。

亚美尼亚和阿塞拜疆

作为前苏联的一员，**亚美尼亚**被夹在格鲁吉亚、土耳其、伊朗和阿塞拜疆中间。全国只有300万人口，但在全世界范围内拥有800万亚美尼亚血统的后裔，这也使得亚美尼亚的酒不会乏人问津。亚美尼亚种植的葡萄有限，而其中大部分又被拿去蒸馏知名度更高的亚美尼亚白兰地。葡萄酒在当地非常小众，但这并不代表亚美尼亚人酿不出好酒。首都耶列万（Yerevan）东南，Yeghegnadzor地区靠近Areni村附近，一位意大利籍亚美尼亚人建造的Zorah酒庄用当地葡萄品种Areni采取格鲁吉亚的陶罐发酵法，出产的葡萄酒品质非常好。亚美尼亚还有些葡萄园位于海拔1 600米之处。而近年来由于当地发掘出距今6 000年的世界上最古老的酒庄遗址，因此亚美尼亚人也努力宣传这里才是葡萄酒文化的发源地。在这个2007年至2010年被挖掘出的Areni-1洞穴中，可以找到葡萄种子、树枝、被压榨过的葡萄残留物和最原始的压榨设备，以及一个明显用来发酵的大型陶罐。

阿塞拜疆也酿制葡萄酒，大部分都制成甜味红酒，最重要的品种是Matrassa和Areni。

左边的3支酒都来自俄罗斯的黑海产区，克里米亚两岸，也是沙皇划分的葡萄酒中心。Et Cetera是摩尔多瓦的酒标，而唯一一支标有当地文字的酒来自乌克兰。

格鲁吉亚 Georgia

任何国家如果两百年来一直受到俄罗斯那虎视眈眈的关注的话恐怕都早已称臣，但格鲁吉亚显然不在其列。它位于南高加索地区，连接欧亚大陆，是一座从黑海通往里海和波斯湾的桥梁，因此格鲁吉亚人民从来没有过平静的生活。但格鲁吉亚也因此锻造出非凡的民族荣誉感，使得它能够一而再再而三地对抗北边的那只"大熊"。而这份强大的荣誉感还有一部分源于格鲁吉亚人一直认为是他们首先发明了葡萄酒。

当然根据考古证据而言酿酒的确起源于此（或者说在亚美尼亚，这得取决于最近的挖掘或者格鲁吉亚的历史）。酿酒的起源时间大约是公元前6 000年。而我们是从何而知那里曾经是葡萄园呢？播在土壤中的种子的排列和野生葡萄有很大区别，而且数量相当大，因此可以认定这绝非偶然。所以我们可以认为在亚拉拉特山脉中发现的就是史前酒庄，更确凿的证据是在被发掘的陶罐中还发现了葡萄籽，而这些陶罐显然就是格鲁吉亚至今还用来发酵的qvevri陶罐前身。

qvevri是一种巨大的陶土罐，被埋在土中，只露出缸口。所有酿酒材料都放进里面，包括踩踏过的葡萄、葡萄皮、葡萄梗等，直到要饮用前才取出，这样的酒不管甜或不甜，单宁都相当高（需要一点儿时间去习惯这样的口味），但是在最好的情况下，确实可酿出令人惊讶的好酒。这种非工业化的酿酒方式，酒要保持不酸坏也需要一些运气，不过格鲁吉亚有几个最佳的葡萄品种，本身就风味十足，能够在qvevri中绽放，这些品种包括：浅色皮的Mtsvane Kakhuri，高贵的红肉葡萄晚红蜜（Saperavi），以及独具风格、不失清新的白羽（Rkatsiteli）白葡萄。这些品种酿制的葡萄酒以及带甜味的气泡酒shampanskoye（不能在陶土罐中发酵），是该国人民社交生活的最佳润滑剂。

格鲁吉亚人民嗜酒且酒量极好，也把该国人民有名的长寿及活力与Saperavi红酒的营养价值联系在一块。在俄国诗人普希金时代，俄罗斯人就认为格鲁吉亚的酒是首选。遗憾的是，利之所趋，假酒也十分盛行；所以在2006年，克里姆林宫与格鲁吉亚关系交恶，便下令禁止格鲁吉亚葡萄酒进口；虽然莫斯科人都认为在前苏联时期，格鲁吉亚的晚红蜜是最值得信赖的酒款。克里姆林宫也同时禁止了摩尔多瓦酒类的进口。2013年时，俄罗斯的需求看上去已经超越了政治因素，因此格鲁吉亚葡萄酒的复苏也指日可待。

格鲁吉亚有3个历史悠久的葡萄酒产区，第一个是气候最干燥、东缘可到达高加索山麓的卡赫季，全国有2/3的葡萄都生长在此区。接着是Kartli地区，这里很少使用陶土缸，位于首都Tblisi不远的平缓地区；最后是位于西部的Imereti产区，气候比较潮湿。这里的北部是Racha-Lechkumi产区，气候相当潮湿，当地的Aleksandrouili及Mujuretuli葡萄品种主要用来酿制半甜的葡萄酒。在黑海沿岸的地中海型气候区，当地的葡萄品种以及此类甜酒同样占据主要的生产项目。

现代的酿酒方式，是俄罗斯人在19世纪初期到格鲁吉亚殖民时才引入的。诗人普希金偏爱格鲁吉亚的酒更甚于勃艮第，而像Tsinandali一类的酒庄也因此成名。当初在前苏联的政权下，百业不兴，但是当格鲁吉亚独立后，进步还是相当缓慢，讽刺的是这也是拜俄罗斯所赐。

国际吸引力

俄罗斯的禁令无形中也使得格鲁吉亚人在改进自己的葡萄酒。现在它把更多注意力放在鲜为人知的当地品种上，比如白葡萄品种Kisi和红葡萄品种Shavkapito，还有它的陶罐发酵法上。酿酒师们正打算进入更新兴、要求更为精细的市场，如欧洲、日本和美国，以及中国内地和香港地区，这些地区追求高品质且带有格鲁吉亚烙印的葡萄酒。而在挑战新兴市场的过程中，人们也不禁开始思考，是什么让格鲁吉亚酒变得与众不同。尤其是在美国，它出乎意料地受到青睐，原因在于其完全不同于现代工业化的酿酒方式，完全另类的葡萄品种，反主流的吸引力，这些因素使得酒商们在赤霞珠和霞多丽之外多了一份选择。而陶土罐也并非远古遗迹，它也许指向了葡萄酒的未来——一些怀揣梦想来自不同国家的酿酒师们，从奥地利到西西里都开始使用它。

进入国际市场迫使格鲁吉亚按照欧盟的方式来划分产区和子产区，而它的18个原产地标识已在欧盟注册。8个主要产区中最重要的是Kartli和卡赫季，都位于东半部，而历史上那里被称作伊比利亚。**卡赫季（Kakheti）**如今的产量大致占80%，所酿造的大部分为香气饱满的晚红蜜和清瘦的白羽以及更为柔和的Mtsvane Kakhuri白。而地图上标注的子产区，包括了一些历史上耳熟能详的名字，无论产地还是酒庄。例如，**Tsinandali**是一座19世纪以白葡萄酒闻名的酒庄，现在则是一个产区的名字。**Kvanchkara**（格鲁吉亚西部）和**Kindzmarauli**

特拉维（Telavi）北部的阿拉瓦迪修道院（Alaverdi monastery）是格鲁吉亚的葡萄酒业的精神家园，或者至少是卡赫季的。在这座公元8世纪就建造好的酒窖中，僧侣正从传统的陶土罐qvevri中取样。

卡赫季葡萄酒产区

格鲁吉亚4/5的酒产自卡赫季，而这里的产区划分过于发达和错综复杂。所有这些产区都在欧盟登记，可以想见是为了迎合日益增长的出口需要。

图例

——	国界
——	区域边界
——	产区边界
■ TBILVINO	知名酒庄

产区

- Akhasheni
- Gurjaani
- Kardenakhi
- Kindzmarauli
- Kotekhi
- Kvareli
- Manavi
- Mukuzani
- Napareuli
- Teliani
- Tibaani
- Tsinandali
- Vazisubani

—600— 等高线间距 150 米

1:763,000

Km 0 10 20 30 40 Km
Miles 0 10 20 Miles

N

历史上都以酿造晚红蜜而闻名。

Alaverdi 是一座建于公元8~10世纪的修道院，2005年时得以重建，而那时的僧侣就已经开始用陶罐来酿造葡萄酒。Telavi 是卡赫季的首都，依然被古老的城墙所包围，主要的地窖都在这里。Schuchmann 是一家德国公司，既酿霞多丽又有陶土罐酿的晚红蜜。而"山鸡之泪"（Pheasant's Tears）酒庄则源于一个美国画家来到当地写生，被当地古朴的风情所吸引，由此便买下酒庄开始了新的人生。

Kartli 中部更为凉爽和多风，因此这里的酒比卡赫季更为清淡，有时还带有一些自然形成的微气泡。格鲁吉亚西部受黑海气候影响，所以很少有极端气象情况出现，降水量也更高。这里的两个产区分别是低地的 Imereti，曾经的科尔切斯（Colchis）王国，和高地的 Racha，种植的都是当地葡萄品种：最常见的是 Tsitska 和 Tsolikouri（这两个品种经常互相混酿）。Imereti 的葡萄酒有着活跃的酸度和俏皮的个性，相比卡赫季产区，这里的浸皮时间更短。而在海拔更高的 Racha-Lechkhumi，种植季很漫长，葡萄往往采摘得比较晚，因此酿的酒是微甜和半甜，当地的葡萄是 Mujuretuli 和 Aleksandrouli。此外沿海的 Samegrelo、

继承和拥有如此丰富的当地葡萄品种，格鲁吉亚显然不用再引进国际葡萄品种。晚红蜜（Saperavi）和白羽（Rkatsiteli）一样，拥有极强的个性（深色），因此很受俄罗斯和其他国家酒农的青睐。

Adjara 和 Guria 历史上也是著名的产区，但如今已经有些无足轻重了。

红葡萄品种晚红蜜可以酿出很好的酒——许多都是甜红，但有着活泼的单宁和酸度使得入口很清爽。格鲁吉亚的酿酒师有着强烈的自我意识，

尽管在酿酒设备上比较短缺（甚至包括酒瓶），但依然能够酿出更具竞争力、更好的酒，无论新派老派。尽管目前政治因素阻碍着当地葡萄酒的发展，但没有人会质疑格鲁吉亚的葡萄、气候以及它的个性呈现出的非凡潜力。

希 腊 Greece

希腊在欧盟的慷慨援助下开始了葡萄酒的新时代（几乎所有地中海国家都能享受到此种待遇），但它依然有着些许先天不足。第一是语言，晦涩难懂的希腊语使得大部分葡萄酒爱好者难以理解。第二则是人们对于希腊酒依然陌生，唯一为人熟知的希腊葡萄酒只有Retsina，而有关其他希腊葡萄和风土则少有人知。第三也是最重要的一点，就是它的地理环境如意大利般多山且地形复杂，还伴随着连续不断的干旱和暴风雨的侵袭。

这些不足在很大程度上都被克服，希腊成功地向全世界推出了高品质且保留最初风味的葡萄酒（没有拥有大规模葡萄酒工业使其落入平庸）。如今希腊最主要的问题在于这个国家无力的政府和传统正直的地中海人之间的矛盾。

事实绝非人们想象的那样，过于炎热干燥就酿不出好酒，希腊大部分地区都是山区且土地贫瘠，只有很小一部分肥沃的平地用于种植一些更为经济的作物。葡萄酒产区都为高海拔，陡坡，地形复杂，降雨量也难以预计，使得这里拥有一些与众不同的风土条件。而在希腊北部马其顿地区的Naoussa酒镇，有些年份还会遭受严重的雨害与霉害，甚至一些北向的葡萄园还会有葡萄成熟不足的难题。在Peloponnese半岛内陆的Mantinia高原（见对页），若是葡萄酒产自较为凉爽的年份，则需要去除酒里的酸度，有时还需要加糖来加固酒体。

希腊葡萄酒的新时代开始于20世纪80年代，当时有几位在法国受到正式酿酒训练的农业学家及酿酒师学成归国后，引发此风潮。欧盟以及一些雄心勃勃的个人企业家投入了大量的资金，使得他们得以成功提升某些大型酒商（著名的有Boutari及Kourtakis两家）的酿酒技术；甚至能够在一些比较凉爽而地价相对低廉的地区建立起规模较小的新颖酒厂。目前看来，未来新一代的酿酒师还可能自波尔多、加州或是雅典受训归来，酿出与希腊典型的氧化发酵的古老酒款截然不同的新酒款。

复兴后的希腊葡萄酒业引进了一些国际葡萄品种，表现喜人。刚开始它把注意力放在当时较

为蓬勃的国内市场上，但到了2009年，面临国内市场萎缩的窘境，希腊葡萄酒联合会（Greek Wine Federation）决定未来把更多的精力面向出口，目标为那些对希腊本土葡萄更感兴趣的市场。

希腊大陆地区

希腊北部是最受轻视但潜力十足的地区，在20世纪60年代，此区就有以品质出众的Chateau Carras酒庄为首的葡萄酒革新而大受注目。在地理特性上，**马其顿**地区比较像是巴尔干整个大地块的一部分，而不是深入爱琴海的希腊分支。这是红酒产区，以Xinomavro（意思是酸味黑葡萄）这个品种为主，因此酸味明显，然而这种熟成缓慢的葡萄酒却是希腊最令人印象深刻的酒款之一。**Náoussa**是希腊最重要也是第一个法定产区（设立于1971年），该区的最佳酒款在经过陈年之后，酒香像极了顶级的意大利巴罗洛（Barolo）红酒；不过北部地区的许多酒庄，设备还是相当落后。冬天时，在Vermio山坡上会有积雪，但夏季却严重干旱，甚至需要靠灌溉来种植葡萄。这里的地形差异极大，面积也大到可以让不同的葡萄园够资格取得更明显的产区认同。

Gouménissa产区位于Piako山坡的较低海拔之处，酒的形态与Naoussa产区类似，但较为厚重。**Amindeo**产区则位于Vermio山的北向山坡上，气温冷凉，因此可酿出香气活泼的白葡萄酒、Xinomavro品种的粉红酒以及一款品质出色的气泡酒。离马其顿共和国边界不远处，多风、临近湖泊、受凉爽气候影响的Alpha Estate酒庄，出产的Xinomavro和西拉的混酿浓郁饱满，品质始终如一，非常优秀。

在Kavála产区附近，国际葡萄品种越来越多。Biblia Chora酒厂酿出风格强烈的混酿酒，而在希腊东北端的Drama产区Lazaridi小镇，Pavlidis酒庄则酿出了现代希腊酒的自信心，在这整个北部地区的独立酒厂中都可看到。在Thessaloníki产区南边，位于Epanomí镇的Gerovassiliou酒厂，正在实验酿制维欧尼品种，也包括原生的Malagousia白

葡萄酒品种和深色的Mavrotragano以及Limnio。

Zítsa是西北部**Epirus**地区的唯一法定产区，Debina葡萄是本区种植最广的白葡萄酒品种，可酿制不甜的无气泡及气泡葡萄酒。Epirus地区有全国最高的葡萄园，地点就在Métsovo酒村，海拔将近1 200米；而最老的赤霞珠，则于1963年被种在Katogi Averoff村。

Thessaly地区潜力巨大，但还未为人所知。这里种植着近年来被挽救的稀有当地品种Limniona，深色果皮，风味迷人，Rapsáni则是当地的旗舰酒庄。

希腊中部地区主要是大型酒商及酿酒合作社的天下，最传统的雅典葡萄酒来自首都后方的**Attica**（Attiki）地区，是以松脂加入酒中发酵、带有特殊松脂香味的Retsina酒款，长期以来大家所认识的希腊酒就是这种型态。Attica是希腊最大的单一葡萄酒产区，葡萄种植面积广达11 000公顷，大部分都种植在贫瘠干燥的Mesogia平原。不过，Attica现在也有越来越多非Retsina型态的葡萄酒；不过用来酿制Retsina的Savatiano品种仍是该国种植面积居冠的品种，占了种植总数的95%。老藤的Savatiano可以酿出极好的白葡萄酒，至少可以陈年5年以上，但藤龄较为年轻的葡萄则表现稍逊。

岛屿区

希腊群岛最南的岛屿，**克里特岛**是最大的产酒地，然而这地区原来奄奄一息的葡萄酒产业，近来却适时吸引了一些资金及酿酒热情。当地最好的葡萄园位于海拔较高处，许多种植者正开始种植濒临灭绝的一些当地品种，Lyrarakis公司偏重于酿造优质的Vidiano、Plyto和Dafni这3个品种。而在西北部，**凯法力尼亚岛（Cephalonia）**和毗邻的**桑特岛（Zante）**，拥有个性活泼的当地红葡萄品种Avgoustiatis，其次是清爽的白葡萄品种Robola和Tsaoussi，还有一些引进的品种。而科夫岛（Corfu）出产的酒则完全入不了鉴赏家们的法眼。

在爱琴海里，不少岛屿都以麝香葡萄酿制甜酒。**Sámos岛**是其中酿酒品质最佳也最有名的小岛，出口量也居各小岛之冠，拥有清新、年轻

希腊的葡萄酒标字母多得足以在出口市场占满一排，但旁边这些来自德拉玛（Dráma）、拉普萨尼（Rapsáni）、凯法力尼亚岛（Cephalonia）和圣托里尼岛（Santorini）的酒标却很国际化。希腊的白葡萄酒可以做得绝佳，只有拉普萨尼那支是红葡萄酒。

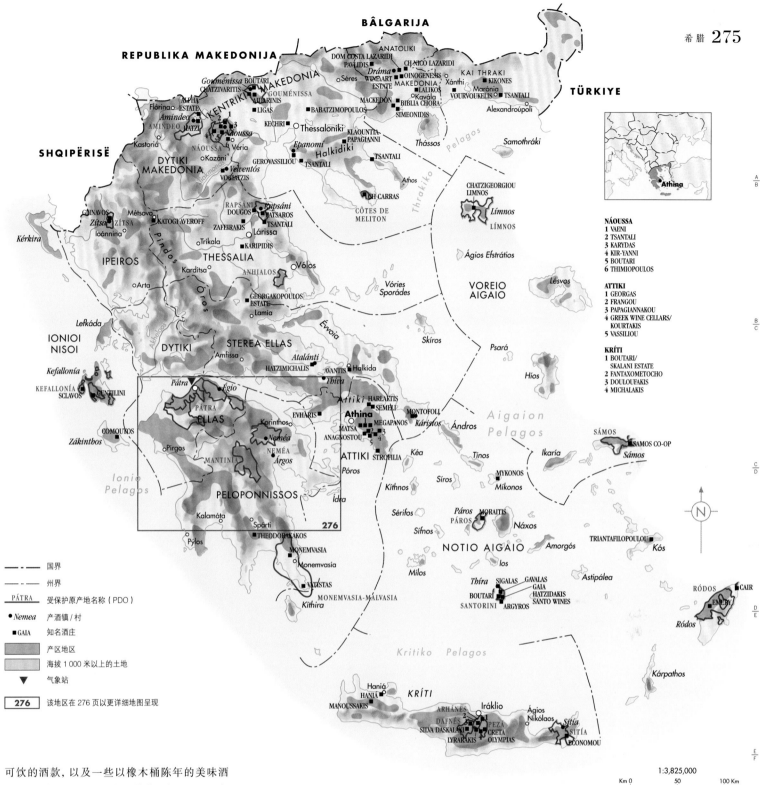

BÂLGARIJA

REPUBLIKA MAKEDONIJA

TÜRKIYE

SHQIPËRISË

ANATOLIKI
DOM COSTA LAZARIDI
PAVLIDIS CHAICÓ LAZARIDI
Dráma WINEART KAI THRAKI
ESTATE MAKEDONIA KIKONES
Gouménissa BOUTARI Xánthi TSANTALI
CHATZIVARITIS VIDARINIS MAKEDÓN LALIKIS Maróni
ALPHA LIGAS Kavála BIBLIA CHORA VOURVOUKELIS
Flórinao ESTATE BABATZIMOPOULOS SIMEONIDIS
Amindeo KECHRI Thessaloníki KLAOUNTIA-
AMINDEO HATZI *Náoussa* PAPAGIANNI
Kastoriá NÁOUSSA Véria Epanomí Thássos
Kozáni Halkidiki
DYTIKI Velventós GEROVASSILIOU TSANTALI
MAKEDONIA VOGIATZIS TSANTALI
Athos
GH CARRAS CHATZIGEORGIOU
GOINAVOS Métsovo RAPSANI CÔTES DE LIMNOS
Zítsa ZÍTSA DOUGOS *Rapsáni* MELITON *Límnos*
Ioánnina KATOGI AVEROFF TSANTALI LÍMNOS
ZAFEIRAKIS Lárissa
IPEIROS Trikala Ágios Efstrátios
Kérkira Arta KARIPIDIS
THESSALIA VOREIO
Kardítsa Lésvos AIGAIO
Lefkáda ANHIALOS Vólos
IONIOI Vóries
NISOI GEORGAKOPOULOS Sporádes Psará
ESTATE
Lamía Skíros Híos
DYTIKI
Kefallonía STEREA ELLAS
KEFALLONÍA Amfissa Atalánti
SCLAVOS HATZIMICHALIS AVANTIS
GENTILINI Thíva Aigaion
Pátra Égio EVHARIS Attiki HARLAKTIS Pelagos
PÁTRA Korinthos SEMELI
COMOUTOS ELLAS Athina MONTOFOLI SÁMOS
Zákinthos Némea MEGAPANOS Káristos SAMOS CO-OP
NEMÉA MATSA Ándros Sámos
MANTINIA Árgos ANAGNOSTOU Kéa
ATTIKI STROFILIA
Póros Ikaría
Ionio MYKONOS
Pelagos PELOPONNISSOS Kíthnos Síros Míkonos
Sérifos Páros MORAITIS
Kalamáta Sparti PÁROS Náxos
Pylos THEODORAKAKOS Sífnos TRIANTAFILOPOULOU Kós
276 NOTIO AIGAIO Amorgós
MONEMVASIA los
Monemvasía Mílos Astipálea
VATISTAS Thíra SIGALAS GAVALAS RÓDOS
MONEMVASIA-MÁLVASIA BOUTARI GAIA CAIR
Kíthira SANTORINI HATZIDAKIS EMERY
ARGYROS SANTO WINES Ródos
SANTORINI

Kritiko Pelagos Kárpathos

Haniá KRÍTI
MANOUSSAKIS Iráklio Ágios
HANIÁ ARHÁNES Nikólaos Sitía
DAFNÉS PEZA SITÍA
SILVA DASKALAKI CRETA ECONOMOU
LYRARAKIS OLYMPIAS

Athina

国界
州界
PÁTRA 受保护原地名称（PDO）
Nemea 产酒镇／村
GAIA 知名酒庄
产区地区
海拔 1 000 米以上的土地
气象站
276 该地区在 276 页以更详细地图呈现

1:3,825,000

Km 0 ___ 50 ___ 100 Km
Miles 0 ___ 50 Miles

可饮的酒款，以及一些以橡木桶陈年的美味酒款，几乎都以小粒种白麝香葡萄酿制。**Lemnos岛（Límnos）**酿制甜与不甜的麝香葡萄酒；**Páros岛**则种有当地原生的 Monemvasia 品种。Mandilaria 岛上生命力强劲的红酒葡萄品种，也可在 Páros 岛、克里特岛以及 **Rhodes岛**找到，但它的酒缺乏集中度。在 Rhodes（Ródos）岛上，白葡萄酒比红葡萄酒重要。一向酒体饱满的 Athiri 白葡萄酒品种，近来因为种植在海拔较高的葡萄园，而酿出一些品质优越、风格优雅的白葡萄酒。

圣托里尼岛（Santorini）是所有岛屿中最具原创性也最吸引人的一个产酒小岛，出产强劲而集中的干型白葡萄酒，富含柠檬及矿石风味，是以古老的 Assyrtiko 葡萄酿成；这个品种种植在多风的休眠火山上，且整枝成为低矮的鸟巢状，非常特殊。其中，Sigalas、Hatzidakis 及 Gaia's Thalassitis 等几家酒庄都是该岛绝佳的典范。岛上也酿制非常浓郁的白葡萄酒 Vinsanto，所用葡萄品种是 Assyrtiko。圣托里尼岛的问题并不是缺乏酿酒的热情或技术，而是越来越兴盛的旅游业将土地价格往上拉升，使得不同寻常的葡萄园面临生存危机。

希腊：佩特雷（PATRAS） ▼

纬度／海拔
38.25° /1 米

葡萄生长期间的平均气温
21.1℃

年平均降雨量
658 毫米

采收期降雨量
8 月：5 毫米

主要种植威胁
干旱，突如其来的风暴

主要葡萄品种
Savatiano、Roditis、Agiorgitiko

伯罗奔尼撒 Peloponnese

如地图所示，伯罗奔尼撒的北半部近年来涌现了一批新一代的希腊酒农，他们的热情和活力更超前辈。伯罗奔尼撒是个平和而又美丽迷人的地方，拥有众多古迹……难怪这里可以孕育出这样的葡萄酒文化。

内梅亚（Neméa）位于东面，是最为重要的法定产区，以单一的 Agiorgitiko（St George）葡萄酿出鲜美可口的红酒；由于这种葡萄可以种在地形崎岖的区域上，使得 Koútsi、Asprókambos、Gimnó、Ancient Neméa 以及 Psari 各区都逐渐打出名号。出乎意料的是，由于受到海洋的影响，Neméa 产区的冬季温和而夏季凉爽；不过有些地区在采收季时会有降雨威胁。内梅亚产区大致可以分成 3 个区块，一是拥有红色肥沃黏土质的内梅亚河谷地带，然而葡萄酒的品质较为普通；中

海拔的地带比较适合酿制丰盛、令人惊艳的现代风格酒款，不过此区的酒款风格差异也相当大；至于某些海拔最高的地区（最高可达 900 米），过去只以酿制桃红酒为主，现在则出现了细腻而优雅的红酒。要将这些子产区整理出一个分级系统出来，是一件大工程。

伯罗奔尼撒岛遥远北端的 **Pátra** 产区以酿制白葡萄酒为主，最主要且品质最好的葡萄是 Roditis 品种。Lagorthi 品种因带有特殊的矿石风味而重获大家喜爱，且引发酿酒风潮，这要归功于 Antonopoulos 酒庄的 Adoli Ghis（意为"天真大地"）酒款品质受到肯定。此外，Oenoforos 酒厂也像许多酒厂一样，从气候比较凉爽的 Aighialia 高原购买葡萄酿酒。这些酒厂都赶上了目前的趋势，使得岛上不再像过去一样只以麝香葡萄及 Mavrodaphne 品

种的甜酒著称。事实上，只要用心酿酒，岛上的麝香葡萄甜酒不会输给 Sámos 岛的同品种甜酒。此外还有一些雄心勃勃的新酒厂正忙于实验一些新的葡萄品种，比如可口的 Mavro（黑色）Kalavritino。

地图上南部的 **Mantinía** 高原气候凉爽，已经被认定是优雅的 Moschofilero 葡萄发源地，由它酿的酒香气极尽优雅芬芳。而像 Tselepos 和 Spiropoulos 这样的酒庄还会推出进过橡木桶的白葡萄酒以及气泡酒。和许多颇具雄心的希腊人一样，他们也种植了一系列国际葡萄品种。

如今伯罗奔尼撒岛南部的新法定产区 **Monemvasia-Malvasia** 承载着更多的期许，而领军人物当属 Vatistas 家族和 Monemvasia 酒庄。他们的目标是唤醒葡萄酒世界的过去，重拾中世纪时的荣耀，复兴一款古老的和葡萄品种同名的混酿甜红 Malvasia（后来演变成 Malmsey）。主要的葡萄品种为一定比例的 Kydonitsa（意为"像柑橘味"），Monemvassia 和 Assyrtiko，而这款被复兴的甜红风味非常绝妙，令人赞叹。

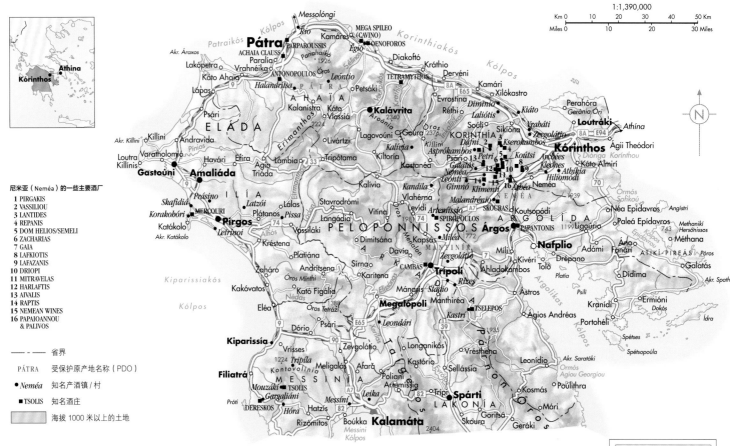

尼米亚（Neméa）的一些主要酒厂

1 PIRGAKIS
2 VASSILIOU
3 LANTIDES
4 REPANIS
5 DOM HELIOS/SEMELI
6 ZACHARIAS
7 GAIA
8 LAFKIOTIS
9 LAFAZANIS
10 DRIOPI
11 MITRAVELAS
12 HARLAFTIS
13 AIVALIS
14 RAPTIS
15 NEMEAN WINES
16 PAPAIOANNOU
   & PALIVOS

— · — 省界

PÁTRA 受保护原产地名称（PDO）

● *Neméa* 知名产酒镇／村

TSOLIS 知名酒庄

海拔 1000 米以上的土地

1:1,390,000

这里只有一个国际葡萄品种：梅洛，为海拔 750 米的特里波利斯（Tripoli）的 Tselepos 酒庄所种植。尼米亚谷（Neméa）的红葡萄品种 Agiorgitiko 和白葡萄品种 Moscofilero、Roditis 已经越来越被国际市场所青睐。

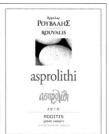

土耳其 Turkey

尽管土耳其的税率一直很高，穆斯林的影响力也很深，**但近年来它的葡萄酒文化也在持续发酵中**。这个国家拥有世界上面积最大的葡萄田之一，但是 2010 年的总产量依然只占全球的 2%～3%。大部分种植的葡萄被当作水果，或者晒干，还会被酿成当地特有的茴香味烧酒拉基（raki）。土耳其的葡萄酒产业一直有些停滞不前，原因可能是多方面的，一方面是因为本地市场需求不足，还有就是旅游业的萎靡以及对于进口葡萄酒的解禁，但自从 21 世纪初国有酒业公司 Tekel 私有化之后，在葡萄酒方面他们于 2005 年重新打造了 Kayra 这个品牌，并使其有了质的飞跃，土耳其葡萄酒才开始有所发展。土耳其共和国的第一任总统凯末尔·阿塔图尔克在 20 世纪 20 年代兴建了许多国有酒庄，希望人们认识到葡萄酒的美好，以此来保护土耳其的当地品种安那托利亚（Anatolian），这大概就是土耳其葡萄酒的起源。更多土耳其年轻人和大城市里的人们对葡萄酒越来越感兴趣，但是由于缺乏严谨的葡萄酒法律法规，所以依然举步维艰。

土耳其的气候差异非常大。伊斯坦布尔内陆色雷斯的**马尔马拉（Marmara）**是酒庄最密集的产区，但这里种植的葡萄只有不到 16% 被酿成葡萄酒。而这里在各方面已经是最像欧洲葡萄酒产区的地方了，包括葡萄品种、土壤以及温暖的沿海地中海气候，非常类似于保加利亚黑海海岸以北和希腊东北角的产区。而土耳其的葡萄酒革命源自这里，20 世纪末，此处涌现了两座外国风格的小酒庄 Gülor 和 Sarafin，现在已经被大财团 Doluca 收购。这里种植着许多国际葡萄品种，但现在越来越把重心放到当地 Papaskarasi 和风格更为强硬的 Karalahna 的红葡萄品种上。岛区在以南位置，肉眼就可以看见古城特洛伊，这里也拥有当地的葡萄品种，并且拥有像 Corvus 这样雄心勃勃的酒庄在推广着这些酒。

土耳其超过一半的葡萄酒产自**爱琴海**产区，位于伊兹米尔腹地，拥有许多古代遗迹，比如那雄伟壮观的阿弗洛弥斯神庙。这里基本都是以 Misket（果实较小的麝香葡萄）和 Sultaniye（苏丹葡萄）为原料酿造的白葡萄酒，后者大部分作为食用或者晒干，也能用来酿造清爽而个性不太强的酒。近年来，土耳其国内最大的酒庄，Kavaklidere 和 Sevilen 开始大力开发内陆地区颇具潜力的一些葡萄园。全国 140 家拥有官方资质的酒庄，超过 100 家在马尔马拉或者爱琴海产区扎根。而先锋派酒庄 Likya 则选择在**地中海（Mediterranean）**产区南海岸的旅游城市 Antalya 来酿酒。

Diren 是唯一一家身在**黑海（Black Sea）**产区托卡特东北部附近的知名酒庄，而当地的白葡萄品种 Narince 非常有特点。其余一些产区还包括较高海拔的中安纳托利亚（Central Anatolia）占总产量的 14%，东部以及东南安纳托利亚产区（Eastern and Southeastern Anatolia）占国内总产量的 12%，这里每块田都非常小，往往只有几株葡萄。一直以来大酒庄 Kavaklidere 的总部就设在**中安纳托利亚**的首都安卡拉（Ankara），如今那里也有了一些其他酒庄。而土耳其的新产区叫作 Côtesd'Avanos，位于崎岖、阴冷的火山地貌区卡帕多西亚（Cappadocia），自赫梯时代起（公元前 2000 年）便有酿造葡萄酒的历史。当地品种 Emir 个性强悍、清新。中安纳托利亚产区北部的小镇 Kalecik 有着以它名字命名的葡萄品种 Kalecik Karasi，樱桃般的水果味十足，是土耳其人最爱的品种之一。

东部和**东南安纳托利亚（Eastern and Southeastern Anatolia）**产区的冬天非常寒冷，因此葡萄藤被埋起来以免受到零下低温的致命伤害，而这里的生长季相比气候较舒适的马尔马拉和爱琴海产区更短。国内酒业巨头 Kayra 在埃拉泽 Elazığ 和东安纳托利亚产区都拥有大型酿酒厂，它旗下的品牌诸如 Buzbağ 是土耳其国内最畅销的葡萄酒。再深入到东南安纳托利亚产区，来到 2003 年才建立的 Shiluh 酒庄，这里根据 1 000 年来的传统古法来酿造自然酒。但大部分东部和东南安纳托利亚产区那些很具个性的葡萄品种大都运往西部进行酿造，而这在炎热的土耳其夏季可能会产生些问题。土耳其最受青睐的红葡萄品种 Oküzgözü 和单宁更重的 Boşazkere 来自东安纳托利亚产区的埃拉泽，传统上会把这两种葡萄进行混酿。在我看来，土耳其葡萄酒的未来一片光明。

Kavaklidere 公司最新开辟 Pendore 葡萄园（邀请了波尔多的 Stéphane Derenoncourt 担任顾问）位于海拔 450 米的地区，而 Sevilen 的芳香型干白是用产自海拔 900 米的长相思所酿。Corpus 是一款来自 Bozcaada 岛上 Corvus 酒庄的国际葡萄品种的混酿。

地中海东部 The Eastern Mediterranean

无论葡萄酒在哪里诞生，毋庸置疑的一点是饮酒文化诞生的地方肯定是中东。

塞浦路斯

最新的考古学证明塞浦路斯早在公元前3 500年就开始酿酒。中世纪时就开始酿造当时最好的甜酒——卡曼达蕾雅酒（Commandaria）的前身。土耳其帝国曾经终结了这个伟大的传统，但2004年加入欧盟使得塞浦路斯重新获得机会。过去政府的财政补贴针对的是那些品质平庸、产量奇大的散装出口酒，而现在则有了调整，超过600万欧元的补助帮助塞浦路斯铲除了那些最差的葡萄园并种植了一些新的，还在多山的内陆地区建立了酿酒中心。种植面积缩减到9 000公顷，主要分布在特罗多斯（Troodos）山脉南面的斜坡，那里的纬度和降水量都很适合葡萄种植。而最好的葡萄田位于海拔600~1 500米、降水充足的山谷。

以前塞浦路斯的葡萄酒业格局分明，四大酒厂外加50家小酒庄，如今则不再这样泾渭分明，只有一家真正大型的酒厂，葡萄酒农自营的SODAP合作社，生产的酒品质稳定且价格平易近人。而其他一些酒农则把眼光从产量转向质量，现在一些最好的酒庄（比如Vlassides、Zambartas、Vasa、Kyperounda、Hadjiantonas、Tsiakkas和Fikardos）都在自己的葡萄园中酿着充满诚意、令人激动的酒。

塞浦路斯从未感染过根瘤蚜病，因此其未被嫁接过的葡萄藤必须被严密地隔离起来，减缓国际葡萄品种的引进速度。目前岛上一半的葡萄园种植着当地品种马夫罗（Mavro），其风味平庸，名字的含义也只是简单的"黑色"。当地的Xynisteri品种种植面积大概在1/4以上，一些高海拔的酒庄能够用它酿出精巧的白葡萄酒。西拉如今取代赤霞珠、品丽珠和佳丽酿成为种植最多的国际品种，因为它已被证明非常适应这片干燥炎热岛屿的风土。而当地的Maratheftiko葡萄经过一些经营较好的酒庄之手也能酿出让人印象深刻的红酒，还有单宁感强的Lefkada拿来混酿的话能带来一抹当地的香料味。

而塞浦路斯最独特的葡萄酒当属浓稠甜美的卡曼达蕾亚甜酒，用风干的Mavro和Xynisteri酿造而成，而且所用葡萄必须来自特罗多斯山脉较低处指定的14个村庄。卡曼达蕾亚在橡木桶中至少要陈年2年，因此会变得非常黏稠甜美，有时甚至会浓郁得惊人，甜度达到波特酒的4倍。而最上乘的卡曼达蕾亚则有着迷人的清爽果味，也很好地解释了它为什么早在古代便有盛名。

黎巴嫩

就目前而言，黎巴嫩的当代葡萄酒业的海外知名度要远远大于塞浦路斯。如果要列举一个地中海东部的代表，很多饮酒人会选择黎巴嫩的Chateau Musar，它在连年的战火下依然严谨地酿造赤霞珠、神索（Cinsaul）和佳利酿的干红混酿，香气奔放，类似于带有异国风情的波尔多，在上市前已经熟成很久，而之后的陈年能力更可达几十年。然而Musar终究是个异类。大部分黎巴嫩酒都很强劲（对于一些品鉴者来说或许太过强劲）、浓郁，可以想见这是来自一个炎热、干燥、没有病虫害，并且一年有300天都拥有阳光的国家。

1990年时黎巴嫩只有3家酒厂，但到了2012年已经超过40家，大部分的年产量都低于50 000瓶。目前，Châteaux Kefraya和Ksara是最大的酒厂。

由于缺乏当地葡萄品种，所以黎巴嫩的酒农都选择国外的葡萄品种，尤其是波尔多和隆河，还有较温暖的地中海地区。赤霞珠、梅洛和西拉当下很流行，但人们逐步认识到还应该种植能更适应干燥环境的葡萄比如神索、佳丽酿、歌海娜和慕合怀特（搭配种植了一些添普兰尼洛），这样也更能体现黎巴嫩真正的风土。

贝卡谷（The Bekaa Valley）依然是当代葡萄酒业的中心，大部分葡萄园都在贝卡西面的小镇，Qab Elias、Aana、Amiq、Kefraya、Mansoura、Deir El Ahmar和Khirbit Qanafar。山上也有一些葡萄园，像Zahlé，海拔1 000米的高度使得这里的酒不会受太多阳光熏烤影响而更为清爽，还有更为干旱的产地比如Baalbek（巴斯克神庙所在地）和Hermel。Massaya（由来自波尔多和隆河谷的三人建立），Domaine Wardy和Château St Thomas都是很严谨的第二代传人接手的酒庄。此外，复苏后的Domaines des Tourelles（1868年建造，但战时沉沦）还有Chateau Khoury、Domaine de Baal和Château Marsyas也加入这个行列中。

以色列

越过冲突频繁的边界地带，以色列是地中海东部又一个葡萄酒的变革中心。如今种植葡萄在

塞浦路斯酿酒业进步的佐证。Zambartas 还算不错的桃红酒，是 Lefkada 和品丽珠的混酿，而右边则是 Kyperounda 的 Petritis，是岛上最好的 Xynisteri。

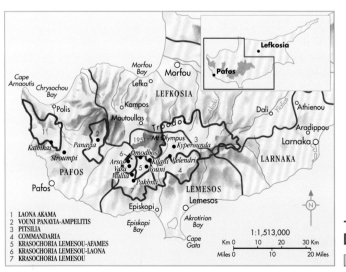

1 LAONA AKAMA
2 VOUNI PANAYIA-AMPELITIS
3 PITSILIA
4 COMMANDARIA
5 KRASOCHORIA LEMESOU-AFAMES
6 KRASOCHORIA LEMESOU-LAONA
7 KRASOCHORIA LEMESOU

Arsos 产酒镇/村
PAFOS 葡萄酒产区
3 受保护原产地名称（PDO）
海拔1000米以上的土地

塞浦路斯

为了符合欧盟的要求，原产地控制命名已经有所启动，但还收效甚微。葡萄酒标有以下4个PGI产区——Pafos、Lemesos、Larnaca和Lefkosia的占了全部产量的一半左右。

来自东地中海最好的也可以说最令人惊叹的葡萄酒 Bargylus，是一款赤霞珠、梅洛和西拉的混酿，来自叙利亚的罗马帝国时期古城安提俄克（Antioch），由 Saade 兄弟酿造，他们在家乡黎巴嫩也有酒庄。左上两款是以色列最好的酒，而其余的酒来自黎巴嫩。

以色列很受追捧，种植面积已经达到5 500公顷，超过了黎巴嫩。出口较多，大部分是满足全世界对于寇修酒（符合犹太教义的葡萄酒）的需求。这种用于犹太圣日祈福仪式的甜红，大部分产自Carmel酿酒合作社，位于沿海Samson和Shomron地区，Rishon Le Ziyyon 和 Zikhron Ya'aqov 两个村庄，当初这是 Baron Edmond de Rothschild 家族送给以色列政府的礼物。它们现如今也已经减少产量，寻求质量的提升，开辟了一些更好的现代化管理葡萄园，尤其是在 Upper Galilee。

从20世纪70年代起，位于戈兰高地（Golan Heights）火山岩地质的葡萄园已经有了新的发展方向，这些葡萄园从海拔400米延伸至1 200米，有着相当高的种植面积。此外风景如画的梅隆（Meron）山脚下，紧邻黎巴嫩边境（贝卡谷以南）的 Upper Galilee 和耶路撒冷西面石灰岩土壤的朱迪（Judean）山脉都开始种植葡萄。

目前在以色列，葡萄酒文化已然形成，而人们对于以色列葡萄酒的热情犹胜寇修酒。当地有了葡萄酒杂志，餐厅则推出了国际化的酒单，还有产区的认定以及拥有一批规模虽小但颇具野心的酒庄。Castel、Clos de Gat 和 Flam 都来自拥有凉爽的地中海气候的耶路撒冷附近的朱迪山脉，Margalit 在沙仑（Sharon）平原，而 Yatir 酒庄则坐落在北部的 Negev 沙漠区。

目前领军的3家酒厂，通过严选葡萄园地点和对于技术设备的投资，引领着全国一起进行变革。以色列凭借卓越的农耕技术及决心，挑战这个艰苦地带，终于酿出足以媲美国际葡萄酒的好品质。赤霞珠、梅洛、霞多丽和长相思在这里适应良好，但如同在塞浦路斯那样，西拉开始挑战赤霞珠成为最受青睐的葡萄品种，品丽珠的表现也越来越被看好，然而对许多人来说，老佳丽酿和小西拉还是最具当地个性的品种。

以色列和黎巴嫩

黎巴嫩的葡萄种植已经不仅限于喧嚣的贝卡山谷（Bekaa Valley），而以色列如今也已经涌现了至少5片不同的产区，酒的质量也有了提升。许多更有抱负的酒庄也选择不再酿造寇修酒（kosher wine）。

1:2,380,000

Km 0 _____ 50 _____ 100 Km

Miles 0 _____ 50 Miles

	Batroun
	Bekaa Valley
	Galilee
	Shomron
	Samson
	Judean Hills
	Negev
--·--·--	国界线
■ CH MUSAR	知名酒庄
	海拔1 000米以上的土地

N

北美洲

O'Shaughlmessy 酒庄位于美国加州纳帕谷豪威尔山（Howell Moutain）。酒庄的地窖里放满了橡木桶。

北美洲 North America

美国是除了欧洲以外的世界上最大的葡萄酒消费国以及生产国，仅有法国、西班牙和意大利三国的产量才能超过美国。加拿大则在近年来成为了一个重要的葡萄酒生产国，其葡萄酒产业正在积极地转型中。甚至这些日子以来连墨西哥也显出了追赶的势头，并可能迎头赶上。不仅是历史悠久的西海岸，分布在北美大陆的各个产区至少也可以留住消费者对本土葡萄酒的兴趣。美国已进入一个作为第二大葡萄酒地区的崭新的时代。

当早期的殖民者初次踏上北美洲的土地时，他们即被四处蔓延如彩饰一般点缀着森林的葡萄藤蔓与果实所震撼。虽然口感陌生，但是葡萄是甘甜的。所以之后葡萄酒成为新世界的美好事物之一，也就合情合理。

然而300多年的美国历史，仅仅是一段梦想成为葡萄种植者的希望破灭的传奇故事。以美国本土葡萄酿造的葡萄酒口感十分古怪。而种植在新殖民地的欧洲葡萄藤不是枯萎就是死去。然而移民们没有放弃。在葡萄藤遭到不明原因的毁灭时，他们归因于自身的错误，并尝试了不同的葡萄品种和种植方式。

美国独立战争时期，华盛顿总统曾经着手尝试过酿酒。而杰斐逊总统不仅是一位知名的葡萄酒爱好者，亦是早期参观过法国酒庄的游客，也下了很大的决心去尝试酿酒，但结果仍旧是一无所获。当时的美国土壤泛滥着欧洲葡萄藤最致命的天敌——根瘤蚜虫害。南部和东部炎热潮湿的夏季助长了这种在欧洲尚不知名的病害。而在北部，欧洲葡萄藤则成了严冬的牺牲品。但是美国本土的葡萄藤倒是发展出了能够抵御所有这些危害的特质。

现在，我们知道在超过10多种的北美原生葡萄品种中，有许多（特别是美洲种 Vitis labrusca）都带有长久以来被形容为"狐狸般的"野生气味，这种和如今的葡萄汁和葡萄果冻颇为近似的味道，却让仅仅习惯于欧洲种葡萄的爱好者们胃口尽失。

意外收获的杂交品种

而今在这片对葡萄酒而言是新大陆的北美洲土地上，美洲种和欧洲种葡萄和平共存，彼此的基因任意掺杂、自然组合，产生了各种"狐狸风味"不那么明显的品种。例如在宾夕法尼亚发现并种植在印第安纳州的亚历山大（Alexander）葡萄，就是这些意外产生的美欧杂交种中最早出现的一个例子；之后陆续出现的，还有卡托巴（Catawba）、特拉华（Delaware）以及伊莎贝拉（Isabella）等杂交种。至于诺顿（Norton）则是纯美洲品种，目前仍用来酿制特色鲜明毫无"狐狸风味"的红酒。

只要是移民所到之处，就有人尝试葡萄种植及葡萄酒的酿造，特别是在冬季极度严寒的纽约州、夏季特别酷热的弗吉尼亚，以及气候居于两者之间的新泽西州。但真正第一个在商业上获得成功的美国葡萄酒，却是诞生在俄亥俄州的辛辛那提市，即尼古拉斯·朗沃思（Nicholas Longworth）著名的卡托巴（Catawba）气泡酒。到了19世纪50年代中期，卡托巴气泡酒已经驰名大西洋两岸。

然而，这样的成功却一闪而逝。黑腐病、南北战争以及1863年朗沃思的过世，终结了辛辛那提对法国香槟区兰斯（Reims）的挑战。但是效果已经达到了。到了南北战争时期，对葡萄藤的培育变得更为审慎，产生了许多特别为适应美国环境而培育的新品种，其中包括了1854年问世、耐寒性佳但也带有强烈"狐狸风味"的康科德（Concord）。从伊利（Erie）湖南岸一路延伸至俄亥俄州北部，宾夕法尼亚州及纽约州的这条广大葡萄种植地带，康科德葡萄至今仍是最主要的品种，扮演着支撑美国葡萄汁和果冻产业的要角。

南部的卡罗来纳州和佐治亚州，则有当地原生的慕斯卡丁（Muscadine）葡萄，特别是其中的Scuppernong品种，因为汁液黏稠，所以比其他的美国杂交种更能酿出不同于欧洲形态的葡萄酒。这些美洲杂交种葡萄，能够抵抗皮尔斯病（见15页）。

西岸的葡萄树

酿酒技术到达西岸的途径却全然不同。墨西哥最早的西班牙移民，在16世纪就已经算是勉强成功引进了欧洲种葡萄。当时最早引进的品种，是后来在墨西哥Baja California被广泛种植的传教（Mission）葡萄，后来才发现这其实就是阿根廷的Criolla Chica葡萄。接着不到200年的时间内，圣方济教会的神父就往北迁到了加州海岸；1769年，圣方济教会Junípero Serra神父创建了圣地亚哥教会葡萄园，据说是加州的第一片葡萄园。

除了原本被称为"阿那罕姆病"（Anaheim Disease，19世纪中期在洛杉矶附近发现）的皮尔斯病之外，这里几乎没有其他东岸常见的葡萄种植问题。欧洲种葡萄在此地找到了应许之地。名字取得贴切的法国波尔多商人让–路易·维涅（Jean-Louis Vignes），从欧洲带来了比传教葡萄更好的品种来到洛杉矶。淘金潮带来了大量移民，至19世纪50年代，葡萄藤已经彻底地征服了加州北部。

因此，到了19世纪中期，美国已经发展出两个南辕北辙的葡萄酒产业。在加州，欧洲种葡萄于19世纪末期取代了康科德，当地在19世纪80年代和90年代迎来了早到的黄金年代。然而接下来，他们却只能眼看着发展迅速的葡萄酒产业受到霉菌病和根瘤蚜虫病的困扰，就像在欧洲一样。

禁酒令的出现和废除

接踵而至的是更严重的打击，那就是1918年到1933年间遍及北美各地的禁酒令。东西两岸的酒农都因此而元气大伤，只能转而酿制据称是供宗教圣礼利用的圣酒，并将大量的葡萄、葡萄汁、浓缩液四运给那些可能突然发掘出酿酒乐趣的国家；同时还必须在葡萄汁上标注警告标语："注意——请勿加入酵母以免发酵。"

这项针对所有酒精饮料的禁酒运动，一直到撤除禁令的1933年之后的岁月里，仍对美国的葡萄酒产业造成深远的影响。当地的葡萄酒业者，长期受挫于不必要的复杂组织机构以及阻碍重重的莫名法规。尽管如此，葡萄酒现今正沐浴在时尚的光环

这里列出了一些美国最好的葡萄酒，但不幸的是太少的美国人会意识到它们的存在。它们往往仅限于在本土销售。维诺（Vignoles）和诺顿是美国两个最好的白与红葡萄酒的本土葡萄品种，并不属于通常酿酒用的欧洲葡萄品种。

克（Baco Noir）和香宝馨（Chambourcin）等红葡萄酒品种，都是在欧洲历经根瘤蚜虫害之后，才以美洲种葡萄跟欧洲种葡萄杂交培育，再由马里兰州的Boordy葡萄园的菲利普·瓦格纳（Philip Wagner）于20世纪中期引进北美（它们在此地的表现也远胜于欧洲）。

美国中西部的葡萄种植主要以法国杂交种为主，不过美洲种诺顿葡萄在此也相当成功。新的一代抗寒杂交种类似布里亚娜（Brianna）、拉奎珊（La Crescent）和塔明内（Traminette）等白葡萄酒品种，以及芳提娜（Frontenac）、马奎特（Marquette）和圣克洛伊（St.Croix）等红葡萄酒品种，正越来越多地被种植于中西部，偶尔也出现在东北部。

密苏里州是唯一一个在各种规模的葡萄园种植都拥有悠久历史的州，还是19世纪俄亥俄州在落基山以东唯一势均力敌的竞争对手。密苏里州的Augusta在20世纪80年代就获准成为全美第一个葡萄种植区制度AVA（American Viticultural Area，意为美国葡萄栽培区）产区，并持续改善葡萄园和酒厂。这224个葡萄种植区域（产区分界多半是依据政治因素而非自然环境，考量的也多半是生产者的需求而非消费者），代表美国葡萄酒正迈向法定产区管制系统的第一步。

被五大湖包围的**密歇根州**，几乎比得上俄勒冈州的地位，是全美各州排名第四的重要葡萄生

美国和加拿大

表示葡萄种植区面积和酒厂数量的数值有误导性——以加利福尼亚州为例，那里的葡萄种植区是美国第二大葡萄产区华盛顿州的13倍。

产者（仅次于加州、华盛顿州和纽约州），但是当算上酿酒用葡萄的时候，它的地位则从该排名中跌到了第七位。欧洲种葡萄，尤其是雷司令、白皮诺以及在环湖的欧米申（Old Mission）和利勒诺（Leelanau）两个半岛上数量正在萎缩的法国杂交种，也表现得相当不错。

宾夕法尼亚州的葡萄园面积和密歇根州相去不远。此外，**俄亥俄州**也相当重要。**新泽西州**的葡萄酒产业虽然也有与弗吉尼亚州同样悠久的历史，但是规模却小得多；而**马里兰州**相比之下就更小了。两州都在欧洲种葡萄和法国杂交种身上同时押注。

在南部其他地区，如紧邻墨西哥湾的得克萨斯，也有仍在成长中的小规模葡萄酒产业，从相当耐用、果串松散且能适应湿热林地的当地特有种慕斯卡丁（Muscadine），到法国杂交种、欧洲种葡萄，以及能酿出主流风味的新慕斯卡丁杂交种等品种都有。至于在其他气温较冷、位置较偏北的南部地区，则和弗吉尼亚州的状况非常类似。

在这块广阔而令人兴奋的大陆上，一种令人振奋的风潮无所不在：葡萄酒在真正展现它们风采的同时，也让其他地区的人能够欣赏。

下，对它有着痴迷热情的美国人比例亦在上升。这也促使了北美各地都有人想以酿制葡萄酒为业并付诸实际行动。自从铁路开通后，葡萄和葡萄酒开始从那些具有农业优势的州（特别是加州），被转送到其他地理位置较差的酒厂调配或装瓶，其中有些州只种有极少量的葡萄藤。全美的50个州（包括阿拉斯加），目前或多或少都生产葡萄酒；虽然其中一些是依赖于葡萄以外的水果来进行发酵，而另一些则是购买葡萄酒、葡萄果实或者葡萄汁，以便对于他们自己种植的葡萄进行补充。

葡萄藤的合众国

加拿大、墨西哥、得克萨斯、纽约成长迅速的葡萄酒产业，以及所有美国在落基山以西的区域，下文中都会进一步介绍。但其他地区，仍有数百家酒厂和数千英亩的葡萄树。有些可能会用美洲种葡萄生产果汁、果冻或者经过重度调味的饮料，有些则以欧洲种葡萄或所谓的法国杂交种酿制更精巧细致的酒款（这种情况有增加之势）。这些新一代的品种，比如威代尔（Vidal）、白谢瓦尔（Seyval Blanc）及维诺等白葡萄酒品种，以及黑巴

加拿大 Canada

从表面上看起来加拿大的气候过于寒冷，并不适合种植葡萄。而且在过去的20年间，也没有什么值得出口的葡萄酒。不过现在，在加拿大四个省份里已出产了一些好酒，并且质量有了飞跃式的提高。葡萄酒产业现代化的开端是1980年后期与美国签署自由贸易协议开始，该协议革命性地鼓励启用美国本土品种和杂交品种代替传统的欧洲种葡萄。

控制葡萄酒流通的国家酒类委员会制定的规定不怎么严谨，有些葡萄酒贴标富有想象力。尤其是"Canadian"（加拿大）这个词如"Wine"（葡萄酒）那样，变成一个开放、任人诠释的名词，所以建议消费者一定要细读标签上的小字。

安大略省（Ontario）是长久以来加拿大几个葡萄酒产地省中的主导。不列颠哥伦比亚省（British Columbia）正在奋起直追。在**奥肯那根谷（Okanagan Valley）**耀眼的阳光和几近沙漠气候环境下产出的葡萄酒，也有着类似于美国华盛顿州南部出产的葡萄酒一般的水果光泽。不列颠哥伦比亚省目前拥有近4 000公顷的酿酒用葡萄藤，超过200家酒厂以及900家小型葡萄园。

奥肯那根谷（Okanagen Vallay）位于温哥华东部320公里处的无雨干旱地带。那里有多处湖泊，其中最大的是狭长且窄的奥肯那根湖，抵挡了冬季的严寒时期。在南奥肯那根谷灌溉葡萄园是必不可少的。那里夏季的白天也许是炎热的，但是在夜晚总是凉爽的。秋季来临相对较早，所以早熟的葡萄品种比较常见，此处应当是白皮诺葡萄的理想种植地。雷司令和霞多丽表现突出，但是也有一些上等的红葡萄品种，包括波尔多混酿，不仅仅只在奥肯那根谷极南地区，也在与奥肯那根湖有着相同的狭长形状的奥孚尤斯湖（Osoyoos）。那里的地价也由于当地企业家们对于酿酒的抱负而不断攀升。

西密卡米恩（Simikameen）谷至奥肯那根谷西南部是不列颠哥伦比亚省的第二大葡萄酒产区，偏重红葡萄酒。位于温哥华市外的**Fraser Valley**是无霜冻地带。在最西端，**温哥华岛和格尔夫岛（Gulf）**上的气候要比奥肯那根谷的气候凉爽潮湿许多，但是葡萄酒酿造的热情却一点也没减弱。已经在奥肯那根谷的北部开发新的葡萄园种植区域，尽管目前种植的面积仍旧较小并且处于试验阶段。

尽管这里的大陆式气候令葡萄生长期相对缩短，但是奥肯那根谷依然拥有着加拿大最壮观的葡萄种植区域。

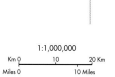

不列颠哥伦比亚省成功种植的葡萄品种甚广，尤其是白葡萄酒品种。比起红葡萄酒白葡萄酒更具特色，而且葡萄容易成熟、明亮。

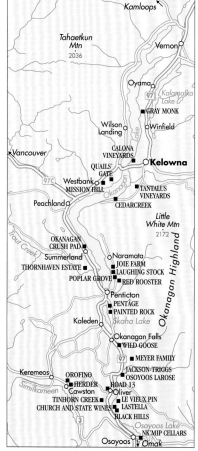

■HERDER　HERDER 著名酒庄

加拿大东部

在加拿大东岸，新斯科舍省（Nova Scotia）有16家葡萄酒厂和超过70位拥有近200公顷葡萄园的果农，主要是在隐蔽的山谷和地区种植耐冬型杂交品种，俯视芬迪湾（Bay of Fundy）和亚特兰大海岸。一些在新斯科舍省的葡萄酒厂和那些在英格兰的一样，都把希望寄托在欧洲葡萄品种和杂交葡萄品种酿造出来的气泡酒上。而最出色的葡萄酒则来自Benjamin Bridge和L'Acadie

Vineyards酒厂。

魁北克也有小型的葡萄酒产业，拥有大约200公顷的葡萄园，但是有超过100家的小酒厂。法语省份的葡萄树种植也依赖比较抗寒型的葡萄品种，大部分是由明尼苏达大学培育的一些口味清新的葡萄酒。然而，有些勇于冒险的酒厂，例如Les Brome、Vignoble Carone和致力生态葡萄酒的Les Pervenches，已产出一些成功的黑皮诺和霞多丽。

奥肯那根谷

这个在不列颠哥伦比亚省内地半沙漠的环境，与国界东南边的华盛顿州很相似，见290~291页。

安大略 ONTARIO

安大略省的气候由于大湖（Great Lakes）缘故而变得温和。每4瓶加拿大葡萄酒中就有3瓶出自该省位于指定葡萄种植区域DVAs（Designated Viticultural Areas）的200多家葡萄酒庄。20世纪70年代，自从发现冰酒（从冰冻的固体葡萄果实压榨出的汁液，有着令人惊叹的糖分密集的葡萄汁），这里的酒业才开始兴起的。大部分安大略省产的葡萄酒都在省内销售，虽然每年出产的数量惊人的冰酒是利润丰厚的出口商品（尤其是出口到日本）。

尼亚加拉半岛（Niagara Peninsula）是加拿大最重要的葡萄酒产区，占整个安大略省6500公顷葡萄园其中的5 450公顷。由于结合了许多地理上的巧合，这里长期处于半大陆性气候环境。这个狭窄的冰河冲击地受到南北两个大湖以及东边相当深的尼加拉河的保护。这些大片的水域，因为冬季结冰而积累的低温，延迟了葡萄春天的萌芽，并且在夏季的时候亦会积累阳光的温度，温暖的湖水则能够在秋季延长葡萄成熟的时间。尤其是安大略湖能让冬季从北极吹来的寒风变得温和，而且与南边水温高一些的伊利湖（Lake Erie）之间的温差，能够在夏季送来凉爽的清风。当安大略湖的风往南吹往半岛时，因为遇到尼亚加拉瀑布（Niagara Falls）而弹回，如此不断循环也降低了霜冻危害以及病害的发生。因为此地的地势微向北倾，故葡萄园可以受到更多来自安大略湖的影响。

近年来尼亚加拉半岛的夏季逐渐变热也越来越长，已经相当程度上提高了当地的干型餐酒的质量。而安大略省依旧可以生产每年75万升的香甜冰酒。除了采用雷司令酿造以外，更常用的是来自法国的十分甜美的杂交葡萄品种威代尔（Vidal），以此酿造的葡萄酒成熟较早。此外，由冰冻的赤霞珠葡萄果实所酿成的浅红冰酒也日益成为受人欢迎的特色葡萄酒。

按理说雷司令是尼亚加拉半岛干型葡萄酒的优势品种，但是个别的酒庄偶尔也能酿出很出彩的霞多丽、黑皮诺、佳美甚至西拉。相对较短的生长季节对于传统方法酿造的气泡酒也没有坏处，近年来甚至气泡酒的产量也翻了一倍。大多数的尼亚加拉半岛的葡萄树都种植在Iroquois湖平原上，而不是种植在受到很好保护的石灰质土壤上的特别适合娇贵的雷司令和黑皮诺品种的地区。尼亚加拉半岛上已经建立了12个产区和子产区（详见以下地图）。

安大略省其他的小葡萄酒产区位于尼亚加拉半岛的东部和西南地区。**伊利湖北岸**的葡萄园完全依靠伊利湖来调节气候，那里温暖的气候足以使梅洛和赤霞珠葡萄成熟。**皮利岛（Pelee Island）**是加拿大的极南地区，完全被湖水环绕，就如伊利湖北岸一样，享受着较尼亚加拉半岛更长的葡萄生长季节。而最新的DVA，位于安大略省北岸的**Prince Edward郡**则气候更为凉爽，而且这里的浅石灰岩土质已显现出适合种植上等霞多丽和黑皮诺的潜力。然而，这些娇贵的葡萄品种需要在入冬时将其埋入土中以做保护，这里冬季的气温可低至零下30℃。

百分百采用加拿大产的葡萄所酿成的葡萄酒定义为VQA（Vintners Quality Alliance），并且在安大略省和不列颠哥伦比亚省受到严格管控。一些较大的加拿大酒厂都有着将进口的散酒和最便宜的加拿大酒混合来装瓶销售的悠久传统。

 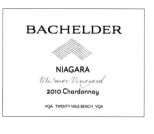 

不出意外，在此我们的选择是那些无需过多热量的品种，但是随着气候的改变，安大略省的红葡萄酒质量也在提升。

尼亚加拉半岛

尼亚加拉悬崖是尼亚加拉地区的一部分、与纽约州共享。这个半岛，包括Niagara-on-the-Lake，已被分成10多个子产区地名了。

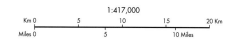

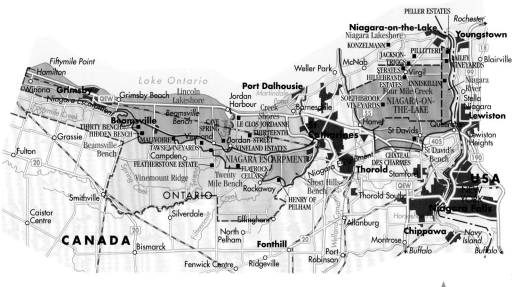

尼亚加拉半岛：ST.CATHRINES ▼

纬度/海拔
43.18° / 79 米

葡萄生长期间的平均气温
15.6℃

年平均降雨量
746 毫米

采收期降雨量
9月：69 毫米

主要种植威胁
冬季结冰、不成熟葡萄

主要葡萄品种
霞多丽、雷司令、赤霞珠、梅洛

太平洋西北部
Pacific Northwest

俄勒冈州和华盛顿州，在西北太平洋地区的两个主角，没有多大的不同。潮湿的、绿色的俄勒冈一直以来酿酒工艺考究，小型酒庄都亲力亲为，大部分从葡萄种植到装瓶都在自己酒庄进行，而且多数都采用有机种植。海岸山脉作为遮挡的海堤，正如它在北加州一样，不过这里北太平洋的暖流带来的是雨水而非雾，缓冲了极端气温，出产了美国最具勃艮第风格的葡萄酒。而另一方面，大陆东部的华盛顿州则很干旱，最初采用工业化的经营，重度灌溉，由机器采摘并且运回聚集在西雅图周围的酒厂。

对比鲜明的地形

这种差异的根源来自地形。俄勒冈的葡萄密集种植于波特兰的西部和南部山谷，这里一个多世纪以来养殖牛、种植水果、坚果和多种多样的农作物。葡萄园零星地分散在这片繁忙而精心打理过的景色中。但当葡萄藤来到华盛顿州，它直接从东部移到了远在喀斯卡德（Cascade）山脉的农田。在这里，各式各样果园的灌水来自哥伦比亚的亚基马（Yakima）以及蛇河（Snake River），曾经采用一种原始的农业模式。

华盛顿州（更详细的描述在290~293页）的变化迅速，然而，手工操作是现在常见的，在酿酒的过程中，越来越重视优质葡萄的生长和发现。华盛顿州的葡萄酒商很少种植他们自己的葡萄（与俄勒冈州的模式相比较），但葡萄藤一直以来都在不停植入华盛顿州。例如，旅游目的地奇兰（Chelan）湖，已被证明能够比西雅图雨水浸透的 **Puget Sound** 产区（一个曾经令人充满希望的葡萄园）让更多品种的葡萄成熟。如今，华盛顿州是美国第二大的重要葡萄酒产地，有16 200公顷的葡萄园，出产美国人至爱的赤霞珠、梅洛、雷司令，尤其是西拉葡萄酒。

同时，俄勒冈州随着外界少量的资本和营销技巧的注入，已变得不那么质朴。到2011年为止的6年里，用于葡萄藤种植的总面积增长了50%，达8 300公顷。

对页地图所描绘的俄勒冈州的葡萄酒生产中心地带威拉梅特谷（Willamette Valley），如勃艮第一样承受着反复无常的天气，**南俄勒冈**则是特别温暖干燥，除了黑皮诺和灰皮诺品种以外还有更多其他品种的葡萄。事实上，1961年俄勒冈在**乌姆普夸谷（Umpqua Valley）**种植了第一批黑皮诺。这是北部最凉爽和最西边的AVA产区，但正如极南部的Roseburg，它也得益于更温暖的夏季和更干燥的冬季。有活力的Abacela酒厂证明了西班牙品种如阿芭瑞诺和添普兰尼洛也能够在此茁壮生长。**红山道格拉斯（Red Hill Douglas Country）**是一个单一品种的AVA产区，位于乌姆普夸谷的东北部。Elkton Oregon是最新的AVA产区，成立于2013年2月。

再往南，靠近加州边界，植株更密集一些的**罗格谷（Rogue Valley）**更温暖，并且年降水量（约300毫米）在该地区的东部几乎与华盛顿州的远东区一样低。波尔多红葡萄品种和西拉通常会在这里

在邓迪山（Dundee Hills）上的冷杉树眺望Erath酒庄的 Prince Hill 葡萄园。冷杉树在俄勒冈葡萄酒产区无处不在。俄勒冈州供给美国1/3的圣诞树。

成熟（于与威拉梅特谷形成对比）。**阿普尔盖特谷（Applegate Valley）**是罗格谷中部的一片AVA子产区。

穿越边境

葡萄藤不遵守州界。富有戏剧化的**哥伦比亚大峡谷（Columbia Gorge）**葡萄酒区域横跨河流，同时包括了华盛顿和俄勒冈的葡萄园。不大的华盛顿州**哥伦比亚谷**AVA产区还包括俄勒冈的部分地区，而在美国，更令人吃惊的葡萄酒产区之一是**蛇河谷**，这主要是在爱达荷州，但也包括一部分东部俄勒冈州。在华盛顿州东部，是大陆性气候，更为极端的是南部，海拔也更高，达到近900米。夏天可以变得很热，晚上则十分凉爽有益，但冬天来得较早。爱达荷州现有48家酒庄在活跃发展，在华盛顿东部有着相当可观的葡萄和葡萄酒的跨境交易，虽然爱达荷州自有的葡萄园面积已超过650公顷。

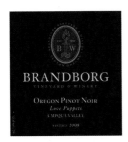

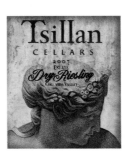

前三款酒是在俄勒冈州最出名产区威拉梅特谷以外酿造的高品质葡萄酒。Tsillan酒窖是华盛顿州的新产区奇兰湖AVA的先驱之一，而Fraser Vineyard则位于爱达荷州的蛇河谷。

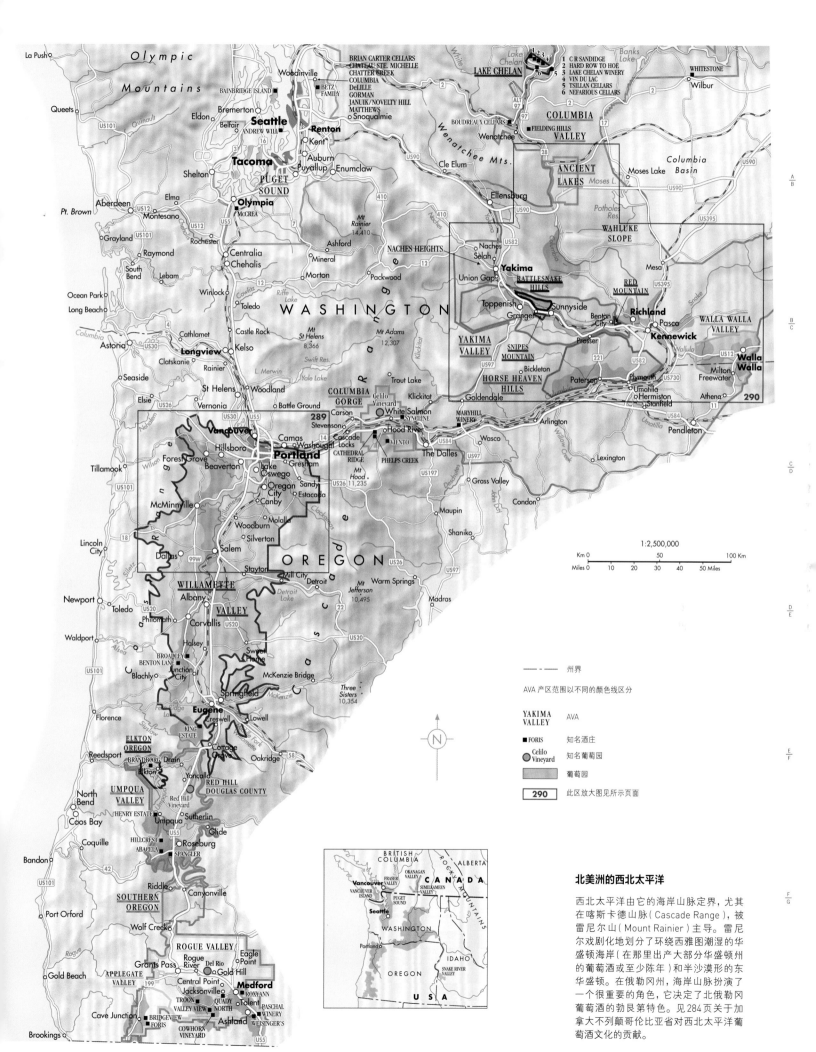

北美洲的西北太平洋

西北太平洋由它的海岸山脉定界，尤其在喀斯卡德山脉（Cascade Range），被雷尼尔山（Mount Rainier）主导。雷尼尔戏剧化地划分了环绕西雅图潮湿的华盛顿海岸（在那里出产大部分华盛顿州的葡萄酒或至少陈年）和半沙漠形的东华盛顿。在俄勒冈州，海岸山脉扮演了一个很重要的角色，它决定了北俄勒冈葡萄酒的勃艮第特色。见284页关于加拿大不列颠哥伦比亚省对西北太平洋葡萄酒文化的贡献。

威拉梅特谷 Willamette Valley

　　气候是俄勒冈与南部的加州、北部的华盛顿州最截然不同的地方。威拉梅特谷的夏季比阳光普照的加州要凉爽且多云（参见气象观测数据），但冬季却又比华盛顿州那种深入内陆的极度大陆型区域要温和许多。来自太平洋的云和湿气吹进俄勒冈的葡萄酒区（特别是通过海岸山脉的缺口）到达威拉梅特谷的北部地区，使得凉爽的夏季和潮湿的秋季取代了冬季的酷寒，成为反复出现的威胁。

　　作为现代化的葡萄酒区，**威拉梅特谷**是在20世纪60年代末才被戴维·莱特（David Lett）在Yamhill郡的邓迪市（Dundee）发现，那时他正在建造自己的Eyrie葡萄园。如果当初莱特栽种的是霞多丽和赤霞珠，那或许很难等到成功的一天（赤霞珠几乎不可能在此区真正成熟），然而他却独具慧眼挑上了黑皮诺。自从20世纪70年代中期起，俄勒冈就无可避免地和黑皮诺连在一起。这片青青田园，竟然能办到加州始终认为不可能的事：让人们产生一种像是在喝高雅勃艮第红酒的幻觉，即使俄勒冈的黑皮诺通常会比它们的欧洲兄弟来得更柔顺，带有更明显的水果风味，而且也更早熟。

　　似乎像是早就知道黑皮诺偏好的种植方式一样，大部分威拉梅特谷的酒厂采取小规模种植。于是，这个区域所吸引来的酿酒师也与那些抱着豪赌一场的想法而前往纳帕或索诺马的类型截然不同。小资产和大想法生产出的是一系列变幻莫测的葡萄酒，从让人如痴如醉到一无是处的都有。多数早期的葡萄酒都有很好的香气，却太轻薄。但是到了20世纪80年代中期，显然其中有些皮诺酒款已经展现出令人兴奋的后劲。

　　不知是否因为这个原因，外地人陆续高调迁入：来自加州的生产者持续不断地涌入，想要在黑皮诺中找到一些艳阳天空无法提供的无常特性；澳大利亚餐酒商佩塔卢马（Petaluma）的克洛泽（Brian Croser），在邓迪市消防站旁的一个老旧榛果烘干厂里，着手开始酿出Argyle的气泡酒和非气泡酒；而让俄勒冈人最引以为傲的是，从勃艮第远道而来、Domaine Drouhin酒庄的创建人德鲁安（Robert Drouhin）和他的女儿韦罗妮克（Véronique）也相中了这里。今天当地所产的黑皮诺风格，有柔顺平滑、高贵低调的所谓邓迪风格（也经得起拿来和邓迪家乡的法国酒一较高下），也有由Beaux Frères酒庄最早开始采用的浓重木桶风味（该酒厂的部分股权，属于俄勒冈的另一位国际知名的外来投资者——葡萄酒权威罗伯特·帕克）。

　　大致来说，威拉梅特谷是华盛顿郡的葡萄园中夏季最凉爽的地方（与华盛顿州相反）。因为这里最容易受到太平洋的影响，使得当地最适合栽种香气浓郁的葡萄品种。黑皮诺在这里，比较偏向细致而不肥厚。不过，蓬齐（Ponzi）家族等人却证明，这样的葡萄酒也可以相当持久。

威拉梅特谷的子产区

　　在经过相当程度的争论和品尝之后，官方现在终于在这块240公里长的威拉梅特谷中，正式认定了几个子产区。**邓迪山**产区因其著名的深厚的Jory红色土壤成为顶级葡萄酒的重要产区。位于邓迪的红山（Red Hills）排水良好，降水、日照充足，在多云的俄勒冈，这对葡萄的最佳成熟度非常关键。**Yamhill-Carlton**产区，则稍微温暖些，但却有更多霜害，因此在霜害多的谷地上方栽种葡

萄树才会有好表现；而最好的地点是在谷地西侧、海拔在60~210米之间的东向山坡。**McMinnville**产区是以作为俄勒冈葡萄酒产业焦点的大学城命名的，而首府塞勒（Salem）市西北的**Eola-Amity Hills**和俄勒冈葡萄酒区中心的入口**Chehalem Mountains**在2006年双双成为AVA产区。后者的特许子产区**Ribbon Ridge**就在邓迪山上方。

　　想要在威拉梅特谷成功种出葡萄，最重要的就是要让葡萄完全成熟，并早做采摘的打算避开秋雨。地点、时间和持续多久决定了降雨会带来多大的损失，但每一年都有极大的差异。像赤霞珠和长相思等许多葡萄品种，因为太晚熟在本地无法存活。但即使是早熟的，威拉梅特谷的年份变化也像任何法国产区一样难以预料，而且也比美国其他葡萄酒产区更多变。不是俄勒冈州本地的葡萄酒饮用者，似乎也会因为所喝到的年份差异或至少从水果风味的明显程度，爱上或讨厌这里的黑皮诺酒款。

　　但仍有另一个问题，乍听之下会让人很讶异，那就是夏旱。虽然这里9月或10月可能有雨，但通常只有在非常干燥的夏天之后才会发生。这意味着许多比较老的葡萄藤，可能早在葡萄完全成熟所需要的光合作用开始之前，就尴尬地变成脏兮兮的黄色了。因此比较晚期的葡萄园，通常都会在设计之初就配备灌溉系统，如此一来，葡萄藤只有在种植者认为需要时才会受到干旱压力。

嫁接与无性繁殖

　　早期的垦殖者往往在极有限的预算下营运，因此建造葡萄园时往往会比较节省，葡萄树的间距较大；但是现在高密度的种植，却被视为再平常不过了。对俄勒冈葡萄园来说，另一个相对近期的改变则是无性繁殖系的使用。自从葡萄根瘤蚜虫病害首度于1990年在此出现之后，敏感的酒农就开始将葡萄树苗嫁接在砧木上，一方面可以对抗毁掉根部的致命病害，另一方面也可以限制结果的数量，以免在葡萄成熟的过程中分散力量。

　　因此这些葡萄园的产量通常会比较一致，葡萄通常也比较早成熟；但是对品质持续提升的俄勒冈黑皮诺和霞多丽来说，最重要的影响还是引进了勃艮第无性繁殖系。至少在最初的20年，多数俄勒冈黑皮诺都还是使用来自瑞士的Wädenswil无性繁殖系葡萄酿制，或者在加州非常受欢迎、被称为Pommard的无性繁殖系。这些无性繁殖系所产出的酒，多半是迷人且带有水果风味（在好的年份），但却未必具备结构和细致。能结出小串葡萄、在俄勒冈被称为Dijon无性繁殖系的（这些写给喜爱细节的酒迷们）113、114、115、667、777以及882的引进，为俄勒冈黑皮诺加入了新的方向；尽管在多数例子中，这些只是被用来当成调配的一部分。

　　出于类似的原因，俄勒冈霞多丽也比较让人失望。最初主要种植的无性繁殖系Davis 108，对加

这里是威拉梅特谷所出产的令人激动的勃艮第风格葡萄酒的一小部分。以黑皮诺为主，霞多丽的质量也紧跟着上来。Bergström的酒值得效仿学习。

州界
县界
■ AMITY 知名酒庄
⊙ Shea
Vineyard 知名葡萄园
葡萄园
森林
2000 等高线间距 1000 英尺
▼ 气象站

Chehalem Mountains AVA
Dundee Hills AVA
Eola-Amity Hills AVA
McMinnville AVA
Ribbon Ridge AVA
Willamette Valley AVA
Yamhill-Carlton
District AVA

北威拉梅特谷

在21世纪初，北威拉梅特谷被划分出6个子AVA产区，其分界线不是直的就是很难辨别的曲线。值得注意的酒庄日益增多。这是一个崇尚个人主义的州。

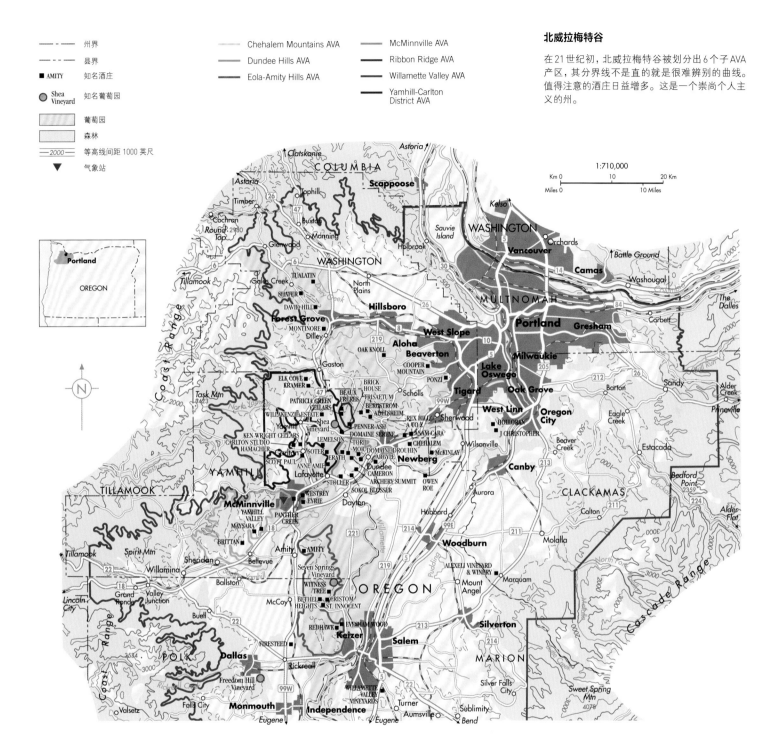

威拉梅特谷：MCMINNVILLE

纬度／海拔 ▼
45.13°／47米

葡萄生长期间的平均气温
15.9℃

年平均降雨量
1060毫米

采收期降雨量
10月：80毫米

主要种植威胁
真菌类病害、成熟度不足

主要葡萄品种
黑皮诺、灰皮诺、霞多丽

州的主要贡献，是让葡萄能在成熟前有够长的生长季节，但在俄勒冈，多数时候这却是一项明显的劣势，许多霞多丽甚至因此显得淡薄酸涩。因此目前种植更广的是更适合本地也更细致的 Dijon 无性繁殖系76、95以及96，俄勒冈如今最好的霞多丽拥有别具一格的神韵与矿物风味，几乎可以勃艮第的媲美。但长久以来，多数酒商对白葡萄酒的殷切希望，却是寄托在灰皮诺身上。俄勒冈灰皮诺，往往更像是香气更芬馥的霞多丽，而不是丰厚的阿尔萨斯形态的灰皮诺。小众又值得搜寻的活泼且浓郁的雷司令，来自赫赫有名的制造商 Trisaetum。

值得一提的是，即便气候相当潮湿，但今天俄勒冈的葡萄种植，却因为普遍对永续农业（很多还是有机农业，甚至采用自然动力法的耕作方式）的坚持而造就了当地的特色。

这里有一个将威拉梅特谷推往国际葡萄酒的舞台，并强调俄勒冈黑皮诺独特性的怪异惯例，那就是每年7月所举办的国际黑皮诺庆祝会（International Pinot Noir Celebration）。这个为期3天的黑皮诺庆典，让全世界的黑皮诺迷和葡萄酒生产者可以聚集在 McMinnville 镇这个黑皮诺的圣坛，抱怨那些赤霞珠的不是。

华盛顿州
Washington

华盛顿州东部，种有30公顷葡萄藤，看起来却一点儿都不像个葡萄酒乡。到这里的访客多半来自华盛顿州内的酒庄聚集地西雅图。他们驾车穿过潮湿的冷杉和北美黄松森林，越过巨大的喀斯卡德山脉，接着突然降到这块半沙漠地带；在这里，夏天的每日日照时间高达17个小时，冬天有对葡萄藤致命的来自北极的寒冷气流。

在华盛顿州东部相对短暂的生长季节里，雅基马谷（Yakima Valley）肥沃的农田和起伏的麦田环绕着沃拉沃拉（Walla Walla），不时点缀着葡萄藤的绿洲周围种植着苹果、樱桃和啤酒花。这里的农田成本很低，远比加州要来得便宜。这里的葡萄也许有很多是用

哥伦比亚谷

华盛顿葡萄酒区，和俄勒冈州一样，是一个沉淀物的宝库，有来自远至蒙大拿州，还要感谢上个冰川时代的密苏拉洪水。哥伦比亚谷北部冒出新的AVA，见287地图。地图左下方的红山实际上是在Richland。

1:710,000

Km 0   10   20 Km

Miles 0   5   10 Miles

1:179,000

Km 0   2   4 Km

Miles 0   1   2 Miles

于果汁和果冻方面的康科德品种，但欧洲种葡萄的种植面积也在日益增长，并在2010年超过16 200公顷。论面积，华盛顿州已是全美第二大葡萄种植区和酿酒用葡萄酒产区，但产量只有加州的10%而已。

这里的大陆型气候，已经证明极其适合栽种优质酿酒用葡萄，既坐拥波尔多和勃艮第之间的纬度，又有一个非常重要的附带条件——拥有来自河川、蓄水池或昂贵的井水等灌溉水源。干燥的夏季和秋季可让病害问题降到最低，而沙漠炎热的白天和寒冷的夜晚则让葡萄享有得天独厚的颜色和风味。虽然这里的冬天也许会寒冷干燥，但至少可以阻挡根瘤蚜虫病（几乎这里所有的葡萄藤都没有嫁接，直接长在自己的根上），排水迅速、相对较单一的沙质土壤起到了同样的作用。

混酿的趋势

一开始，这里的葡萄种植和酿酒产业之间的分界，远比美洲多数地区都要明显，但这样的情况也在逐渐转变。比如大型酒庄拥有 Chateau Ste. Michelle、Columbia Crest、Snoqualmie 以及许多其他品牌，目前所需要的葡萄总量中有近2/3是由酒庄自己种植或控制。然而，华盛顿州几百家的小型酒庄都还需要购买一些葡萄，朝西运往喀斯卡德山脉；不过最近在华盛顿东部，酒厂（及葡萄酒庄园）的数目都在逐渐稳定增加中。这些酒厂往往会从多处购买葡萄，并充分混调，这使得酒厂的所在地点很难为葡萄酒的出处提供有用线索。如此原因，加上让葡萄酒可以有更多选择的混酿，酒厂会用范围巨大的**哥伦比亚谷（Columbia Valley）**AVA产区（包括华盛顿东部这些更特定的AVA，见下图）或使用更有弹性的"华盛顿州"标志，这些都比特定产区更广泛使用。

雅基马谷是华盛顿最古老的指定葡萄酒产区，东面与哥伦比亚相接的山谷被雅基马河切开，那里肥沃的农田和牧场遥望着 Adams。在山谷西北方的 Red Willow 葡萄园最早发现西拉是一个很有潜力的葡萄品种。它为华盛顿州已有的传统葡萄品种锦上添花，是一个可口且充满果味的葡萄品种，目前已大规模地在本州广泛种植。**响尾蛇山（Rattlesnake Hills）**AVA是雅基马谷内响尾蛇山山脊的南部斜坡上的新产区，出产州内与波尔多风格相似的红葡萄酒。在南方的 **Snipes** 山有一些州内最古老的葡萄藤，是另一个新近的小型AVA产区。在雅基马谷的极东南地区的 Prosser 镇是 Walter Clore 和 Culinary Center 酒厂的新址，正快速地成为谷内葡萄酒产业的主要焦点。

雅基马谷和和哥伦比亚河之间的**马之天堂（Horse Heaven）**山拥有州内一些最大和最重要的葡萄园。在河上的峭壁上的广阔葡萄园，和聚集在 Champoux 周围的葡萄园特别值得留意。地势稍低的朝南的 Canoe Ridge 斜坡，是沃拉沃拉的 Canoe Ridge 葡萄园酒庄 Precept 葡萄酒的葡萄来源（这是华盛顿州不理会地理准确划分的一个典型的例子），许多 Ste.Michelle 酒庄的干红亦是如此。因它足够靠近广阔的哥伦比亚河，可以避免受到夏天极端的天气和冬天霜冻的危害。

雅基马山谷北部和东部的一些州内最温暖的地区，意大利的 Piero Antinori 是华盛顿州葡萄酒最出名的国际投资者。2006年他在红山与 Ste. Michelle 酒庄联合开创了 Col Solare 酒庄。

包括著名的**瓦鲁克（Wahluke）斜坡**，它沿着萨德尔山（Saddle Mountains）往下到哥伦比亚河，向南倾斜的葡萄藤能在夏季拥有最大光照并且驱赶冬季的寒冷空气，它还连接了 Richland、Pasco 和 Kennewick 三个城市。在20世纪70年代，Sagemoor 集团为州内第一批葡萄酒提供了葡萄。梅洛和西拉在此被广泛种植。面积小并且水源有限的**红山**AVA以柔顺、长寿的赤霞珠而赢得良好声誉。雅基马市西北部的新 **Naches Heights** AVA（2011年）虽然仅有15公顷的葡萄园，但拥有特色土壤，据称有出产口味独特葡萄酒的潜力。

夏季在很深内陆的**沃拉沃拉谷**非常炎热。冬天阳光虽然充足但是可能出现危险性的低温，而沃拉沃拉谷的山坡上的降雨足以让葡萄藤得到干农法耕种。沃拉沃拉儒雅的大学城是州内最出名的红葡萄酒酿制的聚集地。这个产区在20世纪80年代早期由 Leonetti 和 Woodward Canyon 所开发，逐渐囊括了俄勒冈南部，包括在蓝山山脉北翼上原始的赛温山（Seven Hills）新种植的成百亩葡萄园。在下面的平原上仍在俄勒冈这一边的多石葡萄园被统称为 Rocks。

哥伦比亚山谷西南处的 **Columbia Gorge** AVA

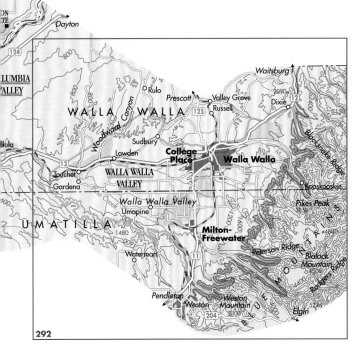

图例	
—·—·—	州界
—··—··—	县界

AVA 产区范围以不同的颜色线区分

NACHES HEIGHTS	AVA
■ KESTREL	知名酒庄
● Red Willow Vineyard	知名葡萄园
▨	葡萄园
▨	森林
══2000══	等高线间距 400 英尺
292	此区放大图见所示页面
▼	气象站

华盛顿州：普罗瑟市（Prosser） ▼

纬度/海拔
46.2° N/ 253 米

葡萄生长期间的平均气温
17.8℃

年平均降雨量
227 毫米

采收期降雨量
9月：19 毫米

主要种植威胁
冬季严寒

主要葡萄品种
霞多丽、雷司令、赤霞珠、梅洛、西拉、灰皮诺

沃拉沃拉谷

沃拉沃拉谷拥有大量华盛顿州著名的酒庄。但相当一部分运往城里酒窖的葡萄生长在俄勒冈州边境。沃拉沃拉谷AVA产区横跨州界。

1:476,000

Km 0   10   20 Km

Miles 0   5   10 Miles

——·—— 州界

AVA 产区范围以不同的颜色线区分

WALLA WALLA   AVA

■ ABEJA   知名酒庄

● Seven Hills Vineyard   知名葡萄园

葡萄园

森林

══2000══ 等高线间距 400 尺

产区（详见287页地图）也包括了俄勒冈州的一大部分，尤其适合霞多丽或是富有香气的白葡萄、黑皮诺以及金芬黛的生长。而在哥伦比亚山谷西南角的奇兰湖（**Lake Chelan**）AVA产区是一个极其被看好的漂亮区域，由Sandidge家族用旗下的CRS品牌开创。

快速的扩张

几乎每周都有一家新的华盛顿酒厂注册，到了2010年已经有超过700家，是种植葡萄酒农的2倍。这种快速增长意味着许多的葡萄藤都很年轻，它们被种植在年轻、轻质的土壤上，往往是栽植单一品种的葡萄树。在过去，大多数葡萄由果农们种植并且产量也是由他们决定，而不是由酿酒师来决定。但州内大多数精品生产商扩大规模时，都是按面积来购买葡萄，而不是按照分量，并且他们与葡萄酒农共同协作管理自己的葡萄园。产量下降而质量上升，最好的葡萄酒都有着深邃的颜色，爽口的酸度，明亮、直白的风味，这些都是华盛顿州典型的葡萄酒特色，同时也拥有惹人喜爱的丰富、柔和的果味。

在这个大陆性气候中的某几处地方能够有完全成熟的赤霞珠，而梅洛在此处的风味比在加州更加容易分辨，更灵活，尽管它易受霜冻的影响。品丽珠亦有它的拥护者，并不仅仅因为它耐寒。小维尔多、马尔白克、慕合怀特、添普兰尼洛以及桑娇维塞都在此成功生长，产量虽小但大多用于混酿。

40年前，当华盛顿州被认为是只适合种植寒冷气候的葡萄品种时，雷司令被广泛地种植。它的失宠是因清新芳香的霞多丽成为新的流行品种。造成的结果是，Ste. Michelle葡萄酒庄成了世界第一大雷司令生产商。此外，**Ancient Lakes**（瓦鲁克坡的北部）有许多的葡萄园但很少有酒厂。它如今有了自己的AVA产区，长久以来种植着精品级白葡萄品种：灰皮诺以及琼瑶浆和雷司令。这里的长相思令人振奋，Semillons家族的L'Ecole 41酒庄证明了长相思可以有极大的发挥潜力。

在西雅图附近生长在 **Puget Sound** AVA的背后西面的葡萄完全是早熟的品种，如穆勒塔戈，Madeleine Angevine 和 Siegerrebe，都是适于生长在寒冷多雨的气候环境的葡萄品种。

如Quilceda Creek一般的老手们如今受到有着奇怪酒标年轻血液的夹击。Eroica、Chateau Ste.Michelle和Ernst Loosen共同设计，在美国葡萄酒地图上加入了雷司令。巨头Banfi自从向Bonny Doon的Randall Grahm收购了Pacific Rim后，也加入了华盛顿州的这场雷司令派对。

在亚基马河边靠近红山斜坡上的葡萄藤。当年降水量仅有150毫米的时候，灌溉线显得尤其重要，即便如此接近河流，但灌溉还是会让葡萄园增加可观的成本。

加利福尼亚州 California

美国有90%的葡萄酒产于加州，这是欧洲以外的所有国家中产量最大的葡萄酒产地，而其种植面积还在持续增加。这里是葡萄种植的西限，显然许多地理通性和常识并不适用。加州葡萄酒在地理位置上所呈现的一连串惊奇，远比外人所知的更具多样性。葡萄园的潜力，几乎可以说和其所在的纬度位置全然无关，主要取决于葡萄园与太平洋之间的地形。倘若葡萄园与太平洋之间的山脉越多，能带来雾气且调节气候的海风就越少。

由于此处太平洋沿岸的海水非常寒冷，以至于整个夏天，沿岸一带都会形成持续不断的雾带。每当内陆温度到达32℃时，上升的热空气就会将雾气吸引至内陆填补空间。旧金山的金门大桥恰好矗立在这条著名的雾气通道上，但沿着海岸不管是往上或往下，只要海岸山脉高度低于海拔460米，来自太平洋的冷风就会流灌进来而降低内陆地区的气温。一些通向海底的谷地，特别在圣巴拉郡（Santa Barbara County），就像是烟囱一样让海底的空气得以入侵内陆至远达120公里的地方。从太平洋越过旧金山湾被吸往内陆的冷风威力是如此强大，以至于即便是在距离海岸240公里的谢拉山麓（Sierra Foothills）气候也会受到影响。多雾的旧金山湾就像是加州北部最主要的空调设施，因此距离海湾越近的葡萄园，气候就越冷，比如位于纳帕（Napa）和索诺马（Sonoma）南部边缘地带的卡纳罗斯（Carneros）地区。至于内陆的纳帕谷，由于受到西部山脉几乎完整的屏障而不受太平洋影响，因此最凉爽的葡萄园，要算是那些环绕纳帕镇、地处最南的受到湾区冷风吹袭的葡萄园；至于最炎热的葡萄园，则是在谷地北缘的卡利斯托加（Calistoga）周围。类似的原因，也让沿着圣巴拉郡海岸，位于洛杉矶西北部225公里的圣玛丽亚谷（Santa Maria Valley）葡萄园区，在不同地形的作用下成为州内最冷凉的葡萄园之一。

另一方面，中央谷地（Central Valley，或称San Joaquin谷地）这处让农业仍然是加州最重要经济活动（也是生产3/4加州酿酒用葡萄）的平坦农地，因为地处内陆而难以直接受到太平洋雾气的影响。这个全世界阳光最盛的葡萄酒区之一，比本书所提到的任何地方都要更热更干。灌溉，这一日益昂贵且具争议的种植方法，在此地必不可少。只仰赖天然降雨来种植葡萄，对任何一个重视风土表现的酒农来说都是梦寐以求的；但在加州的大部分地方，这个梦想却遥不可及。

从统计数据可以发现，本地的夏季远比多数欧洲产酒区都要干燥。年度的总降雨量虽然没有特别少，但却往往集中在年初那几个月，整个夏季都必须拦水进行灌溉。此外，在加州9月典型的温暖气候下，反常的降雨可能带来浩劫。然而，秋天的降雨却相当罕见，使得种植者可以延迟采收葡萄到几乎随心所欲的地步；当然，这也可能是应购买葡萄的酒厂要求。这只是加州葡萄酒之所以特别浓醇的重要原因之一。

加州最重要的近120个AVA产区都标示在后页的地图中，但即便是这些产区也无需太过重视。因为其中有些种植区实在太小，甚至只能供应一家酒厂；但也有像北海岸（North Coast）这种涵盖雷克（Lake）、门多西诺（Mendocino）、纳帕及索诺马等郡的大产区。

品牌之外，关注更多

有许多至今仍无视AVA存在的优秀酿酒师，只问葡萄品质而不问产区；但也有些酿酒师偏好某些特定的葡萄园。目前被用在酒标上的个别葡萄园名称已经有上百个，这正是加州葡萄酒从只能仰赖葡萄品种和品牌而朝向另一个阶段发展的有力证据。地理位置终于成为考量因素的一环，但仍有许多酒厂依旧只是租借他人的酿酒设备来酿酒，自己仅拥有酒标和储酒用的橡木桶，像这样的酒厂都不会出现在这些地图上。

加州一直推崇时尚。在这个地理上大约只有法国一半大小的地方，葡萄酒生产者和消费者之间的互动却远比我们想象的更为一致。目前在葡萄园流行的包括：对于特定区域适合栽种的葡萄品种更适切的搭配，使用更多元化的无性繁殖进行更高密度的葡萄种植，将枝叶空间控制得更开阔，实施更精准的浇灌，以及在当今这个世纪，相比成熟度极高的葡萄酒，对于年轻的葡萄酒萌生的欣赏。

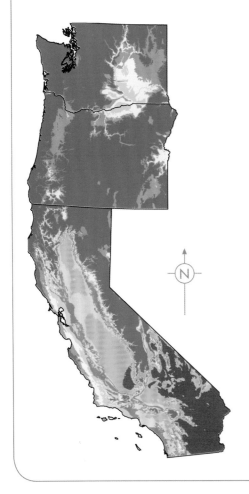

加州及太平洋西北岸葡萄酒产区的气候区

加州大学戴维斯分校（UC Davis）的两位教授阿默林（Amerine）和温克勒（Winkler）在葡萄酒产区气候分类法的基础上发展了对加州葡萄酒产区的气候区分类，格雷戈里·琼斯（Gregory Jones）教授则对气候较为凉爽的地区进行了气候区分类的更新。葡萄酒地区依照所谓的"生长度日"（growing degree days）分类。其测量方式是从4月1日至10月31日这段期间（北半球），计算气温超过10℃的累积热量。这个分类广泛地定义了葡萄品种的适宜性（从凉爽的到炎热的生长区）以及酒体的风格（从轻盈的到饱满的及加强的）。比如，在"Ia"地区，只有非常早熟的葡萄品种，大多数杂交的葡萄都能酿出高品质的酒体轻盈的餐酒。"III"区适合生产高品质的酒体饱满的葡萄酒；而"V"区则为典型的适合高产量的加强型葡萄酒以及鲜食葡萄的产区。

过寒区域
区域 ia：1 500 到 2 000 度日
区域 ib：2 000 到 2 500 度日
区域 ii：2 500 到 3 000 度日
区域 iii：3 000 到 3 500 度日
区域 iv：3 500 到 4 000 度日
区域 v：4 000 到 4 500 度日
过热区域

图例

州界

县界

AVA 产区范围以不同的颜色线区分

MADERA　AVA

■ E & J GALLO　知名酒庄

296　此区放大图见所示页面

加州主要葡萄酒产区

北海岸是一个占地相当大的地区。但是还有一个面积更大的地方——从旧金山往南直到圣巴巴拉——称为：中海岸（Central Coast）。在这里开始种植越来越多高价值的农作物（除了大麻之外）：葡萄。

Bokisch 酒庄坐落在洛蒂（Lodi）。洛蒂是在中海岸上最有前途的地区。South Coast Winery（见 318 页）邻近洛杉矶。Casey Flat Ranch 则在纳帕谷北面的 Berryessa 湖上方。

BOKISCH VINEYARDS
Albariño　2011
TERRA ALTA VINEYARD
CLEMENTS HILLS·LODI　ALC 12.5% BY VOL.

SOUTH COAST WINERY
GVR
VINTAGE 2010　TEMECULA VALLEY
41% Viognier, 40% Grenache Blanc, 19% Roussanne

CfR
CASEY FLAT RANCH
2011 SAUVIGNON BLANC
CAPAY VALLEY

1:2,631,578

Km 0　　50　　100　　150 Km
Miles 0　　　50　　　　100 Miles

1:575,000

Km 0 ····· 10 ····· 20 Km
Miles 0 ····· 5 ····· 10 Miles

门多西诺与雷克
Mendocino and Lake

县界

AVA 产区范围以不同的颜色线区分

CLEAR LAKE AVA
■ FREY 知名酒庄
◉ The Narrows Vineyard 知名葡萄园

葡萄园

森林和树丛

2500 等高线间距 500 英尺

▼ 气象站

门多西诺郡是葡萄藤在加州最北的前哨站。其中又以安德森谷（Anderson Valley）这个葡萄酒产区最为著名，在这里海洋的雾气可以轻易穿梭于沿岸山丘之间，并形成低矮而厚重的云层。纳瓦罗河（Navarro River）流经带有树脂气息的红木林沿着谷地而下。很久之前一些隐遁于此的意大利家族发现，金芬黛葡萄可以在此地高过雾线的山丘葡萄园达到绝佳的成熟度；但在安德森谷的大部分地区，成熟季节特别寒冷，特别是在法洛镇（Philo）以下的下游地带。随着纳瓦罗地区（Navarro）葡萄园品质的持续提升，雷司令和琼瑶浆已经完美地融入当地气候。自1982年起，香槟酒厂Roederer使用安德森谷的葡萄生产气泡酒，并证明了其优良的品质；无泡的黑皮诺红酒同样有好的表现，例如产自位于法洛镇、由Duckhorn所拥有的Goldeneye酒庄。

产自东南部**约克维尔高地（Yorkville Highlands）**的葡萄酒，也拥有绝佳的天然酸度，然而门多西诺大多数的葡萄种植还是集中在气候形态更温暖干燥的地方：克洛佛达（Cloverdale）市北部那些沿岸山脉后面、高达900米的高地，以及与索诺马郡的交界处，由于有山脉屏障，因此不会受到太平洋雾气的影响。雾气到达不了的尤凯亚（Ukiah）市以及同样少雾的红木山谷（Redwood Valley），此处酒款（酿自深厚的沉积土壤）多半酒体厚实，以赤霞珠、小西拉或产自尤凯亚市（Ukiah）、带有香料风味的古藤金芬黛，酿出的红酒相对较为柔顺。气候特别冷凉的波特谷（Potter Valley），也能酿出相当细致的贵腐甜酒。

Parducci是门多西诺历史最悠久的一家酒厂，

创建于1932年，由此可见创建者当时的远见，那时美国还处于禁酒期（当时酒厂的拥有者是门多西诺葡萄酒公司）。1968年就在此扎根的费策尔（Fetzer）葡萄园，则是在这个极其适合生产有机葡萄酒的地区，以酒厂酿制的值得信赖的酒款，以及支持有机葡萄酒生产的清楚自信，而享有应得的盛名。该酒厂目前由智利最大的酒业集团Conchay Toro所拥有，至于费策尔家族成员则持续生产更大量的有机葡萄，提供给Ceàgo、Jeriko、Masut、Patianna和Saracina等品牌使用。

东部的**雷克郡（Lake County）**和纳帕谷北端的产区一样温暖，以果味丰富的赤霞珠、金芬黛以及在价格方面极具吸引力的长相思而广受

好评，经常出产酒标为纳帕（Napa）的葡萄酒。Brassfield、Obsidian Ridge、Steele和Wildhurst是当地主要的酒厂。

门多西诺：尤凯亚 ▼
纬度/海拔
39.15° N/ 193 米
葡萄生长期间的平均气温
18.8℃
年平均降雨量
1014 毫米
采收期降雨量
9 月：11 毫米
主要种植威胁
冬季干旱、采摘期降雨
主要葡萄品种
霞多丽、金芬黛、赤霞珠、梅洛

Obsidian Ridge Vineyard 位于海拔800米处，酒庄名来自黑曜岩，这些闪耀的黑色碎石白天吸收热量，但是到晚上在这个海拔高度会变得很冷。

索诺马北部 Northern Sonoma

根据加州靠海岸越近就越凉爽的气候原则，索诺马应该要比它的内陆邻居纳帕来得更为凉爽；整体来说，也的确如此。索诺马郡在更多元的环境下，葡萄产量远比纳帕郡多，而且在更凉爽的种植区也有更大的潜力。索诺马同时也是加州顶级酒开始生产之处，但无论是早在19世纪，还是到20世纪末期，在加州葡萄酒的复兴过程中，索诺马却总是被纳帕所扮演的关键角色压制。

和加州其他地区一样，气候其实取决于太平洋海风和雾气的侵入以及云量的影响。就在地图所描绘的地区以南，在海岸山脉有一处被称作佩塔卢马（Petaluma）峡口的宽阔下陷。多亏有这个开口，才使得南部的葡萄园成为区内最冷凉之处，在上午11点之前和下午4点之后这里经常被云雾笼罩。**俄罗斯大河谷（Russian RiverValley）**是索诺马最寒冷的AVA之一，产区的边界在2005年已经往南延伸，以便涵盖雾区内所有位于塞瓦斯托波（Sebastopol）以南的葡萄园。在2011年，俄罗斯大河谷产区再次扩大，在Gallo酒庄的要求下，延伸涵盖了东南面一大片的Two Rock Vineyard葡萄园。Sebastopol Hills区域，有时也被叫作南塞瓦斯托波尔，正处于雾气盘旋流经佩塔卢马峡口的通道上。在这个俄罗斯大河谷最冷凉的角落，特别是在Green Valley子产区，想要大规模的量产经济作物，可能会非常困难，但结果是此处却酿出了活力四射的葡萄酒，其中主要的酒庄有：Marimar Estate、Iron Horse和来自纳帕谷Joseph Phelps的Freestone酒厂。Sebastopol Hills和**Green Valley**这两个子产区，都是位于Goldridge的沙质土壤上，而在Green Valley产区东侧的Laguna Ridge，则拥有含沙量最高、排水最迅速的土壤。

离开佩塔卢马峡口越远，俄罗斯河谷的温度也逐渐上升。Williams Selyem、Rochioli及Gary Farrell等一些早期就注意到这块独具风格地区的酒厂，都选择聚集在俄罗斯河河岸土质比较黏密紧实的西岸路（Westside Road）一带，以便享有比许

在俄罗斯大河谷，从太平洋过来的晨雾笼罩在Red Car Wine酒庄（La Bohème葡萄园）的黑皮诺葡萄藤上。附近的树木意味着这里有很多鸟类，还有很多成熟的葡萄需要保护。

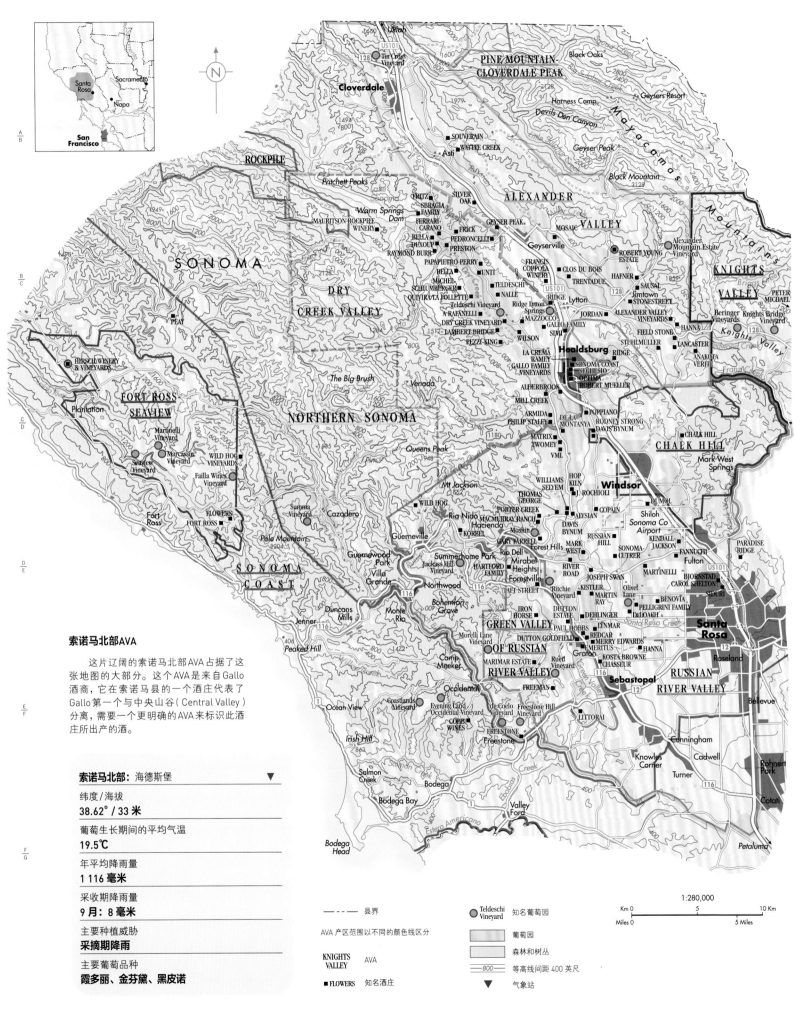

索诺马北部AVA

这片辽阔的索诺马北部AVA占据了这张地图的大部分。这个AVA是来自Gallo酒商，它在索诺马县的一个酒庄代表了Gallo第一个与中央山谷（Central Valley）分离，需要一个更明确的AVA来标识此酒庄所出产的酒。

索诺马北部：海德斯堡 ▼

纬度/海拔
38.62° / 33 米

葡萄生长期间的平均气温
19.5℃

年平均降雨量
1 116 毫米

采收期降雨量
9 月：8 毫米

主要种植威胁
采摘期降雨

主要葡萄品种
霞多丽、金芬黛、黑皮诺

－ ･ － 县界

AVA 产区范围以不同的颜色线区分

KNIGHTS VALLEY AVA

■ **FLOWERS** 知名酒庄

⬤ Teldeschi Vineyard 知名葡萄园

葡萄园

森林和树丛

─800─ 等高线间距 400 英尺

▼ 气象站

1:280,000

Km 0   5   10 Km

Miles 0   5 Miles

多新酒厂更温暖的气候。一直到20世纪90年代，葡萄才取代苹果，成为这条蜿蜒河谷上伴随老橡树和两岸花卉的主要经济作物。

霞多丽葡萄仍是目前索诺马郡种植最广的品种，也是此地成名最早的品种，种植于20世纪70年代和80年代的白酒葡萄热潮期。然而，本区真正引起酒评家瞩目的，却是带有红色浆果风味的俄罗斯河黑皮诺。多亏本地经常性的云雾缭绕，这里的产酒通常都有明显、清爽的高酸度（除非8月和9月的热浪使得葡萄提前成熟），勃艮第的两个品种都能在俄罗斯河谷表现出坚实的结构。地势最低的葡萄园通常气温最低，因为云雾聚集在这些地方的时间通常也会最长。像Martinelli的Jackass Hill和Dutton的Morelli Lane这样一些高于雾线的葡萄园，长久以来一直都提供着金芬黛老藤所生产的优质葡萄，这些老藤是由当初淘金热后居住在此的意大利移民所种植的。至于在更高海拔的葡萄园，西拉葡萄的表现也不俗。

Chalk Hill 产区位于希尔兹堡（Healdsburg）的东南、东北面，有更温暖的气候及火山灰土壤，虽然拥有独自的AVA产区，但却往往被破例涵盖在俄罗斯河谷内。Chalk Hill酒庄的葡萄园以生产风格直接、酒体中等的霞多丽而闻名；该酒庄同时也推出了一些不错的长相思，不过活泼清新的程度可能不如产自俄罗斯河谷较冷凉地区的Merry Edwards酒款。希尔兹堡附近的俄罗斯河北部一带，同样属于俄罗斯河谷AVA产区，由于远离雾气的冷却效应，因此该地气候同样也很难以气象学的方式来解释。

索诺马海岸

介于俄罗斯河谷和海洋之间的最冷凉地带，有一些令人惊艳的酒庄，这里所属的是**索诺马海岸（Sonoma Coast）**AVA产区，产区范围庞大到近乎荒谬，从门多西诺往南至圣巴勃罗湾（San Pablo Bay），涵盖地区接近50万英亩。这个产区

的诞生，最初是为了要让Sonoma-Cutrer（目前由Brown-Forman酒业集团所拥有）等酒厂可以将他们产区内各处的葡萄混合后以酒厂装瓶的名义销售，然而目前本区面临的很大的压力则是要求以地理区块更详细精确地划分产地；第一个获得批准的，是在2012年成立的Fort Ross-Seaview AVA。在这个特别冷的海岸区域，主要的酒庄有：Fort Ross, Wild Hog, Hirsch 以及 Flowers。

由于牵涉到海洋的影响、海拔高度以及方位等重要的考量因素，葡萄园的位置选择在此区尤其重要。俄罗斯河谷内陆某些最好的葡萄，是产自风干风险很低的东向葡萄园；相反，南向葡萄园则能帮助葡萄在最冷的本地环境中得以充分成熟。本区备受瞩目的先驱酒厂，包括Marcassin、Littorai以及Flowers。Hirsch葡萄园长久以来一直给俄罗斯河谷及其他地区的酿酒者供应其生产的优质葡萄。

俄罗斯河北部

俄罗斯河谷北部种植密度更高的一些AVA产区，显然气候更为温暖，即便是在Chalk Hill，**干河谷（Dry Creek Valley）**产区的河谷地带的气温都要比山坡来得低。这些地区有时还会相当潮湿，特别是在南端（可以比较希尔兹堡及附近的索诺马镇的年降雨量）。一如在俄罗斯河谷，这样的环境促使19世纪的意大利移民选择将容易腐烂的金芬黛种植在雾线之上，并且不进行灌溉；同样，干河谷产区也成了能让需要细心呵护的金芬黛展现出优异表现的产地。在这些北加州的河谷当中，东侧谷地因为有落日照射而拥有更长的高温期，因此所生产的葡萄酒通常也比西侧谷地来得更浓郁厚实。在具有坚实河阶地的干河谷，最佳的葡萄园位于排水特别好的所谓干河谷砾岩上（由砾石和红色黏土所组成）；金芬黛和赤霞珠在此都能生长得很好，至于谷底则留给了白酒品种，特别是长相思。干河葡萄园（Dry

Creek Vineyards）早在1972年就成为了本区的酒庄代表，而后起之秀的Quivira酒庄，则在很早以前就采用自然动力种植法，从谷底的葡萄园酿出优质的长相思，也从山坡的葡萄园酿出优雅的金芬黛。隆河谷品种也进驻本区，带头的是Preston Vineyards酒庄。此外，在本区的山坡地带还有一些饶有趣味的赤霞珠，特别是在A. Rafanelli酒庄的葡萄园里。

更宽广开阔的**亚历山大谷（Alexander Valley）**产区，在希尔兹堡的南面，由于受到一些低矮山丘的屏障，因此气候仍然温暖。种在冲积土壤上的赤霞珠，总是能持续成熟到散发出几乎像是巧克力的明显浓郁度；而比较靠近河岸的低地则能酿出一些开胃的长相思和霞多丽。这里甚至还有一些古藤金芬黛葡萄酒——包括Ridge酒庄古老且品种多样Geyserville葡萄园以及在亚历山大谷北部更为不寻常的桑娇维塞葡萄。由Stonestreet公司所有、一度被称为Gauer Ranch的Alexander Mountain酒庄，生产了一些加州最著名的霞多丽，葡萄园区位于海拔140米以下的河谷地带，却罕见地拥有凉爽的气候。在加州，本土知识是一切的关键，加州的风土往往令外来人感到困惑。

骑士谷（Knights Valley）在亚历山大谷的东南面，几乎可以算是纳帕谷起点的延伸，气候比干河谷来得温暖，但比亚历山大谷来得凉爽（因为地势更高）。彼得·迈克尔（Peter Michael）酒庄是以他的主人（一名英国骑士）来命名的，是比较罕见的在加州非本地的个人运营且极为成功的葡萄酒厂。彼得·迈克尔的葡萄园位于海拔2 600米及450米处的火山灰土壤上，栽种的分别是霞多丽和赤霞珠两个葡萄品种。Beringer酒庄率先推出Knights Valley赤霞珠酒款，目前更推出以他们在骑士谷葡萄园收成的果实所混调而成的波尔多型白葡萄酒，这款名为Alluvium的酒款，就是以其较为温暖的葡萄园所拥有的冲积土壤（alluvial soil）命名的。

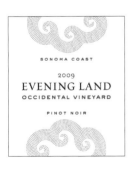

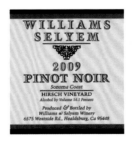

浏览这些索诺马郡北部的酒标，可以看出酒庄普遍将葡萄的出处写得很精确。Ridge酒庄更将每个年份里各种葡萄品种的分布也标得一清二楚。在这里显示的是Geyserville，来自一个较温暖的地区。

索诺马南部及卡内罗斯 Southern Sonoma and Carneros

此处正是加州的顶级酒（或首次想要尝试酿制顶级酒）的启蒙之地；这个位于旧教会附近、有重兵驻守的小镇，有那么一小段时间还曾经是索诺马郡的首府。北移至太平洋沿岸的圣方济教会的神父在1823年创建了 San Francisco de Solano 教会，并亲手垦植了他们最后也是位置最北的葡萄园，将葡萄藤带到地球上最适合它们生长的友善环境之一。

索诺马这个小镇，具备了一个小巧迷人的葡萄酒首府所需要的各种魅力——事实上，这里曾是一个小小的共和国首府：当初短命的加利福尼亚熊旗共和国（Bear Flag Republic of California），就是建都于此。索诺马镇上有绿树成荫的广场，古色古香的教会建筑和兵营，石造的市政厅，甚至还有一家装饰华美的 Sebastiani 剧院，如今这里就像褪尽颜色的乌托邦世界，却层次分明地展现出过往的辉煌历史。

这座眺望小镇的山坡上，曾经是本镇先驱豪劳斯蒂（Agoston Haraszthy）在19世纪50年代和60年代最著名的庄园。原先 Buena Vista 酒窖的部分遗迹仍矗立在东侧谷地上，新主人勃艮第安·让-查尔斯·布瓦塞（Burgundian Jean-Charles Boisset）正在对它进行修复。北加州的葡萄酒产业启蒙于此。

索诺马谷 涵盖的范围比纳帕谷小，但也像纳帕谷一样受到来自圣巴勃罗湾的雾气和风的影响，因此南部比较冷凉；位置越往北，因为受到索诺马山的屏障，阻挡了来自西面的暴风雨和冷凉的海风而使气候越趋温暖。位于纳帕谷西缘的玛雅卡玛斯（Mayacamas）山脉，则形成索诺马的东境。这里有许多例子可以证明这个 AVA 产区有能力酿制极为出色的霞多丽，首开其例的是 Hanzell 酒厂

在20世纪50年代酿制的橡木桶陈年黑皮诺。接着，Landmark Vineyard 酒庄的本地酒款、Kistler 酒厂的 Durell 葡萄园酒款，Durell Vineyard 从属的酒厂 Bill Price 自己的酒款，以及 Sonoma-Cutrer 酒庄的 Les Pierres 葡萄园（就在索诺马镇西边）酒款，都一再证明了这一点。然而古藤金芬黛仍然是索诺马葡萄酒的心脏和灵魂，著名的有 Kunde 的 Shaw Vineyard 酒庄、Old Hill Vineyard 酒庄以及 Pagani Ranch 酒庄，都是在19世纪80年代就开始种植金芬黛的，令人称奇的是，他们现在仍在继续生产。

赤霞珠的历史

绝佳的赤霞珠，最早是20世纪40年代由 Louis Martini 酒庄以产自东部山丘海拔335米以上的著名 Monte Rosso 葡萄园的葡萄酿成的，最近著名的则有产自**索诺马山**的 Laurel Glen 赤霞珠。索诺马山是西部的重要高地产区，从当地最好的酒款看来，似乎因为区内特别贫瘠的多岩石土壤和海拔，以及较长的日照时间而获益。同样的，葡萄园位置是否在雾线之上，在这里也是左右当地赤霞珠和金芬黛品质的关键。位于索诺马山的 Benziger 酒厂，以他们对自然动力种植法的热诚，在当地带动起一股风潮。而附近的 Richard Dinner Vineyard 酒庄则是 Paul Hobbs' 酒厂充足的霞多丽的来源。

毗邻索诺马山西北边界的是 **Bennett Valley** AVA 产区，最著名的酒厂是 Matanzas Creek，该区的土质和索诺马谷类似，但更加受到凉爽的海洋影响，这其中的奥秘就在于克伦峡谷（Crane Canyon）的风口（位于右页地图西边）。由于当地的气候对赤霞珠来说太过寒冷，因此未必能有足够的成熟度；这

使得梅洛和长相思成为该区的主要品种。

在索诺马谷南缘，也包含在 AVA 区内的是索诺马郡内气候相对凉爽的**罗斯卡内罗斯（Los Carneros）**区，一般通称为卡内罗斯（Carneros）区。就行政区来说，卡内罗斯产区横跨了纳帕和索诺马两郡。在右页地图上同时标出索诺马-卡内罗斯及纳帕-卡内罗斯两个分区，因为相较于属于同郡北部的其他地区，这两个分区之间具有更多的相似之处。

卡内罗斯产区（Los Carneros 的字面意思是"羊群"）分布于圣巴勃罗湾（San Pablo Bay）以北的低缓起伏的山丘上，原本是个奶酪产区，直至20世纪80年代末期和90年代才迅速地被葡萄树入侵。酿酒师路易·马丁尼（Louis Martini）及安德烈·切列斯切夫（Andr Tchelistcheff）早在20世纪30年代就使用过产自本区的葡萄酿酒，而路易·马丁尼更在40年代末期，就在该区首度种下黑皮诺和霞多丽。本地的黏质土壤，远比纳帕谷和索诺马谷谷底的土壤来得贫瘠，因此有助于控制葡萄的长势和产量。午后，每当北方更炎热的气候吸入冷空气之际，来自海湾的强风总是把这里的葡萄藤吹得沙沙作响；而这也使葡萄的成熟过程得以非常缓慢地进行，卡内罗斯因此能酿出全加州最细腻的葡萄酒，甚至成为州内用来酿制气泡酒的最佳基酒。许多人将梦想和资金纷纷投入到此地，特别是 Rena de Rosa 在20世纪60年代投资的 Winery Lake 葡萄园；之后还有香槟及西班牙卡瓦（Cava）气泡酒的生产者来到此地。在更温暖的北部地区，在酒厂竞相争夺的葡萄园中，受气泡酒传统的影响，黑皮诺特别是霞多丽成为当地的主要葡萄品种。

产自卡内罗斯的一些顶尖非气泡酒也非常可口，比如具有清爽酸度和核果风味的霞多丽，就比其他多数加州的同型酒款更有陈放潜力。卡内罗斯的黑皮诺，虽然现在处于无性繁殖，从原来的 Martini 和 Swan 选种改为从勃艮第进口的转型期，但无疑比产自俄罗斯河谷的黑皮诺更为清晰透明，带有草本植物和樱桃风味。

葡萄种植者早在酒厂大兴土木之前就进驻了卡内罗斯。其中有一些最知名的葡萄园名称，在纳帕和索诺马的许多顶级酒标上都可以找到，如 Hyde、Hudson、Sangiacomo 和 Truchard，西拉、梅洛以及品丽珠也都能在此有绝佳的表现；此外，卡内罗斯也为那些渴望尝试添普兰尼洛（Tempranillo）、阿芭瑞诺（Albariño）以及维蒙蒂诺（Vermentino）等更新品种的种植者，提供了相当有利的弹性环境。

灿烂的黄色是卡内罗斯春天的颜色。要感谢这些芥菜花在每年头几个月在葡萄树丛盛开，这样可以让农作物从土壤里得到更多有机物，并且还可以保留更多的水分。

Hanzell 酒庄1948年在索诺马建立,被公认为老前辈。历史葡萄园会(Historic Vineyard Society)由 Morgan Twain-Peterson(Ravenswood 酒庄主 Joel Peterson 的儿子)创办,其会所记载的葡萄藤年份要比1948年早许多。

1:177,000

| Km 0 | 1 | 2 | 3 | 4 | 5 Km |
| Miles 0 | 1 | | 2 | | 3 Miles |

县界

AVA 产区范围以不同的颜色线区分

SONOMA
VALLEY   AVA

■ KENWOOD   知名酒庄

● Shaw
Vineyard   知名葡萄园

葡萄园

森林和树丛

═══1000 等高线间距 400 英尺

▼ 气象站

索诺马谷:索诺马市　　　　　　　▼

纬度/海拔
38.30° / 30 米

葡萄生长期间的平均气温
18.3℃

年平均降雨量
798 毫米

采收期降雨量
9月:19 毫米

主要种植威胁
冬季干旱、春霜、采摘期降雨

主要葡萄品种
霞多丽、赤霞珠、梅洛

索诺马南部、纳帕谷和卡内罗斯

在20世纪80年代和90年代,葡萄藤已经征服了索诺马和纳帕谷南方的较低山地,并继续从纳帕谷延伸到纳帕市,差不多到了瓦列霍市(Vallejo City)的边界。纳帕这个名字相当有价值。

纳帕谷 Napa Valley

在所有加州葡萄酒中，20%的产值来自纳帕谷，但这只占本区总产量的4%。这正是纳帕谷这个全世界最具魅力、最被钟爱，同时也是资本最集中的葡萄酒区能累积名声的原因。本区的现代发展始于1966年Robert Mondavi酒厂创建之时。这家极具代表性的酒厂，以西班牙教会风格的泥砖拱门和走进世界的野心，唤醒了这个原本只有胡桃和李子树的农村，令此地转变成一个拥有18 620公顷的葡萄单一种植园。远比大部分外地人所理解的更为多元。

地表上现存的土壤类型中有一半都可以在纳帕谷找到。广义来说，纳帕谷其实是纳帕河在西侧的玛雅卡玛斯（Mayacamas）山脉和东侧的瓦卡山脉（Vaca Range）之间侵蚀出的结果，最高峰分别是由西面的火成岩流出物构成的维德尔山（Mount Veeder）和阿特拉斯峰（Atlas Peak）以及东面的乔治山（Mount George）。这三座山脉曾经在不同时期造就了当地丰富的矿藏。因此，河谷两侧成为最浅薄、最古老也最贫瘠的土壤，而谷地部却是由深厚且肥沃的冲积黏土所构成。在谷地两侧的河滩，也有些深厚且排水良好的土壤。

至于在气候方面，就像加州北部所有其他地区一样，狭窄谷地的开口（在纳帕谷谷地南端）会比北部谷底更为凉爽，夏天甚至有平均至少6.3℃的温差。事实上，卡内罗斯产区（见前页）已经几乎是生产顶级酒款的最寒冷极限，而距离纳帕市东部5公里的新Coombsville的AVA产区（2012年）则是仅次于卡内罗斯的产区。Coombsville的葡萄种植兼顾波尔多和勃艮第的品种，且种植在370米的高度，由圣巴勃罗湾吹来的风和雾气令此地的温度降低。而卡利斯托加的暖和温度则是任何想生产顶级酒的酒厂都渴望拥有的。不过其他居于其间的多数地区都是合适的葡萄种植区，

特别是晚熟的赤霞珠。当漫长夏季导致热空气上升时，寒冷的海洋空气就从索诺马的俄罗斯河谷经由Chalk Hill Gap峡谷（见298页）在钻石山（Diamond Mountain）和春山（Spring Mountain）一带被吸入；或者更频繁地从卡内罗斯进入。

越往北行，葡萄酒的口感也越丰厚，带有更成熟的单宁；若是越往山区，所产的葡萄酒则比下面山谷地带的结构更强也更浓缩。土壤较不肥沃的山坡地区，尽管有土壤侵蚀和土地使用的争论，但大部分仍被葡萄藤所占领。在谷地东西两侧的高海拔葡萄园，则是在谷地通常受雾气围绕时，往往还能接受强烈的早晨阳光照射。寒冷的微风接着在午后吹过山顶，与此同时，谷地辐射出的热气则被困在逆温层下。（在对流层大气中，一般大气温度的垂直分布是随高度而降低，但在逆温层中温度是随高度而增加——译者注。）

Darioush酒庄的主人是伊朗人。酒庄的设计让人联想起波斯的古都波斯波利斯（Persepolis），其石柱专门从波斯波利斯采石，并分别在意大利和土耳其雕刻。

然而，这些都只是理论。让人们感觉地形和酒款不太匹配的原因，多半是来自纳帕谷的生产结构而非大自然的反复无常，尽管本地的年份差异之大，远超过许多葡萄酒爱好者所能理解的程度。至于对那些每年被吸引至纳帕谷的百万名游客而言，在交通堵塞的29号公路以及东侧车流较少的西佛拉多路（Silverado Trail）两侧，似乎总有数不尽的酒厂。事实上，这里的酒厂数目有420家，大约有700名的酒农。在这里，销售葡萄酒和种植葡萄的共生结构，已经比其他许多顶级葡萄酒产区都要来得明显。尽管葡萄在自己酒庄里种植的比例逐渐增长，并且常常是在指定葡萄园里种植。那些执着于表达一种特殊的风土的生产商，似乎不惜代价地去分析和理解它。

纳帕谷的葡萄

赤霞珠是纳帕谷最有名的品种。事实上，纳帕谷最好的赤霞珠，无疑也是全世界最成功的赤霞珠之一。这些酒具有无可比拟的饱满度和奔放活力，但最好的酒款也是严谨结实的。除了某些比较涩的山坡酒款外，这些赤霞珠多半都是能在三四年左右就可愉悦饮用的；不过一些由Beaulieu和Inglenook等酒业先驱所推出的20世纪中期的伟大年份酒款，其实在50年后依然能有杰出的表现。

大多数被称为纳帕霞多丽的酒款，目前其实都来自气候更寒冷的卡内罗斯产区，但紧邻扬特维尔村（Yountville）北部还有一些不错的长相思。西拉则种在一些山坡上的葡萄园里，特别是在维德尔山；另外，在不同的纳帕葡萄园里也生产了

纳帕谷的葡萄酒在20世纪90年代以酒体偏重而闻名。但这里展示的酒都优雅而均衡。下面那两瓶来自纳帕谷知名庄主，Schramsberg酒庄的杰克·戴维斯（Jack Davies）和罗伯特·蒙达维（Robert Mondavi）的儿子们。

纳帕谷的心脏

在纳帕土壤肥沃的平地地区，游客纷至沓来，此景与纳帕谷两边空无人烟的山区比起来真是两个世界。东边的山坡得益于下午的阳光，比山坡西边的酒庄产出更柔和的葡萄酒（见图表）。

1:175,000

纳帕谷：圣海伦娜镇 ▼
纬度/海拔
38.5° / 69 米
7月平均气温
19.3℃
年平均降雨量
931 毫米
采收期降雨量
9 月：7 毫米
主要种植威胁
冬季干旱、春霜、高温、秋雨
主要葡萄品种
赤霞珠、梅洛、霞多丽、金芬黛

一些优质的金芬黛，尤其是在卡利斯托加附近及维德尔山上一带，但不像索诺马郡的干河谷，纳帕郡没有集中的金芬黛产区。

在纳帕谷，可以相对快速地建立起名声。Kongsgaard 和 Long Meadow Ranch 这两家酒庄都是晚至1996年才推出第一个年份；相反，已故的 Diamond Creek 酒庄创办者布龙施泰因（Al Brounstein），则是早在1968年就推出在当时堪称革命性的单一葡萄园装瓶酒。

换句话说，纳帕郡的一系列AVA产区，其实是更高度发展且更让人信服的，起码绝对比索诺马郡要更合逻辑。纳帕谷这个AVA产区，不单单是满布时髦餐厅、艺廊、礼品店及酒厂的全球著名谷地，区内还有不少独立的静谧区域。谷地东北部非常温暖的波佩山谷（Pope Valley），未

图例	
– – –	县界
	AVA 产区范围以不同的颜色线区分
NAPA VALLEY AVA	
■ **LONG**	知名酒庄
● Hudson Vineyard	知名葡萄园
	葡萄园
	森林和树丛
—1000—	等高线间距 400 英尺
305	此区放大图见所示页面
▼	气象站

来肯定会被酒农们大举入侵，就像纳帕镇东南部的**智利谷（Chiles Valley）**AVA产区和美国峡谷（American Canyon和卡内罗斯一起出现在301页的地图一样。这块朝向瓦列霍镇南部的地区，已经证明气候温暖到足以应付大规模的葡萄种植；但由于遮蔽较少，因此比纳帕谷其余的多数地区都要来得冷凉，但还是挂着相同名称。

峡谷的底部

位于谷地中段的拉瑟福德（Rutherford）、橡树镇（Oakville）以及鹿跃区在下文中都有专章介绍。**欧克诺区（Oak Knoll District）**是南部相对较新的AVA产区，这里是唯一能同时生产细致雷司令及具陈年潜力的优雅赤霞珠的产区，这点Trefethen酒厂可以作证。紧邻本区北部的**扬特维尔村（Yountville）**，则更暖和一些，哪怕是Dominus酒厂也因赤霞珠而出名，这里有适应良好的梅洛葡萄。这个葡萄品种在某些富含黏土的冲积扇上欣欣向荣。大块的完整岩石构成了独特的小圆丘，是本区的一大特征。

气候比拉瑟福德更温暖些的**圣海伦娜（St Helena）**，是纳帕谷中最大也最繁忙的葡萄酒镇，纳帕谷许多久负盛名的酒厂都设立在此，但不少酒厂都使用外地的葡萄或葡萄酒。以Sutter Home酒厂来说，就是以产自中部谷地和谢拉山麓（Sierra Foothills）的淡粉红酒"白色"金芬黛致富；很长一段时间以销售产自特定子产区的高雅红白葡萄酒闻名的Beringer酒厂，经历了几任庄主后，目前成为了澳大利亚财富酒业（TWE）的一部分；

V Sattui以及曾经显赫一时的Louis Martini酒厂，也借Gallo酒厂东山再起。圣海伦娜值得夸耀的，还有那些最小、最珍贵的葡萄园，如Grace Family、Vineyard 29以及Colgin Herb Lamb；Spottswoode和Corison也只不过是像某些酒庄一样，证明了这个区域也能产出真正收敛又具备细微变化的葡萄酒。

位于谷地北缘，目前拥有独立AVA产区的**卡利斯托加（Calistoga）**，因为周围都被山脉包围，如北部的圣海伦娜山以及玛雅卡玛斯山西部至东部的范围内，不但入夜后会留住冬季的冷风，还会带来不利于所有谷地葡萄园的春霜。自动酒水灌溉系统以及像风扇等装置，都是卡利斯托加附近火山土壤葡萄园里的醒目特征。**钻石山区（Diamond Mountain District）**位于卡利斯托加西南方，以钻石溪（Diamond Creek）葡萄园最出名。因为由含有火山灰成分等复杂的土壤，成为偶尔会推出令人难解的指定葡萄园酒款的早期先驱。

山坡上的葡萄园

在纳帕谷，山区葡萄园的重要性与日俱增。沿着西部山脉全是旁人眼中意志坚定的异议分子，甚至他们自己都认为，相比于下面谷地的那些家伙，他们其实相当特立独行。**春山区（Spring Mountain District）**不只受惠于海拔高度，还有来自太平洋湿冷空气的影响，目前区内仍然有杰出表现的Stony Hill酒庄，早在20世纪60年代就以长命的霞多丽和雷司令成为纳帕谷的膜拜酒。现在，春山单宁最柔顺的许多酒款都挂上Pride Mountain酒标。

更南部的**维德尔山**，整体说来是在非常浅、酸度高且富含火山灰成分的土壤上（土壤性质跟索诺马谷的山脊一样，如Monte Rosso），产出更结实、特色分明的葡萄酒。有着独一无二艺术画廊的Hess Collection，是维德尔山一流的酒庄。在山谷的东侧，几个表现最好的庄园，如Dunn、La Jota及Liparita，O'Shaughnessy和Robert Craig都位于冷凉、静谧、通常不受雾气影响的**豪威尔山（Howell Mountain）**高地上。就在离豪威尔山AVA产区外仅几米远处，园主比亚德尔（Delia Viader）女士以纳帕山区的赤霞珠、品丽珠及长相思酿出了绝佳好酒。

科恩谷地（Conn Valley）因为有遮蔽且受惠于阶地土质，显然非常适合栽种赤霞珠葡萄。坐落在Pritchard山丘的Chappellet葡萄园，由唐·查普利特（Donn Chappellet）于1960年开创，是查普利特、Long、Colgin、Bryant、Ovid和Continuumm酒庄赤霞珠葡萄的家乡。更往南的**Atlas Peak**葡萄园区，Lake Hennessy湖和Pritchard山丘的那一边，高于鹿跃区（Stags Leap），地势更高更凉爽，还有直接来自海湾的寒风。当意大利的安蒂诺里（Antinori）在20世纪90年代到达这里的时候，在这贫瘠的土壤上种植了大量的意大利葡萄品种。另一方面，赤霞珠则是以特别鲜明的水果风味和极佳的自然酸度，成为目前这个产区的特产。安蒂诺里将此处更名为安蒂卡·纳帕谷（Antica Napa Valley），成为最大的生产商。总之，不论在任何角落，赤霞珠都是最适合纳帕谷的葡萄品种。

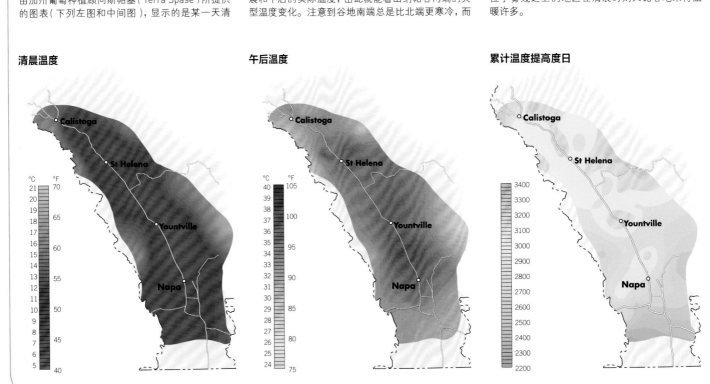

纳帕谷温差

由加州葡萄种植顾问斯帕塞（Terra Spase）所提供的图表（下列左图和中间图），显示的是某一天清晨和午后的实际温度，由此就能看出纳帕谷两端的典型温度变化。注意到谷地南端总是比北端更寒冷，而位于雾线之上的地区在清晨时则又比谷地来得温暖许多。

清晨温度

午后温度

累计温度提高度日

拉瑟福德
Rutherford

要对一个想从法国酒来认识葡萄酒的访客解释拉瑟福德，你可能会把它形容为"加州的波亚克"。这是出类拔萃的赤霞珠产地，总面积1 417公顷的葡萄园中有近2/3是赤霞珠，其余品种大多只是用来陪衬的其他波尔多红酒品种。这并非说在拉瑟福德温暖夏季成熟的赤霞珠，在口感上需要像梅多克那样可能要靠梅洛和品丽珠来补充。在成熟度方面，拉瑟福德的赤霞珠绝对是火力全开，即便它们原本就几乎比加州任何其他赤霞珠都更具结构、骨架更结实，并且更能陈放。

拉瑟福德早在20世纪上半叶，当Inglenook和Beaulieu等酒厂建立起加州葡萄酒的声誉时，就已经产出具备陈放潜力的伟大赤霞珠。这些证据至今还藏在那些20世纪40年代的酒标背后。其他著名的特定葡萄园，还包括Bosché和Bella Oaks。知名导演科波拉（Francis Ford Coppola）让Inglenook这个曾是区内首屈一指的酒厂和葡萄园重新恢复了生机。此处曾是Niebaum Coppola的葡萄园的旗舰酒庄Rubicon，一直到2011年该导演买下了Inglenook的名称并对这座19世纪的酒庄进行了华丽的整修。

上述这些葡萄园都位于谷地西部一个地势稍高、称为"拉瑟福德带"（Rutherford Bench）的带状区域，这是纳帕河所冲刷、由沉积沙砾和冲积扇组成的一个地带。这个地区的土壤深厚、排水性尤佳，有助于降低产量、催熟葡萄，并酿出比谷地里平均水准还要浓缩的葡萄酒风味。许多品尝者可从本地所产的葡萄酒中尝出矿石香气，也就是一般所称的"拉瑟福德尘"（Rutherford dust），不过延长熟成或悬挂期的流行风潮，已经让这种独特风味变得更难以辨认。

相较于其他的AVA产区，拉瑟福德AVA产区其实具有更高的同质性，因为180米的海拔相当一致；不过在拉瑟福德产区内还有另外一个相当成功的区域，那就是东侧介于纳帕河和科恩溪之间、午后阳光停留最久的区块。从瓦卡山脉冲刷而下的砾石沉积，在此组合成排水特佳的一批葡萄园，著名酒厂Caymus就挑选本区葡萄作为旗下特选卡本内（Special Selection Cabernet）的原料。部分来自圣巴勃罗海湾的寒冷海洋性影响也可以北达至此，但所带来的影响不如南部地区。

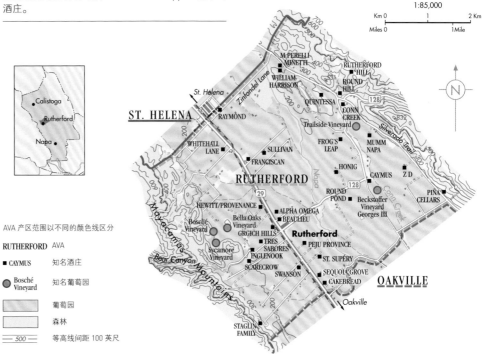

在20世纪中期，众多纳帕谷的优质酒都在Inglenook酒庄酿制。Inglenook而后被一个大众品牌酒商收购，直到最后成为著名导演Francis Ford Coppola旗下的酒庄。

20世纪中期，André Tchelistcheffz在Beaulieu酿造的酒充分体现了拉瑟福德的优质风土。斯塔格林（Staglin）家族在1985年收购了20公顷Beaulieu葡萄园，步前庄主后尘，斯塔格林也聘请了法国知名酿酒师米歇尔·罗兰（Michel Rolland）。

橡树镇 Oakville

在橡树镇可能没有比去"橡树镇杂货店"（Oakville Grocery）更好的去处了（纳帕谷选购野餐用酒和食物的最佳去处之一），纳帕酒公司（Napa Wine Company）则是一个深受欢迎的代客榨汁工厂，除此之外橡树镇值得一提的或许并不多；但加州的葡萄酒革命却发迹于橡树镇，时间在1966年，就在蒙大维（Robert Mondavi）建造他那惊世骇俗的酒厂之后才宣告开始。沿着纳帕谷往北，赤霞珠就是从橡树镇开始变得严肃且厚实。这里的酒或许不像拉瑟福德顶尖酒款那么厚重有劲道，但肯定提供了纳帕谷最经典的丰厚肥美。橡树镇同时也能产出广受欢迎的霞多丽和长相思，甚至还有一些颇具说服力的桑娇维塞；但毕竟赤霞珠才是这里的精华。

想要感受来自圣巴勃罗湾的海洋性影响，这个AVA产区的位置已经够偏南方，不过在Cardinale产区东南方有个小丘，正好就位于寒冷的雾气和冷风经过之处。

就像在拉瑟福德，橡树镇的西边和东边也有很明显的差异。西边主要是以冲积扇为主，在最靠近山腰的地方，自玛雅卡玛斯山脉冲刷而下的石块让此地的土壤排水更好，而且不会太过肥沃。在比较靠近谷地的区块，则是以较肥沃的巴勒（Bale）壤土为主，葡萄在这里可以很容易就成熟。

但是在东边，葡萄更容易成熟。事实上，东部瓦卡山脉缓坡上的午后暖阳，甚至可能会对果实的鲜度造成威胁（这里的AVA产区分界尽管上至海拔180米的等高线，但多数谷地却是位于海拔低于60米之处）。此外，东边除了土质更厚重外，也受到更多火山的影响。

西边著名的葡萄园To Kalon，早在1868年就开始种植，就是因为该园的赤霞珠品质纯净又生气勃勃，以至于关于园区的精确范围、所有权及名称，至今仍引发不少争论。目前该园由Robert Mondavi酒庄以及纳帕谷的葡萄园巨头Beckstoffer酒庄共同享有。Martha's Vineyard是纳帕谷第一个在近代享有国际声誉的葡萄园。单独装瓶且在酒标上标明葡萄园的这支酒，是由海茨（Joe Heitz）推出，他一再声明酒中明显的薄荷风味绝对和葡萄园边上所种的尤加利树无关。

今天，橡树镇的名声已如雷贯耳，因此许多当地酒厂的葡萄酒甚至必须用配给来取代销售，并且再捐赠一小部分做慈善义卖，让人们对价格后的许多零喷喷称奇。目前正在重新种植的位于区内东部的小酒庄Screaming Eagle，以及更多来自谷地另一端的Harlan酒款，只是其中几个最具代表性但绝非唯一的例子。

纳帕谷永远如此美丽，但是它的秋季更美。这里是Far Niente（250公顷）的Martin Stelling葡萄园。葡萄园坐落在橡树镇的西边。

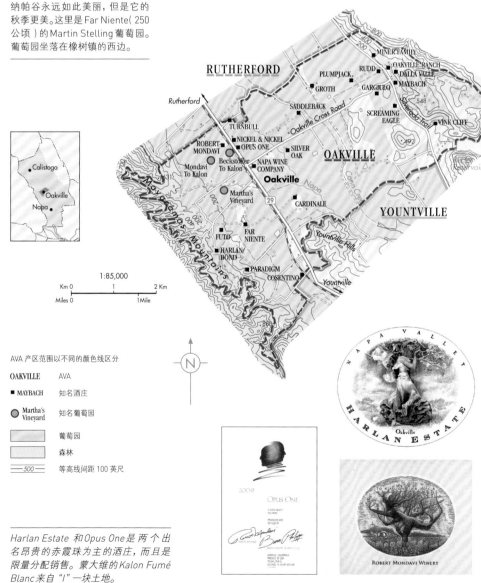

AVA产区范围以不同的颜色线区分

OAKVILLE　　AVA

■ MAYBACH　　知名酒庄

● Martha's Vineyard　　知名葡萄园

　　　　葡萄园

　　　　森林

—500—　　等高线间距 100 英尺

Harlan Estate 和 Opus One 是两个出名昂贵的赤霞珠为主的酒庄，而且是限量分配销售。蒙大维的 Kalon Fumé Blanc 来自 "I" 一块土地。

鹿跃区 Stags Leap

在扬特维尔村东方谷地上，那块被包围在谷地高丘后的就是鹿跃区AVA产区，沿着瓦卡山东部山坡往上一路攀升。本区的声望，可能会让你以为这是个更壮观也更广阔的产区。这个产区是在1976年一夕成名，当时鹿跃酒窖（Stag's Leap Wine Cellars）的赤霞珠在巴黎盲品会上得到第一，40年后的今天仍然为大家所津津乐道。在这场评比中，同台较量的还有一些波尔多的顶尖好酒，之后也打响了几支参赛的加州葡萄酒，这个结果让许多人跌破眼镜（包括担任评委的本书作者），在整整30年后举办的再次评比中，加州葡萄酒又缔造佳绩。本区的名声绝非浪得虚名。在所有的加州赤霞珠中，鹿跃出品无疑是辨识度最高的；丝般的质地、特有的紫罗兰或樱桃香气，单宁总是那么柔顺，较之其他纳帕赤霞珠，在力道中又多了几分细致。有些人甚至拿来和圣朱利安（St-Julien）及玛歌相比。

这个只有4.8公里长、1.6公里宽的小产区，因为谷地东缘的许多光秃石块、一片玄武岩的岩壁以及散发出辐射热的午后向阳位置而得名。但来自圣巴勃罗湾上方，经金门灌入的海洋冷风（另一种午后现象），却又因为被柏克莱后方的山丘所阻挡而转为朝北吹向区内的 Chimney Rock 和 Clos du Val，因此使得热度得到调节。不过位于鹿跃酒窖上方的山丘，却又能为某些葡萄园做屏障，使它们免受冷风影响。本区一连串的凌乱山坡和山脉，让它成为纳帕谷中最难归类的地区。本区温暖到让葡萄树比能更北地区还早两个星期长出叶子，因此即使葡萄的整个成熟期更缓慢些，但最后的采摘时间，通常会和拉瑟福德等产区大约一致。

区内土壤拥有适度的肥沃，谷地土质通常是火山灰混合砾石壤土，而在备受保护的山坡地则是石头更多、排水特佳。谢弗（Shafer）是区内另一家顶级酒庄，早在限制纳帕谷的山坡地发展相关法规实行前，就已经在东部陡峭的梯形山坡上开拓出评价甚高的葡萄园。通常鹿跃区的梅洛葡萄也很出名，但对霞多丽葡萄来说，此区就似乎太热了。

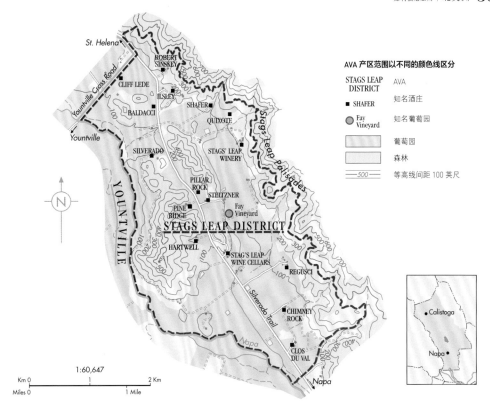

谢弗家族的 Hillside Select 如众多纳帕谷的膜拜酒庄那样用100%的赤霞珠酿制。多岩石的阶梯形山坡对葡萄的成熟有了保证；也不需要更有果肉感的梅洛。

晨雾笼罩造成气温下降。当大多数的游客还在熟睡中回味着前一天的晚餐时，勤劳的果农们已经开始在鹿跃酒庄工作。如果没有来自墨西哥的劳工，就没有加州的葡萄酒产业。

湾区以南 South of the Bay

旧金山湾的东边和南边，不管是在所产的葡萄酒甚至社会史方面，都和纳帕及索诺马两郡截然不同；就算是湾东与湾南彼此之间也没有相似之处。对东部迎风面由干砾石组成的利弗莫尔谷（Livermore Valley）来说，自从1869年使用剪自Château d'Yquem酒庄的葡萄枝条栽种之后，当地就以可能是全美最具独特风格的长相思而成为著名的白葡萄酒产地。原创性十足的温特（Wente）家族，虽然持续受到都市发展计划的威胁，但仍拥有650公顷的葡萄园，同时他们也将利弗莫尔不被赏识的长相思传承了一个世纪以上。这仍是一种清爽但有棱有角的白葡萄酒，值得陈放个两三年，同时也是加州最接近格拉夫的白葡萄酒。

当硅谷沉迷在一段异常的成长期时，地图上呈灰色部分的都市发展，也毫无计划地随之迅速延伸至旧金山湾南部。高踞在**圣克鲁兹谷（Santa Cruz Mountains）**上的是历史比纳帕谷更久、风格相去甚远的葡萄酒乡，遗世独立于此的酒庄数目远低于前者，葡萄园面积也更少，但其中却包含一些加州最广为人知的名字。

20世纪50年代，伊登山（Mount Eden）的马丁·雷（Martin Ray）是近代第一个为这片林木蓊郁的美丽山区发声的酿酒师。他那古怪又昂贵的葡萄酒就像他的前酿酒助理布鲁斯（David Bruce）的酒一样，若拿来和他们的精神后继者，Bonny Doon酒庄主人及酿酒师格雷厄姆（Randall Grahm）的产品相比，两者虽然同样都引发争论和乐趣，但在争论和乐趣的比例上却正好相反；不过这并不重要。格雷厄姆所拥有的葡萄园就在"非主流"的圣克鲁兹镇西北部，受到来自海洋的寒冷影响，却在1994年受皮尔斯病侵袭而被摧毁。格雷厄姆不但是一位引发争议的挑衅者，同时也是灵感丰富的即兴诗人；他不只在全美，现在甚至是在全世界，为他极具独创性（比如名为Le CigareVolant和Il Fiasco）的混酿酒款，遍寻合适的原料。

已经在本区建立起领导地位的，要算是Ridge Vineyards酒庄，此葡萄庄园地处高于雾线的山脉上，一边可以俯瞰大洋，另一边可以远眺海湾。地势最高的葡萄园区Monte Bello所生产的赤霞珠，因为受惠于保存下来的老藤，加上这些陡峭山坡上的土壤并不肥沃，因此所酿造的酒经常是加州红酒中最细致且最长寿的；几乎只在风干过的美国橡木桶中陈年，在经过所需的瓶中陈年后，喝起来甚至可以令人误认作波尔多酒。Ridge酒庄还煞费苦心地从州内各地以卡车将葡萄运至海拔790米的酒厂，特别是那些产自索诺马和Paso Robles的金芬黛老藤的葡萄，并以同样毫不妥协的方式加以照料。圣克鲁兹的葡萄园面积虽然只有数百而非数千英亩，但当地的酒农们却都有坚决的意志；其中有一小部分，甚至重启山区黑皮诺的复兴运动。

圣克拉拉谷（Santa Clara Valley），一个几乎快被电子革命挤掉的葡萄酒产区，在"世界蒜头之都"的吉尔罗伊（Gilroy）附近，未成为正式产区的Hecker Pass区，却能找到存留下来的古老隆河品种葡萄藤。当地酒厂可以在自家门口销售所有他们自酿的酒，因此，也就没有太多外人了解当地的酒到底有多好，也使得灰色区块的扩张更具威胁性。

蒙特利（Monterey）的葡萄酒产量之所以几乎等同于整个纳帕郡的产量，大部分来自于谷底的葡萄园，正是20世纪70年代企业疯狂合作计划下的产物。当时希望能借此减免所得税的大公司（其中几家现在已不存在）和私人投资者，因为受到加州大学戴维斯分校的鼓吹及他们大力倡导的"生长度日"概念的影响，在被认为是完美的寒冷气候区开垦了许多葡萄园。萨利纳斯（Salinas）谷的开口朝向蒙特利湾的海洋，形成一个让寒冷的海洋空气可以固定在下午通往谷地的强效漏斗。这块只有短暂的蔬菜种植历史，但却长期遭受剥削的谷地（还记得斯坦贝克吗？），吸引了满怀热情而毫无节制的葡萄种植者，在此辟出了如今28 330公顷的葡萄园地，

远远胜过纳帕谷的18 620公顷葡萄园面积。遗憾的是（至少就短期而言是如此），这个漏斗的效能太强了。在内陆气候炎热时，涌入谷地的湿冷空气甚至强到可以摧毁葡萄藤芽；加上谷地虽然极其干燥（以来自萨利纳斯河的丰沛地下水源灌溉），但又兼有严寒。这里的葡萄藤比一般加州标准早两个星期发芽，收成期通常至少会晚两周，这使得萨利纳斯谷成为葡萄酒世界中生长季节最漫长的产区之一。

巨大的葡萄园

这些巨大的葡萄农场，就这样在右页地图的底部及对页地图的顶端之间绵延了好几英里。最著名的是以占地4 450公顷创下纪录的San Bernabe葡萄园，其中的种植区则有2 200公顷；Scheid和Lockwood，则是另外两个巨大的葡萄园。然而，位于萨利纳斯（Salinas）谷面朝东部的山坡的**圣露西亚高地（Santa Lucia Highlands）**，作为出产极好的霞多丽和黑皮诺的地区而显露头角。那里的梯田在谷底上，葡萄种植在低活力、排水性良好的土壤里。在那里成功的酒庄有拥有Double L葡萄园的Morgan，以及Gary Franscioni的ROAR葡萄酒。

最初所生产的那些带着强烈草本植物风味的葡萄酒，尤其是卡本内，严重损害了蒙特利的名声和信誉。即便到种植技术已经大幅提升的今天，萨利纳斯谷的产量中，目前主要是白葡萄以及黑皮诺，仍有很大一部分是被成桶地卖给中部谷地的超大型酒商，用来和产自更温暖地区的酒进行调配后，再以最基本的加州产区酒名义销售。因为日间的平均温度明显偏低，**阿罗约塞科（Arroyo Seco）**区因此有更长的生长季节。比较不受风的西部区域，让雷司令和琼瑶浆葡萄藤得以在当地多卵石的葡萄园里，产出酸度特别清新的贵腐葡萄酒。

时至今日，即使是南部远至圣路易奥比斯波（San Luis Obispo）的郡界附近，在气候炎热的**Hames**（见295页）都可找到葡萄藤的踪影。例如纳帕谷的Caymus酒厂，就在这里设立所属的Mer Soleil葡萄园。整体来说，这里更像是个葡萄栽种区，而不是个葡萄酒产区。拥有独自AVA产区的葡萄园**Chalone Vineyard**，就位于几乎快被太阳烤焦的600米高的石灰岩山顶，地点就在从索莱达（Soledad）只能通往群峰国家纪念公园（Pinnacles National Monument）的那条路上。这处庄园曾经成就风格各异的霞多丽和黑皮诺，让人误以为勃艮第的科尔登居然西移过来了。勃艮第（或者更确切地说是石灰岩），也为美国酿酒名家詹森（Josh Jensen）的Calera酒庄带来灵感，这家酒厂就建在同一山脉Mount Harlan、由此往北只有32公里的地方，不但同样壮阔，环境也同样严酷且与世隔绝，种着黑皮诺。当地的土壤虽然适合这样的耕作，但降雨量却几乎是毁灭性的低。Calera酒庄，长久以来一直都需要从南部急速扩张的中部海岸买进葡萄；而当Chalone在2005年被Diageo集团并购后，也比以往更仰赖来自蒙特利郡的低价葡萄。

Monte Bello 葡萄园始于1886年，坐落在太平洋上海拔820米的山脉上，可以同时眺望到大海和硅谷。

RIDGE 2009 MONTE BELLO

MONTE BELLO ESTATE VINEYARD
72% CABERNET SAUVIGNON, 22% MERLOT,
6% PETIT VERDOT · SANTA CRUZ MOUNTAINS
13.5% ALCOHOL BY VOLUME
GROWN, PRODUCED & BOTTLED BY RIDGE VINEYARDS
18100 MONTE BELLO RD, BOX 1810, CUPERTINO, CALIFORNIA 95015

Mount Eden Vineyards

Made entirely from grapes of a selected,
authentic clone, this wine is grown, fermented
and bottled 2000 feet above the floor of the Santa
Clara Valley, on a peak of the Chaine d'Or, in the
Santa Cruz Mountains

CHARDONNAY
2009
ESTATE BOTTLED
13.5% ALCOHOL BY VOLUME

TALBOTT
2010
CHARDONNAY
SLEEPY HOLLOW VINEYARD
SANTA LUCIA HIGHLANDS
Estate Grown

Lineage
2009

CALERA
2009
JENSEN
VINEYARD
Pinot Noir
MT. HARLAN

Livermore 的传承
山谷顶部的波尔多混酿是由
Steven Kent Mirassou 酿制。
Calera 的单一葡萄园黑皮诺
来自 Mount Harlan AVA，坐
落在圣安德烈亚斯断层（San
Andreas Fault）上面，那里
严重缺水。

县界
AVA 产区范围以不同的颜色线区分
CHALONE AVA
■ CALERA 知名酒庄
● Pisoni Vineyard 知名葡萄园
葡萄园
森林
4000 等高线间距 1000 英尺

中部海岸北边

留意观察在这张地图最南极限和中部海岸最北
极限（见 312 页）有一个缺口。San Lucas、San
Antonio Valley 和 Hames Valley 都在 295 页的地
图里。

1:710,000

谢拉山麓、洛蒂与三角洲 Sierra Foothills，Lodi，and the Delta

中部谷地是一块广阔、平坦、极度肥沃及频繁灌溉的大片产业农地，也是全球最重要的柑橘、水果、番茄、棉花、水稻、坚果及葡萄的栽培者之一。只不过葡萄要在这块地区的北缘才开始变得比较有趣。

萨克拉门托（Sacramento）三角洲有着和谷地其他地区非常不同的特征和风格。来自附近旧金山湾的影响，使得这里的夜晚比此地其他更北或更南的区域都要凉爽得多。位于三角洲西北部的**Clarksburg**产区，因此得以产出带有特别优雅的蜂蜜味道的白诗南葡萄。

洛蒂（Lodi）地势更高，而且有自谢拉山脉冲刷下来的土壤，这两个皆为有利条件。本地有许多酒农世代相承，都在此耕作超过一个世纪，同时非常积极地研究哪种葡萄最适合栽种在哪个区域，这使得洛蒂在2006年就通过了最少7个AVA产区。这里的赤霞珠很好，但老藤金芬黛才是洛蒂产区传统的强项。

微凉、呈片段分布但又具有特色的**谢拉山麓（Sierra Foothills）**产区，几乎正好和中部谷地相反。谢拉山麓地带，曾经是因为淘金潮而让加州首次背负恶名的地方，然而，曾经为矿工止渴的葡萄酒产业，如今却悄悄地努力复活。一度让人充满憧憬的此地，在19世纪末期曾经有100多家酒厂；但到了禁酒令期间，这里只剩下一家酒厂，当时多数种金芬黛的葡萄园也几乎全遭废置。因为土地价格相对低廉（至今仍是），根本不值得花工夫去拔除原有的葡萄藤。如今这里却成为加州历史悠久的金芬黛葡萄藤宝库。

埃尔多拉多郡（El Dorado，西班文意思是"镀金"之义—译者注）从地名就能联想到山坡上人人希冀的天然资源，该郡生产的葡萄酒也带有绝佳的天然酸度，一个重要的原因是扩张的葡萄园海拔大都在加州最高的730米以上，是加州最高的海拔之一。下雨，甚至降雪都司空见惯，这里的温度很低，产自浅薄土层的葡萄酒，相对之下也有比较清淡的倾向（有些人反而以为很醇厚）。

Amador郡的葡萄园，则是明显位于更温暖、海拔更低的300~490米高原上，海拔高度在这里只对调节炎热的气候有少许帮助；这个情况在Amador郡西部的**谢厄南多谷（Shenandoah Valley）**AVA产区的**Fiddletown**尤其明显。这里栽种的葡萄树有3/4是金芬黛，有些老藤种下的时间甚至可以上溯至禁酒期之前。但不管这些酒是老或年轻，酒质涩或丰富，这些几乎带有"嚼感"的Amador金芬黛，虽然通常喝起来会强壮到像是令此地闻名的矿工们那样，但却不是坏事。西拉、桑娇维塞在这里的表现也不俗，还有偶有佳作的长相思。更南边的Calaveras郡葡萄园，海拔高度通常介于埃尔多拉多（El Dorado）和Amador两郡之间，因此气候也是两者的中和，不过区内部分地方的土壤会比这两郡来得肥沃些。

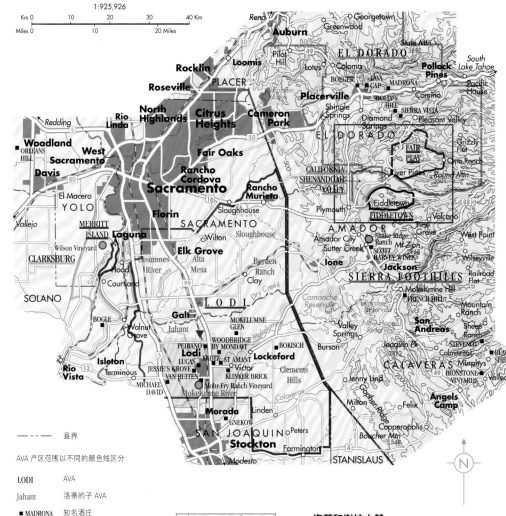

县界

AVA 产区范围以不同的颜色线区分

LODI　AVA

Jahant　洛蒂的子 AVA

■ MADRONA　知名酒庄

◉ Shake Ridge Ranch　知名葡萄园

葡萄园

森林

══ 2000 ══　等高线间距 500 英尺

▼　气象站

此区放大图见所示页面

洛蒂和谢拉山麓

洛蒂的地势低平，与谢拉山麓形成对比，但是它们共享土壤沉淀物质，共有老年份葡萄藤。下面是富有生气但被低估的谢拉山麓的详细地图。

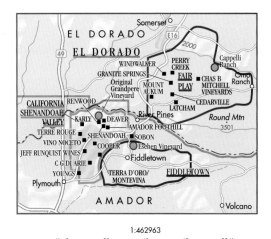

洛蒂：洛蒂　　　　▼

纬度/海拔
38.11° / 12 米

葡萄生长季节平均气温
20.4℃

年平均降雨量
483 毫米

采收期降雨量
9 月：8 毫米

主要种植威胁
葡萄孢菌、粉状霉

主要葡萄品种
金芬黛、霞多丽、赤霞珠

中部海岸 Central Coast

不到20年的时间，中部海岸100多英里已出现了一大批加州最当红的葡萄酒产区。这个区名的适用范围，从旧金山湾以南的葡萄园（请见309页），一直到亚热带气候的洛杉矶（关于该地的葡萄酒乡详见318页）。位于这两地之间的圣路易斯波郡（San Luis Obispo）和圣巴巴拉郡（Santa Barbara），就在20世纪末从低矮的橡树和放牧的牛群，变成一块块高低起伏、绵延数十里的葡萄园。

加州的这个部分有其地理上的特殊性：在东部有圣安德烈亚斯断层直下，这一区的葡萄园立基于非常特别的土壤之上，受到更多的海洋影响且含有大量的碳酸盐；根据某些专家的说法，这正是中部海岸的葡萄酒之所以特别丰厚的原因之一。本地气候也以海洋性为主，冬季相当温和（葡萄藤未必有机会休眠），夏季则比一般加州地区要来得更寒冷。

圣路易斯奥比斯波郡（San Luis Obispo）至少可以分成三个不同的区，其中两个区在范围广阔的 **Paso Robles** 产区内。在101号公路以东随风摇曳的那片草原，是寒冷的海洋空气无法直接进入的酷热地带。当地的深厚沃土，出产柔顺、富有水果风味但很难称得上是高水准的单一品种酒，其中一部分供北部海岸酒厂及契约装瓶酒厂使用。像 Constellation（旗下拥有蒙大维酒厂）以及 Treasury 酒厂 Foster's（旗下拥有 Beringer 酒厂）等大公司，还有以当地为据点的 J Lohr 酒庄，都是区内的主力酒厂。Treasury 旗下的 Meridian 酒厂，因为拥有能俯瞰这块逐渐成为东南部葡萄种植地标的优越山顶位置，才能脱颖而出。

公路另一边，是 Paso Robles 西部的山坡地形，林木蓊郁的山坡地具备更加有趣的土壤，有些是钙质的土壤，加上受海洋冷风影响（偶尔有雾）。Paso Robles 以往及现在的名声，大多建立在依照意大利移民传统采用完全不灌溉的方式所生产的强劲金芬黛，喝起来甚至和 Amador Foothill 金芬黛（见310页）极为近似。来自教皇新堡拥有 Château de Beaucastel 酒庄的佩林（Perrin）家族，也选择了这个区域作为他们 Tablas Creek 葡萄育苗场和酒厂所在，相当成功地广泛种植各种源自法国无性繁殖系的隆河品种。Paso Robles 以出产一系列的隆河谷红、白混酿葡萄酒而出名（甚至比单一品种的西拉和维欧尼更出名）。

穿越山隘 Cuesta Pass 往南来到**埃德纳谷（Edna Valley）**，情况又截然不同。从莫罗湾（Morro Bay）

无论如何没有人会指责圣玛丽亚谷人口过剩。Cambria 的霞多丽葡萄园阶地起源于20世纪70年代早期。曾经称为 Tespusquet，现名 Katerine's Vineyard。

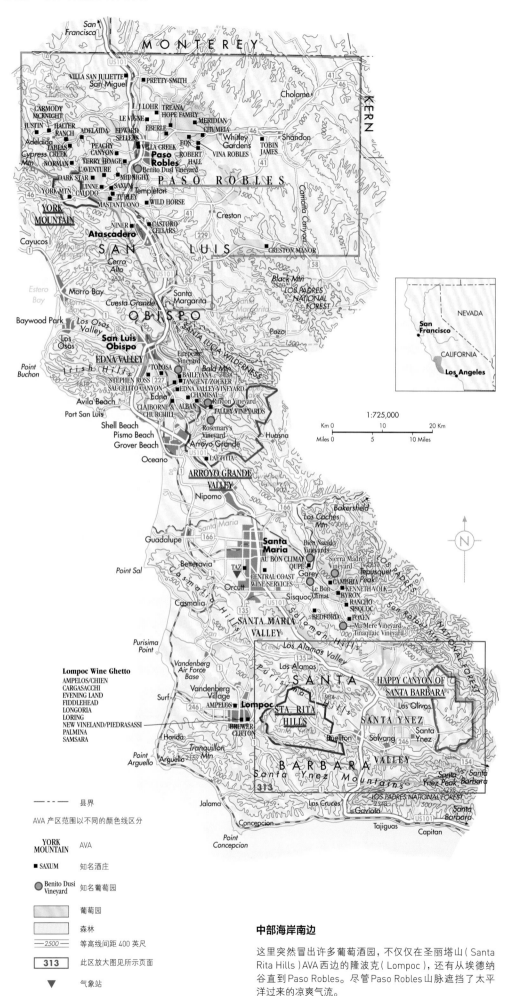

旋入的海洋空气，使得此一谷地得以和加州任何其他葡萄酒产区一样寒冷。不过这里还是产出了一些相当浓稠丰润的霞多丽，同时仍有一些细致的酸味让酒款保持活泼轻快。Alban 酒厂是中部海岸在红葡萄酒和隆河白葡萄品种方面最娴熟的个中代表之一，是领袖地位的酒厂，尽管有海洋空气的影响，该厂也成功让西拉葡萄在此地达到隆河谷地所难以想象的成熟度。

紧邻东南部的是形态更多元但整体而言更寒冷的大阿罗约谷（Arroyo Grande Valley）。因为有 Talley 和 Laetitia 这些酒厂的出色酒款，本区逐渐被公认为是特别细致的黑皮诺和霞多丽产地。

圣巴巴拉郡的金丘

再往南越过郡界来到圣巴巴拉郡，这里的大阿罗约产区就像是南加州的金丘，要说本地有什么值得一提的环境，那就是更凉爽的气候。河流从平地流向海洋，让对向的太平洋空气得以长驱直入。其中有些位置特别低矮的葡萄园，甚至中午就会涌入来自海洋的雾气，使得产量过大并且容易使果实不够成熟和过酸。这个地区与南加州给人的印象甚远，也没有圣巴巴拉那种郁郁葱葱的景象。从此页地图可以看出，圣巴巴拉市由于正好受到地图东南角险峻山脉的遮蔽，因此不会像圣玛丽亚谷和圣伊内斯谷（Santa Ynez Valley）那样受到冰冷的海洋雾气的影响。

然而，相对于索诺马以黑皮诺为主，整个圣巴巴拉郡的共通点，则在于当地雨量明显偏低（参见气象站测量数据），而这意味着当地不需要赶着在秋雨来临之前采摘。圣巴巴拉郡的葡萄，就像那些种在更北部的蒙特利和圣路易斯奥比斯波两郡的葡萄一样，都受惠于极长的生长季节，可以逐月缓慢发展风味。

圣玛丽亚谷广达数千英亩的葡萄种植区，大部分都掌握在酒农而不是酒厂手上，因此葡萄园的名称就变得很重要。以 Bien Nacido 葡萄园来说，其收成就同时供应许多不同酒厂使用；此外，本区许多酒厂也从中部海岸其他地区收购葡萄。

中部海岸：圣玛丽亚 ▼	
纬度／海拔	
34.55° / 77 米	
葡萄生长季节平均气温	
16.0℃	
年平均降雨量	
354 毫米	
采收期降雨量	
9 月：4 毫米	
主要种植威胁	
晚熟	
主要葡萄品种	
霞多丽、黑皮诺	

Lompoc Wine Ghetto
AMPELOS/CHIEN
CARGASACCHI
EVENING LAND
FIDDLEHEAD
LONGORIA
LORING
NEW VINELAND/PIEDRASASSI
PALMINA
SAMSARA

图例

— · — 县界

AVA 产区范围以不同的颜色线区分

YORK MOUNTAIN ▢ AVA

■ SAXUM 知名酒庄

● Benito Dusi Vineyard 知名葡萄园

▢ 葡萄园

▢ 森林

— 2500 — 等高线间距 400 英尺

▢ 313 此区放大图见所示页面

▼ 气象站

中部海岸南边

这里突然冒出许多葡萄酒园，不仅仅在圣丽塔山（Santa Rita Hills）AVA 西边的隆波克（Lompoc），还有从埃德纳谷直到 Paso Robles。尽管 Paso Robles 山脉遮挡了太平洋过来的凉爽气流。

Kendall-Jackson酒厂所属的Cambria葡萄园，因为距离海岸更远，明显比Bien Nacido葡萄园温暖；而Rancho Sisquoc葡萄园则是独占优秀条件，位于同一独立峡谷中的Foxen葡萄园，屏障最严密。最好的品种仍以黑皮诺和霞多丽为主（但也包括西拉），都栽种在有足够高度（海拔180米以上）的山坡上，让葡萄得以位处在雾带上缘。酒中浓郁的果味抵消了天然的高酸度，这一点倒是和新西兰最好的葡萄酒有点儿类似。圣玛丽亚产区最精彩的酒厂，要算是Au Bon Climat，以及共用一个朴实厂房的合作伙伴Qupé酒厂；他们那种热衷研究的狂热精神，大概只有圣克鲁兹的Bonny Doon酒庄可比。由于受勃艮第的影响极深，Au Bon Climat酒厂的Jim Clendenen 30年来酿出了一系列风格不同的霞多丽和黑皮诺，同时也有白皮诺、灰皮诺、维欧尼、芭贝拉以及内比奥罗。

紧邻圣玛丽亚产区南部的洛斯阿拉莫斯（Los Alamos）地区（非正式列名的产区），气候同样凉爽，四周环境田园味十足，多达数千英亩的葡萄园生产的是活泼清爽的霞多丽。在所罗门（Solomon）山区，气候则是比较炎热且更稳定，特别是在101号公路以东（一如在Paso Robles）。旧金山的葡萄酒游客和地产开发人员都很容易到达的**圣伊内斯谷**，自然环境没有突出之处，但其中在橡树丛生长的缓坡上有片葡萄园一直蔓延至索尔万镇（Solvang，一个地如其名、充满丹麦特色的小镇）以北。公路以东有些特别受欢迎的葡萄园，白天温暖、夜晚凉爽，除了生产西拉和波尔多等令人印象深刻的一些红酒外，也有Beckmen酒庄的长相思酒款和Andrew Murray酒庄的胡珊和白歌海娜混酿。

在气候更冷凉、相对更新的AVA产区**圣丽塔山**（Santa Rita Hills），情况甚至更好（因为强而有力的智利名厂Santa Rita的关系，产区因而得名）；这一连串远在圣伊内斯谷以西、介于隆波克和比尔顿（Buellton）两镇之间的山坡，其中有一些十分陡峭，恰好位于圣伊内斯河的河湾处，为海洋产生的强烈影响画上句点。这里的土壤，是由沙、泥沙和黏土混合而成。黑皮诺（加上作为配角的霞多丽）是这里的主要葡萄品种，几乎都是勃艮第的品种。整个AVA产区的界线划分都是以黑皮诺为考量，但巴布科克（Babcock）酒厂却证明，这里常见的高酸度也非常适合长相思、雷司令以及琼瑶浆。另一位酿酒师凯西·约瑟夫（Kathy Joseph），也以Fiddlehead酒厂之名，用产自位于圣伊内斯谷的相对较新的**圣巴巴拉快乐峡谷**产区的葡萄酿出杰出的黑皮诺、长相思。

让外界首次注意到圣丽塔山产区的功臣是Sanford & Benedict葡萄园，该园受到屏障的北向地理优势，极适合黑皮诺生长。以自己的名字为葡萄园命名的理查德·桑福德（Richard Sanford），是金属旋盖封瓶的先驱，他在附近的Alma Rosa庄园，以有机方式栽种勃艮第品种。Sea Smoke酒窖目前是酒评家们的新宠。

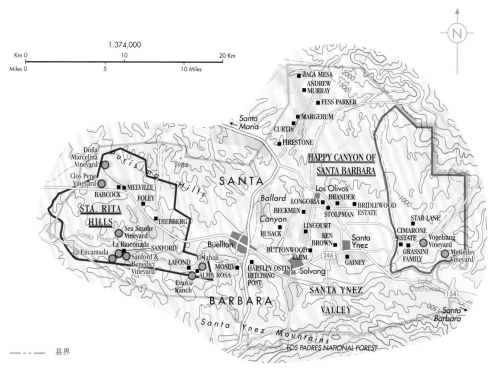

比例尺 1:374,000

- - - - - 县界

AVA产区范围以不同的颜色线区分

STA. RITA HILLS AVA

■ RUSACK 知名酒庄

● Clos Pepe Vineyard 知名葡萄园

葡萄园

森林

—2500— 等高线间距 500 英尺

圣巴巴拉西北部

在20世纪70年代初期，当Sanford & Benedict葡萄园酿出第一款酒时，圣丽塔山产区的潜力已经显露，尽管它是在2001年才得到法定产区的认定。另外，还有谁可以抵挡在2009年得到认定的圣巴巴拉的欢乐峡谷AVA产区的魅力呢？

20世纪80年代，Bob Lindquist of Qupé开始酿制法国隆河谷风格的酒。此举对于加州正在寻找赤霞珠和霞多丽的突破起了很大作用。中部海岸现在已成为许多新葡萄品种的发源地。

弗吉尼亚州 Virginia

在阿巴拉契亚（Appalachians）和切萨皮克湾（Chesapeake Bay）之间，蓝岭山（Blue Ridge Mountains）庇护下有着白色围栏的草原专供纯种马饲养，内战前的美式老石头房子遍布各处。这宁静的南方弗吉尼亚州与华盛顿首都政治世界有着天渊之别。由于最北部地区的葡萄园距离华盛顿首都中心车程才不到一小时，弗吉尼亚州州长决定鼓励当地新兴的葡萄酒产业也不足为奇。这是希望该产业能够维持弗吉尼亚州乡村的吸引力，并能为已经稳定的旅游业注入新的刺激。

比起美国其他的州，葡萄酒已在弗吉尼亚官方的展望中扮演了一个更为重要的角色。它有着一个看起来不怎么有希望的开端，正如托马斯·杰斐逊总统在蒙蒂塞洛（Monticello）找到了他的价值，并成为弗吉尼亚州葡萄酒业的精神家园。

杰斐逊不仅仅是位葡萄酒鉴赏家，他也曾相信"葡萄酒事实上是解救威士忌所带来的不幸的唯一解药"，并将之作为一种神圣的道德改革来引进。现在众所周知（但在当时没人知道），欧洲葡萄品种需要美国葡萄藤嫁接的根茎才能保护它们不受根瘤蚜的病害。甚至在今天，在弗吉尼亚州的欧洲葡萄品种仍需对抗天气：一个相对较短的成熟期加上又热又潮湿的夏季，在9月之前很少有凉爽的夜晚。在这片大陆型气候环境里，冬季是如此寒冷，土壤需要花费时间来变热。尽管现在气候不断变化，但在4月前仍然很少能见到葡萄藤发芽，种植者们仅仅是在近期才开始对欧洲葡萄品种抵挡严冬有些信心。在1980年，弗吉尼亚州只有5家酒厂，并且主要种植杂交葡萄品种。到了2012年的时候，已有将近200家酒厂，超过80%是欧洲葡萄品种。

赤霞珠到了9月下旬夜晚比较凉爽而白天干燥的时候才会成熟，但早熟品种的采摘通常始于8月下旬。在多暴雨的夏季，倾盆大雨并不少见，飓风和热带风暴一点儿也不罕见。因为许多的土壤含有很高成分的黏土，野心勃勃的果农们一直在寻找夏季大雨后能快速排水的斜坡。弗吉尼亚州的第一波葡萄酒浪潮可以被批评为缺乏浓度，但今天，他们中越来越多的人发出了令人信服的声音。

大多数的弗吉尼亚州葡萄园都处于美丽的蓝岭山脉东部50公里处的区域，但是从长远的角度讲，较难踏足的山脉西边的**谢南多厄谷**（Shenandoah Valley）也许有着更大的潜力。

由于弗吉尼亚州大部分的酒厂都较小，它们很多是出于兴趣爱好，遵照着严格的规定，其中相

托马斯·杰斐逊总统在蒙蒂塞洛的模范农场，在那里曾种植已知最早的欧洲进口的葡萄品种，后来死于美国的虫害。

当大一部分依赖于向途经的游客直接销售。有一些酒厂似乎更致力于吸引游客而不是提高葡萄酒的质量。弗吉尼亚州只有 1 300 公顷的葡萄园，本土消费的葡萄酒中，他们的产量占比重很小，但是追求酿出高质量的葡萄酒商数量也日益增长。

弗吉尼亚州的标志性葡萄品种

Barboursville 酒庄，为意大利佐宁（Zonin）家族所拥有，在 20 世纪 70 年代种植了第一批葡萄藤。正如人们所预料的，酒庄一直坚持并成功地种植内比奥罗和维蒙蒂诺（Vermentino）以及在弗吉尼亚州常见的葡萄品种。他们最著名的葡萄酒之一，是一款浓厚、甜美、令人垂涎的马尔维萨葡萄酿的 Passito 甜酒。

4 个最为广泛种植的品种（见右上角框内）是现代美国葡萄果农最普遍的选择。品丽珠对于弗吉尼亚州北部和中部地区的葡萄园最具亲和力，并常以不同比例与波尔多其他葡萄品种混合。

未曾预料的是，在创新者丹尼斯·霍顿（Dennis Horton，在 20 世纪 80 年代建立了霍顿葡萄园）引领的潮流下，弗吉尼亚州的果农们几年前决定，将维欧尼（Viognier）作为他们的标志性葡萄品种。葡萄酒的风格发生很大的转变，从清淡和花香型变为浓重和甜型，这无论从市场还是葡萄种植的观点来看都是一个明智的选择。维欧尼的厚实果皮和疏散的葡萄串能够比其他的品种更好地经受潮湿的夏季。小维尔多（Petit Verdot）和小满胜（Petit Manseng）是弗吉尼亚州近年来的特色品种，后者特别成功。霍顿也开启了美国本土的诺顿葡萄品种，酿造出具有诱人果味的红葡萄酒，丝毫没有其他美国品种那令人难受的"狐狸味"。诺顿葡萄的火炬由 Jennifer McCloud 怀着特有的激情在 Chrysalis 传递着。

增长中的 AVA 产区

弗吉尼亚州已有 7 个 AVA 产区，其中的 3 个，在弗吉尼亚州北部和中部，已在此地图中标示。最近的一个是 **Middleburg Virginia**，在 2012 年，通过了较复杂的 Boxwood 的审批流程。美国巨富唐纳德·特朗普（Donald Trump）和美国在线（AOL）的珍（Jean）和史蒂夫·凯斯（Steve Case）在 2011 年的时候在弗吉尼亚州中部买了酒庄。他们真会喝自己酿的酒吗？

在我们地图以外的著名酒厂，包括成立于 20 世纪 80 年代的 Château Morrisette 酒庄，它位于蓝岭山区的 **Rocky Knob** AVA 产区，年产量较大（60 000 箱）；Chatham 酒庄位于 Chesapeake 湾和大西洋之间的弹丸之地，是一家 17 世纪的农场，出产一款很好的小维尔多葡萄酒；以及位于该州温暖的南部地区的 Rosemont 酒庄，初次尝试以 Kilravock 与波尔多品种混酿的红葡萄酒，在弗吉尼亚州长杯的竞赛中赢得金奖，令人惊奇。

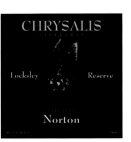

1:1,163,000

州界
县界

AVA 产区范围以不同的颜色线区分

MONTICELLO AVA
■ **CHRYSALIS** 葡萄园
森林
2000 等高线间距 1000 英尺
▼ 气象站

弗吉尼亚州北部和中部地区

这里只是弗吉尼亚州的部分葡萄酒区域，但这里充满生机，地图显示了以蓝岭山脉为主的地域轴线。Monticello 和 Middleburg 是弗吉尼亚州 7 个 AVA 里最重要的 2 个 AVA。

弗吉尼亚：CHARLOTTESVILLE ▼

纬度/海拔
38.13° / 77 米

葡萄生长季节平均气温
18.9℃

年平均降雨量
1085 毫米

采收期降雨量
9 月：114 毫米

主要种植威胁
夏季高雨量

主要葡萄品种
霞多丽、梅洛、品丽珠、赤霞珠、欧维尼、小维尔多、诺顿

纽约州 New York

纽约州的人们以喝全世界的葡萄酒为荣，但是他们州的葡萄酒产量仅次于加州，加州的产量是他们的12倍之多。 不可置疑，纽约州多达12 550公顷的种植面积中，有8 100公顷种的其实是葡萄汁和果冻使用的美洲 Labrusca 品种葡萄。种植最广泛的葡萄是康科德（Concord），有着高调的香气，不像野草莓，被形容为带有"狐狸"气味，令传统的葡萄酒饮用者感到不适。

果汁和果冻是沿**伊利湖（Lake Erie）**南岸的重要葡萄带的存在理由，本州320家酒厂中的二十来家都可以在这里找到。气候变化已经为种植者们带来信心去尝试一些欧洲葡萄品种，但大多数的酒庄出产的酒到目前为止是基于法国杂交种葡萄，详见282页。

像边境那一头的安大略省，纽约州也忙着将自己重新变成一个严肃的葡萄酒生产者，几乎所有新种的葡萄都是欧洲种。纽约酒厂大部分历史都小于20年，他们虽然规模小，但都有雄心勃勃的行动，最明显的是在五指湖（Finger Lake）一带的酒厂（约100家），长岛（50家以上），和哈德逊河（Hudson River）地区（超过30家）。

长岛，空调式的气候，长年受大西洋影响。不管是在相似的海洋气候方面，还是在酒款的和顺、清新风格方面，都堪称是纽约的波尔多。海洋的影响模糊了季节变化，使得温和的气候可以持续相当久。这里的生长季节也因此远比内陆其他地区来得更长。排水良好的冰川时期的土壤令葡萄藤能够生长得平衡、缓慢，成熟度稳定。已经有很好的白葡萄酒和气泡酒出现，我们可以期待更多更好的酒款出现。

长岛目前已有1 215公顷的葡萄园，所有都为欧洲葡萄品种（主要是霞多丽、梅洛以及赤霞珠家族）。岛上有3个 AVA 产区，包括最早的最农业化和数量上最大的 North Fork、较寒冷（面积也较小的）的 Hamptons（或称 South Fork），以及包含所有产区的长岛。容易受到曼哈顿的金融潮涨潮落影响，意味着长岛的酒庄比他们北部同行略胜一筹，但是也更容易有更频繁的酒庄易主。

湖水效应

早在19世纪50年代，在上纽约州统称为**五指湖区**的由安大略湖冰川消融后形成的冰河深沟附近就已经出现了葡萄藤的商业性种植。确实，这里有田园般的风景，林木繁茂，低矮的丘陵和船只云集的湖泊，看起来非常像维多利亚乐园，曾经是殖民者设法从易洛魁（Iroquois）当地人手里夺取的漂亮地区。

安大略的湖泊，特别是 Seneca、Cayuga 和 Keuka 的"手指"，对于调节气候是至关重要的，缓和了冬天有时致命的严寒并且储存了夏季温暖。但这里仍然是极端性气候。在该区域一年中不受霜害的日子不少于200天。冬季时间长，温度下降到-20℃。在2003年，许多葡萄藤死于冰冻。这种严酷的冬天意味着美国本土葡萄最初是显而易见的种植选择，即使在今天，欧洲葡萄品种在该地区的3 700公顷种植区里只占约15%。法国品种如谢瓦尔和维诺是在20世纪50年代被引进的。像美国 Labrusca 葡萄品种，用来酿造甜的、清淡的葡萄酒，目标客户是游客。越来越多的酒厂在努力用这些杂交品种生产大量的干型葡萄酒。但是该地区的未来肯定取决于欧洲的葡萄品种。

早在20世纪60年代，一位来自乌克兰、熟悉寒冷气候的葡萄种植学家弗兰克（Konstantin Frank）博士证明了，只要选用适当的砧木嫁接，那么像雷司令和霞多丽等相对比较早熟的欧洲种葡萄，也能在五指湖区成功存活下来。时至今日，Red Newt Cellars、Standing Stone、Hermann J. Wiemer 及 Dr Frank's Vinifera Wine Cellars 等多家酒厂，都能产出细致宛如德国萨尔地区酒款且具陈年潜力的干型雷司令，令五指湖产区逐渐赢得良好声誉。最近产区加入了富有其他地区经验的生产商，例如 Heart & Hand 和 Ravines，他们相信五指湖是可以媲美澳大利亚南部和伊顿谷的美国雷司令产区。

雷司令，其葡萄藤木质坚硬，能较好承受低温，已被证明是一个比霞多丽更适应此地的葡萄品种。这里也用早熟的黑皮诺品种来生产一些红葡萄酒，目前为止还是最好的选择，虽然早年也尝试过种植一些非常好的品丽珠。

在日内瓦研究中心，卡尤加湖（Cayuga Lake）的"指尖"，因为在葡萄树整枝系统及抗寒品种方面的研究而享誉国际，至于五指湖区的葡萄酒产区，至

长岛

这张地图清楚地显示了 North Fork 对葡萄栽培学和酿酒的重要性。North Fork 土地廉价（不包括Hamptons），而且地理位置有所遮蔽，免受大西洋的恶劣气候冲击。

— 长岛的 North Fork AVA
— 长岛的 The Hamptons AVA
■ LENZ　知名酒庄

这里的海洋性气候特别适合波尔多品种，长相思非常棒，然而长岛沿岸正如大多数的美国葡萄种植区一样，都更愿冒险去种霞多丽。

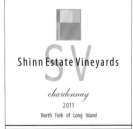

五指湖区

1988 年 建立，卡尤加湖AVA 是 这 个产区最老的子产区。2003年塞内卡湖（Seneca Lake）被授予AVA，库克湖（Keuka Lake）也将封衔。这里以度假和旅游业为主，所以许多酒庄以出售高利润杂交葡萄品种的甘甜葡萄酒为主。

——— 县界

AVA 产区范围以不同的颜色线区分

FINGER　AVA
LAKES

■ RED NEWT　知名酒庄

▨ 葡萄园

1:1,000,000

Km 0　　　　1　　　　50 Km

Miles 0　　　20 Miles

这张卫星图片显示很明显的"湖水效应"对气温和降雨的影响。由此可见，湖边地区明显没有五指湖之间的地区那么寒冷。

今也仍是纽约葡萄酒产业的商业中心，主要是因为从1945年起，这里就一直是目前全球第二大的葡萄酒公司Constellation的总部所在。

纽约州第一个有历史记载的商业葡萄酒年份，于1829年诞生在**哈德逊河地区**一处今天称为Brotherhood酒厂的地方；这里同时也是一些小型酒厂聚集的地区。在这个既不受海洋影响、也没有湖水来调节气候的地方，欧洲种葡萄就比较难以存活，因此直到最近，在本地将近175公顷的葡萄园中，多数都还是法国杂交种。不过，也有像Millbrook这样的酒厂，在这个远离都市的北部偏远地区证明了欧洲种葡萄，如霞多丽、品丽珠、甚至Friulano也能有美好的未来；至于Clinton Cellars酒厂，则是以加入其他水果酒的多样化经营方式，证明这也是不错的选择。

由法国杂交种威代尔（Vidal）酿成的冰酒是最具代表性最受赞誉的，由坐落于**尼亚加拉陡崖（Niagara Escarpment）**AVA产区的8家酒厂生产，就在安大略主要葡萄酒产区的边界（见285页）。

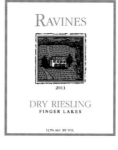

毋庸置疑五指湖区是干型雷司令地区，其最受追捧的是由Fox Run、Anthony Road和Red Newt合作的葡萄酒Tierce。

西南各州 Southwest States

　　1650年起，也就是在传教（Mission）葡萄抵达加州的一百多年前，为满足当时在亚利桑那、新墨西哥以及得克萨斯西部城市埃尔帕索（El Paso）附近的西班牙传教士的需求，西南各州已经开始酿造葡萄酒。虽然得克萨斯称不上在葡萄酒历史上占有特别的地位（至少在葡萄藤的历史上是如此），但是这里是美国的植物重镇，比全球任何地方拥有更多的原生葡萄树种。

　　在36种分布于世界各地的葡萄属（Vitis）之中，超过15种是源自得克萨斯，这在葡萄根瘤蚜病害流行期间发挥了非常重要的作用。得克萨斯州丹尼森市（Denison）的芒森（Thomas V Munson），曾经为了成功找出具有抗病性的无性繁殖系，培育出数百种欧洲种葡萄和原生葡萄交配的杂交种。可以说得克萨斯人拯救了法国乃至全世界的葡萄酒产业。

　　得克萨斯的葡萄酒产业曾因禁酒令消失殆尽。1920年，得克萨斯的酒厂数量到达历史最低点。禁令解除之后葡萄酒业的重生缓慢而艰难。时至今日，尽管法规允许只要有75%的葡萄产自得克萨斯，酒厂就可在非产区酿造葡萄酒，州内254个郡当中仍有22个没有产酒。葡萄酒产业的新起点出现在20世纪70年代初期，在拉伯克市（Lubbock）附近海拔将近1 200米的高平原地区，开始实验性地种植欧洲种和杂交种葡萄，当时的种植地在日后成为Llano Estacado和Pheasant Ridge酒厂。他们的选择相当明智。除了广阔无垠、一马平川，该地区

的土壤深厚，含有石灰质，并且十分肥沃；日照充足，昼夜温差大（冬天非常冷）。还有来自Ogalala的地下蓄水层的丰沛水源用于滴水灌溉，也有助于抵挡当地的极端气候，如霜冻、冰雹及极端高温。不间断的风将疾病阻隔在湾区，并在夜晚帮助葡萄园降温。Llano Estacado目前是得克萨斯的第二大酒厂，生产风味明朗的优质红酒，与华盛顿州最好的红酒有些相似之处。邻近的Cap Rock酒厂的出品的Roussane葡萄酒大获成功。

　　目前得克萨斯最大的葡萄酒厂位于斯托克顿堡（Fort Stockton）以南320公里附近，在此拥有大片土地的得克萨斯大学在20世纪70年代末种了一大片实验葡萄园。这片广达400公顷的葡萄园，目前租借给一家得克萨斯公司Mesa Vineyards。他们占州内所有葡萄酒产业一半以上的平价单一品种酒，是以Ste Genevieve的品牌推出。Peregrine Hill则是他们更高端的系列。

　　品质更值得期待的酒厂位于得克萨斯中心奥斯汀（Austin）以西的丘陵地带（Hill Country）产区，本区被划为3个AVA产区，分别是得克萨斯丘陵（Texas Hill Country）、Fredericksburg以及Bell Mountain。这3个总面积达到令人咋舌的40.5万公顷的AVA，其中却只有近200公顷种有葡萄，实际在营运的酒厂保持在40家左右。虽然皮尔斯病和湿气在州内四处肆虐，得克萨斯仍然保持葡萄酒狂热的各种表现，因此目前有超过200家酒厂。其中

一些酒厂聚集在城郊，处理从远方的葡萄园由卡车运送过来葡萄，而通常酿酒是在更远的地方进行。

　　正是有了洛基山脉（Rockies），**新墨西哥（New Mexico）**才有了要产酒的想法：海拔的升高让这里的气候冷得恰到好处，甚至只有法国杂交种葡萄才能在这州内的北部存活。格兰德（Rio Grande）河谷的海拔从圣塔菲（Santa Fe）市的2 000米，降到西南部城市Truth或Consequences的1 300米，提供了几乎是州内唯一的种植地。要说新墨西哥有什么葡萄酒是享誉全美的，应该算是当地Gruet酒厂所生产的优质气泡酒了，虽然令人讶异，但名副其实。

　　位于**亚利桑那州（Arizona）**东南方的Sonoita，是州内唯一的AVA产区，和新墨西哥南部其实有许多相似之处，虽然在图森市（Tucson）以东约80公里处的Willcox地区Sulphur Springs谷天气甚至更暖和。这里的Callaghan酒厂生产一些表现不错的赤霞珠和梅洛。在亚利桑那州中部靠近Sedona地区葡萄酒业也正在萌芽，其中Caduceus和Page Spring酒窖是最令人期待的两大酒商。

　　往北到**科罗拉多州**，酒厂开始如雨后春笋般涌现，其中大多数都位于海拔1 200米的大章克申市（Grand Junction）附近，科罗拉多河两岸的格兰德谷（Grand Valley）AVA产区。当地最常见的欧洲种葡萄包括霞多丽、梅洛和雷司令，但它们受到冬季的冷风和葡萄根瘤蚜虫病的威胁，而维欧尼、桑娇维塞和西拉也逐渐流行起来。

　　在此同时，**南加州**的葡萄藤正史无前例地经受着来自皮尔斯病更大的威胁，不过多数剩下的果农已经将无性繁殖系和葡萄园设计双双升级与之对抗。最主要的AVA产区Temecula谷位于凸起的山丘之间，海拔高达450米，离海只有32公里，通过Rainbow Gap的重要通道与海相连。每天午后，来自海洋的微风都会帮这个原属于亚热带的产区降温，温度不会超过纳帕谷北部。冷凉的夜晚当然也有助于降温。

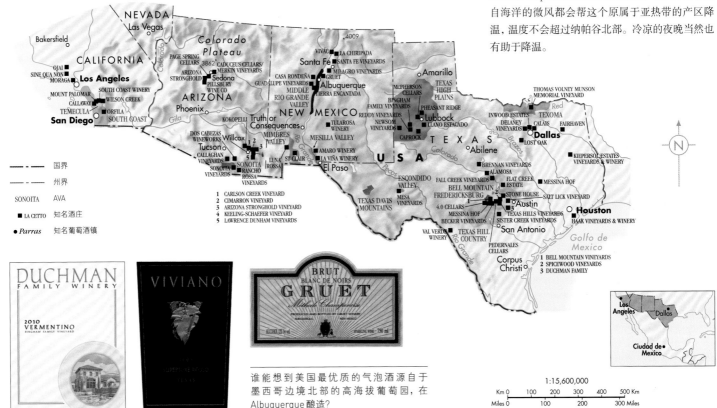

谁能想到美国最优质的气泡酒源自于墨西哥边境北部的高海拔葡萄园，在Albuquerque酿造？

1:15,600,000

墨西哥 Mexico

墨西哥（Mexico）是新世界最古老的葡萄酒产国，但加入现代葡萄酒世界却在不久之前。早在16世纪30年代，西班牙总督科尔特斯（Hernando Cortés）下令，所有农庄每年都必须为庄园里的每个印第安奴隶种10株葡萄藤。然而在1699年，西班牙国王因为担心其对西班牙葡萄酒产业产生冲击，禁止墨西哥开发新葡萄园，因此让葡萄酒文化在墨西哥的发展暂停了3个世纪。

当初栽种第一批葡萄藤的韦拉克鲁斯州（Veracruz），后来证实那里的气温对长期种植葡萄来说过高；后来相继尝试的高海拔区域，也因为太过潮湿而难以种出健康的葡萄。

然而，南部的帕拉斯谷（Parras Valley）却有大量的原生种葡萄；于1597年建于此地的Casa Madero酒庄，可以说是美洲最古老的酒厂，今天这里仍酿出完全现代化的隆河风格的红酒和清新爽口的白葡萄酒。不过，这是个特例。在墨西哥广达40 000公顷的葡萄园中，仅有10%是用来酿制佐餐用的葡萄酒，其他大部分都是用来生产食用葡萄、葡萄干，还有（尤其是）白兰地。

在18世纪，巴斯克（Basque）移民把歌海娜、佳利酿、佩德罗·希梅内斯（Pedro Ximénez）等品种带进帕拉斯谷；这些葡萄以及其他欧洲品种葡萄，随后一路向北落户在下加利福尼亚这个如长手指般的半岛。这里受太平洋影响，气候凉爽。如今，该地区约40家酒厂的产酒量占到所有墨西哥酒的90%。虽然创建于1888年的Santo Tomas是下加利福尼亚半岛的第一个现代化酒厂，但要说到现代墨西哥餐酒的先驱，则是意大利移民在1926年创建的LA Cetto酒庄。后者目前在Guadalupe谷拥有占地1 000公顷的葡萄园，还特别从家乡皮埃蒙特区进口内比奥罗葡萄。

瓜达卢佩谷（Guadalupe Valley），距离混乱的边境城镇提华纳（Tijuana）仅100公里，是墨西哥新一批雄心勃勃的葡萄酒商的大本营。由于水在此地非常稀缺，成熟葡萄藤极少受到病虫害的侵扰，能酿造出很浓郁的葡萄酒。葡萄园夜里的降温通常依靠来自太平洋的雾和微风，穿过半岛东西走向的San Antonio de Las Minas、Santa Tomas和San Vicente山谷，然后由瓜达卢佩往南。相对多沙的土壤将葡萄根瘤蚜虫隔离，让不太强健的赤霞珠在那里茁壮成长。

多年以来，LA Cetto酒庄一直都是Pedro Domecq酒厂的葡萄供应者。Pedro Domecq酒厂是墨西哥最大的白兰地制造商，也是仅次于LA Cetto的第二大葡萄酒生产商。但在2005年有了新变化，以著名的葡萄酒制造商雨果·达科斯塔（Hugo D'Acosta）为首的财团成为了墨西哥第二大葡萄园主，他们购买了超过180

公顷葡萄园，其中80公顷的成年葡萄藤曾用来为Domecq供货。一个叫Paralelo的品牌运用超级生态方式经营，旨在传播葡萄酒的真谛，创造出独具墨西哥精髓的葡萄酒，而不是边境另一边加州葡萄酒的拷贝。墨西哥刚起步的葡萄酒制造商们可能特别受到Paralelo的这些产地葡萄酒的激励，例如雨果·达科斯塔第一次冒险推出的Casa de Piedra（口味浓郁的红酒），来自Villa Montefiori的意大利品种，

还有产自奥多比·瓜达卢佩（Adobe Guadalupe）的天鹅绒丝般滑口感的葡萄酒。

在墨西哥市以北，海拔高达2 000米的克雷塔罗（Querétaro）省，和再北一点的萨卡特卡斯（Zacatecas）省，都是白天炙热，夜晚凉爽，但收成期的大雨仍可能对葡萄酒造成影响。经橡木桶酿造的红酒，是这些地区到目前为止最好的酒；但如Freixenet等酒厂却能在当地产出相当好的气泡酒。

瓜达卢佩山谷

山谷面对海洋的狭窄开口，被洪保德（Humboldt）海流变冷，这点很重要，因为可以造成冷空气上升，有点像加州的埃德纳山谷。这里的降雨极其反复无常，大部分葡萄藤都种植在200~500米的高度，但也有一些酒商正在尝试往更高的山坡种植。

瓜达卢佩的标准配置是老藤新酒庄。很多酒庄的酒标都由雨果·达科斯塔的建筑师兄弟设计。瑞士的海洋学家安东尼奥·伯丹（Antonio Badan）出产的波尔多混酿广受好评。

南美洲

Viña Tarapacá 位于智利 Maipo Valley 的山坡葡萄园。

南美洲 South America

除了欧洲大陆，没有哪片大陆比南美拥有更多葡萄藤和更高的产量，但直到近年来，南美葡萄酒才逐渐进入国际市场。这片大陆上的移民主要来自拥有浓厚葡萄酒文化的国家——西班牙、葡萄牙、意大利，当地环境又极其适合种植葡萄。他们的产量非常高，但其中鲜有能够达到国际标准的酒。20世纪后期这种情形开始改变，而到了2010年之后，南美更是在几大领军人物带领下跃上了一个台阶。

智利是第一个实现大规模出口的国家，阿根廷的产量更高一些，而巴西还在沉睡之中，但它稍露锋芒就已经在产量上占据第三。

巴 西

如果巴西不做改变，现在的情形可能依然只是在酿造迎合当地人口味的酒：产区大都靠近人口中心，土地肥沃，湿度很高，由一些小酒农把持，酿酒技术也很浅显，通常只生产一些清淡、微甜、带点儿气泡的古老意大利风格葡萄酒。

而20世纪90年代早期，巴西开放市场允许进口葡萄酒，这大大促使当地酒厂改善自己酒的品质。因为显而易见的是，大部分消费者即便不那么挑剔，也会把目光投向品质更好价格更优的进口酒上。所以许多酒厂开始开辟新的葡萄园并邀

玻利维亚南部，在海拔2000米的Tarija阳光灿烂，农民正在为Bodega Milcast的Vino Aranjuez的葡萄酒而采摘。

请知名的国外酿酒专家来进行指导。

通常巴西的葡萄种植分散在成千上万的小酒农手中，大部分位于南里奥格兰德州（Rio Grande do Sul）的Serra Gaúcha产区，那里气候潮湿，多山，降水量有时会高得出奇，年平均降水量几乎在1 750毫米左右，而当地的土壤排水能力又很差。出于这个原因，杂交葡萄品种，尤其是伊莎贝拉（Isabel）成为当地人的首选，它具有很好的抗腐烂和抗霉菌的能力，种植面积在全巴西达到85%。过高的产量使得酒的品质往往达不到出口的标准，而这里的葡萄也很难完全成熟。Vale dos Vinhedos子产区在这方面做得最好，它的法定产区的梅洛和霞多丽成熟得很早，往往在3月末的雨季来临之前便已经采摘完毕。

但几大主要的酒厂已经南迁，在毗邻乌拉圭边境和Serra do Sudeste的地方开辟了坎帕尼亚产区Campanha（也被称作Fronteira），这里气候更为干燥，日照时间更长，土壤也是较为贫瘠的花岗岩和石灰岩。目前这里是巴西优质葡萄酒发展的焦点，而葡萄品种和土壤的匹配在这里也备受关注。一些常见的国际葡萄品种在这里很多，还有一些来自葡萄牙的品种也在这里崭露头角。Rio Grande do Sul以北不远处是圣卡特琳娜州的凉爽高原Planalto Catarinense，海拔在900米~1 400米，土壤以玄武岩为主，这里种植的长相思和黑皮诺也展现出不俗的潜力。

而最激动人心的巴西新产区无疑是位于该国东北部，毗邻Bahia州和Pernambuco州，赤道以南

10度，干燥炎热的Vale do São Francisco。依托热带葡萄种植方法，这里一年至少可以收获两次，当地出产的赤霞珠、西拉和麝香葡萄已经很具说服力。在这样的气候条件下是否会产出真正令人感兴趣的葡萄酒呢？让我们拭目以待吧。

乌拉圭

与巴西人不同，乌拉圭人对于葡萄酒的专注仅次于阿根廷人，这也使得乌拉圭位居南美第四大葡萄酒生产国。乌拉圭的当代葡萄酒业始于1870年巴斯克移民的涌入，带来了优质的欧洲葡萄品种比如塔娜，进入乌拉圭之后它被当地人称作Harriague。一如马尔白克在阿根廷的艳阳下变得柔和，乌拉圭的塔娜比它在故乡法国西南部表现得更为饱满、柔顺，经过一两年的陈放就很易饮，这与法国西南部Madiran产区的塔娜大不相同。

但这并不代表乌拉圭的气候和地形与阿根廷相似。这里光照也很好，但更为潮湿，很难进行有机种植。乌拉圭大部分重要产区位于南部，这里的夜晚非常凉爽，但不是因为高海拔的原因（乌拉圭的地势较为平坦），而是受到南大西洋南极环流的影响。夜晚冷凉多风，使得葡萄的成熟缓慢渐进。但秋雨提前到来的年份是个例外，那样的话酒的酸度会令人耳目一新，更具吸引力。新鲜的香气和风味，这是所有酿制平衡的乌拉圭葡萄酒都会具备的特质。

大约90%的乌拉圭葡萄酒产自南部海岸省份，比如Canelones、San José（这两片产区已经有法国人来投资），Florida和Montevideo，这些地区都受海洋性气候影响，地势较低，土壤肥沃，风土条件非常多样化。旅游胜地Punta del Este也是颇有潜力的新兴产区，受大西洋气候所影响。而位于马尔多纳多的小镇Garzón则是后起之秀中最具雄心壮志的，拥有数百公顷的种植面积且葡萄品种非常多样化。

穿过从布宜诺斯艾利斯流淌而来的拉普拉塔河，来到这个乌拉圭又一个还在发展中的产区——克洛尼亚，位于遥远的西南部，冲积土的土壤非常肥沃，以至于葡萄藤生长过于繁茂从而使得葡萄的成熟度不够。当地已经雇了国际酿酒顾问来解决这个问题。大部分乌拉圭的葡萄园都采用七弦琴式棚架让葡萄见到太阳，但潮湿气候下使用这种棚架且想要保持葡萄的健康和通风，则会耗费大量时间和人力。

乌拉圭最早种植的葡萄品种Harriague由于染

南美的葡萄酒产区

阿根廷是南美产量最高的国家，智利正在奋起直追。现在乌拉圭、巴西、秘鲁和玻利维亚葡萄酒业还很年轻，但已经成为一项很重要的产业了。

病几近绝迹，如今的葡萄藤都是之后从法国引进，为了区分这两者，后者在乌拉圭被叫作塔娜。但Gabriel Pisano，作为家族酒庄里的年轻一代继承人，他寻找到还存活着的Harriague老藤，并酿出了罕见的塔娜甜酒。而其他葡萄品种有维欧尼、棠比内洛、托伦特（Torrontés），像小维尔多甚至是金芬黛也很具潜力，而常见的国际葡萄品种还包括霞多丽、长相思、赤霞珠、西拉还有梅洛，梅洛经常会出现在以塔娜为主的混酿中增加风味。

　　东北部偏远的Rivera省也是较新的产区，这里的葡萄种植情况和巴西的潜力产区坎帕尼亚非常相似。而曾经以种植糖料为主的西北部和中部也开始种植葡萄，这些地区土地比较贫瘠，昼夜温差大，因此收成相当可观。在更为炎热干燥、受海洋性气候影响较小的Salto省，这里也是Harriague最早种植的所在，而当地H Stagniari酒庄酿的塔娜饱满滋润，品质非常不错。

　　目前乌拉圭各种规模的葡萄酒公司，不仅仅是像Traversa这样的大公司，大量的新公司和小公司都把注意力放在出口市场上。

玻利维亚、委内瑞拉和秘鲁

　　玻利维亚早在16世纪起便开始种植葡萄，但大部分用于酿造当地烈酒singani和食用。玻利维亚拥有几家世界上海拔最高的酒庄，近年来，这些酒庄酿的一些国际葡萄品种也为世人所知，但当地常常会受到夏季多雨的困扰。大部分酒庄集中在玻利维亚南部安第斯山脉的Tarija，海拔在1 700米~2 400米之间，此外，平原地区的圣克鲁兹（Santa Cruz）也有一些种植。

　　委内瑞拉受到关注的理由是它终于拥有第一家自己种植葡萄的酒庄。另一方面，在秘鲁，位于Ica省的Tacama葡萄园，聘请了来自波尔多的先锋派酿酒专家Emile Peynaud，当地和加州中海岸的气候有些类似，受冷凉的太平洋气候影响。也许更具潜力的产区应该是靠近Arequipa且海拔更高的峡谷，但和秘鲁许多其他种植区一样，当地大部分葡萄都被酿作皮斯科酒（pisco）。

左边的两个酒标是玻利维亚，右边的那些是乌拉圭，中间的是来自巴西Cave Geisse的气泡酒。巴西的Quinta do Seival不仅其葡萄来自葡萄牙品种，连它的酒标也具有葡萄牙风格。

国界

MENDOZA 葡萄种植区

葡萄酒产酒区

超过 2000 米的土地

324 此区放大图见所示页面

1:24,000,000

Km 0 　　　　　500 Km
Miles 0 　　250 Miles

智 利 Chile

世界上没有另外一个国家能像智利这样快地冒出新的葡萄酒产区。如今得以供应葡萄酒市场价格便宜、多果味、稳定成熟的赤霞珠和梅洛，那里的葡萄令人羡慕地在葡萄天堂中央谷（Central Valley）里自在地茁壮成长，但是现在这里也正备受葡萄酒栽培界限的考验。智利的酒日趋改善并

且更有地区特色。在智利的葡萄园里，其纬度方向的变化如此显著，我们无法在本书里全部展示出来，但是我们将此地图为本版书挪动了一下角度（正如法国的金丘和阿尔萨斯那样）来更有效地显示其特性。

直至最近智利的官方葡萄酒地图简单地将这个窄长的土地横向切开——从西部寒冷的太平洋到东部高耸的安第斯（Andes）山脉跨越不同行政区的山谷区域。但是为了便于识别这里东西两端因受地理影响而产生差异甚大（见下方参数），这

个地图也被垂直划分。从2011年起，智利的酒商可以开始用 Costa、Entre Cordilleras 和 Andes 在他们的酒标上来注明葡萄非常不同的生长环境：海边、中部以及东部山坡上的葡萄园。即使在很时尚的 Costa 地区里也有不同的葡萄生长环境，如面朝海洋的地区和面向东部的沿海山脉。

在智利，不仅气候方面横向和纵向的差异巨大，连土壤和岩石也是如此。在西部可以找到古老的花岗石、片岩和板岩，而深入的黏土、肥沃的土壤、狭长的裂缝和沙土则在海岸山脉和安第斯山脉可以见到。在这里，土壤是塌积式，给葡萄栽培者有个土壤差异相当大的矩阵。

智利：库里科（CURICO） ▼
纬度/海拔
-34.97° / 228 米
葡萄生长季节平均气温
17.4℃
年平均降雨量
724 毫米
采收期降雨量
3月：14 毫米
主要种植威胁
线虫
主要葡萄品种
赤霞珠、长相思、霞多丽、梅洛、佳美娜

- – ⋅ – ⋅ –　地区边界
- ————　Aconcagua
- ————　Casablanca
- ————　San Antonio
- ————　Leyda
- ————　Maipo
- ————　Cachapoal (within Rapel)
- ————　Colchagua (within Rapel)
- ————　Curicó
- ————　Maule
- ————　Itata
- Lolol　子产区
- ■ ANAKENA　知名酒庄
- —1200—　等高线间距 400 米
- ▼　气象站

智利中部

此地图被移动了以得到最大覆盖率（左边是北）。它包括了在中央谷的4个产区，从山区的 Maipo 环绕着北部的圣地亚哥到令人震惊的平地 Maule，以及一些较新、较寒冷的产区。

智利是一个非常适宜种植葡萄的国度，拥有相当稳定的地中海气候，因为少污染，白天经常有明亮的日光，唯一的缺点是夏季几乎毫无降雨。早期（印加帝国时期）农夫为了解决这个问题而开凿出相当惊人的密集的运河和沟渠，以便引导每年夏天由安第斯山融淌下来的雪水，并采用淹漫方式灌溉（现在融雪的水量已经不如以往充裕）。这样的灌溉法也许不尽完善，因此比较新的葡萄园都已经改采滴漏式灌溉系统，这个方法除了提供每一排的葡萄藤实际需要的水分，也可以进行施肥（智利的土壤结构常常需要靠施肥来保持沃度）。土壤的肥沃度足够，加上可以完全控制的水分供应，要栽种葡萄简直轻而易举，现在对品质有自觉的酒庄已经开始积极地寻求贫瘠的土地来种植葡萄，以便生产最好的葡萄酒。在一些较年轻的葡萄酒区域还需要昂贵的深井抽水，有时还涉及用水权利的政治性问题。腐烂和霉病在此并非完全绝迹，但是比起大部分欧洲地区的葡萄园少了很多，甚至

比安第斯山脉另一边的阿根廷都少。

在地理上，智利是一个相当孤立的地方。受惠于这样与世隔离的自然环境，让智利得以远离根瘤蚜的侵害，这一点曾经是智利葡萄酒业的独特之处。当地的葡萄树可以直接种植在土壤里，让自己的根长在土中，这意味着新种葡萄园时只需将切下的葡萄藤蔓直接插到土中即可，不需要花时间先嫁接到抗根瘤蚜的砧木上。砧木可以促进葡萄的成熟来适应特殊地理环境，还可以抵抗当地危害，如线虫灾害、根瘤蚜（近年来大批从别的葡萄酒产区过来的游客可能无意中会将根瘤蚜带进来）。

直至20世纪90年代末，在智利最普遍种植的葡萄是Pais（即阿根廷的Criolla Chica或加州的Mission品种），这个品种如今在智利还是相当受欢迎，许多酒装在铝箔包里。可是，智利也是有着长久种植波尔多葡萄品种的历史，在根瘤蚜灾害还未摧毁欧洲葡萄园之前已经从波尔多直接进口葡萄藤插枝。至少有一个世纪光景，智利葡萄园由Pais、赤霞珠、"长相思"（不少其实是Sauvignon Vert或Sauvignonasse）和"梅洛"（许多其实是佳美娜，一种生命力特别旺盛的传统波尔多葡萄品种，更

适合作为混酿成分，而不是酿造单一品种葡萄酒）为主。但是在20世纪末和21世纪初，种植品质更好的无性繁殖系以及引进其他的新品种，让智利这些特别自然健康的葡萄园得以在很短时间内生产出更多样风味的葡萄酒。这也是因为不少新开发的葡萄酒产区坐落在比较凉爽的地区。如今，尽管赤霞珠还是主导地位，智利已经开始出产高质量的西拉、黑皮诺、马尔白克、长相思、Sauvignons Gris、维欧尼、霞多丽、琼瑶浆和雷司令。

智利北部

一大片差不多同时期涌现的新葡萄酒产区通常要比中央谷寒冷些。这是因为他们比较接近海洋，更靠近南极，或在海拔更高处。近年来智利葡萄酒地图的扩展最引人注目之地可能是在智利的最北部（见323页）。葡萄藤生长在海拔2 500米的阿塔卡马（Atacama）沙漠里，还有在距离首都圣地亚哥北部足足1 760公里的San Pedro de Atacama那里的Andean度假胜地。破纪录的葡萄园建立在Talabre海拔3 500米安第斯山脉上及与玻利维亚共有的边界处，即使在阿根廷，也找不到那种高度的种植葡萄。

所有这些在Elqui和Limarí以北的葡萄园都太北端了，没法将它们容纳在前页的地图里。**Elqui谷**的陡坡已成为餐桌酒和智利人喜爱的pisco酒的葡

中央谷的气候

中央谷地的葡萄园连绵1 400公里，受到来自南极的南太平洋洋流的寒流影响，气温降低；造成了比同一个纬度的加州更低的温度，另外一个冷却葡萄园（尤其是中央谷东部的葡萄园）的因素

是晚上从安第斯山下降过来的冷空气。智利的酿酒师在葡萄成熟时，要比在法国的酿酒师多加件毛衣来保暖。

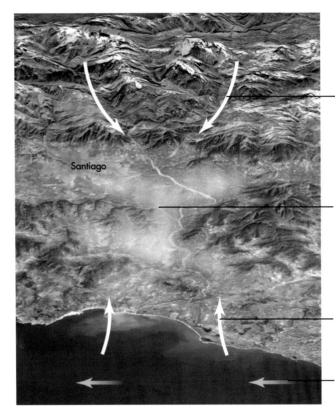

Santiago

← 来自安第斯山脉的冷空气

← 海风造成低空的云雾笼罩在山谷上

← 湿冷的南太平洋洋流遇到海岸山脉

← 南太平洋洋流

萄产地，pisco酒是一种以麝香葡萄为基酒的白兰地。但是意大利拥有的Viña Falernia酒厂则证实了即使在更北边、海拔超过2 000米的Elqui省也一样可以生产优质获奖的葡萄酒，尤其是勇敢的西拉。花岗岩和山坡上的酒庄让人们联想到法国隆河谷区，生产着大量的葡萄酒。

Limarí往南是一片敞开的山谷，葡萄园也离海岸很近，没有海岸山脉的阻挡，经常有太平洋吹来的海风来降低气温。因此，如Tabalí离海才12公里的距离，已经生产出世界级的长相思、霞多丽和日趋优质的黑皮诺。

智利人热爱pisco酒，但在这些北部地区，现在也开始生产一些品质令人振奋的葡萄酒。例如在Limarí河沿岸，葡萄园离海仅15~25公里，经常有海风吹入来降低气温，这里就生产出了一些特别细致的霞多丽和西拉葡萄酒。和Elqui一样，这里曾经也只出产pisco，而且多年来只有一家合作社形式的酒厂。2005年智利最大的葡萄酒公司Concha y Toro买下了这个酒厂，并改名为Viña Maycas del Limarí，显示了对此地区生产葡萄酒的信心。

Aconcagua

我们地图里详细出现最北部的产区是Aconcagua产区（以海拔7 000米的安第斯山最高峰命名），这一区是由3个风格殊异的子产区所构成，包括温暖的Aconcagua谷地本身及特别冷的卡萨布兰卡谷和San Antonio谷。地形宽阔开放的Aconcagua谷地，温暖的空气通常由两种风所调节，一边是下午自安第斯山脉吹往海边的山风，另一边是傍晚自太平洋岸沿着河口吹向内陆的海风，让安第斯山脚下的西向山坡变得更为凉爽。在19世纪末，埃拉苏里斯（Errázuriz）家族在Panquehue区（见32页）的产业曾经因为是当时全球最大的单一庄园而闻名。今天Aconcagua谷地中约有1 000公顷的酿酒葡萄园，在埃拉苏里斯酒庄的照护下，山坡地已经变成了葡萄园。在Colmo镇的西边现在也有值得一提的新葡萄园，离太平洋仅有16公里远，而气候与新西兰的全新产区马尔堡（Marlborough）一样冷。

卡萨布兰卡谷（Casablanca）在20世纪90年代迅速发展，是第一个受海洋影响的产区，它为智利葡萄酒增添了清新的长相思、霞多丽和黑皮诺

现在这里有十几家酒庄，而且几乎所有大厂都在这里采买或种植葡萄。由于谷地离安第斯山太远，傍晚的山风无法吹到这里，而山上融化的雪水也很难流到这边灌溉，因此为了开采水源，必须在浅薄的表土下挖掘昂贵的深井，灌溉问题是本区成为产酒谷地的一大限制。尽管靠近东部但气温也不足够温暖得让Veramonte可以出产优质、丰满的红葡萄酒。卡萨布兰卡大部分地区离海洋非常近，海风可以让下午的气温下降达10℃之多，加上冬季相当温和，因此卡萨布兰卡的葡萄生长季节比大部分中央谷地的葡萄园要长一个月。

春霜是一个驱之不去的威胁，而有霜害风险的开放谷底甚至也可能在采收前一星期发生霜害；而缺水也让浇水防霜害的方法变得相当昂贵奢侈。由于自然环境限制而无法长得茂盛的葡萄藤往往成为线虫攻击的对象，这里的葡萄树必须嫁接在抗虫害的砧木上，所以这里的葡萄种植成本也高出智利其他地方。

卡萨布兰卡的成功也鼓舞了位于低缓海岸丘陵区的**San Antonio谷**地的发展，Viña Leyda酒庄于1997年种下第一批葡萄藤，并于2002年得到官方的正式确认。多变的地形，让San Antonio甚至比卡萨布兰卡的西部受到更多寒冷且潮湿的海洋影响。除了Viña Leyda之外，本地最重要的先锋酒庄还有Casa Marin、Matetic和Amayna，不过，有非常多的其他酒厂会在本区采买葡萄来酿酒，特别是长相思、霞多丽、黑皮诺和近期出品的西拉。西拉开始表现不错，已经成为智利最有实力的品种。与卡萨布兰卡西部一样，这里贫瘠的土壤结构主要由薄层的黏土覆盖在花岗岩层上所构成，同时灌溉的水源也一样匮乏。San Antonio谷地南边的**Leyda Valley**是另一个正式被确认的产区。

中央谷

我们的地图显示了4个子产区：Curicó谷、Maipo谷、Rapel谷和Maule谷（后3个谷都是以中原的河流而命名的）。这些产区横跨中部平原，就像在温度计上爬升一样，穿过海岸山脉的低矮处一直延伸到太平洋岸。**Maipo**产区的气候最热，偶尔还会笼罩在圣地亚哥污染的烟霾之下，虽是中部谷地最小的葡萄酒产区，却有非常多的酒庄集中在这里。因为邻近首都，而孕育出由19世纪的智利乡绅所建立的广阔田园及大型农场的传统，其中的一些乡绅建立了历史悠久的重要葡萄酒厂，如Concha y Toro、Santa Rita（由智利唯一的一家制瓶集团所有）以及Santa Carolina等。这是酿出智利第一代优质葡萄酒的地方，就在圣地亚哥南方不远处。Maipo主产红葡萄酒，有些只准出产波尔多品种酒的地区可以酿造出世界级的风格类似加州纳帕谷赤霞珠风格的红酒。Maipo Alto这个分区葡萄园位于安第斯山脚下的山坡上，是区内受高山影响最大的地方。这里的早晨相对较冷、土壤贫瘠，已经酿出几款智利最受

赞赏的红酒，例如 Almaviva、Aurea Domus、Casa Real（Santa Rita）、Haras de Pirque（Quebreda de Macul）和 Viñedo Chadwick（Errazuriz）。在中央谷，葡萄藤同时开始在西边的海岸山脉和东边较干冷的安第斯山区（有长时间日照）的山坡上攀岩。

紧临本区南边的是自然条件多变、酒业成长快速的 **Rapel谷**，包括南北两个分区：北边为 **Cachapoal谷地**（包括Rancagua、Requínoa和Rengo等区，这些产区名偶尔会出现在酒标上），南边则是现在相当时兴热门的 **Colchagua** 产区，包括San Fernando、Nancagua、Chimbarongo、Marchigüe（Marchihue）和Apalta区（那里有Montes和Lapostolle酒商）。Cachapoal及Colchagua这两个产区名（特别是后者）都比Rapel更常出现在酒标上，Rapel现在似乎变成专指混合两个分区的葡萄酒。在Colchagua谷地，Luis Felipe Edwards酒庄将葡萄种到海拔高达1000米的地方，也借此酿造出全智利最鲜美多汁也最浓缩的梅洛（或者是佳美娜？）红葡萄酒。智利的土质差异非常大，即使是像Colchagua谷地这样的小产区也不例外，不过关键在于这里有一些黏土质，这是梅洛最经典的种植土壤，同时也有智利寻常可见的混合性土壤（壤土、石灰岩、沙与一些火山灰）。在Cachapoal区红葡萄酒和白葡萄酒的混酿越来越受到重视，来自Altair和Calyptra就是其中的例子。

沿着行驶着老卡车且可能冒出野生动物的Pan-American公路往南开一段长路，就来到了 **Curicó** 产区的葡萄园，本区还包括了一个Lontué子产区，也常出现在酒标上。这边的气候稍微温和些，灌溉也没有那么急迫。这里的平均雨量比Elquí谷地要高10倍，不过霜害危险也因此升高不少，而海岸山脉因为往东边延展得够远，完全阻隔了所有来自太平洋的影响。加泰隆尼亚的酿酒传奇人物Miguel Torres在1979年时甚受瞩目地在此投资了一家酒厂（同一年，法国Baron Philippe de Rothschild公司也和加利福尼亚的蒙大维酒庄进行了一个跨大西洋的先锋计划），这项对本地产酒条件深具信心的投资后来有许多人跟进，但在此之前，本区曾被认为地点太偏南而未受重视。在Molina设厂的San Pedro酒厂，20世纪90年代由智利最大的啤酒厂出资，在波尔多的Jacques Lurton技术支援下大幅扩厂，提升品质。酒厂周围环绕着全南美洲面积最大的单一葡萄园（占地1200公顷），而且如同许多智利葡萄酒业的操作形式，也采用非常精确的技术酿造葡萄酒，完全让人对拉丁美洲的印象改观。

中央谷地的最南端是智利最古老的葡萄酒产区 **Maule**，这里的雨量是圣地亚哥的3倍（但夏天一样非常干燥），这是智利最多火山灰土壤的葡萄酒产区。许多葡萄园栽种的是País品种，混杂着一些马尔白克、塔娜和佳美娜。赤霞珠现在已经是本区最重要的葡萄品种，可是在南端小量的以旱作农业技术培植的佳利酿老藤价值也日趋提升。

当地葡萄所酿成的葡萄酒，有许多都直接以中央谷的名称销售。此外，Miguel Torres在Maule产区西边的Empredado发现了一个以板岩为主的区域用来试验种植黑皮诺。

智利南部

在这个称为Sur的南部地区（西班牙语Sur即是南部的意思），有 **Itata**、**Bío Bío** 和 **Malleco** 三个子产区（见324页地图），因为海岸山脉的屏障效果较少，气候比Maule更冷也更潮湿（这样的环境反而适合雷司令、琼瑶浆、长相思、霞多丽和黑皮诺这些品种生长）。本产区仍然以种植País葡萄（特别是在Itata子产区）和麝香葡萄为主，但是也有一些酒庄开始酿造更有企图心的葡萄酒，例如Viña Gracia、Viña Porta以及在Mulchén市设厂的Concha y Toro。Viña Aquitania酒厂以Malleco子产区的霞多丽葡萄酿制的白酒Sol de Sol，品质已经鼓励了许多想要将智利的葡萄酒地图往南扩展的酒庄前来投资。在写本书时最南部的葡萄种植已经在Coihaipque的Malleco谷向南扩展320公里了。

精确的葡萄种植

从最早期曝光率很高的Torres及Lafite-Rothschilds在Peralillo地区创立Los Vasco酒庄以来，至今智利已经有数十家外国人投资的酒厂。不过，最令人赞赏的却是智利国内的葡萄种植专家及酿酒师，他们都有相当的专业能力及丰富的旅行经验，而且背后通常都有资金雄厚、果树栽培经验丰富的行家所支持。

智利有许多新的葡萄园，但是对地点的选择却比以往更为小心谨慎，并依据当地的自然条件来选择适合种植的葡萄品种。在葡萄园方面，以往酒农常会为了提高产量而过度施肥与灌溉，不过这种情况已经越来越少了，因为葡萄藤会自然地被浓密的树冠压弯，使得许多葡萄无法达到恰当的成熟度（一个对智利酒的常见评论）。得天独厚的气候条件，让智利非常容易就能采用有机种植，近年来采用有机耕作的智利葡萄园比例也越来越高，尽管很少有人会花时间心力去取得认证。不过有钱有闲的Concha y Toro在推动有机种植上就不遗余力，而且他们的分厂Emiliana Organico还拥有全球最大的单一自然动力种植法葡萄园；此外，Colchagua产区的Los Robles酒庄也采用有机方式生产，经营者是智利的有机种植先驱Alvaro Espinoza。

至于在贮藏方面，既然智利是以外销为主的产酒国，出口比例比澳大利亚还高（大约70%），所以就有大量资金投资在酒厂的硬件设备上，以橡木桶来说，现在已经变得比较像是酿酒基本工具，而不是用来炫耀。近几年来，智利酿酒师尽量提升葡萄酒的复杂度，降低其自然特性，使葡萄园的平均产量降低，葡萄的价格因此提升，稳定的比索比值无法帮助其打开外销市场。

智利的酒标颜色鲜艳并富有创意。比如：在Apalta 45度的陡坡上种植的Montes Folly给了"Gonzo艺术家"Ralph Steadman自由发挥的想象力。Luyt的葡萄酒是用Maule的佳利酿老藤优生繁育出来的。

阿根廷 Argentina

葡萄园的海拔一直为人所关注，不同的海拔拥有不同的气候，由此也决定了酒的风格和品质。在阿根廷，海拔是个关键词，如同智利跨越了如此多的纬度，阿根廷葡萄园的海拔高度也是此起彼伏。但阿根廷出现在国际葡萄酒版图上却是近年来的事。拜19世纪中叶西班牙和意大利移民的涌入，这里拥有非常多的葡萄品种。20世纪90年代中叶之前，阿根廷对于葡萄酒出口还兴趣索然，但如今它已飞速成长为全球第五大葡萄酒生产国。在度过了一段漫长的经济紊乱期之后，阿根廷慢慢恢复了元气，老的酒庄重新焕发生机，世界各地的投资者

又建造了一批崭新迷人的新酒庄，而葡萄园也以惊人的速度在增长，所处位置的海拔也越来越高。阿根廷人开始倾向于果味更足的葡萄酒，消耗的数量较之前也开始下降。销往海外的阿根廷红葡萄酒浓郁饱满，已经为人所熟悉，包括一些它的白葡萄酒在内，越来越受人欢迎，尤其在美国。

绿树成荫的门多萨距离智利首都圣地亚哥只有50分钟车程——距离非常之近，因此在拥挤的航班上随处可见拎着手提包的旅客。飞机上可以清晰地看见海拔6 000米的安第斯山那遍布锯齿状岩冰的山脊。阿根廷和智利的葡萄酒中心相距如此紧密，但两者的自然条件则大相径庭。虽然两者都身处低纬度地区，但智利的产区生长条件不够理想是因为被隔绝（如同三明治一样被夹在寒冷的安第斯山脉和冰冷的太平洋之间），阿根廷的

葡萄园则受困于大部分地区是半绿洲半沙漠的状态，好在它还拥有高海拔地区。

欲与天公试比高

阿根廷葡萄酒最典型的特征是高海拔，夜间温度足够低使得葡萄极具风味，深色的葡萄都酿作红葡萄酒，而在更为凉爽的地区，尤其是北部，则出产芳香型的白葡萄酒。山区的空气较为干燥，几乎没有病虫害，水源也相对充足，因此作物的

Catena Zapata，可以说是阿根廷最出名的葡萄酒。它的葡萄在安第斯山上越来越往高处种植，是最先在酒标上标志海拔高度的葡萄酒之一。

收成比其他任何地方都要喜人。目前阿根廷面临的挑战是轻质量、重产量导致无节制灌溉的问题。一些古老传统的葡萄园铺设的灌溉渠道会使得葡萄藤定期受到安第斯山冰雪融水淹没。如今由于降雪越来越少，且许多葡萄园都在新的地区选址，因此灌溉方面会越发严格。和其他地方一样，这个问题已经成为决定葡萄酒业经济效益甚至是生存问题的关键因素。

新种植的一些品种比如霞多丽都是嫁接过来的，较易感染根瘤蚜病，因此一直受到病虫害的侵袭。智利人也同样受此困扰，因为如今智利主要的葡萄酒公司都在阿根廷投资葡萄园，这比在智利国内买田要便宜，但截至目前根瘤蚜病还未造成重大的威胁。而灌溉如此普遍可能和当地的土质多为砂质有关。在智利，土壤中的线虫通常是更大的威胁，但在阿根廷，由于安第斯山脉一直比较干燥，因此葡萄藤都比较健康。

但气候往往是不可预测的，而当地的种植条件也并非完美无缺。在这样高海拔的地区冬季都比较寒冷（重要的是可以冷到足以让葡萄藤休眠的程度），但春天以及秋天突发的霜冻很大程度上对一部分葡萄园造成伤害。夏季，在一些纬度较低的产区，比如 San Juan 和 La Rioja 省以及门多萨南部的东圣拉斐尔（见 323 页地图）会过于炎热，影响一些优质酒的出产。而正如图中所分析的，阿根廷的年均降水量可能太低了（即便是在厄尔尼诺气候的年份），但降水会集中在生长季。在一些地区，尤其是门多萨，阿根廷 70% 的葡萄种植在此，秋天的时候突发局部冰雹的趋势越来越明显，这可能会毁掉整年的收成。有些酒农会花钱安装特殊的防冰雹网罩，这对于抵御阿根廷过于强烈的阳光照射也有帮助。而东北部有时会刮起猛烈、干燥的热风，尤其在高海拔地区发生在开花期，对于作物来说又是极大的威胁。

土壤相对来说较为年轻，很大一部分为冲积性的砂质土壤。因此阿根廷那些最好的葡萄酒的风味并非来自地下，而是来自上面猛烈的阳光、

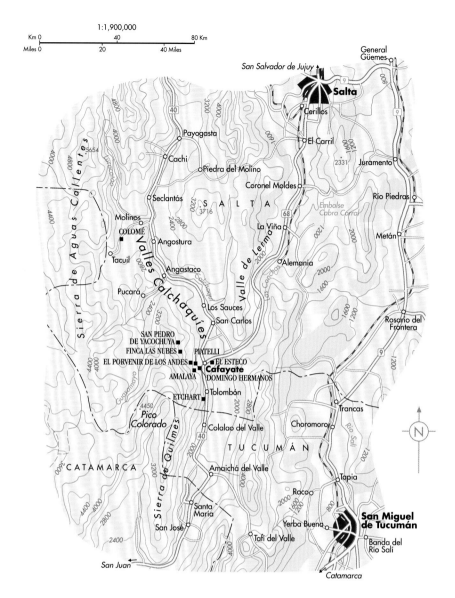

CALCHAQUI 谷

这里是种植和酿造阿根廷风格的 Torrontés 白葡萄酒中心，尽管也出产些精品红葡萄酒。葡萄产业给 Salta 省 Cafayate 镇里的一个度假胜地增添了不少诱人之处。

— · — · —	省界
■ ETCHART	知名酒庄
	森林
—2000—	等高线间距 400 米

这一系列酒标来自 Calchaqui 谷，包括 Amalaya，一款容易接受的以 Torrontés 为主的混酿。Amalaya 是 Colomé 的姐妹公司，这个高原上的酒庄主是瑞士艺术收藏家 Donald Hess。Yacochuya 是波美侯的著名酿酒师 Michel Rolland 在阿根廷的项目之一。

Key to producers
1 BENEGAS/KAIKEN
2 ENRIQUE FOSTER
3 ACHÁVAL FERRER
4 VIÑA ALICIA
5 MENDEL
6 LUIGI BOSCA
7 RICARDO SANTOS
8 NORTON
9 VIÑA COBOS
10 TERRAZAS DE LOS ANDES
11 MELIPAL
12 DOMINIO DEL PLATA

1:877,900

Km 0   10   20   30   40 Km
Miles 0   10   20 Miles

阿根廷：门多萨 ▼

纬度/海拔
-32.83° / 705 米

葡萄生长季节平均气温
22℃

年平均降雨量
207 毫米

采收期降雨量
3 月：26 毫米

主要种植威胁
夏季冰雹、干热多尘风、线虫

主要葡萄品种
BONARDA、马尔白克、CRIOLLA GRANDE、CEREZA、赤霞珠、芭贝拉、桑娇维塞、TORRONTÉS、霞多丽

门多萨葡萄酒产区

成千英亩的葡萄树现在多数在 Uco 谷的上部地区茁壮成长。这些在此地图的南半部的葡萄树是在近几年种植的。参看地图南端的获奖酒庄 O Fournier 酒庄。

干燥的空气和这些高海拔地区的温差。阿根廷葡萄园昼夜温差最高可以达到20℃，比世界上任何地方都要高。通常这是由于高海拔造成的，但在 Patagonia 南部却是因为高纬度。除了 Patagonia 最南部的一些葡萄园，在 Neuquén 和 Río Negro，葡萄都很容易成熟。阿根廷的高温可以从红葡萄酒中那柔软的单宁和不时的高酒精度中体现，然而也

有一些高端酒农通过控水或运用网罩来让葡萄成熟得慢一些。酒精度可以通过用不同时期采摘的葡萄进行混酿来进行中和，但加酸则不可避免，大部分阿根廷葡萄酒都需要加酸。

阿根廷葡萄酒的国际声誉很大程度上建立在国内种植最多的红葡萄品种马尔白克上，这是应总统要求于1868年由法国农学家 Michel Pouget 所

引进。阿根廷的很多马尔白克不仅仅尝起来与法国西南部卡奥尔（Cahors）产区的不同，看上去也很不一样，阿根廷的马尔白克更小，果束更紧，果实更小。早先的那些南美酒农肯定进行过筛选，而如今这些葡萄已经完全适应了当地的环境，而且依然保留着它的酸度和强烈的风味，马尔白克的确是最适合高海拔种植的品种，堪比赤霞珠。

阿根廷的葡萄品种非常多彩多样。深色的有 Bonarda，在加利福尼亚被叫作 Charbono，是阿根廷种植面积第二的红葡萄品种，果味浓郁，也可以说是这个国家没有被开发的葡萄品种。门多萨的酒庄 Nieto Senetiner 是第一家酿出品质极优 Charbono 的酒庄，但如今已经有更多的酒庄开始这样做。其他较为重要的红葡萄品种，依次是赤霞珠、西拉、梅洛、品丽珠、小维尔多、添普兰尼洛、桑娇维塞和黑皮诺，而最好的黑皮诺来自 Patagonia 和门多萨海拔最高的葡萄园。

从中我们可以看出，在很长一段时间里，这里对于什么品种适合在什么地方种植并没有太多约束。但如今在 Alta Vista 和 Achaval Ferrer 的领军下，已经有越来越多的酒农开始生产单一园的葡萄酒来表现当地的风土，通常以马尔白克为主。

白葡萄品种

阿根廷最具特色的白葡萄品种是 Torrontés（除此之外还有一些为了满足当地需求但受到严格控制的品种，比如粗梗、粉红色果皮的 Criolla Grande、Cereza 和 Criolla Chica 或者 Mission，以及浅色果皮的 Pedro Giménez）。而 Torrontés 这个名字应用于3种各具特色的葡萄。Torrontés Riojano、Criolla Chica 和亚历山大麝香葡萄的杂交品种，此品种是经过长时间考证以后证实起源于 La Rioja 省，且表现最好才得以命名。它非常芳香浓郁，但已经不太符合时下所流行的风味，主要种植在 Salta 省的高海拔葡萄园，尤其是 Cafayete 附近。另外一些被广泛种植并被阿根廷作为优质白葡萄酒出口的品种则是霞多丽（阿根廷人对于霞多丽有着极大的热情并获得了成功）、白诗南、白玉霓、灰皮诺（由 Lurton 从阿尔萨斯剪枝带过来）和正在不断增加种植面积的长相

思，当地凉爽的气候使得新品种被大量种植。而令人感到意外的是维欧尼和赛美容也被当地人种植，这也是门多萨最常见最标志性的白葡萄品种，由此可见阿根廷的葡萄酒产业正在复兴中。

阿根廷北部和中部

阿根廷最北端的葡萄树种植在大约海拔2 400米处，毗邻玻利维亚边境的Fernando Dupont酒庄。再往南一些，**Salta**省则宣称自己拥有全世界海拔最高的葡萄园，位于Calchaquí峡谷，Donald Hess酒庄的Colomé山葡萄酒便产自那里。海拔相对较低的一些的产区，度假胜地Cafayete以芳香型白葡萄品种Torrontés闻名，而San Pedro de Yacochuya则以老藤和低产证明了自己所酿红葡萄酒的价值。距离Salta一步之遥的Tucumán也出产品质不错的酒。而南部的**Catamarca**省以出产餐酒闻名，Santa María地区则证明这里还能酿出更好的酒，但酒标上会有些误导性地标注为Valles Calchaquíes。**La Rioja**省自然以Torrontés Riojano而著称，而葡萄藤的藤蔓护理和酿酒都是由当地的合作社来完成，最知名的产区是Chilecito，位于干燥多风的Famatina峡谷内。

唯一一个可以和门多萨比一下产量的省份就是**圣胡安（San Juan）**，这里比门多萨更为炎热干燥（年均降水量只有90毫米）。阿根廷1/4的酒产自这里，大部分为亚历山大麝香葡萄（Muscat of Alexandria），是阿根廷最主要的麝香葡萄品种。西拉在当地也渐渐开始流行，而当地实在太过炎热，因此没有太多葡萄品种适合种植。其他一些有潜力的品种是维欧尼、霞多丽、小维尔多和丹娜。和在门多萨一样，一些注重品质的酒农会选择在更高海

拔的Zonda，Calingasta和Pedernal峡谷建造葡萄园。

门多萨，和那座动感都市同名的一个省，也是目前阿根廷最大的葡萄酒出产省份，拥有许多不同的产区。门多萨中部拥有悠久的酿酒传统，阿根廷大部分知名酒庄都集中在此。在Luján de Cuyo，城市道路两边都是葡萄园，以出产优质马尔白克而闻名，而这里的葡萄种植区被分为3个地区：Vistalba、Perdriel和Agrelo，都以马尔白克著称，土壤都很贫瘠。20世纪70年代到80年代之间城市开发时这里的葡萄藤都逃过了劫难，因此藤龄都较长，从而保证了酒的质量。而在Maipú区，赤霞珠和西拉的品质要胜过马尔白克，当地海拔略低，气候更温暖。

门多萨中部的气候比较适中（Agrelo一直都很凉爽），土壤为阿根廷不多见的碎石土质（尤其在Maipú），而门多萨其他地区都是冲积性和沙质土。Luján de Cuyo以及东部的一些地区会略微受到土壤盐分过高的困扰，这些地区以产量庞大的餐酒为主，品种大都为Cereza、Criollas、Pedro Giménez、亚历山大麝香葡萄和高产的Bonarda。

门多萨东部也以产量取胜，但极具创新精神的Zuccardi家族是个例外。这里的葡萄园海拔较低，因此安第斯山脉带来的冷空气影响被降至最低。门多萨和图努扬河使得葡萄灌溉很充足，果实硕大，而这些产量巨大的酒基本都在本地市场被消耗。

门多萨城东南大约235公里，让我们来到圣拉斐尔（San Rafael），这里的葡萄园位于Diamante和Atuel河之间，海拔更低（大约在450~800米之间）。地处南部，所以这里比门多萨省其他地区更凉爽一些，而Uco峡谷是个例外。当地种植有阿根廷最多的白诗南和桑娇维塞（在当地被叫作Tocai Friulano）。

圣拉斐尔如果没有太多冰雹影响的话应该可以酿出更多的好酒。

而门多萨最令葡萄园爱好者感兴趣的精品酒产地就是Uco峡谷，Uco不是一条河，而是哥伦布发现美洲大陆前一位酋长在当地开凿的一条灌溉河渠。目前这里有16 500公顷葡萄园，大部分都非常年轻，海拔在900~1 500米。像Catena和LVMH拥有的Terrazas de los Andes酒庄会在酒标上标明其精确的海拔。

而最高的葡萄园位于Tupungato，门多萨最北的地区。阿根廷最令人赞叹的霞多丽大都种植于此。Tupungato如今越来越注重葡萄园的现代化、精细化管理，一些老的酒庄离葡萄园都非常远。这里夜晚非常凉爽，使得葡萄拥有美妙的果味，酸度也够高，足以完成乳酸发酵。而这里的无霜期比纽约州的五指湖区还要短，对于Uco峡谷东部较低海拔的圣卡洛斯（San Carlos）来说，霜冻是最主要的威胁。

其他一些值得注意的葡萄园包括Clos de los Siete，靠近Tunuyán的Vista Flores，海拔比Tunuyán略低，来自波美侯的Michel Rolland和跟风而来的投资者在此建造了一批红葡萄酒酒庄。门多萨的葡萄种植目前还有很大的潜力可挖，但灌溉用水仍然是它的短板。然而有失必有得，安第斯山脉中这片没有经过污染的土地拥有足够的光照，光合作用使得葡萄中的酚类物质形成葡萄的颜色风味，单宁成熟很快。这是非常少见的阿根廷酒，即便年轻时还略显生涩，但那份属于门多萨红葡萄酒的质感依然丝滑。

巴塔哥尼亚（Patagonia）

巴塔哥尼亚的酒产自阿根廷南部的**Neuquén**省和**Río Negro**省，这里曾经种植过许多梨，如今也开始酿造拥有自己风格的酒——相比门多萨的酒来说没有那般强烈，但更香醇和干涩。南极气流使得这里温度降低，气候干燥严酷，不间断的狂风使得葡萄藤不受病虫害影响。这里的酒大多光彩照人，个性鲜明，很具结构。巴塔哥尼亚少数一些酒庄完全没有阿根廷血统：来自波尔多的Fabre Montmayou拥有Infinitus酒庄；Noemi酒庄由丹麦人建造，现在被金巴利集团收购；Familia Schroeder酒庄则来自欧洲；Chacra酒庄，位于Río Negro的一片曾经被荒弃的古老黑皮诺葡萄园，如今为托斯卡纳的Piero Incisa della Rocchetta所拥有。

阿根廷最南部的Chubut省，当地酒农新酿的酒居然把酒精度只有12%的酒做得酸度无比锐利，对此我只想说，阿根廷依然处处让人称奇。

阿根廷的酒标（这些包括最精致、最富有细节的门多萨马尔白克）比起智利酒标更倾向比较清醒的状态，即使那些酒体是世界上最重的酒也如此。男子汉气概是可持续性的王牌吗？

澳大利亚和新西兰

Schubert Wines 位于新西兰怀拉拉帕（Wairarapa）的子产区 Gladstone 的 Dakins Road 葡萄园。

澳大利亚 Australia

18世纪末，当第一批欧洲移民来到澳大利亚的时候，就将葡萄藤引入到这里；19世纪末，澳大利亚已经成为了一个重要的葡萄酒酿造国，出口到唯一的海外市场英国。 当时，大部分的葡萄酒是加强型葡萄酒，称为波特或雪利酒，虽然比重很小，但是获得了如同餐酒一样神话般的名声。20世纪70年代，澳大利亚葡萄酒行业出现了质的转变。加度酒风采不再，而餐酒崛起，海外市场的需求剧增。像Wolfblass这样的酒庄因酿造充满甜味、橡木味且浓郁的葡萄酒而获得无数金牌荣誉和极高的声望。许多果农和小酒庄因亏损而很快被大酒庄收购。

20世纪90年代到21世纪初期，澳大利亚葡萄酒的出口猛增，但这也导致了葡萄种植的狂热发展，有的甚至被减税优惠误导了。葡萄供过于求，紧随而来的是本国市场的贴现和因亚洲对澳大利亚铁矿石的投资而越来越坚挺的澳元，这更使得澳大利亚葡萄酒行业雪上加霜。到2012年，澳大利亚6 250家果农（2004年为8 570家）面临着气候变暖和口感变化带来的严峻考验。

澳大利亚受厄尔尼诺及拉尼娜气候的影响极大，容易出现极端气候情况。自2006年起，澳大利亚葡萄酒产区就受到严重打击，2007年至2010年间，不少产区受干旱困扰，葡萄都要比往常提早几周采摘。2009年维多利亚州的丛林火灾不仅死伤无数，而且在雅拉谷有接近3%的葡萄园和酒庄被摧毁。2011年，拉尼娜气候为澳大利亚东南部带来了历史上雨水最多的葡萄生长季节。与此同时，澳大利亚西部的葡萄园从2006年开始就保持稳定的年份，证明了澳大利亚是多么的广袤无垠：从珀斯到布里斯班，公路距离接近4 500公里。

世界上最大的岛离开消费者如此遥远，但是澳大利亚本国消费者却与国产的葡萄酒近在咫尺，与1960年相比，本国葡萄酒人均消费增长超过5倍。但是他们仅消耗本国葡萄酒产量的1/3。如气温分布图（见336页）显示，这个地大物博的国度大部分区域要么太热要么太干，即使是很顽强的葡萄藤都难以生存，绝大部分的葡萄酒产区都坐落在沿海地区，主要是气候最凉爽的、人口比较集中的东南沿海以及塔斯马尼亚和西南地区。

要找气候凉爽的地方，要么一直往南，要么就是在山上。大分水岭（The Great Dividing Range）把葡萄酒产区分为两部分。北面的是昆士兰州的葡萄酒产区，两个海拔相对较高的地方被官方认定为地理标志性GI产区，即Granite Belt和South Burnett，他们依靠海拔高度来保持凉爽。**昆士兰**的葡萄园数量是气候更凉爽的塔斯马尼亚的2倍，但是因为降雨量少，产量受到限制，还不到塔斯马尼亚的一半。Granite Belt占昆士兰2/3的产量，拥有澳大利亚最具戏剧性的地貌，到处分布着花岗岩巨石。早在2007年，Granite Belt就向世人证明了这里所种植的葡萄有着与众不同的区域个性，而不像时常被怀疑的那样，种植的是澳大利亚新的葡萄品种。

巨大的葡萄品种变化

在过去的几年里，澳大利亚葡萄酒产业的最显著变化之一就是一些非传统性葡萄品种的兴起。第一个获得商业成功的是灰皮诺（Pinot Gris/Grigio），以维多利亚州的莫宁顿半岛为先锋代表，现在其产量甚至已经超过了澳大利亚经典的白葡萄酒雷司令，并在2010年澳大利亚年度非传统葡萄品种展中拔得头筹。灰皮诺占澳大利亚总产量的2.4%，仅次于高端的白葡萄品种霞多丽、长相思和赛美容。

即使澳大利亚严格的植物检疫规范一定程度减缓了葡萄种植的速度，但是非传统品种还是迅速增长。2010年，维欧尼几乎超越传统的维德和，添普兰尼洛和桑娇维塞超过了品丽珠，还有一系列非传统品种（以递减顺序）：阿内斯（Arneis）、多赛托（Dolcetto）、金芬黛、芭贝拉、内比奥罗及萨瓦涅［Savagnin，又名塔明娜（Traminer），最早为阿芭瑞诺（Albariño），后在西班牙变种而来］。

就主要葡萄品种来说，西拉仍保持澳大利亚最具标志性的葡萄品种地位，几乎每四株葡萄藤中就有一株是西拉。西拉的品种风格也是千变万化，但是总体的趋势是，已经从那种由过度成熟的葡萄酿造的无比浓郁、重橡木味的葡萄酒转变为更具有风格、更多体现葡萄园特色的佳酿，而不是酒窖里的魔法。曾流行一时的西拉与维欧尼混合发酵已经逐步减少，一些非常清新风格的酒被标注上了Syrah，而不是Shiraz，更像法国酒款。2011年，墨尔本葡萄酒大赛著名的Jimmy Watson Trophy大奖将最佳年轻酒的荣誉授予了Glaetzer酒庄来自塔斯马尼亚的Dixon西拉。如今，就连澳大利亚葡萄酒大赛的一些安排和规则都得到了改变。

如果说西拉得到了进化，那么霞多丽（现在是澳大利亚的第二大葡萄品种，已经超过赤霞珠）更是发生了本质风格的转型。风格的变化在欧洲可能需要几代才能发生，而在澳大利亚似乎只需要几年。20世纪90年代的澳大利亚霞多丽肥美而重橡木味。但是敏锐的澳大利亚出口商发现他们的主要海外市场英国与美国已经厌倦了这种风格，于是澳大利亚的酿酒师们就开始给他们的霞多丽葡萄酒严格"瘦身"。如今，澳大利亚的霞多丽变得清瘦，有时含蓄，但是十分开胃，酿造精美，与勃艮第白相比价格合理。

对于所有的葡萄品种以及不断增加的混酿，

有一个真实的转变就是摒弃那机械式的酿造方式，更多讲究手工艺。出色的酿酒师希望能更多地表达地理特色，而不是技术！

销售澳大利亚葡萄酒

澳大利亚的葡萄酒酿造者十分仔细听取海外消费者的反馈意见，因为他们葡萄酒的销售太依赖于海外市场。在澳大利亚国内市场，受到巨大的澳元波动影响，进口葡萄酒竞争也是极为激烈。新西兰著名的白葡萄酒长相思供过于求，马尔堡的长相思如洪水般涌入澳大利亚，被称为"长相思雪崩"。令人头疼的是，澳大利亚销售最大的单一品牌就来自新西兰。

与此同时，澳大利亚的两大最主要出口市场出现变化。在美国，受到葡萄酒评论家罗伯特·帕克的影响，越来越多的美国消费者一窝蜂地迷上强劲的西拉葡萄酒，许多美国葡萄酒收藏者期望这些酒能随着窖藏陈年会越发美丽，但往往很失望。在美国这个市场的另外一个极端是，新南威尔士州的Casella家族，几乎是为美国市场定制的Yellow Tail品牌曾一时间刮起销售剧增的旋风，引发了许多仿效者和简单地被称之为"牛马"品牌的葡萄酒，但是该品牌及这些效仿者们，没有为澳大利亚葡萄酒的形象产生任何积极影响，反而使其走上倒退之路。

对于另外一个市场英国来说，垄断的零售超市集团认为澳大利亚瓶装葡萄酒价格水涨船高，从而转向进口价格低廉的散装葡萄酒并定制私有品牌。2008年，澳大利亚对英国的葡萄酒出口总量第一次下滑，到2012年初，散装酒的出口量超过了瓶装酒。尽管如此，澳大利亚品牌葡萄酒在中国获得巨大成功，中国成为澳大利亚第三大海外市场，总量几乎接近英国进口量的一半。

葡萄酒产区（GI）

● Penola　葡萄酒子产区

HUNTER　知名酒庄

知名葡萄园

等高线间距200米

340　此区放大图见所示页面

澳大利亚西部地图见 337 页

塔斯马尼亚地图见 353 页

葡萄酒工厂

众多出口的散装葡萄酒,事实上几乎占据澳大利亚总生产量的60%,来自澳大利亚内陆的产区。这些产区拥有广袤无边的葡萄园,以产量递减排序,包括:南澳洲的**河岸地区(Riverland)**、新南威尔士州与维多利亚州交界的**Murray Darling**以及新南威尔士州的滨海沿岸**Riverina**。当然滨海沿岸产区不只生产散装葡萄酒,Grifitth就酿造一些不错的贵腐赛容美甜白葡萄酒。这些产区依靠着来自Murray、Darling以及Murrumbidgee河流的灌溉,如果没有这些灌溉,在水源枯竭时产区也将不存在。一些红葡萄酒需要与来自凉爽产区的葡萄混酿,这些产区几乎如沙漠,如果遇到干旱年份,那么毫无疑问巨型葡萄酒工厂将面临严重缩水(但是干旱年份的有利之处之一就是能够更规范地循环使用水资源)。截至2012年,澳大利亚的葡萄园数量已经减少到仅仅15万公顷。每吨葡萄原料的平均价格在2007年是880澳元,5年后一落千丈,只有410澳元。

来自内陆河流产区的葡萄酒往往被标注上**澳大利亚东南部(South Eastern Australia)**,一个官方的地理标志性产区,除了澳大利亚西部之外,任何地方的葡萄混酿几乎都可以标此产区。在澳大利亚,产区之间的混酿也有一定历史。事实上,有些澳大利亚顶级的佳酿能被品鉴出是产区间的混酿。这种混酿不会消失,但是在如今追求地理特性的趋势下,它会变得过时。

澳大利亚是第一个支持并使用螺旋盖的葡萄酒主要生产国,当初也受到邻国新西兰的影响。葡萄酒出口商可能为进口商提供传统木塞或螺旋盖两种选择,但是绝大部分澳大利亚的葡萄酒酿造商以及各大主要的葡萄酒展会与挑战赛都完全接纳斯蒂芬封瓶的好处,斯蒂芬(Stelvin)是主要的螺旋盖品牌。

石灰石沿岸

本书接下来几个关于澳大利亚产区的篇章没有着重提及的是一个相对比较重要的产区,南澳洲的**石灰石沿岸**。在南澳洲的这片区域,有重要的并受官方认定的产区包括库纳瓦拉(见347页),然后是Padthaway和Wrattonbully;Mount Benson、Robe、Mount Gambier产区更小,Bordertown正努力获得更

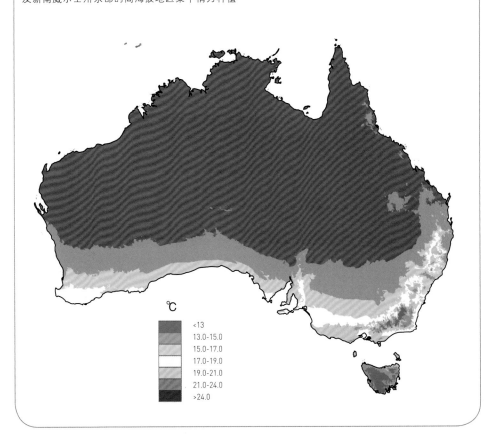

1981年~2010年 生长季节平均气温

从10月1日到来年4月30日之间的平均气温情况很大程度地影响着葡萄成熟度(见20页)。凉爽气候限制葡萄生长,塔斯马尼亚、维多利亚州南部以及新南威尔士州东部的高海拔地区集中精力种植凉爽产区葡萄。气温上限大概在21℃,所以澳大利亚不少地方不适宜种植葡萄。

(资料来源:澳大利亚气象局)

℃
- <13
- 13.0-15.0
- 15.0-17.0
- 17.0-19.0
- 19.0-21.0
- 21.0-24.0
- >24.0

多的关注与认可。

Padthaway拥有丰富的石灰石土壤,是澳大利亚产区最偏远角的库纳瓦拉之后的石灰石土壤产区首选。与库纳瓦拉相比,土壤条件没有多大的差异,但是气候条件来说更温暖,目前主要为大公司垄断葡萄园,最佳的葡萄品种是霞多丽与西拉。大部分的葡萄原料会运往北部大公司的酒厂酿酒。

Wrattonbully正好位于库纳瓦拉的北面,气候更凉爽,比Padthaway更原始,拥有红色土壤terra rossa,即使葡萄园面积只有库纳瓦拉的1/2,Padthaway的一半,几家知名的家族酒庄都在这里投资葡萄园。南部的官方最新认定的地理标志性产区**Mount Gambier**有一些葡萄园,但是气候太凉爽,波尔多品种很难成熟,不过黑皮诺却有一定的潜力。

Mount Benson大部分是独立小酒庄;而**Robe**与南部产区极为相似,几乎是Treasury Wine Estate葡萄酒大集团的天下。海岸边的葡萄园酿出的葡萄酒果汁感更丰富,相比有力的库纳瓦拉葡萄酒缺少集中度。由于靠海近,葡萄很容易受海风影响,可能会有咸味,但是海风能给葡萄园带来降温作用。使用地下水的话不含盐分,但有时会受一两次霜冻影响,总体前景看好。

在石灰石沿岸最温暖的地方,即Bordertown西面、Padthaway东北面、靠海的埃尔金、库纳瓦拉正西方,拥有不少延伸的葡萄园,Mundulla和Lucindale区域也散落着一些葡萄园。

Chandon酒庄气泡酒的葡萄原料不止来自一个州,这是经典的澳大利亚做法。Boireann酒庄是昆士兰州的最佳酒庄,另外两款是来自石灰石海岸Wrattonbully区域现代派葡萄酒。

澳大利亚西部 Western Australia

从西到东是本书的导览方式，澳大利亚西部是我们的出发地。这里并不是澳大利亚葡萄酒产区最重要的集中地，产量不及全国总产量的5%，但是这里的葡萄酒品质接近巅峰，风格独特，酒体轻盈，又融合了成熟葡萄果实带来的美感，在

澳大利亚实属罕见。玛格丽特河（Margaret River）是澳大利亚西部最重要的葡萄酒产区，后面有详细介绍。

澳大利亚西部葡萄酒酿造的历史起源几乎和新南威尔士州差不多。首府珀斯往北顺河而上的天鹅谷（Swan Valley）早在1834年就有第一个年份葡萄酒。这里的夏季热气蒸腾，还有来自内陆的干热焚风，使气温可飘至38℃长达数周之久，这样的气候使得当地最早的酿酒者认为酿造

甜酒是唯一的出路。他们拥有酿酒技术和独创性，先锋代表霍顿（Houghton）曾连着几年酿造出了澳大利亚销售量第一的干白葡萄酒白诗南，谁都知道那里的葡萄园热如火炉。直到20世纪60年代，大家才意识到澳大利亚西部真正具有潜力酿出好酒的地方是更往南部去的地方，那里气候更凉爽，广袤无人，南极气流和西风很大程度上调节了气温。

大南部地区

在**大南部地区**这个产区，20世纪60年代首先被注意到的是巴克山（Mount Barker）子产区，后来此区逐渐往外扩大，现在是整个澳大利亚最凉爽最湿润的地块之一，甚至到5月还可见葡萄仍在葡萄藤上。Plantagenet酒庄是该产区卓越的先锋。但是这里受到了一群小果农的影响，他们中的一些依赖于几家规模较大的合作酿酒厂，但是越来越多正建立起自己独立的小酒庄。对于澳大利亚来说，大南部地区有些与众不同，这里划分为几个子产区：Albany、Denmark、Frankland River、Mount Barker及Porongurup。

巴克山子产区（不要与阿德莱德山的Mount Barker混淆）最显著的实力是能酿造精致的雷司令、赤霞珠以及一些迷人的带着胡椒粉风味的西拉。1966年建立的Forest Hill葡萄园最近重新恢复活力，为位于Denmark子产区的同名酒庄提供出色的葡萄原料，酿造的葡萄酒是澳大利亚西部葡萄酒历史上的巅峰之作。沿海的**Denmark**子产区更湿润但又常常更温暖，对于波尔多葡萄品种来说成熟度是一个挑战，但是该产区能让皮薄的西拉保持健康状态，早熟的黑皮诺与霞多丽最为出彩。

Albany子产区是大南部地区人口最集中的地方，是澳大利亚西部第一批欧洲移民登陆地。西拉和黑皮诺在这里造诣不浅。在更内陆海拔更高的Porongurup拥有花岗岩土壤，酿造精致的、特别带有矿物味的、紧致的雷司令，而霞多丽与黑皮诺也越来越棒。

Frankland River子产区的迅猛发展期是在20世纪90年代末，因为受到了税收优惠的巨大推动。这个位于巴克山西面的内陆子产区目前是大南部地区最集中的葡萄种植地（同时又拥有400公顷的橄榄园），虽然酒庄不多。Ferngrove是迄今最大的酒庄；Alkoomi已经建立起了酿造长相思和橄榄油的声誉；Frankland Estate的实力是单一葡萄园雷司令和Olmo's Reward波尔多混酿，Olmo's Reward是为了纪念这位加利福尼亚的教授，早在20世纪50年代他第一个建议在这里种植葡萄；而Westfield葡萄园为霍顿的高端混酿红葡萄酒 Jack Mann 酒标提供果实原料。即便如此，和过去一样，标有大南部地区的酒还未受到广泛的认知。

面对印度洋

绝大部分靠近印度洋海岸的葡萄园主要集中在松露产区 Manjimup 及 Pemberton。Manjimup

PEEL 葡萄酒产区（GI）
Swan Valley 葡萄酒子产区
■ PICARDY 知名酒庄
● Forest Hill 知名葡萄园
—400— 等高线间距 200 米
339 此区放大图见所示页面

从珀斯（PERTH）到ALBANY

澳大利亚西部的葡萄酒酿造从珀斯附近的天鹅谷开始，霍顿（Houghton）酒庄就在天鹅谷，酿造"勃艮第白"，一款干型的混酿白葡萄酒，曾风靡澳大利亚。但是，20世纪60年代之后，受到加利福尼亚人的推动，一些葡萄种植者在更南部的区域安营扎寨。

1:5,300,000

Km 0   50   100   150 Km
Miles 0   50   100 Miles

玛格丽特河产区人口稀少，靠近印度洋，吸引了旅游者、葡萄酒饮用者还有酿酒师，他们同时也都是冲浪爱好者。

一些大南部地区最令人振奋的勃艮第风格红白葡萄酒的典型酒标是Marchand&Burch，该酒标是由法籍加拿大酿酒师Pascal Marchand和Howard Park、庄主夫妇Jeff Burch及Amy Burch共同打造。

受到南极洋流的影响相对要小，更具大陆性气候，土壤为花岗岩。虽然**Manjimup**有潜力酿造Batista黑皮诺葡萄酒，但**Pemberton**似乎更胜一筹。一些酒庄如Picardy和Salitage专注酿造勃艮第品种，并获得不俗的成绩，而Pemberton的长相思也是名列整个澳大利亚西部各州前茅。Pemberley的果农为该州不少顶级酒提供高品质葡萄，德国人建立的

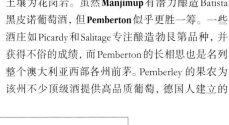

Bellarmine出产不错的雷司令，而前Leeuwin酒庄的葡萄种植师John Brocksopp建立了Lillian酒庄，酿造的隆河葡萄品种好评无数。

从玛格丽特河往南，是**Geographe**葡萄酒产区，由两位医生Dr Peter Pratten（Capel Vale）和Dr Barry Killerby在20世纪70年代建立。他们在南部Bunbury和Busselton之间狭长的沿海区域（又名Capel）种植葡萄。Geographe的气候与玛格丽特河类似，完全受到印度洋的影响，但是土壤条件更加多样，有沙质的海岸平原（又俗称Tuart沙地），有冲击土壤，还有远离海岸的丘陵地带的花岗岩。这里的葡萄酒产业得到相当大的发展，特别是内陆地区，如Ferguson Valley、Donnybrook及Harvey区域。很多葡萄品种都能够在这里生长。除了原有的传统特色霞多丽及波尔多品种之外，添普兰尼洛及一些意大利品种表现出了潜力。在Ferguson Valley，隆河的混酿红葡萄酒日益强大。**Blackwood Valley**主要是位于Geographe和Manjimup之间的区域。这个区域在过去15年发展惊人，著名的Barwick酒庄的The Collectables赤霞珠葡萄酒证明了赤霞珠是多么适合在这个美丽的世界一角种植。但总体来说，这里知名度的提升还是相对缓慢的。

玛格丽特河 Margaret River

这是澳大利亚西部最著名的葡萄酒产区，澳大利亚少有地方能像这里一样苍翠，也少有地方能有如此宏伟壮观的考里木与红柳桉树森林，间有五彩鸟儿飞越，袋鼠蹦蹦而过。海浪反复拍打岩岸，无际的海岸线，还可眺望不远处的葡萄园，编织出一幅人间天堂的美景。如今，更有80多家酒庄吸引着无数的游客。

玛格丽特河的第一批葡萄酒是在20世纪70年代初由Vasse Felix酒庄酿造的，紧随其后的是Moss wood、Cullen酒庄，如同澳大利亚葡萄酒历史上的一个特点，它们都是由医生所建立的。很快地，葡萄酒评论家们关注到了该产区表现突出的高品质葡萄酒，特别是赤霞珠。Sandalford酒庄，这个霍顿酒庄在天鹅谷产区的竞争对手迅速在玛格丽特河建立大片葡萄园。来自加利福尼亚的罗伯特·蒙大维也对该产区产生浓厚兴趣，鼓励Denis Horgan建立起了雄心勃勃的Leeuwin Estate酒庄，很快以酿造油润风格的霞多丽以及举办世界一流的户外音乐会而出名。

如今，玛格丽特河已经有150多家酒庄，这里的土壤类型十分丰富，而其中的排水性好的含有铁矿岩的砾石更是适合红葡萄品种生长，种植出了该产区获奖最多、极为出色的红葡萄酒佳酿。这里春季风较大，会影响开花而减少结果量，特别是这里占主导的颗粒不均的霞多丽葡萄串，俗称"Gingin"。同时，这也是玛格丽特河中心区域酿造的葡萄酒风味更集中浓郁的原因之一。夏季干燥而温暖，整个产区的东西宽度不足30公里，主要靠印度洋的海风调节。葡萄有时可以在1月就进行采摘。

赤霞珠主要种植在Willyabrup谷，但实际种植范围很广，横跨整个玛格丽特河，从北部的Yallingup（受益于Geographe海湾的影响），一直延伸到南大洋海岸的Augusta。在这里，受到的影响不是印度洋而是南极洲。玛格丽特河版图的南半部分，虽然也能酿造优质的红葡萄酒，比如Suckfizzle、McHenry Hohnen以及其他一些酒庄，但是这里最经典的还是白葡萄酒。

玛格丽特河产区的名声是建立在赤霞珠这个葡萄品种上，就如同波尔多、意大利贝格瑞、纳帕谷以及石灰石沿岸（Limestone Coast，详见336页）等其他西海岸产区一样，都各自有闪光之处，酿造出一些标志性的且值得陈年的世界级红葡萄酒。玛格丽特河的顶级赤霞珠，兼具细腻度及成熟度；不过大部分酒庄也会酿造波尔多式混酿葡萄酒，通常是赤霞珠及梅洛品种（Cullen酒庄是典型例子），而马尔白克和小维尔多也越来越多地被使用。

虽然赤霞珠是该产区的主要红葡萄品种，但是也没有阻碍西拉的种植，西拉与赤霞珠几乎同等重要，具有白胡椒粉的风味，风格有点类似于重量感减半的巴罗萨谷西拉。霞多丽在这里也是出类拔萃，不仅在Leeuwin酒庄，还有Pierro、Voyager Estate、Cape Mentelle、Xanadu、Cullen等众多酒庄都能酿造出色的霞多丽白葡萄酒。与此同时，玛格丽特河的赛美容长相思混酿白葡萄酒也为该产区建立了澳大利亚国内乃至世界范围的较高声望，这种混酿葡萄酒非常活泼，充满热带水果风味。如同其他产区一样，多样的葡萄品种正在玛格丽特河产区迅速种植与发展。

玛格丽特河北部及中部

到目前为止，大部分玛格丽特河顶级的葡萄酒都出产自该产区北部地区极小的葡萄园。但是近些年来，越来越多的酒庄正逐步开发南部地区。

玛格丽特河：玛格丽特河 ▼		
纬度/海拔 **-33.53°/109米**		
葡萄生长期间的平均气温 **19.0℃**		
年平均降雨量 **759毫米**		
采收期降雨量 **3月：21毫米**		
主要种植威胁 **风、鸟类**		
主要葡萄品种 **赤霞珠、西拉、赛美容、霞多丽、长相思**		

玛格丽特河的强项是赤霞珠混酿，但是白葡萄酒也造诣不浅。赛美容与长相思的混酿也是该产区的特色，Stella Bella酒庄的Suckfizzle酒标有点格拉夫（Graves）的风格，部分葡萄在橡木桶里发酵。

■ CULLEN　知名酒庄

葡萄园

—100—　等高线间距50米

▼　气象站

南澳洲：巴罗萨谷 South Australia: Barossa Valley

南澳洲对澳大利亚的意义就如同加州对美国的意义：**葡萄酒之州。南澳洲的葡萄压榨量与日俱增，早已经超过整个澳大利亚总量的50%，同时也是澳大利亚各个最重要的葡萄酒及葡萄藤研究机构的所在地。**阿德莱德市，南澳洲的首府，被葡萄园所包围。往东北驱车55公里的地方就是"南澳洲的纳帕谷"：巴罗萨谷，这里的广阔土地布满葡萄园。巴罗萨谷由说着德语的西里西亚人所建立，现在西里西亚隶属于波兰，但是巴罗萨谷仍拥有浓浓的刻苦努力的德国精神以及德国的美食香肠。

巴罗萨是澳大利亚最大的优质葡萄酒大区，顺着北Para河而上，周边近30公里的范围遍布葡萄园，然后往东蔓延至下一个产区伊顿谷（Eden Valley，见右页），地势从海拔230米的Lyndoch镇一直爬升到东边巴罗萨山脉的550米。整个巴罗萨大区涵盖了这两个相连的葡萄酒产区，所以如果酒标上只写"Barossa"，那么这支酒有可能是由伊顿谷和巴罗萨谷的葡萄混酿而成。

虽然巴罗萨谷的夜晚很凉爽（比迈拉仑维尔更凉爽），但这里的夏季炎热而干燥。然后该产区有着丰富的"遗产"——成熟的、根深蒂固、不需要灌溉的高度齐膝的古老葡萄藤，而其中约有80公顷超过百年，它们依然生命力旺盛，完全

适应了当地的各种气候条件。因为南澳洲严格执行动植物检疫规范，尚未受到根瘤蚜病的危害，所以大多数的葡萄藤不需要接枝，直接种植于土壤，而很多剪枝来自更老的藤。这样的藤能够结出风味更加集中的果实，所酿造的葡萄酒也

更具有显著的区域特性。巴罗萨谷西拉，浓郁饱满、有巧克力味道、辛辣大气，这些酒可以是那些"酒鬼"的长生不老药，也可以是融入了更加现代的理念：提早的采摘来展现产区不同的风土条件。有些巴罗萨谷的酿酒师会加单宁加酸，所

Taste Eden Valley
DANDELION
DAVID FRANZ
EDEN HALL
EDEN VALLEY WINES
HEATHVALE
HENSCHKE
HUTTON VALE
IRVINE
POONAWATTA
RADFORD
TORZI-MATTHEWS

巴罗萨谷：NURIPIOOTPA ▼

纬度/海拔
-34.55°/116

葡萄生长期间的平均气温
19.8℃

年平均降雨量
484 毫米

采收期降雨量
3月：25 毫米

主要种植威胁
干旱

主要葡萄品种
西拉、赤霞珠、歌海娜、霞多丽、赛美容

巴罗萨谷
伊顿谷
■ HERITAGE 知名酒庄
● Ebenezer 知名葡萄园
葡萄园
—300— 等高线间距75米
▼ 气象站

1:163,534
Km 0 .... 5 .... 10 Km
Miles 0 .... 5 Miles

以也反映出典型的巴罗萨谷西拉特别是年轻时在口腔中是非常强劲的。波尔多的酿酒师喜欢较长时间的后发酵浸皮过程，让酒液得到充分的颜色和单宁，而巴罗萨谷的红葡萄酒通常是在美国橡木桶里完成发酵，加入高酒精度的威士忌来增加甜度和柔顺度。

即便如此，澳大利亚的酿酒师还是一贯地追求创新，他们也不断尝试混合使用美国桶和法国桶。不管是受到隆河谷还是伊比利亚的影响，混酿越来越受青睐。

大企业大业务

巴罗萨谷的葡萄酒产量为一些国际大企业大巨头占主导地位，比如Treasury葡萄酒公司，旗下拥有Penfolds（其旗舰酒款Grange的葡萄原来来自整个南澳洲）、Wolf Blass以及一系列其他品牌；法国烈酒巨头Pernod Ricard拥有Orlando酒庄，包括其到目前为止最为著名的Jacob's Creek品牌（以Rowland平原附近的一条小溪命名）；最大的家族酒庄公司Yalumba，坐落于巴罗萨谷和伊顿谷边界的Angaston小镇；以及无数规模大小不等的酒庄。

Peter Lehmann酒庄（2003年被瑞士人Donald Hess收购）在20世纪80年代末以手工酿造单一园老藤巴罗萨西拉而闻名，而当时赤霞珠更为盛行，该酒庄拥有一群充满理想的酿酒师，他们致力于巴罗萨谷老藤，也尝试不同的葡萄品种。

巴罗萨谷还拥有老藤歌海娜（能酿造酒精度更高的酒）和老藤慕合怀特（长期被称为Mataro）。这两个品种与巴罗萨谷最多的西拉一起混酿成GSM，十分流行。赛美容，有些是巴罗萨谷独有的粉色果皮的克隆品，在近些年来赶超霞多丽，变得越来越普遍，能够酿造出让人惊艳的丰满的白葡萄酒。当赤霞珠种植在最理想的深灰棕色土壤上时，其所酿造出的葡萄酒也是光彩夺目。而西拉似乎更多取决于夏季气候，特别是种植在巴罗萨谷黏土和石灰石土壤的葡萄园。

最受尊崇的一些西拉基本产自巴罗萨谷的西北部和中部区域：Ebenezer、Tanunda、Moppa、Kalimna、Greenock、Marananga及Stonewell，这些地方古老的西拉葡萄园能酿造出真正复杂的佳酿。但是，巴罗萨谷的葡萄酒更多的是为果农所拥有，而不是酿酒师，所以葡萄果实价格和品质之间总有着千丝万缕的联系。大部分的老藤一直都是被

Seppeltsfiled酒庄是由Seppelts家族建立的，在1900年时是澳大利亚最大的酒庄，后来被建成巴罗萨谷主要的加度酒收藏之家，有很多珍贵的老酒。它也是世界上唯一一个每年都能发售100年老酒的酒庄，虽然量极少。

同一个家族的几代所管理与维护，隐藏在每周数千游客的眼皮下。生产者想从葡萄藤背后发掘出等更多的历史、古迹和个性特征，于是越来越多的地区、子产区和果农的名字贴上瓶标。但迟早有一天，巴罗萨葡萄与葡萄酒协会会将这些具有显著特征的地方认定为子产区，如伊顿谷的高伊顿谷子产区（见后页）。

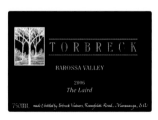

这些酒标是巴罗萨不同时代顶级酒的代表，包括老酒庄（Lehmann, Kelleske），新酒庄（First Drop酒庄的含有2%添普兰尼洛的西拉）以及"中年"酒庄（Torbreck和John Duval，John Duval在建立自己酒庄之前是Penfolds Grange的首席酿酒师）。

伊顿谷 Eden Valley

与毗邻的巴罗萨谷相比，伊顿谷海拔更加高，风景更加秀丽。葡萄园零散分布在岩石山坡、山间泥路、乡村农庄和排排桉树之间，最高处可达海拔500米。从历史上来说，伊顿谷是巴罗萨谷往东的延伸。早在1847年，Joseph Gilbert 船长就建立了 Pewsey Vale 酒庄，目前该酒庄隶属于位于 Angaston 区域的 Yalumba 家族酒庄，他们在伊顿谷雷司令的发展过程中起着极其重要的作用。

当近代对葡萄酒的需求从加强型的甜酒转向餐酒时，巴罗萨却酿造出了最好的雷司令餐酒。当德国移民西里西亚人来到澳大利亚时，他们也带来了对雷司令的喜爱，果农也发现越往东边去海拔越高，所酿造的雷司令葡萄酒更加细腻更加爽口，果味也更加丰富。在20世纪60年代，Colin Gramp（其家族同时也拥有 Orlando 酒庄直至1971年）在一次德国的旅行中得到了启发与鼓舞，他在片岩山顶处建立了一小片葡萄园，连一只羊都难以驻足，该葡萄园名为 Steingarten，意为"没有泥土的石头园"，从此给澳大利亚的雷司令开辟了新篇章。

伊顿谷的雷司令在最佳状态的时候具有芬芳花香，在年轻时有时带着矿物气息。我们也不可避免地会把伊顿谷雷司令和克莱尔谷雷司令做比较，与克莱尔谷雷司令一样，伊顿谷雷司令在瓶中陈年之后也会展现出烘烤风味，但其酸度下降得很快，且呈现出柚子气息，而克莱尔谷雷司令具有更高的酸度，保持明显的酸橙味。

雷司令对伊顿谷来说也许很重要，但西拉占据更主导的地位。Henschke 酒庄就为澳大利亚顶级红葡萄酒建立了典范，他家的宝石山（Mount Edelstone）葡萄园种植在山上，葡萄藤来自酒庄于1860年种植的著名的神恩山（Hill of Grace）葡萄园。第一个单一葡萄园神恩山西拉的年份是1958年，但是葡萄来自酒庄最古老的仅有8公顷的地势平坦的葡萄园。如今，它的价格也直逼南澳洲著名的顶级混酿葡萄酒 Penfolds Grange。新生一代 Hobbs、Radford、Shobbrook、Torzi Matthews、Tin Shed 及其他很多酒庄正在不断证明这个高海拔的产区能够酿造出出色的单一葡萄园酒，大部分酒标标注为巴罗萨（而不是巴罗萨谷），大概念上来说巴罗萨地区包括了伊顿谷。

SOUTH AUSTRALIA

Adelaide

VICTORIA

1:217,500
Km 0 — 5 Km
Miles 0 — 3 Miles

Taste Eden Valley
DANDELION
DAVID FRANZ
EDEN HALL
EDEN VALLEY WINES
HEATHVALE
HENSCHKE
HUTTON VALE
IRVINE
POONAWATTA
RADFORD
TORZI-MATTHEWS

— 巴罗萨谷
— 伊顿谷

伊顿谷子产区
— 伊顿谷高海拔区
■ IRVINE 知名酒庄
● Pewsey Vale 知名葡萄园
▨ 葡萄园
—300— 等高线间距75米

伊顿谷中部

此张地图和第340页的巴罗萨谷地图可以连接起来，这里分布着特别多的著名葡萄园，北面出产上等红葡萄酒，而南面出产不错的雷司令。Steingarten，这一 Jacob's Creek 酒庄的酒标，是澳大利亚最杰出的雷司令之一。

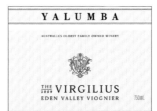

Yalumba 酒庄是澳大利亚维欧尼葡萄酒的先锋代表，Virgilius 就是它的高端酒标。Torzi Matthews 酒庄以 Frost Pocket 酒标出名，该酒标的葡萄园种植在 Mount McKenzie，海拔380米且低产量。

Henschke 酒庄，有人用手指抓着软管带给葡萄汁透气，Henschke 是伊顿谷最受推崇的酒庄。这里不存在葡萄色素短缺。背景是家族的建筑。Henschke 家族已经有6代人酿酒，这样长的历史在南澳洲还有不少。

克莱尔谷 Clare Valley

在风景秀丽如田园诗般的克莱尔谷产区，雷司令的意义甚至比在伊顿谷还要深远。克莱尔谷位于巴罗萨的最北端，极为偏远，但是在酿造葡萄酒方面却是丰富多彩。所出产的西拉、赤霞珠都独有个性，具有世界水准，而雷司令更是形成了一种典范。

事实上，克莱尔谷是在呈现阶梯状的高原上由多条南北向的狭长山谷组成的，每个山谷都有极为不同的土壤条件。位于 Watervale 和 Auburn 之间的南部中心区域，被誉为是经典雷司令的故乡，具有著名的石灰岩红土（terra rossa，见347页），酿造香气芬芳酒体丰富的雷司令。再往北几公里便是波利山河流域（Polish Hill River），Jeffrey Grosset 就在这里种植和守护着他的 Polish Hill 葡萄园，葡萄藤在坚硬的板岩土壤中艰难地生长，所酿造的葡萄酒也更为严谨。克莱尔谷北部的地势较开阔，会受到从 Spencer 湾吹来的西风影响，更为温暖；而在 Watervale 往南的南部区域则享受着来自 St Vincent 湾的凉爽海风。

克莱尔谷的面积只有巴罗萨谷的1/3，不过

海拔更高，气候也更为极端。这里的凉爽夜晚有利于酸度的保持。许多年份都不需要加酸调整。

克莱尔谷位置偏远，这里的酒庄傲然独立，远离流行趋势、不受大公司的影响。仅有 Knappstein 和 Petaluma 酒庄属于 Lion Nathan 集团，Annie's Lane 和 Leo Buring 为 Treasury Wine Estates 所拥有，这也是该产区与大集团的唯一一点关联。克莱尔谷还是一个脚踏实地的务农之地，酒庄规模小，彼此间关系紧密。他们也是澳大利亚倡导螺旋盖的先锋，相信螺旋盖能够更好地保持雷司令自始至终的纯度与状态。

几十家酿造雷司令的杰出酒庄，比如 Grosset、Kilikanoon、Jim Barry 以及 Petaluma，让克莱尔谷雷司令葡萄酒在澳大利亚自成一格——紧实而干，

克莱尔谷北部及中部

从纬度来说，这个狭长的区域很难酿出让世界瞩目的雷司令，但恰恰相反，它做到了。这要归功于海拔，因为葡萄园都坐落在海拔400~570米之处，同时受到来自南方海湾的微风影响。

Sevenhills 酒庄的葡萄园糖分十分浓郁，吸引无数鸟儿偷食，所以使用网罩保护葡萄园至关重要。该酒庄是克莱尔谷最古老的酒庄，由 Jesuits 于 1851 年建立，当时所酿造的葡萄酒供给教会。

年轻时有时甚至会让人难以接受，但是常常潜藏着浓郁的酸橙风味，随着瓶中的陈年会慢慢发展得丰满而具有烘烤风味。这样的雷司令酒款最适合用来搭配澳大利亚著名的无国界料理。近些年来，稍带甜感的雷司令风格也渐渐崭露锋芒，受那些不喜爱太干型雷司令的消费者的青睐。

这里也酿造具有熟李子风味、酸度与结构出色的红葡萄酒，因此引发了这样的讨论：西拉与赤霞珠，究竟哪个才是克莱尔谷的最佳红葡萄酒品种？特别是 Jim Barry、Kilikanoon、Taylors 以及 Skillogalee 酒庄酿造的赤霞珠与西拉最具有说服力。Grosset 酒庄的 Gaia 波尔多式混酿，来自产区海拔最高（570米）的葡萄园，相比其他红葡萄酒更多一份优雅；而红葡萄酒的先锋酒庄 Wendouree 酒庄继续酿造耐人寻味的顶级个性佳酿。

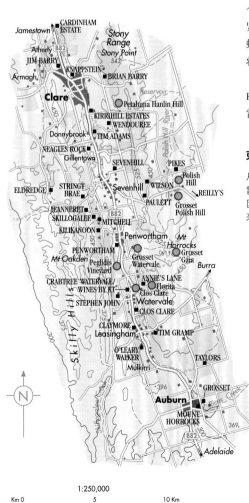

■ GROSSET 知名酒庄

● Clos Clare 知名葡萄园

葡萄园

—300— 等高线间距 75 米

1:250,000

Km 0   5   10 Km

Miles 0   5 Miles

SOUTH AUSTRALIA

Adelaide

VICTORIA

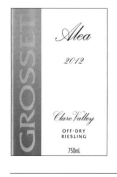

Grosset 是澳大利亚极干雷司令的领军者，但是 Alea 酒标雷司令含有高一点的糖分，证明了有一点甜度并不罪恶。Kilikanoon 是克莱尔谷的另外一颗明星，拥有很多不同风格的酒标。

迈拉仑维尔及周边地区 McLaren Vale and Beyond

以**Fleurieu**半岛而得名的**Fleurieu**大区，从南澳洲首府阿德莱德向西南延伸，穿过迈拉仑维尔及**Southern Fleurieu**，直抵热门的度假胜地袋鼠岛。该区也往东南延伸，包括Langhorne Creek和Currency Creek两个产区（见334页地图）。法国波尔多的飞行酿酒师Jacques Lurton早早来到南澳洲，往返于**袋鼠岛**，在那里酿造葡萄酒。而在该区海拔最高的产区**Southern Fleurieu**，Petaluma酒庄的创始人Brian Croser先生正在酿造一些让人印象深刻的出色的黑皮诺佳酿。

不过到目前为止，Fleurieu大区里最重要的、历史最悠久的葡萄酒产区则是迈拉仑维尔产区，该产区也是备受游客喜爱的旅游胜地，阿德莱德市也因此面临着城市扩张。John Reynell（Château Reynella酒庄就以他命名）早在1838年便在南澳洲种下当地的第一批葡萄藤，而迈拉仑维尔至今依旧拥有许多极老的葡萄园，有些甚至超过百岁。

在岁月交替的年代，Reynella的红葡萄酒与加强型葡萄酒相当受尊崇，酒庄的地下酒窖原址是澳大利亚葡萄酒历史上最具有里程碑意义的地标之一。如今，这里是历史同样久远的Thomas Hardy & Sons酒庄（现隶属于葡萄酒巨头Accolade公司）以及Tintara酒庄（1876年被Thomas Hardy酒庄并购）的总部。

在北部Blewitt Springs周围更凉爽的区域，土壤为黏土覆盖厚厚的砂质土壤，酿造香气丰富而带辛辣味的歌海娜与西拉葡萄酒。而在东边的Kangarilla拥有更长的白昼，酿造出的西拉葡萄酒比迈拉仑维尔的更优雅更辛辣。在**迈拉仑维尔**小镇之北，有些地方表土极为浅薄，因而葡萄产量少但风味却更集中。而该镇南部的Willunga区域，受海洋气候的影响较少，葡萄成熟得也慢。

近些年来，葡萄藤主要种植在产区东南部地势比较平坦的区域（即使有些地方连接Sellicks丘陵地带，可以俯瞰大海），这些葡萄园的果实比一般的成熟得快，并时常带有一丝草药气息。总体来说，收获季从2月开始，直到4月经典的歌海娜与慕合怀特葡萄熟成。

对葡萄藤来说，很难找到比这沿海区域更适合的气候条件了，这里是Lofty山与温和海洋之间的一条狭长地带。生长季节长而温暖，空气流通可避免霜害，而且约有20%的葡萄园在这个水源供给越来越短缺的地区无需人工灌溉也能生长良好。海洋带来凉爽的海风，特别是午后，有助于葡萄保持酸度。虽然如此，白葡萄酒品种在该产区还是占少数，该产区还有待发展出清晰的产

远处干旱的山脉与近处翠绿的葡萄园，形成戏剧性的对比，暗示着补水是必需的，迈拉仑维尔如今代表着废水再利用的模式，为澳大利亚其他产区效仿。

区品种特征，不只是作为实验。维蒙蒂诺、菲亚诺、维欧尼和胡珊都开始崭露头角。就霞多丽和长相思来说，毗邻的更为凉爽的阿德莱德山产区更适合其生长。那为何一定要尝试种植所有的品种呢？

消费者对迈拉仑维尔口感顺滑迷人的红葡萄酒颇具信心，包括老藤的西拉、赤霞珠以及歌海娜。Chapel Hill、d'Arenberg、Hugh Hamilton、Paxton、Samuel's Gorge、SC Pannell、Ulithorne、Wirra Wirra 和 Yangarra Estate 等酒庄都是个中翘楚。同时，Coriole、Kangarilla Road 与 Primo Estate 酒庄则证明了，其实桑娇维塞、内比奥罗及金芬黛葡萄在此适应得不错。此外，伊利亚葡萄品种也表现惊人，特别是 Cascabel 和 Gemtree Estate 酒庄酿造的添普兰尼洛，而晚红蜜及意大利的 Sagrantino 葡萄品种在这里生长，具有特别好的高酸度。目前，迈拉仑维尔拥有至少80家酒园，虽然过半的葡萄原料供应给其他酒庄，最远甚至到猎人谷，都用来作为混酿，增加酒的丰腴度与重量感。迈拉仑维尔的西拉拥有摩卡咖啡风味和温暖的泥土气息，而其他的有着不甜的黑橄榄和皮革气息。

南澳洲最大的秘密：

Langhorne Creek 是南澳洲最大的秘密，或许有人对此有争议。这里的葡萄酒产量与迈拉仑维尔相当，但仅有不足1/5的葡萄酒被标上了 Langhorne Creek 产区的名字。大部分的葡萄被大公司收购用作混酿，因为该产区的葡萄具有一些先天的优势：柔顺的西拉和多汁的赤霞珠。起初，这块丰盛的冲积层土地依靠来自 Bremer 和 Angas 河流冬末大水来灌溉，这样的灌溉极有限且不稳定。直至20世纪90年代初，灌溉许可证才得以颁发，从浩瀚的穆雷河口的亚历山大湖引水灌溉，自此 Langhorne Creek 产区才得到迅猛的发展。

该产区的老藤貌似更多终止于河岸边，包括著名的 Metala 葡萄园，该葡萄园由 Brothers in Arms 酒庄的 Adams 家族于1891年种植；还有 Bleasdale 酒庄的 Frank Potts 所种植的葡萄藤，当年他砍下了 Bremer 河流边无数的巨大赤桉树。后来就有了更多的新葡萄园，比如 Angas 葡萄园，他们依靠高科技的灌溉系统，建立完整的平地沟渠网络。

所谓的"湖医生"，就是来自湖泊稳定的午后凉风，减缓了葡萄的成熟速度，使得这里的葡萄通常比迈拉仑维尔产区的要晚摘两周。

位于西面的 **Currency Creek** 同样也需要依靠灌溉，但目前这里主要是规模很小的酒庄，知名度也较低。与 Langhorne Creek 相比，稍显温暖，但更靠海。

图例：
- 迈拉仑维尔
- 阿德莱德山
- 南福雷里卢
- ■ MITOLO 知名酒庄
- 葡萄园
- 300 等高线间距75米

1:237,000
Km 0 — 5 — 10 Km
Miles 0 — 5 Miles

迈拉仑维尔

迈拉仑维尔的土壤类型和地貌具有多样性，它的葡萄酒品质与风格亦如此。该产区的酒庄齐心协力，为"恐慌地球"（Scare Earth）项目挖掘这些地貌不同的土壤。

最早西拉，之后 GSM 混酿（歌海娜、慕合怀特和西拉混酿）在该产区变得很普遍。但是如今，百分百的歌海娜，特别是迈拉仑维尔的，比如 Steve Pannell，获得无数好评。顶级的酒品尝起来真的会感觉如同是瓶中的阳光。

阿德莱德山
Adelaide Hills

当夏季阿德莱德市日渐炎热之时，附近总有能让人清凉下来的地方，这就是位于城市东部的**Lofty山**。云团从西部过来一路穿越群山在此聚集。阿德莱德山的南端与迈拉伦维尔产区的东北部接壤，但两个产区截然不同。**阿德莱德山**是澳大利亚第一个产区，因酿造品质稳定的酸性水果风味的长相思葡萄酒而闻名，当然现在该产区种植的主要葡萄品种是霞多丽。除北部之外，方圆400米等高线形成了产区的分界线。

高于400米海拔的区域，经常是灰蒙蒙的云雾，春季有雾，即使在夏季，晚上也很寒冷。降雨量相对较高，但主要集中在冬季。所以用一个概念去诠释阿德莱德山有点困难，作为一个产区从东北到西南横跨了80公里。

20世纪70年代，Petaluma酒庄的创始人Brian Croser选择了Lofty山的**Piccadilly Valley**这个凉爽气候的地方种植霞多丽葡萄，这在当时的澳大利亚是很少见的。从那以后，该地区的葡萄藤数量与日俱增。每个人都想要凉爽气候的葡萄果实。时至今日，这里已经拥有90家左右的酒庄和不少葡萄果农，他们为大大小小的酒庄提供原料。

在过去的10多年，西拉葡萄的种植量已经翻倍，而赤霞珠和梅洛的数量却下降了。该产区还能酿造精致的气泡酒，黑皮诺成为了红葡萄品种里主要的一员，不少的酒庄，比如Ashton Hills、Barratt Wines、Jeffrey Grosset、Henschke、Leabrook Estate、Lucy Margaux Vineyards及Nepenthe都酿造出了品质不错的黑皮诺葡萄酒。同时添普兰尼洛及一些意大利葡萄品种如内比奥罗也开始崭露头角，极具潜力。

在阿德莱德山，霞多丽也与长相思一样具有新鲜的油桃风味并拥有霞多丽典型的风格。酒庄如Nepenthe和The Lane还酿造一些非常标准的芳香型葡萄酒维欧尼和灰皮诺。当然，雷司令在此地也是表现不俗。

Piccadilly Valley和**Lenswood**这两个地方是至今为止唯一被官方认可的子产区。但是许多当地人认为，Basket Range、Birdwood、Charleston、Echunga、Hahndorf、Kuitpo、Macclesfield、Mount Barker、Paracombe及Woodside等地也都具有非常显著的差别和个性特征。

长久以来，阿德莱德山一直被公认为是一个白葡萄酒产区，但是近些年来澳大利亚对相对凉爽气候西拉的热潮改变了一些该产区红葡萄酒的地位。

阿德莱德山西南部

本书只对阿德莱德山西南部角作了地图细化。北部Gumeracha周围的葡萄园因为足够暖和而能很好地成熟赤霞珠，Stirling东南面的巴克山能酿造一些隆河谷风格的西拉。

阿德莱德山：LENSWOOD	▼
纬度／海拔	
-35.06° /363 米	
葡萄生长期间的平均气温	
17.3℃	
年平均降雨量	
717 毫米	
采收期降雨量	
4月：49 毫米	
主要种植威胁	
结果不良、春季霜冻	
主要葡萄品种	
长相思、霞多丽、黑皮诺、西拉、灰皮诺、雷司令	

图例说明：

阿德莱德山
迈拉仑维尔

阿德莱德山子产区
PICCADILLY VALLEY
LENSWOOD

■ THE LANE　知名酒庄
● Tiers　知名葡萄园
葡萄园
300　等高线间距 75 米
▼　气象站

1:237,000

Km 0 — 5 — 10 Km
Miles 0 — 5 Miles

库纳瓦拉
Coonawarra

库纳瓦拉的故事很大程度上就是红色土壤 terra rossa 的故事。事实上，该产区的边界定义得就十分具有争议。在19世纪60年代，当时的移民者就发现这块距离阿德莱德市南面400公里处非常特别的土地，属于地中海气候。就在 Penola 村北面的一个狭长的长方形区域，长仅15公里，宽不足1.5公里，表层土壤明显呈现红色，一捻即碎，再往下是排水性好的石灰岩土壤，石灰岩层下方即为纯净的地下水层。没有其他土壤结构比这里更适合种植水果了。这是一块种葡萄的理想之地。实业家 John Riddoch 在此开始创建了 Penola 果园，到了1900年被称为库纳瓦拉，并酿造大量葡萄酒，酿造的酒是澳大利亚其他地方都不熟悉的类型，使用了大量的西拉，酒体活泼、果香丰富、酒精度适中；事实上，当时这些酒已经有点像波尔多的风格了。

这个葡萄酒产区，酿造的葡萄酒结构与其他大部分产区极为不同，但当时只有少数人欣赏。一直到20世纪60年代，随着餐酒取代加度酒而盛行的时候，这个产区的潜力才开始渐渐被发掘，紧跟着一些葡萄酒产业里的大酒庄也向这里拓展。Wynns 酒庄是目前为止当地最大的单一葡萄酒酿造厂，现在被 Treasury 葡萄酒公司拥有，它控制着这里一半的葡萄园，而果实被供应给集团下属的其他品牌，包括 Penfolds、Lindemans & Jamiesons Run。部分因为这个原因，库纳瓦拉相当一部分葡萄原料被用来混酿，运送外地装瓶。而另一方面，像 Balnaves、Bowen、Hollick、Katnook、Leconfield、Majella、Parker、Penley、Petaluma、Rymill 及 Zema 这些酒庄更多采取真正意义上的酒庄酿酒模式。

天作之合

西拉最初是库纳瓦拉产区最擅长的葡萄品种，但自从 Mildara 在20世纪60年代早期认证该产

几十年来，不少库纳瓦拉的葡萄园的拥有者都在几百英里之外，比如该产区的 Katnook 酒庄的母公司就是远在西班牙加泰隆尼亚的 Freixenet 酒庄。但是库纳瓦拉不乏本地家族酒庄，比如 Balnaves。

区的条件更适合种植赤霞珠之后，库纳瓦拉赤霞珠便成为了澳大利亚葡萄酒的典型之一，这里堪称是葡萄品种与产区完美结合的试金石。既然库纳瓦拉产区每10株葡萄藤就有6株是赤霞珠，因此此区的繁荣就会随着大环境里澳大利亚赤霞珠葡萄酒的受欢迎程度而时起时落。

库纳瓦拉的土壤并不是促成赤霞珠品种与产区之间天作之合的唯一因素。相比于南澳洲其他产区，这里的位置更偏南，因此也更凉爽，而且离海岸线只有80公里；整个夏季，受南极洋流及西风带的影响。春天可能有霜害而采收时节可能会下雨，这与法国产区所面临的问题相当类似。其实上，库纳瓦拉比波尔多还要凉爽，这里的洒水灌溉系统大都用来对抗春霜，但在干旱的年份，大部分酒庄也不得不依靠这种方式补足一些灌溉。如果想法坚定，在这块红色土地上结果量是可以很好地得到控制的，而不像西边颜色较深、天生比较潮湿的黑色石灰土区域那么难以控制。

在20世纪90年代，库纳瓦拉的总葡萄园数量倍增，由于该产区地理位置偏远而人口稀少，这也意味着很多的葡萄藤需要依靠机器来剪枝或至少提前剪枝由机器采摘。赤霞珠仍保持着最重要的主导地位，而西拉及马尔贝克的克隆品种也慢慢变得普遍。目前，大概有25家酒窖营业，接待南下远道而来的游客，而实际上仅有15家是真正的酿酒酒庄酒窖。

Yalumba 酒庄的 The Menzies 库纳瓦拉葡萄园充分演绎了 terra rossa 红色土壤的特色。请留意有意排布的葡萄藤一排排的方位。

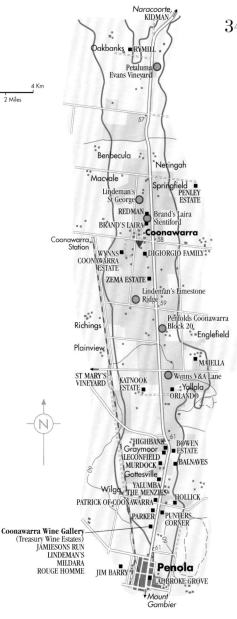

1:100,000
Km 0　1　2　3　4 Km
Miles 0　1　2 Miles

Adelaide　SOUTH AUSTRALIA　VICTORIA　Penola

■ RYMILL　知名酒庄
◉ Wynns V&A Lane　知名葡萄园
葡萄园
60　等高线间距 10 米
红色土壤边界
▽　气象站

库纳瓦拉：库纳瓦拉　▽
纬度/海拔
-37.75°/63 米
葡萄生长期间的平均气温
16.6℃
年平均降雨量
576 毫米
采收期降雨量
4 月：35 毫米
主要种植威胁
葡萄成熟度不足、春季霜冻、收获季降雨
主要葡萄品种
赤霞珠、西拉、霞多丽、梅洛

4|5　5|6

维多利亚州 Victoria

Brown Brothers 酒庄白雪覆盖的 Whitlands 葡萄园证明了国王谷是寒冷的产区。墨尔本的葡萄酒爱好者在前往滑雪场的途中能够参观这样一些非常有意思的葡萄酒产区。

从许多方面来说，维多利亚州是澳大利亚最有趣、最有活力也是葡萄酒最具多样性的一个州，没有其他州能望其项背，时至今日，它与19世纪末一样在葡萄种植方面具有重要地位，当时它的葡萄园数量相当于新南威尔士州与南澳洲的总和。19世纪中叶的淘金热帮助了维多利亚建立起葡萄酒产业（如同美国的加利福尼亚州），但是19世纪70年代根瘤蚜病袭来，带来致命的破坏。如今，根瘤蚜病绝迹，但维多利亚州的葡萄酒产量不及南澳洲的一半，即使酒庄数量是其两倍，达到600家，但大部分规模都相对较小。

维多利亚州是澳大利亚大陆最小也是最凉

爽的葡萄酒产区之州，但却是葡萄种植最为丰富多样的地方，后页的产区分布图就很明显，包括19个官方认定产区。北至新南威尔士州交界的Mildura镇附近的Murray Darling产区，那里干旱严重，完全依靠灌溉，葡萄产量占据整个州的3/4；南抵气候十分凉爽的产区。

维多利亚州东北部

遭受根瘤蚜病之苦的最重要的幸存者，是气候炎热的维多利亚州东北部，这里仍然专注酿造加度葡萄酒，不像其他地区那样酿造其他品种。路斯格兰（Rutherglen）产区，昼夜温差大，秋季

长而干，是澳大利亚最长的收获季，这样的条件赋予了这个产区能酿造出著名的甜酒的能力。路斯格兰主要的葡萄品种是果皮颜色很深的麝香和更加甜的Topaque，Topaque是法国苏黛地区的品种密斯卡岱在澳大利亚的新名称，Bergera也在这里种植。在老的大橡木桶里陈年，随着陈年能够发展出令人惊艳的状态，极其丝滑馥郁，尤其是路斯格兰最高级别加度酒Rare Muscats。在路斯格兰及Glenrowan，出产不错的红葡萄酒，这些地方也是澳大利亚"雪利酒"（Jerez）与"波特酒"（Oporto）风格酒的产地，古老的隆河品种杜瑞夫（Durif）是路斯格兰的特色。

与此同时，在东北角还坐落着3个海拔更高气候更凉爽的产区：国王谷（King Valley）、Alpine Valleys以及比曲沃斯（Beechworth），它们吸引着无数滑雪爱好者，因为这里连接大分水岭的雪场。Milawa镇的家族酒庄Brown Brothers是国王谷最大的酒庄，酒庄的旗舰酒款为气泡酒Patricia，其酿制原料黑皮诺与霞多丽的葡萄来自位于Whitlands海拔高达800米的葡萄园。Brown Brothers也是澳大利亚最早试验不同葡萄品种的酒庄之一。意大利品

在澳大利亚，没有其他州比维多利亚州更能酿造出风格多样的葡萄酒。这不仅仅是一两款特别酒，很久以来维多利亚州的酒庄一直都比较独特而且不断尝试新的酿酒。酒标里有很多神秘树林的属于William Downie，他的酿酒水平超出想象，在不同的地方酿造黑皮诺和小满胜。

1 MUNARI
2 PAUL OSICKA
3 JASPER HILL/OCCAM'S RAZOR
4 DOWNING ESTATE
5 DOM TERLATO & M CHAPOUTIER
6 HEATHCOTE WINERY
7 HEATHCOTE ESTATE
8 DOM TOURNON (CHAPOUTIER)
9 WILD DUCK CREEK
10 REDESDALE ESTATE

AUSTRALIS
BASS PHILLIP
BELIVALE
CALEDONIA
WILLIAM DOWNIE

州界

BENDIGO   地理标志产区（GI）

■ TAHBILK   知名酒庄

● Mt Ida   知名葡萄园

葡萄园

海拔 600 米以上区域

351   此区放大图见所示页面

1:2,000,000
Km 0 ... 25 ... 50 ... 75 ... 100 Km
Miles 0 ... 25 ... 50 Miles

维多利亚州中部

看看维多利亚州中部这所有的葡萄酒产区就足以让人兴奋无比。如今，它显而易见是一个丰富多样的葡萄酒之州，但是过去它一样有光彩夺目的酿酒历史。部分要归功于19世纪的淘金热，那时它是澳大利亚领军的葡萄酒大省。但是之后的根瘤蚜病阻止了它的好运。

种在这个产区日渐受到欢迎，Pizzini家族起了不小的领军作用。普罗克（Prosecco）的先锋代表Dal Zotto家族与De Bortoli家族一样有着意大利渊源。De Bortoli的Bella Riva葡萄酒葡萄原料就是自国王谷的一块单一葡萄园。

很多酒庄也从**Alpine Valleys**产区找寻葡萄原料，这些葡萄园基本都在海拔180米到600米之间的位置。同样，这里种植着不少意大利及其他国家的葡萄品种。Gapsted是Victorian Alps Wine Company公司的一个酒标，该公司是一个合作酒厂，为不少产区外的酒庄酿造葡萄酒，不过这个产区仍然受到根瘤蚜病的困扰。

在历史上著名的淘金之地、海拔较低的**比曲沃斯（Beechworth）**产区，有一些葡萄酒的奇葩。

Giacond酒庄酿造著名的加州风格的霞多丽，胡珊红葡萄酒也一样出彩。而Castagna酒庄的西拉与意大利品种佳酿十分引人注目。Sorrenberg葡萄园种植着一些特别馥郁的品种包括不同寻常的佳美，该葡萄园是澳大利亚第一批现代浪潮的葡萄园之一，仅占这个在19世纪初就开始种植葡萄的产区很小的一部分。Savaterre酒庄很快因酿造充满力量的黑皮诺与霞多丽葡萄酒而建立起名声。不出意料的是，这个产区受到不少顶级酿酒师的青睐，Brokenwood酒庄和Jamsheed酒庄的Gary Mills都使用这里产的葡萄。

维多利亚州西部

与东北部的产区一样，曾经因为Seppelt酒庄

酿造的"香槟"而远近闻名的西部地区也一直没有放弃过努力。现在这里被官方认定为**格兰屏山（Grampians）**产区，该产区地势较高，位于大分水岭的最西端，海拔335米以上，土壤富含石灰土。Seppelt与Best's两个酒庄就像是微型的对比样板，都拥有很长的历史酿造高品质的无泡葡萄酒与气泡酒。Seppelt Great Western酒庄的气泡酒，有的葡萄来自南澳洲交界的Padthaway，那里曾受到严重的根瘤蚜病影响；有的葡萄来自Murray区域灌溉的葡萄园；但是酒庄最出色的顶级西拉气泡酒葡萄全部来自格兰屏山。Mount Langi Ghiran酒庄精彩的西拉，充满典型的胡椒粉气息，清晰地阐释了这里的风土。

Pyrenees产区位于格兰屏山（Grampians）的

于东部气候稍凉爽的西斯寇特（Heathcote）产区，Jasper Hill 及其他一些酒庄展现了这里的风土特色，尤其是西斯寇特特有的寒武纪红色土壤。该产区以令人流连忘返的馥郁多汁的西拉闻名，但这里也受益于精选的托斯卡纳克隆品种，Greenstone 酒庄的桑娇维塞显现了西斯寇特产区的优雅。与此同时，维多利亚中部大区的**高宝谷（Goulbourn Valley）**聚集了 David Traeger、Mitchelton 及 Tahbilk 这样的知名酿酒师与酒庄，大部分的葡萄园都位于南部。其子产区 **Nagambie Lakes** 因出产高品质的佳酿为整个产区赢得了一定的地位，但是有一点名不符实的是这里一直受缺水问题困扰。Mitchelton 酒庄和 Tahbilk 酒庄酿造隆河谷的品种有很长的历史，足以成为澳大利亚国内的一座里程碑。1860年种植的西拉至今硕果累累，更有世界最古老的玛珊葡萄藤。

上高宝（Upper Goulburn）是另一个产区，鸟瞰滑雪胜地。它的高海拔（比如 Delatite）赋予了这里得天独厚的地理优势，能够酿造出不同寻常的细腻风格的葡萄酒，包括令人印象深刻的活泼的雷司令。位于上高宝和高宝谷两个产区之间的名字非常特殊的 **Strathbogie Ranges** 山脉同样也能酿造一些细腻紧致的雷司令。有些葡萄园的海拔达到600米，葡萄的酸度极高，Domaine Chandon 酒庄就在此地种植用于酿造气泡酒的黑皮诺和霞多丽。

菲利普港（Port Phillip）与吉普斯兰（Gippsland）

菲利普港（Port Phillip）大区现今是美食之都墨尔本周围产区的统称。在下面几个章节莫宁顿半岛与雅拉谷两个产区都分别有详细的介绍，开拓史不算短的 **Sunbury** 产区紧邻墨尔本机场北边平原，更靠近市中心。这里的代表酒庄是 Craiglee，几十年来都以极干、风格独特的西拉红葡萄酒出名，它们品质稳定、可口且窖藏潜力长。

Sunbury 产区的北部、往本迪戈产区方向的**马其顿（Macedon Ranges）**产区是澳大利亚最凉爽产区之一，几乎冷到有点挑战葡萄种植的极限了。靠近 Gisborne 镇的 Bindi 酒庄以及 Lancefield 镇附近的 Curly Flat 酒庄花了很大的努力证明了这里适合酿造精致的霞多丽及黑皮诺葡萄酒。

与此同时，黑皮诺也是维多利亚州新兴沿海产区众多葡萄种植者的选择，尤其是在贫瘠而风大的**基隆（Geelong）**产区，这里主要受海洋性气候的影响。By Farr、Bannockburn 及 Scotchmans Hill 这些酒庄酿造成熟度好的黑皮诺红葡萄酒。位于墨尔本西部边缘的 Shadowfax 是另一家充满信心的酒厂，也从基隆产区选购葡萄原料。

最后要说的是**吉普斯兰（Gippsland）**，该产区幅员广阔，东延伸超出第335页的地图区域之外，是一个大区，也是一个产区，涵盖了截然不同的种植环境，足以再划分出几个子产区。Bass Phillip 酒庄用特殊方法种植的黑皮诺葡萄园位于 Leongatha 镇南部，生产澳大利亚记录历史最悠久的顶级佳酿，而 William（Bill）Downie 毫无疑问地向世人证明吉普斯兰是黑皮诺绝佳产区。

东部，呈丘陵地带。该产区并没有那么凉爽（除了有些夜晚），所酿造的葡萄酒几乎为强劲的红葡萄酒，如 Redbank 与 Dalwhinnie 酒庄，他们也酿造一些精致的霞多丽。

Henty 产区是维多利亚州西部大区的第三大产区，因位于最南边的凉爽区域而出名。Seppelt 是该产区的先锋，刚到这里时称之为 Drumborg，但曾一度放弃该产区，直到气候的改变，Henty 才慢慢适合种植葡萄。1975年由牧场主建立的 Crawford River 酒庄向世人证明了这个产区能够酿造极为精致、窖藏潜力久的雷司令。再往北，气候温暖一些，在 Hamilton Tarrington 方圆100公里的范围之内，有不少精品酒庄，他们因酿造凉爽气候的西拉而越来越闻名。Tarrington 酒庄用事实证明了他们能酿造出色的勃艮第葡萄品种。

维多利亚州中部

位于维多利亚州内陆，属维多利亚州中部大区的**本迪戈（Bendigo）**产区气候更为温暖，Balgownie 酒庄顶级的红葡萄酒为该产区开启了葡萄酒的篇章并成为此地佳酿的缩影。之后位

雅拉谷 Yering Station 酒庄是维多利亚葡萄酒产业的一张现代的面孔，它拥有时髦的酒吧、餐厅、艺术画廊，偶尔还有农夫市场和向游客开放的葡萄酒专卖酒窖。

莫宁顿半岛 Mornington Peninsula

每两年，墨尔本南部的莫宁顿半岛都要举办国际黑皮诺节。不少勃艮第知名的酒庄都会受邀请参加。作为澳大利亚最集中的黑皮诺产区莫宁顿半岛，希望通过举办此类盛会能给大家留下印象。

很难想象世界上任何一个迅速崛起的黑皮诺产地会像莫宁顿半岛那样拥有如此的海洋性气候。这里几乎每时每刻都微风徐徐，来自西北部的菲利普港或是东南部南大洋上吹来的凉爽的海风。这样的条件似乎对酒的风味影响不大，不会让酒有明显的海味，但是海风却是温度的调和剂。事实上，当地人说在这里决定葡萄熟成和采收的日子的因素并不是指某葡萄园特定的海拔，而是它面对着哪个方向吹来的风。

莫宁顿半岛的夏季往往比较温和，1月的气温也低于20℃，比相应季节的勃艮第（7月）要凉爽得多，当然偶尔也会受到热浪，脆弱的黑皮诺葡萄皮很容易被晒伤。

自1886年起，莫宁顿半岛开始种植葡萄，到1891年起有14家果农被皇家委员会提及纳入果蔬行业。在20世纪70年代早期，这里的葡萄酒行业迈入新时代，先锋代表包括Main Ridge、Moorooduc、Paringa及Stonier（现为Lion Nathan集团拥有）。与此同时，Eldridge、Kooyong和Ten Minutes等酒庄，也全心致力于提高葡萄酒的品质，为产区做推广。莫宁顿拥有这些老牌的酒庄，也不乏天才酿酒师的出现。

美食、艺术、佳酿

对澳大利亚来说有点儿不同寻常的是，在莫宁顿半岛这个风景如画的产区，没有那些富有的墨尔本人来建立或合作的酒庄，没有那气势磅礴的豪宅与城堡。相反，200家酒庄中大概有60家走着勃艮第模式，踏踏实实地种着自己的葡萄、酿着自己的美酒。这里2/3的酒庄拥有的葡萄园不到4公顷，都采用纯手工采摘酿造。但是因为距离墨尔本非常近，莫宁顿已经建立起了50多家酒窖，同时受到墨尔本文化的影响，很多酒庄拥有精品餐厅和艺术画廊。大约有1/3的莫宁顿半岛葡萄酒通过这些酒窖销售。产量有限而很少出口。

莫宁顿的标志性葡萄品种

尽管因土地价格高葡萄种植受到影响，但在1996年到2008年间，葡萄园的面积已经翻倍。毫无疑问，黑皮诺已经成为了莫宁顿半岛标志性的葡萄品种，2008年统计，黑皮诺已经占据一半葡萄园，超过430公顷。但是不像黑皮诺对新西兰奥塔哥中部那样唯一，莫宁顿半岛并不仅仅依靠黑皮诺。霞多丽，有些十分精致，虽然份额已经有所下降，仅占1/4的总葡萄园数；而灰皮诺却有所增加，已超过1/10。在雅拉谷，黑皮诺的葡萄园面积大概是莫宁顿半岛的两倍，但是雅拉谷的黑皮诺葡萄园面积不到整个产区葡萄园面积的1/4。莫宁顿的土壤也是相当多样，在Red Hill区域是红色火山岩，在Tuerong区域是黄色沉积土，在Merricks是棕色土壤而在Moorooduc则是砂质黏土。

黑皮诺的克隆品种MV6在澳大利亚十分普遍，是由James Busby于19世纪初从法国伏旧园（Clos Vougeot）带回，这个克隆品种在莫宁顿半岛举足轻重，当然现在勃艮第的各种克隆品种在这里日益增加。

莫宁顿半岛黑皮诺最显著的特征是：极为清爽的酸度和纯净度。不管是黑皮诺、灰皮诺（T'Gallant第一个在澳大利亚种植该品种）还是霞多丽，很少有酒的颜色过浓或过强，它们的色泽往往是在日光下就显得很美丽，如水晶一般；它们的结构非常完美，酒体恰如其分。20世纪末，莫宁顿半岛曾是墨尔本人的"游乐场"，他们喜欢把自己的手指沾满果汁。但随着葡萄藤越来越成熟，人们的葡萄酒文化意识越来越提高，相应的葡萄酒酿酒技术以及品质也得到巨大提升，使得莫宁顿半岛成为了澳大利亚手工酿造精品顶级葡萄酒的产区之一。

■ PARINGA　知名酒庄

　　　　　葡萄园

═ 250 ═　等高线间距50米

Pringa Estate 酒庄 和 *Main Ridge* 酒庄是该产区的老前辈了，在20世纪70年代的时候种植了他们的第一片葡萄园。而2000年是一个特殊年份，一款值得纪念的酒 *Ten Minutes* 是3个家族的合作产物。*Kooyong* 的第一个年份是2001年。

雅拉谷 Yarra Valley

雅拉谷产区简直就是在墨尔本的家门口，离开墨尔本十分近，这里拥有不少著名的餐厅与葡萄酒酒吧，为消费者提供了一系列很容易搭配食物的美酒佳酿。该产区的地形错综复杂，有海拔在50~470米的陡坡和缓坡，而且面向各种方位。上坡处气候凉爽，大部分区域都坐拥凉爽的夜晚和温暖的白昼。雨量也是相对较高（参见气象测量数据），当然近几个干旱年份的数据显示也比平均的范围要干旱得多。土壤则从灰色沙土或黏土，到红色的火山岩，滋养了溪河沿岸那高耸入云的桉树，形成了一排排蓝皮所包裹的天然围墙。

雅拉谷的重生可以追溯到20世纪60年代，当时有一群疯狂痴迷于葡萄酒的医生投入到葡萄酒的事业中去，比如Yarra Yering酒庄的Carrodus医生、Mount Mary酒庄的Middleton医生，以及Seville Estate酒庄的麦克马洪（Mc Mahon）医生都是突出的例子，即使规模都很小，但他们酿造精品葡萄酒。直到20世纪80年代，该产区因酿造柔顺丝滑、具有陈年潜力的波尔多式混酿葡萄酒而出名。在这之后，包括Diamond Valley酒庄的兰斯（Lance）医生、Coldstream Hills酒庄（目前属于Treasury集团）的建立者葡萄酒作家James Halliday先生，他们都一心想酿出澳大利亚首批高品质的黑皮诺葡萄酒。

显然，黑皮诺是雅拉谷的强项，而今日该产区的霞多丽可能更出彩。在产区南端的Warbie区域地形起伏，拥有自然的凉爽气候条件，酿造出了澳大利亚极为精致、有时又很朴素的霞多丽佳酿。现在顶尖的葡萄酒可能各有千秋，但它们无一例外都表达了它

在20世纪90年代所赖以成长的环境条件。雅拉谷的西拉也受益于现今澳大利亚风行的酿造凉爽产区西拉的热潮（和赤霞珠一样，基本都属于种植在温暖产区的葡萄品种），运用勃艮第的酿酒技术为雅拉谷的西拉开启新的篇章。

当法国的Moët & Chandon香槟酒庄决定要在澳大利亚建立一个"香槟复制版"的气泡酒厂时，他们选择了雅拉谷，并建立了Domaine Chandon

酒庄。今日，Chandon酒庄也酿造Green Point酒标的无泡葡萄酒，但其70%的葡萄果实用来酿造气泡酒，这些葡萄生长于雅拉谷海拔较高的凉爽区域。气泡酒的爱好者现在可以大胆地选择雅拉谷产区丰富的气泡酒。事实上，几乎所有的大公司都在雅拉谷买下一片相对凉爽的葡萄园，其中的家族酒庄De Bortoli就是以把雅拉谷作为温床不断发展而闻名。

■ OAKRIDGE 知名酒庄
● Lance's Vineyard 知名葡萄园
葡萄园
—500— 等高线间距 100 米
▼ 气象站

家族酒庄De Bortoli最早起源于内陆的滨海沿岸（Riverina）产区，是公认的培养酿酒新星的温室，他们中不少成为了雅拉谷的代表。Luke Lambert正尝试酿造内比奥罗和西拉。

雅拉谷：HEALESVILLE ▼
纬度／海拔
-37.81°／130 米
葡萄生长期间的平均气温
18.6℃
年平均降雨量
603 毫米
采收期降雨量
3 月：41 毫米
主要种植威胁
葡萄成熟度不足、真菌病、霜冻
主要葡萄品种
黑皮诺、霞多丽、赤霞珠、西拉

塔斯马尼亚Tasmania

对于澳大利亚凉爽气候葡萄酒产区的探索与研究，让我们不得不想到最南端的海岛：塔斯马尼亚。它坐拥高纬度，与新西兰南岛一样，这让很多在澳大利亚大陆的酿酒师羡慕不已。Hardys酒庄长久以来依赖于在塔斯马尼亚寻找优质葡萄来酿造酒庄顶级气泡酒House of Arras；Yalumba酒庄亦是如此，顶级酒Jansz葡萄原料来自塔斯马尼亚而最近更是收购了岛上的著名酒厂Dalrymple。维多利亚州的酒庄Taltarni在岛上建立了Goelet酒园，酿造塔斯马尼亚风格的Clover Hill和Lalla Gully两个系列佳酿。阿德莱德山的著名酒庄Shaw + Smith在其2011年份的葡萄酒中第一次混酿了塔斯马尼亚Tolpuddle葡萄园的原料。最大的一个澳大利亚大陆酒庄对塔斯马尼亚产区的发展是Brown Brothers，在岛上收购了3个酒庄Tamar Ridge、Pirie

及Devil's Corner，成为了岛上最大的葡萄酒酿造商。而能与之相比的是另一大酒商弗兰德人拥有的Kreglinger酒庄，旗下还有Pipers Brook及Ninth Island两个庄园。

时至2013年，塔斯马尼亚岛的葡萄园数量为230家，但面积仅为1 514公顷，主要受限于灌溉的问题。即使塔斯马尼亚的西海岸是澳大利亚最湿润的地区之一，霍巴特与南澳洲的阿德莱德还是并称为澳大利亚最干燥的首府城市。到目前为止，葡萄园局限于岛上东部1/3的地理位置，那里拥有许多非官方的子产区（所有出产的葡萄酒都简单标注为塔斯马尼亚），造就了多样的地理特性和葡萄酒风格。位于东北部的受到屏障的**Tamar谷**以及林木葱郁而葡萄熟成较晚的**Pipers河**这两个子产区，被公认为全澳大利亚几个最适合酿造凉爽

产区佳酿的产地之一。河流帮助调和了气温，山谷的山坡又阻挡了雾天的危害。而位于东南沿海的几个区域有主要山脉的屏障，错落其间的土地很少，也几乎不受南极洋流的影响。环绕菲瑟涅（Freycinet）区域，拥有天然地理条件，似乎是先天的葡萄种植之地，在夏季不太炎热的年份能够产出极为优质的漂亮黑皮诺葡萄酒。

甚至在**Huon谷**，这个澳大利亚最南端的葡萄酒产区，也能酿造出一些成熟度完美的、获奖无数的佳酿。在首府霍巴特的北部和东北部的区域，即使如今煤河谷现在至少能保证良好的雨水灌溉系统，但**Derwent Valley**和**Coal River**区域依然很干燥，处于惠灵顿山脉的无雨干旱带。这些地方主要出产霞多丽、黑皮诺和雷司令（从干白到甜白），当然精挑细选的地块如果足够温暖，也能种植成熟度好的赤霞珠，著名的Domaine A酒庄就是一个典范。

如今毫无疑问，塔斯马尼亚是澳大利亚气泡酒基酒的主要来源地之一，这个海岛也能够酿造杰出的精品无泡葡萄酒。Hardys酒庄的顶级系列Eileen Hardy的所有黑皮诺和霞多丽都来自塔斯马尼亚；而Penfolds的旗舰霞多丽Yattarna也逐年稳步增加塔斯马尼亚果实原料。塔斯马尼亚的历史告诉我们这个海岛是气泡葡萄酒基酒的供应者，黑皮诺和霞多丽是这里最重要的葡萄品种，但是它也是高品质的新鲜活泼、平衡度好的无泡黑皮诺的产地，这也是吸引Brown Brothers前往塔斯马尼亚拓展的原因。

塔斯马尼亚拥有丰饶森林资源，而海岸风却天然地限制了这里的葡萄园的产量。保护屏障在有些地方还是有必要的，用来保护面朝大海一面的葡萄藤叶。这样成熟速度会变慢，如很多种植者所期望的，葡萄果实的风味也相应会更浓郁。

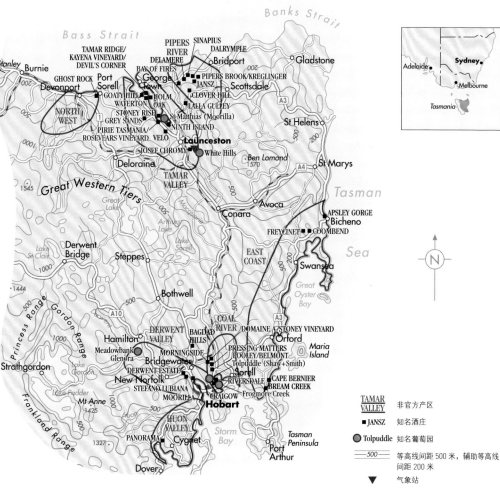

塔斯马尼亚: LAUNCESTON ▼

纬度/海拔
-41.54°/166 米

葡萄生长期间的平均气温
14.4℃

年平均降雨量
620 毫米

采收期降雨量
4 月: 47 毫米

主要种植威胁
贵腐霉、落果

主要葡萄品种
黑皮诺、霞多丽、长相思、雷司令

TAMAR VALLEY 非官方产区
■ JANSZ 知名酒庄
● Tolpuddle 知名葡萄园
500 等高线间距 500 米，辅助等高线间距 200 米
▼ 气象站

1:2,440,000
Km 0   50   100 Km
Miles 0   50 Miles

Penfolds旗舰酒，被誉为"白色Grange"的Yattarna中含有来自塔斯马尼亚的葡萄原料，而且近几个年份比例剧增，正如它的竞争对手Eileen Hardy的霞多丽一样。但是该岛同时也能酿造令人惊艳的雷司令，涵盖从干到甜的各种风格。

新南威尔士州 New South Wales

新南威尔士州是澳大利亚葡萄酒的发源地，但是随着葡萄酒产业急速发展，这个地位很快被南澳洲取代。然而，在悉尼以北160公里处还有一个非常著名的产区，新兴产区都紧随其后，但该产区的地位依旧重要。产区位于Branxton镇及以采矿著称的Cessnock镇附近的下猎人谷（Lower Hunter Valley）区域，其成功的原因，不仅因为这里持久的葡萄种植与酿造，更因为它独特的地理位置的邻近性。这个区域众所周知的名字是**猎人谷**，位于澳大利亚传统葡萄酒产区的极北处，并非最理想的葡萄种植区域，它属于亚热带气候，夏天无可避免地相当炎热，而秋季也潮湿到令人苦恼。来自太平洋的强势东北风一定程度上缓和了极端的热浪，而且夏天经常多云也减少了太阳直射的热度。猎人谷有2/3的地方降雨量相对较高，达到750毫米，而且降雨集中在每年的前4个月，也正是重要的采摘期，很多酒农抱怨：这里的年份如在法国一样不稳定。

猎人谷酒庄能够蓬勃发展的原因，不只是因为天然环境，而更多是因为这里离悉尼只有2个小时的车程，无论是酒庄旅游还是投资都是一大卖点。对于一般的观光客来说，这里的光环如此醒目，澳大利亚没有其他的葡萄酒产区比得上，

餐厅、民宿、高尔夫以及酒庄附设的葡萄酒酒窖都迅猛发展。

让猎人谷远近驰名的特殊土壤位于断背山（Brokenback Range）山麓的南面。此山脉东坡周围有一条历经风霜的玄武岩带，是古代火山活动的遗迹，这样的地质限制了葡萄藤的过度生长，并为葡萄带进了独特的矿物风味。

在地势高处，比如Pokolbin的子产区，是红色火山土，这种土壤十分适合猎人谷经典红葡萄品种西拉的生长，至今还有不少的西拉老藤。在地势低处，是冲击河床的白色沙土与壤土，种植着传统的白葡萄品种赛美容，虽然从量上来说，霞多丽已经超过了赛美容。有时，重度酒体的猎人谷西拉会与来自南澳洲的强劲西拉混酿，达到允许范围的最高酒精度15%；但是不少酿酒师越来越热衷于展现猎人谷西拉独一无二的"勃艮第"风格：柔顺、泥土气息、辛辣、余味悠长。在好的年份，猎人谷西拉成熟相对较早，但是所酿的酒随着陈年，持久力长，发展得越来越复杂且带有皮革感。

猎人谷赛美容是澳大利亚经典之一。葡萄往往在糖分比较低的时候采摘，在大桶里发酵，不经过任何苹果酸乳酸发酵，在酒精度11度左右时

就装瓶。年轻时，它有青草气息或酸性水果风味，相对骨感朴素，但随着瓶中陈年，会有惊人的发展，颜色变得绿色偏金，带有烘烤、矿物气息，随之而来的风味层层展现，虽然这种风格新手不太能接受。同样，维德和在猎人谷的历史也很悠久。猎人谷是澳大利亚那些爱好进口法国酒的消费者的前沿焦点。早在20世纪70年代，Tyrrell受到Len Evans的鼓舞，酿造了记录性的霞多丽VAT47，是猎人谷乃至整个现代澳大利亚葡萄酒产业的先锋，正如60年代Max Lake酿造的赤霞珠，为产业开启了新的篇章。

霞多丽也是到目前为止的主要品种，有些人可能会说是唯一，在20世纪70年代Rosemount将之种植在上猎人谷子产区时，这一葡萄品种便标注在了葡萄园地图上。这里位于地势较高的Denman和Muswellbrook区域西北60公里处，降雨量低，允许自由灌溉。上猎人谷子产区往西驱车半小时的Broke Fordwich子产区近年来十分活跃，酿造具有独特风格的种植在沙质冲击层上的赛美容。

猎人谷之外

猎人谷西面，大分水岭西坡海拔450米的区域是**满吉（Mudgee）**产区，从20世纪70年代起，满吉的葡萄酒开始崭露头角（见335页新南威尔士州葡萄酒产区分布图）。其实满吉葡萄酒的历史几乎和猎人谷一样悠久，但在人们开始寻求更凉爽产区之前，满吉一直都默默无闻。传统满吉霞多丽与赤霞珠（特别是来自Huntingdon酒庄）以馥郁和余味悠长为特色。满吉的雷司令与西拉也是造诣不浅。Rosemount酒庄被出售之后，其原来的拥有者Oatley家族保留了原有在满吉的葡萄园，并又新增了Poet's Corner与Montrose两片葡萄园，与Rosemount创始人Robert Oatley同名的新酒庄成为了该产区主要的酿酒力量。

新南威尔士一直以来被视为是新葡萄酒产区持续而活跃建立之州，所有的新产区都在更凉爽区域，海拔也更高，零星散落在各地。最新的一个产区就是新英格兰（New England），是澳大利亚海拔最高的产区，达到1 320米。另外位于死火山Mount Canobolas山坡的奥兰治（Orange）产区，也是以海拔来定义。海拔600米以上甚至更高的葡萄园与山脉起伏的Central Ranges大区不同。在这样高度的环境里，适合种植的葡萄品种很多样，但奥兰治葡萄酒的共性就是那显而易见的纯净的自然酸度。雷司令、长相思和霞多丽蓬

悉尼的后花园猎人谷，旅游业很重要。高尔夫有时似乎比葡萄酒还重要。至少热气球的路线设计与葡萄园景观是相结合的。

猎人谷

放大图所显示的区域包括了所有的新兴酒庄和葡萄园，这是20世纪中叶澳大利亚葡萄酒文化重要的一部分。

猎人谷：CESSNOOK ▼
纬度/海拔
-32.50°/90 米
葡萄生长期间的平均气温
21.7℃
年平均降雨量
678 毫米
采收期降雨量
2 月：87 毫米
主要种植威胁
收获季降雨、真菌病
主要葡萄品种
霞多丽、西拉、赛美容

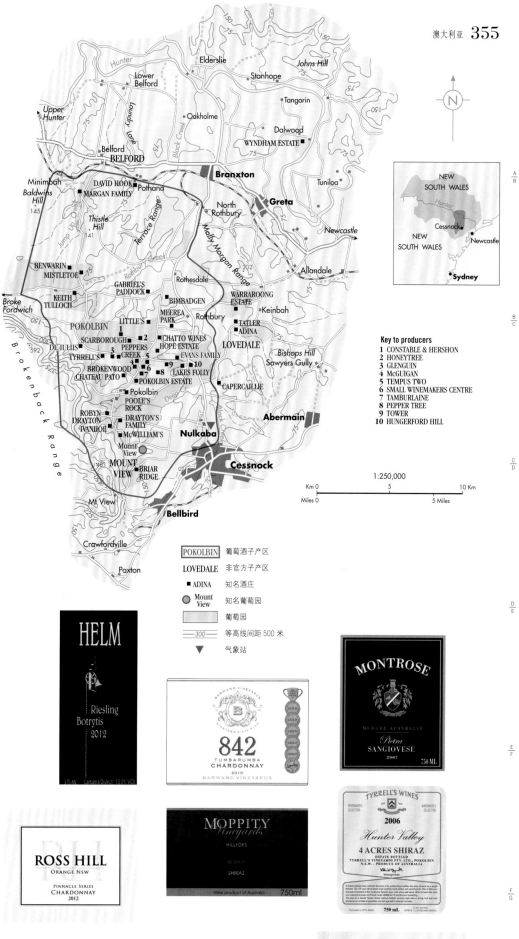

勃发展。在更高的点，有利的朝向、严密的葡萄园网罩覆盖，加上较少的产量，成就了顶级红葡萄酒。

考兰（Cowra）产区有更长的历史酿造霞多丽，霞多丽葡萄园种植在地势较低、平均海拔只有350米的区域，所酿造的霞多丽活泼、溢美和丰沛。稍微往南一点围绕Young小镇的**希托普斯（Hilltops）**海拔比考兰高但产区更新，和大多新南威尔士州相对无名的产区一样主要为产区之外的酒庄种植红葡萄品种霞多丽和赛美容。这里大约有6个酒庄公司，目前为止最重要的要属McWilliam家族的Barwang酒庄。**堪培拉地区（Canberra District）**的葡萄园集中在澳大利亚首都堪培拉附近，这个产区给葡萄酒产业带来很多惊喜，其一它有不少酒庄，其二它的大部分处于新南威尔士州，其三它们已经建立了很久。1971年，研究者Clonakilla酒庄的John Kirk和Lake George酒庄的Edgar Riek种下了第一株葡萄。John Kirk的儿子蒂姆（Tim）是澳大利亚流行的西拉维欧尼混酿葡萄酒的先锋，他的风格有点类似于法国隆河谷罗第丘。海拔最高的葡萄园比如Lark Hill现在采用生物动力学耕作，这里不仅仅是凉爽，甚至可以说是寒冷（有时会受雾天影响），酿造一些澳大利亚最精致的黑皮诺、雷司令，甚至还有绿维特利娜。

肖海尔海岸（Shoalhaven Coast）发展也相当之快，虽然这里与麦格理港北部的**赫斯汀河（Hastings River）**一样受高湿度困扰。因此一些杂交葡萄品种如香宝馨算是应对高湿度的一种解决方案。**唐巴兰姆巴（Tumbarumba）**是另一个极端凉爽的高海拔产区，特别适宜霞多丽和气泡酒。越来越多酒标标注唐巴兰姆巴，产区的白葡萄酒在希托普斯和堪培拉地区的酒庄灌装。

上面的酒标代表着部分新南威尔士州顶级葡萄酒，他们不只是来自猎人谷。堪培拉的HELM一直是澳大利亚经典雷司令的典范之一，获奖无数的842酒标来自唐巴兰姆巴优质的葡萄园之一。Ross Hill代表着奥兰治而Moppity则是希尔托普（Hilltops）的大使，Montrose来自历史悠久的满吉。

新西兰 New Zealand

很少有一个葡萄酒酿造国如新西兰那样拥有十分清晰的形象。这里的"清晰"是对新西兰葡萄酒贴切的描述，新西兰的葡萄酒很少会出错，它们的风味打动人心而清澈，它们的酸度令人心旷神怡。但是，世界上许多葡萄酒饮用者似乎还没有亲身体验到新西兰葡萄酒的魅力，新西兰不仅是世界上最偏远的国度之一（从其最近的邻国澳大利亚飞过去也要3小时），它也是葡萄酒王国里相对较新的一员。新西兰很小，葡萄酒产量不足世界的1%，但是本书对新西兰进行详细介绍，因为它是一个重要的葡萄酒出口国，接近2/3的葡萄酒销往海外。但凡品尝过的人，甚至澳大利亚人，都会疯狂爱上新西兰葡萄酒不同寻常的强大酒体和直接的风味。

本书的第一版（1971年）几乎没有提及新西兰。那时新西兰葡萄园还很少，而且大部分葡萄品种是杂交的。1980年，葡萄园面积为5 600公顷，其中800公顷是南岛马尔堡全新的葡萄园。从20世纪90年代起，但凡有几公顷土地的人都开始尝试种植葡萄。到2012年，新西兰的葡萄园面积已经达到34 290公顷。新西兰人形成了"生活方式的酒庄"这一概念：乡村风味的生活，在极为愉悦的环境中悉心地种植与酿造，出产的葡萄酒也是这个地球上最美味的佳酿之一。但是，2008年的巨大丰收惊动了葡萄酒产业，现代葡萄酒行业第一次出现供大于求，无数的葡萄留在葡萄藤上不能采摘。葡萄种植者数量从2008年的1 060家降到2012年的700家。协作酿酒成为主要业务模式：不少种植者拥有自己的酒标，但是没有自己的酿酒酒庄。

在新西兰葡萄酒热形成实在而果味丰富的风格之前，新西兰葡萄酒一直与一些自然问题抗争。150年前，这个狭长形的国度完全被热带雨林覆盖。土壤营养物质太丰富，以至于葡萄藤和其他农作物一样枝繁叶茂生长过度，这个国家普遍的丰富雨水让其雪上加霜。葡萄园亟须树冠管理技术，20世纪80年代种植师Richard Smart博士将这一技术引进，让新西兰独特风格的葡萄酒光芒闪耀地登上国际舞台。

新西兰葡萄酒产区的地理位置相当于北半球纬度在黎巴嫩与波尔多之间的区域。纬度的影响正好相反，新西兰面对太平洋，拥有强劲的西风带，受连绵山脉雨云的影响，众多因素让新西兰南北两岛坐拥充裕的葡萄生长条件，气候大多比数据显示的更为凉爽。

葡萄酒产区

北部地区 NORTHLAND
奥克兰 AUCKLAND
怀卡托 WAIKATO
丰盛湾 BAY OF PLENTY
吉斯伯恩 GISBORNE
霍克湾 HAWKE'S BAY
怀拉拉帕 WAIRARAPA
尼尔森 NELSON
马尔堡 MARLBOROUGH
坎特伯雷 CANTERBURY
奥塔哥 OTAGO

— · — · — 产区边界

Kumeu 葡萄酒子产区

358 此区放大图见所示页面

新西兰的葡萄酒产区

新西兰大部分西部和南部沿海因为太潮湿而不能酿酒，而北部地区的最北面又几乎是热带，但是整个国家余下的地方都适合种植葡萄。标注的子产区都是非官方的，但对葡萄酒产业来讲却是最重要的。

新西兰的名片

是长相思让世界注意到了新西兰。毕竟，葡萄酒想要活泼，凉爽的气候是必需的。南岛北端凉爽、明媚、多风，这样的条件似乎天生就是为敏感的长相思而设计的。最早的典范，20世纪80年代马尔堡的长相思像打开了一个潘多拉的盒子，无人能忽视它，最重要的是世界上任何其他地方都不能复制。如今，长相思是新西兰最重要的葡萄品种，2011年的收获季，它的产量占据70%。

新西兰葡萄酒受到更多国际大公司关注之后，直到2008年葡萄酒的供求才达到平衡。2005年这一年，Pernod Ricard新西兰公司收购了该国最大的酒厂，现在名为Brancott Estate。其他还有Constellation NZ（前身为Nobilo）、Delegat's/Oyster Bay、Saint Clair、Mud House、Treasury Wine Estates（Matua）、Villa Maria（包括Esk Valley和Vidal）、Wither

Hills 以及相对较年轻的 Yealands，这些酒庄公司在长相思上投入很多。

霞多丽，冠以新西兰国家的商标"愉悦"，起初是新西兰的另一张名片。但是到 2006 年，无论从葡萄园数量还是名声来说都被黑皮诺赶超。这个新西兰第二大种植面积的品种与长相思一样因凉爽气候与明媚阳光而风光无限。令人惊讶的是，新西兰有不少产区适宜这个挑剔的品种，而许多其他产区（特别是澳大利亚大部分地区）至今都在挣扎中。

梅洛在 2000 年时超过了晚熟的赤霞珠，西拉正越来越受欢迎。波尔多式混酿总体上对新西兰本国人来说比在那个广阔的赤霞珠世界里更受青睐。其他特色品种包括雷司令，干型或甜白，在新西兰可以酿造得十分细腻。另外，数量可观的酒厂与种植者现在寄希望于一些芳香型葡萄品种上，比如灰皮诺（2012 年占近 7% 的葡萄园总面积）与琼瑶浆。隔离已被证明对葡萄藤病虫害没有用，当然，大部分葡萄藤都嫁接在抗根瘤芽病的根砧木上。

北岛

新西兰葡萄酒走过了很长一条路，自新西兰被当地人称作"Dally plonk"起，这个称呼是纪念来自达尔马提亚的移民者，早在 20 世纪初就离开遥远北部的贝壳杉树林来到**奥克兰（Auckland）**附近种植葡萄园。尽管受多雨的亚热带气候影响，他们坚持不懈。在如今已经能够酿造出令人惊讶的优质红葡萄酒区域，有好几个家族都拥有克罗地亚名字。如在澳大利亚猎人谷，云层遮盖，中和过度的阳光照射，给予稳定的成熟条件。收获季节下雨与发霉是头痛的问题，尽管在东面的激流岛（Waiheke Island）不受陆地雨水的影响。很早以前，Stonyridge 酒庄就展示了该岛种植酿造波尔多品种的潜力，不过，西拉似乎更为出彩。在亚热带的北部，**北部地区（Northland）**的种植者在干燥的年份就能酿造出令人印象深刻的西拉、灰皮诺和霞多丽。

北岛东海岸的**吉斯伯恩（Gisborne，如同众多新西兰葡萄酒产区拥有不止一个名称，吉斯伯恩又名 Poverty Bay）**酒庄数量相对较少，是一个很好的例子，曾经是酒厂的纷争之地，如今又被遗弃。从葡萄园面积来说，它不再是马尔堡与霍克湾之后的第三大产区，这第三大产区的地位已被奥塔哥拥有。吉斯伯恩的主要品种是霞多丽，但如今已经不像南部更凉爽产区的长相思与灰皮诺那样受宠。

该产区比霍克湾更温暖更潮湿，特别是在秋季，在相对肥沃的壤土上种植白葡萄品种，且比霍克湾和马尔堡要早摘 2~3 周。吉斯伯恩也出产馥郁的典型品种，如特色的琼瑶浆和芬芳浓郁的赛美容。梅洛和马尔白克的品质也不错。

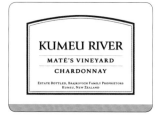

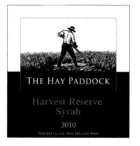

最靠左边的两款酒是奥克兰顶级酒的代表。*Man O'War* 是来自从奥克兰短途轮渡就能到达的激流岛的佳酿，酒体强劲。*Neudorf* 和 *Seifried* 是两款来自尼尔森产区最受追捧的并且获得不少荣誉的佳酿。

奥克兰南部的**怀卡托（Waikato）**和**丰盛湾（Bay of Plenty）**两大产区的红白葡萄酒表现平平。**奥豪（Ohau）**是一个新兴的葡萄酒产区，坐落在东海岸惠灵顿的北部，酿造脆爽而有活力的长相思与灰皮诺。

南岛

刚刚跨越大风的库克海峡来到南岛，在马尔堡西面的是**尼尔森（Nelson）**产区，尼尔森的葡萄园面积与北岛的怀拉拉帕（Wairarapa）一样大（见 359 页），但是该产区拥有更大的降雨量且受到大公司的影响较小。葡萄园主要集中在西南海岸的塔斯曼湾（Tasman Bay），拥有 Moutere Hills 山丘的黏土和 Waimea Plains 平原的冲击土，出产新鲜的带着草本气息的长相思和强劲浓郁的霞多丽及黑皮诺。同时。该产区也以芳香型白葡萄酒闻名，特别是雷司令和越来越受欢迎的灰皮诺。

顺着 Tukituki 河流仰望 Te Mata 山脊，Te Mata 也是霍克湾第一个被国际认可的酒庄之一的名字。新西兰的地貌近几年看起来有点成形了。

霍克湾
Hawke's Bay

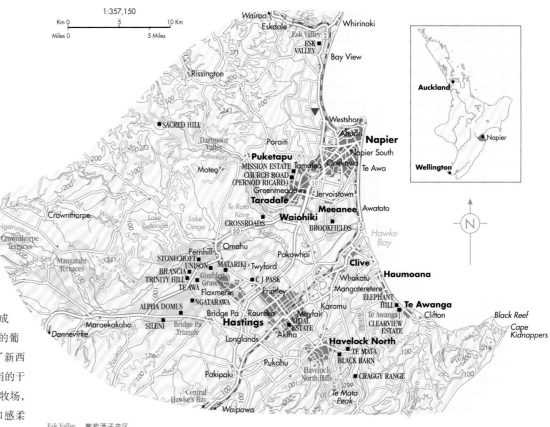

在新西兰的葡萄酒字典里，霍克湾是一个非常有历史的产区，早在19世纪中叶就有圣母马利亚修道会种植葡萄。20世纪60年代，澳大利亚酒庄McWilliam's对该产区许下长期的愿景：酿造赤霞珠葡萄酒。而真正意义上的规模性种植始于20世纪70年代，霍克湾的面积也得到扩大，特别是赤霞珠的种植，之后成为了必需品。20世纪90年代末，该产区酿造的葡萄酒才开始获得世人的瞩目，霍克湾成为了新西兰红葡萄酒风格的模范领袖。1998年份，相当的干燥炎热，甚至连羊都被运往西部山区更绿的牧场，而这一年份酿造的葡萄酒果实非常成熟，口感柔顺，单宁紧致，预示着一个有希望的未来。近期的年份，比如2007年和2009年，该产区的波尔多式混酿已经能够与那些波尔多的葡萄酒相提并论。它们可能会发展变化得更快，但是从性价比来说极高。

同样在20世纪90年代末，种植者开始完全理解霍克湾土壤条件的复杂性，并充分利用这种复杂性的优势。霍克湾坐落在北岛的东部沿海，海岸宽阔，拥有海洋性气候，受Ruahine和Kaweka山脉西风带影响，相对少的降雨量与较高的温度（虽然比波尔多的低，参阅右边参数）造就了一个有利于葡萄生长的环境组合。当然底下到底发生了什么需要更长的时间去了解。

最贫瘠的土壤，最成熟的葡萄

霍克湾的鸟瞰图生动地显示了该产区典型的土壤类型：丰富的冲击土和贫瘠的沙砾土，它们从山脉到大海方向分布。淤泥、黏土和砾石的锁水能力完全不同；一片葡萄园在一个饱和点能迅猛生长，而另一片葡萄园如果没有灌溉就会枯萎。很明显的是，成熟的葡萄往往来自最贫瘠的土壤环境，这样的条件葡萄藤的生长受到限制，灌溉也能得到更细致的控制，恰到好处地满足每株葡萄藤需要的水量。即使现在在夏季变得越来越热，红葡萄却能更充分地成熟。Hastings镇西北部的Gimblett公路区域至今保留着厚而温暖的鹅卵石，海拔800米，没有任何其他地方比这里的土壤更贫瘠，它的附近还有一条奔腾的河流Ngaruroro River，在1870年的时候发过巨大的洪水。20世纪90年代末的时候，这里出现了葡萄种植区域，被人称作Gimblett Gravels，最后3/4的土地被购买并进

地图图例

Esk Valley 葡萄酒子产区
■ UNISON 知名酒庄
葡萄园
—200— 等高线间距100米
▼ 气象站

霍克湾周边地区

在Napier气象站测得的气温要比霍克湾一些著名的离海稍远的葡萄园要高一点。值得注意的是主要的子产区Gimblett Gravels已经发出一些声音，在酿酒行业有所作为。

行水培，这在当时有点疯狂。

其他较适合红葡萄品种的区域还包括Bridge Pa Triangle，这是南部稍微更凉爽一点的区域，葡萄种植在Havelock North石灰岩山丘选择性的地块，比如很多年前Te Mata酒庄的葡萄园；以及在Haumoana和Te Awanga之间海岸狭长的鹅卵石区域，那里凉爽且成熟晚。

如同世界其他地方一样，在20世纪80年代的时候，新西兰也苦恼于极度的赤霞珠狂热潮，但是即使在霍克湾这个品种也并非一直能很好地成熟，现在更可靠且早熟的梅洛种植数量是赤霞珠的2倍有余。早熟的马尔白克也茁壮成长，虽然效果不佳，但是它作为混酿原料很受欢迎。西拉

霍克湾：NAPIER ▼

纬度/海拔
-39.50° /2 米

葡萄生长期间的平均气温
17.2℃

年平均降雨量
786 毫米

采收期降雨量
3 月：67 毫米

主要种植威胁
秋季降雨、真菌病

主要葡萄品种
梅洛、长相思、霞多丽

毫无疑问在该产区前途光明。新西兰葡萄园里2/3的西拉种植在霍克湾贫瘠的土壤里，绝大部分年份的成熟情况令人满意。年份的差异不明显，不然就像法国的隆河谷了。温暖的霍克湾也能满足人们对长相思的热情。

霍克湾最受追捧的佳酿是波尔多式混酿红葡萄酒。但是Balancia酒庄的La Collina是公认的新西兰最精致的精品西拉之一。该产区也酿造一些漂亮的令人唇齿留香的霞多丽葡萄酒。

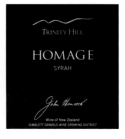

怀拉拉帕
Wairarapa

北岛最令人兴奋的黑皮诺产区,也是新西兰第一个建立起黑皮诺名声的产区,它就是怀拉拉帕。该产区包括南部子产区马丁堡(Martinborough),可谓是怀拉拉帕的葡萄酒之都,亦是美食与美酒的中心,以及北部子产区格拉德斯通(Gladstone)。从新西兰首都向东北方向驱车一个小时,穿越连绵山脉到达北岛东部的雨影区怀拉拉帕,怀拉拉帕的气温是如此之低,Dry River酒庄的创立者、科学家Neil McCallum博士一本正经地说:"从热度的总和来说,这里非常像爱丁堡。"因为有西部的山脉,马丁堡的秋季是整个北岛最为持久干燥的,赋予该产区60多家酒庄机会酿造一些最生动的勃艮第风格的黑皮诺。而黑皮诺就是这里的主要品种,它可以是强有力的浓郁的李子风味,抑或是清瘦、干、有泥土气息,正如勃艮第佳酿。

勃艮第的同行也逐渐将葡萄酒事业拓展到怀拉拉帕,并且谁种葡萄谁酿酒。对于果农来说,他们可能更会被马尔堡的葡萄产量吸引,因为马丁堡的平均产量每公顷仅2吨。马丁堡的土壤薄且贫瘠,由排水性好的砾石、泥沙和黏土组成,在开花期西风带强劲,霜冻在凉爽的春季里一般会造成一定威胁。总体来说,该产区葡萄的生长季特别长,但是秋季也很长,同时坐拥新西兰最佳的白昼温差变化。不少领军的酒庄都是在20世纪80年代初期建立,包括Ata Rangi酒庄、Martinborough Vineyard酒庄及Dry River酒庄。这些酒庄背后的经营者建立起了持久而非常个人的名声,尽管一些人已经另谋高就,比如Martinborough Vineyard酒庄的Larry McKenna现在已经成为了Escarpment酒庄的第二代,而Dry River前庄主Neil McCallum已经不再拥有此酒庄。

与此同时,马丁堡产区又展现了酿造新西兰新宠灰皮诺的实力,特别是那些佳酿来自19世纪80年代建立的霍克湾酒庄(Mission winery)的克隆品种葡萄园,尽管长相思才是该产区的第二大葡萄品种。对于新西兰黑皮诺这个自知的世界来说,马丁堡与奥塔哥中部之间的竞争相当之大,它们各自交替举办主要的国际性黑皮诺庆典。

两家马丁堡经典酒庄与一家新晋酒庄的相遇。
Hiroyuki Kusuda 自从爱上马丁堡黑皮诺和西拉之后放弃在日本的外交生涯,来此酿酒。

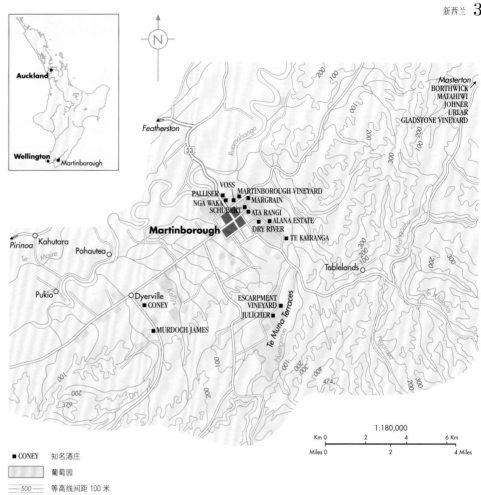

■ CONEY　知名酒庄

　　　　　葡萄园

—500—　等高线间距 100 米

1:180,000

马丁堡聚集了不少葡萄酒吧、餐厅和游客住宿地方。建于1882年的马丁堡酒店,至今改变甚少。

马丁堡

穿越惠灵顿的山脉,在东部山脚下,大多数年份马丁堡聚集的葡萄园及酒庄坐拥相对凉爽的、干燥的生长季,以黑皮诺出名。

马尔堡 Marlborough

马尔堡位于南岛的东北顶端，近些年来它的葡萄种植比任何一个其他的新西兰产区都要疯狂，你可以说它是新西兰葡萄酒的缩影。整个国家60%左右的葡萄园都坐落在这个世界特别的角落里。大约在1873年，移民者在Meadowbank农场（现为Auntsfield Estate）种下了葡萄藤，但在随后的100年这里几乎默默无闻；直到1973年，Montana酒庄（新西兰最主要酿酒厂，现名为Brancott）在该产区种下了第一批200公顷的商业葡萄园。

起初缺乏灌溉引起了问题，但在1975年第一

WAIRAU VALLEY

这个又小又安静的小镇像一座过山车，在区区20年从养羊到种葡萄，出现供大于求的现象。潜力是毋庸置疑的，但不是无极限的。子产区间葡萄种植的细节与发展决定着葡萄酒品质的差异。

个长相思葡萄园建立。1979年，Montana马尔堡长相思第一个年份装瓶，这个产区特别浓郁的风格显而易见，让人不能忽视。这样一个令人振奋的容易理解的葡萄酒自然而然地带来无限潜力，很快其他的酒庄也意识到，其中包括来自澳大利亚西部Cape Mentelle酒庄的David Hohnen。1985年，他在马尔堡建立了Cloudy Bay酒庄，之后它的名字，具有感召力的酒标，烟熏而几乎让人窒息的强烈风味成为了一个传说。

2012年，马尔堡的葡萄园面积将近20 000公顷，几乎是世纪交替之时种植面积的4倍。酿酒厂的数量也剧增，超过150家。跨越库克海峡被运往北岛进行压榨的葡萄果实数量随之减少，葡萄酒品质却因此升高。如今，越来越多的果农除了给

那些大酒厂提供原料外，也有了自己的酒标，大多在该产区最忙碌的协作酒庄完成酿造。Gryewacke酒标由Kevin Judd拥有，在长相思盛行时代，他在Cloudy Bay酿酒。但是马尔堡也酿造一些精品黑皮诺和杰出的雷司令葡萄酒。

是什么让马尔堡如此特别

2008年供大于求出现之前，广阔的平原**Wairau Valley**就像一块吸铁石，吸引着无数投资者，包括那些只想一生酿酒的人。有些人在他们狂热的时候在内陆种植葡萄，结果每年葡萄都不能成熟，供水问题也十分严峻。2008年之后，土地价格一落千丈，防霜工作在山谷间的平原地带又成为了一块绊脚石。繁荣时期总有它的牺牲者。

作为一个葡萄酒产区，是什么让马尔堡如此特别呢？这里白昼长，夜间凉爽，阳光明媚，在好的年份秋季稍干，这些因素不同寻常地结合。该产区的气温相对较低（参阅基本要素表），多雨的秋季是致命的，但是这里的葡萄通常（但不是一

马尔堡：BLENHEIM	▼
纬度／海拔	
-41.50°/35 米	
葡萄生长期间的平均气温	
15.4℃	
年平均降雨量	
711 毫米	
采收期降雨量	
4月：53 毫米	
主要种植威胁	
秋季降雨	
主要葡萄品种	
长相思、黑皮诺、霞多丽	

Gryewake酒标为Kevin Judd拥有，在长相思盛行时代，他在Cloudy Bay酿酒。但是马尔堡也酿造一些精品黑皮诺和杰出的雷司令葡萄酒。

唯有带着帽子和太阳眼镜的装扮让人感觉不是在葡萄园。葡萄园拥有者、摄影师 Michael Seresin 是新西兰最崇尚生物动力学的先锋之一，他的酿酒师来自英国。

直）被留在葡萄藤上慢慢成熟，果糖含量越来越高，但是因夜间凉爽而不会失去酸度，酸度是新西兰葡萄酒的一大特色。

阿沃特雷谷（Awatere Valley）更干、更凉、风更大些，白天的温度变化最为明显。该地区的先锋代表是1986年建立的Vavasour酒庄，近几年这里更是迅速扩张，这要归功于灌溉的实施和充满激情种植葡萄的人，特别是Yealands酒庄。

如果把Awatere Valley看作一个产区，而不是马尔堡的一个子产区，那么它可以说是新西兰的第二大产区，仅次于Wairau Valley，排在霍克湾产区之前。Awatere Valley的发芽与收获都要比Wairau Valley晚，但是夏季长而且热，足够暖和来使大部分的白葡萄品种（特别是长相思、雷司令、霞多丽和灰皮诺）以及黑皮诺成熟。在 Awatere Valley 南部的 Ure Valley 和 Kekerengu 地区，葡萄种植也有一定建树。但是，马尔堡最多样化的也许是它的土壤。穿越Wairau Valley 的东西方向6号及63号高速公路北面的土壤远远要比南面年轻。在一些地方，地下水位可以高到临界，这些年轻的碎石土壤上种植的最好的葡萄园是那些具有很好排水性的地块，鹅卵石上覆盖着薄薄的壤土，曾经是河床。成熟的葡萄藤已经根深蒂固，而年轻的藤还需要通过灌溉才能在干燥的夏季存活下来。

63号高速公路南面，地势最低，土壤更老，对酿造顶级酒来说排水性太差，但是在该区域南边界贫瘠的干燥土壤上种植的葡萄园，纬度更高，能够种植一些有意思的葡萄。在这南面一侧，海拔稍高、黏性土壤的区域出产的黑皮诺花香馥郁，非常醇滑。

脱颖而出

大酒庄酿造长相思典型的做法就是混酿来自不同地块的果实原料，因为不同地块的气候条件也略有差异，这样做的目的就是想让各自酿的酒与别家有所不同，但往往会形成单调的风格。有控制地使用法国橡木桶和苹果酸乳酸发酵起了一定的作用，同时，越来越多的单一葡萄园涌现。

马尔堡能够酿造出一些顶级的灰皮诺，备受新西兰饮酒者青睐，这个品种或许是到哪里都受欢迎，雷司令亦是如此，包括一些令人鼓舞的晚摘型葡萄酒。黑皮诺及霞多丽依旧是以量取胜，它们被用作酿造气泡酒以及无泡葡萄酒。随着葡萄藤越来越老，马尔堡果味浓郁的黑皮诺成长得也是相当之快。

AWATERE VALLEY

Awatere Valley 位 于 Wairau Valley 的 南 面，Vavasour（参阅对页酒标）是该产区的先锋酒庄。大型酒庄Yealanda 利用小绵羊来除草、控制虫害和天然施肥，而且它们太矮够不着葡萄。

Upper Awatere 葡萄酒子产区
■VAVASOUR 知名酒庄
▢ 葡萄园
500 等高线间距 100 米

坎特伯雷
Canterbury

坎特伯雷是以南岛著名城市基督城为核心的广阔腹地的统称。作为一个葡萄酒产区，它与大部分的新西兰产区不一样，有自己独特的风格，酿造一些特别勃艮第风格的黑皮诺与霞多丽，当地人相信雷司令能在该产区有造诣（有很好的成功例子，但是销售十分困难），而长相思居居第四的地位。当地的葡萄种植历史可以追溯到19世纪中叶，当时种植在 Banks 半岛，但真正的商业葡萄酒酿造一直到20世纪中后期才兴起。整个产区气候凉爽，以至于不能使波尔多红葡萄品种成熟。夏季干燥而漫长，相对恒定的风，有时有干热的西北风来临，会严重地毁坏葡萄园；而有时从南部刮来凉爽的风，就很有利于葡萄生长，保持葡萄的健康。但是这里的供水一直是个问题，依靠自流井灌溉成为了必要措施。

在基督城周围和南面的平原风特别大，地域裸露，但是从基督城向北驱车一小时的地方 **Waipara** 地形更起伏，海拔不高的 Teviotdale Hills 山岭挡住了来自东面的风，而 Southern Alps 又为来自西面的风做了屏障。总体来说，平原地带的土壤是砾石覆盖着淤泥，有时覆盖着薄薄的一层黄土。而 Waipara 地区的土壤则是含有黏土和石灰岩的石灰质壤土。当地的先锋代表是由基督城一名医生建立的 Pegasus Bay 酒庄，因为酿造卓越的细腻雷司令而声名远扬，该酒庄的雷司令出色地干，也很甜美，不乏结构，但是其他大部分酒庄都专注于霞多丽。而黑皮诺似乎走了极端，要么是让人极为失望的草药味，要么特别有潜力。上等的葡萄酒有一个精妙之处，就是消费者可以很直接地辨别出是坎特伯雷北部还是南部的。

往西翻越 Weka Pass 山脉，有两个主要的酒庄脱颖而出，即1997年建立的 Bell Hill 酒庄和2000年建立的 Pyramid Valley 酒庄。它们找到了很好的石灰岩地块，在最好的红白葡萄酒中可以发现一丝与勃艮第的关联。它们的葡萄酒基本都在坎特伯雷产区销售。

Amberley 镇西北面的主路附近聚集了大部分酒庄，但是这里不是集中的葡萄种植区域。大部分的葡萄园都很远，适当的干燥气候和恒定的风让葡萄种植比较容易达到有机化。

新西兰的领军酒庄 Brancott Estate 在坎特伯雷产区种植了好几百公顷的葡萄园。相比马尔堡，该产区的土地更便宜，白昼温度变化也更大。但每年9月末到11月初的霜冻一直是威胁，产量也遭受其害。该产区大部分的酒庄规模都较小而且更加注重手工劳作。虽与勃艮第之间比较相似，但坎特伯雷最显著的气候变化信号就是如今过于频繁地受到冰雹影响。

WAIPARA

以下地图是坎特伯雷最集中的葡萄园及酒庄区域，恰好位于受地震毁坏的基督城的北面。这里位于道路两边的酒庄酒窖是葡萄酒销售的主要渠道。

新西兰最大的酒庄 Brancott Estate 酒庄在 Waipara 种植了几百公顷的葡萄幼苗。套在葡萄藤外面的塑料管是用来保护正在生长的葡萄藤不被动物们偷食。

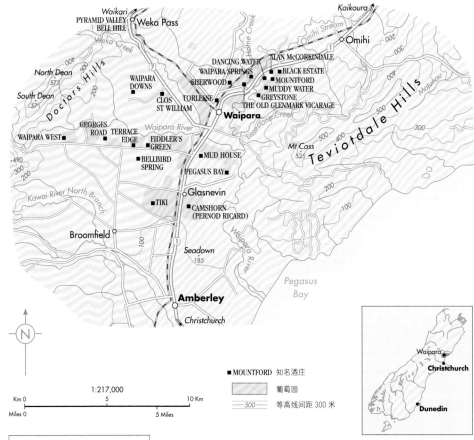

■ MOUNTFORD 知名酒庄

▨ 葡萄园

— 500 — 等高线间距 300 米

1:217,000

Km 0   5   10 Km

Miles 0   5 Miles

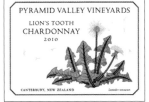

坎特伯雷的一些最令人兴奋的佳酿来自上述地图显示的西部区域，产量规模都很小，但是注重酿酒细节、运用传统的酿酒技术。坎特伯雷北部是一个酿酒区域。

奥塔哥中部
Central Otago

奥塔哥中部（Central Otago）这里当地人可能称之为"中心（Central）"，是世界上最南端的葡萄酒产区，亦是自然风光最优美的地方之一。终年积雪的山脉（即使夏季），远眺明亮绿松石般色彩的河流滚滚流过那充满野生百里香香气的峡谷。1997年，该产区只有14家酒庄，葡萄园面积不足200公顷。截至2012年，官方数据显示这里的酒庄数量已经攀升到了118家，葡萄园面积达1 543公顷，主要是年轻的黑皮诺葡萄藤，大部分果实会在协作酒厂酿酒。

与新西兰其他地方有所不同的是，奥塔哥中部拥有典型的大陆性气候，而非海洋性气候，夏季阳光充足、干燥且短。一年到头，霜冻一直是一个威胁，在更凉爽的地方，如Gibbston，原本早熟的黑皮诺有时也会在冬季到来之前还未达到成熟。

另一方面，夏季的阳光十分刺眼。在这个被世界孤立的地方，臭氧层上的洞造成了强烈的太阳辐射（学校的学生被要求戴帽子），但是凉爽的夜间保护了葡萄天然的果酸，好的酸度是高品质佳酿所必需的。这样的条件下酿造的葡萄酒具有耀眼夺目的水果风味，足够的成熟度让酒精度很少有低于14%的。奥塔哥中部的黑皮诺，如同马尔堡的长相思，也许不是世界上最微妙的葡萄酒，但当它装瓶后几乎可以乱真。

奥塔哥中部的夏季和初秋十分干燥，就连容易腐烂的黑皮诺都很少发生真菌疾病，同时这里不缺灌溉水。土壤的缩水能力十分有限，但是典型的土壤特点是覆盖在片岩上轻薄且排水快的黄土，夹杂一些砾石。

该产区最南端的子产区是相对凉爽的Alexandra，葡萄种植的历史可以追溯到19世纪60年代，之后在1973年复兴。Alexandra稍微偏西北的是Gibbston子产区，气候更为凉爽，葡萄主要种植在美轮美奂的Kawarau Gorge山脉朝北的山坡上。这里葡萄生长期更长，能够酿造出一些风味极为复杂的佳酿。在Kawarau Gorge山脉接连Cromwell Valley的地方是Bannockburn，是种植密度最大的子产区之一。与众多精品酒产区相似，这里曾经是淘金之地。再往北是Bendigo，相对温暖，虽然至今还没有酒庄，但是正迅速地种植着葡萄。另外，Lowburn也具有巨大的潜力，还有邓斯坦湖（Lake Dunstan）西岸温暖且平坦的Pisa Flats。

奥塔哥中部最北端的子产区是Wanaka，是20世纪80年代最先被开发的地方之一。Rippon酒庄（现采用生物动力学）的葡萄园恰好坐落在湖边，这样的地理位置有效地抵制了霜冻。整齐的葡萄园、蔚蓝的湖水、秋日金色的树木以及远处

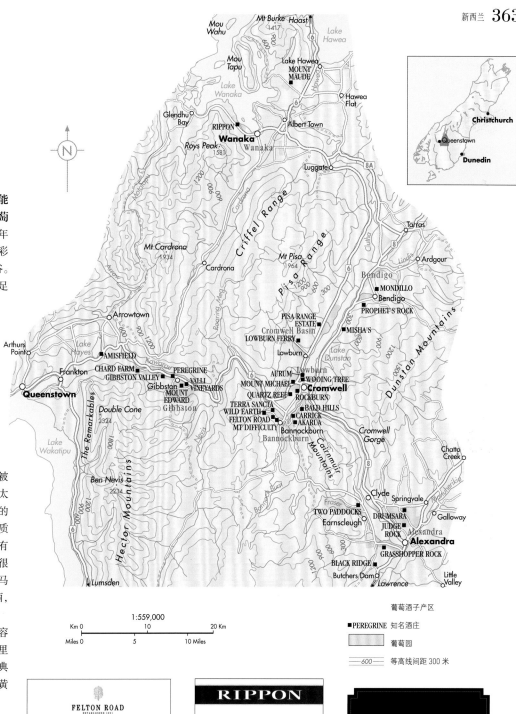

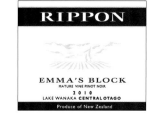

奥塔哥中部的酒庄是世界上一些最具凝聚力、最具团结协作力的酒庄。他们中不少使用一个"合作"酿酒师，但是这些葡萄酒都在各家酒庄酿造。和马丁堡的Kusuda一样，Sato是另外一个由日本人新建的酒庄。

的雪山，如此一幅美景让所有到此的摄影者无法自拔。奥塔哥北部如今已经形成了自己的葡萄酒产区Waitaki Valley，开拓者们都指望这里的石灰岩，这是奥塔哥中部没有的，他们想与勃艮第匹配，尽管年轻的葡萄藤开花时必须面对严峻的霜冻和寒冷的大风。黑皮诺、灰皮诺和雷司令都前途光明。Pasquale酒庄在Waitaki Valley拥有葡萄园，同时也酿造来自Hakataramea Valley果实的葡萄酒，Hakataramea Valley位于坎特伯雷南部的Waitaki河流北岸。

葡萄酒子产区

■ PEREGRINE 知名酒庄

葡萄园

—— 600 —— 等高线间距 300 米

南　非

俯瞰斯坦伦布什和 Franschhoek 葡萄酒地区的西蒙（Simonsberg）山脉，位于西开普。

南　非 South Africa

如果要举办一场"世界最美葡萄园"的竞赛，入围者固然很多，但总决赛名单中一定会有南非。由砂岩及花岗岩组成的泰博山（Table Mountain）矗立成巨大的蓝色影像，伫立在一片鲜绿色的田野之中，间或点缀着历经300年风霜、南非荷兰（Cape Dutch）风格的白色房舍，足以可见南非葡萄园风光之独特。如果不细心观察，会觉得以开普（Cape）地区为中心的葡萄园，看似从1994年以后一直都没有改变，但事实上，其酿酒人、葡萄园、酒窖、葡萄酒版图以及葡萄酒都已经全盘改变了。

大部分的南非葡萄藤，都在近似于地中海的气候里生长良好，加上来自南极的本吉拉（Benguela）洋流影响到大西洋西岸，南非事实上比其纬度应有的气候还要来得凉爽。这里的降雨通常集中在冬季，不过因为开普的地貌变化极大，各地降雨多寡还是要视所在位置而定。盛行的冬季西风缓和了此地气候，越往南部、西部以及离海越近就越凉爽，降雨量也更适宜。在山脉的两边山坡，降雨量可能都不小，像是Drakenstein、Hottentots Holland以及Langeberg等山脉都是如此；然而就在距离几公里之内，年降雨量却有可能骤降至200毫米。群峰也让著名的Cape Doctor（一种强劲的东南风）形成"隧道效应"，风力更显强劲，虽然有助于减少霉菌及露菌病，但也可能因此打坏葡萄幼株。

1973年，葡萄酒原产地计划率先将南非葡萄酒分成了大区（region）、地区（district）和最小的地理范围小区（ward），如今仍在继续发展。最重要的葡萄酒产区在右页的地图以及后页都有提及。

生物多样性和可持续性

开普地区拥有全世界葡萄酒产区最古老的地质，这些主要成分是花岗岩的古老土壤，以及泰博山的砂岩或页岩，都会天然地降低葡萄树的产量；但同时这类土壤也滋养了这个缤纷的花卉王国，而"生物多样性"也成为南非葡萄酒产业所追寻的目标。这也鼓舞了葡萄酒酿造商们尽量保留区内的多样植物种类并发展各自的特点以促进当地生态旅游的发展。在南非，若要向有关单位登记"单一葡萄园"的命名，面积不得超过6公顷并且只能种植单一葡萄品种；此外，针对各个葡萄园的特质以及合适栽种的葡萄品种的正式研究也都在逐步进行中（葡萄园名字首次出现在酒标是在2005年）。截至2012年，近90%的葡萄酒原产地都已经获得了官方的可持续性认证。由于缺少像澳大利亚内陆等可以采用机器大量耕种的葡萄酒地区，南非酒业不能打价格战，必须提供其他更具价值的吸引力。如今南非的葡萄收成中80%被酿成葡萄酒，其余的葡萄则被制成浓缩葡萄汁（南非是世界上主要的生产国）或蒸馏成烈酒。

在20世纪的大部分时间里，南非的葡萄酒产业都掌握在令人窒息的旧政权手里，而如今的结构则与当时截然不同，虽然合作社和昔日一样仍然十分重要。当种族隔离政策与隔离主义成为过去式后，新一代的年轻酿酒师便迫不及待地周游世界，以无尽的好奇心吸收新技术及新想法。许多新资金也大量投入了开普地区的葡萄酒产业，如今已经有近600家酒厂，其中几乎一半酒厂每年压榨的葡萄还不到100吨。自由所带来的益处在20世纪90年代变得尤为明显，一股在较凉爽地区辟建实验性葡萄园的风潮开始兴起。同样重要的是，过去一些老字号产区也被重新评估潜力，其中最值得一提的要数黑地（Swartland）和奥勒芬兹河（Olifants River）。

大区、地区和小区

杜班维尔（Durbanville）小区是开普敦市的郊区，但也因此容易被低估，这里靠近海洋，夜晚凉爽，可产制特别清新可口的白葡萄酒以及形态明确的赤霞珠及梅洛葡萄酒。而Tygerberg地区的Philadephia小区，可就近俯瞰开普敦市，风景宜人，前景也相当不可小觑。

另一个重新被发现的地区是紧邻黑地东边的Tulbagh，该区被Winterhoek山脉三面环抱，拥有让人惊艳的自然环境。这里的土壤、向阳面以及地势变化都非常大，不过日夜温差相当大；早晨特别寒冷，这是因为山脉形成的罗马剧场式地形会让夜晚潜进的冷风滞留下来。

再往北走，Vredendal镇拥有近5 000公顷葡萄藤的Namaqua证明了虽然这里的纬度较低，葡萄酒的品质却未必比别人差。许多人认为南非白葡萄酒是物超所值的最佳选择，主要指的是口感清雅的白诗南以及鸽笼白葡萄酒，这些酒款产自奥勒芬兹河大区（特别是Citrusdal及Lutzville这两个地区）。Bamboes Bay是位于西岸的一个小区，这里出产有被认为此纬度难以存活的细腻长相思。在奥勒芬兹河东边的独立Cederberg小区，海拔高度是其品质的最大保证。该区也是最近扩展的最有意思的产区之一：葡萄园位于Sutherland-Karoo地区，在地图未覆盖的更北面的地区，这些新的葡萄园坐落在北开普而非西开普，是南非海拔最高、最具大陆型气候特征的葡萄园。在地图北边之外的下奥兰治（Lower Orange）产区，夏天尤其炎热，葡萄园主要依赖奥兰治（Orange）河的灌溉。这里的重要工作是葡萄藤的整枝作业，以免无情的烈日伤害葡萄。

Klein Karoo产区位于东部广大的干燥内陆地带，夏季气温非常高，当地特产的加烈甜酒需要靠灌溉才能用于成功酿制，这里的特产还有一些餐酒级红酒以及鸵鸟（肉和羽毛都有用处）。麝香以及多罗谷的葡萄品种如Tinta Barocca（在葡萄牙直接称作Barroca）、国产杜丽佳及Souzão都可在此生长。葡萄牙的波特酒厂商早已留意此地的发展，视其为可敬的对手，尤其是这里的Calitzdorp地区酿出的酒款常常能在南非的加烈甜酒分类竞赛项目中斩获奖项。

坐落在布里厄河谷（Breede River Valley）大区里的Worcester和Breedekloof地区虽然距大西洋的水汽更近一些，但是全区仍然温暖、干燥，依旧需要灌溉才能产酒。这里葡萄酒的产量比开普附近的任一产区都要多，超过全国总产量的1/4。这里生产的许多葡萄都用来酿成白兰地，不过同时也酿制品质不错的商业化红葡萄酒与白葡萄酒。

朝着印度洋的南方往下走，在布里厄河谷产区下方的是Robertson产区，这里以出产优质的合作社葡萄酒闻名，并拥有一两家优质酒庄。此区有充足的石灰岩土质以支持可持续耕作，有令人满意的白葡萄酒，尤以多汁的霞多丽葡萄酒为甚，红葡萄酒

在这里经典酒款是由De Krans（位于炎热的Klein Karoo）所生产的富有波特酒风格的葡萄酒，以及从20世纪70年代起，出产于遥远的Cederberg的白诗南。其余的均为新酒商。

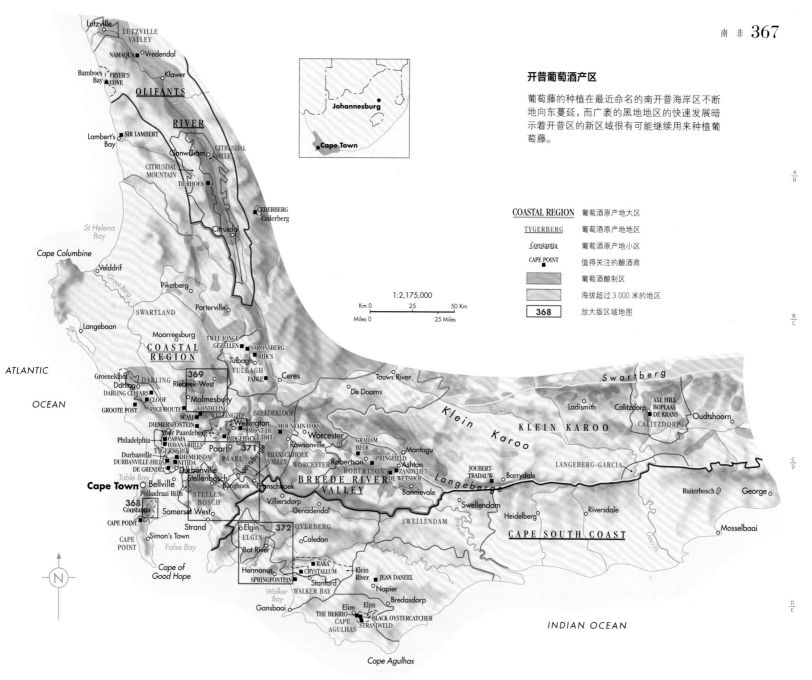

COASTAL REGION	葡萄酒原产地大区
TYGERBERG	葡萄酒原产地地区
Constantia	葡萄酒原产地小区
CAPE POINT	值得关注的酿酒商
	葡萄酒酿制区
	海拔超过 3 000 米的地区
368	放大版区域地图

1:2,175,000

Km 0   25   50 Km
Miles 0   25 Miles

也逐渐受到重视。此区雨量不高，夏季炎热，不过来自印度洋的东南海风有助于降温。

开普区的葡萄

如今在开普地区最显著的趋势是大规模地将白葡萄品种淘汰换成红葡萄酒品种，尤其是南非葡萄园昔日的主角白诗南。虽然目前白诗南依然是种植最广的葡萄品种，但已经没有当时"每五株葡萄树就有一株"的盛况。如果拔除更多也不是明智之举，老藤的白诗南仍是开普地区最特殊的招牌：独具风格且物超所值。最好的白诗南通常产自受海岸影响最深的地方，保有天然的较高酸度。虽然来自奥勒芬兹河地区的老藤也有相当不俗的表现——或许是源于能够适应当地环境的克隆品种。Ken Forrester、Rudera 及 De Trafford 等酒庄酿出了斯泰伦布什产区的最佳典范；至于在黑地产区的 Paardeberg 小区，Sadie 家族的 Palladius 混调酒款则是以老藤的果实酿成，树立了新的标杆。这也鼓舞了黑地、奥勒芬兹河和斯泰伦布什产区新一代的白诗南酒及混调白葡萄酒。

鸽笼白葡萄是开普地区种植面积排行第四的品种，但许多收成都用于蒸馏酒。长相思在南非已经形成了自己的独特风格，同时保留了清雅的天然酸度，其表现已经超越了霞多丽，令人感到很遗憾，因为除了在最热的葡萄园区之外，霞多丽都能展现出细腻的一面，有时还具有不错的陈年潜力，这种情形在勃艮第产区之外并不易见到。赤霞珠是种植最广的红葡萄酒品种，不过西拉品种也在急起直追，目前在南非极为火红，酒款风格多样，有 Boekenhoutskloof 和 Mullineux 酒庄酿制的带有胡椒风味的隆河谷北部形态，也有像 Haskell、Saxenburg 及美景（Fairview）酒庄生产的更浓郁、明亮和甜美的形态。

带有刺激香气的皮诺塔基是用黑皮诺及神索这两个品种杂交而成的南非特有品种，可以酿出类似博若莱的酒款，或者经橡木桶熟成后，酒质会变得更浓郁扎实且口感饱满。至于以上两

种皮诺塔基的形态何者更优，已成为一场无休无止的辩论。梅洛是南非第四大红葡萄品种，南非的红葡萄酒生产一直以来都深受卷叶病之苦，这种病害会造成葡萄成熟不完全。南非目前最大的挑战之一，就是必须确保经过严格隔离手续的植株材料在进行广泛种植后能够健康且充满活力地生长。

不过，毫无疑问地，南非最大的变革还是整个社会层面。要将长期以来由少数白人把持的葡萄酒产业，更公平合理地与其他人在拥有权及管理权上分享，并不容易。虽然一路走来跌跌撞撞，不过道德印章（ethical seal）的引入获得了一些主要南非葡萄酒进口商的支持，起到了一定的作用。一些人希望最终在南非占人口大比例的黑人能成为南非葡萄酒的一个重要市场。"黑色劳动力计划"及企业间的合资案都在进行中，虽然进展很慢。类似师徒制的训练计划也鼓励了当地黑人更积极地参与葡萄酒产业，而更多的资金则直接用于改善员工房舍、工资以及鼓舞整个社会。这样的情形下，急不可耐的心情完全在情理之中。

康士坦提亚
Constantia

南非历史上最著名的葡萄酒名字要属康士坦提亚，这款传奇性的甜品酒在18世纪末被认为是世界最伟大的葡萄酒之一。康士坦提亚如今是一个郊区，一个位于开普敦（Cape Town）风景秀丽的南部郊区。因此土地价格相当高昂。葡萄园面积十分有限，主要集中在Constantiaberg更陡峭的东、东南和东北面山坡上，Constantiaberg是泰博山东边的山尾。

不过这个开普敦的角落有着山脉形成的罗马剧场式地形，开口直接朝向福尔斯湾（False Bay），酿制出了南非一些最具特点的葡萄酒。从海洋上吹来的东南风Cape Doctor持续为该地区带来凉爽。虽然霉菌病在温暖的气候会成为风险，降雨也相对丰富，但是这股东南风起到了一定的缓解作用。

康士坦提亚如今445公顷的葡萄园都用来种植长相思。占到了整个地区葡萄藤的1/3，赤霞珠、梅洛和霞多丽等葡萄的种植面积则远远落后。相对低温有助吡嗪类物质的保留，这也是长相思所带有的草类香气的来源。最具戏剧性的康士坦提亚长相思或许在斯丁堡（Steenberg），这是一片极度防风的区域。赛美容在19世纪曾经是南非种植面积最广的葡萄品种，如今也会有非常出色的表现。Steenberg和Constantia Uitsig酒庄均有出色的酒款出品。这里的土壤经过严重的风化，呈酸性，红棕色且黏土含量高，除了Uitsig附近则是以沙土为主的土壤。扎根在这些康士坦提亚最温暖、海拔最低的土壤上的葡萄藤其果实会最先成熟。

虽然顶着破坏城镇发展的风险，偶尔还有附近多山自然保护区的具破坏性的狒狒，在21世纪早期还是创建了10家新酒庄。其中不包括西南区（见第367页）的模范酒庄好望角（Cape Point），这个只有一家酒厂的地区甚至比康士坦提亚更凉爽，出产着杰出的长相思和赛美容。

在康士坦亚，Klein Constantia和Groot Constantia都延续着甜酒酿制的传统，其出品的酒款分别为Vin de Constance和Grand Constance，均采用小颗粒的晚收型麝香葡萄酿制以达到理想的含糖量，在18和19世纪曾风靡一时。

从泰博山俯瞰，凉爽且挡风的康士坦提亚地区特别适合种植南非最时髦的白葡萄品种长相思。这里列举的两款都是出自优质酿酒商之手的顶级佳酿。

小颗粒的浅色麝香葡萄在葡萄藤上干缩，随后进行采收、压榨后酿制出康士坦提亚甜酒，酿制方法则照搬曾经在18世纪闻名世界的康士坦提亚甜酒所使用的方法，拿破仑被流放到圣赫勒拿岛（Saint Helena）时还曾经订购过康士坦提亚酒。

黑地 Swartland

在南非葡萄酒流动的风景中，黑地地区是经历过最多戏剧性的转变的地区。多年来黑地一直是一个开普游客很少耳闻的名字，而在当地人们的印象中它也不过是酿酒合作社十分活跃的地区。该地区如今仍然酿制着大量平庸的葡萄酒，不过近年来，开普敦北部的这片狭长地带也出品了一些南非最令人赞赏的葡萄酒。每年11月举行的黑地革命狂欢节（Swartland Revolution festival）是年轻一代立志将黑地放入国际葡萄酒版图的号召令。这片广阔的区域大部分都是起伏的小麦田，冬天绿意盎然，到了夏天则呈现出一派金光闪闪的景象。不过在某些重要地区，绿色的葡萄藤则映衬出赭色的土地，其中大部分是未经灌溉的白诗南老灌木丛，这些葡萄藤在20世纪60年代种植以满足当时激增的白葡萄酒需求。当然这里也有红葡萄藤：大量的卡本内（Cabernet）以及一些品质惊人的西拉葡萄。

对黑地的重新评估开始于20世纪90年代末，当时Fairview的Charles Back建立了Spice Route酒庄。其第一任酿酒师Eben Sadie很快认识到了该地区老藤的潜力并于2000年推出了其开拓性的酒款Columella：一款西拉和慕合怀特的混调酒。紧接着2002年，以白诗南为主的酒款Palladius上市。这两款混调酒都采用来自不同葡萄园的葡萄酿制而成，引来了众多模仿，西拉和白诗南也持续证明了其与黑地密不可分的关系。

最早，花岗岩为主的Perdeberg山脉的山麓地区聚焦了大部分的关注，该地区比黑地其他区域受到更多凉爽的大西洋海风的影响。Voor Paardeberg（荷兰语）是Perdeberg的东部延伸段，严格来说是帕尔的一个小区。不过随着页岩和黏土为主的Riebeek山脉不断地被开发，Riebeek-Kasteel这个美丽的小镇已经成为了非官方的葡萄酒首都。Anthonji Rupert酒庄的Johann Rupert在这里购买了葡萄园，为其位于Franschhoek财力雄厚的酒厂提供更多原材料。与此同时，与其并驾齐驱的Porseleinberg酒庄也在不断发展，这家位于Riebeek山坡上的葡萄酒农场由Franschhoek地区的Boekenhoutskloof酒庄所创立，因其优质的西拉闻名，酿制着自己的生物动力法葡萄酒。Riebeek-Kasteel的马利诺家族葡萄酒庄园（Mullineux Family Wines）酿制的单一风土条件西拉酒（分别种植在花岗岩和片岩上）也引起了一阵轰动。输入黑地的"年轻血液"都展现出显著的"天然"酒趋势。

达岭（Darling）葡萄酒地区在此地图未显示出的更西南处，是黑地一处孤立的地区。其小区Groenekloof受到来自大西洋的凉爽微风的影响，因清透的长相思而成名，Neil Ellis酒庄即是其中翘楚。达岭几乎算是开普敦的入口处，令葡萄酒游客能够更方便地欣赏南非这片美丽的地区。

黑地的中心地带

从第367页的地图上我们可以看出本页地图所显示的只是黑地极小的一部分。不过如今，这里却聚集着新一批雄心勃勃的酿酒商们。每年的黑地革命狂欢节都在Riebeed-Kasteel举行。

MALMESBURY	葡萄酒原产地小区
■ MEERHOF	值得关注的酿酒商
	葡萄园
	森林
—500—	等高线间距 100 米

Eben Sadie 的 Columella 毫无疑问地拉开了黑地变革的序幕，而 Boekenhoutskloof 酒庄投资建立的 Porseleinberg 更是锦上添花。Testalonga 的 El Bandito 出自 Lammershoek 酒庄的酿酒师 Craig Hawkins 之手。

斯泰伦布什地区
Stellenbosch

右页地图是开普葡萄酒产区的传统区域，其酿酒中心主要还是集中在斯泰伦布什，这是一个由田园风光所包围、充满林荫的大学城，白色的Cape Dutch风格的山墙建筑是开普区最司空见惯的景象。这个城镇也是南非的葡萄酒学院所在地，聚集了各类不同背景的学生；重要的Nietvoorbij农业研究中心也设立于此。

斯泰伦布什

斯泰伦布什的土壤类型不一，从西部谷地的轻质沙土（传统的白诗南产区），到山区坡地厚重的黏土及东边Simonsberg山、斯泰伦布什山、Drakenstein山及Franschhoek山等山脚下的风化花岗岩应有尽有（后面两座山其实位于Franschhoek，而不是在斯泰伦布什镇内）。由地图上的等高线及蓝色葡萄园区的分布，都可看出这里地形的多样性。然而，在南非葡萄酒发展的现阶段，若以酒庄位置及风土条件的影响来评断其产酒的优劣难免有失公正，因为有许多酒庄都是以数个葡萄园生产的葡萄来进行混酿，所以酒标上看到的都是大范围的"海岸区"（Coastal Region）法定产区、甚至是范围更大的"西开普"（Western Cape）产区名标志，特别是用于出口的酒。

离海较远的北部地区，温度通常较高，不过一般来说气候还是很适合种植葡萄。降雨量还算

适中，且集中在冬季，夏季温度只比波尔多略高一些。曾经风靡一时的白诗南早已被赤霞珠（毫无疑问地）、西拉及梅洛等红酒葡萄品种所替代，种植面积远不如后者，不过2012年，长相思则是本区种植面积第二大的品种。混调酒也一直在本区扮演着重要的角色，无论是红葡萄酒还是白葡萄酒。

斯泰伦布什的葡萄园历史已久，加上各葡萄园的差异性不小，因此就根据南非葡萄酒产区的正式命名规则，将原来的海岸区再细分为数个特定的区域。第一个获得正式认可的区域是西蒙山-斯泰伦布什（Simonsberg-Stellenbosch），涵盖了西蒙山南边坡段较为凉爽、排水较好的所有区块（1980年在划定葡萄园线时，目前大受欢迎的泰勒玛（Thelema）酒庄还不是葡萄园，因此未包括在内）。红客沙谷（Jonkershoek Valley）产区位于斯泰伦布什镇东边的同名山区内，规模虽小，但在很久以前就展现出实力；而位于斯泰伦布什镇另一边的则是同样迷你的Papegaaiberg产区。再往西走，则是另一个生气盎然且屏障颇佳的德文谷（Devon Valley）葡萄园区。北边还有一片称为波特拉里（Bottelary）的新兴葡萄园区，地势比较平坦，但是面积较大，名字源自西南边的山丘。班胡克（Banghoek）曾是本区最新的产区，直到2006年普克拉达山（Polkadraai Hills）获得了正式认可（详见367页地图）。

在经典的Cape Dutch，Longridge酒庄已有170年历史，位于Helderberg山峭壁下。毫无疑问，旅游是南非葡萄酒板块中非常重要的一部分。Longridge就拥有自己的高级餐厅。

整体而言，最好的酒款产自斯泰伦布什镇附近的酒庄，这里南边开口朝向福尔斯湾，受惠于海风影响；而海拔够高且有凉风吹拂的山丘地，也能让葡萄的熟成过程缓慢下来。巍峨的Helderberg山脉矗立在Somerset West镇东北方，对当地葡萄酒来说是一个相当重要的地理形势，在山脉西坡有许多经营得有声有色的酒庄。英美合资且极富盛名的Vergelegen酒厂位于Helderberg山脉的东南山脚，景色壮观，可以俯瞰Somerset West。

弗兰谷和帕尔

更偏北的帕尔产区没能从福尔斯湾的海风受惠太多，也许不能算是开普葡萄酒世界中的焦点，之前也以生产加烈酒为主；目前则有美景（Fairview）、格兰卡洛（Glen Carlou）、Rupert & Rothschild等酒庄酿出品质颇佳的餐酒。Vilafonté是一家雄心勃勃的美国酒厂，位于斯泰伦布什，但也在帕尔种植葡萄。

东边的弗兰谷（地图上只部分绘出）如今已经成为了独立的葡萄酒地区。该区曾经由胡格诺派教徒所辟垦，从当地一些法国地名仍可看出法国对其的影响；今日这个三面环山的山谷，反倒以秀丽的景色及出色的餐馆和酒店而闻名，虽然如此，这里还是有几家优质酒庄。其中Chamonix酒庄是个中翘楚，只采用弗兰谷葡萄园的葡萄酿酒。另一个表现不俗的酒庄Boekenhoutskloof在其他地区也种植葡萄，尤其是在黑地地区有令人兴奋的新发展（见第369页）。长久以来，Boekenhoutskloof西拉酒的酿制葡萄其实购自惠灵顿（Wellington）某个更凉爽的园区，惠灵顿是帕尔产区比较不为人知的地区。该区日夜温差比近海地区来得大，由成分不一的冲积土梯田地形构成，园区与北边绵延的黑地地区的土地接壤，而在Hawequa山脉的山麓地带，还有几处令人屏息的美景。

上述这些酒款中，Vilafonté是位于帕尔地区、加州人Zelma Long和Phil Freese与Warwick酒庄的Michael Ratcliffe合资的酒庄。该酒庄在Franschhok地区酿制着两款伟大的白葡萄酒。其他的酒款均来自斯泰伦布什，Quoin Rock和Haskell都是时髦的西拉酒。

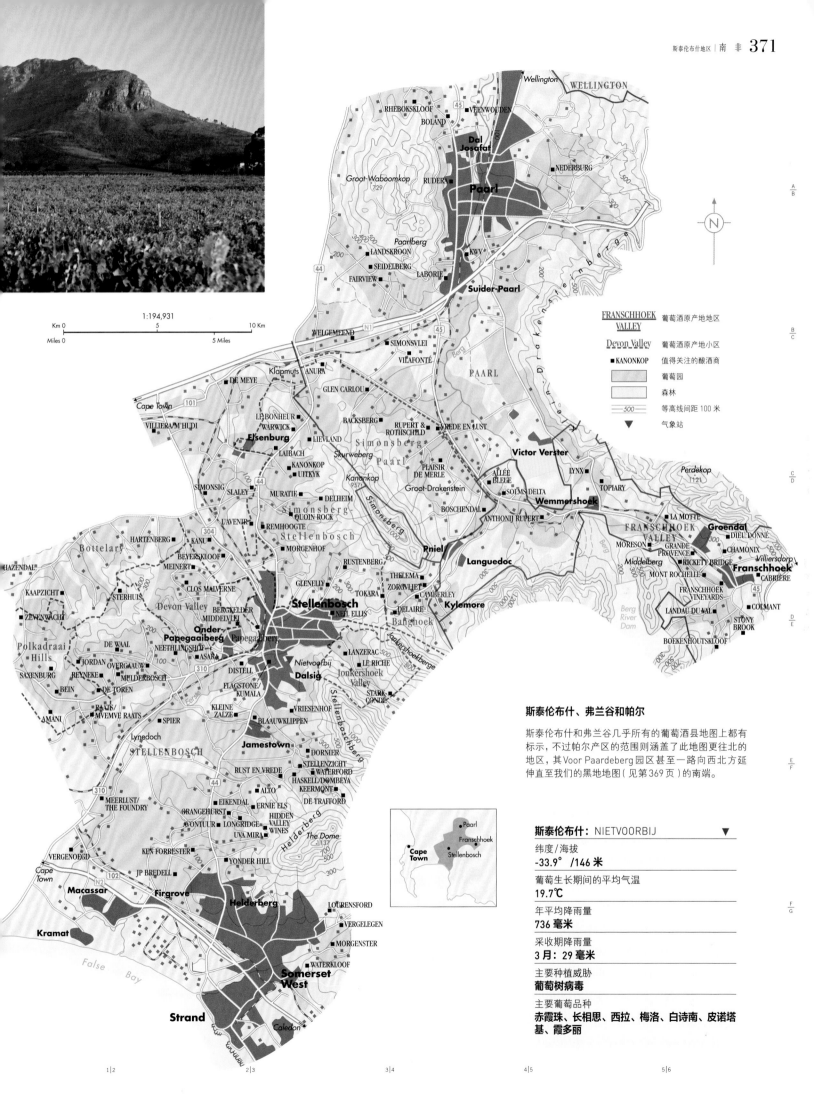

1:194,931
Km 0　　　5　　　10 Km
Miles 0　　　5 Miles

FRANSCHHOEK VALLEY 葡萄酒原产地地区
Devon Valley 葡萄酒原产地小区
■ KANONKOP 值得关注的酿酒商
　葡萄园
　森林
―500― 等高线间距 100 米
▼ 气象站

斯泰伦布什、弗兰谷和帕尔

斯泰伦布什和弗兰谷几乎所有的葡萄酒县地图上都有标示，不过帕尔产区的范围则涵盖了此地图更往北的地区，其 Voor Paardeberg 园区甚至一路向西北方延伸直至我们的黑地地图（见第 369 页）的南端。

斯泰伦布什：NIETVOORBIJ　　▼

纬度/海拔
-33.9° /146 米

葡萄生长期间的平均气温
19.7℃

年平均降雨量
736 毫米

采收期降雨量
3 月：29 毫米

主要种植威胁
葡萄树病毒

主要葡萄品种
赤霞珠、长相思、西拉、梅洛、白诗南、皮诺塔基、霞多丽

开普南海岸
Cape South Coast

凉爽的气候吸引了世界众多酿酒商。在20世纪70年代之前还没有人在如此靠近凉爽的开普海岸地区种植葡萄。不过1975年，一位已经退休的广告人Tim Hamilton-Russell在观鲸小镇Hermanus上的天地山谷（Hemel-en-Aarde Valley）开始尝试种植黑皮诺。南非之前都没有酿制出风格如此接近法国的葡萄酒，其霞多丽甚至更加出色。直到1989年该区的第二家酒厂才成立，创建人正是Hamilton Russell的前酿酒师Peter Finlayson。该地区至今都只能算是实验区。紧随其后的Newton Johnson于2000年到达此地。如今该地区被称为沃克湾（Walker Bay），15家酒厂以芳香馥郁、平衡的葡萄酒为开普葡萄酒版图添上了浓墨重彩的一笔。

大西洋为天地山谷带来了凉爽，不过该区仍让人感觉偏远且荒芜。其气候比内陆地区来得更具大陆型特征，夏天最热冬天最冷。虽然平均年降雨量达到了750毫米，但额外的灌溉在一些内陆地区仍不可或缺，特别是在风化的页岩和砂岩土壤地块。幸运的是，该地区拥有足够的黏土适合勃艮第的品种。该地区黑皮诺的种植比例是开普地区最高的，同时种有出色的霞多丽，此外，容易销售的长相思在葡萄酒农中也越来越受欢迎。

这里和斯泰伦布什中间的西北处，古老的苹果种植区Elgin自20世纪80年代起就开始试验种植葡萄藤，不过直至世纪之交，也只有唯一的一家Paul Cluver酒庄。Andrew Gunn的Iona Elgin长相思，2001年是该酒款的首个年份，掀起了一股投资浪潮。历史悠久的葡萄酒农Oak Valley如今以自己的品牌酿制葡萄酒。此外，许多其他的苹果农也开始种植葡萄藤。例如Tokara和Thelema这样的酒庄将其种植在Elgin的葡萄运至斯泰伦布什的酒厂内进行酿制。与此同时，其他的外来者则开始建立自己的酒窖。

葡萄园的海拔高达200~420米，得益于大西洋上盛行的海风，2月的平均气温低于20°C。这里是开普采收最晚的地区之一。年降雨量可高达1000毫米，不过低活力的页岩和砂岩土壤有助防止霉菌病。活泼的白葡萄酒是Elgin的特色，不过这里也酿制一些精致的皮诺，甚至受到波尔多酒启发的古怪的红葡萄酒。

其他对此地持积极态度的人在开普最靠南的葡萄园种植葡萄藤，不顾于Elim镇（Cape Agulhas的腹地）东边吹来的咸风，Cape Agulhas位于整个非洲的顶端位置（见第367页地图）。虽然长相思是Elim的原始名片，不过开普其他流行的品种——西拉在这里似乎也能良好地成熟。

从ELGIN到沃克湾

凉爽的Elgin地区最重要的区域已经从果园转变成了葡萄园。充满活力的沃克湾地区被分成5个小区，其中3个在这里的地图上有显示。

Newton Johnson的葡萄园被芳百氏（开普独特的植物）小灌木所包围。家族的耕种方法十分环保，保持与地理位置的一致性，其霞多丽出奇精致。

ELGIN	地区边界
Bot River	小区边界
■ IONA	值得关注的酿酒商
	葡萄园
500	等高线间距 100 米

1:257,000
Km 0 — 5 — 10 Km
Miles 0 — 5 Miles

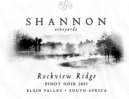

SHANNON
vineyards

Rockview Ridge
PINOT NOIR 2011
ELGIN VALLEY · SOUTH AFRICA

Jean Daneel

Jean Daneel在与世隔绝的本页地图所显示的Hermanus东边（见第367页地图）种植着非比寻常的白诗南，而Elgin的Shannon则从南非顶级葡萄栽培者Rosa Kruger的辛勤工作中获益良多。

亚　洲
Asia

亚洲，不久之前还被认为是一片和世界葡萄酒毫无关联的大陆，但如今它的未来也已至关重要。后页中将要介绍的是中国，它不仅仅成为世界上最重要的葡萄酒生产国之一，巨大的市场潜力更是引来了全世界葡萄酒生产商的关注。而中国也如同亚洲其他国家一样受西方文化影响，逐渐地把葡萄酒作为一种日常快速消费品来看待。

日本，详见376~377页，是第一个发展葡萄酒文化的亚洲国家，也拥有一些颇具历史的葡萄园和葡萄酒。中亚地区拥有悠久的葡萄种植和酿酒（一些传统的甜酒）历史，但如今其他一些以往人们认为不太可能会去酿葡萄酒的国家和地区，比如印度、泰国、越南、中国台湾、印尼巴厘、缅甸掸邦、柬埔寨（靠近马德望）和韩国庆州市，这些地方基本都是近年来才开始种植酿酒葡萄，羽翼尚未丰满，由于大都位于热带和近热带地区，因此葡萄生产很快，但大部分酒农都会减少产量并通过精心的剪枝、灌溉和控制农药与激素的使用让品质得到更好的提升。

印度正在崛起，也越来越西化，这个国家正在不断增加的中产阶级很大程度上促进了当地的葡萄酒业。而2005年起印度开始对进口葡萄酒课以重税，也刺激了当地葡萄酒业的成长，截至2013年印度已经有超过70家酒庄，尽管其中有一些处于休产状态或仅仅把葡萄卖给其他酒厂。自2001年起，马哈拉施特拉邦积极鼓励葡萄种植和酿酒，如今这里的产量已占全印度的2/3。而其中很大一部分酒庄位于海拔较高的Nashik地区，这在一定程度上弥补了其低纬度的劣势。

尽管2008年孟买连环爆炸案以及此事件的后续效应使得游客人数增长缓慢，但葡萄酒已经成为印度富有阶级的重要兴趣爱好之一，尤其是年轻一代受过西方教育的印度人。举例来说，Rajeev Samant，20世纪90年代中期从硅谷回到印度，受到加州葡萄酒氛围的熏陶，回国之后也酿出了新鲜又不失果味的干白葡萄酒，名为Sula，葡萄品种是长相思。Sula的首个年份为2000年，产量为5 000箱，而到了2012年年产量激增至450万瓶，成为印度国内最具影响力的酒厂。

Grover家族的葡萄酒产业更悠久也更为辉煌，他们的酒庄在卡纳塔卡邦，位于班加罗尔上面

的南帝山（Nandi Hills），他们在马哈拉施特拉邦也投资二线酒庄。早在20世纪90年代中期他们就聘请了波美侯的Michel Rolland作为酿酒顾问，造就了La Réserve这款红葡萄酒，而它也足够迎合任何一位波尔多酒商那挑剔的味蕾。酒庄的葡萄藤从来没有经历过休眠期，但经过精心的剪枝使得一年只在3月或4月收获一次。

法国殖民者曾经在**越南**南部的高地上进行过葡萄种植，而如今依旧留有些许血脉。**泰国**的葡萄酒产业规模较印度小了很多，年产量80万瓶，目标人群也是针对游客居多，而非本地消费者。而来自3个地区的6家酒厂组成的泰国葡萄酒协会还必须团结一致与国内某些提倡禁酒的力量进行抗争。泰国的葡萄种植历史可以追溯到20世纪60年代曼谷以西的Chao Praya Delta。如今曼谷东北的Khao Yai地区也有葡萄园，位于海拔550米之

图中的头饰是否让在班加罗尔Nandi山的Grover酒庄显得如此特别？ Grover的强项是红葡萄酒，但是运输和储藏一直都是印度酒商的挑战。

处。而在泰国南部，赤道以北仅10度的旅游胜地华欣，Siam酒庄同样拥有几片葡萄园和酿酒中心可供游客参观。酒也是酿得非常认真，这些小心翼翼的酒农每隔12个月才收获一次，当地其他农作物都是两年可以收获5次。

对于亚洲来说，除了把注意力放在进口葡萄酒上，本国的种植酿造也已经成为强有力的补充，而泰国葡萄酒协会更是规定葡萄酒中如果进口葡萄的比例占到10%以上，则必须在酒标上标明"非泰国出产"——欢迎来到严谨的葡萄酒新领地。

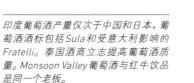

印度葡萄酒产量仅次于中国和日本，葡萄酒酒标包括Sula和受意大利影响的Fratelli。泰国酒商立志提高葡萄酒质量。Monsoon Valley葡萄酒与红牛饮品是同一个老板。

中 国 China

中国对外开放的一个非常强而有力的象征，就是已经有为数众多的中国人开始接受葡萄酒。 消费量急速增加，每年估计有15%的成长，对法国葡萄酒商来说，不光是北京和上海，就是那些所谓的中国二线城市，也变成了比纽约和伦敦更有吸引力的目的地。波尔多的销售在中国如此有效，使近期大量源于中国的财富都花销在波尔多红酒上，尤其是那些最著名的酒庄，特别是特等苑拉菲，这也直接导致了全球葡萄酒价格的膨胀。之后，当中国人的注意力转向法国第二有名的产区时，勃艮第的价格同样也开始飙升。新一代的中国葡萄酒爱好者甚至开始自己投资国外的酒庄，但通常都是出于精明的商业原因。

至少在公元2世纪的时候，中国西部的园丁就已经知道有葡萄藤的存在，并且也能够确定当时的中国已经有酒（很可能是葡萄酒）的生产和消费。欧洲的葡萄品种在19世纪末被引进中国东部，但直到20世纪末，真正以葡萄酿成的葡萄酒才慢慢融入中国的都市社会。

中国政府极其有效地推动了中国人对葡萄酒的喜好（而不是其他类别的酒精饮品），其中一方面原因是尽量减少对谷物的进口。根据国际葡萄与葡萄酒组织（OIV）最新的数据，中国总体的葡萄种植面积（包括用于生产食用葡萄和葡萄干的）在2000年到2011年之间几乎翻了一倍，估计有560 000公顷。这些数据意味着自从新世纪以来，中国已经变成世界第六大葡萄酒生产国，然而在中国，很难获得独立的认证数据，而且众所周知，一些中国葡萄酒厂会用进口葡萄酒、葡萄果汁、葡萄浓缩汁和那些甚至和葡萄毫无关系的液体来将产量提高。

在21世纪的前面几年，在中国酒标的葡萄酒中很难找到任何真正的品质。波尔多红酒（因为语言和文化的原因，很多中国消费者坚信葡萄酒必须是红的）在中国如此流行，以至于酒厂只需做出和波尔多红酒差不多的复制品并将其卖给消费者就好了，毫无任何努力的动力可言。赤霞珠在种植面积上占据主导，排在其后的是梅洛和佳美娜，但是葡萄酒基本都是不够成熟并且用桶过重。

河北和山东

下方的地图是中国最早的葡萄藤"殖民"地区，行业巨头张裕在这里有酒厂，另一巨头国企中粮集团也有三家，包括在烟台西北海岸线上宏伟的君顶酒庄。

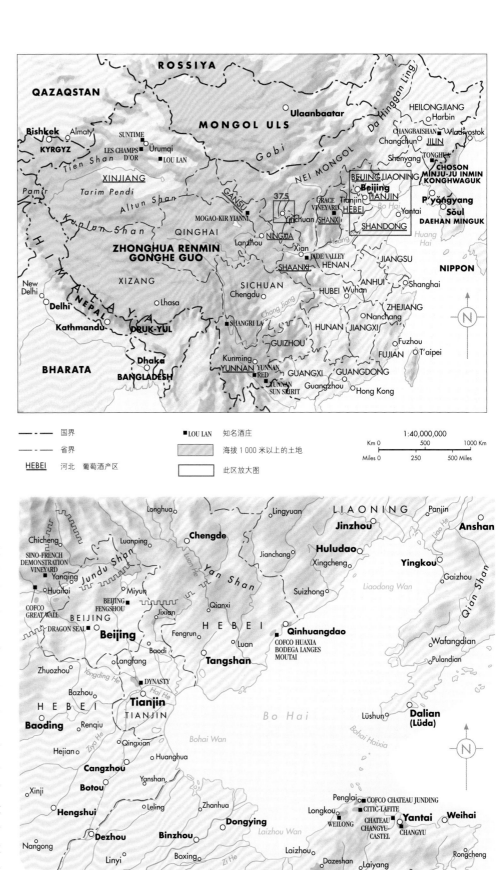

–·–·– 国界	■LOU LAN 知名酒庄
—·—·— 省界	海拔1 000米以上的土地
HEBEI 河北 葡萄酒产区	此区放大图

1:40,000,000

Km 0 — 500 — 1000 Km
Miles 0 — 250 — 500 Miles

1:5,128,000

Km 0 — 50 — 100 — 150 Km
Miles 0 — 50 — 100 Miles

—·—·— 省界
■QINGDAO 知名酒庄
葡萄酒庄

然而在2010年左右，一小群精心酿制、百分百中国制作的葡萄酒终于出现了。

极端的天气条件

中国地域辽阔，提供了为数可观的各种土质和纬度。而气候才是问题所在。中国内陆苦于大陆型气候的极端条件，因此在每年秋天的时候必须煞费苦心地将大部分葡萄藤埋枝，才能让它们不会在冬天被致命的寒冷气温冻死。这大大地增加了生产成本，不仅仅因为每年操作不当会导致一部分葡萄藤死去，也因为在当下，这是刚刚能够承受的。然而，中国人口不停地从乡村往城市迁移，也意味着这个耗费人力的操作无疑将会越来越多地被机械化处理而替代。

同时，沿海的大多数地区（尤其是南部和中部沿海）在葡萄生长的重要时期会受到季风影响。表面看来，中国东部的**山东半岛**似乎是种植欧洲葡萄的最佳地点之一。这里有标准的海洋性气候，因此葡萄藤在冬天无须保护，同时也有排水性好并且朝南的山坡。中国现代史上第一代酒厂和葡萄园就出现在这里。虽然在开花期和丰收之间任何时候，风暴都可能是不速之客，但冬天却十分温暖。中国几百家酒厂中，有大约1/4坐落于此，但夏末和秋天的霉菌疾病确实是这里最头痛的问题。张裕是先行者，并且至今依旧有着举足轻重的地位，而张裕卡斯特酒庄则是和波尔多思黛乐家族合资的独立企业。当2009年，拉菲酒庄的庄主与中国巨头中信集团合作，并决定在中国建立真正意义的酒厂的时候，山东蓬莱半岛的选址令行业人士颇为吃惊。更加深入内陆的**河北省**有着靠近北京的地理优势，这里种植葡萄的潜力也许还没有完全被开发，但更有抱负的酒厂已经开始不停而有序地向西部进军。

怡园酒庄在1997年成立于**山西**，到2004年的时候，它已经打造出中国最出色的一些葡萄酒，但与很多同行一样，怡园酒庄也开始探索**宁夏**、**陕西**和**甘肃**这些西部省份。无可置疑，宁夏当地政府下定决心要将这块涅槃的土地变成中国最重要的葡萄酒省份，那些坐落于海拔1000米、黄河边朝东的砾石河岸已经将Pernod Ricard和LVMH集团（气泡酒厂）诱惑至此，而且中粮和张裕这两大以山东为基地的巨头在宁夏的分支也已经逐渐变成当地的重要酒厂。劳动力的缺乏和较冷的气候牵制了葡萄种植在陕西的步伐。希腊的Boutari家族在甘肃有所投资，但那里土壤的渗水性欠佳。

以穆斯林为主要人口的**新疆维吾尔自治区**位于更远的西北方，这里独特的灌溉系统巧妙利用了来自世界海拔最高的一些山脉的融雪，但新疆的生长季节较短，有时会短到使用于酿酒的葡萄无法完全成熟（这里许多葡萄种植都用于生产食

用葡萄和葡萄干），而且新疆和大多数消费者有千万里之遥。

位于中国西南部、靠近西藏的**云南省**地理位置几乎和新疆一样遥远，但这里的纬度带来了更温和

的冬天。私企香格里拉酒业在海拔远高于3000米的迪庆高原上，汇聚来自中国和澳大利亚的专家，试图酿出高品质的赤霞珠。这里是名副其实的新开垦之地。

— · — · —	省界
▬▬▬▬	贺兰山东麓葡萄酒产区
■ CHANGYU	张裕（CHANGYU）知名酒庄
▨	葡萄园
═══2000═══	等高线间距 500 米

宁夏北部

宁夏政府已经并将继续积极鼓励来自国内外对这块位于贺兰山和黄河之间、渗水性极佳的土地的投资。他们从不适于耕种的宁夏南部找来劳工，并为他们修建了住所。

1:1,333,000

Km 0   20   40 Km

Miles 0   20 Miles

2009年份加贝兰在品醇客2011年全球葡萄酒大奖赛一举拿下一个重要的国际金奖，让所有人大吃一惊。这个酒标上印上了酿酒师女儿的足印。霞多丽和银色高地来自宁夏，玉川酒庄的黑皮诺产自陕西，而怡园酒庄则来自山西。

日　本 Japan

众所周知，日本人的味蕾很是挑剔，而且没有任何一个国家能像日本那样，侍酒师协会的人数达到几千人之众。日本清酒的各种精妙风靡了全球，并成为一种潮流，而日本的葡萄酒酿造也日渐光鲜。但纵观日本整个国家，大自然赋予了它众多恩赐和优美景色，但葡萄酒却是个例外。本州是日本最大的一个岛，虽然它的纬度和地中海地区很接近，但气候却完全不同。这里有点儿像美国东部（也是一样的纬度），向西延伸是大片的陆地。日本地处亚洲和太平洋之间，海陆资源极丰富，但可以预见的是它也面临着特有的极端气候。冬季时，西伯利亚的寒风会刮来；春夏时太平洋和日本海会带来滂沱大雨。当葡萄藤最需要阳光时，台风往往不期而遇。而在整个生长季6月和7月期间，日本又十分多雨，葡萄藤还得顽强地和如此高湿度环境做斗争，而7月和10月之间，又是台风登陆期。

这个台风时常光顾的国家地形多山，2/3的山脉都很陡峭，只有大片森林来防止酸性的火山岩土壤在大雨时被冲入汹涌的河道内。平原的土壤是从山上冲下来的冲积型土壤组成，排水性差，对于种植大米来说非常不错，但对于葡萄藤来说则很糟糕。只有很少一部分斜坡适合耕种葡萄，因此弥足珍贵并被寄予很高的期许。

古代和现代

日本在历史上曾经距离葡萄酒非常近，这点倒并不令人称奇；但只是接近而已，公元8世纪时，遍及日本的佛教传教者在奈良种植了葡萄——尽管当时并不是用来酿酒的。

有关当代葡萄酒工业，应该始于1874年：要比亚洲其他国家早了许多年。明治维新之后，19世纪70年代日本派遣了研究人员前往欧洲学习酿造方法并带回了葡萄藤。日本国内最主要的葡萄酒厂是美露香和三得利，它们的历史分别可以追溯到1877年和1909年。但若论重要性，这两家则远远不及山梨县的酒庄，当地从19世纪便开始酿酒。

在日本，种植最多的葡萄品种是很能吃苦耐劳的美国品种Delaware和Niagara，以及日本品种巨峰（Kyoho）。Delaware的种植面积占到20%左右，但事实上它和巨峰一样，已经很少用于酿

酒。Muscat Bailey A是日本特有的一种红葡萄品种，但最具日本特色并为外国人所熟知的则是粉红色果皮的甲州葡萄（Koshu）。这个神秘的酿酒葡萄品种在日本已经种植了几个世纪。甲州原本是食用葡萄，但之后发现它是最适合日本种植条件的酿酒葡萄，它的果皮很厚可以抵御潮湿，可以酿出平衡度很好的优雅的白葡萄酒，进橡木桶或不进，甜型或干型均可。每个有经验的甲州酒农对这个品种非常熟悉并能酿出不错的酒，但通常在酿造过程中免不了要加糖。

如今的日本葡萄酒市场面对的消费者的味蕾很是挑剔且专业知识丰富，而市场份额基本上被美露香、三得利（收购了许多酒庄，最知名的是波尔多的列级庄Château Lagrange）、Manns、札幌和朝日所占据，这5家占据本土80%的产量。在日本种植的欧洲葡萄品种都来自全球最好的葡萄藤，大部分葡萄园面积都不大，完全按照国际化管理，一些知名的酒农甚至只拥有2公顷的地。

日本对于进口散装葡萄酒和葡萄的热情也很高，这些都必须在酒标上标注，而日本酒厂3/4的装瓶酒都要依靠这些额外的散装酒和葡萄汁。

目前日本境内47个县市中有36个有葡萄酒酿造。在这其中最主要、历史也最悠久的一些产区

日本的葡萄酒商

日本上千岛屿从北纬26度延伸到46度，因此葡萄生长的环境差异巨大，但是对酒商来说，中部地区（日本大部分葡萄园都在这里）更大的考验是夏季的潮湿和霉菌疾病。

即使是日本特殊品种，厚皮的Koshu葡萄，有时候也不得不用人工辛苦地给每一串葡萄穿上"雨帽"。为葡萄搭起的藤架系统也有利于通风，在夏天的雨季也很有效益。

长野县知名酒厂

HAYASHI	ST COUSAIR
IZUTSU	SUNTORY (SHIOJIRI)
KIDO	VILLA D'EST
OBUSE WINERY	

■ TSUNO WINE　知名酒庄

　海拔1000米以上的土地

1:10,700,000

Km 0　　100　　200　　300 Km
Miles 0　　　100　　　200 Miles

自然是那些降雨量最低的地方，除了山梨县，还包括长野县、北海道和山形县。

山梨县的葡萄酒业始于甲府盆地周围的山区，这里可以看见秀美的富士山，交通也很便利。山梨县的全年平均气温全日本最高，因此葡萄藤发芽、开花和收获也最早，而山梨县生长季的长短也各不相同，从胜沼的1 220个小时至明野的1 600个小时（横向可以同北海道余市的1 200个小时和长野县松本的1 400个小时相比较）。全日本拥有185座酒厂，40%都落户在山梨县。

长野县受季风影响比山梨县还要小，这里出产全日本最好的酒，如今也已拥有了20座酒厂。在这其中，海拔700米的盐尻地区非常凉爽，出产的梅洛和霞多丽品质非常好，此外北辰地区也被寄予厚望。

近年来，日本最凉爽、最北部且很少受到雨季和台风侵袭的**北海道**，或许因为全球变暖的缘故，也开始能出产一些有趣的葡萄酒，尤其是Kemer和茨威格这两个品种。**山形县**位于日本北部，酿出的梅洛和霞多丽也颇具潜力。

赤霞珠在日本必须细心呵护才能完全成熟，但在山梨县一些顶级葡萄园以及神户境内的**兵库县**已经可以用赤霞珠酿出非常不错的酒来。

日本南部的**九州**则以优雅的霞多丽以及清爽甜美的桃红（葡萄品种是Campbell Early）葡萄酒而闻名。综上所述，所有这些本土酒厂也都在挑动着亚洲这块最老练、最具鉴赏力且还处于飞速发展中的葡萄酒市场。

山梨县

山梨县是日本葡萄酒业的摇篮。它所在位置与许多大城市很接近，但人口密度相当高——所以许多酒庄规模很小，一个个被挤入盆地，瞭望着远处宁静、白雪覆盖着的富士山。

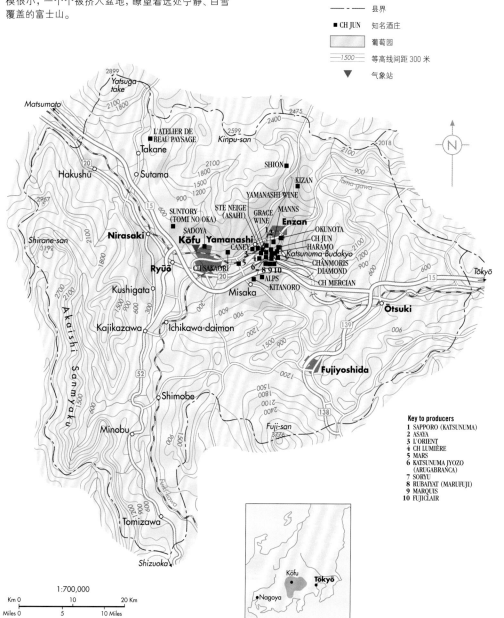

Key to producers
1 SAPPORO (KATSUNUMA)
2 ASAYA
3 L'ORIENT
4 CH LUMIÈRE
5 MARS
6 KATSUNUMA JYOZO (ARUGABRANCA)
7 SORYU
8 RUBAIYAT (MARUFUJI)
9 MARQUIS
10 FUJICLAIR

Grace酒庄（与中国的Grace酒庄没有关联）和Arugabranca酿造出最值得尊重的Koshu品种葡萄酒。生长在北海道Domaine Sogga的"自然"梅洛也是广受追捧，Takahiko的黑皮诺是内行人知道的酒。Mercian酒厂很大，但出产品质优良的葡萄酒。

日本：甲府（KOFU） ▼

纬度/海拔
35.67° / 281米

葡萄生长期间的平均气温
20.7℃

年平均降雨量
1 136毫米

采收期降雨量
9月：183毫米

主要种植威胁
雨水，夏季台风，真菌感染

主要葡萄品种
甲州、梅洛、霞多丽、赤霞珠、德拉瓦、巨峰、尼亚加拉

索引 Index

主要的篇章文以粗黑体页码表示，斜体页码表示有图可参照。

地名索引 Gazetteer

此地名索引包括酒庄、葡萄园、庄园、一般产酒地区以及其他出现在本书地图中的地名。所有冠以"chateaux"一词的酒庄(酒厂)都集中放在C字母排序下,而所有冠以"quinta"(庄园)的酒庄或葡萄园则集中放在Q字母排序下,至于其他的酒厂、酒庄、葡萄园则分别按英文字母排序。从页码之前的字母可以找到该地名在本书地图中的位置;若有别名则以括号方式置于正式名称之后,如Praha(Prague)等。地图上出现的酿酒厂名也列入本索引。

地名索引
390

致谢 Acknowledgments

由衷感谢下列人士对本书的协助，若有漏列之处敬请见谅。

Introduction Key Facts Climate Data, *Wine and Weather* Dr Gregory Jones; *Terroir* Pedro Parra; Cornelis van Leeuwen; Rob Bramley

France *Burgundy* Jasper Morris MW; *Beaujolais* Michel Bettane; *Chablis* Rosemary George MW; *Champagne* Peter Liem; *Bordeaux* James Lawther MW; Alessandro Masnaghetti; Cornelis van Leeuwen; Christian Seely; *Southwest France* Jérôme Perez; *Loire* Richard Kelley MW; *Alsace* Thierry Fritsch; *Rhône* John Livingstone Learmonth; Michel Blanc; *Languedoc* Rosemary George MW; *Roussillon* Tom Lubbe; *Provence* Elizabeth Gabay MW; *Corsica* Lance Foyster MW; *Jura, Savoie, Bugey* Wink Lorch

Italy Walter Speller; Alessandro Masnaghetti; *Etna* Salvo Foti

Spain Victor de la Serna; Luis Gutiérrez; *Catalunya* Ferran Centelles; *Priorat* Rachel Ritchie

Portugal Sarah Ahmed; *Northern Vinho Verde* Luis Cedira; *Douro* Paul Symington, Pedro Leal da Costa; Francisco Javier de Olazabal, Luisa Olazabal; *Bairrada* Filipa Pato; *Lisboa* Sandra Tavares

Germany Michael Schmidt

England and Wales Stephen Skelton MW

Switzerland José Vouillamoz; Gabriel Tinguely

Austria Luzia Schrampf

Hungary Richard Nemes; Alder Yarrow

Czech Republic Richard Stavek; Marie Pazourova

Slovakia Fedor Malik

Western Balkans Caroline Gilby MW

Croatia Caroline Gilby MW; Leo Gracin; Edi Maletić

Slovenia Robert Gorjak

Bulgaria Caroline Gilby MW

Romania Caroline Gilby MW

Russia Volodymyr Pukish

Ukraine Igor Nykolyn

Georgia John Wurdeman; Tina Kezeli

Greece Konstantinos Lazarakis MW

Turkey Umay Çeviker

Eastern Mediterranean *Cyprus* Caroline Gilby MW; Akis Zambartas; *Israel* Adam Montefiore; *Lebanon* Michael Karam

North America *Canada* Janet Dorozynski; *Quebec* François Chartier; *USA and California* Linda Murphy; *Pacific Northwest* Paul Gregutt; *Virginia* Jim Linden; *Mexico* Wyatt Peabody

South America *Bolivia* Francisco Roig; *Brazil* Luiz Horta; *Uruguay* Fabiana Bracco; *Chile* Peter Richards MW; *Argentina* Andres Rosberg

Australia Sarah Ahmed; *Western Australia* Vanya Cullen; Andrew Hoadley; *Barossa Valley, Eden Valley* Troy Kalleske; *Adelaide Hills* Michael Hill-Smith MW, David LeMire MW; *Victoria* Colin Campbell; *Yarra Valley* Steve Webber

New Zealand Michael Cooper; Matt Thompson

South Africa Tim James; Eben Sadie; Dave Johnson; James Downes

Asia *India* Reva K Singh

China Fongyee Walker, Edward Ragg, Gus Zhu; Jim Boyce; *Ningxia* Demei Li; Huang Shan

Japan Ken Ohashi; Yoshiji Sato

照片提供

Mitchell Beazley would like to acknowledge and thank all those who have kindly supplied both help and photographs for use in this book.

Courtesy **Amorim & Irmãos SA** 31 above; **Chris Terry** 7; **4Corners Images** Giovanni Simeone/SIME 216; Günter Gräfenhain/Huber 48; Justin Foulkes 364-5; Livio Piatta/SIME 150; Maurizio Rellini/SIME 172; Michael Howard 202; Stefano Scatà/SIME 350; **Alamy** Armin Faber/Bon Appetit 268; Bon Appetit 118, 220, 236, 253; Camilla Watson/John Warburton Lee Photography 200-201; Dario Fusaro/Cephas 152; David Noton Photography 44-45; GoPlaces 343; Hans-Peter Siffert/Bon Appetit 90; Hemis 302; Imagebroker 240, 251; Lourens Smak 113; Nigel Cattlin 70; Per Karlsson – BKWine.com 80; Prisma Bildagentur AG 244; Tips Italia Srl a socio unico 164; Travel Pictures 209; Wildlife GmbH 15 left; Will Steeley 354; courtesy of the **Alaverdi Monastery Archive** 272; **Andreas Durst** www.ikonodule.de 224; **Armin Faber** 229; **Austrian Wine Marketing Board** Anna Stöcher 248-249, Armin Faber 255; photo **Bob Campbell MW** 25 above right; **Brent Winebrenner** 311; courtesy **Bret Brothers** 63; **Bridgeman Art Library** AISA 10; **British Columbia Wine Institute** 28; courtesy **Brown Brothers Whitlands Vineyard**, King Valley 348; **Cephas Picture Library** Diane Mewes 130; Janis Miglavs 8; Jean-Bernard Nadeau 76; Kevin Judd 332-333;

Matt Wilson 2-3; Mick Rock 15 centre right & right, 25 above left, 74, 82-83, 84, 86, 168, 197; Ted Stefanski 300; courtesy **Château Cheval Blanc** photo Erick Saillet 104; **Claes Lofgren** www.winepictures.com 320-321; courtesy **Col Solare** photo Kevin Cruff 291; **Corbis** Arcangelo Piai/SOPA 158; Eduardo Longoni 328; **Daniel d'Agostini** 280-281; **Dragan Radocaj** 342; courtesy **Errázuriz** 32-3; **Fanagoria Estate Winery** 30; **Getty Images** Andrew Watson 338; Clay McLachlan 177; Digitaler Lumpensammler 146-147; Frans Lemmens 370-371; Gerard Labriet/Photononstop 120; Jean-Daniel Sudres/Hemis 140; Justin Sullivan 307; Leanna Rathkelly 166; Mario Busselle 73; Milton Wordley 347; Oliver Strewe/Lonely Planet 359; Paolo Negri 156; Paul Kennedy 362; Peter Walton Photography 344; Slow Images 163; Wes Walker 306; Westend61 264; courtesy **Gimblett Gravels Winegrowers Association** photo Richard Brimer 357; courtesy **Grover Vineyards** 373; courtesy **Institut Français de la Vigne et du Vin** 15 centre left; photo **István Balassa** 259; **Janis Miglavs** 184, 286; **Jerry Dodrill** 297; **Jon Wyand** 122, 148, 305; courtesy **José Vouillamoz** 31 centre; **Kameraphoto** Valter Vinagre 210; **Klein Constantia** 368; courtesy **Kloster Eberbach** 233; courtesy **Marc Chatelain** 145; **Maureen Downey** 37; **Mauricio Abreu** 214, 205; courtesy **Viñedos y Bodegas Milcast** 322; courtesy **Château La Mission Haut-Brion** 94; **NASA** 317; courtesy **Newton Johnson** photo Bernard Jordaan 372; **Octopus Publishing Group** 31 below except right; Russell Sadur

41 above; **Olga and Igor Ulka** 4-5; courtesy **DOQ Priorat** 181; **Philippe Roy** 100; **Richard Hemming MW** 20, 25 below; **Robert Harding Picture Library** Julian Elliott 116; **Robert Holmes** 361, 308; **Sara Janini** 188; **Scope Image** Noel Hautemanière 138, Jacques Guillard 57, 61, Jean-Luc Barde 59, 96, 126, Michel Guillard 88, Sara Matthews 154; courtesy **Seppeltsfield Winery** 13, 341; **SuperStock** age fotostock 293; Iain Masterton/age fotostock 226; Funkystock 262; Photononstop 66, 108, 128; Robert Harding Picture Library 198, 218; courtesy **DO Terra Alta** 195; **Thinkstock** iStockphoto 267; **Thomas Jefferson Foundation at Monticello** photo Leonard Phillips 314; courtesy **Vereinigte Hospitien, Trier** 222; courtesy **Vino-Lok** 31 below right; www.weinlandschweiz.ch 247; courtesy **Xavier Choné** 23; courtesy **Yamajin Co Ltd** 376; **Zoltán Szabó** 256

制图

Grade Design Jacket Design; **Fiona Bell Currie** Jacket Illustration, 16b, 17; **Lisa Alderson/Advocate** 14, 16t, 18–19 (19tr based on a photograph by Peter Oberleithner); **Stantiall's Studio Ltd** 34–35; **Grace Helmer** 38, 40

Every effort has been made to trace the owners of copyright photographs. Anyone who may have been inadvertently omitted from this list is invited to write to the publishers who will be pleased to make any necessary amendments to future printings of this publication.